Halbleiter-Elektronik
Herausgegeben von W. Heywang und R. Müller
Band 21

Reinhold Paul

MOS-Feldeffekt-transistoren

Mit 176 Abbildungen

Springer-Verlag
Berlin Heidelberg New York
London Paris Tokyo Hong Kong
Barcelona Budapest

Dr.-Ing. habil. REINHOLD PAUL
Universitätsprofessor, Bereich Technische Elektronik
der Technischen Universität Hamburg-Harburg

Dr. rer. nat. Dr. ing. h. c. WALTER HEYWANG
Ehem. Leiter der Zentralen Forschung und Entwicklung
der Siemens AG, München
Professor an der Technischen Universität München

Dr. techn. RUDOLF MÜLLER
Universitätsprofessor, Inhaber des Lehrstuhls für Technische Elektronik
der Technischen Universität München

ISBN-13:978-3-540-55867-5   e-ISBN-13:978-3-642-84836-0
DOI: 10.1007/978-3-642-84836-0

Die Deutsche Bibliothek – CIP-Einheitsaufnahme
Paul, Reinhold:
MOS-Feldeffekttransistoren / Reinhold Paul. – Berlin ;
Heidelberg ; New York ; London ; Paris ; Tokyo ; Hong Kong ;
Barcelona ; Budapest : Springer, 1994
(Halbleiter-Elektronik ; Bd. 21)
ISBN-13:978-3-540-55867-5
NE: GT

Dieses Werk ist urheberrechtlich geschützt. Die dadurch begründeten Rechte, insbesondere die der Übersetzung, des Nachdrucks, des Vortrags, der Entnahme von Abbildungen und Tabellen, der Funksendung, der Mikroverfilmung oder der Vervielfältigung auf anderen Wegen und der Speicherung in Datenverarbeitungsanlagen, bleiben, auch bei nur auszugsweiser Verwertung, vorbehalten. Eine Vervielfältigung dieses Werkes oder von Teilen dieses Werkes ist auch im Einzelfall nur in den Grenzen der gesetzlichen Bestimmungen des Urheberrechtsgesetzes der Bundesrepublik Deutschland vom 9. September 1965 in der jeweils geltenden Fassung zulässig. Sie ist grundsätzlich vergütungspflichtig. Zuwiderhandlungen unterliegen den Strafbestimmungen des Urheberrechtsgesetzes.

© Springer-Verlag Berlin Heidelberg 1994

Die Wiedergabe von Gebrauchsnamen, Handelsnamen, Warenbezeichnungen usw. in diesem Werk berechtigt auch ohne besondere Kennzeichnung nicht zu der Annahme, daß solche Namen im Sinne der Warenzeichen- und Markenschutz-Gesetzgebung als frei zu betrachten wären und daher von jedermann benutzt werden dürften.

Sollte in diesem Werk direkt oder indirekt auf Gesetze, Vorschriften oder Richtlinien (z. B. DIN, VDI, VDE) Bezug genommen oder aus ihnen zitiert worden sein, so kann der Verlag keine Gewähr für Richtigkeit, Vollständigkeit oder Aktualität übernehmen. Es empfiehlt sich, gegebenenfalls für die eigenen Arbeiten die vollständigen Vorschriften oder Richtlinien in der jeweils gültigen Fassung hinzuzuziehen.

Satz: Thomson Press India Ltd., New Delhi;

SPIN: 10004234   68-3020-5 4 3 2 1 0 – Gedruckt auf säurefreiem Papier

Vorwort

MOS-Transistoren haben seit ihrem Aufkommen in den 60er Jahren die Entwicklung der Mikroelektronik auf das Nachhaltigste beeinflußt: Dank einer Reihe von Vorzügen gegenüber dem Bipolartransistor erlauben sie heute Integrationsgrade im VLSI- und ULSI-Bereich, die mit anderen Halbleiterbauelementen nicht erreichbar sind.

Aber auch als Leistungsbauelemente konnten sie sich – nach anfänglichen Schwierigkeiten – schließlich überzeugend durchsetzen. Diese Bedeutung war Grund genug, dem MOS-Transistor einen eigenen Band der Reihe „Halbleiter-Elektronik" zu widmen.

Das Buch beginnt mit einer einführend-zusammenfassenden Betrachtung der MOS-Kapazität als Grundlage des MOS Transistors. Der Schwerpunkt des Buches liegt auf der Modellierung des MOS-Transistors unter verschiedensten Gesichtspunkten: Gleichstrommodelle der unterschiedlichsten MOSFET-Arten, Einbezug verschiedener physikalischer Effekte, Submikrometermodelle, Modellierung für unterschiedliche Betriebsbedingungen; Modelle für das Wechselstrom- und Impulsverhalten; Modellierung für die Schaltungssimulation.

Ein weiterer Teil ist den unterschiedlichen Transistorbauformen und Technologieaspekten gewidmet: CMOS-, SOI-Strukturen, Speicher-FET's und Leistungselemente.

Das Buch wendet sich an drei Leserkategorien: Ingenieure und Naturwissenschaftler in der Halbleiterentwicklung, Schaltungsentwerfer und Studenten der Elektrotechnik und Physik mit Interesse am MOSFET und seinen Anwendungen. Dabei wurde versucht, sowohl einführende als auch Fortschrittsaspekte zu berücksichtigen. Vorausgesetzt werden lediglich Halbleitergrundkenntnisse, wie sie beispielsweise durch den Band 1 dieser Reihe ausreichend geboten werden.

Mein Dank gilt insbesondere den Herausgebern der Reihe, den Herren Prof. Dr. W. Heywang und Prof. Dr. R. Müller für fördernde Diskussionen zu diesem Projekt, vor allem aber auch für die geduldige Nachsicht, daß das Manuskript nicht so rasch abgeschlossen werden konnte, wie ursprünglich geplant.

Dem Springer-Verlag danke ich für die stets gute Betreuung und sorgfältige Gestaltung des Buches und nicht zuletzt meiner Frau für die notwendige Textverarbeitung und geduldiges Verständnis für die (frei)zeitraubende Arbeit am Manuskript.

Hamburg, im Dezember 1993 R. Paul

Inhaltsverzeichnis

1. Der MOS-Feldeffektransistor, das wichtigste Bauelement innerhalb der Familie der Feldeffekttransistoren 1
2. Der MOS-Transistor als Funktionselement. Grundlagen, Wirkprinzip und Kennlinienmodell 15
   2.1 Der MOS-Zweipol 15
      2.1.1 Die Raumladungszone 17
      2.1.2 Einfluß von Austrittsarbeit und Oberflächenzuständen auf die Flachbandspannung 31
      2.1.3 Kapazität des MOS-Zweipols 34
      2.1.4 Der MOS-Zweipol mit zugängiger Inversionsschicht 39
   2.2 Der MOS-Transitor. Grundlegende Kennlinieneigenschaften ... 53
      2.2.1 Wirkprinzip. Grundmodell 54
   2.3 Verbesserte Modellierung 60
      2.3.1 Verallgemeinertes Flächenladungsmodell 61
         2.3.1.1 Drift- und Diffusionsstrom-Kennlinienmodell 61
         2.3.1.2 Kennlinie im Bereich starker Inversion 66
         2.3.1.3 Linearisierung der Verarmungsladung 70
         2.3.1.4 Vergleich der Kennlinienmodelle 73
         2.3.1.5 Kennlinie bei schwacher Inversion 73
         2.3.1.6 Bereich mittlerer Inversion 79
      2.3.2 Besondere physikalische Effekte 80
         2.3.2.1 Beweglichkeitsmodellierung 80
         2.3.2.2 Kanallängenmodulation. Sättigungsverhalten 87
         2.3.2.3 Durchbruchverhalten 93
            2.3.2.3.1 Lawinendurchbruch 95
            2.3.2.3.2 Gatedurchbruch. Schutzmaßnahmen 98
      2.3.3 Strom-Spannungsverhalten verschiedener MOSFET 99
         2.3.3.1 p-Kanal-Anreicherungs-MOSFET 100
         2.3.3.2 n-Kanal-Verarmungs-MOSFET 102
         2.3.3.3 MOSFET mit implantiertem Kanal gleichen Leitungstyps zum Substrat 103
         2.3.3.4 MOSFET mit implantiertem Kanal entgegengesetzten Leitungstyps, n-Kanal-Verarmungstransistor 114
            2.3.3.4.1 Betriebsmoden 118

2.3.3.4.2 Stromfluß. Kennlinie 125
2.3.3.4.3 Verarmungstransistor 128
2.3.3.4.4 Anreicherungstransistor 132
2.4 Der MOSFET bei abnehmenden Geometrien. Kurzkanal- und Schmalkanaleffekte. Submikrometertransistor 134
   2.4.1 Geometrieabhängigkeit der Schwellspannung 139
      2.4.1.1 Kurzkanalschwellspannung 139
      2.4.1.2 Schmalkanalschwellspannung 149
      2.4.1.3 Kleingeometrieeffekte 151
      2.4.1.4 Kurzkanalschwellspannung des MOSFET mit vergrabenem Kanal 151
      2.4.1.5 Kennlinien im Bereich schwacher Inversion bei Kurzkanaleffekt 153
   2.4.2 Hochfeldeffekte 155
      2.4.2.1 Durchgreifeffekt 156
      2.4.2.2 Heißelektroneneffekte 161
         2.4.2.2.1 Heiße Ladungsträger im Oxid. Gatestrom . 162
         2.4.2.2.2 Durchbruchserscheinungen 169
   2.4.3 Transporteffekte 173
      2.4.3.1 Beweglichkeit, Geschwindigkeitssättigung 174
      2.4.3.2 Transporteffekte 177
   2.4.4 Source-Drainwiderstände und ihre Auswirkungen 182
   2.4.5 Skalierung 186
3. Der MOSFET im dynamischen Betrieb 192
3.1 Kleinsignalverhalten für tiefe Frequenzen 192
   3.1.1 Formale Darstellung. Kleinsignalparameter 193
   3.1.2 Kleinsignalparameter 195
      3.1.2.1 Gatesteilheit g_m 197
      3.1.2.2 Substratsteilheit g_{mb} 201
      3.1.2.3 Drainleitwert g_d 203
      3.1.2.4 Gate-, Substratdurchgriff 206
      3.1.2.5 Einfluß der Bahnwiderstände 207
3.2 Signalverhalten im quasistationären Betrieb 207
   3.2.1 Der MOSFET als ladungsgesteuertes Bauelement 209
      3.2.1.1 Prinzip der Ladungssteuerung 209
      3.2.1.2 Strom-Ladungsbeziehungen 211
      3.2.1.3 Ladungsanalyse 217
         3.2.1.3.1 Ladungsmodell des Langkanaltransistors . 219
         3.2.1.3.2 Ladungsmodell des Kurzkanaltransistors . 227
         3.2.1.3.3 Ladungsmodell des Verarmungstransistors 231
   3.2.2 Linearisierung des ladungsgesteuerten MOSFET. Kapazitäten 231
      3.2.2.1 Nichtreziproke Kapazität 231
      3.2.2.2 Kapazitätsbeziehungen 234

3.2.2.3 Kapazitätsanordnung in der Vierpolersatzschaltung 235
3.2.2.4 Ladung und Kapazitäten 239
3.2.2.5 Parasitäre Elemente 247
3.2.3 Allgemeine Kleinsignalersatzschaltung 248
3.3 Dynamisches Verhalten 251
  3.3.1 Modell, Grundgleichungen 251
  3.3.2 Quasistatische Betrachtung 253
  3.3.3 Substrateinbezug 256
    3.3.3.1 Grundgleichung der Kanalspannung und ihre Lösung 256
    3.3.3.2 Die Admittanzparameter und Ersatzschaltelemente 262
  3.3.4 Ersatzschaltung 267
    3.3.4.1 Quasistatische Ersatzschaltung 272
    3.3.4.2 Nichtquasistatische Ersatzschaltung 277
  3.3.5 Vergleich der Ladungsmodelle 281
3.4 MOSFET-Modelle für den Schaltungsentwurf 288
  3.4.1 Kompaktmodelle für die Schaltungssimulation 291
    3.4.1.1 Kompaktmodelle für den Digitalschaltungsentwurf 292
    3.4.1.2 Kompaktmodelle für den Analogschaltungsentwurf 304
  3.4.2 Tabellenmodelle 307
3.5 Schalt- und Impulsverhalten 310
  3.5.1 Quasistatisches Schaltverhalten 312
  3.5.2 Dynamisches Verhalten 317
  3.5.3 Schaltverhalten des dynamischen Grundelementes 320

4. Bauformen des MOSFET 324
4.1 Der MOSFET in integrierten Schaltungen 324
  4.1.1 Bauformen 325
  4.1.2 CMOS-Technik 332
    4.1.2.1 CMOS-Inverter 335
    4.1.2.2 Durchschalteffekt 336
    4.1.2.3 Technologieaspekte 338
  4.1.3 SOI-MOSFET 340
    4.1.3.1 Typische Eigenschaften der MISIS-Grundstruktur 342
    4.1.3.2 Kennlinien 353
4.2 Speicherfeldeffekttransistoren 356
  4.2.1 MNOSFET 358
  4.2.2 Floating-Gate-MOSFET 366
4.3 MOS-Leistungsbauelemente 369
  4.3.1 Bauformen 370
  4.3.2 Elektrische Eigenschaften 372
  4.3.3 Weitere MOS-Leistungsbauelemente 380
  4.3.4 Leistungshalbleiter-Schaltkreise 384
4.4 Temperaturverhalten 386
  4.4.1 Kanaltemperatur, Temperaturkoeffizienten 386

        4.4.2 Verhalten bei sehr tiefer Temperatur 391
        4.4.3 Thermisch-elektrische Wechselwirkung in MOSFETs   392

Anhang 398

Literaturverzeichnis 408

Sachverzeichnis 432

1 Der MOS-Feldeffekttransistor, das wichtigste Bauelement innerhalb der Familie der Feldeffekttransistoren

Der vorliegende Band der Reihe "Halbleiter-Elektronik" befaßt sich mit dem MOS (Metall-Oxid-Halbleiter)-Feldeffekttransistor oder kurz MOSFET als diskretes und integriertes Bauelement.

Als *Einzelbauelement* steht der MOSFET heute weniger als Kleinleistungstransistor, sondern vor allem als *Leistungsbauelement* zur Verfügung, das in vielerlei Hinsicht dem Bipolartransistor überlegen ist. Die größte Bedeutung erlangte der MOSFET zweifelsfrei als *integriertes Bauelement* für die sog. *MOS-Integrationstechnik* bis zu höchsten Integrationsgraden. So wären beispielsweise

- 16-Mbit dynamische Halbleiterspeicher mit rd. 35 Millionen (!) Einzelkomponenten,
- 32-bit-Minicomputer mit Einzelkomponenten in Millionenhöhe,
- Systemlösungen verschiedenster Art wie programmierbare Schaltungen, Halbleiterfestwertspeicher, Schalter-Kondensator-Filter

und viele andere originäre Schaltungs- und Integrationskonzepte ohne diesen Transistor unmöglich.

Mehrere Gründe forcierten diesen fast beispiellosen Siegeszug seit der Konzeption des MOSFET zu Anfang der 60er Jahre: einfacher Transistoraufbau, die anfänglich einfache Herstellungstechnik durch den Silizium-Planar-Prozeß, der geringe Flächenbedarf, seine selbstisolierenden Eigenschaften zu anderen Bauelementen im Si-Chip und nicht zuletzt das leistungslose Steuerprinzip. Doch auch schaltungsseitig erhielt diese Entwicklung entscheidene Impulse: durch die komplementäre Schaltungstechnik, die Erfindung des Mikroprozessors und des dynamischen Halbleiterspeichers, zahlreiche neuartige analoge Schaltungsprinzipien sowie überhaupt durch den wachsenden Integrationsgrad seit Beginn der 60er Jahre. Die Folge waren

- eingehendere Untersuchungen der elektronischen Eigenschaften des MOSFET,
- Forderungen nach Modellbildungen für den MOSFET, bedingt durch den rechnergestützten Schaltungsentwurf.

Heute stellt die Schaltungs- und Systemintegration im VLSI- und ULSI-Gebiet mit typischen Strukturabmessungen des MOSFET im Submikrometerbereich eine wissenschaftlich-technische Herausforderung allerersten Ranges dar, zumal manche der bis jetzt erfolgreich benutzten klassischen Grundlagen der Halbleiterphysik und -elektronik wegen der extrem kleinen Strukturabmessungen den neuen Bedingungen angepaßt werden müssen.

Das vorliegende Buch versucht, den Leser auf einem "advanced level" mit den halbleiterelektronischen Grundlagen und Eigenschaften des modernen MOSFET vertraut zu machen. Dann muß naturgemäß auf Lehrbücher und frühere zusammenfassende Darstellungen verwiesen werden, von denen einige bereits Anfang der 70er Jahre erschienen sind [B1...B14].

Inhaltlich folgt nach einer kurzen Einordnung des MOSFET in die Familie der Feldeffekttransistoren (Abschn. 1) im Abschn. 2 die Behandlung des Stromtransports, seine Steuerungsmechanismem und die Modellierung in den verschiedensten Formen (physikalische Kennlinienmodelle, Ersatzschaltung, Computermodelle). Eingeschlossen sind dabei die verschiedenen Steuermoden (Anreicherungs-, Verarmungs-MOSFET) sowie die Realisierungsarten. Gleichzeitig werden die Probleme des Submikrometer-MOSFET diskutiert, die gegenwärtig weltweit intensiver Forschungsgegenstand sind.

Dynamische Vorgänge unter den verschiedensten Ansteuerbedingungen (Groß-, Kleinsignalsteuerung) bilden den Inhalt des Abschn. 3. Dazu zählen das Kleinsignalverhalten bei tiefen und hohen Frequenzen, Kapazitäts- und Ladungsmodelle sowie das Schaltverhalten. Konzeptionelle, vor allem aber auch applikative Forderungen führten im Verlaufe der Zeit zu einer Reihe von verschiedenartigsten Bauformen (Abschn. 4) des MOSFET. Dazu zählen für integrierte Schaltungen sowohl signalverarbeitende als auch speichernde MOSFET und natürlich die Leistungs-MOSFET.

Schaltungs- und Integrationsgesichtspunkte werden nur in dem Maße berücksichtigt, wie sie unmittelbar mit dem VLSI-MOSFET verknüpft sind. Für eine breitere Darstellung integrierter MOS-Schaltungen sie auf [B3] verwiesen. Auch auf halbleitertechnologische Aspekte wurde bewußt verzichtet, zumal in Band 19 "Technologie hochintegrierter Schaltungen" dieser Reihe dieses Thema behandelt wurde [B14].

Der MOSFET in der Familie der Feldeffekttransistoren. Prinzipiell versteht man unter einem Feldeffekttransistor ein Halbleiterbauelement mit wenigstens drei Anschlüssen: dem *Source, Drain* und *Gate*, bei dem ein Majoritätsträgerstrom in einem Stromkanal zwischen Source und Drain durch ein senkrecht einwirkendes elektrisches Feld (zwischen Gateelektrode und Stromkanal) gesteuert wird. Der unipolare Trägertransport unterscheidet den Feldeffekttransistor somit grundsätzlich vom Bipolartransistor.

Nach der Art, den Strom im Kanal durch das Feld zu steuern, unterscheidet man:

– Die *Querschnittssteuerung*. Hierbei bildet das Steuerfeld einen Teil des Kanalquerschnittes als *Verarmungszone* aus. Dies ist das Prinzip des *Sperrschichtfeldeffekttransistors*, aber auch des MESFET (Metal-Halbleiter-FET) oder neuerdings der HEMT (High Electron Mobility Transistor). Die diesen Prinzipien gemeinsame Verarmungszone als Steuerstrecke wird dabei durch

(sperrgepolte) pn-, MS- oder Heteroübergänge realisiert. Sperrschichttransistoren sind nicht Gegenstand dieses Bandes; hier sei auf zusammenfassende Behandlungen und Monographien verwiesen, insbesondere auch auf den Band 16 "GaAs-Feldeffekttransistoren" dieser Buchreihe.
- Die *Leitfähigkeitssteuerung*. Hierbei beeinflußt das Steuerfeld E_{St} zwischen einer parallel zum Kanal *isoliert* angebrachten *Steuer-* oder *Feldelektrode* und der Halbleiteroberfläche die Trägerdichte im oberflächennahen Bereich des Stromkanals und damit die Leitfähigkeit durch Influenzwirkung. Dies ist im eigentlichen Sinne der *Feldeffekt*, und man spricht vom *Feldeffekttransistor mit isolierter Feldelektrode*: IGFET (*Insulated Gate Field Effect Transistor*, Bild 1.1a). Der technisch wichtigste Vertreter ist der MIS-FET (Metal Insulator Semiconductor-FET) oder etwas einschränkender (aber am breitesten vertreten)

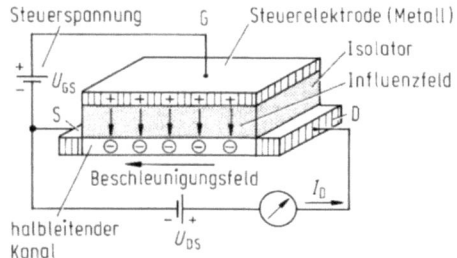

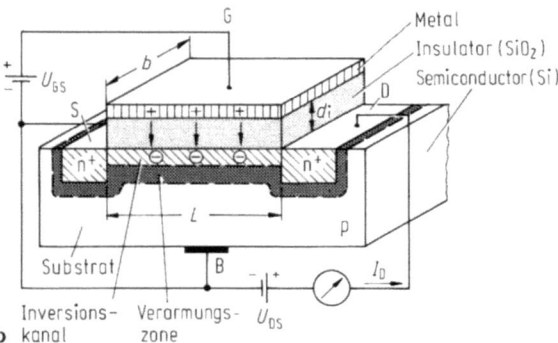

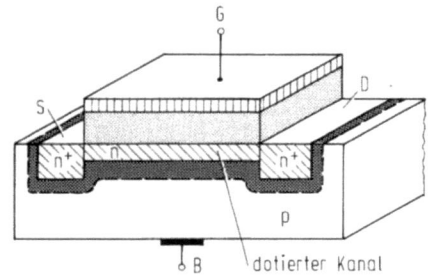

Bild 1.1a–c. Funktionsprinzipien von Feldeffekttransistoren. **a** Feldeffektprinzip, **b** Aufbau des MIS-Feldeffekttransistors, **c** wie b), jedoch mit dotiertem Kanal

auch MOSFET (Metal Oxid Semiconductor): Auf einem Siliziumkanal befindet sich die natürliche SiO$_2$-Isolatorschicht der Dicke 0,01...0,1 µm und darauf eine gut leitende, metallische oder auch halbleitende Steuerelektrode[1] (Dicke etwa 1 µm).

Abhängig vom Steuerfeld wird die Trägerdichte n im oberflächennahen Bereich gegenüber dem Halbleitervolumen entweder vergrößert oder reduziert, und der Strom durch den Halbleiterkanal zeigt eine entsprechende Änderung. Dazu muß zwischen den Kanalenden – Source und Drain – ein Spannung U$_{DS}$ liegen. Der *Kanal-* oder *Drainstrom* I$_D$ ist in nullter Näherung durch

$$I_D \sim \varkappa(E_{St})U_{DS} \sim qn\mu_n(E) \cdot U_{DS} \sim U_{GS}U_{DS}\mu_n$$

und damit die Trägerdichte n ~ U$_{GS}$ und die Beweglichkeit µ$_n$ gegeben. Eine möglichst große (relative) Stromänderung erfordert

– einen dünnen Kanal und/oder
– möglichst vollständigen Beitrag der influenzierten Trägerdichte zum Stromtransport, m.a.W.: es sollen keine Träger durch Haftstellen (Trapzentren) an der Halbleiteroberfläche eingefangen werden.

Während die zweite Forderung eine sorgfältige Präparationstechnik verlangt, läßt sich die erste erfüllen durch:

a) Ausbildung des Kanals als dünner Halbleiterfilm auf einer *isolierenden Unterlage*, z.B. als polykristalliner oder noch besser einkristalliner Film auf einkristallinem, elektrisch inaktivem Substrat. Dies ist die sog. *SOI-* und *SOS-Technik* (Abschn. 4.1.3). Sie gewinnt zunehmend an Bedeutung. Solche Transistoren werden oft als *Dünnfilmtransistoren* bezeichnet, eine Richtung, die besonders für die dreidimensionale Integration wegweisend ist.

b) Schaffung eines *Inversionskanals*, der durch das Steuerfeld an der Oberfläche eines dickeren einkristallinen *Halbleitersubstrats* – durchweg Silizium – erzeugt wird (Bild 1.1b). Inversion bedeutet dabei, daß sich der Kanalleitungstyp von dem des Substrats unterscheidet, also z.B. auf einem p-leitenden Substrat ein n-leitender Inversionskanal entsteht. Zwangsläufig bildet sich zwischen Kanal und Substrat eine *Verarmungszone*.

Weil der Elektronenaustausch zwischen Kanal und den Source- und Draingebieten (als Trägerreservoir) ungehindert erfolgen muß, haben diese Gebiete den Leitungstyp des Inversionskanals. So ergibt sich der Aufbau eines MOSFET nach Bild 1.1b, dessen *funktionsbestimmenden Abmessungen* sind:

– die *Kanallänge* L($\approx 2 \cdots 10$ µm) mit der Tendenz zu immer kürzeren Kanälen (L $\approx 0,1 \cdots 1$ µm) für MOSFET in höchstintegrierten Schaltungen (sog. Submikrometertechnik),

---

[1] Sog. Poly-Si-Elektrode aus polykristallinem Silizium.

– die *Isolatordicke* d_i ($\approx 0{,}01 \cdots 0{,}1$ µm), deren untere Grenze sich durch einsetzende Tunnelströme (Gatestrom) ergibt, sie liegt etwa bei $d_i \approx 0{,}005$ µm;
– die *Kanalbreite* b als wichtiges Maß für die Strombelastung und damit ein Entwurfsparameter für integrierte Schaltungen,
– die *Dicke* des Inversionskanals, die einige 10 nm beträgt.

Grundsätzlich kann der Kanal statt durch Inversion auch mittels *Dotierung* (Diffusion, Implantation) nach Art einer Verbindung zwischen Source und Drain erzeugt werden (Bild 1.1c). Dann vergrößert oder verkleinert das Steuerfeld die Kanalträgerdichte (Anreicherungs-, Verarmungsfall) und ändert so den Strom (Abschn. 2.3.3).

Funktions- und Steuerprinzip. Die Zahl möglicher Varianten des MISFET ist sehr groß, weil es verschiedene Einteilungskriterien gibt (Tafel 1.1). Üblicherweise wird jedoch nach Funktions- und Steuerprinzipien sowie den Ausführungsformen unterschieden.

1. Funktions- und Steuerprinzipien. Die grundlegende Halbleiterstruktur des MISFET ist der *MIS-* oder *MOS-Übergang* (Bild 1.2). Deshalb bestimmen seine Merkmale die elektrischen Eigenschaften des MOSFET fundamental.

Vom üblichen Plattenkondensator (Metall-Isolator-Metall) unterscheidet sich die MOS-Anordnung insbesondere dadurch, daß die Trägerdichte an der

Tafel 1.1. MIS-Realisierungstechniken und Hauptmerkmale von MOSFETs

Realisierungsmerkmal	Technische Varianten
Substratmaterial Kanalgestaltung	*Material*: durchweg Silizium, (100)-, (111)-Orintierung *Kristallstruktur*: ein-, polykristallin (Filmhalbleiter) *Volumenhalbleiter*: n-, p-Typ *Filmhalbleiter*: SOS-, ESFI-, SOI-Technik (dicker, dünner Kanal)
Aufbau und Technologie	– Standardform (diffundierte S-, D-Gebiete) – doppeltdiffundiert (DMOS) – ionenimplantiert (TIMOS, IMOS) – Vertikalätzen (VMOS) – Metall-, Poly-Si-Gate
Isolationstechnik	– Einfachisolator (dickes SiO_2): MOS-Technik (LOCMOS-, NMOS-, ISOPLANAR-, NMOS-, PLANOX-, SIMOX-Technik u.a.) – Doppelisolator (DGT-Technik: SiO_2-Si_3N_4, SiO_2-Al_2O_3, u.a. Versuchsmaterialien)
Typische Transistorgrößen	– Kanallänge L: Langkanal- ($L \geq 2$ µm), Kurzkanal- ($L \approx 1 \ldots$ µm), Submikrometertransistor ($L < 1$ µm) – *Schwellspannung*: Steuertyp: Verarmungs-Anreicherungssteuerung – Oxiddicke: dünnes Oxid ($d_i \leq 100$ nm), dickes Oxid (als Feldoxid) – Gatebreite: wie L Konstruktionsparameter
Stromflußrichtung	parallel, senkrecht oder schräg zur Oberfläche
Speichereigenschaften	für *Speichertransistoren*: (UV-oder elektrisch löschbar) – mit Schwebeelektrode im SiO_2 (FLOTOX, ATMOS) – mit Doppelisolator (FAMOS, NMOS, MAOS, SIMOS-FET u.a.)

1 Der MOS-Feldeffekttransistor

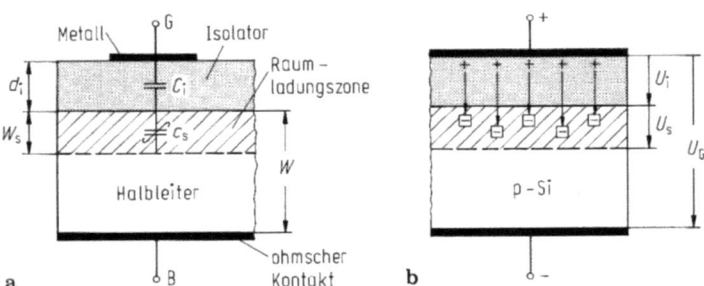

Bild 1.2a, b. MOS-Kondensator. **a** Aufbau, **b** Feldstärke und Ladungen bei positiver Gatespannung

Oberfläche der "Halbleiterelektrode" (zum Isolator hin) von der Richtung und Intensität des im Isolator herrschenden elektrischen Feldes abhängt. Gleichzeitig entsteht dort eine *Raumladungszone* der Breite W_S (in einer Metallelektrode schrumpft diese Raumladungszone auf wenige Atomlagen von Größenordnung der Debyeschen Abschirmlänge zusammen): Bei *negativer* Spannung U_G (bezogen auf den Halbleiterkontakt) erzwingt die hohe Feldliniendichte eine *Anreicherung* von *Löchern* (*Majoritätserhöhung*) an der Halbleiteroberfläche, wozu Löcher aus dem Halbleiterinneren herangeführt werden müssen. Umgekehrt drängt eine (kleine) *positive* Spannung U_G Löcher von der Oberfläche ins Halbleiterinnere zurück. So entsteht eine *Verarmungszone*, und die Leitfähigkeit sinkt in diesem Bereich. Mit weiter steigender Spannung U_G reicht die negative Akzeptorladung der Raumladungszone zum "Abfangen" der Feldlinien nicht mehr aus, und es müssen noch Elektronen (Minoritätsträger) aus dem Halbleiterinnern zur Halbleiteroberfläche hingezogen werden. Dabei kann die Elektronenanreicherung schließlich so stark werden, daß im Oberflächenbereich n-Leitung einsetzt: *Umkehr des Leitungstyps = Inversion*. Zwangsläufig ist dieser n-leitende *Inversionskanal* durch eine Verarmungszone vom neutralen Halbleitersubstrat "getrennt".

Von der MOS-Kapazität unterscheidet sich der MOSFET nun dadurch, daß

- der Inversionskanal an den Enden kontaktiert ist (Source, Drain) und vom Kanalstrom I_D durchflossen wird,
- der Substratkontakt zumeist nicht benötigt und deshalb mit dem Sourcekontakt verbunden wird und so
- die Steuerspannung zwischen Gateelektrode und Source bzw. Kanal liegt.

Somit wird der MOSFET in erster Näherung vom Inversionskanal mit seinen beiden Kontaktbereichen (S, D) und der MOS-Steuerstrecke (Gate G) gebildet (Bild 1.1b). Er ist durch eine Verarmungszone vom übrigen Substrat quasi isoliert, so daß der Substrateinfluß vorerst vernachlässigt werden kann. Im

Betrieb liegen die Spannungen U_{DS} und U_{GS} an, und es fließt der Kanalstrom I_D. Einen Gatestrom I_G gibt es durch die rein kapazitive Steuerstrecke nicht.

Den bisher beschriebenen *n-Kanal-MOSFET* mit n-leitendem Kanal (auf p-leitendem Substrat) gibt es analog auch als *p-Kanal-MOSFET* mit n-Substrat. Für ihn müssen sämtliche Ströme und Spannungsrichtungen vertauscht werden, wenn die gleichen Vorzeichen der Zahlenwerte wie beim n-Kanaltransistor gelten sollen.

Steuerarten. Beim realen MOSFET besteht das Steuer(netto)feld i.a. aus zwei Anteilen:

– einem *inneren* Feld, das auch *ohne* äußere Gatespannung vorhanden ist und z.B. durch *gebundene Ladungen* (sog. Oberflächenzustände) an der Halbleiter-Isolator-Phasengrenze, im Isolator und/oder den verschiedenen *Halbleiteraustrittsarbeiten* zwischen Metall- und Halbleiteroberfläche entsteht (dieses Feld wird später durch die sog. *Schwell-* oder *Flachbandspannung* erfaßt),
– dem *äußeren Feld* durch die Gatespannung U_{GS}.

Je nach der dominierenden Komponente ergeben sich zwei *Steuermoden* des MOSFET:

Verarmungssteuerung

– Inversionskanal bereits *ohne* äußere Spannung ($U_{GS} = 0$), also nur durch das innere Feld *vorhanden* (Bild 1.3), und der MOSFET ist *selbstleitend* (normally on type). Zur Steuerung muß das äußere Feld dann so gerichtet sein, daß es die Trägerdichte im Kanal senkt (Absinken des Stromes). Man spricht daher von *Verarmungssteuerung* wie beim SFET: Depletion-Mode, D-MOSFET. Sinkt die Steuerspannung U_{GS} *unter* eine *Schwellspannung* U_{TH}, so hört der Stromfluß auf, weil der Kanal vollständig an beweglichen Trägern verarmt ist.
– Ein selbstleitender n-Kanal kann z.B. auch durch eine mittels Implantation eingebrachte n-dotierte Schicht zwischen S und D erzeugt werden (Bild 1.1c).

Anreicherungssteuerung

– Inversionskanal *ohne* äußeres Feld *nicht vorhanden*, weil das innere Feld entweder falsch gerichtet ist oder seine Intensität zur Inversion nicht ausreicht. Dann fließt für $U_{GS} = 0$ *kein* Drainstrom, und der MOSFET ist *selbstsperrend* (normally off type). Mit steigendem äußeren Feld (steigende Gatespannung) wächst die Trägerdichte, und es setzt oberhalb einer Schwellspannung U_{TH} Inversion ein: Anreicherung der Trägerdichte, *Anreicherungssteuerung* (Enhancement-Mode, E-MOSFET).

Berücksichtigt man, daß es p- und n-Kanaltyp-MOSFET gibt, so existieren dann insgesamt vier Grundtypen (Bild 1.3):

– *Anreicherungstyp*: gleiche Vorzeichen von U_{GS}, U_{DS} und der Schwellspannung U_{TH},

8   1 Der MOS-Feldeffekttransistor

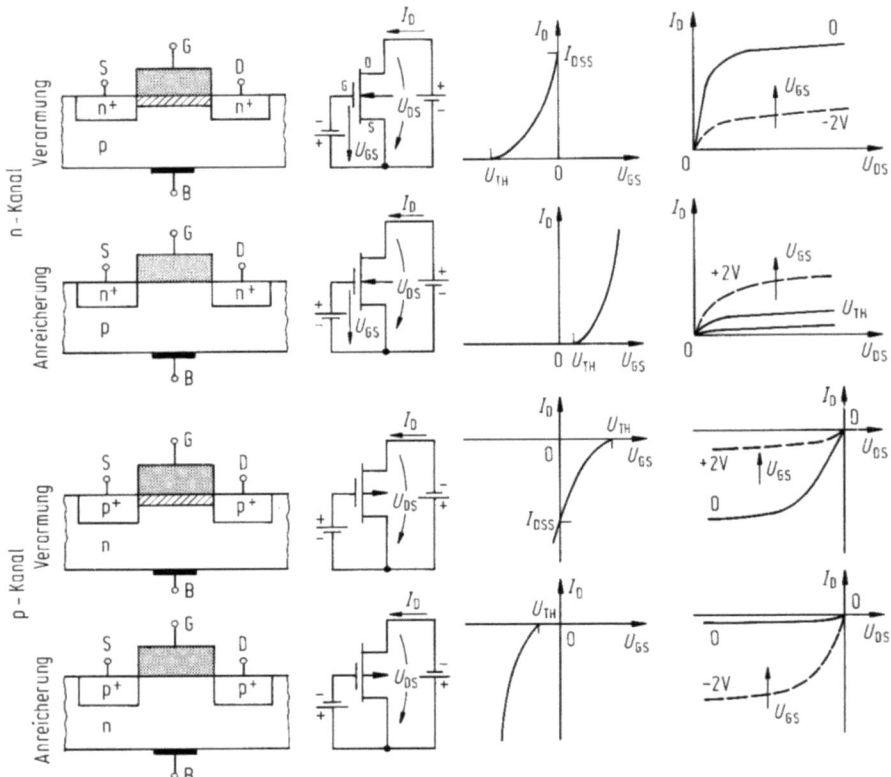

Bild 1.3. Grundtypen von MOS-Feldeffekttransistoren (Anreicherungs-(E-), Verarmungs-(D-) Transistoren)

– *Verarmungstyp*: verschiedene Vorzeichen von U_{DS} einerseits und U_{GS}, U_{TH} andererseits.

Schaltsymbole. Sowohl der Kanalleitungstyp als auch der Steuermodus wird im Schaltsymbol des MOSFET zum Ausdruck gebracht. Bild 1.4 zeigt einige allerdings nicht einheitlich benutzte Darstellungen.

2. Ausführungsformen und Aufbau. Die zahlreichen Ausführungs- und Bauformen des MOSFET lassen sich nach ganz verschiedenen Gesichtspunkten unterteilen (Tafel 1.1). Neben dem Kanal- und Steuertyp sind dies vor allem technologische und konstruktive Merkmale.

Technologische Merkmale nehmen vor allem Bezug auf die Realisierungstechnik. Dazu zählen:

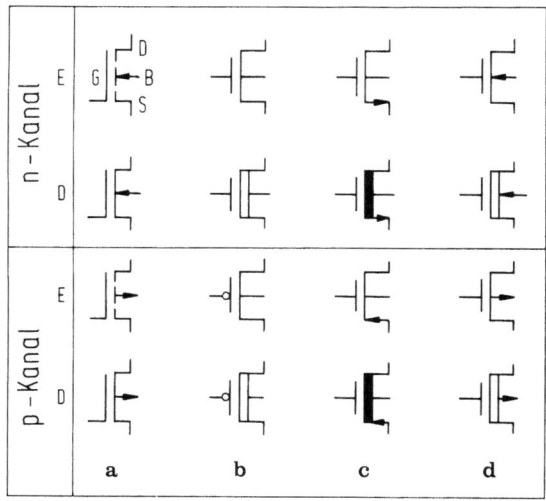

Bild 1.4a–d. Schaltsymbole von MOSFETs. **a** nach IEEE, **b** häufig verwendet in CMOS-Schaltungen, **c** ältere Darstellung (bei $U_{BS} = 0$ Substratanschluß weggelassen), **d** häufig verwendete Form entsprechend c)

– Das *Halbleitersubstrat*. Dominierend wird einkristallines *Silizium* wegen der natürlichen Bildung des Oxidfilmes SiO_2 verwendet. Bei dünnen Si-Schichten (einkristallin, polykristallin, versuchsweise auch amorph) auf einem Isolatorsubstrat (SOS-, SOI-Technik, Abschn. 4.1.3) dient als Substrat ein isolierender Einkristall (Spinell oder Saphir), auf dem die Si-Schicht einkristallin abgeschieden ist. Bei dieser Technik sind die einzelnen Transistoren völlig voneinander isoliert.
– Das *Gatematerial*. Üblich waren lange Zeit Aluminium und Molybdän vor allem bei selbstjustierenden Strukturen. Heute wird verbreitet Poly-Si bei der *Silizium-Gate-Technologie* (SGT) benutzt. Neuerdings werden ebenfalls Silizide verwendet.
– Das *Isolatormaterial*. Ausgehend von SiO_2 als dem natürlichen Isolator (durchweg thermisch aufgewachsen) wurden auch Si_3N_4 und Al_2O_3 (und einige andere Materialien) als Isolatoren untersucht, jedoch mit nur mäßigem Erfolg. Geeigneter erwiesen sich *Isolatordoppelschichten* der Form SiO_2/Si_3N_4, SiO_2/Al_2O_3. Sie erlauben einerseits eine gewisse Steuerung der Schwellspannung, andererseits besitzen diese Schichten ladungsspeichernde Eigenschaften, die zu einer Kennlinienhysterese führen können. Derartige Anordnungen sind die Grundlage der sog. *speichernden MOSFET* (z.B. MNOS, MAOSFET u.a.), wie sie in Speicherschaltkreisen wie PROM, EPROM u.a. verwendet werden. Auch der Einbau einer allseitig isolierten Zusatzelektrode in den Gateisolator – ein sog. *schwebendes Gate* (Floating Gate Transistor) – ermöglicht eine effiziente Ladungsspeicherung.
– Bestimmte technologische Arbeitsschritte, wie z.B. selbstjustierende Verfahren, zusätzliche *Implantationsschritte* u.a. Bei der Standard-Metall-Gate-Technik erfordern die Toleranzen der Masken und des Justierens eine Überlappung

des Gates über die Drain-Source-Bereiche. Dadurch entstehen unerwünschte parasitäre Kapazitäten, die sich durch Selbstjustierung vermeiden lassen.

Zu den *konstruktiven Merkmalen*, die auch die *Bauform* betreffen, zählen vor allem die *Kanalauslegung* und *-anordnung*, die *Schwellspannung* u.a.m.:

a) *Kanallänge* L "lang" (Bereich 2···10 μm, sog. *Langkanaltransistor*) oder "kurz" (<2 μm): *Kurzkanaltransistor* und *Submikrometertransistor* für L < 1 μm. Wichtige Maßnahmen zur Kanalverkürzung sind dabei:

– die Realisierung der Kanallänge durch eine gut *einstellbare Schicht-* oder *Diffusionsdicke* mittels optischer Fotolithographie (sog. VMOS- oder DMOS-Transistoren, Abschn. 4.3),
– Einsatz von *nichtoptischen Strukturierungsverfahren* für kleinste Strukturen (Röntgen-, Elektronen-, Ionenlithographie),
– die Anwendung des *Skalierungsprinzips* (Abschn. 2.4.5).

Für die modernen VLSI-MOSFET ist die Kanallänge die wichtigste Konstruktionsgröße, weil sie u.a. die dynamischen Eigenschaften entscheidend mitbestimmt.

b) Die *Kanalanordnung* selbst. Neben der üblicherweise horizontalen Anordnung gibt es auch vertikale Kanäle. Dann reicht der Kanal in die Tiefe des Substrats, und der Drainbereich liegt an der Substratunterseite. Dies verbessert die Wärmeabfuhr und macht diese Struktur besonders für Leistungstransistoren interessant.

c) Die *Schwellspannung* als weiterer wichtiger Konstruktionsparameter. Ihr Vorzeichen bestimmt den Steuerungstyp, ihre Größe z.B. die Mindestbetriebspannung und damit die Kompatibilität zu anderen Schaltungstechniken. Deshalb gibt es eine Fülle von konstruktiven und technologischen Maßnahmen – als "Schwellspannungsengineering" zusammengefaßt – mit dem Ziel, die Schwellspannung definiert und reproduzierbar einstellbar zu machen und ihre Langzeitdrift klein zu halten. Zwei Tendenzen sind dabei zu unterscheiden:

– MOSFET mit *fester Schwellspannung* (Anreicherungs-, Verarmungstransistoren), der verbreiteste Fall, und
– MOSFET mit *umschaltbarer Schwellspannung*, z.B. durch ein anliegendes (hohes) Feld oder auftreffende energiereiche Strahlung für die schon erwähnten Speichertransistoren (Abschn. 4.2).

d) Ein weiterer Konstruktionsparameter ist die *Zahl der Steuerelektroden*. Neben einem Gate gibt es auch *MOS-Tetroden* mit zwei Steuerelektroden, in der Regel zwei Gates. Nicht als MOS-Tetrode wird jedoch der MOSFET mit getrennt zugängigem Substrat bezeichnet. Hier spricht man von *Substratsteuerung*.

Diese knappe Darstellung mag zunächst genügen, um die Stellung des MOSFET innerhalb der MOS-Bauelemente-Familie zu kennzeichnen. Sie umfaßt darüber hinaus noch die zahlreichen *MOS-Wandlerelemente*, die *Ladungstransferelemente* einschließlich der *Bildaufnahmeeinrichtungen* sowie die *MOS-Thyristoren*. Im weiteren Sinne gehören in diese Familie auch die *Verbundelemente*, die durch Zusammenschalten zweier MOSFET entstehen. Dabei mag offen bleiben, ob es sich jeweils um ein Bauelement oder eine Grundschaltung handelt. Beispiele solcher Zusammenschaltung sind (Bild 1.5) λ-Diode und λ-Transistor, MOSFET-Bipolarkombinationen (sog. Hybridschaltungen), der MOSFET als Verstärker mit einem MOSFET als Lastwiderstand, die sog. Transfertransistoren oder *Transmission-Gates*, der CMOS-Inverter u.a.m. (Abschn. 4.1.2).

Gerade das vorletzte Beispiel, bestehend aus einem n-Kanal-Verstärkertransistor und einem dazu komplementären p-Kanal-Lasttransistor – kurz als *Komplementär*- oder *CMOS-Schaltung* bezeichnet – ist für höchstintegrierende Schaltungen von grundsätzlicher Bedeutung geworden.

Der MOSFET in der modernen Schaltungstechnik. Die konzeptionellen Vorteile des MOSFET gegenüber dem Bipolartransistor, wie

– leistungslose Steuerung und kleine Eingangskapazität,
– kürzere Umschaltzeiten, da Minoritätsträger nicht im Spiel sind,
– Wegfall der Gefahr der thermischen Instabilität,

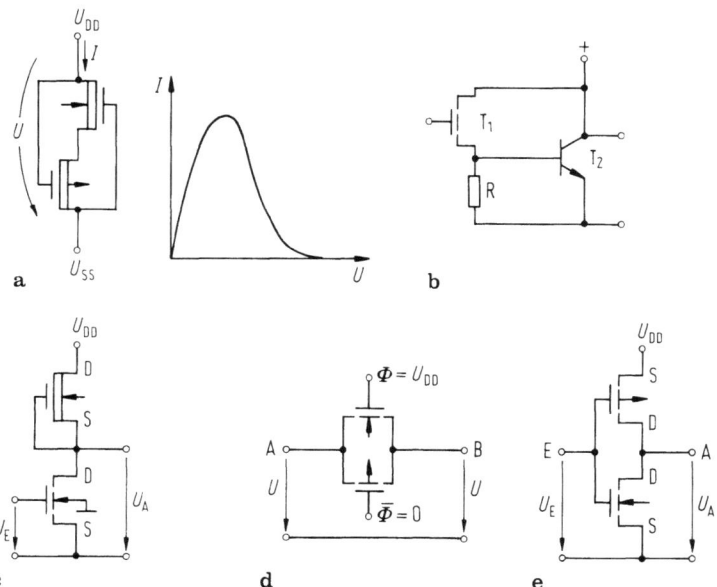

Bild 1.5a–e. Beispiele von MOSFET-Zusammenschaltungen. **a** λ-Diode, **b** MOS-Bipolar-Darlingtonstufe, **c** ED-Inverter (Anreicherungs-Verstärker-, Verarmungs-Lasttransistor), **d** Transfergate (p- und n-Kanal-Anreicherungstransistoren parallel, $0 \leq U \leq U_{DD}$), **e** CMOS-Inverter

– günstigere Verstärkungseigenschaften bei sehr kleinen Versorgungsleistungen u.a.m.

führten bereits in der diskreten Schaltungstechnik zu verschiedenen neuartigen schaltungstechnischen Lösungen, wie beispielsweise die sog. *dynamischen Schaltungen*. Sie verwenden die im MOSFET stets vorhandenen Kapazitäten zum kurzzeitigen Erhalt von Schaltungszuständen einer Taktsteuerung, wodurch sich die Verlustleistung deutlich senken läßt. Diese Schaltungstechnik sowie das Prinzip der Selbstisolation vom Substrat, Wegfall zusätzlicher Isolationsmaßnahmen, Flächenersparnis, u.a. höherer Integrationsgrad machten den MOSFET schon bald für integrierte Schaltungen interessant. Hinzu kam, daß sich auch andere integrierte Funktionselemente wie Dioden, Widerstände und Kondensatoren (die in Bipolartechnik eigene Grundelemente haben) direkt aus dem MOSFET ableiten oder mit den gleichen Prozeßschritten (nur anderer Geometrieauslegung) schaffen lassen:

– MOS-Kondensatoren (auch als Präzisionskondensatoren),
– MOS-Widerstände, üblicherweise durch Zweipolbetrieb des MOSFET (sog. aktive Last) realisiert,
– MOS-Dioden, wenn auch nicht mit den gleich guten Eigenschaften wie in Bipolartechnik.

Zusammen mit dem in der Bipolartechnik nicht vorhandenen *Permanentspeicherprinzip* in Form der *MOS-Speichertransistoren* (FAMOS, MNOS u.a.) bestand so ein zusätzlicher Anreiz, auch die Entwicklung integrierter MOS-Schaltungen zunächst in Digitaltechnik voranzutreiben. Sie führte von der sog. PMOS-Technik (Basis: p-Kanal-MOSFET mit sehr hoher Betriebsspannung von -27 V) sehr bald zur günstigeren *NMOS-Technik* (n-Kanal-MOSFET), die schon während der 70er Jahre zu einer *Basistechnologie* für hochintegrierte Schaltungen (im LSI-Bereich) avancierte. Merkmale dieser Ära waren:

– Realisierung sehr niedriger und einstellbarer Schwellspannungen, die nicht nur die TTL-Kompatibilität der Digitalschaltungen erlaubte, sondern auch zu Verarmungs- und Anreicherungstransistoren auf dem gleichen Chip führte;
– das Prinzip der aktiven Transistorlast, die im sog. *ED-Inverter* (Anreicherungs-Verstärkungs- und Verarmungs-Lasttransistor) zu deutlichen Integrationsvorteilen führte (ein Analogon in Bipolartechnik fehlt!);
– das Schalter-Kondensator-Prinzip, womit die Realisierung hochohmiger Widerstände in MOS-Technik auf kleiner Fläche gelang und insbesondere eine hochintegrationsgerechte Filterlösung zunächst auf Basis aktiver RC-Schaltungen, später der Digitalfilter;
– die Notwendigkeit, in integrierten Filtern auch Operationsverstärker einzubinden, woraus eine breite Entwicklung der *NMOS-Analogtechnik* erwuchs.

Durchschlagend gefestigt wurde die NMOS-Technik noch durch völlig neuartige hochintegrierte Schaltkreise wie Mikroprozessor, Halbleiterspeicher, Analog-Digital-Wandler u.a.m. Damit

– gelang erstmalig die dezentrale lokale Informationsverarbeitung durch Mikrorechner (Steuerung von Vorgängen vor Ort);
– konnten in großen Stückzahlen hergestellte gleichartige Schaltkreise vom Anwender durch ein Programm an die jeweilige Aufgabe angepaßt werden;
– erlaubten anwenderprogrammierbare Schaltkreise (PROM, EPROM) eine völlig neue Art von kundenbeeinflußbaren Digitalschaltungen durch weiteste Nutzung des MOS-Speicherfeldeffekttransistors;
– übernaham der dynamische Halbleiterspeicher schließlich die Rolle eines Schrittmachers in der Halbleitertechnologie, weil die Mikrorechner nach immer größeren Speichern verlangten.

Vor allem der Mikroprozessor leitete (nach der Erfindung des Transistors und später der integrierten Schaltung) die wohl tiefstgreifende Wandlung innerhalb der Elektronik ein: den Übergang von bis dahin nur *festverdrahteten Schaltungen* zu Lösungen mittels *Programmierung*. Das führte wiederum zu verstärkten Integrationsbemühungen, immer komplexeren Schaltkreisen (steigender Integrationsgrad) und folgerichtig einer ständigen Verkleinerung der Transistorabmessungen.

In dem Maße, wie p- und n-Kanaltransistoren reproduzierbar hergestellt werden konnten, wuchs auch das Interesse an der bereits in den 60er Jahren entwickelten Komplementär- oder *CMOS-Technik*. Dabei arbeiten der p- und n-Kanaltransistor wechselseitig als Last- und Schaltertransistor mit dem Vorteil verschwindender Gleichstromverlustleistung, weil ständig einer der beiden Transistoren sperrt. Eine leistungsarme Schaltungstechnik ist aber eine Voraussetzung für höchstintegrierte Schaltungen. So überrascht es nicht, daß die CMOS-Technik heute als *die* Basistechnologie für höchstintegrierte Schaltungen angesehen wird.

Wenn auch die Bipolartechnik aus verschiedenen Gründen keine der MOS-Technik vergleichbare Bedeutung für den Hochintegrationsbereich erlangen konnte, so hat sie doch einige Merkmale – wie z.B. die größere Stromergiebigkeit und kleineren Driftwerte – auf die schaltungstechnisch ungern verzichtet wird. Hier erlaubt eine Kombination mit der MOS-Technik – bekannt als *BIMOS*- oder *BICMOS-Technik* – eine Verschmelzung der jeweils günstigsten Eigenschaften.

Heute sind hoch- und höchstintegrierte Schaltkreise wie der 32-bit-Mikrocomputer, Signalprozessoren hoher Durchsatzraten, 4-Mbit-Speicher (mit deutlicherem Blick auf die 16- und 64-Mbit-Speicher), AD-Wandler mit 16 bit Auflösung und mehr, 8-Pol-Filter in Schalter-Kondensator-Technik (und mehr), Gate-Arrays mit 100 000 Gatterfunktionen, ganze Schaltkreisfamilien für ISDN (Integrated Services Digital Network) und viele andere Schaltungslösungen fast ausschließlich Einsatzgebiete des MOS-Transistors. Dies veranschaulicht seine Bedeutung, die sich innerhalb eines Zeitraumes von weniger als drei Jahrzehnten entfaltete.

Auch bei den *Leistungsbauelementen* konnte der *Leistungs-MOSFET* dank einer Reihe besserer Schaltereigenschaften im Vergleich zum Bipolartransistor ein respektables Einsatzfeld erringen. Transistoren mit Verlustleistungen von einigen 100 Watt (!) sind heute verfügbar bei Spannungen bis in den kV-Bereich und Strömen um 100 A.

Die weitere Entwicklung der Mikroelektronik zielt u.a. auf immer höhere Integrationsgrade und damit eine weitere *Verkleinerung* des MOS-Transistors ab, heute in den *Submikrometer-Bereich*. Dabei treten zwei große Problemfelder auf:

- die *technologische Realisierung* solcher Strukturen, die wesentlich durch die Auflösungsgrenzen der Lithographie, aber auch zahlreiche andere Prozeßschritte bestimmt werden;
- die *funktionelle Realisierbarkeit* des MOSFET, d.h. die Frage, inwieweit seine bisher bekannten Arbeitsprinzipien auch in diesem Abmessungsbereich noch zutreffen. Typische Problemstellungen sind dabei:

- der Trägertransport im Kanal unter ausgesprochenen Hochfeldbedingungen und in extrem kleinen Gebieten,
- das Verhalten extrem dünner Gateisolatoren,
- Effekte heißer Elektronen im Drainbereich,
- Quantisierungsprobleme im Kanal (Verhalten des sog. zweidimensionalen Elektronengases),
- Substrateinfluß,
- Mehrdimensionale Modellierung und überhaupt Bereitstellung geeigneter Modell für den Schaltungsentwurf u.a.m.

Angesichts solcher Aufgabenstellungen, die z.T. in physikalische Grenzbereiche hineinreichen, besitzt die weitere Erforschung der Eigenschaften des MOSFET auch in nächster Zukunft ungeschmälerte Bedeutung, denn viele bisherigen Vorstellungen müssen neu durchdacht werden.

2 Der MOS-Transistor als Funktionselement. Grundlagen, Wirkprinzip und Kennlinienmodell

Der MOSFET nutzt die Fähigkeit eines *MOS-Zweipols* oder einer *MOS-Grundstruktur*, einen Inversionskanal an der Halbleiteroberfläche zu bilden, grundlegend aus. Ein solcher MOS-Zweipol besteht nach Bild 1.2 aus

- der Metalldeckelektrode (Gate, gewöhnlich Aluminium) oder auch polykristallines Silizium (Poly–Si–Gate),
- einer Isolatorschicht (meist SiO_2) der Dicke $d_i \approx 0{,}01 \cdots 0{,}1$ µm,
- dem Halbleitersubstrat (p- oder n-Silizium) mit Dotierungskonzentrationen zwischen $10^{12} \cdots 10^{16}$ cm^{-3}.

Seine grundlegende Bedeutung für zahlreiche Halbleiterbauelemente, aber auch halbleiterphysikalische Problemstellungen, haben während der letzten drei Jahrzehnte zu einer umfangreichen Literatur (vgl. z.B. die zusammenfassenden Darstellungen in [B2, B5, B10]) geführt. Deshalb werden nachfolgend nur jene Eigenschaften zusammengestellt, die für das Verständnis des MOSFET erforderlich sind: Entstehungsbedingungen eines feldgesteuerten Inversionskanals, die Potential-, Ladungs- und Kapazitätsverhältnisse sowie der Einfluß der Materialparameter. Dazu wird zunächst der ideale MOS-Zweipol betrachtet.

2.1 Der MOS-Zweipol

Idealer MOS-Zweipol. Der MOS-Zweipol (p-Halbleiter) nach Bild 1.2 soll als ideal bezeichnet werden, wenn folgende Bedingungen gelten:

1. Ausreichende Leitfähigkeit und Dicke des Gate (Metall), das als Äquipotentiallinie wirkt.
2. Perfekter Isolator: *keine* eingebauten *Ladungen*, *kein Stromfluß* unter statischen Bedingungen. Isolator dick genug, um Tunnelströme auszuschließen.
3. *Keine Ladungszustände* (sog. Grenzflächen- oder Oberflächenzustände) an der Halbleiter-Isolator-Phasengrenze.
4. Abrupter Halbleiter-Isolator-Phasenübergang.
5. *Homogen* dotiertes Halbleitergebiet.
6. Ausreichend dicker Halbleiterbereich,, so daß es außer den Raumladungszonen an der Halbleiter-Isolator-Phasengrenze und dem Rückkontakt noch einen deutlichen *neutralen* Halbleiterbereich gibt.

16   2 Der MOS-Transistor als Funktionselement

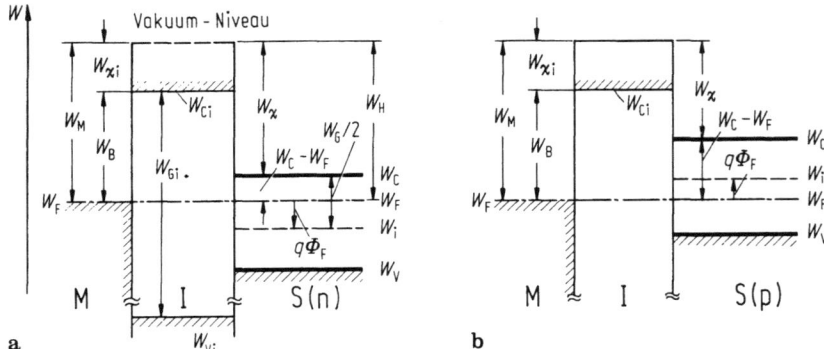

Bild 2.1a, b. Bändermodell der idealen MOS-Struktur bei $U_G = 0$. **a** n-Halbleiter, **b** p-Halbleiter. Die Größen W_M, W_x, W_F und W_H sollen so gewählt sein, daß der dargestellte Flachbandfall herrscht. Durch reale Werte ($W_M = 4{,}1\,\text{eV}$ Al, $W_{x|IS} = 0{,}95\,\text{eV}$, $W_{Gi} \approx 8\,\text{eV}$ (SiO$_2$), $W_{x|Si} = 4{,}05\,\text{eV}$ (p-Si), $W_G = 1{,}12\,\text{eV}$ (Si), $q\Phi_F$ (dotierungsabhängig)) entsteht eine Bandverbiegung

7. Ohmscher Rück-, Volumen- oder *Bulkkontakt*.
8. Geometrie erlaubt eindimensionale Betrachtung.

Abweichungen, die durch Nichterfüllungen obiger Annahmen entstehen (– realer MOS-Zweipol) werden, vor allem im Zusammenhang mit dem MOSFET, diskutiert.

Im *thermodynamischen Gleichgewicht* und ohne äußere Spannung liegt das Bändermodell (Bild 2.1)

$$W_M = W_x + (W_C - W_F) = W_H \qquad (2.1.1)$$

durch Metallaustrittsarbeit W_M, Elektronenaffinität W_x und die Lage des Ferminiveaus resp. $W_C - W_F$ fest (Materialparameter). Die rechte Summe ist die Halbleiteraustrittsarbeit W_H.

Eine Gleichspannung U_{GB} zwischen Gate- und Substratkontakt bewirkt eine *Relativverschiebung* der Ferminiveaus zwischen Metall ($W_{F/M}$) und Halbleiter $W_{F/H}$

$$W_{F/M} - W_{F/H} = -qU_{GB} \qquad (2.1.2)$$

nach *unten* für $U_{GB} > 0$ resp. *oben* für $U_{GB} < 0$. Im oberflächennahen Halbleiterbereich entsteht so eine *Bandverbiegung*, gekoppelt mit einer Raumladungszone, weil zwischen Gateelektrode und der räumlich verteilten Ladung in der Raumladungszone ein elektrisches Feld wirkt.

Analytisch werden diese Vorgänge durch die Poissonsche Gleichung beschrieben (s. Anhang A).

2.1.1 Die Raumladungszone

Die Spannung U_{GB} verursacht über das zugeordnete Feld je nach Vorzeichen und Intensität eine Anreicherung, Verarmung oder Inversion der Trägerdichte an der Halbleiteroberfläche, wie aus dem Bändermodell hervorgeht (Bild 2.2). Sie teilt sich dabei auf (Bild 2.3) in den *Isolatorspannungsabfall* U_i, den Abfall über der Raumladungszone $U(x)$, gewöhnlich als *Bandverbiegung* ψ_S bezeichnet (Differenz des Potentials zwischen der Halbleiteroberfläche und einem Bezugswert im Flachbandbereich) sowie den *Kontaktspannungen* U_K[1] (z.B. am Bulkkontakt), die zunächst vernachlässigt werden sollen (s. Abschn. 2.1.2):

$$U_{GB} = U_i + \psi_S (+ U_K). \tag{2.1.3}$$

An *Ladungen* Q (oder flächenbezogen[2] $\rightarrow Q''$) treten im MOS-Zweipol auf: die Gateladung $Q_G(Q_G'')$, eine Grenzflächenladung $Q_{SS}(Q_{SS}'')$ (die hier zunächst Null gesetzt wird) sowie die integrale Ladung $Q_{SC}(Q_{SC}'')$ der Raumladungszone. Für alle Komponenten gilt die *Neutralitätsbedingung*

$$Q_G''(U_{GB}) + Q_{SS}''(\psi_S) + Q_{SC}''(\psi_S) = 0. \tag{2.1.4}$$

Die Halbleiterraumladung Q_{SC}'' hängt über die Poissonsche Gleichung von der Bandverbiegung ψ_S ab (Anhang A), ebenso die Grenzflächenladung Q_{SS}''. Die Gateladung steht über die Isolatorkapazität C_i in direkter Beziehung mit U_{GB} (s.u.).

Je nach Größe und Vorzeichen der Spannung U_{GB} stellt sich einer der folgenden Zustände an der Halbleiteroberfläche ein:

Anreicherung. Akkumulation. Bei *negativer* Spannung U_{GB} ($U_{GB} < 0$) erzwingt die negative Gateladung Q_G'' eine *positive* Halbleiterraumladung Q_{SC}'', und es kommt zu einer *Löcheranreicherung* (Majoritätsträgeranreicherung) an der Halbleiteroberfläche (Bild 2.2a). Dazu gehört ein *negatives* Oberflächenpotential (Bandverbiegung nach oben):

$$\boxed{U_{GB} < 0, \quad Q_{SC}'' > 0, \quad \psi_S < 0. \quad \text{Anreicherung}} \tag{2.1.5}$$

Flachbandfall. Ohne äußere Spannung ($U_{GB} = 0$ entsteht wegen $Q_G'' = 0$ ($\rightarrow Q_{SC}'' = 0$): keine Bandverbiegung (Bild 2.2b):

$$\boxed{U_{GB} = 0, \quad Q_{SC}'' = 0, \quad \psi_S = 0. \quad \text{Flachbandfall}}$$

Verarmungsfall. Eine *positive* Spannung U_{GB} ($U_{GB} > 0$) ($\rightarrow$ positive Gateladung Q_G'') bedingt *negative* Halbleiterraumladung Q_{SC}'', weil die Löcher von der Oberfläche ins Halbleiterinnere zurückgedrängt werden und in diesem Bereich

---

[1] Hier sind Gate- und Bulkkontakt aus gleichem Material, vorausgesetzt.
[2] Der Zusatz "pro Fläche" bleibt nachfolgend immer unerwähnt.

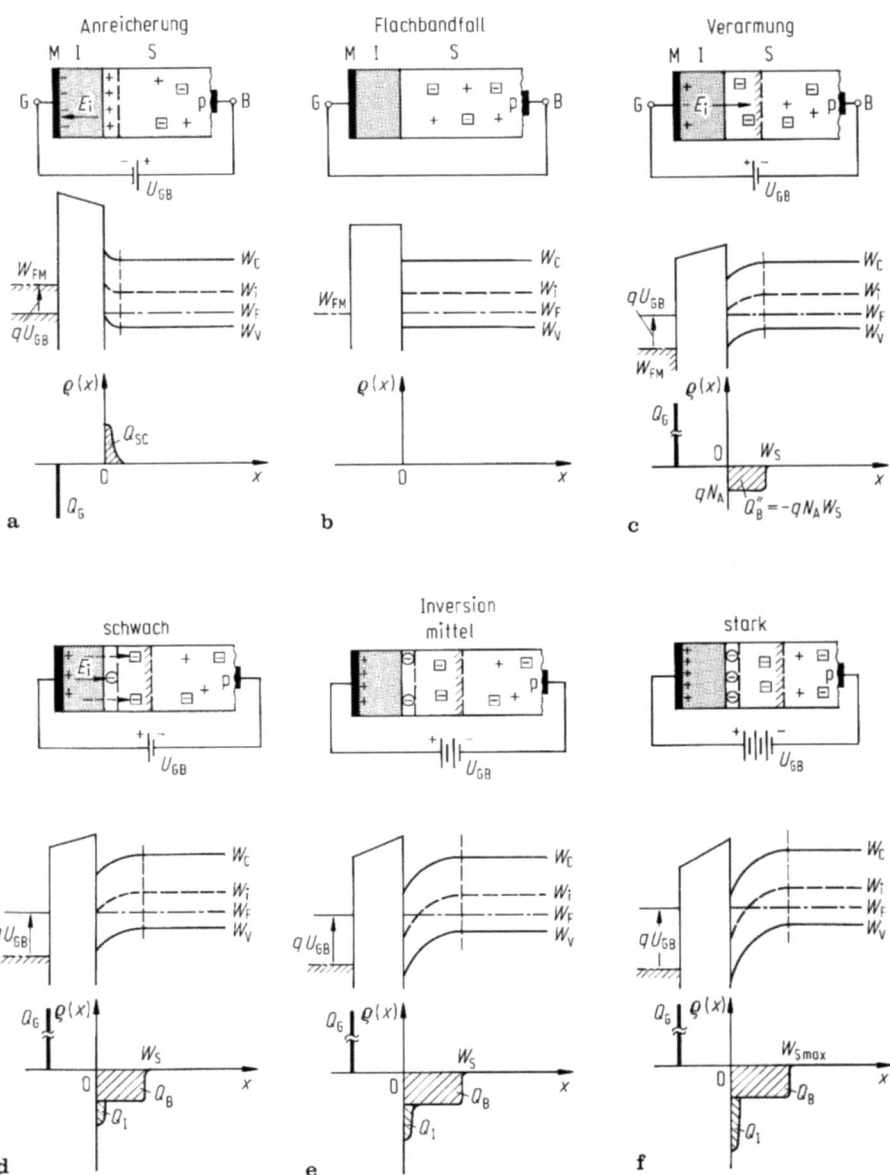

Bild 2.2a–f. Bändermodell und Ladungsverteilung der MOS-Kapazität eines p-Halbleiters für $U_{FB}=0$ bei verschiedener Vorspannung U_{GB}. Es gilt $Q_{SC} = Q_B + Q_I$. **a** Anreicherung, $U_{GB} < 0$, **b** Flachbandfall, **c** Verarmung, $U_{GB} > 0$, **d** schwache Inversion, $U_{GB} > 0$, **e** mittlere Inversion, **f** starke Inversion

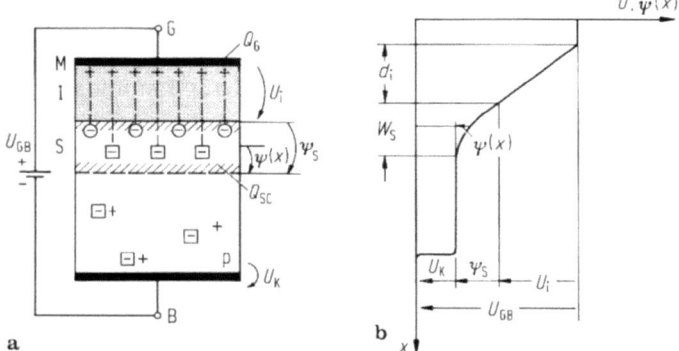

Bild 2.3. Potential – und Spannungsverteilung im MOS-Zweipol (p-Si, Inversionszustand). Am Halbleiter-Bulk-Übergang wurde eine Kontaktspannung U_K angesetzt

die negative Ladung der ionisierten Störstellen N_A (Akzeptoren!) überwiegt: Bildung einer von Majoritätsträgern verarmten Oberflächenzone:

$$U_{GB} > 0, \quad Q_G'' < 0, \quad \psi_S > 0 \qquad \text{Verarmungsfall} \qquad (2.1.6)$$

(Bandverbiegung nach unten (Bild 2.2c), positives Oberflächenpotential ψ_S).

Inversion. Eine noch größere positive Spannung U_{GB} schließlich erfordert ein weiteres Anwachsen der Halbleiterraumladung Q_{SC}'' aus Neutralitätsgründen. Weil die Störstellenladung (qN_A Breite der Verarmungszone) nicht mehr ausreicht, dieses Defizit aufzubringen, müssen sich noch *Elektronen* zur Oberfläche hin bewegen. Sie entstammen der thermischen Elektronen-Loch-Generation im Halbleiter. Diese Elektronendichte kann in Oberflächennähe schließlich so groß werden, daß sie die (dort gedachte!) Löcherdichte $p \approx N_A$ überschreitet: es setzt eine Umkehr oder *Inversion* des Leitungstyps ein:

$$U_{GB} > 0, \quad Q_G'' < 0, \quad \psi_S > 2\Phi_F{}^3 \qquad \text{Inversionsfall} \qquad (2.1.7)$$

Charakteristisch dafür ist der Schnittpunkt zwischen der Fermikante W_F und der Eigenleitungsdichte W_i (Bild 2.2d) im Bändermodell. Die Inversion kann dabei unterschiedlich stark ausgeprägt sein (Bilder 2.2d...f), abhängig von der Größe U_{GB}.

Im Inversionsfall besteht die Halbleiterraumladung Q_{SC}'' aus fester Störstellen- und beweglicher Inversionsladung. Letztere stellt beim MOSFET die Ladungsträger für den Stromfluß bereit. Deshalb interessiert besonders der Zusammenhang

---

[3] Eigentlich genügt zur Inversion bereits $\psi_S > \Phi_F$, Φ_F Fermipotential s.u.

2 Der MOS-Transistor als Funktionselement

zwischen Inversionsladung und anliegender Gatespannung für die Kennlinienherleitung.

Anreicherungs- und Verarmungsfall haben beim MOSFET dagegen nur geringere Bedeutung (z.B. nur für die Analyse parasitärer Elemente und des Schaltverhaltens).

Zur Bestimmung der bisher eingeführten Größen U_i, ψ_S, Q_{SC}'' und Q_G'' stehen zur Verfügung:

- die Spannungs- und Ladungsbilanzen (Gln. (2.1.3), (2.1.4)),
- die Beziehung zwischen Gateladung Q_G und Isolatorspannungsabfall U_i über die (nur geometriebestimmte) *Isolatorkapazität* $C_i = \varepsilon_i A / d_i$:

$$Q_G = C_i U_i \text{ resp. } Q_G = \frac{\varepsilon_i}{d_i} U_i \qquad (2.1.8)$$

- die Beziehung zwischen Raumladung $Q_{SC}(\psi_S)$ und Bandverbiegung ψ_S als Lösung der Poissonschen Gleichung (s. Anhang A).

Aus bekanntem Oberflächenpotential ψ_S lassen sich z.B. die lokalen Trägerdichten $n(x)$, $p(x)$, die Raumladungsdichte $\rho(x)$ u.a. Größen bestimmen (allgemein nur numerisch, von wenigen Sonderfällen und Näherungen abgesehen).

Inversionsbedingung, Inversionsladung. Kennt man die Elektronen- und Löchergleichgewichtsdichten n_0, p_0 im neutralen Halbleiterinnern (z. B. aus der Dotierung), so bedingt eine Bandverbiegung ($\rightarrow \psi_S$) die *Oberflächenkonzentrationen*[4] n_S, p_S (s. Anhang A)

$$n_S = n_0 \exp \frac{\psi_S}{U_T} \text{ resp. } p_S = p_0 \exp \frac{-\psi_S}{U_T}. \qquad (2.1.9a)$$

Die Gleichgewichtswerte n_0, p_0 lassen sich über das sog. *Fermipotential* Φ_F mit Dotierung und Intrinsicdichte n_i in Beziehung bringen:

$$\Phi_F = U_T \ln \frac{n_i}{n_0} = U_T \ln \frac{p_0}{n_i}; \quad 2\Phi_F = U_T \ln \frac{p_0}{n_0}. \qquad (2.1.10a)$$

Dann gilt speziell für den (voll ionisierten, nichtentarteten)

p-Halbleiter	n-Halbleiter
$\Phi_F = U_T \ln N_A/n_i$	$\Phi_F = -U_T \ln N_D/n_i$.

(2.1.10b)

Mit dem Fermipotential lassen sich dann die Oberflächenkonzentration (2.1.9a) auch schreiben

$$n_S = n_0 \exp \frac{\psi_S}{U_T} = n_i \exp \frac{\psi_S - \Phi_F}{U_T} = p_0 \exp \frac{\psi_S - 2\Phi_F}{U_T} \approx N_A \exp \frac{\psi_S - 2\Phi_F}{U_T}.$$

(2.1.9b)

---
[4] Bei Nichtentartung.

und analog für die Löcherdichte

$$p_S = n_i \exp \frac{\Phi_F - \psi_S}{U_T}.$$

Gegenüber der Inversionsbedingung $\psi_S \geqq 2\Phi_F$ (Gl. (2.1.7)) erkennt man aus der Darstellung $n_S(\psi_S)$ (Bild 2.4), daß Inversion bereits für

$$\boxed{n_S \geqq p_S, \text{d.h. } \psi_S \geqq \Phi_F \quad \text{Inversionseinsatzbedingung (Definition)}} \quad (2.1.11)$$

einsetzt, weil dann an der Halbleiteroberfläche mehr Elektronen als Löcher vorhanden sind (vgl. auch Bild 2.2e). Danach steigt n_S exponentiell mit ψ_S an, üblicherweise wird der Fall

$$\boxed{n_S \geqq p_0, \text{d.h. } \psi_S \geqq 2\Phi_F} \quad (2.1.12)$$

als *starke Inversion* bezeichnet.

Nach Bild 2.4 verschwindet die Elektronendichte n_S auch für $\psi_S < \Phi_F$ noch nicht, sondern sie geht für $\psi_S \to 0$ allmählich in den Gleichgewichtswert $n_0 = n_i^2/p_0$ über.

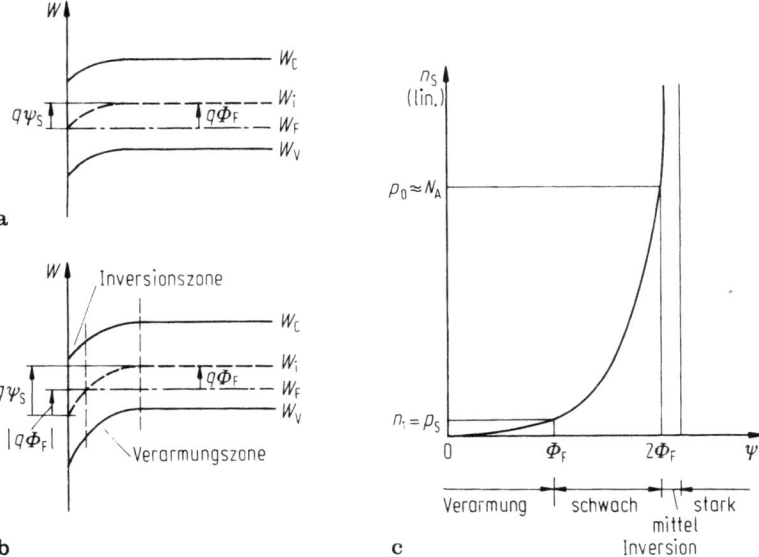

Bild 2.4a–c. Inversionszustand des MOS-Zweipols (p-Halbleiter). **a, b** Bändermodell bei Inversionseinsatz (a) und Beginn starker Inversion (b), **c** Oberflächenelektronenkonzentration über der Bandverbiegung ψ_S

Zum Inversionseinsatz nach Gl. (2.1.11, 2.1.12) gehört eine bestimmte Mindestspannung U_{GB}, die *Schwell-* oder *Inversionsspannung* U_{TH}

$$\boxed{U_{TH} = U_{GB} \quad \text{Inversionseinsatz nach Gl. (2.1.11 resp. 12)}} \quad (2.1.13)$$

Ihre genaue Bestimmung erfolgt später.

Inversions- und Verarmungsladung. Im Verarmungs- und Inversionsbereich vereinfacht sich die Halbleiterraumladung Q''_{SC} (die sich direkt aus der Poissonschen Gleichung (s. Anhang A, Gl. (A6) ergibt) zu

$$Q''_{SC} = - Q''_r \sqrt{\frac{\psi_S}{U_T} + \exp\frac{\psi_S - 2\Phi_F}{U_T}} \quad \text{mit } Q''_r = \sqrt{2q\varepsilon_S N_A U_T}.$$

Halbleiterraumladung im *Inversionsfall* (2.1.14)

Für übliche Halbleiterdotierungen ($N_A \approx 10^{14} \cdots 10^{17} \text{cm}^{-3}$, $n_i \approx 10^{10} \text{cm}^{-3}$ für Si bei Raumtemperatur), also einem Fermipotential Φ_F zwischen $(9 \cdots 16)U_T$, beträgt $2\Phi_F \approx 0,5 \cdots 0,75$ V. Deshalb gilt die *Näherung* Gl. (2.1.14) recht gut.

Die lokalen Verläufe (Bild 2.5) der Raumladungsdichte $\rho(x)$ und des Potentials $\psi_S(x)$ bestätigen den schon diskutierten Sachverhalt:
- im Anreicherungsfall besteht Q_{SC} aus einer beweglichen Ladungsschicht, die größenordnungsmäßig eine Debye-Länge $L_D = \sqrt{\varepsilon_S U_T/qN_A}$ dick ist,
- im Verarmungsfall wird Q_{SC} hauptsächlich von festen Störstellen Q''_B gebildet, die sich in einer relativ breiten Schicht (Dicke W_S) befinden,

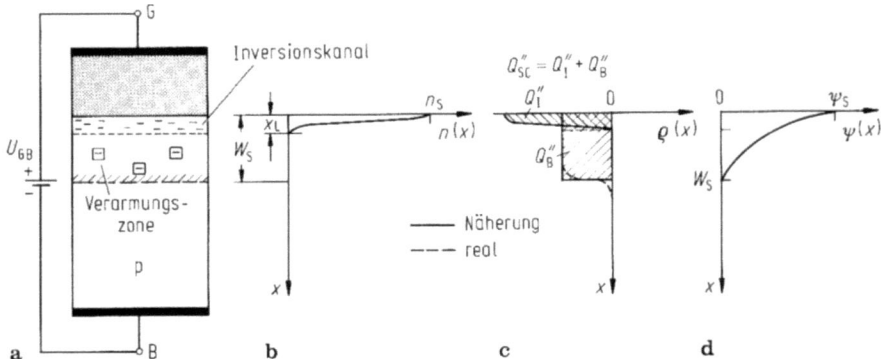

Bild 2.5a–d. MOS-Zweipol im Inversionszustand. **a** Struktur mit Spannung $U_{GB} > 0$, bei der Inversion herrscht, **b** Elektronendichteverteilung im Inversionskanal, **c** Zusammensetzung der Halbleiterraumladung Q''_{SC} aus Inversions-(Q''_I) und Verarmungsladung (Q''_B) (Näherungsverlauf nach dem Verarmungsmodell). Durch das Flächenladungsmodell wird der tatsächliche Verlauf der Inversionsladung durch eine Flächenladung ersetzt. **d** Potentialverlauf (Bandverbiegung) in der Raumladungszone

– im Inversionsfall besteht die Ladung Q''_{SC} aus dieser Verarmungsladung Q''_B (wobei sich W_S nur unerheblich ändert) und einer Inversionsladung $Q''_I{}^5$ unmittelbar im Oberflächenbereich.

Diese Tatsache berechtigt, die bewegliche Ladung sowohl für den Anreicherungs- als auch Inversionsfall näherungsweise durch eine δ-Funktion an der Halbleiter-Phasengrenze (x = 0) zu ersetzen: Prinzip der *Flächenladungsnäherung* (Charge-Sheet-Approximation, auch Bild 2.2). Dann besteht die Halbleiterraumladung Q''_{SC} speziell im Inversionsfall aus der

– **Minoritäts-** oder **Inversionsladung** Q''_I (beweglicher Träger), gebildet durch eine δ-Funktion an der Halbleiter-Isolator-Phasengrenze und der
– **Verarmungsladung** Q''_B der ionisierten Störstellen qN_A, die in einer Tiefe W_S (der Raumladungszone) von beweglichen Trägern entblößt sind. W_S, ρ, E und ψ_S sind in guter Näherung für alle x > 0 durch den Wert $\psi_S = 2\Phi_F$ bestimmt:

$$Q''_{SC} = Q''_I + Q''_B. \qquad (2.1.15)$$

Die **Inversionsladung** Q''_I beträgt

$$Q_I = \int_0^{x_i} (-q) n(x) A \, dx \qquad \text{bzw. } Q''_I = -q \int_0^{x_i} n(x) dx. \qquad (2.1.16)$$

Die Elektronendichte $n(x) = n_0 \exp \psi(x)/U_T$ (Gl. (2.1.16)) hängt über das Potential $\psi(x)$ vom Ort ab (Bild 2.5). Sie fällt vom Oberflächenwert n_S innerhalb des Kanals sehr rasch auf einen vernachlässigbaren Wert bei x_i ab, wie numerische Auswertungen für $\psi(x)$ als Lösung der Poissonschen Gleichung ergeben. Die *Dicke* $0 \cdots x_i$ der *Inversionsschicht* ist deshalb klein verglichen mit der Gesamtbreite W_S der Verarmungszone (praktisch $20 \cdots 100$ Å). Dies rechtfertigt das Flächenladungsmodell sehr gut. Weil die Bestimmung von Q''_I über $n(x)$ aufwendig und für eine analytische Beschreibung des MOSFET ungeeignet ist, beschreitet man den umgekehrten Weg: man bestimmt zunächst die Verarmungsladung Q''_B (möglichst genau) und errechnet die Inversionsladung Q''_I über die Gesamtladung Q''_{SC} (Gl. (2.1.15)) [2.1–2.3]. Die Berechtigung hierfür liefert das Flächenladungsmodell, weil

– die Verarmungszone (Breite W_S, Bild 2.5) als frei von beweglichen Trägern angesehen werden kann (die Inversionsschichtdicke x_i fällt nicht ins Gewicht)
– die Spannung ψ_S voll über der Verarmungszone abfällt (der Spannungsabfall über der Flächenladungsfront verschwindet).

---

[5] Sie wächst stark mit zunehmender Bandverbiegung und schirmt das Halbleiterinnere gleichsam vor weiteren Einflüssen der Gateladung ab.

24   2 Der MOS-Transistor als Funktionselement

Damit hat die Verarmungszone im p-Gebiet die gleichen Merkmale wie die Raumladungszone eines abrupten pn-Überganges: die *Breite*

$$W_S = \sqrt{\frac{2\varepsilon_S}{qN_A}} \sqrt{\psi_S} \qquad (2.1.17)$$

und *Verarmungsladung* Q_B''

$$Q_B'' = -Q_r'' \sqrt{\frac{\psi_S}{U_T}} = -\sqrt{2q\varepsilon_S N_A \psi_S}, \qquad Q_r'' = \sqrt{2q\varepsilon_S N_A U_T}. \qquad (2.1.18)$$

Daraus ergibt sich bei genauerer Auswertung über die Poissonsche Gleichung (Anhang A, getrennte Berechnung von Q_B'' und Q_{SC}'' und Differenzbildung [2.1–2.2])

$$\boxed{Q_I'' = \frac{-Q_r''}{\sqrt{U_T}} \left(\sqrt{\psi_S - \underline{U_T} + U_T \exp\frac{\psi_S - 2\Phi_F}{U_T}} - \sqrt{\psi_S - \underline{U_T}} \right)} \qquad (2.1.19)$$

(bei Differenzbildung mit Gl. (2.1.14) fehlen die unterstrichenen Terme, im Inversionsbereich ist dieser Unterschied bedeutungslos.).

Der Einfluß der Bandverbiegung ψ_S auf die einzelnen Ladungsanteile zeigt (Bild 2.6), daß bei

– *schwacher Inversion* $\Phi_F \leq \psi_S \leq 2\Phi_F$ die Gesamtladung dominierend von Q_B'' bestimmt wird, wobei jedoch ein sehr schwacher Inversionskanal vorhanden ist,
– *starker Inversion* $\psi_S \gg 2\Phi_F$ zur Gesamtladung ein immer stärkerer Anteil von Q_I'' beiträgt, weil der Verlauf über ψ_S exponentiell steigt (s. Gl. (2.1.19)). Dabei liegt Q_I'' für $\psi_S > 2\Phi_F$ zunächst noch *unter* der Verarmungsladung Q_B'' und

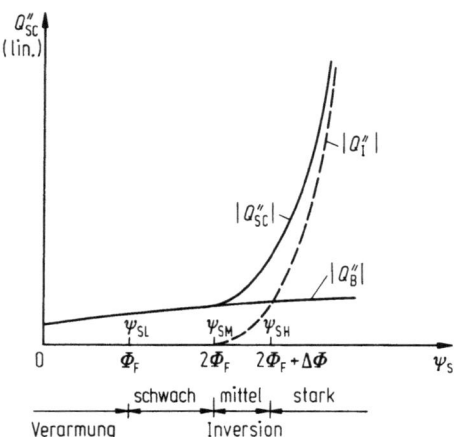

Bild 2.6. Beitrag der Inversions-(Q_I'') und Bulkladung (Q_B'') zur Halbleiterladung (Q_{SC}'') über dem Oberflächenpotential

erreicht den Wert Q_B'' erst, wenn ψ_S um einige Vielfache von U_T größer als $2\Phi_F$ ist.

Kritik an dieser Zuordnung des Bereiches schwacher und starker Inversion wurde aus ganz unterschiedlichen Ansätzen laut, so etwa

– dem Verlauf der Steilheiten g_m und Steilheit pro Drainstrom über der Gatespannung [2.4] im Übergangsbereich zwischen schwacher und starker Inversion,
– bei der Modellierung des Drainstromes im MOSFET mit langem Kanal [2.2], [2.5]–[2.8], vor allem im Übergangsbereich (s. Abschn. 2.3.1.6),
– beim Bestreben, den Übergangsbereich zwischen schwacher und starker Inversion besser zu beschreiben [2.6], [2.9]–[2.11].

Deshalb wird zweckmäßig [2.4], [2.7], [2.9], [2.11] noch ein Bereich *mittlerer Inversion* eingeführt und vereinbart:

– *schwache Inversion* (weak or low inversion, subthreshold-region):

$$\Phi_F \leq \psi_{SL} \leq 2\Phi_F, \qquad (2.1.20a)$$

Merkmal: Inversionsladung nach Gl. (2.1.19) vernachlässigbar gegen die Verarmungsladung,
– *mittlere Inversion* (moderate inversion, transition region):

$$2\Phi_F \leq \psi_{SM} \leq 2\Phi_F + \Delta\Phi = 2\Phi_F^* \qquad (2.1.20b)$$

mit $\Delta\Phi \approx (3\cdots 6)\,U_T$, wobei sich das Verhältnis von Inversions- zu Verarmungsladung stark ändert,
– *starke Inversion* (strong oder high inversion) mit

$$\psi_{SH} \geq 2\Phi_F + \Delta\Phi = 2\Phi_F^*, \qquad (2.1.20c)$$

Merkmal: Inversionsladung übertrifft die Verarmungsladung *erheblich*.

Die Konsequenzen dieser Unterteilung werden später diskutiert ebenso wie die Bezeichnungen ψ_{SL}, ψ_{SM} und ψ_{SH}, die die Inversionsbereiche näher kennzeichnen.

Grenzen des Flächenladungsmodells. Obwohl das Flächenladungsmodell eine übersichtliche Analyse des MOSFET erlaubt, hat es mehrere Schwachpunkte:

– es bewertet die Verarmungsladung gegenüber der Inversionsladung zu hoch und damit auch zugeordnete Kapazitäten [2.1], [2.2],
– es vernachlässigt den Spannungsabfall über der Inversionskanaldicke, was zu einem inkorrekten Grenzwert der Breite der Raumladungszone bei starker Inversion führt,
– es verursacht bei der numerischen Analyse (entweder doppelte Integration der Poisson-Gleichung nach [2.12] oder einfache Integration der Gaußschen Gleichung nach [2.13]) einen erheblichen Aufwand,
– es modelliert den Übergangsbereich zwischen schwacher und starker Inversion schlecht.

Hauptursache dieser Unzulänglichkeiten ist die zu einfache Formulierung der Breite der Verarmungszone W_S durch Gl. (2.1.17). Eine bessere Näherung ergibt sich aus [2.10]

$$qN_A W_S = Q_{SC}'' - Q_I'', \qquad (2.1.21)$$

26 2 Der MOS-Transistor als Funktionselement

die im Verarmungsbereich auf

$$W_s \approx \sqrt{2}L_D \sqrt{\frac{\psi_s}{U_T} - 1} \qquad (2.1.22)$$

mit der Debyelänge $L_D = \sqrt{\varepsilon_s U_T/qN_A}$ führt. Auch andere Näherungen werden angegeben [2.11], [2.14].

Inversionsbereiche, Schwellspannung. Das bisher zur Abgrenzung der Inversionsbereiche verwendete Oberflächenpotential ψ_s ist explizit nicht zugänglich, gegeben ist vielmehr die anliegende Spannung U_{GB}. Sie hängt über die Spannungs- und Ladungsbilanz (Gln. 2.1.2, 2.1.4) mit ψ_s zusammen. Dazu kommen die Abhängigkeiten der Ladungen von den jeweiligen Spannungsabfällen: $Q_G = C_i U_i$, $Q_{SC} = Q_{SS}(\psi_s)$:

$$U_{GB} = U_i + \psi_s = \frac{Q_G}{C_i} + \psi_s = -\frac{Q_{SC}}{C_i} + \psi_s = -\left(\frac{Q_I + Q_B}{C_i}\right) + \psi_s \qquad (2.1.23a)$$

oder mit Gl. (2.1.14)

$$\boxed{U_{GB} = \psi_s + \gamma \sqrt{\psi_s - U_T + U_T \exp\frac{\psi_s - 2\Phi_F}{U_T}}.} \qquad (2.1.23b)$$

Die eingeführte *Body-* oder *Substratkonstante* (Body-Faktor)

$$\gamma = \frac{Q_r''}{\sqrt{U_T}C_i''} = \frac{\sqrt{2q\varepsilon_s N_A}}{\varepsilon_i} d_i \qquad (2.1.24)$$

gibt später beim MOSFET den **Substrateinfluß** auf die elektrischen Eigenschaften wieder. Zahlenmäßig liegt γ für Si im Dickenbereich $d_i \approx 0{,}01 \cdots 0{,}1\,\mu\text{m}$ und für Dotierungen N_A zwischen $10^{14}\,\text{cm}^{-3}$ und $10^{17}\,\text{cm}^{-3}$ im Bereich von $(0{,}01 \cdots 6)\sqrt{V}$.

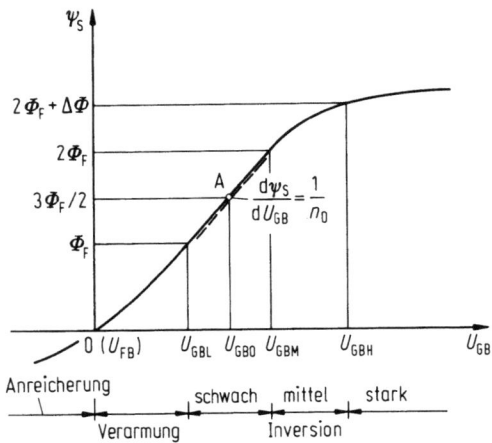

Bild 2.7. Bandverbiegung und Gate-Substratspannung am MOS-Zweipol (p-Si, $U_{FB} = 0$)

Klemmenspannung U_{GB} und Bandverbiegung ψ_S hängen dann nach Gl. (2.1.23b) (Bild 2.7)

- im Bereich der schwachen und mittleren Inversion weitgehend *linear* zusammen und
- erreichen eine "Sättigung" – das sog. *Band-pinning* bei *starker Inversion*.

Dies erlaubt umgekehrt gute *Näherungen für die Inversionsladung* Q_I'' in den drei Bereichen (Bild 2.8):

a) *Schwache Inversion*. Hier ist der Expontialterm in Gl. (2.1.23b) wegen $\psi_S \gtreqqless \Phi_F$ (Gl. (2.1.20a)) klein gegen die übrigen Terme und die Wurzelentwicklung

$$\sqrt{\psi_S - U_T + \varepsilon} \approx \sqrt{\psi_S - U_T} + \frac{\varepsilon}{2\sqrt{\psi_S - U_T}}$$

führt schließlich mit Gl. (2.1.19) auf die Inversionsladung

$$\boxed{Q_I'' = \frac{-Q_r''\sqrt{U_T}}{2\sqrt{\psi_S - U_T}} \exp\frac{\psi_S - 2\Phi_F}{U_T}.}$$

Inversionsladung bei schwacher Inversion (2.1.25)

Sie liegt deutlich unter der Verarmungsladung Q_B'' (Gl. (2.1.18), Bild 2.6). Für die Abhängigkeit $Q_I(U_{GB})$, die für die Kennlinienbestimmung des MOSFET erforderlich ist, sind zwei Lösungsansätze üblich:

1. Man löst die Funktion $U_{GB}(\psi_S)$ (Gl. (2.1.23)) explizit nach der Bandverbiegung ψ_S und setzt die Lösung in Gl. (2.1.25) ein. Da hier ohnehin $Q_I \ll Q_B$ gilt,

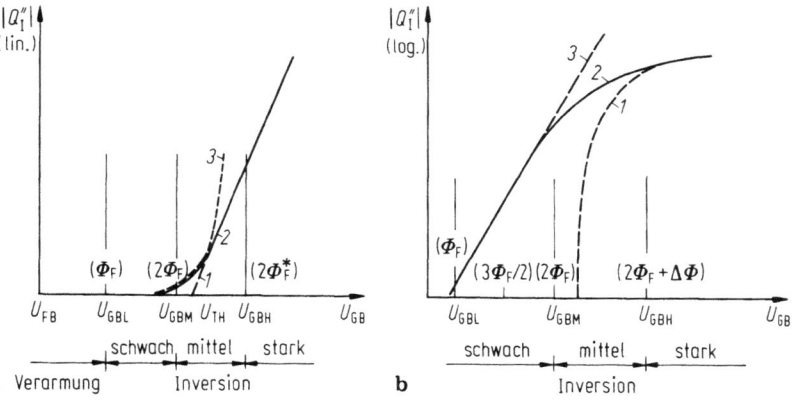

Bild 2.8a, b. Verlauf der Inversionsladung $|Q_I''|$ über der Gate-Substratspannung beim MOS-Zweipol. **a** linearer Maßstab. Kurve (1) nach Gl. (2.1.36), Kurve (2) nach Gl. (2.1.19), Kurve (3) nach Gl. (2.1.28c). **b** logarithmischer Maßstab, sonst wie a). Ergänzt sind die zur jeweiligen Grenze gehörenden Bandverbiegungen in Klammern

28   2 Der MOS-Transistor als Funktionselement

muß in Gl. (2.1.23) nur der Verarmungsanteil beachtet werden (Weglassen des Exponentialterms, der von den Minoritätsträgern stammt). Das Ergebnis lautet

$$\psi_S = \frac{\gamma^2}{2} - \sqrt{\frac{\gamma^2}{4} + (U_{GS} - U_{FB})} - U_T + U_{GB} - U_{FB} - U_T \qquad (2.1.26)$$

$\approx U_{GB} - U_{FB}$ schwacher Substrateinfluß.

Insbesondere bei schwachem Substrateinfluß hängen ψ_S und U_{GB} linear zusammen und damit Q_I and U_{GB} exponentiell voneinander ab. In Gl. (2.1.26) wurde vorbereitend noch eine *Flachbandspannung* U_{FB} (s.u.) eingeführt (d.h. in Gl. (2.1.23a) U_{GB} durch $U_{GB} - U_{FB}$ ersetzt), die später reale Eigenschaften der MOS-Anordnung aufnehmen kann).

2. Eine einfachere Darstellung [2.15] geht von dem exponentiellen Zusammenhang zwischen Q_I und ψ_S aus und ersetzt den Nenner von Q_I durch einen Festwert

$$\sqrt{\psi_S - U_T} \approx \sqrt{\psi_S} \approx \sqrt{3/2\Phi_F}$$

als *mittlere Bandverbiegung* zwischen Φ_F und $2\Phi_F$. Dazu gehören (Bild 2.8)
– eine bestimmte *Bezugsspannung* $U_{GBO} = U_{GB}(3/2\Phi_F)$

$$U_{GBO} = U_{GB}(\tfrac{3}{2}\Phi_F) = U_{FB} + \tfrac{3}{2}\Phi_F + \gamma\sqrt{\tfrac{3}{2}\Phi_F} \qquad (2.1.27a)$$

nach Gl. (2.1.23) (wieder mit Vernachlässigung des Exponentialterms)
– eine *Inversionsbezugsladung* $(3/2\Phi_F \gg U_T)$

$$Q_{IO}'' = Q_I''(\tfrac{3}{2}\Phi_F) = -\frac{Q_r''\sqrt{U_T}}{2\sqrt{3/2\Phi_F}} \exp\frac{3/2\Phi_F - 2\Phi_F}{U_T} = -\frac{Q_r''\sqrt{U_T}}{2\sqrt{3/2\Phi_F}} \exp\frac{-\Phi_F}{2U_T}.$$
$$(2.1.27b)$$

Der Zusammenhang Spannung U_{GB} – Bandverbiegung ψ_S wird dann durch eine Sekantennäherung

$$\frac{U_{GB} - U_{GBO}}{\psi_S - 3/2\Phi_F} \approx \left.\frac{dU_{GB}}{d\psi_S}\right|_{3/2\Phi_F} \quad \text{resp. } \psi_S = \frac{U_{GB} - U_{GBO}}{n_0} + \frac{3}{2}\Phi_F \qquad (2.1.28a)$$

mit der Steigung (Gl. (2.1.23))

$$\boxed{n_0 = \left.\frac{dU_{GB}}{d\psi_S}\right|_{3/2\Phi_F} \approx 1 + \frac{\gamma}{2\sqrt{\psi_S}} \approx \frac{\gamma}{2\sqrt{3/2\Phi_F}} \approx 1\cdots 3} \qquad (2.1.28b)$$

beschrieben. Daraus folgt als Inversionsladung (Gln. (2.1.19, 2.1.27b))

$$\boxed{Q_I''(U_{GB}) \approx Q_{IO}'' \exp\frac{U_{GB} - U_{GBO}}{n_0 U_T}.} \qquad (2.1.28c)$$

Diese Näherung wird zwar nach der Grenze $\psi_S \to 2\Phi_F$ hin schlechter, sie reicht aber für den Bereich schwacher Inversion meist aus.

Eine interessante Beziehung besteht noch zwischen Inversionsladung Gl. (2.1.25) und Inversionsladungsdichte n_S (Gl. (2.1.9b)):

$$Q_I'' = -\frac{Q_r''\sqrt{U_T}}{2\sqrt{\psi_S - U_T}} \exp\frac{\psi_S - 2\Phi_F}{U_T} = \frac{-qn_S L_D}{\sqrt{2}} \cdot \frac{1}{\sqrt{\psi_S/U_T - 1}}.$$

Da der Quotient $|Q_I''/qn_S|$ verbreitet als Maß für die *Dicke d_I des Inversionskanals* angesehen wird [2.16] (ausgedrückt durch die Debyelänge L_D, Gl. (2.1.22))

$$d_I = \frac{Q_I''}{qn_S} = \frac{L_D}{\sqrt{2}} \frac{1}{\sqrt{\psi_S/U_T - 1}} \tag{2.1.29}$$

bleibt die Kanaldicke in erster Näherung unabhängig[6] von der Gatespannung.

b) *Mittlere Inversion.* Für die implizite Darstellung von $Q_I''(U_{GB})$ mit der Bandverbiegung ψ_S als Parameter bilden Gln. (2.1.19) und (2.1.23) die Grundlage. Näherungen wurden vorgeschlagen [2.9], sind aber nicht ganz problemlos [2.4], [2.7], [2.10]. Deshalb wird dieser Bereich meist nicht definiert und dem Gebiet starker Inversion zugeordnet ($\psi_{SM} \approx 2\Phi_F$). Dann dominieren in Gl. (2.1.19) und (2.1.23) die Exponentialterme

$$Q_I'' \approx -Q_r'' \exp\frac{\psi_S - 2\Phi_F}{2U_T} \tag{2.1.30}$$

$$U_{GB} \approx \psi_S + \frac{Q_r''}{C_i''} \exp\frac{\psi_S - 2\Phi_F}{2U_T} \tag{2.1.31}$$

und ergeben zusammengefaßt

$$\boxed{Q_I'' \approx (\psi_S - U_{GB})C_i'' \quad \text{Inversionsladung für } \psi_S \gtreqqless 2\Phi_F} \tag{2.1.32}$$

einen linearen Zusammenhang zwischen Q_I'' und U_{GB}, wie er in der einfachen Modellierung durchweg verwendet wird.

c) *Starke Inversion.* Bei starker Inversion liegt ψ_S nach Gl. (2.1.20c) deutlich über $2\Phi_F$, und die Bandverbiegung ändert sich mit U_{GB} immer weniger (Bild 2.7). Sie ist praktisch "festgeklemmt" auf

$$\psi_S = \psi_{SH}. \tag{2.1.33}$$

---

[6] Unabhängig, weil der Einfluß des Terms $\psi_S/U_T - 1$ auch bei Q_I'' zunächst nur untergeordnet eingeht.

30   2 Der MOS-Transistor als Funktionselement

Da es sich bei ψ_{SH} um einen nach oben offenen "Wertebereich" handelt, erfolgt die Angabe nach ganz unterschiedlichen Gesichtspunkten:

- in der älteren MOS-Literatur fehlt die Unterscheidung zwischen mittlerer und starker Inversion. Dort gilt für starke Invertion (homogene Substratdotierung

$$\psi_{SH} \gtreqqless 2\Phi_F, \tag{2.1.34a}$$

- bei Unterteilung in mittlere und starke Inversion wird

$$\boxed{\psi_{SH} = 2\Phi_F + nU_T = 2\Phi_F^*} \tag{2.1.34b}$$

verwendet, wobei n zwischen $4\cdots 10$ schwankt [2.11], [2.9], [2.4], [2.5], [2.7].
- Es wird im Hochinversionsbereich ein experimentell bestimmter Wert aus MOS-Kapazitätsmessungen angesetzt.

Die Verarmungszone erreicht bei starker Inversion ihre maximale Breite $W_S \approx W_{Sm}$. Sie ergibt sich der üblichen Verarmungsnäherung (Gl. (2.1.18))

$$W_{Sm} = \sqrt{\frac{2\varepsilon_S}{qN_A}} \sqrt{\psi_{SH}} \quad \text{mit } Q_B'' = -Q_r'' \sqrt{\frac{\psi_{SH}}{U_T}}. \tag{2.1.35}$$

Der Zusammenhang $Q_I''(U_{GB})$ folgt aus Gl. (2.1.23) und der Ladungsbilanz ($\psi_S \to \psi_{SH}$, Gl. (2.1.4)) mit

$$U_{GB} = \psi_{SH} - \frac{Q_I'' + Q_B''}{C_i''} \quad \text{und} \quad Q_I'' = C_i''(\psi_{SH} - U_{GB}) - Q_B''$$

zu

$$\boxed{Q_I'' = -C_i''(U_{GB} - U_{TH})} \tag{2.1.36}$$

mit der *Schwellspannung* U_{TH} (Gl. 2.1.13)

$$\boxed{U_{TH} = \psi_{SH} - \frac{Q_B}{C_i} + (U_{FB}) \approx (U_{FB}) + \psi_{SH} + \gamma\sqrt{\psi_{SH}}.} \tag{2.1.37}$$

Bei starker Inversion hängt die Inversionsladung wie bei mittlerer Inversion (s. Gl. (2.1.32)) linear von der Steuerspannung U_{GB} ab.

Die in Gl. (2.1.37) eingeführte *Schwellspannung* U_{TH} ist die am MOS-Zweipol anliegende Mindestspannung U_{GB}, von der an starke Inversion einsetzt. Sie hängt von der Bandverbiegung ψ_{SH} ($\to$ Halbleiterdotierung), der Verarmungsladung Q_B'' und einer eingeführten *Flachbandspannung* U_{FB} ab (s.u.), insgesamt also von konstruktiv-technologischen Größen des MOS-Zweipols.

Die so verfügte Schwellspannung wird oft als extrapolierte Schwellspannung bezeichnet, da sie aus dem nichtlinearen Zusammenhang $Q_I(U_{GB})$ (Bild 2.8) durch Geradenextrapolation hervorgeht. Man erkennt, daß der "Schwellbereich" ein Gebiet zwischen $U_{TH}(=\Phi_F)$ und $U_{TH}(=2\Phi_F + nU_T$, n ≈ 4 ··· 10) umfaßt und damit die (sehr verbreitete) Schwellspannung Gl. (2.1.37) die die Verhältnisse nur *global* beschreibt [2.7]. Historisch entstammt diese Festlegung einer Zeit, als die Flachbandspannungen U_{FB} noch sehr groß waren und der Einfluß der Bandverbiegung ψ_{SH} nur untergeordnete Bedeutung hatte. In dem Maße, wie die Flachbandspannung gesenkt werden konnte, wurde der Einfluß der Bandverbiegung ψ_S und des Substratfaktors immer wichtiger. Das führte zu einer Präzisierung der Schwellspannung beim MOSFET (s. Abschn. 2.3.1.2).

Aus Gl. (2.1.36) zieht man noch eine interessante Folgerung für die Inversionskanaldicke bei starker Inversion. Mit Gln. (2.1.9), (2.1.30) folgt $Q_I''^2 = Q_r''^2 n_S/p_0$ und damit für die Kanaldicke d_I (Gl. (2.1.29))

$$d_I \sim \frac{Q_I''^*}{n_S} \sim \frac{1}{Q_I''} \sim \frac{1}{U_{GB} - \psi_S}.$$

Der Inversionskanal wird mit steigender Inversion dünner!

2.1.2 Einfluß von Austrittsarbeit und Oberflächenzuständen auf die Flachbandspannung

Bisher wurden die realen Eigenschaften der Gate- und Bulk-Kontaktmaterialien, des Isolators und der Halbleiter-Isolator-Phasengrenze durch Annahme einer idealen MOS-Struktur vernachlässigt.

An der realen MOS-Struktur treten jedoch zusätzlich Austrittsarbeiten, Oxid- und Grenzflächenladungen auf:

Austrittsarbeit. Der Austritt von Elektronen aus Metallen, Halbleitern oder Isolatoren erfordert stets der Überwindung einer *Austrittsarbeit*. Sie wird beim Metall (→ W_M) verstanden als diejenige Energie, die einem auf der Fermikante befindlichen Elektron erteilt werden muß, um das Metall mit der Geschwindigkeit Null verlassen zu können. Weil bei Halbleitern und Isolatoren die Fermikante gewöhnlich im verbotenen Band liegt (bei letzteren immer), führt man dort

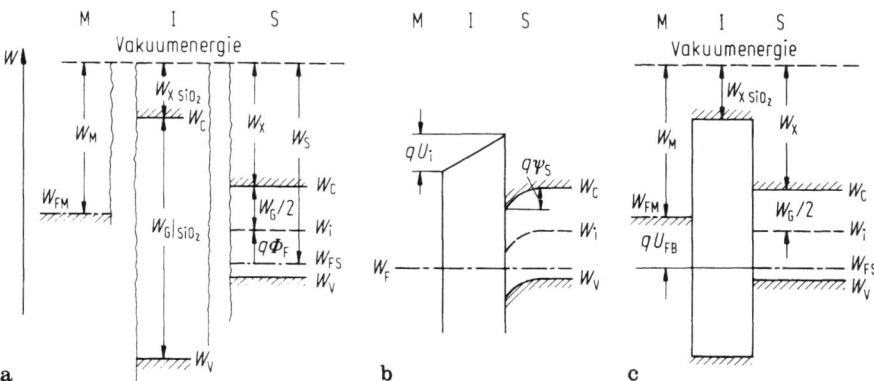

Bild 2.9a–c. Definition der Flachbandspannung am MOS-Übergang. **a** Bändermodell und Austrittsarbeiten von Metall, Isolator und p-Halbleiter ohne gegenseitigen Kontakt, **b** wie a), jedoch im innigen Kontakt. Es entsteht eine Bandverbiegung, **c** Flachbandfall. Es liegt die Flachbandspannung U_{FB} an

2 Der MOS-Transistor als Funktionselement

anstelle der Austrittsarbeit W_S die *Elektronenaffinität* W_X als diejenige Energie ein, die ein auf der Leitbandkante W_C an der Oberfläche befindliches Elektron benötigt, um den Festkörper zu verlassen. Im Bändermodell eines Al-p-Si-MOS-Zweipols (Bild 2.9) betragen die Austrittsarbeit W_M des Aluminiums $\approx 4{,}1\,\text{eV}$, die des p-Si $\approx 4{,}9\,\text{eV}$ (*Elektronenaffinität* $W_X \approx 4{,}05\,\text{eV}$) und SiO_2 hat eine Elektronenaffinität $W_i \approx 0{,}95\,\text{eV}$.

Kommen die einzelnen Materialien miteinander in Kontakt und schließt man den äußeren Kreis, so wird negative Ladung vom Aluminium zum Silizium transportiert, weil die Metallaustrittsarbeit rd. 0,8 V kleiner als die Si-Austrittsarbeit ist. Die Elektronen rekombinieren oberflächennah mit den Löchern und es entsteht eine Verarmungszone durch die Akzeptorladung. Da Ladungstransport durch den Isolator nicht möglich ist, kommt es

- am Metall zu einer positiven Ladungsschicht durch "abgewanderte" Elektronen,
- an der Halbleiteroberfläche zu einer negativen Ladungsschicht der *Verarmungszone* (Akzeptorüberschuß).

Diese Ladungsdoppelschicht verursacht im Isolator und oberflächennahen Halbleiterbereich ein elektrisches Feld, das

- zu Spannungsabfällen im Oxid ($\rightarrow U_I$) und Halbleiter (ψ_S) führt und deshalb
- entsprechende Neigungen im Bändermodell bewirkt (Bild 2.9b).

Die Anordnung selbst ist stromlos, befindet sich also im thermodynamischen Gleichgewicht.

Die Autrittsarbeiten W_M und W_S von Metall und Halbleiter sind Materialgrößen (s. Tafel 2.1), letztere ist durch

Tafel 2.1. Austrittsarbeiten von Metallen, Halbleitern und stark dotiertem Poly-Si-Material

	Al	Mo	Ag	Ni	Au	Pt	Si:
W_M^1/eV	4,2	4,3	4,3	4,5	4,8	5,3	$W_x{}^1 \approx 4{,}05\ldots 4{,}1\,\text{eV}$
W_H		p-Si					n-Si
	$W_H = W_x + W_G/2 + kT \ln N_A/n_i$			$W_H = W_x + W_G/2 - kT \ln N_D/n_i$			

Metallgate

$$W_{MS} = W_M - W_H = W_M - W_x - W_G/2 \begin{cases} -kT \ln N_A/n_i & \text{p-Si} \\ +kT \ln N_D/n_i & \text{n-Si} \end{cases}$$

Poly-Si-Gate
n^+-*Poly-Gate*, entratet dotiert, so daß $W_F \approx W_{C\,\text{Poly}}$

$$\boxed{W_{n^+\text{Poly}} \equiv W_M = W_M = W_x}$$

$$W_{MS} = W_x - W_H = \begin{cases} -W_G/2 - kT \ln N_A/n_i & n^+\text{-Gate, p-Si} \\ -W_G/2 + kT \ln N_D/n_i & n^+\text{-Gate, n-Si} \end{cases}$$

p^+-*Poly-Gate*, entartet dotiert, so daß $W_F \approx W_{V\,\text{Poly}}$

$$\boxed{W_{p^+\text{Poly}} \equiv W_M \equiv W_G + W_x}$$

$$W_{MS} \approx W_G + W_x - W_H = \begin{cases} W_G/2 - kT \ln N_A/n_i & p^+\text{-Gate, p-Si} \\ W_G/2 + kT \ln N_D/n_i & p^+\text{-Gate, n-Si} \end{cases}$$

---

[1] Werte gegen Vakuumniveau, gegen die Leitbandkante von SiO_2 sind sie um 0,9 eV zu reduzieren.

$$W_S = W_X + W_G/2 + q\Phi_F \qquad (2.1.38)$$

(Bandabstand W_G, Elektronenaffinität W_X und Fermipotential Φ_F (Gl. (2.1.10), Dotierungseinfluß) gegeben. Daraus folgt für den MOS-Zweipol (genauer das System Metall-Halbleiter die *Metall-Halbleiter-Austrittsarbeit* W_{MS} (oder das zugeordnete Kontaktpotential Φ_{MS})

$$W_{MS} = W_M - W_S = +q\Phi_{MS} = W_M - [W_X + W_G/2 + q\Phi_F]. \qquad (2.1.39)$$

Die Differenz $W_M - W_X$ – oft als *Barrierenhöhe* bezeichnet – kann auch durch die Energiewerte W_{MO}, W_{XO} (gemessen bis zur Isolatorleitbandkante) ausgedrückt werden (Bild 2.9c).

Flachbandspannung. Die Metall-Halbleiter-Austrittsarbeit W_{MS} verursacht auch ohne äußere Spannung eine Bandverbiegung (wie z.B. Bild 2.9). Um sie aufzuheben, also den *Flachbandfall* herzustellen, muß eine äußere Spannung, die *Flachbandspannung* $U_{GB} \equiv U'_{FB}$ angelegt werden[7]:

$$\boxed{U'_{FB} = W_{MS}/q.} \qquad (2.1.40)$$

Die Flachbandspannung U'_{FB} ist somit materialgegeben. Liegt umgekehrt eine äußere Spannung U_{GB} am MOS-Zweipol mit U'_{FB} an, so gelten für die einzelnen Zustände der Halbleiteroberfläche (p-Halbleiter):

Flachbandfall	$U_{GB} = U'_{FB},$	$\psi_S = 0,$	$Q_{SC} = 0$	(2.1.41a)
Anreicherung	$U_{GB} < U'_{FB},$	$\psi_S < 0,$	$Q_{SC} > 0$	(2.1.41b)
Verarmung, Inversion	$U_{GB} > U'_{FB},$	$\psi_S > 0,$	$Q_{SC} < 0.$	(2.1.41c)

Damit gelten die bisherigen Beziehungen, in denen U_{GB} (und sinngemäß auch die Schwellspannung U_{TH} Gl. (2.1.37) vorkommt weiter, wenn die Klemmenspannung U_{GB} durch die neue Spannung $U_{GB} - U'_{FB}$ ersetzt wird.

Oxidladungen, Grenzflächenladungen [B2], [B25], [2.17]. Außer der Metall-Halbleiter-Austrittsarbeit führen auch *Ladungen* im Oxid und an der Halbleiter-Isolator-Grenzfläche, wie sie in realen Strukturen stets auftreten, zu Influenzladungen an den Elektrode des MOS-Zweipols und so zu Bandverbiegungen auch ohne äußere Spannung. Sie tragen deshalb ebenso zur Flachbandspannung bei und bedingen den Anteil U''_{FB}.

In realen SiO$_2$-Systemen treten hauptsächlich folgende Ladungen auf (Bild 2.10):

– *feste Oxidladung* $Q''_f (N''_f = Q''_f/q)$[8]. Sie entsteht während der Oxidbildung und ist einer sehr dünnen Schicht an der Grenzfläche lokalisiert. Deshalb wird sie für Si–SiO$_2$-Systeme als positive Flächenladung angesetzt, ziemlich unabhängig von Oxiddicke und Halbleiterdotierung.

– *Getrappte Ladung* im Oxid Q_{ot}. Das sind feste über das gesamte Oxide verteilten Ladungen, die oft auch an der Grenzfläche oder in Gatenähe lokalisiert ist. Es wurden positive und negative Werte festgestellt. Ihre häufigsten Entstehungsursachen sind die Ionenimplantation, die Injektion

---

[7] Die Bezeichnung U'_{FB} wurde gewählt, weil hier nur der Einfluß von W_{MS} berücksichtigt ist, s.u.
[8] Oft auch mit Q''_{ss} bezeichnet.

34   2 Der MOS-Transistor als Funktionselement

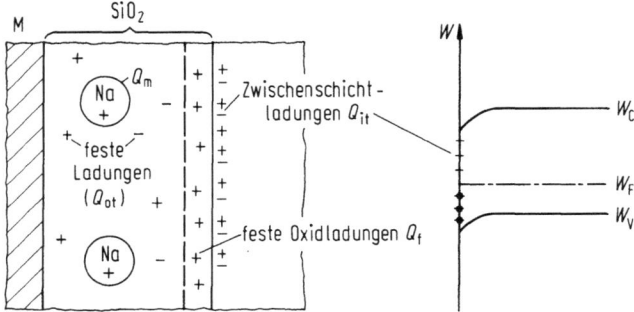

Bild 2.10. Oxidladungen in realen MOS-Systemen

heißer Elektronen oder Löcher (z.B. herrührend aus einem Lawineneffekt in Drainnähe) sowie die Trägerinjektion durch Fotoemission oder ionisierende Strahlung.
- Die *Grenzflächentrapladung* Q_{it}'' (sog. schnelle Oberflächenzustände) an der Halbleiter-Isolator-Phasengrenze. Ihre Ursache sind Trapzentren (Dichte N_{it}, Traps cm^{-2} in der Grenzfläche mit einer Energieverteilung D_{it} (Traps cm^{-2} eV^{-1})) innerhalb des verbotenen Bandes. Die Ladung kann als Donator oder Akzeptor wirken und bewegliche Träger zeitweilig binden.
- Die *bewegliche Ionenladung* Q_m. Sie resultiert z.B. von Alkalimetall-Ionen, die aus der Umgebung bei der Isolatorherstellung eingeschlossen werden können.

Im Verlaufe intensiver Arbeiten während der letzten zwei Jahrzehnte sind diese Ladungsanteile grundlegend untersucht worden. Man kennt heute eine Reihe von Verfahren, ihre Anteile klein und vor allem stabil zu halten. Für den Einfluß dieser Ladungen auf die MOSFET-Eigenschaften werden alle summarisch in einer Ladung Q_i'' an der Isolator-Halbleiter-Phasengrenze zusammengefaßt. Dabei mag offen bleiben, ob in Einzelfällen eine genauere Unterteilung notwendig sein kann.

Die (als positiv angenommene) Flächenladung Q_i'' (Bild 2.10) influenziert auf der Gateelektrode eine entsprechend gleichgroße negative Ladung $-Q_i''$ und einen Spannungsabfall U_i

$$U_i = -Q_i/C_i \qquad (2.1.42)$$

(Richtung beachten!). Dies wäre auch die Spannung $U_{GB} = U_{FB}''$, die extern anliegen müßte, um den Flachbandfall einzustellen. Damit lautet die gesamte Flachbandspannung (s. Gl. (2.1.40))

$$\boxed{U_{FB} = U_{FB}' + U_{FB}'' = \Phi_{MS} - Q_i/C_i. \qquad \text{Flachbandspannung}} \qquad (2.1.43)$$

Unterteilt man Q_i weiter in einen festen Anteil Q_f und eine Ladungsverteilung $\rho(x)$ in Isolator, so gilt anstelle von Gl. (2.1.43)

$$\boxed{U_{FB} = \Phi_{MS} - \frac{Q_f}{C_i} - \frac{1}{C_i}\int_0^{d_i}\frac{x}{d_i}\rho(x)dx.} \qquad (2.1.44)$$

Grundsätzlich sind damit die typischen Ursachen der Flachbandspannung erfaßt.

2.1.3 Kapazität des MOS-Zweipols

Die wichtigste Größe des MOS-Zweipols ist seine Kapazität. Wird nämlich der Spannung U_{GB} eine (Kleinsignal)-Änderung ΔU_{GB} (z.B. Wechselspannung)

2.1 Der MOS-Zweipol   35

überlagert, so entstehen Spannungsabfälle $\Delta\psi_S \Delta U_i$ über der Raumladungszone und dem Isolator mit

$$\Delta U_{GB} = \Delta U_i + \Delta\psi_S \quad [9]$$

und der zugehörigen Ladungsschwankungen Gl. (2.1.4)

$$\Delta Q_G + \Delta Q_{SC} = 0 \tag{2.1.45}$$

wieder unter der Annahme, daß sich die Oxidladung Q_i nicht ändert (was später ggf. zu revidieren ist).

Die *(differentielle) MOS-Kapazität* beträgt dann

$$c''_{gb} = \frac{dQ''_G}{dU_{GB}} = -\frac{d(Q''_{SC} + Q''_i)}{dU_{GB}} = -\frac{dQ''_{SC}}{d\psi_S} \cdot \frac{d\psi_S}{dU_{GB}}$$

mit dem Reziprokwert

$$\frac{1}{c''_{gb}} = \frac{dU_{GB}}{dQ''_G} = \frac{dU_i}{dQ''_G} + \frac{d\psi_S}{dQ''_G} = \frac{dU_i}{dQ''_G} - \frac{d\psi_S}{dQ''_{SC}} = \frac{1}{C''_i} + \frac{1}{c''_{SC}(\psi_S)} \tag{2.1.46}$$

und den Komponenten (in Reihenschaltung, Bild 2.11)

– *Oxidkapazität* und *Halbleiter(raumladungs)kapazität*

$$\boxed{C''_i = \frac{dQ''_G}{dU_i} = \frac{\varepsilon_i}{d_i} \qquad c''_{SC} = \frac{dQ''_G}{d\psi_S} = -\frac{dQ''_{SC}}{d\psi_S}.} \tag{2.1.47}$$

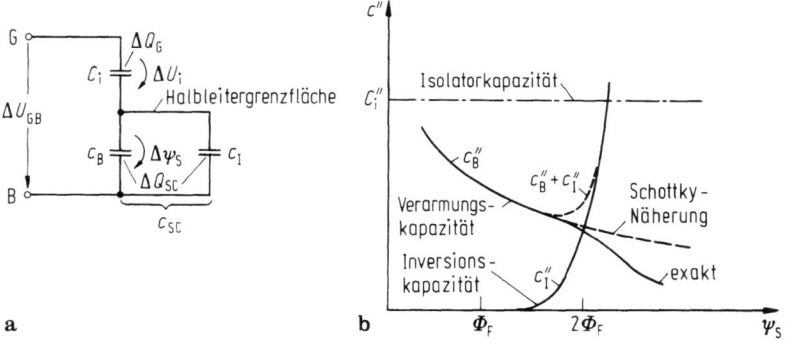

Bild 2.11a, b. Kleinsignalkapazität des MOS-Zweipols. **a** Ersatzschaltung (Grenzflächenladungszustände vernachlässigt), **b** Verlauf der Isolator-(C''_i), Verarmungs-(c''_B) und Inversionskapazität (c''_I) über dem Oberflächenpotential. Es gilt $c''_{SC} = c''_B + c''_I$

---

[9] Vorausgesetzt, daß U_{FB} konstant bleibt. Dies ist streng genommen nicht korrekt, da manche Ladungsanteile in U_{FB} von ψ_S und damit auch $\Delta\psi_S$ abhängen. Auf diese Problematik soll aber hier nicht näher eingegangen werden.

Die *Halbleiterraumladungskapazität* ergibt sich aus der Halbleiterraumladung $Q''_{SC}(\psi_S)$ als Lösung der Poisson-Gleichung (s. Anhang A, Gl. (A7)) mit dem im Bild 2.11 dargestellten typischen Verlauf. Von besonderem Interesse ist beim MOSFET der Verlauf im Verarmungs- und Inversionsbereich.

Im Verarmungsbereich ($0 \leq \psi_S \ll \Phi_F$, d.h. $\psi_S \approx nU_T(n \approx 2 \cdots 4)$) befinden sich praktisch keine Löcher (Majoritätsträger) mehr in Oberflächennähe und die Ladung Q''_{SC} (Gl. (2.1.14)) führt auf (Bild 2.11b)

$$c''_{SC} = \frac{Q''_r}{\sqrt{U_T}} \cdot \frac{1 + \exp\dfrac{\psi_S - 2\Phi_F}{U_T}}{2\sqrt{\psi_S - U_T + U_T \exp\dfrac{\psi_S - 2\Phi_F}{U_T}}} \qquad \psi_S > (2 \cdots 4)U_T \qquad (2.1.48)$$

Um den Inversionseinsatz besser erkennen zu können, wird analog zur Aufteilung der Halbleiterladung Q_{SC} in Inversions- (Q_I) und Verarmungsanteil (Q_B) (s. Gl. (2.1.14)) auch eine entsprechende Kapazitätsunterteilung vorgenommen:

$$c''_{SC} = -\frac{dQ''_{SC}}{d\psi_S} = -\left(\frac{dQ''_I}{d\psi_S} + \frac{dQ''_B}{d\psi_S}\right) = c''_I + c''_B. \qquad (2.1.49)$$

Die relevanten Kapazitäten sind die Tangenten an die jeweilige Ladungskurve $Q(\psi_S)$ im Arbeitspunkt. Die Berechnung der Komponenten c''_I, c''_B setzt die genaue Kenntnis der Ladungsanteile Q''_I, Q''_B voraus (s. Anhang B). Man erhält:

$$c''_I = \frac{Q''_r}{\sqrt{U_T}} \cdot \frac{1 + \exp\dfrac{\psi_S - 2\Phi_F}{U_T}}{\sqrt{\psi_S - U_T + U_T \exp\dfrac{\psi_S - 2\Phi_F}{U_T}}} \qquad (2.1.50a)$$

und

$$c''_B = \frac{Q''_r}{2\sqrt{U_T}\sqrt{\div}} \approx \frac{Q''_r}{2\sqrt{U_T}} \cdot \frac{1}{\sqrt{\psi_S - U_T}} \approx \frac{Q''_r}{2\sqrt{U_T}\sqrt{\psi_S}}. \qquad (2.1.50b)$$

Die Inversionskapazität steigt vom Wert bei $\psi_S > \Phi_F$ (schwacher Inversionseinsatz) aus stark an (Bild 2.11) und nähert sich dem Wert

$$c''_I|_{\text{starke Inversion}} \approx Q''_r \exp\frac{\psi_S - 2\Phi_F}{2U_T} \qquad (2.1.51)$$

bei starker Inversion ($\psi_S \geq 2\Phi_F$).

Die Verarmungskapazität c_B'' fällt degegen im Verarmungsbereich zunächst nach dem Wurzelgesetz ($\rightarrow$ Schottky-Näherung, Gl. (2.1.50b)) über ψ_S ab, eine direkte Konsequenz des Flächenladungsmodells. Da diese Beziehung die Entkopplung der Verarmungsschicht von der Inversionsschicht bei starker Inversion nicht einschließt, wird sie dann sehr ungenau. Bei starker Inversion und genauer Berechnung sinkt die Verarmungskapazität jedoch deutlich unter diesen Wert. Ersatzschaltmäßig liegen c_I'' und c_B'' nach Gl. (2.1.49) parallel.

Beim üblicherweise vereinbarten Inversionseinsatz $\psi_S = 2\Phi_F$ stimmen c_I'' und c_B'' nach Gl. (2.1.50) überein [2.18]:

$$c_I'' = c_B''|_{\psi_S = 2\Phi_F}. \qquad (2.1.52)$$

Als besonders zweckmäßig erweist sich die Einführung von c_I'' und c_B'' für die Abgrenzung des *mittleren Inversionsbereiches* [2.4].

Bei schwacher Inversion änderte sich die Steigung (Gl. (2.1.28))

$$\frac{d\psi_S}{dU_{GB}} \equiv \frac{1}{n_0} \equiv \frac{C_i}{C_i + c_{SC}} = \frac{C_i}{c_i + c_I + c_B} \qquad (2.1.53)$$

nach Bild 2.7 praktisch nicht. Drückt man sie über Gl. (2.1.23a) und die Kapazitätsdefinitionen (2.1.46), (2.1.49) durch das rechte stehende Kapazitätsverhältnis aus, so gilt wegen $c_I \ll c_B$

$$\frac{1}{n_0} = \frac{d\psi_S}{dU_{GB}} \approx \frac{C_i}{C_i + c_B}$$

oder umgekehrt

$$n_0 \approx \frac{c_B}{C_i} \rightarrow 1 + \frac{\gamma}{2\sqrt{3/2\Phi_F}} \qquad (2.1.54)$$

(Der rechte Wert folgt für $\psi_S = 3/2\Phi_F$ und c_B nach Gl. (2.1.50b)). Definiert man nun (willkürlich)

$$\frac{C_i}{C_i + c_B} = 0{,}1 \qquad (2.1.55a)$$

als *Untergrenze* der mittleren Inversion und bestimmt die zugehörige Bandverbiegung ψ_{SM}, so folgt $\psi_{SM} \approx 2\Phi_F$ mit einer Schwankung von $\pm U_T$, m.a.W. ist $2\Phi_F$ eine sehr gute Näherung.

Ganz analog kann eine *Obergrenze* des mittleren Inversionsbereiches definiert werden, z.B. durch

$$\frac{C_i}{C_i + c_B} = 10. \qquad (2.1.55b)$$

Dann folgt direkt Gl. (2.1.34b) als Ergebnis.

38 2 Der MOS-Transistor als Funktionselement

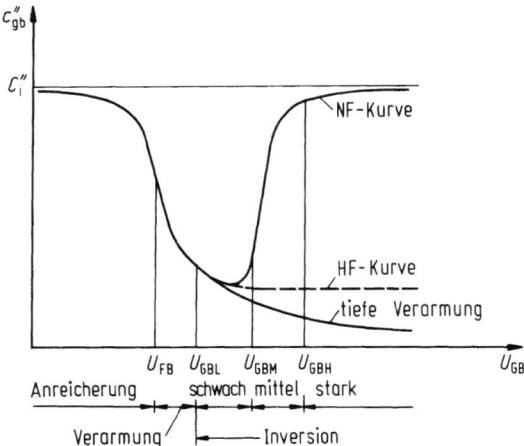

Bild 2.12. Gesamtkapazität c_{gb} des MOS-Zweipols über der Klemmenspannung U_{GB} (Grenzflächenzustände vernachlässigt) bei unterschiedlicher Meßfrequenz

Gesamtkapazität. Die Gesamtkapazität $c_{gb}(U_{GB})$ über der Vorspannung U_{GB} ergibt sich zunächst durch vorgegebenes ψ_S
- aus $c_{SC}(\psi_S)$ und mit C_i schließlich über Gl. (2.1.46) in der Form $c''_{gb}(\psi_S)$
- anschließend bestimmt man in der Spannungsbilanz $U_{GB} = U_{FB} + \psi_S - Q_{SC}(\psi_S)/C_i$ zunächst $Q_{SC}(\psi_S)$ (vgl. Anhang A), dann $U_{GB}(\psi_S)$ und damit schließlich den Verlauf $c_{gb}(U_{GB})$. Bild 2.12 zeigt das Ergebnis.

Bei *Anreicherung* (d.h. $U_{GB} < U_{FB}$) stimmt c_{gb} wegen $c_{SC} \gg C_i$ praktisch mit der Oxidkapazität überein. Über der Spannung durchläuft $c_{gb}(U_{GB})$ zunächst bei $U_{GB} = U_{FB}$ die *Flachbandkapazität* mit

$$c''_{gb|FB} = \frac{C''_i}{1 + \dfrac{C_i}{c_{SC|FB}}} = \frac{\varepsilon_i}{d_i + \dfrac{1}{\sqrt{2}}\left(\dfrac{\varepsilon_i}{\varepsilon_S}\right)L_D}, \quad L_D = \sqrt{\frac{2U_T\varepsilon_S}{qN_A}} \qquad (2.1.56)$$

wie sie durch Grenzübergang $\psi_S \to 0$ leicht aus Anhang A Gl. (A7) hergeleitet werden kann.

Bei *Verarmung* sinkt die Raumladekapazität stark ab und damit auch die Gesamtkapazität. Diese gilt zunächst noch bei schwacher *Inversion*, doch steigt c_{SC} aufgrund der Inversionsladung bald wieder stark und damit auch c_{gb}. So durchläuft c_{gb} ein typisches Minimum etwa im Bereich der schwachen Inversion.

Bei *starker Inversion* steigt c_{SC} (exponentiell mit ψ_S, Gl. (2.1.48)) an und die Gesamtkapazität c_{gb} nähert sich wieder dem Wert C_i.

Die $c_{gb}(U_{GB})$-Kurve hat in realen Strukturen drei typische Abweichungen:
a) Die Raumladekapazität nach Gl. (2.1.50) setzt thermodynamisches Gleichgewicht voraus. Dann müssen in Potentialänderungen $\Delta\psi_S$ *sehr langsam* im Vergleich zur bestimmenden Zeitkonstante des Umladevorganges erfolgen (Definition der Kapazität als Tangente an den jeweiligen

Ladungsverlauf!). Für *Majoritätsträger* (Anreicherungs-, Verarmungsgebiet) ist dafür die Relaxationszeit $\tau_R \approx \varkappa/\varepsilon (\approx 10^{-12}\,\text{s})$ maßgebend. Technische Meßfrequenzen erfüllen durchweg diese Forderung $f_M \ll 1/\tau_R$. Im *Inversionsbereich* hingegen bestimmen *Minoritätsträger* (mit der um Größenordnungen größeren Minoritätsträgerlebensdauer τ, Bereich Millisekunden) den Umladungsvorgang maßgeblich. Ihre große Zeitkonstante erfordert deshalb *sehr niedrige* Meßfrequenzen $f \ll 1/\tau$ (Bereich einige 100 Hz), soll Gl. (1.2.50) noch gelten. Man spricht vom sog. *NF-Verlauf*.

Bei hohen Frequenzen ($f \approx 1/\tau$) folgt die Inversionsladung den schnellen Wechseln nicht mehr. Sie verhält sich vielmehr wie eine feste Ladungsfront, die weder einen Ladungsaustausch über das Oxid noch über die Verarmungszone mit den Anschlußelektroden hat. Folglich verschwindet ihr Beitrag zu c_{SC}, und die Kurve bewegt sich längs der sog. "HF-Verarmungskapazität", die etwa der Verarmungskapazität entspricht.

Die Verhältnisse ändern sich allerdings grundlegend, wenn die Inversionsschicht z.B. über einen zusätzlich angebrachten Kontakt (wie beim MOSFET, Source, Drain) mit der Außenwelt verbunden ist. Dann gilt auch für hohe Frequenzen die "NF-Kurve", weil ein rascher Minoritätsaustausch über den Kontakt erfolgt. Deshalb hat die C-U-Kurve eines MOSFET ein Minimum, wie es der HF-Kurve entspricht.

b) Eine andere Kapazitätskurve ergibt sich bei sehr schneller Änderung (z.B. Sägezahnspannung oder Impuls der Vorspannung). Dann sinkt der Verlauf $c_{gb}(U_{GB})$ *deutlich* unter die HF-Kurve, etwa weiter nach dem extrapolierten "Verarmungslauf". Dieser Zustand heißt "tiefe Verarmung" und der Verlauf auch *Impulsverarmungskapazität*. Es liegt hier eine Nichtgleichgewichtsaufweitung der Verarmungszone über die thermodynamische Gleichgewichtsweite W_s hinaus vor. Dabei wird die Inversionsschicht durch die Trägheit der Minoritätsträger überhaupt nicht mehr aufgebaut, obwohl es nach Größe und Vorzeichen der Bandverbiegung möglich wäre. Der Verarmungszustand bleibt erhalten und die Sperrschicht wächst noch mit der Spannung U_{GB} an. Die zugehörige Raumladungskapazität ergibt sich aus Q_{SC}, wenn der Minoritätsbeitrag vernachlässigt wird.

Ins Spiel kommt die tiefe Verarmung dagegen bei sehr dünnen Isolatoren ($d_i < 50$ Å), weil dann die Minoritätsträger durch das Oxid zur Gateelektrode tunneln und eine Inversionsschicht nicht vollständig oder überhaupt nicht entstehen kann.

c) *Oberflächenzustandskapazität*. Bisher wurde die Oxidladung Q_i als spannungsunabhängig angenommen. Praktisch hängt jedoch vor allem die *Oberflächenzustandsladung* Q_{SS} (s. Abschn. 2.1.2) von der Bandverbiegung ab. Da die Variable $Q_{SS}(\psi_S)$ prinzipiell in gleicher Weise wie die Ladung Q_{SC} resp. Q''_I oder Q'' einbezogen werden kann[10], läßt sich auch eine *Oberflächenzustandskapazität*

$$c''_{ss} = -\frac{dQ''_{SC}}{d\psi_s} \qquad (2.1.57)$$

definieren. Sie ist der Raumladekapazität c_{SC} in der Ersatzschaltung Bild 2.11 parallel zu schalten. Grundsätzlich bleibt der $c_{gb}(U_{GB})$ – Verlauf bis auf die Korrektur durch c''_{ss} erhalten. Auf diese Probleme soll hier nicht näher eingegangen werden, weil darüber in der MOS-Literatur ausführlich berichtet wird und dieser Kapazitätsbeitrag beim MOSFET nur eine untergeordnete Rolle spielt.

2.1.4 Der MOS-Zweipol mit zugängiger Inversionsschicht

Der MOS-Transistor unterscheidet sich vom MOS-Zweipol insbesondere dadurch, daß (Bild 2.13)

a) Inversionskanalanfang und -ende mit den *Kontaktbereichen* Source, Drain versehen sind und eine Spannung U_{DS} zwischen beiden einen Stromfluß im

---

[10] Dazu ist sie dann in der Flachbandspannung nicht mehr zu erfassen.

40 2 Der MOS-Transistor als Funktionselement

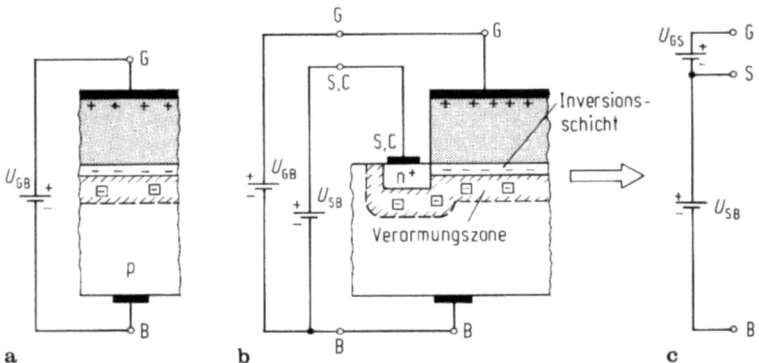

Bild 2.13a–c. MOS-Dreipol mit zugängiger Inversionsschicht. **a** MOS-Zweipol, **b** wie a), jedoch mit Hilfskontakt (Source S) zum Inversionskanal, **c** Umordnung der Versorgungsspannungen

Inversionskanal verursacht. Die Kontaktgebiete müssen daher bei einem p-Substrat hochdotierte n^+-Gebiete sein (Bild 1.1).

b) einer der beiden Kontakte – gewöhnlich der Source-Bereich – mit dem Bulk über eine *Hilfsspannung* U_{SB} – die Bulk- oder Substratspannung -verbunden werden kann und damit

c) der Inversionskanal zufolge a) nicht mehr "isoliert" vorliegt, sondern über U_{DS} und/oder U_{SB} mit dem Bulk *verbunden* ist. Damit ändern sich die Verhältnisse gegenüber dem MOS-Zweipol teilweise und durch den Stromfluß arbeitet die Struktur sogar im *Nichtgleichgewicht* (auch bei stationären Spannungen!).

Für ein systematisches Verständnis des MOSFET, insbesondere des sog. *Substrateinflusses* (Auswirkung der Verarmungszone auf den Inversionskanal) wird zunächst der MOS-Zweipol mit nur *einem* Kontakt am Inversionskanal

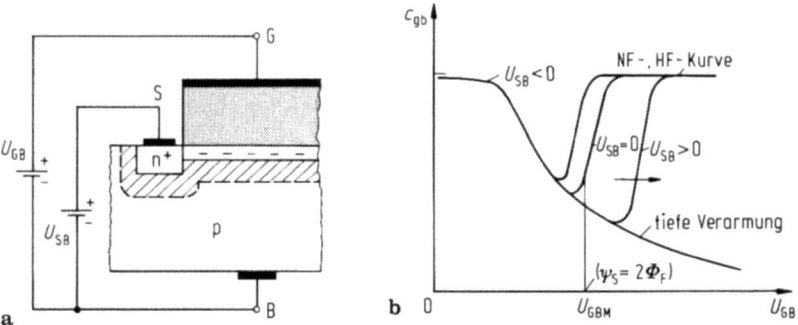

Bild 2.14. Kapazitäts-Spannungskurve $c_{gb}(U_{GB})$ des MOS-Dreipols mit Einfluß der Vorspannung U_{SB}

betrachtet (Bild 2.14). Diese Struktur wird oft als *np-Übergang mit Gateelektrode* oder auch *MOS-Kapazität* mit np-Diode bezeichnet. Tatsächlich bildet der n$^+$p-Bereich, bestehend aus den n-Gebieten von Sourcekontakt und Inversionskanal und dem p-Substrat einen np-Übergang, dessen Kennlinie I = f(U_{GB}, U_{SB}) durch die Gateelektrode mit der darunter entstehenden Oberflächenschicht beeinflußt wird [2.33], [2.19]. Vorangestellt sei zunächst

– die $c_{gb}(U_{GB})$-Charakterstik mit der Spannung U_{SB} als Parameter (Einfluß von U_{SB} auf den Inversionsbereich).

Kapazitätskennlinie. Die C–U-Charakteristik mit der "Sourcespannung" U_{SB} des n-Gebietes als Parameter (Bild 2.14) geht von der normalen C–U-Kennlinie (U_{SB} = 0, Inversionsanstieg bei $\psi_S \approx 2\Phi_F$) aus. Die kurzgeschlossene Sourcediode beeinflußt zwar das Oberflächenpotential nicht, wirkt aber als *Quelle* resp. *Senke* für *Minoritätsträger*, weil sie den *Trägeraustausch* aus dem großen Reservoir des n$^+$-Gebietes mit der Inversionsschicht auch bei *hohen Frequenzen* erlaubt. Deshalb steigt gegenüber Bild 2.12 auch die HF-Kurve (wie die NF-Kurve) im Inversionsbereich an. Bei offenem n$^+$-Kontakt kann sich die Elektronendichte in der Inversionsschicht nur durch thermische Generation resp. Rekombination in der Raumladungszone ändern(s.o.).

Wird die n$^+$-p-Diode *sperrgepolt* (U_{SB} > 0) und erreicht die Bandverbiegung unter dem Gate den Wert $2\Phi_F$, so fließen die sich sonst in der Inversionsschicht für U_{SB} = 0 sammelnden Minoritätsträger zum n$^+$-Kontakt: der Oberflächenbereich bleibt *noch verarmt*. Eine (stationäre) Inversion erfolgt erst bei größerer Bandverbiegung, nämlich $\psi_S \approx 2\Phi_F + U_{SB}$. Dann ist der Potentialunterschied zwischen n$^+$-Gebiet und Inversionsschicht soweit abgebaut, daß die Minoritätsträger in der Inversionsschicht verbleiben. Folgerichtig steigt der Kapazitätsverlauf erst bei einer höheren Spannung U_{GB} kräftig an. Diese Tendenz bleibt mit steigender Sourcespannung U_{SB} erhalten, wobei sich der Inversionseinsatz immer weiter verzögert. Deshalb folgt die C–U-Kurve im Verarmungsbereich *stationär* längs des Verlaufs für *tiefe Verarmung*. (Beim MOS-Zweipol ohne Sourcebereich kann dieser Kurventeil nur ermittelt werden, wenn sich die Gatespannung zeitlich sehr rasch ändert!).

Umgekehrt setzt bei *flußgepoltem* Diodenübergang die Inversion schon bei einer kleineren Gatespannung U_{GB} ein, weil jetzt das Oberflächenpotential nur $\psi_S \approx 2\Phi_F - U_{SB}$ betragen muß.

Genauer treten die Verhältnisse am Bändermodell der zugeordneten Potentialverteilung $\psi(x, y)$ zutage. Dazu möge (zur besseren Darstellung) der n$^+$-Kontakt über die gesamte seitliche Begrenzung reichen. Verschwinden Spannungen ($U_{SB} \approx 0$, U_{GB} = 0), so gilt in y-Richtung das Bändermodell des stromlosen pn-Überganges (Bild 2.15a, b). Über der Potentialschwelle fällt nur die Diffusionsspannung U_D ab. Das Ferminiveau liegt im n$^+$-Gebiet wegen der hohen Dotierung fast an der Leitbandkante. Der Bereich unter dem Gate befindet sich im Flachbandzustand[11]. Mit der Gatespannung

---
[11] Oberflächenladungen und Austrittsarbeit zu Null angenommen.

2 Der MOS-Transistor als Funktionselement

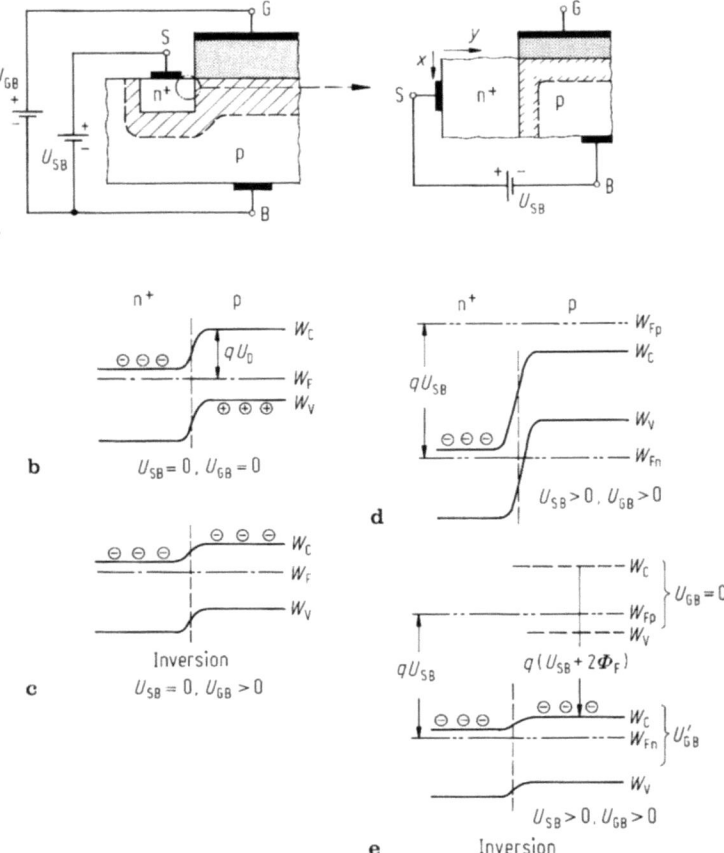

Bild 2.15a–e. MOS-Dreipol bei verschiedener Vorspannung. **a** Anordnung mit Ausschnitt des n⁺p-Überganges, **b–e** Bändermodell des n⁺p-Überganges in y-Richtung direkt unter der Halbleiteroberfläche, **b** spannungsloser Zustand, **c** Inversion durch eine Gatespannung U_{GB}. Es entsteht ein n⁺n-Übergang, **d** wie c) jedoch bei Sperrspannung $U_{SB} > 0$. Die Inversion verschwindet. **e** wie d), jedoch mit einer größeren Gatespannung $U'_{GB} > 0$. Es setzt wieder Inversion ein

(Inversionsfall, Bild 2.15c) verbiegt sich das Band unter dem Gate, und an der Stelle $x = 0$ entsteht längs y zwischen der n⁺-Schicht und dem Inversionskanal nur noch eine geringe Potentialschwelle. Eine unveränderte Gate-, jetzt vergrößerte Sourcespannung (Bild 2.15d):

- beseitigt die Inversion und bringt die Struktur in *tiefe Verarmung*,
- führt wegen des *Nichtgleichgewichtes* zu einer Aufspaltung des Ferminiveaus in die beiden Quasiferminiveaus W_{Fn}, W_{Fp}, die sich – wie vom pn-Übergang her bekannt – etwa um die Spannung U_{SB} unterscheiden ($W_{Fn} \approx W_{Fp} + U_{SB}$). Als übliche Näherung ändert sich das Majoritäts-Oberflächenniveau des Substrates innerhalb des Volumens zur Oberfläche hin nicht,
- unterscheidet das Minoritäts-Oberflächenniveau des Substrats vom Majoritätsniveau um die Spannung U_{SB}.

Das Bändermodell zeigt die sehr geringe Elektronendichte unter dem Gatebereich, weil das Oberflächenniveau W_{Fn} weit unter der Mittenenergie W_i liegt. Elektronen, die durch thermische Generation in der Verarmungszone unter dem Gatebereich entstehen, wandern schnell zum n^+-Gebiet.

Wird schließlich bei gleicher Sourcespannung die Gatespannung so erhöht, daß wieder Inversion herrscht (Bild 2.15e), so verschiebt sich das Bändermodell des Inversionsbereiches (für $U_{GB} = 0$, Bild 2.15b) von der alten Stelle W_{Fp} auf das Oberflächenniveau W_{Fn} nach unten und die Potentialschwelle zwischen Kontaktbereich und Inversionszone ist weitgehend abgebaut. Im Bild

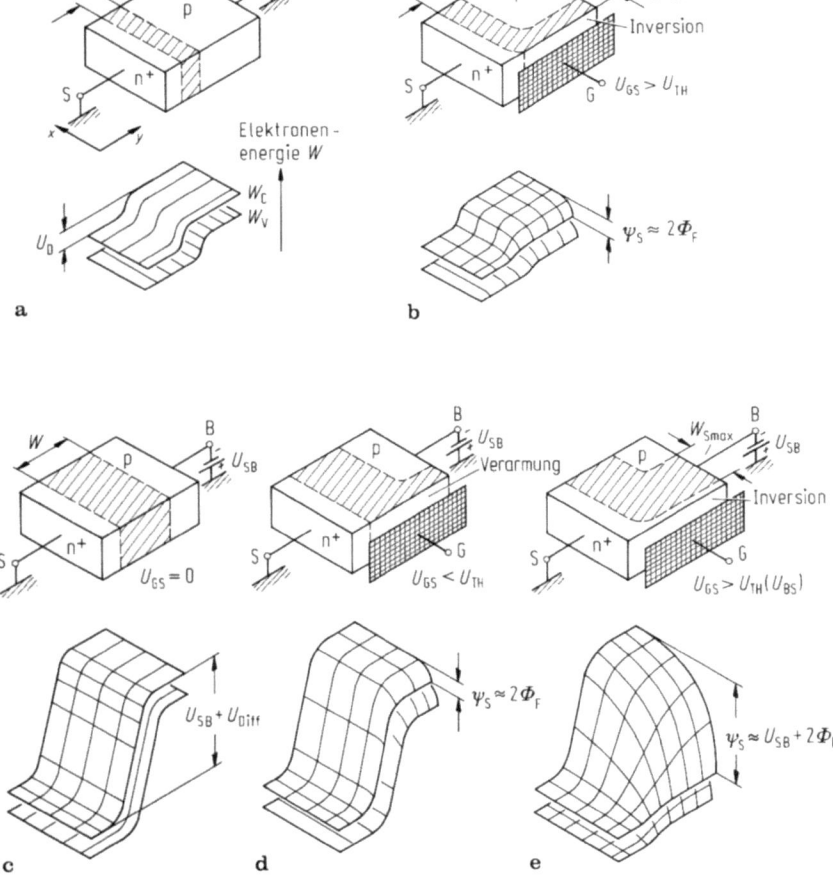

Bild 2.16a–e. Bändermodell des MOSFET in Sourcenähe mit verschiedenen Gate- und Substratspannungen. **a** $U_{GS} = 0$, $U_{BS} = 0$, Entstehung der Diffusionsspannung U_D im pn-Übergang, **b** $U_{GS} > U_{TH}$, $U_{BS} = 0$ Inversionskanal an Halbleiteroberfläche, **c** $U_{GS} = 0$, $U_{BS} < 0$. Die Substratspannung sperrt den Source-Substratübergang, **d** $0 < U_{GS} < U_{TH}$, $U_{BS} < 0$: Entstehung einer Oberflächenverarmungszone, **e** $U_{GS} > U_{TH}(U_{BS})$, $U_{BS} < 0$: Entstehung eines Oberflächeninversionskanals. Das Oberflächenpotential ψ_S ist um den Wert U_{SB} vergrößert

44   2 Der MOS-Transistor als Funktionselement

2.16 wurden die im Bild 2.15 erläuterten Vorgänge perspektiv dargestellt. Solange keine Substratspannung anliegt ($U_{SB} = 0$), reicht das Oberflächenpotential ψ_S beim Wert $2\Phi_F$ zur Inversion aus. Man erkennt auch den Abbau der Potentialschwelle zum n^+-Sourcegebiet hin. Mit Substratvorspannung U_{SB} (Bilder 2.16c–e) muß die Bandverbiegung entsprechend größer sein um Inversion zu erreichen.

Man erkennt zusammenfassend, daß Inversion (mit der Bandverbiegung ψ_S bei $U_{SB} = 0$) bei zusätzlicher Spannung U_{SB} dann wieder entsteht, wenn das Oberflächenpotential auf $\psi_{Salt} = \psi_{Sneu} - U_{SB}$ beträgt oder umgekehrt gilt

$$\psi_{Sneu} = \psi_{Salt} + U_{SB}; \psi_S(U_{SB}) = \psi_S(U_{SB} = 0) + U_{SB}. \qquad (2.1.58)$$

Die Oberflächenkonzentration n_S (Gl. (2.19)) wird jetzt von der Differenz ψ_{Salt} und ψ_{Sneu} bestimmt:

$$n_S = p_0 \exp \frac{\psi_S - (2\Phi_F + U_{SB})}{U_T} = N_A \exp \frac{\psi_S - U_{SB} - 2\Phi_F}{U_T}. \qquad (2.1.59a)$$

Sinngemäß hängt der sich einstellende Oberflächenzustand jetzt nicht von der Bandverbiegung ψ_S in Bezug auf $2\Phi_F$, sondern auf $(2\Phi_F + U_{SB})$ ab.

Die anliegende Spannung U_{SB} und damit der Übergang zu einem *Nichtgleichgewichtssystem* führt auf folgende Konsequenzen

– Gl. (2.1.59) gilt nur für die Minoritätsträger, weil durch U_{SB} das bisherige Ferminiveau in die beiden Quasiferminiveaus W_{Fn}, W_{Fp} aufgespalten wird (s. Anhang C). Deshalb gilt für die Majoritätsträger (wie bisher) Gl. (2.1.9)

$$p_S = p_0 \exp -\frac{\psi_S}{U_T} = N_A \exp -\frac{\psi_S}{U_T}. \qquad (2.1.59b)$$

Durch die (Sperr-)Spannung U_{SB} fließt im zugeordneten Stromkreis ein Sperrstrom vom n^+-Gebiet bzw. der Inversionsschicht zum Substrat. Er wird vernachlässigt (später als Substratstrom bezeichnet).

Zusammengefaßt gelten für den MOS-Zweipol *mit* angeschlossener Inversionsschicht folgende Grundgleichungen:

$$\begin{array}{ll} U_{GB} = U_i + \psi_S + \Phi_{MS} & Q_G'' = C_i'' U_i \\ Q_G'' + Q_i'' + Q_{SC}'' = 0 & Q_{SC} = Q_I''(\psi_S) + Q_B''(\psi_S) \end{array} \qquad (2.1.60)$$

mit (Gl. (2.1.24)) $Q_B''(\psi_S) = -Q_r''/\sqrt{U_T} \cdot \sqrt{\psi_S} = -\gamma C_i'' \sqrt{\psi_S}$. Dabei berücksichtigt Q_B'' die Verarmungsnäherung.

Die *Inversionsladung* Q_I'' beträgt mit Bezug auf die eben geführte Diskussion für die Minoritätsträger (anstelle von Gl. (2.1.19)

$$Q_I'' = -\frac{Q_r''}{\sqrt{U_T}} \left\{ \sqrt{\psi_S - U_T + U_T \exp \frac{\psi_S - (2\Phi_F + U_{SB})}{U_T}} - \sqrt{\psi_S - U_T} \right\}$$

$$(2.1.61)$$

2.1 Der MOS-Zweipol 45

(s. Anhang C). Aus diesen Grundbeziehungen und Gl. (2.1.58) lassen sich, wie bisher, alle relevanten Größen der MOS-Anordnung mit Gl. (2.1.59) ableiten, z.B.

– die *Gesamtspannung*

$$U_{GB} = U_{FB} + \psi_S - \frac{Q_B(\psi_S) + Q_I(\psi_S)}{C_i}$$
$$= U_{FB} + \psi_S + \gamma \sqrt{\psi_S - U_T + U_T \exp\frac{\psi_S - (2\Phi_F + U_{SB})}{U_T}} \qquad (2.1.62)$$

die *Inversionsladung* aus Gl. (2.1.63)

$$Q_I'' = C_i''(U_{GB} - U_{FB} - \psi_S + Q_B/C_i) = -C_i''(U_{GB} - U_{FB} - \psi_S - \gamma\sqrt{\psi_S}) \qquad (2.1.63)$$

die *Gateladung*

$$Q_G'' = C_i''(U_{GB} - U_{FB} - \psi_S) - Q_I''. \qquad (2.1.64)$$

Fur die Raumladungskapazität gilt Gl. (2.1.48) sinngemäß.

Der Einfluß der Sourcespannung U_{SB} auf die wichtigsten Größen ψ_S, Q_I und c_{gb} ist in Bild 2.17 dargestellt. Ohne Zusatzspannung ($U_{SB} = 0$) stimmen die Verläufe für ψ_S und Q_I mit Bild 2.7 überein, lediglich der Kapazitätsverlauf c_{gb} weicht bei hohen Frequenzen im Inversionsbereich ab. Eine Sperrspannung am n^+p-Übergang ($U_{SB} > 0$) verschiebt die Kurven qualitativ zu größerer Bandverbiegung ψ_S (Gl. (2.1.58)).

Nach Bild 2.17 erreicht der Verlauf $\psi_S(U_{GB})$ mit Beginn der starken Inversion den Wert $\psi_S \approx 2\Phi_F$. Durch die Zusatzspannung U_{SB} verschiebt sich dieser Punkt zu größerer Bandverbiegung $\psi_S^* \approx 2\Phi_F + U_{SB}$ und entsprechend größerer Spannung U_{GB} (s. Gl. (2.1.62)). Die Kapazitätskurve ist ausgeprägter, weil die Halbleiterkapazität c_{SC} durch die Zusatzspannung weiter in den Bereich tiefer Verarmung gelangt. Ein gleicher Einfluß ist für die Inversionsladung (Gl. (2.1.61)) festzustellen.

Substrateinfluß (Body-Effekt). Die Tatsache, daß ein durch die Gatespannung U_{GB} fixierter Inversionszustand durch wachsende Substratspannung U_{SB} verringert oder gar unterdrückt werden kann, wird als Substrateinfluß oder Body-Effekt bezeichnet. Er tritt besonders zutage, wenn anstelle von U_{GB} die Gate-Source-Spannung U_{GS} als Bezugsgröße verwendet wird:

$$U_{GB} = U_{GS} + U_{SB}. \qquad (2.1.65)$$

Reicht eine vorgegebene U_{GS} gerade zur Inversion aus, wirkt die Spannung $U_{SB} = -U_{BS}$ jetzt als Sperrspannung eines pn-Überganges (n^+-Kontakt, n-Schicht und darunterliegendes p-Substrat). (Dieses Modell gilt jedoch nur für

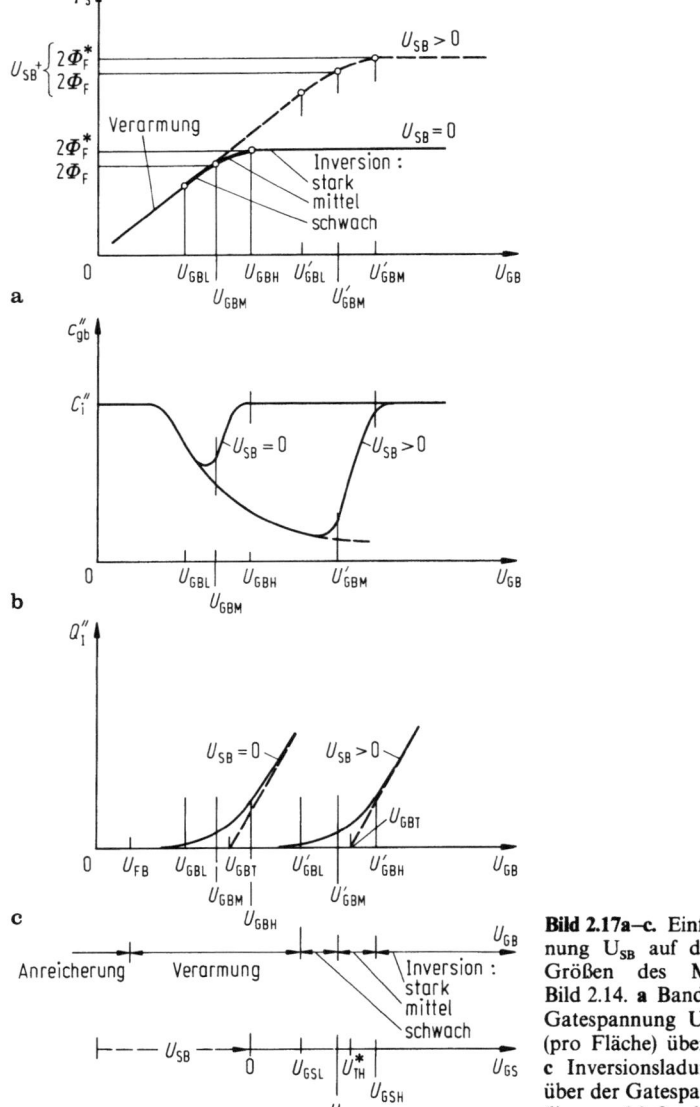

Bild 2.17a–c. Einfluß der Substratspannung U_{SB} auf den Verlauf typischer Größen des MOS-Dreipols nach Bild 2.14. **a** Bandverbiegung über der Gatespannung U_{GB}, **b** Kapazität c''_{gb} (pro Fläche) über der Gatespannung, **c** Inversionsladung Q''_I (pro Fläche) über der Gatespannung U_{GB} resp. U_{GS} (linearer Maßstab)

starke Inversion!) Wachsende "Sperrspannung" U_{SB}

– vergrößert die Breite der Verarmungszone unter dem Inversionskanal und
– ebenso die (negative) Verarmungsladung Q_B dieser Zone!

Da mit der Spannung $U_{GS} \sim Q_G$ auch die Gateladung konstant bleibt, muß in der kompensierenden (negativen) Halbleiterladung $(Q_B + Q_I)$ die Inversionsladung Q_I abnehmen: Elektronen fließen aus der Inversionsschicht ab, die Inversion schwächt ab. Zur Kompensation dieser Abnahme muß umgekehrt die Gatespannung U_{GS} vergrößert werden.

Der Substrateffekt hängt über den Substratfaktor γ (Gl. (2.1.24)) von der Substratdotierung und Oxiddicke ab: Mit wachsender Substratdotierung steigt bei gleicher Spannungszunahme U_{SB} die Verarmungsladungsänderung und schwächt so die Inversion. Je dicker das Oxid, desto größer muß die Gatespannungsänderung und damit auch die Substratspannungsänderung sein, wächst also der Substrateffekt. Rückblickend auf die Spannungsbilanz des MOS-Zweipoles (Gln. (2.1.23b), (2.1.24)) erkennt man, daß bereits der Spannungsanteil $-Q_{SC}/C_i$ über der Raumladungszone ein Substrateffekt ist, der jetzt nur durch die "Hilfsspannung" U_{SB} extern gesteuert wird.

Das Modell der stark invertierten Halbleiteroberfläche als "obere Platte" des Raumladungskondensators c_{SC} (Bild 2.2) wird jedoch um so fraglicher, je mehr die Inversion abnimmt. Dann greift eine wachsende Zahl von Feldlinien vom Gate aus durch die Inversionsschicht hindurch und endet auf Akzeptorladungen. Deshalb beeinflußt U_{SB} das Oberflächenpotential praktisch nicht mehr und so auch nicht die Breite der Verarmungszone.

Substratspannung und Inversionseinsatz. Nach Bild 2.6 galten für den MOS-Zweipol die Oberflächenpotentiale ψ_{SL}, ψ_{SM} und ψ_{SH} (Gl. (2.1.20)) als Einsatzgrenzen der jeweiligen Inversionsbereiche. Mit der Substratspannung U_{SB} gehen diese über in (Gl. (2.1.58)) Inversion (Tafel 2.2):

$$\boxed{\begin{array}{ll} \text{schwach} & \psi_{SL} = \Phi_F + U_{SB} \\ \text{mittel} & \psi_{SM} = 2\Phi_F + U_{SB} \\ \text{stark} & \psi_{SH} = 2\Phi_F + nU_T + U_{SB} = 2\Phi_F^* + U_{SB} \end{array}} \quad (2.1.66)$$

mit den jeweils zugeordneten Gatespannungen U_{GBL}, U_{GBM}, U_{GBH}:
Inversion: schwach

$$\boxed{\begin{aligned} U_{GBL} = U_{GB}|_{\psi_{SL}} &\approx U_{FB} + \psi_{SL} + \gamma\sqrt{\psi_{SL} - U_T} \\ &\approx U_{FB} + \Phi_F + U_{SB} + \gamma\sqrt{\Phi_F + U_{SB} - U_T} \equiv U_{GSL} + U_{SB} \end{aligned}} \quad (2.1.67a)$$

(Gln. (2.1.62), (2.1.66), Vernachlässigung des Exponentialterms).
mittel

$$\boxed{\begin{aligned} U_{GBM} = U_{GB}|_{\psi_{SM}} &\approx U_{FB} + \psi_{SM} + \gamma\sqrt{\psi_{SM} - U_T} \\ &\approx U_{FB} + 2\Phi_F + U_{SB} + \gamma\sqrt{2\Phi_F + U_{SB} - U_T} = U_{GSM} + U_{SB}. \end{aligned}} \quad (2.1.67a)$$

Tafel 2.2. Betriebsbereiche der MOS-Kapazität mit Sourcekontakt (Nummern beziehen sich auf erläuterte Gleichungen)

Zugehörige Größe	Inversionsbereiche		
	schwach	mittel	stark
Oberflächenpotential ψ_S	$\psi_{SL} = \Phi_F$ $\leq \psi_S \leq$ (2.1.11, 12)	$\psi_{SM} = 2\Phi_F$ $\leq \psi_S \leq$ (2.1.20)	$\psi_{SH} =$ $= 2\Phi_F^* + nU_T$ $\leq \psi_S$
Gate-Substratspannung U_{GB}	U_{GBL} $\leq U_{GB} \leq$	U_{GBM} $\leq U_{GB} \leq$ (2.1.23)	U_{GBH} $\leq U_{GB}$
$\dfrac{d\psi_S}{dU_{GB}}$	etwa konstant	Abnahme	sehr klein
Inversionsladung $\left|\dfrac{Q_I''(\psi_S)}{Q_B''(\psi_S)}\right|$	$\ll 1$ (2.1.25)	< 1 (2.1.19) (2.1.32)	$\gg 1$ (2.1.19)
Bulkladung $Q_B''(\psi_S)$		mit $\sqrt{\psi_S}$ steigend	≈ 1
Inversionsladung, U_{GB}-Einfluß $Q_I''(U_{GB})$	exponentielle Abhängigkeit (2.1.28)	schwach bis stark nichtlinear abhängig	linear abhängig (2.1.36)

stark (Gln. (2.1.34), (2.1.62), (2.1.66)):

$$U_{GBH} = U_{GB}|_{\psi_{SH}} = U_{FB} + \psi_{SH} + \gamma\sqrt{\psi_{SH} - U_T + U_T \exp\frac{\psi_{SH} - (2\Phi_F + U_{SB})}{U_T}}$$
$$\approx U_{FB} + 2\Phi_F + U_{SB} + nU_T = U_{GSH} + U_{SB}. \qquad (2.1.67c)$$

Hier muß der Exponentialterm wegen $n \approx 4 \cdots 6$ u.U. beachtet werden (Bild 2.18).

Die jeweils rechts stehenden Terme U_{GSL}, U_{GSM}, U_{GSH} können als extrapolierte Gate-Source-Schwellspannung für die jeweilige Inversionsgrenze verstanden werden. Bild 2.18 zeigt den prinzipiellen Einfluß der Substratspannung auf die Einsatzspannungen, dabei wächst die Schwellspannung an. In allen Fällen geht die Substratspannung U_{SB} über den Substratfaktor γ ein.

Für die einzelnen Inversionsbereiche lassen sich einige Folgerungen ziehen:

a) Starke Inversion. Nach Gl. (2.1.66) wirkt die Substratspannung U_{SB} wie die Sperrspannung eines gesperrten (abrupten) n^+p-Überganges Inversionsschicht-p-Substrat mit der Verarmungsladung Q_B'' und Breite W_{Sm} (Gln. (2.1.60), (2.1.35))

$$Q_B'' = -\sqrt{2q\varepsilon_S N_A} \cdot \sqrt{\psi_{SH}} = -C_i'' \gamma \sqrt{\psi_{SH}} = -\gamma C_i''\sqrt{2\phi_F^* + U_{SB}}$$
$$W_{Sm} = \sqrt{2\varepsilon_S/qN_A} \cdot \sqrt{\psi_{SH}} = \sqrt{2\varepsilon_S/qN_A} \cdot \sqrt{2\Phi_F^* + U_{SB}}. \qquad (2.1.68)$$

Die Inversionsladung Q_I'' beträgt nach Gl. (2.1.63)

$$Q_I'' = -C_i''[U_{GB} - U_{FB} - \psi_{SH} - \gamma\sqrt{\psi_{SH}}] = -C_i''(U_{GB} - U_{GBT}(U_{SB}))$$
$$\qquad (2.1.69)$$

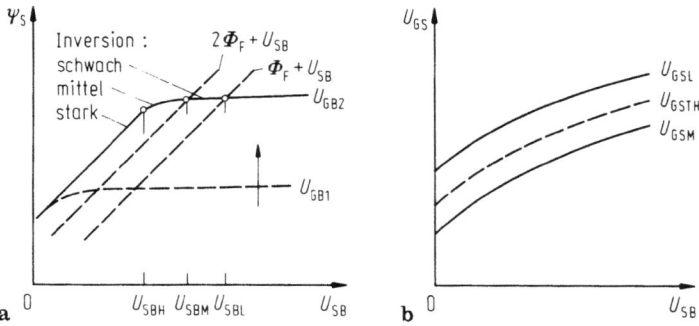

Bild 2.18a–b. Bandverbiegung und Gatespannung des MOS-Dreipols über der Substratspannung U_{SB}. **a** Bandverbiegung bei unterschiedlicher Gatespannung $0 < U_{GB1} < U_{GB2}(>0)$ mit angegebenen Inversionsbereichen, **b** Substratspannungseinfluß auf die Inversionsgrenze (Substrateffekt)

50 2 Der MOS-Transistor als Funktionselement

mit der *Schwellspannung*

$$U_{GBT}(U_{SB}) = U_{FB} + \psi_{SH} + \gamma\sqrt{\psi_{SH}} \approx U_{FB} + 2\Phi_F^* + U_{SB} + \gamma\sqrt{2\Phi_F^* + U_{SB}}. \quad (2.1.70)$$

Weil sie sich durch Extrapolation der Inversionsladung Q_I'' auf Null ergibt, wird sie häufig als *extrapolierte* Schwellspannung bezeichnet (Bild 2.17). Ihr läßt sich über

$$U_{GBT} = U_{GST} + U_{SB} \quad (2.1.71)$$

eine extrapolierte Gate-Source-Schwellspannung U_{GST} zuordnen:

$$\begin{aligned} U_{GST} = U_{TH}^*(U_{SB}) &= U_{FB} + 2\Phi_F^* + \gamma\sqrt{2\Phi_F^* + U_{SB}} \\ &= U_{TH} + \gamma(\sqrt{2\Phi_F^* + U_{SB}} - \sqrt{2\Phi_F^*}) \end{aligned} \quad (2.1.72)$$

mit der Schwellspannung U_{TH} nach Gl. (2.1.37). Dies führt auf die Inversionsladung Gl. (2.1.69)

$$Q_I'' = -C_i''[U_{GB} - U_{GBT}] = -C_i''[U_{GS} - U_{GST}] = -C_i''[U_{GS} - U_{TH}^*U_{SB}]. \quad (2.1.73)$$

Bei starker Inversion hängt die Inversionsladung Q_I'' nur von der Differenz zwischen Gate-Source-Steuerspannung U_{GS} und der Schwellspannung U_{GST} der gleichen Strecke bzw. der Steuerspannung U_{GB} und der zugeordneten Schwellspannung U_{GBT} ab, die implizit die Substratspannung enthält (s. Verlauf Bild 2.17).

Der Einfluß auf die Schwellspannung Gl. (2.1.72) wird am besten durch die Differenz

$$\begin{aligned} \Delta U_{TH} = U_{TH}^*(U_{SB}) - U_{TH}(U_{SB} = 0) &= \gamma\sqrt{2\Phi_F^* + U_{SB}} - \sqrt{2\Phi_F^*} \\ &\approx \gamma\sqrt{U_{SB}}\big|_{U_{SB} \gg 2\Phi_F^*} \end{aligned} \quad (2.1.74)$$

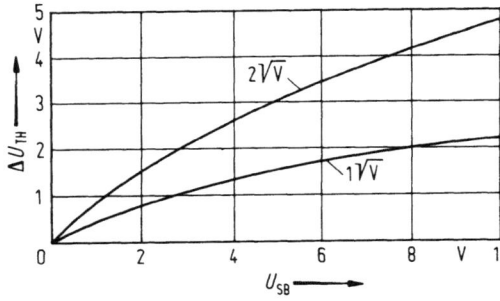

Bild 2.19. Schwellspannungsänderung ΔU_{TH} (Gl. (2.1.74)) über der Substratvorspannung. Parameter Bodyfaktor γ (Annahme $2\Phi_F^* = 0{,}7\,V$, Si bei $T = 300\,K$)

ausgedrückt (Bild 2.19). Sie hängt bei starker Vorspannung nur noch von U_{SB} und dem Body-Effekt ab.

b) Mittlere Inversion. Im Übergangsbereich $U_{GBM} < U_{GB} < U_{GBH}$ existiert keine einfach auswertbare Darstellung für die Inversionsladung, wenn man nicht kompliziert Darstellungen [2.10] verwenden will. Deshalb sind Q_I'' und U_{GB} nach Gln. (2.1.61) und (2.1.62) für vorgegebene Bandverbiegungen ψ_S zu bestimmen, was schließlich $Q_I''(U_{GB'}, U_{SB})$ ergibt.

c) Schwache Inversion. In diesem Bereich, der nach Bild 2.18 innerhalb von $U_{GBL} \leq U_{GB} \leq U_{BGM}$ liegt, ist die Inversionsladung Q_I stets klein gegen die Verarmungsladung Q_B. (In Gl. (2.1.61) bleibt der von den Minoritätsträgern stammende zweite Term unter der ersten Wurzel stets (Exponentialfunktion) klein gegen den ersten). Dann ergibt die Wurzelentwicklung in eine Taylorreihe

$$Q_I'' \approx \frac{-Q_r''}{2} \frac{\sqrt{U_T}}{\sqrt{\psi_S - U_T}} \exp \frac{\psi_S - (2\Phi_F + U_{SB})}{U_T}. \tag{2.1.75}$$

Im Bereich schwacher Inversion hängt jedoch die Bandverbiegung ψ_S nach Gl. (2.1.26) und Bild 2.17 nicht von U_{SB} ab, weil das Sperrschichtmodell versagt. Dennoch gibt es eine Abhängigkeit der Bandverbiegung ψ_S von der Gate-Substratspannung U_{GB} über Gl. (2.1.26), die resultierend auf die Inversionsladung einwirkt:

$$Q_I''(U_{GB}, U_{SB}) = \frac{-Q_r''\sqrt{U_T}}{2\sqrt{\psi_S(U_{GB}) - U_T}} \exp \frac{\psi_S(U_{GB}) - 2\Phi_F}{U_T} \exp \frac{-U_{SB}}{U_T}$$

$$= Q_I''(U_{GB}) \exp \frac{-U_{SB}}{U_T}. \tag{2.1.76}$$

Insgesamt kann die Inversionsladung bei schwacher Inversion in ein Produkt zerlegt werden, dessen erster Faktor nur von U_{GB}, der zweite nur von U_{SB} abhängt [2.15].

Praktikabler wird der Verlauf $Q_I''(U_{GB}, U_{SB})$, wenn ein Bezugswert Q_I''

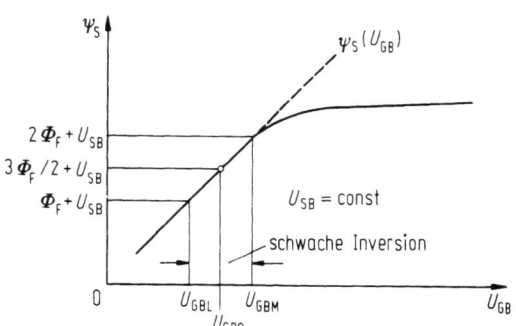

Bild 2.20. Bandverbiegung über der Gate-Substrat-Spannung U_{GB} mit Definition eines Näherungsverlaufes (---) im Bereich schwacher Inversion

(Gl. (2.1.27b)) im mittleren Bereich der schwachen Inversion gewählt wird, z.B. bei $\psi_{SO} = 3/2\Phi_F$ mit der zugeordneten Spannung $U_{GBO}(\psi_{SO})$ (Gl. (2.1.27a), Bild 2.20), wie bereits im Bild 2.7 definiert. Dann gilt sinngemäß

$$\psi_{SO} = 3/2\Phi_F + U_{SB} \tag{2.1.77}$$

– mit der Steigung (Gl. (2.1.28b))

$$n_0^* = \left.\frac{dU_{GB}}{d\psi_S}\right|_{3/2\Phi_F + U_{SB}} = 1 + \frac{\gamma}{2\sqrt{\psi_{SO}}} = 1 + \frac{\gamma}{2\sqrt{3/2\Phi_F + U_{SB}}} \tag{2.1.78a}$$

– und der Spannung U_{GBO} Gl. (2.1.27a)

$$U_{GBO}^* = U_{GB}(\psi_{SO}) = U_{FB} + 3/2\Phi_F + U_{SB} + \gamma\sqrt{3/2\Phi_F + U_{SB}}. \tag{2.1.78b}$$

Die Bezugsladung $Q_I''^*$ ist durch Gl. (2.1.27b) gegeben (wobei U_{SB} wohl im Nennerterm, aber nicht in der Exponentialfunktion berücksichtigt werden muß. Dort ist der Einfluß von U_{SB} bei ψ_S beachtet):

$$Q_{IO}''^* = \frac{-Q_r''}{2\sqrt{3/2\Phi_F + U_{SB}}} \exp{-\frac{\Phi_F}{2U_T}}. \tag{2.1.79}$$

Mit dem (variablen) Oberflächenpotential (Gl. (2.1.28a))

$$\psi_S = \frac{U_{GB} - U_{GBO}^*}{n_0^*} + \frac{3}{2}\Phi_F + U_{SB} \tag{2.1.80}$$

gilt dann (s. Gl. (2.1.28c))

$$\boxed{Q_I''(U_{GB}) = Q_{IO}''^*(U_{SB}) \exp{\frac{U_{GB} - U_{GBO}^*}{n_0^* U_T}}.} \tag{2.1.81}$$

Weil die Substratspannung U_{SB} in der Bezugsladung Q_{IO}'' und der Spannung U_{GBO} in komplizierter Weise enthalten ist, empfiehlt sich die Verwendung von Gl. (2.1.81) nur, wenn die U_{GB}-Abhängigkeit interessiert. Sonst ist Gl. (2.1.75) geeigneter.

Die Differenz $U_{GB} - U_{GBO}^*$ in Gl. (2.1.83) kann wegen $U_{GB} = U_{GS} + U_{SB}$ auch in der Form (Gl. (2.1.78b))

$$U_{GB} - U_{GBO}^* = U_{GS} + U_{SB} - U_{FB} - 3/2\Phi_F - U_{SB}\gamma\sqrt{3/2\Phi_F + U_{SB}}$$
$$= U_{GS} - U_{TH}^*. \tag{2.1.82}$$

geschrieben werden. Dann stimmt die (definierte) Schwellspannung

$$\boxed{U_{TH}^* = U_{FB} + 3/2\Phi_F + \gamma\sqrt{3/2\Phi_F + U_{SB}}} \tag{2.1.83}$$

mit dem Wert U_{TH}^* bei starker Inversion (Gl. (2.1.72)) überein, wenn als entsprechendes Oberflächenpotential $2\Phi_F^* \to 3/2\Phi_F$ gewählt wird.

2.2 MOS-Transistor. Grundlegende Kennlinieneigenschaften

Wichtig ist schließlich, daß die Inverionsladung

$$Q_I''(U_{GB}, U_{SB}) = Q_{IO}''^*(U_{SB}) \exp \frac{U_{GS} - U_{TH}^*}{n_0^* U_T} \qquad (2.1.84)$$

bei schwacher Inversion exponentiell von der Steuerspannung U_{GS} nach Maßgabe einer Schwellspannung U_{TH}^* abhängt. Die Substratspannung geht in die Bezugsladung ein. Diese Inversionsladung ist der Ausgangspunkt für das Verhalten des MOSFET im Subschwellbereich.

2.2 MOS-Transistor. Grundlegende Kennlinieneigenschaften

Aus dem MOS-Kondensator mit Kontakt am Inversionskanal (Bild 2.13) entsteht durch einen weiteren n^+-Anschlußbereich – das Drain – am Kanalende der n-Kanal-MOSFET (Bild 2.21). Eine Spannung $U_{DB} \geqq 0$ zwischen diesem Drainkontakt und dem Bulk sperrt den n^+p-Übergang einerseits, andererseits verursacht die *Differenz* $U_{DS} = U_{DB} - U_{SB} \neq 0$ einen *Längs-, Kanal-* oder *Drainstrom* I_D durch das Längsfeld $|E_y| \approx U_{DS}/L$. Senkrecht zum Kanal wirkt das *Steuerfeld* $|E_x| \approx |U_{GS}|/d_i$. Für viele Betriebsfälle bleibt die Kanalfeldkomponente E_y klein gegen die Steuerkomponente E_x. Diese Bedingung wird als *gradual channel approximation* bezeichnet. Über ihre Zuverlässigkeit soll später bei zweidimensionaler Betrachtung befunden werden.

Schaltungstechnisch wählt man durchweg den *Source*kontakt als gemeinsamen Bezug des Steuer- und Lastkreises: *Sourceschaltung*. Dann liegen am Transistor

– die *Drain-Source-Spannung* U_{DS} (> 0), die den Drainstrom I_D bedingt,
– die *Gate-Source-Spannung* U_{GS} als Steuergröße,

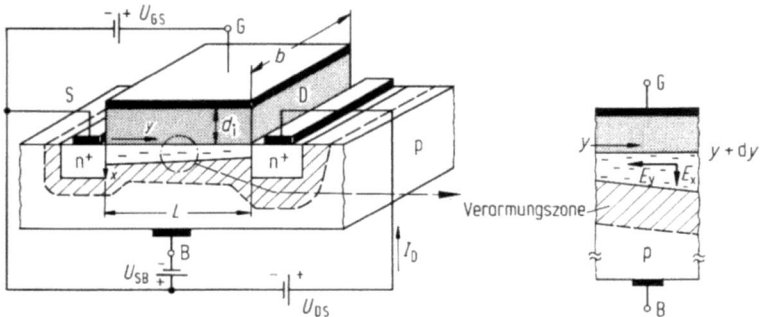

Bild 2.21. Aufbau eines n-Kanal-MOSFET mit Arbeitspunktversorgung und vergrößertem Kanalabschnitt rechts

54 2 Der MOS-Transistor als Funktionselement

- ev. die *Substratspannung* $U_{BS} = -U_{SB}$ zwischen Substrat und Source. Sie soll fürs erste kurzgeschlossen sein.

Für das *Grundmodell des Drainstromes* I_D

$$I_D = f(U_{GS}, U_{DS}, U_{BS}) \qquad (2.2.1)$$

als Funktion der anliegenden Spannungen − Grundlage aller *Kennliniendarstellungen* − werden üblicherweise einige *Voraussetzungen* vereinbart:

1. Homogen dotiertes, nichtentartetes Halbleitersubstrat mit Störstellenerschöpfung (Entartungseinfluß s. [2.20]).
2. Idealer, hinreichend dicker Isolator (keine Tunnelströme).
3. Kanallänge L ≫ Isolatordicke d_i, so daß die Gradual-Näherung $|E_y| \ll |E_x|$ gilt. Dann kann das Kennlinienmodell durch eindimensionale Betrachtung gewonnen werden.
4. Orts- und damit feldunabhängige Trägerbeweglichkeit im Inversionskanal ($d\mu_n/dy = 0$).
5. Orts- und damit feldunabhängige Beweglichkeit μ_n über dem Inversionskanalquerschnitt ($d\mu_n/dx = d\mu_n/dz = 0$).
6. Einträgerstrom (Elektronen) im Kanal (Vernachlässigung des Löcherstromes sowie von Generations- und Rekombinationsvorgängen zwischen Inversionskanal und dem Substrat). Dann verschwindet die Divergenz der Elektronenstromdichte oder es gilt in integraler Darstellung für den Kanalstrom I_{Ch} (Φ_n: Quasifermipotential)

$$-I_{Ch} = I_D = +b \int_0^{x_l} \left(q\mu_n n \frac{\Phi_n}{y} \right) dx = \text{const.} \qquad (2.2.2a)$$

Mit Annahme 5 und dem Kanalspannungsabfall $U(y) = U_{CS}(y)$ (zwischen Kanalpunkt bei y und Sourcekontakt)

$$U(y) = \Phi_n(y) - \Phi_{n/\text{Source}} \qquad (2.2.3)$$

wird daraus

$$I_D = +bq\mu_n \int_0^{x_l} \left(n \frac{dU(y)}{dy} \right) dx. \qquad (2.2.2b)$$

7. Kein Einfluß der Bandverbiegung ψ_S auf die Flachbandspannung U_{FB} (resp. Schwellspannung U_{TH}, Gl. (2.1.72)), d.h. spannungsunabhängige Grenzflächenladung Q_{SS}.
8. Vernachlässigung von Kanalbereichen, die vom Steuerfeld nicht erfaßt werden (volle Überdeckung des Kanals durch die Gateelektrode).

Ein so definierter Transistor heißt Langkanaltransistor, dessen typische Eigenschaften durch eindimensionale Betrachtungen gewonnen werden können. Für den realen Transnstor gelten die Annahmen sicher nur bedingt und sind Ursache von Abweichungen. Ihre analytische Behandlung erfordert meist zwei- und dreidimensionale (computergestützte) Analysen.

2.2.1 Wirkprinzip. Grundmodell

Das grundlegende (einfachste) Kennlinienmodell des n-Kanal-Anreicherungstransistors basiert außer auf den genannten Voraussetzungen auf

− dem *Flächenladungsmodell*. Ersatz der Elektronenladung (pro Fläche) im

2.2 MOS-Transistor. Grundlegende Kennlinieneigenschaften

Inversionskanal (Dicke x_i) durch die Influenzladung Q_I'' (je Fläche, Gl. (2.1.16))

$$-\int_0^{x_i} qn(x,y)dx = Q_I'', \tag{2.2.4}$$

– der *Ladungsbilanz* (Gl. (2.1.16)) zwischen Gateladung Q_G'', Inversionsladung Q_I'' und unbeweglichem Anteil Q_U'' (Verarmungsladung, Grenzflächenladung u.a.)

$$Q_G'' = -(Q_{SC}'' + Q_{SS}'') = -(Q_I'' - Q_U'') = -Q_I'' + U_{TH}C_i'', \tag{2.2.5}$$

wobei statt der unbeweglichen Ladung eine **Schwellspannung** $U_{TH} = Q_U''/C_i''$ vereinbart wird. Diese Ladungsbilanz ist eine unmittelbare Folge der Gradualnäherung, weil die Ladungen nur mit dem Vertikalfeld E_x verknüpft sind.
– einem homogen angesetztem *Isolatorfeld* (Gl. (2.1.8))

$$E_i = \frac{U_i}{d_i} = \frac{U_{GS} - U(y)}{d_i} \quad \text{sowie} \quad Q_G'' = \varepsilon_i E_i. \tag{2.2.6}$$

Aus Gl. (2.2.4)···(2.2.6) folgt die *Inversionsladungsdichte*:

$$\boxed{-Q_I'' = Q_G'' - U_{TH}C_i'' = C_i''[\underbrace{U_{GS} - U(y)}_{U_i(y)} - U_{TH}].} \tag{2.2.7a}$$

Sie unterscheidet sich von der entsprechenden Beziehung des MOS-Kondensators (2.1.73) nur dadurch, daß die Oxidspannung U_i durch Stromfluß *ortsabhängig* wird. Anders gesprochen sind viele Kondensatorelemente in y-Richtung "parallelzuschalten", wobei sich die Inversionsschicht auf jeweils unterschiedlichem Potential befindet.

Setzt man den Drainstrom I_D als *Driftstrom* an[12], so kann statt des Quasiferminiveaus Φ_n der Elektronen in Gl. (2.2.2a) die Bandverbiegung ψ_S eingeführt werden ($\partial \Phi_n/y \approx \partial \psi_S/\partial y$)

$$\psi_S(y) = \psi_S(0) + U(y), \tag{2.2.7b}$$

die längs des Kanals variiert. Zusammengefaßt (Gln. (2.2.2a), (2.2.4)) stellt dann

$$\boxed{\begin{aligned} I_D &= +b \int_0^{x_i} (q\mu_n n(x,y)\partial\psi_S/\partial y)dx = -b\mu_n Q_I''(U)E_y \\ &= -b\mu_n Q_I''(y)dU/dy = +bQ_I''(y)v(y) \end{aligned}} \tag{2.2.7c}$$

die grundlegende Drainstrom-Beziehung dar: das Längsfeld $E_y = dU(y)/dy$ bewegt die Ladungsträger mit der Geschwindigkeit $v(y) = -\mu_n dU/dy$ in Kanal-

---

[12] Nicht zutreffend für den Bereich schwacher Inversion, s. Abschn. 2.3.1.5.

richtung. Mit Gln. (2.2.5) und (2.2.6) folgt schließlich

$$I_D = \mu_n C_i'' b [U_{GS} - U(y) - U_{TH}] \frac{dU}{dy} = A_\Box \varkappa(U_i) E_y$$

$$\text{mit } C_i'' = \frac{\varepsilon_i}{d_i} = \frac{C_i}{bL} \qquad (2.2.8a)$$

als *Grundgleichung des Kanalstromes*. Sie bestätigt das schon im Abschnitt 1 erwähnte Wirkprinzip: Steuerung der Kanalleitfähigkeit $\varkappa(U_i)$ durch das senkrecht auftreffende Oberflächenfeld (unterstrichener Term).

Die Integration der Gl. (2.2.8a) längs des Kanals mit den Randwerten $y = 0$: $U(0) = 0$ und $y = L$: $U(L) = U_{DS}$ ergibt durch Variablentrennung

$$\int_0^y I_D d\xi = \mu_n C_i'' b \int_0^{U(y)} (U_{GS} - U(\xi) - U_{TH}) dU \qquad (2.2.8b)$$

und schließlich für das Kanalende $y = L$

$$I_D = k_n \frac{b}{L} \left[U_{GS} - U_{TH} - \frac{U_{DS}}{2} \right] U_{DS} = \beta_n [U_{GS} - U_{TH} - U_{DS}/2] U_{DS} \qquad (2.2.9)$$

die *Kennliniengleichung* des MOSFET (ohne Substrateinfluß) mit U_{GS} als Steuergröße und der Schwellspannung U_{TH} als Parameter. Sie wird auch als *Shichman-Hodges-Modell* bezeichnet [2.21].

Die auftretende *Transistorkonstante*

$$k = \mu \frac{\varepsilon_i}{d_i} \begin{cases} k_p = \mu_p \frac{\varepsilon_i}{d_i} & \text{p-Kanal-MOSFET} \\ k_n = \mu_n \frac{\varepsilon_i}{d_i} & \text{n-Kanal-MOSFET} \end{cases} \qquad (2.2.10)$$

ist unabhängig von Kanallänge und -breite, doch gehen Oxiddicke und Beweglichkeit direk ein. Letztere ist stark herstellungs- und materialabhängig. Des weiteren liegen die Beweglichkeiten μ_n, μ_p (die sog. Oberflächenbeweglichkeiten) deutlich (etwa 1/3) unter den Beweglichkeiten des Volumenmaterials (s. Abschn. 2.3.2.1), weil die Oberfläche selbst und Ladungen auf ihr zusätzlichen Einfluß auf die Streuung ausüben. Tafel 2.3 enthält einige Richtwerte von k.

Bild 2.22 zeigt das Ausgangskennlinienfeld Gl. (2.2.9) mit U_{GS} als Parameter. Bei kleiner Drainspannung, genauer für $U_{DS} < U_{GS} - U_{TH}$, kann der quadratische Term von U_{DS} vernachlässigt werden. Dann sind I_D und U_{DS} zueinander proportional mit einer von U_{GS} abhängigen Steigung. In diesem als *Trioden-, aktives* oder *lineares Gebiet* bezeichneten Kennlinienteil arbeitet der MOSFET wie ein *linear spannungsgesteuerter* Widerstand. Dabei ist die Steuerspannung

2.2 MOS-Transistor. Grundlegende Kennlinieneigenschaften   57

Tafel 2.3. Typische Transistorparameter eines 2,5 µm NMOS- und CMOS-Prozesses 1) s. Abschnitt 2.3.3.2

	n-Kanal	p-Kanal
Transistorkonstante	$k_n = 24\,\mu A/V^2$	$k_p = 8\,\mu A/V^2$
Schwellspannung U_{THE} Anreicherungstransistor Verarmungstransistor[1)] U_{THD}	$(0{,}75\ldots 1)\,V$ $-2\,V$	$-(0{,}75\ldots 1)\,V$ $+2\,V$
Substratkonstante γ (NMOS) γ(CMOS)	$0{,}4\ldots 0{,}5\,V^{1/2}$ $0{,}8\,V^{1/2}$	$0{,}4\ldots 0{,}5\,V^{1/2}$
Fermipotential $2\Phi_F$	$0{,}65\,V$	$-0{,}65\,V$
Earlyfaktor λ	$0{,}01\,V^{-1}$	$0{,}015\,V^{-1}$
Faktor Θ (Kurzkanal)	$0{,}25\,V^{-1}$	$0{,}25\,V^{-1}$
Weitere Parameter: Isolatordicke d_i Beweglichkeiten $(N = 10^{16}\,cm^{-3})$	$80\,nm$ $\mu_n = 670\,cm^2/Vs$	$\mu_p = 220\,cm^2/Vs$

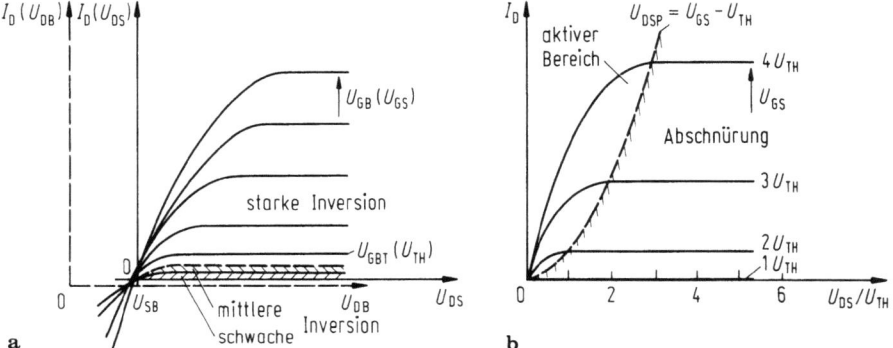

Bild 2.22a, b. Kennlinienfeld $I_D(U_{DS})$ bzw. $I_D(U_{DB})$ des n-Kanal-Anreicherungs-MOSFET. **a** prinzipieller Verlauf, Einfluß der Substratspannung auf U_{DB} (U_{SB} fest), **b** Verlauf nach Gl. (2.2.9) mit U_{GS} als Parameter. Bei der Spannung $U_{DSP} = U_{GS} - U_{TH}$ tritt Abschnürung ein

$U_i(y) = U_{GS} - U(y) \approx U_{GS}$ wegen der kleinen Drainspannung an jedem Kanalpunkt etwa gleich.

Mit steigender Drainspannung U_{DS} wächst I_D immer schwächer, bis schließlich für

$$U_{DSmax} = U_{GS} - U_{TH} = U_{DSP} \quad \text{Abschnürspannung} \quad (2.2.11)$$

der Maximalwert $I_D = I_{Dmax}$ erreicht wird. Physikalisch verschwindet dabei die Oxidspannung $U_{i|L} = U_{GS} - U_{TH} - U(y)_{|L}$ am Kanalende. Deshalb hört die

58   2 Der MOS-Transistor als Funktionselement

Inversion dort auf und der Kanal ist *abgeschnürt*: *Abschnürpunkt* (oft auch als *Sättigungspunkt* bezeichnet). Jenseits von U_{DSP}, also für $U_{DS} > U_{DSP}$ folgt der *Abschnür-, Sättigungs-*[13] oder *Pentodenbereich*. Weil die Inversion fehlt, der Drainstrom aber dennoch fließt, versagt offenbar das bisher benutzte Modell vom Abschnürpunkt an. Dem experimentellen Befund nach bleibt der Drainstrom für $U_{DS} > U_{DSP}$ auf seinem Maximalwert

$$I_D = I_{Dmax} = k_n/2 \, b/L (U_{GS} - U_{TH})^2 = \beta/2 (U_{GS} - U_{TH})^{13} \qquad (2.2.12)$$

im Abschnürpunkt erhalten, er steigt meist sogar noch etwas an, obwohl er formal nach Gl. (2.2.9) wieder fallen müßte, Deshalb ist der Gütigkeitsbereich von Gl. (2.2.9) (im Rahmen der Voraussetzungen!) auf das lineare Gebiet beschränkt.

Der applikativ ausgenutzte Kennlinienbereich liegt vorwiegend im *Abschnürbereich*. Deshalb

– wird das Kennlinienverhalten des (Anreicherungs-)MOSFET im einfachsten Fall durch Gl. (2.2.12) beschrieben mit der Forderung,
– ein physikalisch gültiges – und erwartet ein besseres – Modell für dieses Gebiet zu finden (s. Abschn. 2.3.2.2).

Physikalisch verlangt die Drainstromkontinuität, daß dort wegen $Q_I''(L) \to 0$ die Geschwindigkeit $v \sim \mu_n E_y$ in der Strombeziehung Gl. (2.2.6) resp. die Feldstärke $E_y(L)$ über alle Grenzen wächst, damit I_D endlich bleibt. Diese Forderung ist aus mehreren Gründen physikalisch unmöglich:

– eine endliche Durchbruchspannung U_{DSmax} bedingt einen oberen Grenzwert von E_y,
– die Ladungsträgergeschwindigkeit $v(y)$ wird in Festkörpern durch die thermische *Grenzgeschwindigkeit* $v_D \approx 10^7$ cm/s begrenzt,
– ein Transistor mit horizontaler Drainstromkennlinie hätte einen verschwindenden (dynamischen) Ausgangsleitwert und damit eine unendlich hohe Leerlaufspannungsverstärkung, was sicher unrealistisch ist.

Schließlich sei erwähnt, daß im Abschnürpunkt wegen $|E_y| \gg |E_x|$ die Gradualnäherung (s.o.) verletzt ist und das verwendete Modell so ohnehin fraglich wird. Deshalb muß dem Abschnürbereich noch besondere Aufmerksamkeit gewidmet werden.

Transferkennlinie. Das *Transferkennlinienfeld* $I_D = f(U_{GS})\big|_{U_{DS}}$ (Bild 2.23), dessen Steigung $\dfrac{dI_D}{dU_{GS}}\bigg|_{U_{DS}}$ sich später (s. Abschn. 3.1.2.1) als die für die Verstärkung wichtige Steilheit herausstellen wird, hat speziell im Abschnürpunkt

---

[13] Man beachte die hier völlig andere Verwendung des Sättigungsbegriffes gegenüber dem Bipolartransistor.

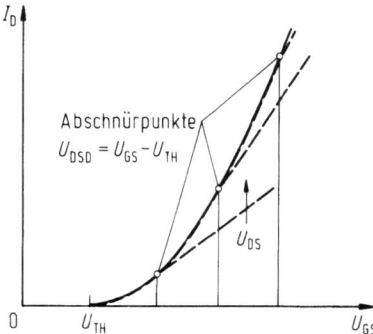

Bild 2.23. Transferkennlinie $I_D(U_{GS})$ (n-Kanal-Anreicherungs-MOSFET)

$U_{DS} = U_{DSP} = U_{GS} - U_{TH}$ die Form Gl. (2.2.12) resp. $\sqrt{I_D} \sim U_{GS} - U_{TH}$. Diese Darstellung dient verbreitet zur Extrapolation der Schwellspannung U_{TH}. Abweichungen von diesem Verlauf gibt es hauptsächlich bei

– *kleinen Strömen* (oder Spannungen U_{GS} im Bereich der Schwellspannung) durch einen "sanfteren" Verlauf, der auf *schwache Inversion* zurückzuführen ist,
– *größen Strömen* (im Abschnürbereich) durch

· Verletzung der Gradualnäherung,
· eine feldbedingte *Abnahme* der Beweglichkeit (s. Abschn. 2.4.4.) sowie
· einen Zuleitungswiderstand (Bahnwiderstand) am Source-Kontakt.

Potentialverteilung. Für das tiefere Verständnis der Vorgänge im Kanal ist die Kenntnis des Potentials U(y) und Feldes $E_y(y)$ zweckmäßig. Aus Gl. (2.2.8) folgt

$$U(y) = U_{CS}(y) = (U_{GS} - U_{TH}) \cdot [1 - \sqrt{1 - (1 - \eta^2)y/L}]. \tag{2.2.13a}$$

Der Faktor

$$\eta = 1 - \frac{U_{DS}}{U_{GS} - U_{TH}} = 1 - \frac{U_{DS}}{U_{DSP}} \tag{2.2.13b}$$

schwankt zwischen 1 (keine Kanalspannung, $U_{DS} \approx 0$) und $\eta = 0$ (Abschnürung). Die Kanalfeldstärke E_y beträgt

$$E_y = \frac{dU(y)}{dy} = \frac{U_{GS} - U_{TH}}{2L} \cdot \frac{(1 - \eta^2)}{\sqrt{1 - (1 - \eta^2)y/L}} \tag{2.2.14}$$

und die *Inversionsladung* $Q_I''(y)$ nach Gl. (2.2.7)

$$\frac{Q_I''(y)}{Q_I''(0)} = \frac{U_{GS} - U_{TH} - U(y)}{U_{GS} - U_{TH}} = \sqrt{1 - y/L(1 - \eta^2)}. \tag{2.2.15}$$

$Q_I''(0)$ ist die Bezugsladung am Sourcekontakt (U(y) = 0). Bild 2.2.4 zeigt den lokalen Verlauf dieser Größen. Mit steigender Drainspannung U_{DS} wird der Spannungsabfall längs des Kanals stärker nichtlinear, gleichzeitig steigt die Feldstärke in Drainnähe und sinkt am Sourcekontakt. Die Inversionsladung (Bild 2.24c) sinkt gegenüber der Gleichverteilung längs des Kanals für $U_{DS} = 0$

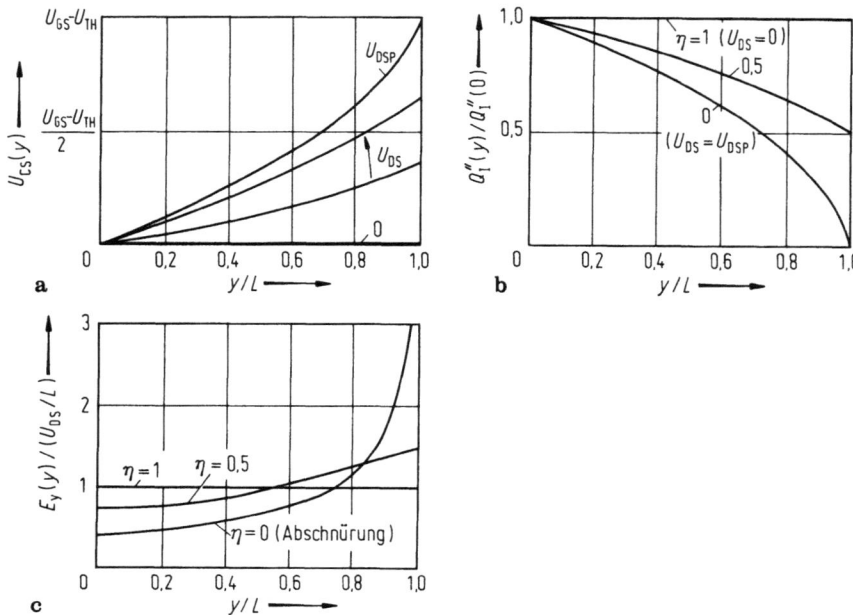

Bild 2.24a–c. Spannungs-, Feld- und Inversionsladungsverteilung längs des Kanals. **a** Kanallängsspannung $U_{CS}(y)$ mit U_{DS} als Parameter, **b** Kanallängsfeldstärke $E_y(y)$, Parameter η, **c** Inversionsladung $Q_I''(y)$, Parameter η

am drainseitigen Ende mit wachsender Drainspannung immer mehr ab. An der Stelle $y = L$ wächst die Feldstärke E_y bei Abschnürspannung $\eta \to 0$ erwartungsgemäß über alle Grenzen. Dies bestätigt die Unzulänglichkeit des verwendeten Modells im Abschnürfall.

2.3 Verbesserte Modellierung

Das Kennlinienmodell Gl. (2.2.9) beschreibt zwar das Grundprinzip des MOSFET, die zahlreichen Voraussetzungen und z.T. physikalisch unrealistischen Bedingungen drängen jedoch nach einer wirklichkeitsnäheren Modellierung, insbesondere in folgenden Punkten:

– der Stromtransport erfolgt durch *Drift* und *Diffusion*, wobei auch der Bereich schwacher Inversion erfaßt wird[14],
– Einbezug des *Substrates*,
– bessere Erfassung der Feldverhältnisse im *Drainbereich*,
– Ansatz realistischer *Beweglichkeitsmodelle*.

---

[14] Bei schwacher Inversion ist das Kanallängsfeld E_y nur schwach ausgebildet, weil das Oberflächenpotential etwa *erhalten* bleibt. Dann kann Drift nie der bestimmende Transportvorgang sein.

Die Betrachtung bleibt zunächst auf den n-Typ-*Langkanal-Anreicherungstransistor* beschränkt. Dem *Verarmungstransistor* ist ein getrennter Abschnitt 2.3.3.2 vorbehalten.

2.3.1 Verallgemeinertes Flächenladungsmodell

Grenzen Halbleitergebiete mit verschiedener Trägerdichte aneinander, so treten als Folge der Dichteunterschiede auch Diffusionsstromkomponenten einer Trägersorte auf. Deshalb wurde z.B. der Übergang aus dem hochdotierten Sourcebereich und dem anschließenden Inversionkanal mit i.a. kleinerer Trägerdichte (sog. n^+n-Übergang) bisher noch nicht näher betrachtet. Nach Bild 2.24 läßt auch die lokal stark abnehmende Inversionsladung vor dem Drainkontakt eine Diffusionskomponente erwarten und das bisherige Driftmodell des Drainstromes muß erweitert werden [2.1]–[2.3], [2.8], [2.22], [2.23].

2.3.1.1 Drift- und Diffusionsstrom-Kennlinienmodell

Besteht die Gesamtstromdichte S(y) an der Stelle y aus Drift- und Diffusionsanteil (weil sich auch n(y) in Kanalrichtung ändert)

$$\vec{S}(y) = \vec{S}_F(y) + \vec{S}_{Dff}(y) = -\varkappa_n(y)\vec{E}(y) + qD_n \, \text{grad} \, n(y)$$
$$= -q\mu_n(x,y)n(x,y)\partial\psi/\partial y + D_n q \partial n/\partial y, \qquad (2.3.1)$$

so finden sich beide Komponenten auch im Drainstrommodell wieder:

$$I_D \equiv I(y) = -\int_A \vec{S}d\vec{A} = -b\int_0^{x_i} \vec{S}dx\vec{e}_y = b\int_0^{x_i} q\mu_n(x,y)n(x,y)E(y)dx - bqD_n\int_0^{x_i}(\partial n/\partial y)dx.$$
$$(2.3.2)$$

Im Diffusionsstrom mit der Diffusionskonstanten D_n wurde dabei die x-Komponente vernachlässigt.[15]

Diese Ausgangsgleichung des Drainstromes wird in zusammengefaßter Formulierung als Modell nach *Pao-Sah* [2.12] bezeichnet wird (s. Anhang D).

Es ist nur numerisch zu behandeln (u.a. wirdeine numerische Doppelintegration erforderlich) und führte deshalb zu verschiedenen abgeänderten Formulierungen, insbesondere:
– dem Modell nach *Pierret* und *Shields* [2.24]. Es kommt mit einer Integration aus, auch eine analytische Näherung liegt vor [2.25],
– Modellen, die die Inversionsladung neben den einzelnen Ladungsanteilen integral einführen und damit auf eine Integration verzichten können [2.3], [2.23],
– dem Flächenladungsmodell nach Brews [2.1]. Seine Vorzüge liegen vor allem in einfacheren algebraischen Ausdrücken und der Tatsache, daß es leichter auf zwei- und dreidimensionale Probleme erweitert werden kann und dennoch fast die gleiche Genauigkeit erreicht [2.25]. Auch vereinfachte Formen wurden angegeben [2.8]. Konstatierte man anfangs, daß das Pao-Sah-Modell

---

[15] Was später durch das Flächenladungsmodell berechtigt ist.

2 Der MOS-Transistor als Funktionselement

[2.26] und das Flächenladungsmodell [2.1] sehr gut übereinstimmen [2.24] (Abweichungen im unteren Prozentbereich), so zeigten neuere Untersuchungen [2.27] geringere Übereinstimmung bei sehr dünnen Isolatorenschichten.

Mit dem Flächenladungsmodell $Q_I''(y)$ nach Gl. (2.2.2) und der Einstein-Beziehung $D_n = \mu_n U_T$ folgt aus Gl. (2.3.2)

$$I_D = I(y) - b\mu_n Q_I''(y)\frac{\partial \psi_s}{\partial y} + b\mu_n U_T \frac{\partial Q_I''}{\partial y}. \qquad (2.3.3)$$

Danach (Bild 2.24) sinkt durch die abnehmende Trägerdichte n(y) nach dem Drain hin auch die Inversionsladung Q_I'' *unabhängig von der Annahme der Flächenladungsnäherung!* Dieser Sachverhalt unterscheidet sich grundlegend von der Driftnäherung Gl. (2.2.6) [2.6], [2.7]. Zwangsläufig ändert sich das Verhältnis von Drift- zu Diffusionsstrom Gl. (2.3.1) lokal, obwohl die Summe an jedem Punkt konstant bleibt. (Es sei darauf verwiesen, daß Gl. (2.3.3) auch durch den Gradienten des Quasiferminiveaus Φ_{Fn} der Elektronen ausgedrückt werden kann, s. Anhang D).

Die Integration des Stromes zwischen Source und Draint mit

$y = 0 : \psi_S(0) = \psi_{SS}|_{Q_I''(0)}$ und $y = L: \psi_S(L) = \psi_{SD}|_{Q_I''(L)}$ führt auf

$$I_D = \frac{\mu_n b}{L}\left[\int_{\psi_S(0)}^{\psi_S(L)}(-Q_I'')d\psi_S + U_T \int_{Q_I''(0)}^{Q_I''(L)} dQ_I''\right]$$

$$= \frac{\mu_n b}{L}\left[\int_{\psi_S(0)}^{\psi_S(L)}(-Q_I'')d\psi_S + U_T(Q_I''(L) - Q_I''(0))\right]. \qquad (2.3.4)$$

Die Lösung des ersten Integrals erfordert die Inversionsladung $Q_I''(\psi_S)$ nach Gl. (2.1.63). Im Ergebnis folgt dann aus Gl. (2.3.4) [2.6]

$$\boxed{\begin{aligned}I_D &= \frac{b}{L}\mu_n C_i''[(F_{Drift} + F_{Diff})|_{\psi_{SD}} - (F_{Drift} + F_{Diff})_{\psi_{SS}}] \\ &= \frac{b}{L}\mu_n C_i''[F(\psi_{SD}) - F(\psi_{SS})].\end{aligned}} \qquad (2.3.5a)$$

Die Funktionen $F(\psi_{SD})$ und $F(\psi_{SS})$ hängen von den Bandverbiegungen am Kanalanfang und -ende ab. Sie lassen sich jeweils in die *Driftfunktion*

$$F_{Drift} = (U_{GB} - U_{FB})\psi_S - 1/2\psi_S^2 - 2/3\psi_S^{3/2} \qquad (2.3.5b)$$

und die *Diffusionsfunktion* unterteilen:

$$F_{Diff} = U_T\psi_S + U_T\gamma\psi_S^{1/2}. \qquad (2.3.5c)$$

Im letzten Schritt müssen schließlich die Randwerte ψ_{SS} und ψ_{SD} als Funktion der äußeren Spannungen dargestellt werden. Dazu dient der allgemeine Zusammenhang zwischen U_{GB}, U_{SB} und der Bandverbiegung ψ_S (Gl. (2.1.62))

2.3 Verbesserte Modellierung 63

$$\psi_{SS/SD} = U_{GB} - U_{FB} - \gamma \sqrt{\psi_{SS/SD} - U_T + U_T \exp\frac{\psi_{SS/SD} - 2\Phi_F - U_{SB/DB}}{U_T}}.$$
(2.3.6)

Die Lösungen sind numerisch möglich [2.28] und führen dann über Gl. (2.3.5) zum Drainstrom. Für die einzelnen Betriebsbereiche lassen sich Näherungen angeben.

Erwähnt sei, daß eine anders angelegte Behandlung [2.6] wohl eine explizite Lösung liefert, dafür aber im mittleren Inversionsbereich nur geringere Genauigkeit hat.

Bild 2.25 zeigt den prinzipiellen Verlauf des Oberflächenpotentials ψ_{SD} am Drainkontakt über der Spannung U_{DB}[16] (ganz analog ψ_{SS} über U_{SB}) für eine Festspannung U_{GB}. Drei typische Bereiche sind zu erkennen:

– Bei *starker Inversion* sind ψ_{SD} und U_{DB} einander proportional

$$\psi_{SS} \approx \Phi_B + U_{SB}, \quad \psi_{SD} \approx \Phi_B + U_{DB}$$
(2.3.7)

mit dem üblicherweise benutzten Wert $\Phi_B \approx 2\Phi_F$ (resp. der besseren Näherung $\Phi_B = 2\Phi_F^*$, s. Gl. (2.1.20)). Dieses Ergebnis war bereits in Gl. (2.1.66) begründet worden.

– Bei *schwacher Inversion* hingegen ist ψ_{SD} praktisch *unabhängig* von U_{DB}, weil die Inversionsladung Q_I klein gegen die Verarmungsladung Q_B bleibt und damit der exponentielle Term in Gl. (2.3.6) wegen $\psi_{SD} \ll 2\Phi_F + U_{DB}$ kaum noch Einfluß hat. Dann hängt die drainnahe Bandverbiegung nur noch von U_{GB}, aber nicht mehr von U_{DB} ab.

– Im Bereich der *mittleren Inversion* erfolgt ein stetiger Übergang.

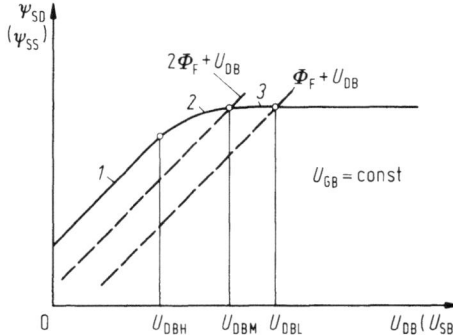

Bild 2.25. Bandverbiegung am Kanalende über der Drain-Substratspannung ($U_{GB} = 0$ const.), Inversionsbereiche: (1) stark, (2) mittel, (3) schwach. (Die Kurve gilt analog für ψ_{SS}, U_{SB} am Kanalanfang)

---

[16] Dem Quasifermipotential der Elektronen am Drain.

64   2 Der MOS-Transistor als Funktionselement

Aufschlüsse über das Verhältnis von Drift- und Diffusionsstromaufteilung im Kanal lassen sich durch den Verlauf des Oberflächenpotentials $\psi_S(y) = \psi_{Sy}$ längs des Kanals gewinnen und damit über den Inversionszustand, abhängig von der Substratspannung $U_{CB}(y)$ am Ort y durch Gl. (2.1.62):

$$\psi_S(y) = U_{GB} - U_{FB} - \gamma \sqrt{\psi_S(y) - U_T + U_T \exp \frac{\psi_S(y) - 2\Phi_F - U_{CB}(y)}{U_T}}.$$

Wegen der Proportionalität $\psi_{SD} \leftrightarrow \psi_S(y)$ und $U_{DB} \leftrightarrow U_{CB}(y)$ (s. Gl. (2.3.6)) entspricht der Verlauf $\psi_S(U_{CB})|U_{GB}$ genau dem nach Bild 2.25. Man erkennt den typischen Verlauf des Bildes 2.18 wieder.

Der Verlauf des Oberflächenpotentials ψ_{Sy} längs des Kanals (bei gegebenem Drainstrom) folgt direkt aus Gl. (2.3.5a) geschrieben für einen Zwischenwert bei y:

$$I_D = \frac{b\mu_n C_i''}{L} [F(\psi_{SD}) - F(\psi_{SS})] = \frac{b\mu C_i''}{y} [F(\psi_{Sy}) - F(\psi_{SS})], \quad (2.3.8)$$

woraus folgt

$$\frac{y}{L} = \frac{F(\psi_{Sy}) - F(\psi_{SS})}{F(\psi_{SD}) - F(\psi_{SS})}. \quad (2.3.9)$$

Übereinstimmend mit dem einfachen Kennlinienmodell steigt die Bandverbiegung vor allem bei starker Inversion nach dem Kanalende zu überproportional an (Bild 2.26). Dies läßt sofort Rückschlüsse für die Inversionsladung $Q_I''(\psi_S(y))$ zu. Sie fällt bei starker Inversion, übereinstimmend mit Bild 2.24, nach dem Drain hin monoton ab (Gl. (2.1.69) ff.). Man erwartet dies nach dem Flächladungsmodell, aber auch physikalisch-anschaulich nach dem Transistorwirkprinzip.

Aus den Verläufen $\psi_S(y)$ und $Q_I''(y)$ schließlich ergeben sich über Ableitungen die lokalen

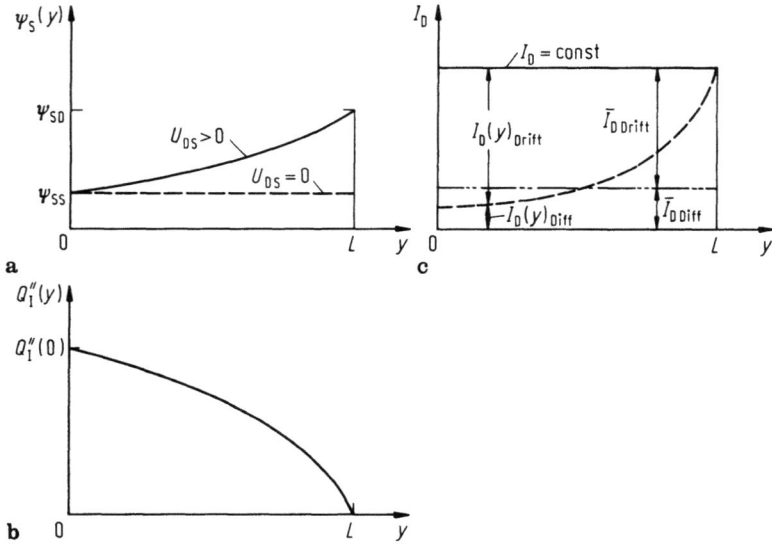

Bild 2.26a–c. Bandverbiegung, Inversionsladung und Stromkomponenten längs des Kanals (qualitativ) bei stärkerer Inversion. **a** Bandverbiegung, Parameter Drainspannung U_{DS}, **b** Inversionsladung ($U_{DS} > 0$), **c** Stromkomponenten (Drift, Diffusion, Strom) lokal und als räumliche Mittelwerte $\bar{I}_D$

2.3 Verbesserte Modellierung   65

Drift- und Diffusionsstromkomponenten

$$\frac{d\psi_s(y)}{dy} \sim I_{D\,Drift}(y), \quad \frac{dQ_I''(y)}{dy} \sim I_{D\,Diff}(y). \quad (2.3.10)$$

Ihre Summe ist an jeder Stelle konstant (Bild 2.26c).

Die größte Abweichung gegenüber dem einfachen Driftstrommodell tritt bei schwacher Inversion auf: jetzt fließt im Kanal hauptsächlich Diffusionsstrom (was jedoch bei hoher Oberflächenzustandskonzentration nicht mehr gilt [2.29]).

Bei mittlerer und vor allem starker Inversion überwiegt sourceseitig der Driftstrom, drainseitig wächst der Diffusionsstrom deutlich an, um schließlich in unmittelbarer Drainnähe zu dominieren [2.6], [2.7]. Aus solcher Sicht vereinfacht das Driftfeldmodell Abschn. 2.2 zu stark, und man darf sich über z.T. erhebliche Abweichungen des Realtransistors von diesem Modell nicht wundern. Soll die komplizierte Darstellung nach Gl. (2.3.5a) vermieden werden, so bringt der Vorschlag [2.30], im ersten Kanalbereich nur Drift und am Ende nur Diffusion (unter Einbau entsprechender Anpaßparameter) anzusetzen, wohl eine graduelle Verbesserungen bei starker Inversion, er versagt aber im Subthreshold-Gebiet.

Der Verlauf des Oberflächenpotentials längs des Kanals (Bild 2.26) weist auf den lokal veränderlichen Inversionszustand mit wachsender Drainspannung U_{DS} (bei festem U_{GB} bzw. U_{GS}) hin. Dies wurde in Bild 2.27 zusammen mit der Kennlinie dargestellt Der Source-Bereich arbeitet dabei stark invertiert

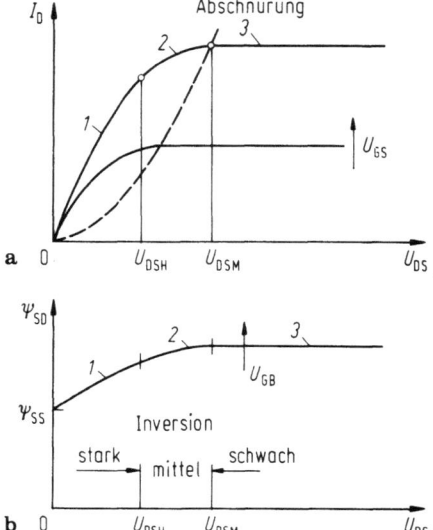

Bild 2.27a, b. Kennlinienfeld mit Angabe des Inversionszustandes am Drainende (U_{SB} fest), Parameter U_{GS}. **a** Kennlinienfeld. Inversionsbereiche (1) stark, (2) mittel, (3) schwach, **b** Bandverbiegung ψ_{SD} am Drainende. Für große Drainspannung ist der Endbereich schwach invertiert

66   2 Der MOS-Transistor als Funktionselement

($\rightarrow$ Bandverbiegung ψ_{SS}). Mit steigender Spannung U_{DS} wächst $\psi_S(y)$, so daß ψ_{SD} ev. sogar ins Gebiet schwacher Inversion kommen kann und dort von U_{DS} unabhängig wird. Befindet sich umgekehrt das Kanalende in schwacher Inversion mit praktisch "festgeklemmter" Bandverbiegung (unabhängig von U_{DS}), so kann auch der Drainstrom nicht mehr von U_{DS} abhängen: Stromsättigung. Dazwischen gibt es im Bereich mäßiger Inversion einen stetigen Übergang.

2.3.1.2 Kennlinie im Bereich starker Inversion

Die explizite Kennliniengleichung $I_D = f(U_{GS}, U_{DS}, U_{SB})$ würde nach Gl. (2.3.5) die doppelte implizite (numerische) Lösung der Oberflächenrandpotentiale ψ_{SS}, ψ_{SD} (Gl. (2.3.6)) für gegebene Spannungen U_{GB}, U_{SB} und U_{DB} fordern, was für ein ganzes Kennlinienfeld aufwendig und deshalb für die praktische Modellierung nicht gangbar ist, Zweckmäßiger sind deshalb *Näherungen* für typische Betriebsbereiche wie starke und schwache Inverion. Ist z.B. der *Source-Bereich* stark invertiert, d.h. $U_{GB} < U_{GBH}$ bei $y = 0$ resp. $U_{GS} < U_{GBH} - U_{SB} = U'_{TH}$ erfüllt mit der Schwellspannung Gl. (2.1.72)

$$U_{TH}^* = U_{FB} + 2\Phi_F^* + \gamma\sqrt{2\Phi_F^* + U_{SB}},$$

so erfordert eine Kanalspannung $U_{DS} > 0$ als zugehörige Drain-Substratspannung $U_{DB} = U_{DS} + U_{SB} > U_{SB}$: der drainnahe Bereich wird schwächer invertiert als der sourcenahe. Für nicht zu große Kanalspannung U_{DS} arbeitet jedoch auch der Drainbereich im Zustand starker Inversion. Dann können die Potentialrandwerte

$$\psi_{SH}(0) = \psi_{SHS} \approx 2\Phi_F^* + U_{SB}, \quad \psi_{SH}(L) = \psi_{SHD} \approx 2\Phi_F^* + U_{DB} \quad (2.3.11a)$$

nach Gl. (2.1.66) mit $2\Phi_F^* \approx 2\Phi_F$ in der allgemeinen Drainstromlösung Gl. (2.3.5) verwendet werden.

$$\boxed{I_D = \frac{b}{L}\mu_n C_i'' [(U_{GS} - U_{FB} - 2\Phi_F^*)U_{DS} - 1/2 U_{DS}^2 - 2/3\gamma \cdot \{(2\Phi_F^* + U_{SB} + U_{DS})^{3/2} - (2\Phi_F^* + U_{SB})^{3/2}\}].} \quad (2.3.11b)$$

Die letze Form läßt sich durch *Definition einer Schwellspannung* [2.31], [2.32]

$$\boxed{\begin{aligned} U'_{TH} &= U_{FB} + 2\Phi_F^* + 2\gamma/3 U_{DS}^{-1}[(2\Phi_F^* + U_{SB} + U_{DS})^{3/2} - (2\Phi_F^* + U_{SB})^{3/2}] \\ &= U_{FB} + 2\Phi_F^* - \frac{\bar{Q}_B}{C_i} = f(U_{SB}, U_{DS}) \end{aligned}} \quad (2.3.11c)$$

auf die Standardform (s. Gl. (2.2.9))

$$I_D = \frac{b\mu_n C_i''}{L}\left[(U_{GS} - U'_{TH})U_{DS} - \frac{U_{DS}^2}{2}\right]$$

überführen. Der *Mittelwert* $\bar{Q}_B$ *der Volumenladung* Q_B beträgt dabei

$$\bar{Q}_B = \frac{1}{U_{DS}} \int_0^{U_{DS}} Q_B(U) dU = -\frac{2\gamma}{3U_{DS}} [(U_{DS} + 2\Phi_F^* + U_{SB})^{3/2} - (2\Phi_F^* + U_{SB})^{3/2}].$$

(2.3.11d)

Da die so vereinbarte Schwellspannung von der Drainspannung abhängt, wird sie selten verwendet. Für *kleine Drainspannung* $U_{DS} \ll U_{SB} + 2\Phi_F^*$ geht sie mit $(a + \varepsilon)^{3/2} \approx a^{3/2}(1 + 3/2\varepsilon/a)$ über in (s. Gl. (2.1.72))

$$\boxed{U_{TH} = U_{FB} + 2\Phi_F^* + \gamma\sqrt{2\Phi_F^* + U_{SB}}.}$$

(2.3.11e)

Auf diese Weise kann die Kennliniengleichung des Anreicherungs-MOSFET mit Substrateinfluß verstanden werden als Kennlinienüberlagerung

- eines substratfreien MOSFET (Steuerwirkung des Gates) und eines
- entgegenwirkenden Sperrschichtfeldeffektes über das Substrat (Glieder $U^{3/2}$!).

Dabei fehlt im Vergleich zur SFET-Kennlinie der spannungsproportionale Anteil ($\sim U_{DS}$), weil der Kanalleitwert bereits im MOSFET-Anteil erfaßt ist. Dies unterstreicht das Prinzip der *Doppelsteuerung*. Der Substrateinfluß (Faktor γ, Gl. (2.1.24)) bleibt grundsätzlich auch für $U_{SB} = 0$ bestehen.

Bild 2.28 verdeutlicht die Kennlinie. Bei kleiner Spannung U_{DS} ist der ganze Kanalbereich stark invertiert ($I_D \sim U_{DS}$). Mit wachsender Drainspannung nimmt die Inversion des drainnahen Gebietes ab, so daß Gl. (2.3.11b) streng genommen nur bis zu einer Grenze $U_{DS} \leq U_{DSH} (\psi_{SH}(L))$ gilt. Daher wird die Gültigkeit mit

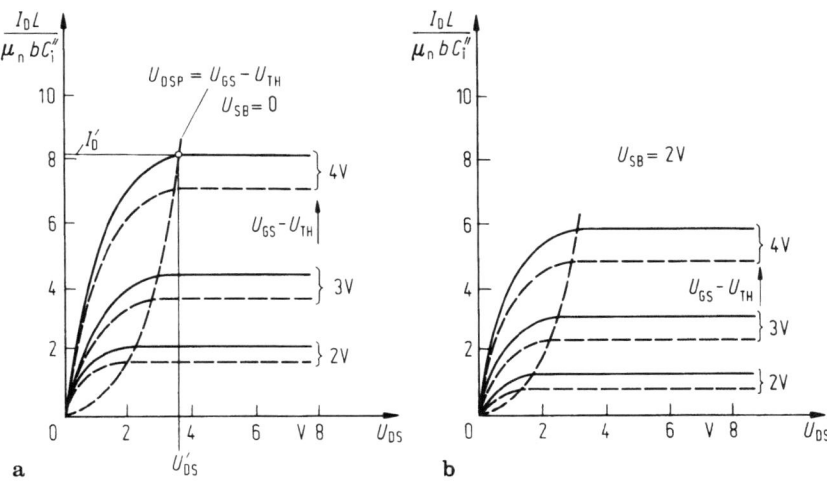

Bild 2.28a, b. Kennlinienfeld des n-Kanal-Anreicherungs-MOSFET. **a** ——— Substrateinfluß vernachlässigt, --- mit Substrateinfluß ($U_{SB} = 0$), **b** wie a), jedoch $U_{SB} = 2$ V

wachsender Drainspannung immer fraglicher. Trotzdem wird diese Gleichung üblicherweise bis zu einer Spannung U'_{DS} (im Bereich mittlerer bis schwacher Inversion) als *gültig* betrachtet, was die i.a. gute Übereinstimmung mit experimentellen Befunden rechtfertigt.

Im Bild wurde auch der Substrateinfluß (ortsabhängige Verarmungsladung, Gl. (2.3.11d)) erfaßt. Man erkennt, daß

- die genauere Lösung einen geringeren Drainstrom und kleinere Sättigungsspannung liefert und zwar mit zunehmender Substratdotierung umso ausgeprägter,
- die numerische Analyse wegen der Faktoren $U^{3/2}$ sehr umständlich ist. Für Schaltungs–Routineaufgaben sind daher einfachere Darstellungen anzustreben.

Formal fällt der Strom (Gl. (2.3.11b)) jenseits von U'_{DS} wieder, hat also bei U'_{DS} ein Maximum ($dI_D/dU_{DS} = 0$). Es liegt bei

$$U'_{DS} = U_{GS} - 2\Phi_F^* - U_{FB} + \gamma^2/2 - \gamma\sqrt{U_{GS} - U_{FB} + U_{SB} + \gamma^2/4} \quad (2.3.12)$$

mit der Vereinbarung

$$\boxed{I'_D = I|_{U'_{DS}} \quad \text{Abschnürpunkt.}} \quad (2.3.13)$$

Entgegen der Annahme starker Inversion im gesamten Kanal verschwindet nun die Inversionsladung $Q''_I(L)$ im Abschnürpunkt, weil für $U_{DS} = U'_{DS}$ die Gate-Substrat-Schwellspannung $U_{GBT}(U_{DB})$ am Drain gleich der anliegenden Gate-Substrat-Spannung ist. Deshalb heißt $U'_{DS} \to U_{DSP}$, (Gl. (2.2.10)) auch *Abschnürspannung* mit der bereits bekannten Bereichsunterteilung in aktiven ($U_{DS} < U'_{DS}$) und Sättigungsbereich ($U_{DS} \geq U'_{DS}$). Dies ergibt als zusammengefaßte Modellbeschreibung

$$\boxed{I_D = \begin{cases} I_D & U_{DS} \leq U'_{DS} \to U_{DSP} \\ I'_D & U_{DS} \geq U'_{DS} \to U_{DSP} \end{cases}} \quad (2.3.14)$$

(vgl. Bild 2.28).

Auf die der Bestimmung von U'_{DS} Gl. (2.3.12) zugrundeliegende Bedingung $Q''_I(L) = 0$, die Stromkontinuität und die aus physikalischen Gründen zu fordernde endliche Trägergeschwindigkeit war schon verwiesen worden (Gl. (2.2.15)ff.). Realistischer ist es deshalb, einen endlichen Wert Q''_I und damit endliche Driftgeschwindigkeit im drainnahen Bereich zuzulassen. Der drainnahe Bereich muß deshalb ein *Verarmungsgebiet* (Länge ΔL) sein, über dem die Spannung $U_{DS} - U'_{DS}$ abfällt. Kann der "Verarmungsanteil" ΔL des Kanals L mit wachsender Spanungsdifferenz $U_{DS} - U'_{DS}$ *nicht* gegen L vernachlässigt werden, so führt dies zu einem weiteren Drainanstieg und Gl. (2.3.14) gilt *nicht* mehr. Der Effekt macht sich besonders bei kurzem Kanal bemerkbar (s. Abschn. 2.3.2.2).

Grenzen des Kennlinienmodells. Das Kennlinienmodell Gl. (2.3.14) *versagt* insbesondere

– von der *Inversionsvoraussetzung* her bei schwacher Inversion und bei höheren Anforderungen an die Modellierung, z.B. in Analogschaltungen u.U. auch schon bei mittlerer Inversion,
– generell im drainnahen Bereich durch *Verletzung* der Gradual-Feld-Näherung. Dieser Sachverhalt wurde hier nicht gesondert diskutiert (vgl. aber Abschn. 2.4). Dafür sind vielmehr 2d-Betrachtungen erforderlich.

Die Abweichungen machen sich besonders bei den *Kennliniensteigungen* (Kleinsignalparameter, s. Abschn. 3.1) bemerkbar [2.33].

Verbesserte Kennlinienmodelle. Das Kennlinienmodell Gl. (2.3.11b) wurde im Verlaufe der Zeit durch verschiedene Ansätze begründet und in vielerlei Hinsicht erweitert:

– zur genaueren Berücksichtigung typischer *physikalischer Vorgänge* (Modelleffekte, Gültigkeitsbereich, Struktur- und Materialparameter) und zum anderen
– für die schaltungstechnische Anwendung vereinfacht und so weiterentwickelt, daß sich bestimmende Kennwerte gut messen lassen.

Auf zwei Probleme soll näher eingegangen werden: den verbesserten Diffusionseinbezug und die Linearisierung der Verarmungsladung.

1. Kennlinie mit verbessertem Diffusionseinfluß

Dem Transportvorgang nach (Bild 2.26) fließt bei starker Kanalinversion dominierend Driftstrom. Dann führt ein Driftstromansatz (Gl. (2.2.2c))

$$I_D = \mu_n b(-Q_I'') \frac{dU_{CB}}{dy} \qquad (2.3.15a)$$

mit der "Kanalsperrspannung" $U_{CB}(y)$ zwischen Inversionsschicht und Bulk an der Stelle y sowie der Bandverbiegung $\psi_S(y)$ [2.31] (Anhang, C, Gl. (C.6)) $\psi_S(y) = 2\Phi_F^* + U_{CB}(y)$ (Randwerte: $U_{CB}(0) = U_{SB}$, $U_{CB}(L) = U_{DB}$) über $d\psi_S(y)/dy = dU_{CB}/dy$ direkt auf den Driftanteil in Gl. (2.3.3). Über die Inversionsladung Gl. (2.1.69)

$$\boxed{\begin{aligned}Q_I'' &= -C_i''[U_{GB} - U_{GBT}(U_{CB})] = -C_i''[U_{GB} - U_{FB} - 2\Phi_F^* - U_{CB}(y) + Q_B''/C_i''] \\ &= -C_i''[U_{GB} - U_{FB} - 2\Phi_F^* - U_{CS}(y)] \qquad (2.3.15b)\end{aligned}}$$

mit U_{GBT} nach Gl. (2.1.70) und die Substratladung

$$\boxed{Q_B'' = -\gamma C_i'' \sqrt{2\Phi_F^* + U_{CB}(y)} = -\gamma C_i'' \sqrt{2\Phi_F^* + U_{SB} + U_{CS}(y)}} \qquad (2.3.15c)$$

folgt mit

$$I_D = b/L \int_{U_{SB}}^{U_{DB}} \mu_n(-Q_I'') dU_{CB}$$

unmittelbar Gl. (2.3.11b). Auf die Formen Gl. (2.3.15) der Inversions- und Verarmungsladung bei starker Inversion wird später häufig zurückgegriffen.

Versteht man hingegen die Spannung $U_{CB}(y)$ als (äquivalenten) Abstand zwischen Elektronen-Quasiferminiveau im Inversionskanal und Löcher-Quasiferminiveau im Volumen (wie z.B. in [2.12], [2.1]–[2.3], [2.8]), dann führt Gl. (2.3.15) direkt auf den Drift- und Diffusionsstrom entsprechend Gl. (2.3.3). So ist eine Kennlinienerweiterung in den Bereich schwacher Inversion möglich, allerdings auf Kosten einer schwierigeren Integration der Gleichung.

2.3.1.3 Linearisierung der Verarmungsladung

Die Spannung $U_{CB}(y)$ zwischen Kanalpunkt und Substrat bzw. die Verarmungsladung $Q_B(U_{CB}(y))$ wirkt wie die Steuergröße eines Sperrschichtfeldeffekttransistors, die auf die $U^{3/2}$-Faktoren im Drainstrom Gl. (2.3.11b) führen. Sie erschweren die Kennlinienberechnung merklich. Eine Vereinfachung sollte daher durch *Linearisierung* der Verarmungsnäherung (Gl. (2.3.15c))

$$-\frac{Q_B''}{C_i''} = = \gamma\sqrt{2\Phi_F^* + U_{CB}(y)}$$

in der Inversionsladung Q_I'' (Gl. (2.1.68)) möglich sein. Dazu wird Q_B'' (Bild 2.29) durch eine Gerade im Punkt $Q_B(U_{SB})$ zwischen den Randwerten U_{SB} und U_{DB} ersetzt. Die Taylorentwicklung von Gl. (2.1.68) ergibt [2.35]

$$-\frac{Q_B''}{C_i''} \approx \gamma\sqrt{2\Phi_F^* + U_{SB}} + \delta\underbrace{(U_{CB} - U_{SB})}_{U} \qquad (2.3.16a)$$

mit dem *Ladungsfaktor*

$$\boxed{\delta = \frac{dU_{TH}}{dU_{SB}} = \frac{\gamma}{2\sqrt{2\Phi_F^* + U_{SB}}}.} \qquad (2.3.16b)$$

Für kleine Drainspannungen sehr brauchbar, wird für größere jedoch die Verarmungsladung überbewertet und damit die Inversionsladung zu klein angesetzt.

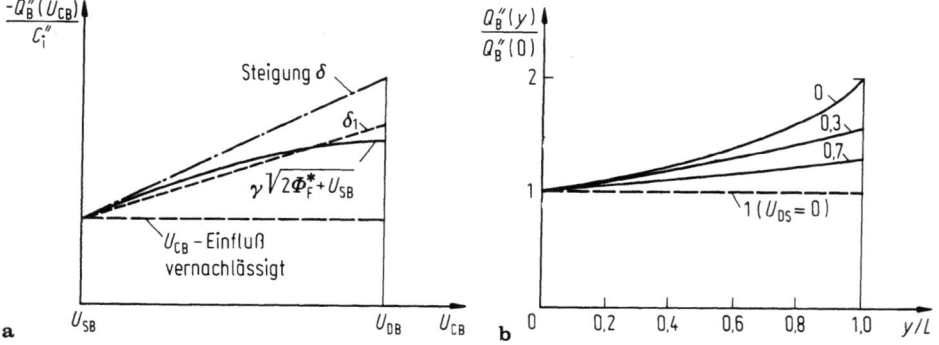

Bild 2.29a, b. Substratladung über der Kanal-Substratspannung. **a** Verlauf mit unterschiedlichen Näherungen, **b** Substratladung längs des Kanals. Parameter $\eta = 1 - U_{DS}/U_{DSP}$

Deshalb verbessert eine Reihe von (z.T. empirischen Ansätzen) den Faktor δ z.B.
- in der Form [2.36], [2.34]

$$\delta_1 = d_1 \delta \qquad (2.3.17a)$$

- mit $0,5 \leq d_1 \leq 0,8$ als Festwert oder spannungsabhängig [2.37]–[2.39]

$$d_1 = 1 - [k_1 + k_2(\Phi_B + U_{SB})^{-1}]. \qquad (2.3.17b)$$

Die Faktoren k_1, k_2 werden durch Optimierung (kriterienabhängig) bestimmt (z.B. $k_1 = 1,744$, $k_2 = 0,8364\,V^{-1}$).
- durch Linearisierung von δ, indem im Nenner noch eine Hilfsspannung Φ_3 ($\Phi_3 = 1\,V$, empirisch) ergänzt wird [2.40]

$$\delta_2 = \frac{\gamma}{2\sqrt{\Phi_3 + 2\Phi_F + U_{SB}}}. \qquad (2.3.17c)$$

Von diesem Ansatz ausgehend wurde in [2.35] eine Erweiterung für alle Inversionsbereiche dahingehend vorgenommen, daß man den empirischen Faktor Φ_3 durch eine Funktion ersetzt, die selbst von den Randpotentialen ψ_{SS}, ψ_{SD} (Gl. (2.3.7)), den Spannungen U_{GB}, U_{FB} und dem Body-Effekt abhängt. Damit ist eine sehr genaue Modellierung besonders des dynamischen Verhaltens möglich.
- durch Einführung eines grob geschätzten Festwertes [2.41]

$$\delta_3 \approx \gamma/4\sqrt{2\Phi_F^*}. \qquad (2.3.17d)$$

- Des weiteren kann in den δ-Faktor noch der Gatespannungseinfluß einbezogen werden [2.43], [2.44].

Die genaueste Näherung für δ ergibt sich durch Minimierung der Funktion

$$f = \int_0^U [\sqrt{U + 2\Phi_F^* + U_{SB}} - (\delta U + \sqrt{2\Phi_F^* + U_{SB}})]^2 dU$$

(df/dU = 0), mit dem Ergebnis

$$\delta = \frac{1}{p^3 \sqrt{2*\Phi_F + U_{SB}}}[0,8 - \tfrac{3}{2}p^2 + (1+p)^{-3/2}\cdot(1,2p - 0,8)] \qquad (2.3.17e)$$

und

$$p = \frac{U}{2\Phi_F^* + U_{SB}}.$$

Die unterschiedlichen Ansätze für δ treten weniger in den DC-Modellen [2.42], sondern hauptsächlich im Kleinsignalverhalten bei einigen Parametern auf (s. Abschn. 3.1.2, 3.3ff.).

Hat man einen δ-Wert nach Gl. (2.3.17) ermittelt, so führt die Inversionsladung Gl. (2.3.15b)

$$Q_I'' = -C_i''[U_{GB} - U_{SB} - U_{FB} - 2\Phi_F^* - \gamma\sqrt{2\Phi_F^* + U_{SB}} - (1+\delta)(U_{CB} - U_{SB})] \qquad (2.3.18)$$

auf den Drain(drift)strom

$$I_D = b/L \int_{U_{SB}}^{U_{DB}} \mu_n(-Q_I'')dU_{CB} = b/L\mu_n C_i''[(U_{GS} - U_{TH}^*|_{U_{SB}})\cdot U_{DS} - 1/2(1+\delta)U_{DS}^2]$$

$$(2.3.19)$$

2 Der MOS-Transistor als Funktionselement

mit der *Gate-Source-Schwellspannung* (Extrapolationswert) nach Gl. (2.1.72)

$$U_{TH}^* = U_{FB} + 2\Phi_F^* + \gamma\sqrt{U_{SB} + 2\Phi_F^*} \equiv U_{TH} + \gamma(\sqrt{U_{SB} + 2\Phi_F^*} - \sqrt{2\Phi_F^*}). \tag{2.3.20}$$

Damit enspricht der Kennlinienverlauf Gl. (2.3.19) des Anreicherungs-MOSFET bei starker Inversion und linearem Substrateinbezug etwa der Standardform Gl. (2.3.9). Geringe Unterschiede ergeben sich

– durch die etwas kleinere Spannung U_{DSP} im Abschnürpunkt (gewonnen aus $dI_D/U_{DS} = 0$)

$$\boxed{U_{DSP} = \frac{U_{GS} - U_{TH}^*}{1 + \delta}} \tag{2.3.21}$$

– und dem zugeordneten Strom

$$I_D' = \frac{b}{L}\mu_n C_i'' \frac{(U_{GS} - U_{TH}^*)^2}{2(1 + \delta)}. \tag{2.3.22}$$

Mit den Gln. (2.3.19) und (2.3.22) steht ein gegenüber Gl. (2.3.11) deutlich vereinfachtes Gleichstrommodell bereit, das häufig verwendet wird:

$$\boxed{I_D = \begin{cases} \dfrac{b}{L}\mu_n C_i''[(U_{GS} - U_{TH}^*)U_{DS} - 1/2(1 + \delta)U_{DS}^2] & U_{DS} < U_{DSP} \\ \dfrac{b}{L}\mu_n C_i'' = I_D' \dfrac{(U_{GS} - U_{TH}^*)^2}{2(1 + \delta)} & U_{DS} \gtreqless < U_{DSP}. \end{cases}} \tag{2.3.23}$$

Die Substratvorspannung geht dabei über Schwellspannung und Ladungsfaktor δ ein. Ein erwähnenswertes Merkmal der Q_B-Linearisierung ist der stetige Übergang der Tangente bei $U_{DS} = U_{DSP}$, wichtig für die Schaltungssimulation.
Da beim realen MOSFET stets Substrateinfluß vorliegt, wird die Schwellspannung U_{TH}^* künftig immer mit U_{TH} bezeichnet, damit Verwechselungen ausgeschlossen werden (s. Gl. (2.1.70))

Erweiterung für die Drift-Diffusions-Darstellung. Die Linearisierung der Verarmungsladung nach Gl. (2.3.16) kann auch auf die allgemeinere Lösung Gl. (2.3.5a) mit Drift- und Diffusionskomponente übertragen werden. Man erhält für die Stromkomponenten

$$\begin{aligned} I_{Drift} &= b/L\mu_n C_i''[(U_{GS} - U_{TH})(\psi_{SD} - \psi_{SS}) - 1/2(1 + \delta)(\psi_{SD} - \psi_{SS})^2] \\ I_{Diff} &= b/L\mu_n C_i'' U_T(1 + \delta)(\psi_{SD} - \psi_{SS}) \end{aligned} \tag{2.3.24a}$$

mit der Schwellspannung U_{TH}' nach Gl. (2.3.11c) oder als Gesamtstrom [2.21], [2.6]

$$I_D = I_{Drift} + I_{Diff} = \frac{b}{L}\mu_n C_i'' \frac{(U_C(0)^2 - U_C(L)^2)}{2(1 + \delta)} \tag{2.3.24b}$$

mit

$$U_C(0) = U_{GB} - U_{FB} - \psi_{SS} - \gamma\sqrt{\psi_{SS}} + (1+\delta)U_T$$
$$U_C(L) = U_C(0) - (1+\delta)(\psi_{SD} - \psi_{SS})$$
$$= U_{GS} - U_{FB} - \psi_{SD} - \gamma\sqrt{\psi_{SD}} + (1+\delta)U_T \tag{2.3.24c}$$

und ψ_{SS}, ψ_{SD} nach Gl. (2.3.6) bzw. (2.3.7). Diese Form wird häufig für numerische Auswertungen herangezogen.

2.3.1.4 Vergleich der Kennlinienmodelle

Gegenüber dem allgemeinen (impliziten) Drainstrommodell Gl. (2.3.5) ziehen die Beschränkung auf starke Inversion (Gl. (2.3.11)) und die Linearisierung der Verarmungsladung Gl. (2.3.23) einige Konsequenzen nach sich:

a) Beide Modelle geben die Verhältnisse bei Drainabschnürung physikalisch nicht richtig wieder, weshalb dafür weitere Verbesserungen notwendig sind (s. Abschn. 2.3.2.2).
b) Für typische Bemessungswerte unterscheidet sich eine numerisch ermittelte Kennlinie nach Gl. (2.3.11) kaum von der Näherung Gl. (2.3.19)ff. Deshalb ist letztere besser für die Schaltungsanalyse geeignet.
c) Das Drainstrommodell Gl. (2.3.8) enthält keine explizite Schwellspannung, wohl aber das Näherungsmodell Gl. (2.3.19)ff. Dort kann die Schwellspannung z.B. durch Extraktion auf $I_D \to 0$ einfach bestimmt werden. Da nun die Schwellspannung die zentrale Größe aller MOS-Bauelemente ist (sowohl für die Device-Beurteilung als auch für den Schaltungsentwurf) und in dieser Spannung später auch Geometrieeffekte (Kurz-, Breit-Kanaltransistoren, s. Abschn. 2.4.1) einbezogen werden, ist die Näherungsgleichung (2.3.24) diesbezüglich *deutlich* vorteilhafter als die genaue implizite Lösung (2.3.8).
d) Beide Modelle vernachlässigen bisher eine Reihe typischer MOS-Probleme, wie z.B. das tatsächliche Verhalten der Beweglichkeit, inhomogene Substratdotierung, Kurzkanaleffekte u.a.m. Da sie später noch einzuziehen sind, kann die Eignung eines Modells für eine bequeme Erweiterung wichtig sein.

2.3.1.5 Kennlinie bei schwacher Inversion

Die Kennliniengleichung (2.3.11) basiert auf starker Inversion $\psi_S \geq 2\Phi_F^*$ längs des ganzen Kanals. Eine schwächere Bandverbiegung, also geringere Inversion, hat zunächst direkten Einfluß auf den Potentialverlauf am Source-Kanalübergang (Bild 2.30): Während sich bei starker Inversion Source- und Kanalbereich auf etwa gleichem Oberflächenpotential ψ_S befinden (das längs des Kanals durch das Längsfeld ($\to U_{DS}$) geneigt ist und deshalb Driftstrom fließt), entsteht bei sehr kleiner Bandverbiegung, z.B. dem Verarmungszustand, eine große Potentialbarriere $\Delta\psi$ am n^+n-Übergang Source-Kanal (Bild 2.30a):

$$\frac{n^+|_{Source}}{n(0)|_{Kanal}} = \exp\frac{\Delta\psi}{U_T}. \tag{2.3.25}$$

Dann können Elektronen den Sourcebereich nicht verlassen, und es fließt kein Drainstrom. Diese Situation ist mit einem n^+p-Übergang vergleichbar: die Elektronen des n^+-Gebietes (Majoritätsträger) müssen eine Potentialbarriere (die Diffusionsspannung) überwinden, um ins p-Gebiet gelangen zu können. Da sich diese Potentialbarriere durch einen Trägerdichteunterschied (als Folge der

74 2 Der MOS-Transistor als Funktionselement

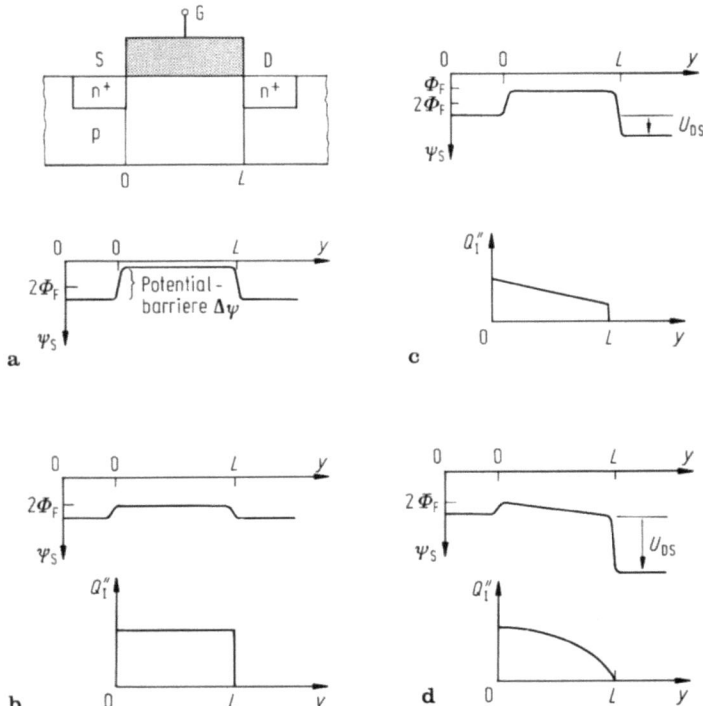

Bild 2.30a–c. Oberflächenpotential und Inversionsladung längs des Kanals bei verschiedener Gatespannung. **a** Verarmung des Kanalbereiches, $U_{DS}=0$, **b** starke Inversion, stromloser Zustand ($U_{DS}=0$, **c** starke Inversion, $U_{DS}>0$, **d**) starke Inversion, $U_{DS}>0$

Kompensation von Feld- und Diffusionsstrom) aufbaut und ein exponentieller Zusammenhang zwischen Strom und Barrierenspannung die Folge ist, gelten solche Verhältnisse auch beim MOSFET. Hier kann das Kanaloberflächenpotential ψ_S und damit die Potentialschwelle durch das Gate zwischen einem hohen Wert (Verarmung, kein Elektronenaustritt aus dem Source-Kontakt) und praktisch Null (starke Inversion, ungehinderter Elektronenaustritt) verändert werden. Bei abgebauter Potentialschwelle – etwa starker Inversion (Bild 2.30b bzw. 230d) – hängt der Kanalstrom nicht mehr exponentiell von der Barriere (oder der steuernden Gatespannung) ab.[17]

Im *Zwischengebiet* – eben dem Bereich *schwacher Inversion* mit moderater Gatespannung – ist

---

[17] Auch ein pn-Übergang hat bei sehr hoher Injektionsdichte (Hochstromverhalten) eine stark abgebaute Potentialschwelle und keine Exponentialkennlinie mehr, sie geht bei Verwischung der Sperrschicht sogar in eine Potenzkennlinie über!

– somit noch eine (erniedrigte) Potentialschwelle mit einem exponentiell von ihr abhängigen "Anlaufstrom" die Folge (Bild 2.30c).
– das Kanallängsfeld noch schwach, so daß die Ladungsträger hauptsächlich durch *Diffusion* zum Drain gelangen, weil die Trägerdichte längs des Kanals abnimmt. Da zudem viel weniger Elektronen aus dem Sourcebereich gegen die Potentialbarriere anlaufen können, ist auch der Drainstrom deutlich geringer.
– insgesamt ein völlig anderer Steuer- und Transportvorgang zu erwarten, der in manchen Punkten an die Vorgänge im npn-Bipolartransistor erinnert und dementsprechend modelliert wird [2.45]–[2.47].

Der Betriebsbereich "schwache Inversion" (Unterschwellen-, Anlaufbereich, weak inversion – below threshold – subthreshold regime) in Nähe der Schwellspannung ist damit sowohl von physikalischem (andersartiger Transportvorgang) als auch schaltungstechnischem Interesse (Einsatz des MOSFET bei geringer Verlustleistung, z.B. in der CMOS-Analogtechnik).

Hinweise auf das Versagen des üblichen Kennlinienmodells Gl. (2.3.11) bei sehr kleinen Drainströmen gab es schon früh [2.48]–[2.50] und erste "weak inversion-Modelle" für Langkanaltransistoren wurden dementsprechend entwickelt [2.30], [2.52]–[2.52]. Eine physikalisch gut fundierte Erweiterung mit Substrateinbezug für Kurzkanaltransistoren auf Grundlage des Pao-Sah-Modells gab Troutman [2.53], [2.54]. Stärker applikativ orientiert ist das Modell nach Taylor [2.46]. Rechenorientierte Modelle liegen ebenfalls vor [2.26], [2.55]–[2.57].

Auch das für den Langkanaltransistor verbreitete Flächenladungsmodell nach Brews [2.1] kann für den Subschwellbereich erweitert werden.

Modell. Setzt man schwache Inversion längs des gesamten Kanals voraus, jedoch wegen $U_{DS} > 0$ nach dem Drain zu schwach abnehmend, so gehört dazu ein Gatespannungsbereich $U_{GBL} \leq U_{GB} \leq U_{GBM}$ resp. auf den Sourcekontakt bezogen mit den Grenzen $U_{GSL} \leq U_{GB} \leq U_{GSM}$

$$U_{GSL} = U_{FB} + \Phi_F + \gamma\sqrt{\Phi_F + U_{SB}} \qquad (2.3.26a)$$

und

$$U_{GSM} \approx U_{FB} + \gamma\sqrt{2\Phi_F + U_{SB}}. \qquad (2.3.26b)$$

Die beiden Grenzen U_{GSL}, U_{GSM} sind somit durch "Schwellspannungen" nach Art von Gl. (2.3.20) bestimmt, die sich etwa um Φ_F unterscheiden. Die untere Grenze U_L ist fiktiv, denn sie beschreibt den eigenleitenden Zustand der Oberfläche (was nicht heißt, daß von da an der Drainstrom abrupt auf Null sinkt).

Gegenüber der Kennlinienherleitung bei starker Inversion (Abschn. 2.3.1.2) gelten im Subschwellbereich folgende *Besonderheiten*:

– Die Inversionsladung Q_I'' ist klein gegen Q_B'',
– das Oberflächenpotential ψ_S stimmt sehr gut mit dem Sättigungswert $\psi_S(U_{GB})$

überein, der sich durch Vernachlässigung der Inversionsladung Q_I'' gegenüber der Verarmungsladung Q_B'' einstellt (Gl. (2.1.26)):

$$\psi_S(U_{GB}) \approx [-\gamma/2 + \sqrt{(\gamma^2/4 + U_{GB} - U_{FB})} - U_T]^2, \qquad (2.3.27)$$

- das Oberflächenpotential hängt nach Gl. (2.3.27) nur von U_{GB} und *nicht* mehr vom Ort ab (Bild 2.30c), also auch nicht der Verarmungsladung $Q_B'' = -\gamma C_i''\sqrt{\psi_S}$,
- wegen des ortsunabhängigen Oberflächenpotentials ($d\psi_S/dy = 0$) fehlt ein Längsfeld (kein Kanaldriftstrom), der Stromfluß erfolgt vielmehr durch Diffusion und in Gl. (2.3.3) dominiert der Term $I_D \sim dQ_I''/dy$ [2.22], [2.55], [2.58]

$$I_D = b\mu_n U_T \partial Q_I''/\partial y \rightarrow I_D = b\mu_n/L U_T[Q_I''(L) - Q_I''(0)]. \qquad (2.3.28)$$

Da im Kanal (wie angenommen) nur Elektronenstrom fließt, bleibt I_D konstant und die Inversionsdichte $Q_I''(y)$ fällt linear vom Source nach dem Drain hin (Bild 2.30). Obwohl dieses Modell (durch seine guten Ergebnisse) verbreitet verwendet wird, führt eine modellmäßig engere Ankopplung an den Bipolartransistor (durch Bestimmung des Verlaufes $Q_I''(y)$ über die Kontinuitätsgleichung) [2.26], [2.46] auf einen Dichteverlauf wie im Basisraum, dessen Sättigungsstrom I_{D0} (s.u.) so etwas genauer modellierbar wird.

Die noch offenen Dichterandwerte $Q_I''(L)$, $Q_I''(0)$ – die zwar klein gegen Q_B'' sind, aber nicht verschwinden – folgen aus Gln. (2.1.25), (2.1.55), (2.3.27)

$$\boxed{\begin{aligned} Q_I''(0) &= \frac{-\gamma C_i'' U_T}{2\sqrt{\psi_{Sa}(U_{GB})}} \exp\left\{\frac{\psi_{Sa}(U_{GB}) - 2\Phi_F - U_{SB}}{U_T}\right\} \\ Q_I''(L) &= \frac{-\gamma C_i'' U_T}{2\sqrt{\psi_{Sa}(U_{GB})}} \exp\left\{\frac{\psi_{Sa}(U_{GB}) - 2\Phi_F - U_{DB}}{U_T}\right\} \end{aligned}} \qquad (2.3.29)$$

und führen über Gl. (2.3.28) auf den Drainstrom

$$\boxed{I_D = I_{D0}(U_{GB})(1 - \exp - U_{DS}/U_T)} \qquad (2.3.30a)$$

mit dem Sättigungswert

$$I_{D0} = \frac{b}{L}\mu_n U_T \frac{C_i'' U_T}{2\sqrt{\psi_{Sa}(U_{GB})}} \exp\frac{\psi_{Sa}(U_{GB}) - 2\Phi_F - U_{SB}}{U_T}. \qquad (2.3.30b)$$

Dieses Ergebnis läßt sich auch aus Gl. (2.3.5) (etwas aufwendiger) herleiten.

Ein geringfügig veränderter Ansatz [2.17], [2.55], [2.57], [2.29] führt zwar auf einen anderen Bezugsstrom I_{D0}, aber die gleiche Kennlinie (mit n_0 Gl. (2.1.78a)), wie sie häufig für CAD-Modelle verwendet wird [2.59]

$$I_D = \frac{b}{L}\mu_n I' \exp\frac{U_{GS} - U_x}{n_0^* U_T}(1 - e^{-U_{DS}/U_T}) \qquad (2.3.31)$$

mit

$$U_x = U_{FB} + 1{,}5\Phi_F + \gamma\sqrt{1{,}5\Phi_F + U_{SB}}$$

$$I' = \mu_n C_i'' U_T^2 \frac{\gamma}{2\sqrt{\Phi_F + U_{SB}}} \exp\frac{\Phi_F}{2U_T}$$

$$n_0^* = 1 + \frac{\gamma}{2\sqrt{\Phi_F + U_{SB}}}.$$

Die Kennliniengleichung (2.3.31) gilt im gesamten Subschwellbereich. Ihre typischen Merkmale sind:

- Der Drainstrom hängt in einem großen Bereich exponentiell vom Oberflächenpotential ψ_S ab, das in sehr guter Näherung (Gl. (2.3.27)) insbesondere für schwachen Substrateinfluß ($U_{GB} - U_{FB} \gg \gamma^2/4$) gleich der Gatespannung ist

$$\psi_S \approx U_{GB} - U_{FB} \approx U_{GS} + U_{SB} - U_{FB}.$$

- für $U_{DS} \gg U_T$ geht die Drainspannung nicht in den Drainstrom ein,
- zusätzliche Substratspannung U_{SB} senkt den Strom stark ab.

Dieses Verhalten wird experimentell (Bild 2.31a) gut bestätigt. Typische Unterschiede gegenüber der Kennlinie für starke Inversion sind dabei:

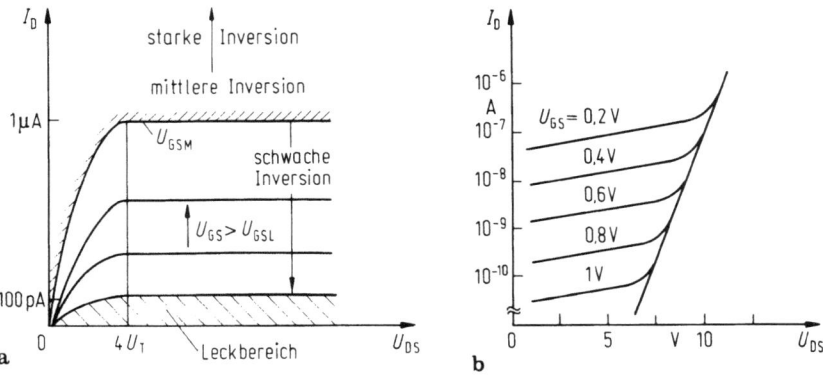

Bild 2.31a, b. Kennlinie bei schwacher Inversion. **a** Ausgangskennlinienfeld (lin. Maßstab), **b** Ausgangskennlinienfeld (log. Maßstab, Parameter U_{GS})

– der "Sättigungseinsatz" liegt stets bei der gleichen Spannung $U_{DS} \approx 4U_T$ unabhängig von U_{GS} (bei starker Inversion wächst die Sättigungsspannung mit steigender Gatespannung), die Steuerspannung U_{GS} geht in großem Bereich exponentiell ein (Bild 2.31b), wie die halblogarithmische Darstellung deutlich zeigt.

Die Kurvensteigung

$$s = \frac{d(\log_{10} I_D)}{dU_{GS}} \qquad (2.3.32)$$

wächst schwach mit der Substratspannung, sie sinkt umgekehrt mit wachsender Substratdotierung. Das kann zur Bestimmung der Dotierung benutzt werden [2.60]. Auch die (hier vernachlässigte) Abhängigkeit der Oberflächenzustandsladung vom Oberflächenpotential beeinflußt die Steigung und wird umgekehrt zur Bestimmung dieser Dichte verwendet [2.61], [2.62].

Oft gibt man statt der Steigung s den sog. *Gateswing* S als diejenige Gatespannungsänderung U_{GS} an, die erforderlich ist, um den Schwellstrom um eine Größenordnung zu ändern [2.63], [2.53]

$$S = \frac{dU_{GS}}{d(\log_{10} I_D)} \left(\frac{mV}{Dekade}\right). \qquad (2.3.33)$$

Bei exakt exponentiellem Stromverlauf $I_D(U_{GS})$ beträgt der theoretische Minimalwert:

$$\boxed{S = U_T \ln 10 \approx 60\,mV.}$$

Der Gateswing bzw. die zugehörige Spannungsänderung ΔU_{GS} wird verbreitet als Indikator für die elektrischen Eigenschaften (Qualität) eines MOSFET verwendet (z.B. $S \sim 1/C_i$ u.a. [2.63]). Aus schaltungstechnischer Sicht ist ein kleiner S-Wert wünschenswert, z.B. durch Substratvorspannung.

Im Kennlinienverlauf (Bild 2.32) stimmt das Ergebnis Gl. (2.3.30) tendenziell wohl mit dem Modell überein. Abweichungen sind prinzipiell nach größeren Gatespannungen hin zum mittleren Inversionsbereich (s. Abschn. 2.3.1.6) sowie im Subschwellbereich selbst aus verschiedenen physikalischen Gründen zu erwarten:

– Nach kleinen Strömen begrenzt ein mehr oder weniger U_{GS}-abhängiger Leckstrom den Verlauf. Dies ist ein Generationsstrom, der im gesamten Verarmungsraum unter dem Inversionskanal und den Kontaktgebieten entsteht.
– Das hier entwickelte Modell gilt für Langkanaltransistoren. Mit sinkender Kanallänge geht die Drainspannung U_{DS} stärker ein. Das Verhalten von U_{DS} ähnelt dem *Durchgreifeffekt* (s. Abschn. 2.4.2.1), wobei die Spannung U_{DS} die Barrierenhöhe für die Minoritätsinjektion zu modulieren beginnt. Dieser Effekt wird oft als *Drain-induced-barrier-lowering (DIBL)* bezeichnet.

2.3 Verbesserte Modellierung   79

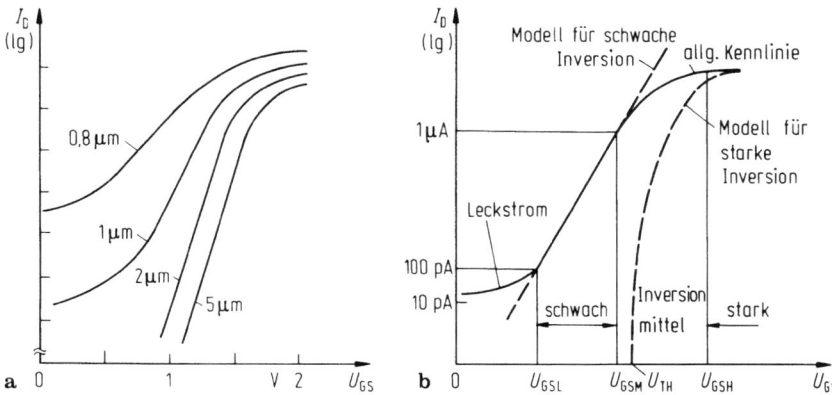

Bild 2.32a, b. Übertragungskennlinie bei schwacher Inversion. **a** U_{DS} = const., Parameter Kanallänge L, **b**, Näherungsverläufe (U_{DS}, U_{BS} = const.)

- Im vorliegenden Modell wurden Oberflächenzustände als feste Ladung in der Schwellspannung berücksichtigt. Da die elektronisch tatsächlich wirksamen Oberflächenzustände jedoch vom Oberflächenpotential abhängen, macht sich ihr Einfluß auf die Kennlinie bemerkbar [2.15], [2.29], [2.64], [2.65].

2.3.1.6 Bereich mittlerer Inversion

Läßt sich der Ladungs- und Potentialverlauf im Bereich schwacher und starker Inversion modellmäßig relativ gut erfassen, so gilt dies für mittlere Inversion $U_{GBM} \leq U_{GB} \leq U_{GBH}$ oder gleichwertig wegen $U_{GBM} = U_M + U_{SB}$ mit $U_{GSM} \leq U_{GS} \leq U_{GSH}$ und (Gl. (2.3.26)) $U_{GSM} \approx U_{FB} + 2\Phi_F + \gamma\sqrt{2\Phi_F + U_{SB}}$ nicht. Der Drainstrom besteht jetzt aus Drift- *und* Diffusionsanteil (Bild 2.32b). Im Kennlinienfeld $I_D(U_{DS})$ ist dies der Übergangsbereich zwischen linearem Anstieg und Sättigungsgerade $I_D \approx$ const. Die Modellierung gelingt hier relativ schlecht. Daher werden

- empirische Ansätze empfohlen [2.26], [2.55] oder
- weiter starke Inversion angenommen und eine Anpassung durch zusätzlich eingeführte Gatespannungsabhängigkeit, z.B. der Schwellspannung U_{TH} oder über das Potential Φ_F vollzogen [2.66].
- für schwach und starke Inversion getrennte Modell entwickelt und beiderseits kurvenangepaßt. Dabei ist ein Ansatz

$$\log I_D = aU_{GS}^3 + bU_{GS}^2 + cU_{GS} + d$$

günstig [2.67], weil die Parameter a···d aus dem Strom und seinen Ableitungen bei zwei Spannungen U_{GS2}, U_{GS1} hervorgehen, die den Übergangsbereich abgrenzen.

Ein noch einfaches Modell für den stetigen Übergang zwischen beiden Gebieten ist das folgende [2.78], [2.68]–[2.70]: Man definiert eine effektive Gatespannung

$$U_{Geff} = 2nU_T \ln(1 + F_{exp})$$

mit

$$F_{exp} = \exp\left\{\frac{U_{GS} - U_{TH}}{2nU_T}\right\}.$$

Für große Werte $U_{Geff} \gg U_T$ folgt daraus

$$U_{Geff} \approx U_{GS} - U_{TH}, \tag{2.3.34a}$$

für $U_{GS} < U_{TH}$ (einige U_T Unterschied) hingegen $F_{exp}(\cdots) < 1$ und somit

$$U_{Geff} = 2nU_T \exp\frac{U_{GS} - U_{TH}}{2nU_T}. \tag{2.3.34b}$$

Setzt man – vom Sättigungsbereich kommend – eine Kennlinie entsprechend Gl. (2.3.23)

$$I_D = \frac{\beta(U_{GS} - U_{TH})^2}{2} \frac{1}{1+F} \equiv \frac{\beta}{2} \frac{U_{Geff}^2}{1+F}\bigg|_{U_{Geff} \approx U_{GS} - U_{TH}}$$

an, so wird daraus im Subschwellbereich mit Gl. (2.3.34b) für Drainspannungen $U_{DS} \gg U_T$

$$\boxed{I_D \equiv \frac{b\,\mu_n C_i'' 2(nU_T)^2}{L\,(1+F)} \exp\frac{U_{GS} - U_{TH}}{nU_T}.} \tag{2.3.35}$$

Diese Form entspricht Gl. (2.3.31), wenn $U_{TH} \approx U_x$ gesetzt wird. Sie liefert einen kontinuierlichen Übergang zwischen beiden Inversionsbereichen, wobei auch die Steilheit g_m im gesamten Bereich stetig bleibt.

2.3.2 Besondere physikalische Effekte

Der reale MOSFET zeigt gegenüber den bisher diskutierten Kennlinienmodellen verschiedene Abweichungen. Sie gehen teilweise auf die Nichterfüllung der getroffenen Annahmen (Abschn. 2.2) z.T. auch auf Einflüsse der realen Geometrie zurück. Die wichtigsten dieser "besonderen physikalischen Effekte" sind Abweichungen im Beweglichkeitsverhalten, im Kennlinienverlauf nach der Kanalabschnürung und im Durchbruchgebiet, die Ursachen des Substratstromes und der Einfluß eines inhomogen dotierten Substrats auf die Kennlinie.

Wir beschränken uns zunächst auf den Langkanaltransistor, die analogen Betrachtungen zum Kurzkanaltransistor erfolgen im Abschn. 2.4.

2.3.2.1 Beweglichkeitsmodellierung

Bisher wurde die Beweglichkeit in Form des Volumenanteils als konstant angenommen, wobei Dotierungs- und Temperatureinflüsse prinzipiell bekannt sind [2.71]–[2.73]. Im Streumechanismus dominiert dann bei kleiner Feldstärke die akustische Phononenstreuung (bei höherer Dotierung zusätzlich Coulomb-Streuung). Nach größerer Feldstärke hin ($E > 30\,\text{kV/cm}$) wird die mittlere Elektronenenergie mit der Austauschenergie optischer Phononen vergleichbar, und es setzt Geschwindigkeitssättigung ein. Dabei gelangen die Träger in den Bereich der Sättigungsgeschwindigkeit $v_{Sätt} \approx 10^7\,\text{cm/s}$. Im MOSFET wirkt auf die Träger im Inversionskanal außer dem Längsfeld noch das Querfeld (Normal- oder Transversalfeld). Dadurch werden sie zur Oberfläche hin beschleunigt (Bild 2.33): es entsteht zusätzlich *Oberflächenstreuung* und die Beweglichkeit sinkt. Man erfaßt diesen Einfluß durch eine *effektive Beweglichkeit* μ_{eff}. Hängt $\mu_n(x, y)$ über die Trägerdichte $n(x, y)$ von der Lage im Kanal ab, so

2.3 Verbesserte Modellierung 81

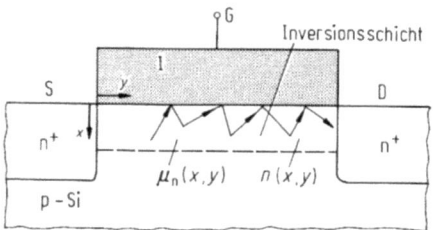

Bild 2.33. Oberflächenstreuung an der Si–SiO$_2$-Grenzfläche

wird die effektive Beweglichkeit als Mittelwert mit der Trägerdichte resp. Flächenladung vereinbart:

$$\mu_{eff} = \frac{\int_0^{x_i(y)} \mu_n(x,y) n(x,y) dx}{\int_0^{x_i(y)} n(x,y) ds} = \frac{-q}{Q_I''(y)} \cdot \int_0^{x_i(y)} \mu_n(x,y) n(x,y) dx \qquad (2.3.36a)$$

$$\mu_{eff} = \frac{\int_{U_{SB}}^{U_{DB}} \mu_n(U)(-Q_I'') dU}{\int_{U_{SB}}^{U_{DB}} (-Q_I'') dU}. \qquad (2.3.36b)$$

Am stärksten geht in μ_{eff} das Querfeld ein: Mit steigender Gatespannung wächst die Inversion, die Träger rücken näher an die Oberfläche und sind dort dem Querfeld intensiver ausgesetzt: die Oberflächenstreuung wächst und μ_{eff} sinkt.

Für die Drainstromberechnung (s. Gl. (2.2.2)) bringt die eingeführte effektive Beweglichkeit zunächst keine Änderung (soweit sie den Driftstrom betrifft!), denn wegen

$$I_D \sim \mu_{eff} \int Q_I'' dU \equiv \int \mu_n Q_I'' dU,$$

berücksichtigt sie genau den lokalen Beweglichkeitseinfluß rechts!

Die Beweglichkeitsmodellierung erfolgt hauptsächlich durch

a) Modelle, basierend auf dem Feld-Diffusionstransportvorgang,

b) semiempirische Modelle aufgrund von Meßergebnissen oder Modelle gemäß a) unter Benutzung von "Anpaßfaktoren". Dieser Weg wird häufig beschritten, weil Modelle der Gruppe a) die gemessenen Sachverhalte nicht genügend genau erklären können,

c) strengere, quantenmechanisch basierte Modelle.

In allen Fällen hat das Normalfeld E_x den stärksten Einfluß auf den Inversionskanal. Ein sehr verbreiteter Ansatz ist [2.74]–[2.79]

$$\mu_{eff} = \frac{\mu_{max}}{1 + \Theta(\bar{E}_x - E_0)} \equiv \frac{\mu_0}{1 + \Theta^* \bar{E}_x} \qquad (2.3.37a)$$

82   2 Der MOS-Transistor als Funktionselement

(E_0 kleinster Feldwert, bei dem die maximale Beweglichkeit gemessen wird). Mit dem (mittleren) Normalfeld $\bar{E}_x$: $\bar{E}_x \approx C_i''/\varepsilon_S[U_{GS} - U_{TH} - U_{DS}/2]$ findet man den Ansatz auch in der Form [2.34], [2.80], [2.81]

$$\mu_{eff} = \frac{\mu_0}{1 + \Theta(U_{GS} - U_{TH})} \tag{2.3.37b}$$

(Θ abhängig von Oxiddicke und Kristalleigenschaften). Er kann einfach erklärt werden. Die reziproke Gesamtbeweglichkeit μ^{*+} stetzt sich aus Volumen- und Oberflächenanteil zusammen

$$\frac{1}{\mu^*} = \frac{1}{\mu_{Vol}} + \frac{1}{\mu_{OF}} \rightarrow \mu^* = \frac{\mu_{Vol}}{1 + \mu_{Vol}/\mu_{OF}}.$$

Mit $\mu_{OF} \sim 1/\bar{E}_x$ folgt daraus Gl. (2.3.37).

Die in Gl. (2.3.37) auftretende mittlere Querfeldstärke $\bar{E}_x$

$$\bar{E}_x = \frac{E_{xS} + E_{xB}}{2} = -\frac{Q_I'' + 2Q_B''}{2\varepsilon_S} \tag{2.3.38}$$

hängt durch ihre beiden Komponenten

$$E_{xS} = -\frac{Q_I'' + Q_B''}{\varepsilon_S}, \quad E_{xB} = -\frac{Q_B''}{\varepsilon_S} \tag{2.3.39}$$

sowohl direkt von Feldlinien an der Oberfläche (E_{xS}) als auch aus dem Volumen (E_{xB}) ab [2.80]. Sie läßt sich als Mittelwert der Feldstärke verstehen, die von beiden Seiten auf die Träger wirkt

$$\bar{E}_x = \int_0^\infty n(x)E(x)dx \Big/ \int_0^\infty n(x)dx$$

$$= \left[-\frac{Q_B''}{\varepsilon_S} \int_0^\infty qn(x')dx' + \frac{q^2}{\varepsilon_S} \int_x^\infty n(x')\left(\int_x^\infty n(\alpha)d\alpha \right)dx' \right] \Big/ (-Q_I'')$$

$$= \left[\frac{Q_B'' Q_I''}{\varepsilon_S} - \frac{1}{\varepsilon_S} \int_0^\infty \left(\frac{dQ_I''(x)}{dx} \right) \cdot Q_I''(x)dx \right] \Big/ (-Q_I'')$$

$$= -\frac{Q_B''}{\varepsilon_S} - \frac{Q_I''}{2\varepsilon_S} \quad \left(Q_I'' = -q \int_x^\infty n(x')dx' \right).$$

Man erhält dann schließlich

$$\boxed{\mu^*(E) = \frac{\mu_0}{1 - \Theta^*/2\varepsilon_S|Q_I'' + 2Q_B''|} = \mu(U).} \tag{2.3.40}$$

Vorteilhaft ist an dieser Darstellung, daß die Ladungsverhältnisse an der Si/SiO$_2$-Grenzfläche direkt eingehen, was eine universellen Kurvendarstellung

2.3 Verbesserte Modellierung

erlaubt [2.80]. Probleme bereitet degegen die Nennerauswertung bei Bildung der effektiven Beweglichkeit nach Gl. (2.3.36). Vorteilhafter wird deshalb der Drainstromansatz Gl. (2.2.2b). $I_D = -\mu(U)bQ_I''(U)dU/dy$ verwendet. Beiderseitige Integration mit Gl. (2.3.40) über die Kanallänge ergibt

$$\mu_{eff} = \frac{\mu_0 L}{\int_0^L \left(1 - \frac{\Theta^*}{2\varepsilon_S}(Q_I'' + 2Q_B'')\right)dy}. \qquad (2.3.41)$$

Die Abhängigkeiten $Q_I''(U[y])$, $Q_B''(U[y])$ machen die Integration schwierig, durch Linearisierung folgt schließlich [2.82]

$$\mu_{eff} = \frac{\mu_0}{1 + \frac{Q^*}{2\varepsilon_S}F_\mu}. \qquad (2.3.42)$$

Die Funktion F_μ läßt sich mit den Ansätzen für Q_I'' und Q_B'' z.B. für starke Inversion bestimmen, man erhält:

$$F_\mu = (U_{GS} - U_{FB} - 2\Phi_F) - \frac{U_{DS}}{2} + \frac{2}{3}\gamma\frac{\{(2\Phi_F + U_{SB} + U_{DS})^{3/2} - (2\Phi_F + U_{SB})^{3/2}\}}{U_{DS}}$$

(2.3.43a)

bzw. mit Gln. (2.3.16), (2.3.18) näherungsweise

$$F_\mu \approx U_{GS} - U_{TH} + 2\gamma\sqrt{2\Phi_F + U_{SB}} - 1/2(1-\delta)U_{DS}. \qquad (2.3.43b)$$

Die effektive Beweglichkeit nach Gl. (2.3.42) hängt über die totale Querfeldstärke E_X vom Gate- und Verarmungsfeld ab und so von allen Betriebsspannungen. Gl. (2.3.43a) ist deshalb Ausgang für eine Reihe weiterer Vereinfachungen [2.40], [2.42], häufig geschrieben in der für CAD-Modelle verbreitet verwendeten Form

$$\mu_{eff}^* \approx \frac{\mu_0}{1 + \Theta_G(U_{GS} - U_{TH}) + \Theta_S U_{SB}}. \qquad (2.3.44)$$

Für die Niederfeldbeweglichkeit μ_0 und die Spannungsdegradations-Faktoren Θ_G, Θ_S der Gate- und Substratspannung gibt es verschiedene empirisch bestimmte Werte, so z.B. für die Niederfeldbeweglichkeit $\mu_0 \approx 500 \cdots 600\,cm^2/Vs$ (n-Kanaltransistoren). Der Faktor Θ_G liegt bei $0,01 \cdots 0,8\,V^{-1}$ [2.53], [2.33]. Messungen zeigten, daß die effektive Feldstärke E_X für n-Kanal-MOSFETs durch Gl. (2.3.38) ganz befriedigend wiedergegeben wird, nicht aber für p-Kanal-Elemente. Dort ist statt des Anteiles $Q_I/2$ besser $(0,25 \cdots 0,3)Q_I$ zu setzen [2.145]. Zur Vereinfachung der Auswertung kann die effektive Feldstärke $\bar{E}_X$

Gl. (2.3.38) auch in der Form

$$\bar{E}_x \approx \frac{U_{GS} - U_{TH}}{6d_i} + \frac{U_{TH} + U_A}{3d_i}$$

angegeben werden [2.144]. Dabei stellt sich die Feldstärke bei kleiner Differenz $U_{GS} - U_{TH}$ (wegen $Q_I \sim (U_{GS} - U_{TH})$, die dieser Näherung als Annahme unterliegt) zwar als zu groß ein, doch ist der Fehler gering. Die Korrekturspannung U_A liegt in der Größenordnung von $0{,}5 \cdots 1$ V.

Beweglichkeitsmodelle für den Kurzkanalfall werden im Abschn. 2.4.5 behandelt.

Abweichungen vom Modell Gl. (2.3.38ff) treten bei Submikrometertransistoren mit sehr dünnem Gate durch die stärke werdende Oberflächenrauhigkeitsstreuung auf. Dann geht die Inversionskanaldicke mit ein [2.83], [2.84], was in Nenner (2.3.44) einen weiteren Term $\Theta_D U_{GS}^2$ nach sich zieht [2.141].

Elektrisch bestimmt die Beweglichkeitsabnahme vor allem das Transferkennlinienfeld $I_G = f(U_{GS})$ (Bild 2.34) bei kleiner Drainspannung als Abweichung von der Geraden oder später als Degradation der Steilheit g_m (s. Abschn. 3.1.2.1).

Transversalfeld. Geschwindigkeitssättigung. Außer dem Normalfeld E_X reduziert auch ein hohes Längsfeld E_y die Beweglichkeit, vor allem durch die sog. *Geschwindigkeitssättigung* in der v-E-Charakteristik (Bild 2.35), oft sogar stärker als durch E_X.

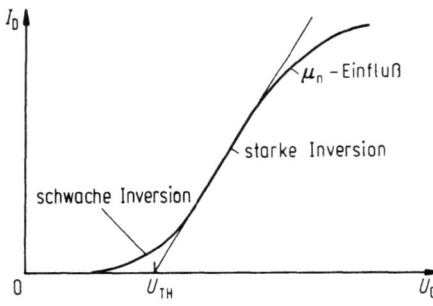

Bild 2.34. Transferkennlinie $I_D(U_{GS})$ (starke Inversion) bei kleiner Drainspannung ---- ideal, ——— μ_n-Einfluß

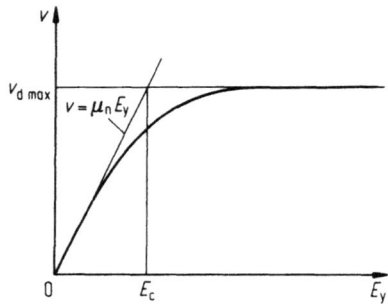

Bild 2.35. Geschwindigkeits-Tangentialfeldstärke-Kennlinie $v(E_y)$

2.3 Verbesserte Modellierung

Der einfachste Ansatz für die Geschwindigkeitssättigung ist dabei die stückweise Geradennäherung [2.71], [2.85]–[2.87]:

$|v_d| = \mu_n |E_y|$ $|E_y| \ll E_c$

$|v_d| \approx v_{dmax}$ $|E_y| \gg E_c$

wobei die Übergangsfeldstärke $E_c = v_{dmax}/\mu_n$ üblicherweise aus Modellmessungen (als sog. Fitting-Parameter) bestimmt wird (Werte s. Tafel 2.4).

Analytisch besser sind kontinuierliche v-E-Näherungen, von denen vor allem die Formen [2.85], [2.86], [2.88]

$$|v_d| = v_{dmax} \frac{|E_y|}{E_c + |E_y|} \quad \text{resp.} \quad v = \frac{\mu_{eff}|E_y|}{1 + |E_y|/E_c} \quad (2.3.45a)$$

(ursprünglich für Löcher begründet) oder besser (für Elektronen) [2.89]

$$|v_d| = \frac{v_{dmax}}{[1 + (|E_y|/E_c)^\alpha]^{1/\alpha}} \quad (2.3.45b)$$

mit $\alpha \approx 1 \cdots 8$ verwendet werden. Dabei ist $\alpha = 2$ ein guter Ansatz für Elektronen. Die Übergangsfeldstärke E_c liegt in der Größenordnung von $10 \cdots 15\,kV/cm$ bei Elektronen.

Die CAD-Modelle verwenden Gl. (2.3.45a) nicht zuletzt wegen des bequemen Einbezugs der Geschwindigkeitssättigung in die Drainstromgleichung. Da die Kanalfeldstärke $E_y = dU(y)/dy = dU_{CB}(y)/dy$ durch die Änderung der Kanal-Substratspannung U_{CB} längs des Kanales gegeben ist, hängt die Driftgeschwindigkeit $v_d(y)$ vom Kanalort y ab, und es gilt für den Drainstrom (s. Gl. (2.2.2c)) $I_D = -b(Q_I'')v_d(y)$ bzw. mit Gl. (2.3.45a)

$$I_D\left(1 + \frac{dU_{CB}}{E_c dy}\right) = \mu_n b(-Q_I'')\frac{dU_{CB}}{dy}.$$

Die Integration längs des Kanals (y = 0: $U_{CB}(0) = U_{SB}$, y = L → $U_{CB}(L) = U_{DB}$)

Tafel 2.4. Typische Beweglichkeitsparameter für Elektronen und Löcher

	Elektronen Oberfläche	Volumen	Löcher Oberfläche	Volumen
Beweglichkeit cm²/Vs	670	1100...1300	160	500...600
Grenzfeldstärke E_c V/μm	0,65...2,5	10...15	2...10	5...15
α	1...8	d = 2 guter Ansatz	1...3	1
Θ (2,5 μm Prozeß)	0,25 V⁻¹		0,25 V⁻¹	

86   2 Der MOS-Transistor als Funktionselement

führt mit $U_{DS} = U_{DB} - U_{SB}$ auf

$$I_D = \frac{\mu_n}{1 + \dfrac{U_{DS}}{LE_c}} \cdot \frac{b}{L} \int_{U_{SB}}^{U_{DB}} (-Q_I'') dU_{CB} \qquad (2.3.46)$$

bzw. durch Vergleich mit Gl. (2.2.8ff.) [2.34], [2.86], [2.90]–[2.93]

$$\left. I_D \right|_{\substack{\text{mit} \\ \text{v-Sättigung}}} = \frac{I_{D/\mu = \text{const.}}}{1 + \dfrac{U_{DS}}{LE_c}}. \qquad (2.3.47)$$

Damit ergibt sich der Drainstrom mit v-Sättigung aus der "idealen" Drainstromkennlinie Gl. (2.2.2c), wenn die Niederfeldbeweglichkeit μ_n durch

$$\mu_{\text{eff}} = \frac{\mu_n}{1 + \dfrac{U_{DS}}{LE_c}} \qquad (2.3.48)$$

ersetzt wird (oder bei unveränderter Beweglichkeit die Kanallänge L um das Stück U_{DS}/E_c vergrößert erscheint).

Die Geschwindigkeitssättigung beeinflußt auch die Abschnürspannung U_{DSP} und Kennlinienform. Die *Abschnürspannung* U_{DSP} ergab sich aus der Forderung

$$0 = \frac{dI_D}{dU_{DS}} = \left.\frac{dI_D}{dU_{DS}}\right|_{\mu = \text{const.}} \cdot \left(1 + \frac{U_{DS}}{LE_c}\right) - \frac{I_{D/\mu = \text{const.}}}{LE_c} \qquad (2.3.49)$$

mit Gl. (2.3.47) für den rechten Teil. Bei Verwendung von $I_{D/\mu}$ und $dI_D/dU_{DS}|_\mu$ wird daraus [2.90]

$$U_{DSP} = LE_c \cdot \left\{ \sqrt{1 + \frac{2(U_{GS} - U_{TH})}{LE_c}} - 1 \right\} \qquad (2.3.50)$$

mit der bisherigen Lösung $U_{DSP} = U_{GS} - U_{TH}$ für kleine Drainspannung $U_{DS} \ll LE_C$. Damit sinkt die Sättigungsspannung durch Geschwindigkeitssättigung.

In der *Kennlinie* linearisiert sich der Zusammenhang $I_D = f$ (Steuergröße) durch Geschwindigkeitssättigung [2.94]. Bewegen sich nämlich Elektronen im Kanal mit der Sättigungsgeschwindigkeit v_{dmax}, so gilt mit Gl. (2.2.2c)

$$I_D = b(-Q_I'') \cdot v_{dmax}. \qquad (2.3.51)$$

Bei starker Inversion ist $Q_I'' \sim (U_{GS} - U_{TH})$ unabhängig von U_{DS}, so daß daraus $I_D \sim (U_{GS} - U_{TH}) \cdot v_{dmax}$ unabhängig von U_{DS} folgt und damit ein linearer $I_D - U_{GS}$-Zusammenhang (anstelle des sonst quadratischen im Sättigungsbereiches, s. Gl. (2.3.14)) entsteht. Schließlich ergibt sich wegen $Q_I'' = C_i''(U_{GS} - U_{TH})$, daß bei ausgeprägter Geschwindigkeitssättigung nach Gl. (2.3.51) die Kanallänge keinen Einfluß mehr auf den Drainstrom hat.

2.3 Verbesserte Modellierung   87

Ergänzend sei noch auf folgende Drainstrombesonderheit bei Geschwindigkeitssättigung verwiesen: Die Sättigungsgeschwindigkeiten von Löchern und Elektronen stimmen etwa überein [2.95] und n- und p-Kanaltransistoren führen in diesem Betriebsregime etwa gleiche Ströme. Im Niederfeldbereich gilt das wegen $\mu_n \approx 3\mu_p$ (Si) – zumindest für die Volumenbeweglichkeiten und damit Drainströme nicht.

Allgemeines Beweglichkeitsmodell. Im allgemeinen Betrieb wirken Normal- und Transversalfeld gleichzeitig, und es ist nach (2.3.44), (2.3.48) als *effektive Beweglichkeit*

$$\mu_{eff} = \frac{\mu_0}{1 + \Theta_G(U_{GS} - U_{TH}) + \Theta_B U_{SB}} \cdot \frac{1}{(1 + U_{DS}/LE_c)} \qquad (2.3.52)$$

einzuführen. Auch viele andere Formen werden für Langkanaltransistoren vorgeschlagen [2.14], [2.37], [2.55], [2.94], [2.96]–[2.98], z.T. auch mit Dotierungseinfluß [2.99].

Für CAD-Modelle gut geeignet ist die Darstellung [2.67], [2.97]

$$I_D = \beta F_G F_V F_Q U_{DS}. \qquad (2.3.53)$$

Die Einflußfaktoren F enthalten dabei die Oberflächenbeweglichkeit (F_G), das Längsfeld (F_V)

$$F_G = \frac{1}{1 + \Theta(U_{GS} - U_{TH})}, \qquad F_V = \frac{1}{1 + \dfrac{\mu_0 F_G U_{DS}}{v_{dmax} L}}$$

sowie die mittlere Flächenladungsdichte $F_Q = U_{GS} - U_{TH} - U_{DS}/2\,(1 + F_B)$ mit dem Substratfaktor

$$F_B = \frac{1}{4\sqrt{\psi_S - U_{BS}}}.$$

Bei schwachem Normal- und Transversalfeld kann man aus Gl. (2.3.52) die Näherung [2.37]

$$\mu_{eff} = \frac{\mu_0}{1 + \Theta_G(U_{GS} - U_{TH}) + \Theta_B U_{SB} + \Theta_C dU/dy} \qquad (2.3.54)$$

mit $\Theta_C dU/dy \approx U_{DS}/LE_c$ rechtfertigen. Sie erlaubt z.B. auch den Sourcewiderstand R_S in gleicher Weise einzubeziehen.

2.3.2.2 Kanallängenmodulation. Sättigungsverhalten

Die bisherige Annahme eines konstanten Drainstromes I_D auch jenseits des Abschnürpunktes (für $U_{DS} > U_{DSP}$) gilt am Realtransistor nicht, dort steigt vielmehr I_D mit U_{DS} weiter (schwach) an (Bild 2.36). Ursache dafür ist die Verletzung der "gradual-channel-approximation" (GCA) $|E_y| \ll |E_x|$ (s. Gl.

88 2 Der MOS-Transistor als Funktionselement

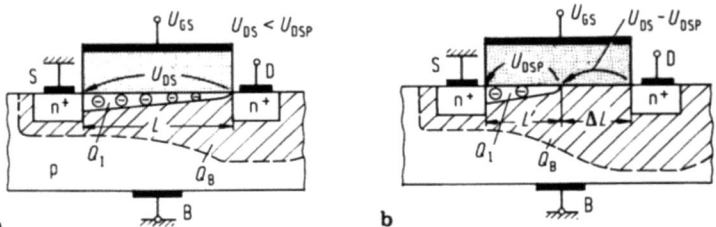

Bild 2.36a, b. Kanallängenmodulation. Beginn der Drainstromsättigung mit wachsender Drainspannung. **a** im Moment der Kanalabschnürung ($U_{DS} = U_{DSP}$), **b** oberhalb des Abschnürbereiches. Es setzt eine Verkürzung des Inversionskanals ein. Im Gebiet ΔL ist die Gradual-Kanalnäherung verletzt

(2.2.1)ff.), weil sich der Kanalabschnürpunkt (Gatefeldstärke E_x verschwindet, Kanalfeld E_y nicht) zum Sourcebereich verschiebt und so zum Drainbereich hin eine *Verarmungszone* an den Kanal anschließt [2.100]. Dann wird bei Stromsättigung

– die effektiv wirksame (sog. elektronische) Länge $L' = L - \Delta L(U_{DS})$ des Inversionskanals *kleiner* als die geometrische Länge L (der Restbereich L ist Verarmungszone) und
– das Feld in Umgebung Drain–Kanal–Substrat deutlich *zweidimensional* (Bild 2.37).

Weil die Breite der Verarmungszone und damit auch die elektronische Kanallänge stark von der Drainspannung abhängt, spricht man von *Kanallängenmodulation* $\Delta L(U_{DS})$, bisweilen auch vom *Early-Effekt* des MOSFET. Wegen der komplizierten Feldverhältnisse ist im Verlaufe der Zeit zur Beschreibung der Kanallängenmodulation $\Delta L(U_{DS})$ eine ganze Modellhierarchie entstande, die sich grob wie folgt einteilen läßt:

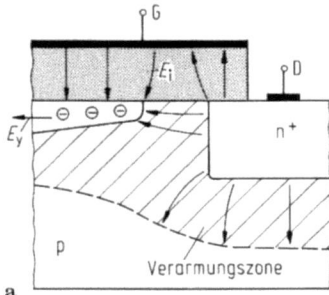 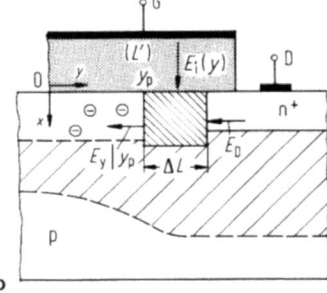

Bild 2.37a, b. Abschnürbereich ($U_{DS} > U_{DSP}$). **a** Feldkomponenten, die im Abschnürbereich auftreten, **b** schematisierte Anordnung zur Modellierung des Bereiches

2.3 Verbesserte Modellierung

a) Analytische, eindimensionale und sog. **pseudo-zweidimensionale Modelle** mit der erwähnten *Kanalunterteilung* in einen Bereich L' mit gültiger Gradualchannel-approximation (in dem zugleich auch das Flächenladungsmodell gilt) und einen anschließenden Drainbereich $\Delta L = L - L'$ mit 2d-Feldverteilung (sog. 2-Abschnittsmodell), in dem die GCA nicht gilt. Im *Abschnürpunkt* (gleichbedeutend mit dem Kanalende) werden beide Gebiete über Stetigkeitsbedingungen für Potential und Feldstärke miteinander verknüpft [2.101].

Nach diesem Modell teilt sich die Drainspannung U_{DS} im Sättigungsbereich auf in (Bild 2.36)

– eine *Abschnürspannung* U_{DSP} (Gl. (2.3.12)), die über der Kanallänge L' abfällt und
– eine *Überschußspannung* $U_{DS} - U_{DSP}$ über der vor dem Drain liegenden Verarmungszone $\Delta L = f(U_{DS} - U_{DSP})$ mit $L = L' + \Delta L$. Mit wachsender Spannung $U_{DS} - U_{DSP}$ steigt dann ΔL, nimmt also L' ab und damit der Strom zu. Aus der Stromkontinuität folgt im Sättigungsbereich

$$L' I_{DS\ddot{a}tt}(U_{DS}, L') = L I_D(U_{DSP}, U_{GS}, U_{BS})|_{U_{DS} = U_{DSP}} \quad (2.3.55a)$$

$$\boxed{\text{resp. } I_{DS\ddot{a}tt} = I_D \frac{L}{L'} = \frac{I_D L}{L - \Delta L}} \quad (2.3.55b)$$

mit der *effektiven Kanallänge*

$$\boxed{L' = f(U_{DS}, U_{DSP}); \quad \Delta L = L - L'.} \quad (2.3.55c)$$

Dabei ist I_D ein bisheriges Strommodell an der Sättigungsgrenze $U_{DS} = U_{DSP}$. Aus den beiden Gleichungen (2.3.55a, c) können die Unbekannten U_{DSP} und ΔL bestimmt werden (Bild 2.37).

Für die Abschnürbedingung (Bestimmung von U_{DSP}) sind stufenweise verbesserte Ansätze möglich:
1. Einbezug nur des vertikalen Feldes bei verschwindender Gatefeldstärke E_x, d.h. $E_x(x = 0, y = y_p) = 0$ resp. $Q_I''(L') = 0$, was auf $U_{DSP} = U_{DS}'$ Gl. (2.3.12) führt bei völlig offener Feldstärke E_y.
2. Berücksichtigung des vertikalen und lateralen Feldes entweder in einer Bedingung zwischen E_x und E_y oder besser zwischen $\partial E_x/\partial x$ und $\partial E_y/\partial y$, was einen Bezug zur Gradual-Näherung erlaubt [2.108], [2.116], [2.150]. Aus einem solchen Ansatz geht dann

$$\left.\frac{\partial \psi_s}{\partial y}\right|_{L'} = E_y|_{y_p}$$

in einer impliziten Form

$$F(L', U_{DSP}, E_y|_{y_p}, I_{DS\ddot{a}tt}) = 0$$

hervor (s.u.).

Die Länge ΔL wird über die Poissonsche Gleichung in der drainseitigen Verarmungszone ermittelt, entweder

– *eindimensional* unter der Annahme, daß laterale Feldänderung dE_y/dy konstant ist. Deshalb heißt

diese Gruppe oft "constant-field gradient models"; diese einfache Analyseform gilt z.B. nicht für VLSI-Transistoren mit sehr kurzem Kanal,
- oder *pseudo-zweidimensional*. Dabei wird die drainseitige Verarmungszone mit der eingeschlossenen Ladung (ruhende und bewegte) nach dem Gaußschen Satz mit einer (meist quaderförmigen) Hüllfläche umgeben, das Gaußsche Gesetz auf die Oberfläche stückweise angewendet und einige Teile durch einfache (oft numerisch 2d-gestützte) Modelle so angenähert, daß Potentialverlauf $\psi(y)$ und Feld E_y durch Lösung einer 1d-Differentialgleichung gefunden werden können. Randwerte und Kontinuitätsvorschriften zum Kanalbereich hin führen dann auf ΔL. Dieser Weg liefert Modelle, die auch für Kurzkanaltransistoren anwendbar sind.

b) Numerische 2d-Modelle, aus den Halbleitergrundgleichungen für die Konnliniengleichung auch im Sättigungsbereich. Gerade in den letzten Jahren haben diese gewöhnlich als Devicesimulatoren verfügbaren Modelle sehr fundierte Einblicke in das Transistorverhalten gebracht.

c) Approximationsmodelle. Sie bauen auf Erkenntnissen aus numerischen 2d-Modellen und analytischen 1d-Modellen auf und beschreiben das typische Verhalten durch 1d-Modelle unter Benutzung von Fittkonstanten. Dann ist eine relativ einfache Transistormodellierung möglich, was die Modellgruppe b) nicht erlaubt. Beispielsweise lautet die 2d-Poisson-Gleichung im drainnahen Bereich (rechts mit Einfluß der bewegten Ladung)

$$\frac{\partial \psi^2}{\partial x^2} + \frac{\partial \psi^2}{\partial y^2} = \frac{qN_A}{\varepsilon_S} + \frac{I_{DSätt}}{\varepsilon_S v_{dmax} bx(y)}, \qquad (2.3.56)$$

wobei $x(y)$ die Eindringtiefe des Stromfadens $I_{DSätt}$ ist [2.93], [2.34], [2.3], [2.105], [2.103], [2.109], [2.146]. Dieser Ansatz liefert die wichtigsten Modelle für ΔL. Nimmt man z.B. $\psi_S(x, y)$ und $\partial E_x/\partial x$ als gegeben an, so folgt speziell an der Oberfläche $x = 0$ ($\psi(0) = \psi_S$) leicht die Lösung für das Oberflächenpotential ψ_S. Mit den Randwerten $\psi_S(L) - \psi_S(L') = U_{DS} - U_{DSP}$ sowie $\partial \psi_S/\partial y|_{L'} = E_y|_{y_p}$, dem Feldwert E_y am Abschnürende, ergibt sich dann eine implizite Gleichung der Form

$$F(L', U_{DSP}, E_y|_{y_p}, I_{DSätt}) = 0. \qquad (2.3.57)$$

Zusammen mit der Stromgleichung (2.3.55a) und dem Strommodell I_D' stehen dann bei Kenntnis der Vorgabebedingung $E_y|_{L'}$ drei Gleichungen zur Berechnung von L', U_{DSP} und $I_{DSätt}$ zur Verfügung. Grundsätzlich kann auch noch eine Feldstärke E_D im Drain berücksichtigt werden.

Setzt man in Gl. (2.3.56) (bei Vernachlässigung der beweglichen Ladung) – $\partial E_x/\partial x = 0$ bei $x = 0$ an sowie einen abrupten Drainübergang und eine Grenzfeldstärke $E_p = E_y|_{y_p}$, so folgt aus

$$\frac{\partial^2 \psi}{\partial y^2} = \frac{qN_A}{\varepsilon_S}$$

schließlich als Lösung [2.87], [2.101]

$$\Delta L = \sqrt{\frac{2\varepsilon_S}{qN_A}(U_{DS} - U_{DSP}) + \left(\frac{\varepsilon_S E_p}{qN_A}\right)^2} - \frac{\varepsilon_S}{qN_A}E_{p'} \qquad (2.3.58)$$

(womit sich z.B. für $E_p = E_c$ Geschwindigkeitssättigung einbeziehen läßt) und für den Drainstrom

$$I'_D = \mu_n bL'C''_i E_p \left[\sqrt{1 + \left(\frac{U_{GS} - U_{TH}}{L'E_p}\right)^2} - 1 \right] \approx k \frac{(U_{GS} - U_{TH})^2}{1 - \Delta L/L}. \quad (2.3.59)$$

Die Sättigungsfeldstärke E_p liegt in der Größenordnung von $25 \cdots 50\,\text{kV/cm}$. Schwierigkeiten bereitet bei der Verwendung von Gl. (2.3.59) die Tatsache, daß sowohl U_{DSP} als auch E_p iterativ aus dieser Gleichung und einer zweiten (hier nicht angegeben) nichtlinearen Bedingung berechnet werden müssen, was z.B. die Rechenzeit innerhalb eines Schaltungssimulations-Programmes deutlich erhöht. Deshalb wird für U_{DSP} meist der Wert bei $\Delta L \approx 0$ benutzt.

Weitere Vereinfachungen ergeben sich aus Gl. (2.3.58)

– z.B. für vernachlässigbare Feldstärke E_p [2.100], [2.147]–[2.149]

$$\Delta L \approx \sqrt{2\varepsilon_s/qN_A(U_{DS} - U_{DSP})} \quad (2.3.60)$$

– oder noch weiter vereinfacht mit angenommenen linearem Potentialverlauf $\psi_s \sim y$ im Drainbereich zu

$$\Delta L = \frac{U_{DS} - U_{DSP}}{E_T}. \quad (2.3.61a)$$

Die mittlere (konstante) Tangentialfeldstärke $E_T = \bar{E}_y = E_y|_{y_p}$ kann auch als Mittelwert bei veränderlichem Feld betrachtet werden, z.B. mit $E_T = 1/2 E_y|_{max}$ für Gl. (2.3.60), bei einseitig abruptem Übergang. Diese Form wird gern als CAD-Modell verwendet.

Eine gewisse Unzulänglichkeit bleibt in Gl. (2.3.58) dennoch, weil ein an sich zweidimensionaler Vorgang durch ein "1d-Modell" ersetzt wird. Deshalb enthalten Simulator-Modelle oft noch Anpaßfaktoren (z.B. Spice/2G5/). So ergeben z.B. 2d-numerische Analysen, daß das Kanalende am Abschnürpunkt nicht an, sondern etwas unter der Oberfläche liegt. Dadurch ändert sich E_P geringfügig [2.103]–[2.107].

Gegenüber dem bisher verwendeten 1d-Modell läßt ein *pseudo-zweidimensionales* Modell deutliche genauere Modellierung erwarten. Das ist gegenüber einem echten 2d-Modell ein Ansatz bei dem in der Poissonschen Gleichung die bisher vernachlässigte Komponente $\partial E_x/\partial x$ so genähert berücksichtigt wird, daß die Poissonsche Gleichung für $\partial E_y/\partial y$ resp. $\psi(y)$ gelöst werden kann. So läßt sich beispielsweise $\partial E_y/\partial y$ und $\partial E_x/\partial x$ direkt proportional (mit einem Skalierungsfaktor) in Zusammenhang bringen oder in die mittlere Feldstärke E_T (Gl. (2.3.61a)) auch eine x-Komponente (Streufeld, Drain-Gate u.a.) einbeziehen [2.108], [2.93], [2.109], [2.110].

Ein Beispiel dafür ist das folgende: Integriert man die Poisson-Gleichung (2.3.56) zunächst in x-Richtung zwischen der SiO_2-Si-Grenzfläche $x = 0$ und einer Stelle x_i, für die $E_x(x_i) = 0$ gilt (wobei x_i jenseits der Kanaldicke liegen und unabhängig von y sein soll), so folgt:

$$\int_0^{x_i} \frac{\partial E_y}{\partial y} dx = \int_0^{x_i} \frac{dx}{\varepsilon_s} - \int_0^{x_i} \frac{\partial E_x}{\partial x} dx.$$

Die Annahme, daß die Längsfeldänderung $\partial E_y/\partial y$ unabhängig von x sein soll, führt auf

$$\varepsilon_s \frac{\partial^2 \psi}{\partial y^2} x_i = qN_B x_i + \varepsilon_s (E_x(x_i) - E_x(0)) = qN_B x_i - \varepsilon_s E_x(0). \quad (2.3.61b)$$

Die Feldstärke $E_x(0)$ an der Halbleiteroberfläche ist nach numerischen Ergebnissen proportional

2 Der MOS-Transistor als Funktionselement

zum Oxidfeld, so daß gilt

$$-\varepsilon_s \frac{E_x(0)}{x_i} = \frac{\varepsilon_i}{x_i}\left(\frac{U_{GS} - \psi(y)}{d_i}\right). \tag{2.3.62}$$

Dies führt auf eine Pseudo-2d-Differentialgleichung 2. Ordnung für $\psi = \psi_S$. Sie wird durch Hyperbelfunktionen gelöst. Man erhält als Feldstärke am Kanalende (bei zusätzlicher Geschwindigkeitssättigung)

$$E_{ys}^2 = \alpha^2(\psi_S - U_{DSP})^2 + E_C^2 \tag{2.3.63}$$

und so schließlich als Kanalverkürzung

$$\Delta L = \frac{1}{\alpha}\ln\left[\frac{\alpha(U_{GS} - U_{DS}) + E_{ys}(U_{DS})}{E_c}\right]. \tag{2.3.64}$$

Der Parameter α enthält geometrische Größen (Isolatordicke, Draintiefe bzw. Kanaltiefe ($\rightarrow x_i$)), er kann auch als Anpaßparameter verwendet werden. E_c ist die bereits verwendete kritische Feldstärke (der Beweglichkeit), von der an Geschwindigkeitssättigung einsetzt.

Die 2d-Pseudomodellierung wurde in letzter Zeit sehr umfangreich entwickelt, z.B. [2.13], [2.40], [2.42], [2.43], [2.75], [2.96], [2.98], [2.111]–[2.115], vor allem im Kurzkanalbereich, wofür sie sich besonders gut eignet (s. Abschn. 2.4).

An dieser Stelle sei erwähnt, daß die Kanallängenmodulation durchaus nicht allein durch die verbreitete Form Gl. (2.3.55b) beschrieben wird. So führten beispielsweise eine 2d-Potentialverteilung, Beweglichkeitsabnahme und Einfluß beweglicher Träger im Drainbereich auf eine Stromformulierung [2.3], [2.104], [2.116], [2.68], [2.97], [2.41]

$$I_D = I_{DSätt} \exp\frac{L}{\Delta L} \approx \left.\frac{I_{DSätt}}{1 - L/L}\right|_{\Delta L/L \ll 1} \tag{2.3.65}$$

die sich bei größeren $\Delta L/L$-Werten zumindest tendenziell durch das Experiment bestätigen läßt [2.113], [2.13], [2.96], [2.115], [2.70], [2.75], [2.98].

d) Praktische Modelle. Waren die bisherigen Überlegungen darauf gerichtet, die Kanallängenmodulation möglichst „physikalisch" gut zu berücksichtigen (ohne Rücksicht auf ein einfaches Modell), so erfordert die praktische Schaltungsanalyse vorrangig einfache Modelle mit geringerem Rechenaufwand, guter parametererfaßbarkeit und einfacher Netzwerkmodellierung. Dem trägt der Ansatz [2.117]

$$I_D = I'_D\left(1 + \frac{U_{DS} - U_{DSP}}{U_A}\right) \text{ resp. } I'_D \cdot \left(1 + \frac{U_{DS} - U_{DSätt}}{U_A + U_{DSP}}\right) \tag{2.3.66a}$$

mit $U_A = BL\sqrt{N_A}$, $B \approx 0{,}1 \ldots 0{,}5\,\text{V}/\sqrt{\mu m}$ voll Rechnung, wie er auf [2.118] zurückgeht. Er kann aus Gl. (2.3.58), (2.3.59) durch Taylorentwicklung entwickelt werden und ist im Kennlinienfeld gut zu interpretieren (Bild 2.38). Danach geht die sog. *Earlyspannung* U_A durch Extrapolation einer Kennliniengeraden im Sättigungsbereich auf $I_D \rightarrow 0$ als U_{DS}-Achsenabschnitt hervor. Dies gilt für alle I_D-U_{DS}-Kurven mit verschiedener Spannung U_{GS} recht gut.

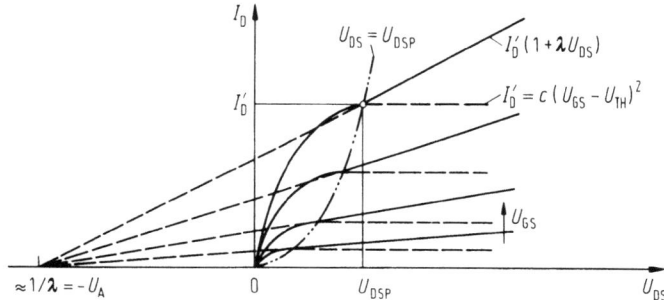

Bild 2.38. Ausgangskennlinienfeld $I_D(U_{DS})$ eines n-Kanal-Anreicherungs-FET mit Kanallängenmodulation (KM: Kanallängenmodulation, $c = C_i'' \mu_n b / 2L$)

Verbreitet – vor allem für Zwecke der Schaltungssimulation (s. Abschn. 3.4.1) – wird Gl. (2.3.66a) auch (in Verbindung mit Gl. (2.3.55b)) in der Form

$$I_D = I_D' \frac{L}{L'} = \frac{I_D'}{1 - \lambda U_{DS}} \approx I_D'(1 + \lambda U_{DS}) \qquad (2.3.66b)$$

mit der effektiven Kanallänge (Gl. (2.3.55c)) $L' = \dfrac{L}{1 + \lambda U_{DS}}$ und dem *Earlyfaktor*

$$\lambda = \Delta L / L U_{DS}$$

verwendet, besonders bei größerer Drainspannung $U_{DS} \gg U_{DSätt}$.

AC-Modelle hingegen erfordern bessere Näherungen (s. Abschn. 3.4.2): dort kommt es z.B. auf die *Stetigkeit* der Ableitung dI_D/dU_{DS} des Kleinsignalausgangsleitwertes im Übergang vom ohmschen zum Sättigungsbereich an, was einige Modelle sicher stellen [2.38], [2.68], [2.146], [2.112], [2.151], [2.105], [2.109], [2.96].

2.3.2.3 Durchbruchsverhalten

In Hochfeldgebieten, wie etwa dem Drainkanal, Drainsubstrat oder Kanal-Gate-Bereich, besteht immer die Gefahr des Durchbruchs. Man spricht dann z.B. vom *Draindurchbruch* (maßgebend für die maximal zulässige Spannung U_{DS}) resp. vom *Gatedurchbruch*, wie er schon durch elektrostatische Gateaufladung bei der Handhabe des MOSFET entstehen kann.

Wenn auch Durchbrüche grundsätzlich zu vermeiden sind, so verursacht auch eine noch nicht zum Durchbruch ausreichende Drainfeldstärke einige Effekte, die das elektrische Verhalten des MOSFET beeinträchtigen:

– *Durchgreif-* oder *Punch-through-Effekt*. Dabei dehnt sich die Drain-Substrat-Sperrschicht bis zum Sourcebereich hin aus, und es steigt – wie beim Drain-

94 2 Der MOS-Transistor als Funktionselement

durchbruch – der Drainstrom stark an, obwohl physikalisch ein völlig anderer Vorgang als beim Draindurchburch abläuft.

– *Heißelektroneneffekte.* Heiße Ladungsträger (Löcher, Elektronen) sind solche, deren mittlere Energie durch Wechselwirkung mit dem elektrischen Feld *nennenswert* über der mittleren Gleichgewichtsenergie 3/2 kT der Umgebung liegt. Heiße Elektronen bedingen verschiedene Effekte (Bild 2.39), insbesondere *Gate-* und *Substratströme* I_G, I_B. Damit werden die bisherigen Annahmen $I_G = 0$, $I_B = 0$ hinfällig. Reicht beispielsweise die Energie der heißen Ladungsträger aus, um die Austrittsarbeits-Barriere Si–SiO₂ im Drainbereich zu überwinden, so treten sie ins Oxid und erzeugen (in Verbindung mit einem Tunnelvorgang) Gatestrom. Werden dabei die injizierten Ladungen teilweise von Trapstellen eingefangen (was die Oxidladung ändert), so ist eine irreversible Schwellspannungsänderung die Folge.

Heiße *Elektronen* sind schließlich auch die Voraussetzung für den *Lawineneffekt* (1), d.h. die Loch-Elektronenpaarbildung vor dem Drainbereich. Die Löcher fließen dabei als Beitrag zum Substratstrom I_B (3) zum Substrat ab. Deshalb ist der Substratstrom ein empfindlicher Indikator für den Lawineneffekt. Bei hochohmigem Substratgebiet steigt dadurch das Substratpotential, und es kann zur *Flußpolung* des Source-Substatüberganges (4) kommen. Dann erfolgt eine *Elektroneninjektion* ins Substrat. Ein Teil von ihnen rekombiniert im Substrat (I_B-Beitrag), ein anderer fließt zufolge des verborgenen *lateralen Bipolartransistors* (5) (Source-Substrat-Drain) unter dem MOSFET zum Drain und unterstützt dort den Lawineneffekt: So liegt ein Rückkopplungsprozeß vor, der besonders typisch für den Kurzkanaltransistor ist (s. Abschn. 2.4). Dort hat der Bipolartransistor durch die kleine Kanallänge eine geringe Basisbreite. Einige heiße Elektronen (2) können auch über die Si–SiO₂-Barriere ins Gateoxid gelangen.

Die einzelnen Vorgängen sollen nun näher betrachtet werden.

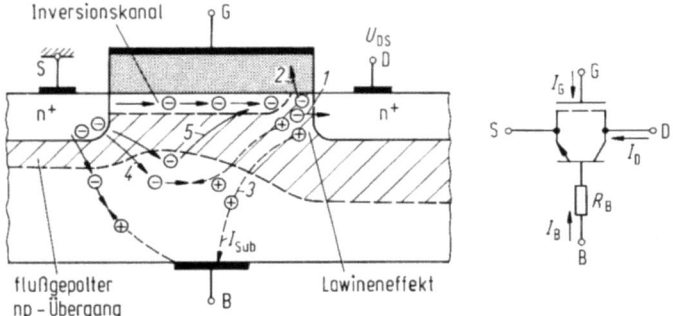

Bild 2.39. n-Kanal-Anreicherungs-MOSFET mit Lawineneffekt im Drainbereich. (1) Lawineneffektbereich, (2) Heißelektroneninjektion im Oxid, (3) Löcherabfluß ins Substrat, (4) Elektroneninjektion ins Substrat und Rekombination, (5) wie (4), jedoch Kollektion im Drainbereich

2.3.2.3.1 Lawinendurchbruch

Hohe Feldstärke vor dem Draingebiet des n-Kanal-MOSFET erhöht die mittlere Energie durchlaufender Elektronen, so daß sich bei ausreichender Energie schließlich Trägervervielfachung einstellt. Von den dabei gebildeten Loch-Elektronenpaaren fließen die Elektronen weiter zum Drain (Drainstromanstieg), während die Löcher als Substratstrom I_B abströmen (s. Bild 2.39). Kann der laterale npn-Substrattransistor (wie beim Langkanaltransistor) noch vernachlässigt werden, so führt eine weitere Erhöhung der Drainspannung U_{DS} schließlich zum *Lawinendurchbruch* bei der *Durchbruchspannung* U_{DSBR} (Bild 2.40), wobei etwa $U_{DSBR} - U_{GS} \approx U_{DGBR} \approx$ const. gilt (zumindest für Metallgate-MOSFETs, während Poly-Si-Gates zu einem weicheren Durchbruchsverhalten neigen (Bild b).

Die genauere Beschreibung des Durchbruchsverhaltens erfordert ein Generationsmodell, die Kenntnis der Feldverteilung im Drainbereich sowie ein Substratstrom-Modell.

Als *Generationsmodell* wird durchweg

$$G_{av} = \frac{1}{q}\{\alpha_n|S_n| + \alpha_p|S_p|\}$$

verwendet mit den stark feldabhängigen Ionsiationskoeffizienten $\alpha_{n/p}$

$$\alpha_{n/p} = A_{n/p} \exp -\left(\frac{E_{kr}}{E}\right)^m. \tag{2.3.67}$$

Für *kleinere Feldstärken* (m = 1) erleiden die Träger wegen ihrer geringen Energie noch kaum Stöße mit optischen Phononen (sog. Lucky-electron-model nach Shockley [2.119]) und die Elektronentemperatur stimmt mit der Gittertemperatur überein [2.152], [2.154]. Die Konstanten betragen $A_n \approx 7{,}0 \cdot 10^5$ cm^{-1},

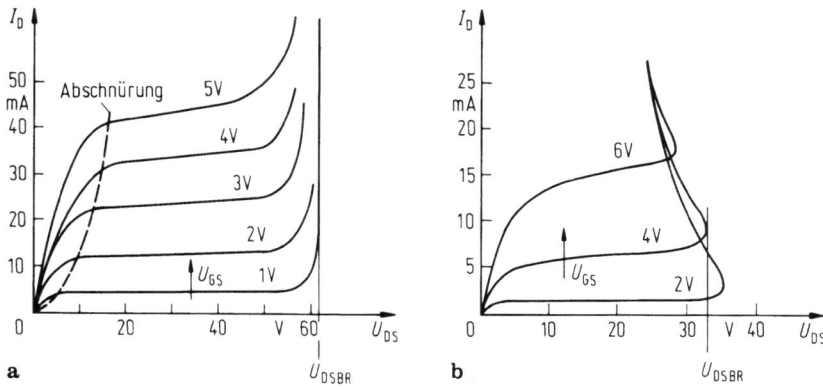

Bild 2.40a, b. Ausgangskennlinienfeld **a** n-Kanal-Anreicherungs-MOSFET mit Draindurchbruch (Metall-Gate), **b** wie a), jedoch Poly-Si-Gate

2 Der MOS-Transistor als Funktionselement

$E_{krn} \approx 1,22 \cdot 10^6 \, \text{Vcm}^{-1}$, $A_p \approx 1,58 \cdot 10^5 \, \text{cm}^{-1}$, $E_{krp} \approx 2,0 \cdot 10^6 \, \text{Vcm}^{-1}$ (sog. Volumenwerte, Werte im Inversionskanal z.T. verschieden). Bei Feldstärken $E > 10^5 \cdots 10^6 \, \text{Vcm}^{-1}$ gilt besser $m \approx 2$, weil jetzt zahlreiche optische Phononenstöße erfolgen und sich das Gitter merklich aufheizt. Generell gilt dabei $\alpha_p < \alpha_n$ als wichtiges Ergebnis für Si [2.155]–[2.157], [2.128]. Obwohl Gl. (2.3.67) konstantes Feld voraussetzt, wird sie ziemlich unkritisch verwendet (eine Neuformulierung für ortsabhängiges Feld [2.120] führt generell auf kleinere Durchbruchspannungen und Substratströme).

Der Drainstrom selbst folgt nach Maßgabe des *Vervielfachungs-* oder *Multiplikationsfaktors* M aus dem originären Sourcestrom I_S:

$$I_D = M_n I_S = I_S + I_B, \tag{2.3.68}$$

wobei M über die (eindimensionalen) Kontinuitätsgleichungen mit α_n, α_p zusammenhängt [2.121], z.B. für Elektronen längs einer Strecke $0 \ldots L$ (sinngemäß für M_p)

$$1 - \frac{1}{M_n} \approx \int_0^L \alpha_n \exp\left(-\int_0^x (\alpha_n - \alpha_p) \, dx'\right) dx. \tag{2.3.69}$$

Für $\alpha_n = \alpha_p$ geht daraus das Generationsmodell Gl. (2.3.67) hervor [2.122], und es gilt für das drainahe Gebiet der Länge L

$$\frac{I_B}{I_D} = 1 - \frac{1}{M_n} \approx \int_{L-\Delta L}^{L} \alpha(E) \, dx \approx \frac{\varepsilon_S}{qbN_B} E_m^2 A_n \exp - \frac{E_{kr}}{E_m}. \tag{2.3.70}$$

Für die maximale Drainfeldstärke E_m (E_{kr}) ist dabei ein typischer Wert des aktuellen Feldverlaufes anzusetzen, wobei die Kanalkomponente E_y entscheidend eingeht [2.123]–[2.129].

Ein erster Ansatz geht von homogen angenommener Ionisierung im Drainbereich aus [2.121] mit der Drainfeldstärke

$$E_y = \frac{U_{DS} - U_{DSP}}{\Delta L} \quad \text{bzw.} \quad E_{ymax} = \sqrt{\frac{2qN_B}{\varepsilon_S}(U_{DS} - U_{DSP})} \tag{2.3.71a, b}$$

(abrupter Drain-Substrat-Übergang). Dazu kommt aus Gl. (2.3.70) der Substratstrom

$$I_B = \alpha \Delta L \tag{2.3.72}$$

für $\alpha = $ const. und ΔL nach Gl. (2.3.60) o.ä... Er durchläuft über U_{GS} ein ausgeprägtes Maximum (Bild 2.41). Einerseits steigt der in den Drainbereich eintretende Elektronenstrom mit U_{GS} ($U_{DS} = $ const.) und der Abschnürspannung U_{DSP}, zum anderen muß die Differenz $U_{DS} - U_{DSP}$ und so das zugehörige Lateralfeld im Drainbereich sinken. Damit wächst I_D bei kleinem U_{GS} und so die Vervielfachung ($I_B \uparrow$), bei großem U_{GS} sinkt I_B durch abnehmende Lawinenvervielfachung. Außer dem Substratstromanteil, der durch Lawinenvervielfachung (wie diskutiert) entsteht, kommt es im Substrat zu einem Generations-

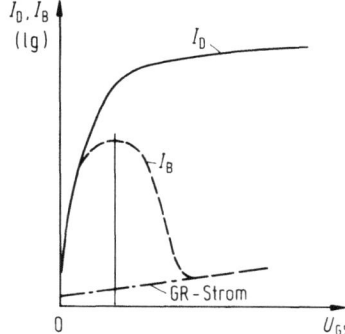

Bild 2.41. Drain- und Substratstrom über der Gatespannung U_{GS} (Langkanaltransistor)

Rekombinationsanteil (GR-Strom), der sehr schwach mit der Gatespannung ansteigt.

Ergebnisse, die besser mit Messungen übereinstimmen, liefert ein Feldansatz [2.125], [2.127], [2.130]

$$E_{ys}(U) = \sqrt{a^2(U_{DS} - U_{DSP})^2 + E_C^2}, \tag{2.3.73}$$

der die feldabhängige Beweglichkeit nach Gl. (2.3.44) berücksichtigt (a kann durch Oxiddicke und Sperrschichttiefe am Drain ausgedrückt werden). Die Vervielfachung selbst findet längs der Strecke $\Delta y = aE_{ys}(U_{DS})$ statt und ergibt einen Substratstrom

$$I_B = aI_D E_{ys}(U_{DS}) \exp - \frac{E_{kr}}{E_{ys}(U_{DS})}. \tag{2.3.74}$$

Aus numerischen Gründen kann es dabei vorteilhaft sein, die e-Funktion in eine Potenzreihe zu entwickeln [2.131].

Im Tendenzverlauf stimmt Gl. (2.3.74) mit dem bereits in Bild 2.41 diskutierten Verhalten überein. Für eine genauere Analyse, vor allem von Kurzkanaltransistoren, ist eine eingehendere Kenntnis der Feldverteilung (2d-Analyse) erforderlich, wie sie von verschiedener Seite in Generationsmodellen berücksichtigt wurde [2.123]–[2.129], [2.157], [2.133].

Im Durchbruch wächst der Drainstrom bei der *Durchbruchspannung* U_{DSBR} über alle Grenzen. Die *Durchbruchspannung* U_{DSBR}-meist gemessen bei einem Vorgabewert von I_D und fester Gatespannung U_{GS} resp. $U_{GS} = 0$ – hängt ab

– vom Durchbruch Drain-Kanalende parallel zur Oberfläche mit überdeckender Gateelektrode und
– dem Drain-Substrat-Durchbruch.

In erster Näherung gilt das Modell des pn-Überganges mit Gateelektrode

2 Der MOS-Transistor als Funktionselement

[2.137]

$$U_{DSBR} \approx \frac{U_{GS}}{1 + \frac{3d_i}{W}} + \frac{WE_C}{1 + \frac{W}{3d_i}} \qquad (2.3.75)$$

(E_C kritische Durchbruchfeldstärke des pn-Überganges, W Sperrschichtbreite) mit zwei Grenzfällen [2.133]:

- *dünnes Gateoxid, schwache Substratdotierung*: $U_{DSBR} \approx 3d_i E_x$. Hier ist U_{DSBR} etwa unabhängig von der Substratdotierung,
- *dickes Gateoxid, Durchbruch parallel zur Oberfläche* mit $U_{DSBR} \approx WE_C$, der jetzt von N_B, aber nicht mehr von d_i abhängig wird.

Generell steigt die Durchbruchspannung im ersten Bereich mit der Oxiddicke an [2.134], [2.135], wobei der d_i-Einfluß zwischen linearer und Wurzelabhängigkeit liegt [2.36]. Bei gesperrt betriebenem Transistor (d.h. $U_{GS} < U_{TH}$) fließt über den Drainübergang nur ein Sperrstrom I_{DO} und die Durchbruchspannung U_{DSBR} ist die eines pn-Überganges mit Gateelektrode, wobei sich Drain- und Gatefeld addieren und die p-Halbleiteroberfläche zur Anreicherung neigt. Dadurch entsteht an der Oberfläche ein p^+n^+-Übergang mit einer entsprechend kleinen Durchbruchspannung U_{DSBR}.

Durchbruchskennlinien zeigen oft eine gewisse *Rückläufigkeit*, den sog. "Snap-back-effect". Sie kann mit dem bisherigen Modell nicht erklärt werden, weil der schon erwähnte npn-Parasitärtransistor im Substrat mitwirkt (s. Abschn. 2.4.2.2.2).

2.3.2.3.2 Gatedurchbruch. Schutzmaßnahmen

Der Durchbruch der Gate-Kanal-Steuerstrecke hängt hauptsächlich von folgenden Effekten ab:

- dem *dielektrischen, materialeigenen Durchbruch* des Isolators, der zeitabhängig sein kann und das Bauelement in jedem Falle zerstört,
- dem Einfluß von Isolatordefekten (defektbedingter dielektrischer Durchbruch). Das sind *lokale* Änderungen der dielektrischen Eigenschaften durch Stapelfehler, Versetzungen, Raumladungszentren, Traps u.a. Gerade dieser Durchbruch ist für das praktische Bauelement von größter Bedeutung. Wenn auch im Betrieb der Durchbruch unter allen Umständen zu vermeiden ist, so treten auch bei kleineren Feldstärken noch sog.
- *Degradationsvorgänge* wichtiger Parameter, wie z.B. der Schwellspannung, Steilheit u.a. auf. Sie sind zwar unerwünscht, oft aber nicht zu verhindern.

Nach außen machen sich die Vorgänge global durch einen *Gatestrom* I_G bemerkbar (s. Abschn. 2.4.2.2.2).

Dielektrischer Durchbruch. Unter idealen Bedingungen ergibt sich die *Gate-Oxid-Durchbruchspannung*, d.h. die zwischen Gate und Kanal auftretende höchste Spannung, direkt aus der *dielektrischen Durchbruchfeldstärke* von $\approx 5 \ldots 10 \cdot 10^6$ V/cm. Sie wird bei einer Gateisolatordicke von einigen 10 nm – wie für VLSI-MOSFETs typisch – bereits bei Spannungen im Volt-Bereich erzielt, wie sie durch statische Gateaufladung leicht entstehen.

Am realen MOSFET liegt die Durchbruchfeldstärke aus verschiedenen Gründen tiefer (s.u.). Eine wichtige applikative Begrenzung setzt auch der *Fowler-Nordheim-Gatestrom* (s. Abschn. 2.4.2.2.2). Als praktische Grenze wird deshalb die maximale Gatespannung zu [2.136]

$$U_{Gmax} \leq \frac{d_i}{2}[E_{Br} - 2E_{FN}]. \qquad (2.3.76)$$

angegeben. E_{FN} ist dabei die Feldstärkeänderung, bei der sich der Fowler-Nordheim-Strom um eine Größenordnung ändert [2.137]. Mit $E_{Br} \approx 10^7$ V/cm und $E_{FN} \approx 10^6$ V/cm sowie $d_i \approx 50$ Å (was durchaus noch möglich ist), ergibt sich damit $U_{Gmax} \leq 2{,}2$ V.

Die Spannung nach Gl. (2.3.76) ist die sog. *Anfangszeit-Durchbruchspannung* (time-zero breakdown voltage), wie sie mit dem Spannungs-Rampentest erhalten wird. Üblicherweise läuft der Durchbruch aber *zeitabhängig* als Zweistufenvorgang ab: zunächst wird in einer ersten Stufe ein lokaler Hochstromdichtebereich aufgebaut. Erst wenn dabei kritische Werte überschritten sind, wird in einer zweiten Stufe durch rückgekoppelte elektrische und/oder thermische Vorgänge der Durchbruch eingeleitet. Deshalb bestimmt insbesondere die Aufbauphase die "Lebensdauer" des Oxids.

Aus physikalischer Sicht wird der Durchbruch-Anfangsprozeß durch mehrere Modelle erklärt, stellvertretend seien genannt:

– Wanderung von *positiven Ionen* (z.B. Na$^+$) unter Feldeinfluß zur Si-Oberfläche (Katode). Sie senken dort die Barrierenhöhe und vergrößern das Feld lokal [2.138]. Auch Löcher, die durch Stoßionisation ins Oxid gelangen, wirken ähnlich.
– *Trap von Elektronen* im Drainbereich vergrößert das Feld und leitet den Durchbruch ein [2.139].
– Während die bisherigen Modelle alle davon ausgehen, daß zum Durchbruch eine bestimmte *Feldstärke* erforderlich ist, postuliert eine andere Vorstellung [2.140] eine bestimmte notwendige Ladung, die durch den Isolator geflossen sein muß. Das Feld ist deshalb nicht kritisch, wird aber zum Eintritt der Träger in den Isolator gebraucht.

2.3.3 Strom-Spannungsverhalten verschiedener MOSFET

Außer dem n-Kanal-Anreicherungstransistor gibt es nach Abschnitt 1.2 noch eine Reihe anderer Transistorarten, von denen der *Verarmungstransistor* wohl der typischste ist. Aus Sicht der komplementären Schaltungstechnik (CMOS-Technik) haben auch p-Kanal-Anreicherungstransistoren in den letzten Jahren stark an Bedeutung gewonnen.

2.3.3.1 p-Kanal-Anreicherungs-MOSFET

Werden anstelle des p-Substrates ein n-Substrat und p^+-Source-Drain-Bereiche verwendet, so entsteht bei Inversion des oberflächennahen Bereiches der p-Kanal-MOSFET oder PMOS-Transistor (Bild 2.42) mit einem Löcher-Kanalstrom. Für den Anreicherungsmodus muß dabei U_{GS} negativ sein und folglich auch U_{DS}. Man erkennt:

a) Bei Beibehaltung der vereinbarten Strom-Spannungs-Richtungen (Bild 2.42, auch Bild 1.3) sind die Zahlenwerte für alle I und U gegenüber dem n-Kanaltransistor im Vorzeichen zu tauschen oder

b) gleichwertig alle vereinbarten Strom-Spannungs-Richtungen zu ändern.

Dann lautet die Kennlinie des p-Kanal-Anreicherungs-(E)-Transistors im Falle a)

$$I_D = -\frac{b}{L}\mu_p C_i'' \left[\left((U_{GS} - U_{TH}^*)U_{DS} - \frac{U_{DS}^2}{2}\right)\right] \qquad (2.3.77)$$
$$(U_{GS} < 0, U_{DS} < 0, U_{TH} < 0)$$

mit der Schwellspannung

$$U_{TH}^* = U_{TH} - \gamma(\sqrt{-U_{SB} - 2\Phi_F} - \sqrt{-2\Phi_F})$$
$$(U_{SB}, \Phi_F < 0), \quad \gamma = \frac{\sqrt{2q\varepsilon_S N_D}}{C_i''}; \quad \Phi_F = -U_T \ln\frac{N_D}{n_i}$$

In Tafel 2.5 und 2.6 wurden die wichtigsten Beziehungen des n- und p-Kanal-

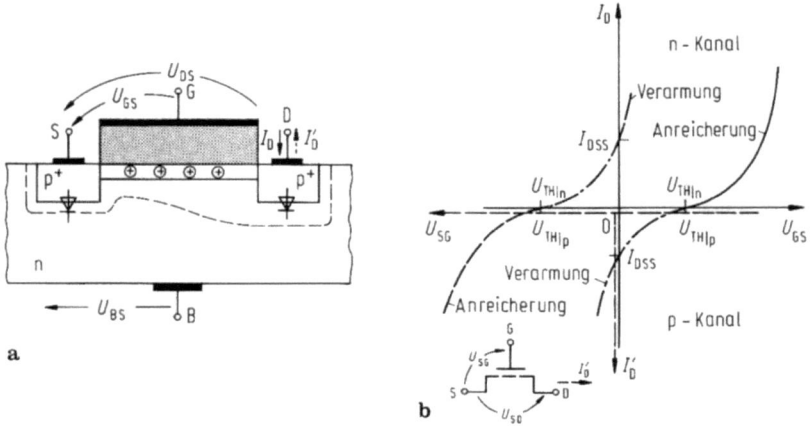

Bild 2.42a, b. p-Kanal-Anreicherungs-MOSFET. **a** Aufbau und Zuordnung der Spannungen und Ströme, **b** Übertragungskennlinien (bei Sättigung) für Anreicherungs- und Verarmungstransistoren

Tafel 2.5. Kennlinien von n- und p-Kanal-Anreicherungs-MOSFET[1]
Entwurfsparameter: b, L
Prozeßparameter: $k = \mu C_i''$, U_{TH}, Substratfaktor γ, Substratdotierung Φ_F, Earlyfaktor λ (k, γ, λ stets positiv)

	n-Kanal (p-Kanal)-MOSFET[1,2,3]
Größe	$U_{DS}, U_{GS}, U_{TH} > U_{BS} < 0 (U_{DS}, U_{GS}, U_{TH} < 0, U_{BS} > 0)$
Substratladung	fest bei Schwellspannung $Q_B'' = (\overset{-}{+})\gamma C_i'' \sqrt{(\overset{+}{-})2\Phi_F(\overset{+}{-})U_{SB}}$ $= -qN_A w_{Smax}(= +qN_D w_{Smax})$
Drainstrom (aktiver Bereich)	$I_D = (\overset{+}{-})\beta_{n/p}[(U_{GS} - U_{TH})U_{DS} - U_{DS}^2/2]$
Abschnürspannung ($dI_D/dU_{DS}=0$)	$U_{DS} \equiv U_{DSP} = U_{GS} - U_{TH}$
Drainstrom (Abschnürung)	$I_D = (\overset{+}{-})\beta_{n/p}(U_{GS} - U_{TH})^2 \cdot (1(\overset{+}{-})\lambda U_{DS})$
Schwellspannung	$U_{TH} = U_{FB} + 2\Phi_F - Q_B/C_i$ $U_{TH}^* = U_{FB} + 2\Phi_F(\overset{+}{-})\gamma\sqrt{(\overset{+}{-})2\Phi_F(\overset{+}{-})U_{SB}} - \sqrt{(\overset{+}{-})2\Phi_F}$ $= U_{TH}(\overset{-}{+})\gamma\sqrt{(\overset{+}{-})2\Phi_F(\overset{+}{-})U_{SB}} - \sqrt{(\overset{+}{-})2\Phi_F}$ $U_{TH} = U_{FB} + 2\Phi_F(\overset{+}{-})\gamma\sqrt{(\overset{+}{-})2\Phi_F}$
Parameter	$\Phi_F = U_T \ln N_A/n_i, (\Phi_F = -U_T \ln N_D/n_i)$ $\gamma = \dfrac{\sqrt{2q\varepsilon_S N_{A/D}}}{C_i''}, \quad \begin{array}{l} k_{n/p} = \mu_{n/p} C_i'' \\ \beta_{n/p} = k_{n/p} b/L \end{array}$
Earlyfaktor	$\lambda \sim 1/L((\overset{+}{-})U_{DG}(\overset{+}{-})U_{TH})^{-1/2} N_{Sub}^{-1/2}$

	n-Kanal (p-Kanal)-MOSFET[1,2,3]
Substratladung	variabel[2] $Q_B'' = (\overset{-}{+})\gamma C_i'' \sqrt{(\overset{+}{-})2\Phi_F(\overset{+}{-})U_{CB}}$
Drainstrom (aktiver Bereich)	$I_D = (\overset{+}{-})\beta_{n/p}[(U_{GS} - U_{FB} - 2\Phi_F)U_{DS} - U_{DS}^2/2$ $\quad -2/3\gamma\{((\overset{-}{+})U_{SB}(\overset{-}{+})2\Phi_F(\overset{-}{+})U_{DS})^{3/2} - ((\overset{-}{+})2\Phi_F(\overset{+}{-})U_{SB})^{3/2}\}]$
Abschnürspannung	$U_{DS}' \equiv U_{DSP} = U_{GS} - 2\Phi_F - U_{FB}(\overset{-}{+})^2/2$ $\qquad (\overset{-}{+})\gamma\sqrt{(\overset{-}{+})U_{GS}(\overset{+}{-})U_{FB}(\overset{-}{+})U_{SB} + \gamma^2/4}$
Drainstrom (Abschnürung)	$I_D(U_{DSP}, U_{GS}, U_{SB})$
Schwellspannung	$U_{TH}(U_{DS}) = U_{FB} + 2\Phi_F + 2/3\gamma U_{DS} - 1[((\overset{-}{+})2\Phi_F(\overset{-}{+})U_{SB}(\overset{+}{-})U_{DS})^{3/2}$ $\qquad -((\overset{+}{-})2\Phi_F(\overset{+}{-})U_{SB})^{3/2}]$ $\approx U_{TH}^*$ für $U_{DS} \ll U_{SB} + 2\Phi_F \quad (|U_{DS}| \ll |2\Phi_F| + |U_{SB}|)$

Betriebsbereiche	n-Kanal	p-Kanal
Sperrbereich	$U_{GS} < U_{TH}, U_{DS} \geqq 0$	$U_{GS} > U_{TH}, U_{DS} \leqq 0$
Linearbereich	$U_{GS} \geqq U_{TH}, 0 \leqq U_{DS} < (U_{GS} - U_{TH})$	$U_{GS} \leqq U_{TH}, 0 > U_{DS} > U_{GS} - U_{TH}$
Sättigung	$U_{GS}, U_{DS} > U_{GS} - U_{TH}$	$U_{GS}, U_{DS} < U_{GS} - U_{TH}$

[1] Stromspannungsrichtungen nach Bild 2.21.
[2] Spannung U_{CB} zwischen Kanalpunkt y und Substratanschluß B.
[3] n-Kanaltransistor: $\Phi_F = U_T \ln N_A/n_i$, p-Kanaltransistor $\Phi_F = -U_T \ln N_D/n_i$.
[4] Für starke Inversion ist $2\Phi_F$ genauer durch $2\Phi_F^*$ Gl. (2.1.66) zu ersetzen.

Tafel 2.6. Kennlinie von n- und p-Kanal-Anreicherungs-MOSFET (sonstige Größen wie Tafel 2.5)

Größe	n-Kanal- (p-Kanal-)MOSFET
Substratladung	linarisierter Ansatz $Q_B'' = (\overset{-}{+})\gamma\sqrt{(\overset{+}{-})2\Phi_F(\overset{+}{-})U_{SB}}(\overset{+}{-})\delta(U_{CB}-U_{SB})$ $\delta = \gamma/2\sqrt{(\overset{+}{-})2\Phi_F(\overset{+}{-})U_{SB}}$
Drainstrom (aktiver Bereich)	$I_D = (\overset{+}{-})\beta_{n/p}[(U_{GS}-U_{TH})U_{DS}-1/2U_{DS}^2(1+\delta)]$
Abschnürspannung ($dI_D/dU_{DS} = 0$)	$U_{DS}' = U_{DSP} = U_{GS}-U_{TH}/(1+\delta)$
Drainstrom (Abschnürung)	$I_D' = (\overset{+}{-})\beta_{n/p}(U_{GS}-U_{TH})^2/(1+\delta)$
allgemein	$I_D = I_D'(1-\eta^2), \eta = \begin{cases} 1-U_{DS}/U_{DSP} & U_{DS} \leq U_{DSP} \text{ aktiver Bereich} \\ 0 & U_{DS} > U_{DSP} \text{ Abschnürung} \end{cases}$

Anreicherungs-MOSFET mit den bisherigen Substratladungsansätzen vergleichend gegenübergestellt.

Einige typische Unterschiede zum n-Kanal-MOSFET sind erwähnenswert:
– Die Löcherbeweglichkeit μ_p (Volumenwert) ist um einen Faktor 2...4 kleiner als μ_n. Sie verschlechtert die dynamischen Eigenschaften und bedingt einen Geometrieunterschied bei CMOS-Schaltungen. Umgekehrt führt gleiche Geometrie zu 2-...4mal kleinerer Steilheit beim p-MOSFET.
– Das umgekehrte Vorzeichen der Schwellspannungen
– die veränderten Austrittsarbeitsverhältnisse für heiße Ladungsträger. Die Löcher-Emissionswahrscheinlichkeit ins Oxid ist erheblich kleiner als für Elektronen. Deshalb treten Heißelektroneneffekte im PMOSFET gewöhnlich schwächer auf.
– Bei der technologischen Realisierung führt die übliche Isolatorherstellung auf eine positive Oxid-Restladung. Sie verursacht bei der n-Kanal-Technologie leicht unerwünschte Inversionskanäle an der Oberfläche, die durch Zusatzmaßnahmen (z.B. höhere Substratdotierung an der Oberfläche durch Implantation) vermieden werden müssen. Bei p-Kanaltypen erübrigt die Oxidladung derartige Hilfsschritte.
– p-Kanal-Transistoren haben wegen der kleineren Ionisisierungsrate $\alpha_p \ll \alpha_n$ (s. Gl. (2.3.67)) einen geringeren Substratstrom.

Verglichen mit der breiten Anwendung des n-Kanal-Transistors speziell in hochintegrierten Schaltungen (sog. NMOS-Technik) hat der der PMOS-Anreicherungstransistor für die Einkanal-Hochintegrationstechnik kaum Bedeutung erlangt, obwohl er historisch der erste, in größerem Umfang für die Schaltungsintegration verwendete Transistor war.

2.3.3.2 n-Kanal-Verarmungs-MOSFET

Aus Schaltungsanforderungen, wie z.B. der Verwandtschaft zum Sperrschichtfeldeffekttransistor, dem Prinzip der Anreicherungs-Verarmungs-Schaltstufe (sog. ED-Inverter) u.a. wurden sehr früh die Forderungen nach einem Verarmungs-MOSFET laut, wie er heute als n-Kanal-Verarmungs- oder *Depletion-*

MOSFET bekannt ist. Er unterscheidet sich vom Anreicherungstransistor (s. Bild 1.3) durch

- hohen Stromfluß bei fehlender Gatespannung (selbstleitend) und
- eine negative Schwellspannung U_{TH}.

Technisch kann dieser ohne äußere Spannung bereits vorhandene Kanal
- als Inversionskanal durch die Schwellspannung selbst verursacht sein oder
- durch Vordotierung (Implantation) geschaffen werden.

Grundsätzlich gelingt es, aus einem n-Kanal-Anreicherungstransistor durch Verschieben der Schwellspannung U_{TH} (Gl. (2.1.72), $U_{SB} = 0$)

$$U_{TH} = U_{FB} + 2\Phi_F^* + \gamma\sqrt{2\Phi_F^*}, \ U_{FB} = \Phi_{MS} - Q_i/C_i$$

"ins Negative" (also z.B. über eine Oberflächenladung Q_i oder Austrittsarbeit Φ_{MS}, Gl. (2.1.44)) einen Verarmungstransistor zu machen. Die *Implantation* ($\rightarrow Q_i$) nutzt diesen Weg zur *Einstellung der Schwellspannung*. Sofern das implantierte Störstellenprofil als eine Flächenladung aufgefaßt wird, kann das bisherige MOSFET-Modell mit entsprechend korrigierter Schwellspannung weiter verwendet werden. Da die implantierte Schicht jedoch eine gewisse Eindringtiefe hat, sind genauere Überlagerungen notwendig. Der implantierte Kanal kann dabei leitungstypmäßig mit dem Substrat übereinstimmen oder nicht.

Im Vergleich zu einem Anreicherungstransistor (Bild 2.43 links) stellt sich beim Verarmungstransistor mit Kanalvordotierung (kontrapolar zum Substrat, Bild 2.43 rechts) folgende Betriebssituation ein:
Bei sehr starker negativer Gatespannung (Bild a) ist der Kanal total von beweglichen Trägern verarmt und der Transistor abgeschaltet. Mit steigender Gatespannung (weniger negativ, Bild b) beginnt sich ein leitender Kanal tiefer im dotierten Kanalbereich zu bilden, ein sog. *vergrabener Kanal* (buried channel). Mit weiter zunehmender Gatespannung (c) verschwindet der verarmte Kanalbereich ganz, es reichert sich sogar an der Oberfläche die Elektronenkonzentration noch an auf eine Größenordnung, die sonst mit der Inversionsschicht vergleichbar ist.

Für hinreichend große Gate- und Drainspannung schließlich setzt Abschnürung ein. Während sie beim Anreicherungstransistor an der Oberfläche auftritt, liegt sie beim Verarmungs-FET tiefer im Kanal.

2.3.3.3 MOSFET mit implantiertem Kanal gleichen Leitungstyps zum Substrat

Die Vorteile der Ionenimplantation, wie z.B. die Steuerbarkeit der Ionendosis und Eindringtiefe, führten zu einer breiten Einführung in nahezu alle Basistechnologien der modernen Halbleitertechnik und so auch in alle MOS-Techniken. Dort findet sie beispielsweise Anwendung zur Herstellung flacher, selbstjustierender Source-Drainbereiche, zur Wannenherstellung in der CMOS-Technik, zur Dotierung von Poly-Si-Schichten (Gateelektrode, Verbindungsleitung). Sie

104 2 Der MOS-Transistor als Funktionselement

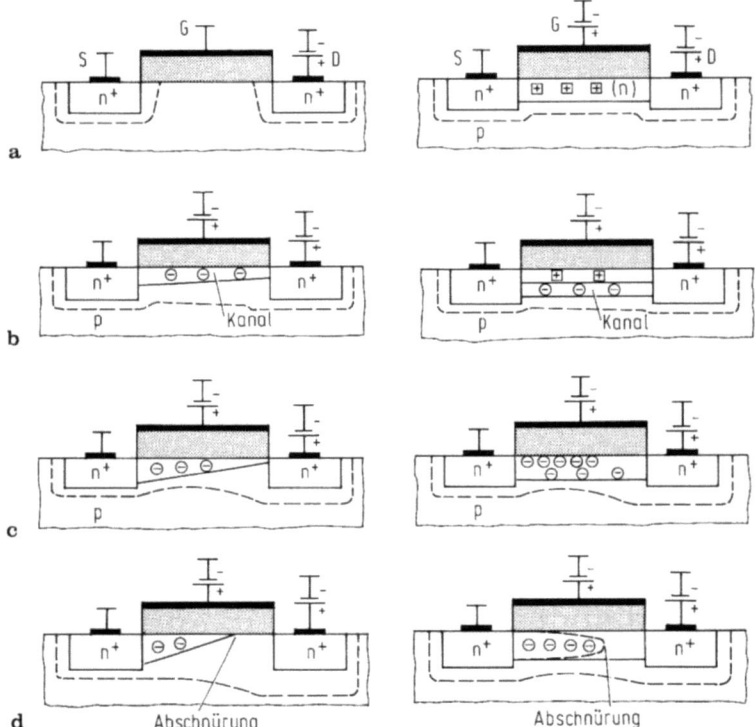

Bild 2.43a–d. Anreicherungs-, Verarmungs-n-Kanal-MOSFET bei verschiedenen Arbeitsbedingungen. **a** Sperrzustand, stark eingeschaltet, **b** Einsetzen der Leitung, **c** starke Gatespannung, **d** Abschnürzustand

wird verbreitet auch zur *Einstellung der Schwellspannung* und Festlegung des *Steuertyps* (s. Abschn. 1) verwendet. Je nach dem Leitungstyp der implantierten Schicht verglichen zum Substrat, ergibt sich entweder nur eine *Schwellspannungsänderung* (bei gleichem Leitungstyp) oder ein Wechsel des Steuertyps von der *Anreicherungs-* zur *Verarmungssteuerung* (s. Abschn. 2.3.3.3).

Hier soll zunächst der Einfluß einer Implantation gleichen Leitungstyps, also bei p-Substrat etwa von Bor, auf die Schwellspannung als zentrale Größe des MOSFET verfolgt werden (Bild 2.44).

Nach Gl. (2.1.7) hängt die Schwellspannung des n-Kanal-Anreicherungstransistors u.a. von der Dotierungskonzentration $N_B(\rightarrow \Phi_F)$ und Substratvorspannung U_{BS} ab. Dabei ist

– von der *Entwurfsseite* her die Steuerung über die Dotierung N_B interessant, weil sie das Fermipotential Φ_F und den U_{BS}-abhängigen Teil bestimmt.
– von der *Schaltungsseite* her die Schwellspannungssteuerung über die Substrat-

2.3 Verbesserte Modellierung 105

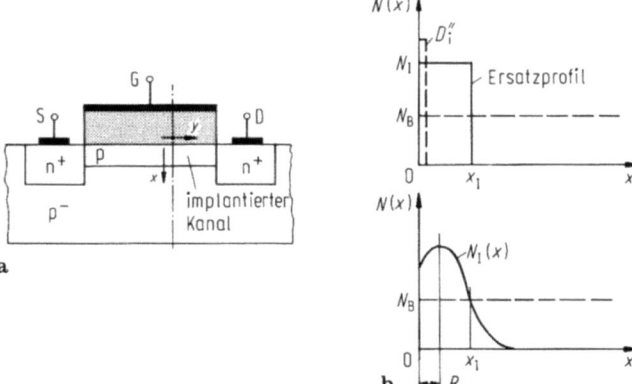

Bild 2.44a, b. Querschnitt und Dotierungsprofil einer implantierten Struktur, gleicher Dotierungstyp. **a** Aufbau, **b** Dotierungsprofil, N_{AB} Grunddotierung, $N(x)$ Zusatzimplantation und Ersatzprofil

spannung U_{BS} typisch, entweder gewollt (z.B. mittels zusätzlich erzeugter Substratspannung auf dem MOS-Chip) oder ungewollt, wie etwa bei der Verwendung des MOSFET als Lastelement.

Für die Diskussion der Schwellspannung ist der Zusammenhang zwischen Implantationsprofil, Ersatzprofil und äquivalentem Ladungsbeitrag herzustellen. Der wichtigste Unterschied zum bisher behandelten MOSFET besteht darin, daß das Substrat durch die Implantation im Kanalbereich *inhomogen* dotiert wird. Dies erfordert ein Überdenken der Schwellspannungsdefinition, weil der Einsatzpunkt starker Inversion, der der Definition (Gl. (2.1.37))

$$U_{TH} = U_{FB} + \psi_{Sinv} - \left(\frac{Q_B}{C_i}\psi_{Sinv}\right) \tag{2.3.78}$$

unterliegt (wobei der Einfluß der Minoritätsladung auf die Verarmungsladung Q_B vernachlässigt wurde, Verarmungsnäherung), bei implantierten Schichten verschieden definiert wird..

Der Gl. (2.3.78) liegt dabei für den p^+p-Übergang zugrunde [2.186]

$$Q_B = -q \int_0^{W_S} N_A(x)\,dx - \varepsilon_S E(W_S) \tag{2.3.79a}$$

$$\psi_S = q/\varepsilon_S \int_0^{W_S} x N_A(x)\,dx + W_S E(W_S) + \psi(W_S) \tag{2.3.79b}$$

(W_S: Breite der Verarmungszone, $E(W_S)$, (W_S) Feld- und Potentialwerte bei W_S). Bei Einsatz starker Inversion (ψ_{Sinv}) erhält die Verarmungszone ihre maximale

106   2 Der MOS-Transistor als Funktionselement

Ausbreitung W_{Sm}, und das Oberflächenpotential ist etwa konstant:

$$\psi_{Sinv} = q/\varepsilon_S \int_0^{W_{Sm}} x N_A(x) \, dx + W_{Sm}[E(W_{Sm})] + \psi_S(W_{Sm}) \tag{2.3.80}$$

Kennt man eine genaue Definition für ψ_{Sinv}, so kann daraus W_{Sm} und mit $Q_B(\psi_{Sinv})$ die Schwellspannung U_{TH} über Gl. (2.3.78) bestimmt werden (nachfolgend werden $E_S(W_{Sm})$, $\psi_S(W_{Sm})$ zu Null gesetzt).

Grundsätzlich sind numerische Lösungen des Schwellspannungsproblems möglich [2.158]–[2.179], [2.118], [2.147], doch sagen analytische Näherungen physikalisch mehr aus. Mehrere Definitionen von ψ_{Sinv} in implantierten Schichten wurden vorgeschlagen [2.166], [2.184]–[2.187], [2.175], [2.179], [2.162]–[2.164], [2.147], [2.192], [2.198]:

a) Die *klassische Definition*, nach der die Oberflächenkonzentration der Minoritätsträger gleich der Volumenkonzentration der Majoritätsträger ist

$$\boxed{\psi_{Sinv} = 2\Phi_F \quad (+\psi_S)} \tag{2.3.81a}$$

(wobei $\Phi_F = U_T \ln N_A/n_i$ Gl. (2.1.10)) auf den homogen dotierten Bereich bezogen ist [2.185], ggf. durch eine Hilfsspannung ($U_{CB} \rightarrow \psi_S$) vergrößert).

b) *Minoritätsoberflächenkonzentration gleich der Störstellenkonzentration an der Verarmungsgrenze*:

$$n_S(\psi_{Sinv}) = N_A(W_{Sm}), \tag{2.3.81b}$$

woraus

$$\boxed{\psi_{Sinv} = U_T \ln \frac{N_A(W_{Sm})N_B}{n_i^2} \quad (+\psi_S)} \tag{2.3.81c}$$

folgt ($N_B \equiv N_A$, homogene Substratdotierung) [2.186], [2.165]. Liegt die Grenze W_{Sm} der Verarmungszone im homogen dotierten Substratbereich ($N_A(W_{Sm}) = N_B$), so sind Gl. (2.3.81c) und (2.3.81a) gleichwertig.

c) Ansatz einer *mittleren Minoritätsoberflächenkonzentration*

$$n_S(\psi_{Sinv}) = \frac{1}{W_{Sm}} \int_0^{W_{Sm}} N_A(x) \, dx, \tag{2.3.81d}$$

womit

$$\boxed{\psi_{Sinv} = U_T \ln \left(\frac{n_S(\psi_{Sinv})N_B}{n_i^2} \right) \quad (+\psi_S)} \tag{2.3.81e}$$

folgt. Dehnt sich die Verarmungszone in den homogen dotierten Teil aus, so folgt daraus

$$n_S(\psi_{Sinv}) \approx N_B + \frac{D_I^*}{W_{Smax}} \tag{2.3.81f}$$

und

$$\psi_{\text{Sinv}} \approx 2\Phi_F + U_T \ln\left(1 + \frac{D_I^*}{N_B W_{Sm}}\right). \tag{2.3.81g}$$

Im letzten Fall wurde das tatsächliche Störstellenprofil N(x) durch ein *Kastenprofil* (Bild 2.44b) der *Breite* x_I ersetzt (auch andere Näherungsprofile sind üblich), also ein homogen dotiertes Gebiet "gewählter Dicke x_I":

$$\int_0^\infty (N_A(x) - N_B)\,dx \approx \int_0^{W_S} (N_A(x) - N_B)\,dx \equiv (N_I - N_B)x_I = D_I^*. \tag{2.3.82}$$

So besteht die gesamte Substratdotierung aus der Grunddotierung und der überlagerten Implantationskurve N(x). Die Breite x_I des Kastenprofils N_I ist problemspezifisch, oft wird x_I aus der Bedingung $N_I(x_I) = N_B$ gewählt [2.180]. Die Einführung eines Kastenprofils ist weniger kritisch als zu vermuten, weil das Ladungsprofil nur über die Integration der Poissonschen Gleichung ins Potentialprofil eingeht (Differentialparameter, wie z.B. die Feldstärke, hängen dagegen stärker vom Profil ab) [2.188], [2.147], [2.176], [2.163], [2.189], [2.180], [2.161].

Die *Flächendichte* D_I^* in Gl. (2.3.82) resp. die äquivalente Flächenladung qD_I^* wird durch die implantierte Schicht in den Halbleiter gebracht. Sie wirkt wie eine Flächenladung Q'' an der Grenze $x = 0$ (negativ bei Bor-Implantation). Je nach der Eindringtiefe x_I in Bezug zur Verarmungsbreite W_S unterscheidet man dabei zwischen *tiefer* und *flacher* Implantation (Bild 2.45) und dementsprechenden Schwellspannungen U_{THt}, U_{THf} [2.180], [2.182]–[2.184]:

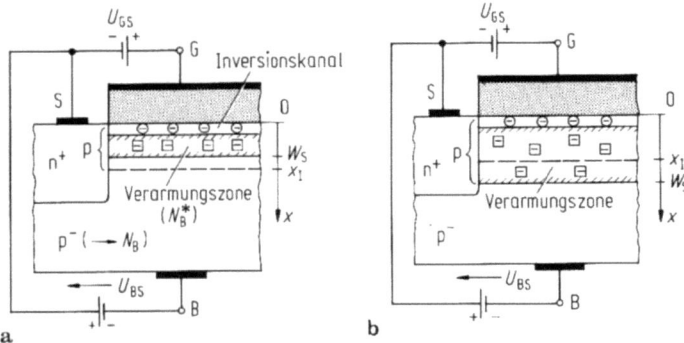

Bild 2.45a, b. n-Kanal-MOSFET mit gleichsinnig implantierten Kanal im p-Substrat im Bereich starker Inversion. **a** Verarmungszone völlig in implantierter Schicht (tiefe Implantation oder kleine Vorspannung U_{BS}), **b** Verarmungszone ins Substrat reichend (flache Implantation oder große Substratspannung)

108   2 Der MOS-Transistor als Funktionselement

$$U_{THt/f} = U_{FBt/f} + 2\Phi_{Ft/f} + \gamma_{t/f}\sqrt{2\Phi_{Ft/f} + U_{CB}}\;{}^{18} \qquad (2.3.83)$$

a) Bei *tiefer Implantation* ($x_I > W_S$) ist die effektive Implantationstiefe x_I (Gl. (2.3.82)) größer als die Verarmungszonenbreite W_S (auch bei allen Substratvorspannungen U_{CB}): Kanal und Verarmungszone liegen stets im implantierten Bereich mit der "Ersatzdotierung" $N_B^* = N_B + N_I = 2N_B + D_I^*/x_I$ (Gl. (2.3.82)). Die Breite W_S beträgt

$$x_I > W_{Sm}: W_{Sm} = \sqrt{\frac{2\varepsilon_S}{q(N_B + N_I)}} \cdot \sqrt{2\Phi_F(N_B^*) + U_{CB}}. \qquad (2.3.84)$$

Das Dotierungspotential $\Phi_F(N_B^*)$ kann etwa aus der Beziehung $\Phi_F(N_B)$ für $N_B \to N_B^*$ bestimmt werden. Man erhält

– als *Schwellspannung*

$$U_{THt}^* \equiv U_{TH}(N_B^*) = U_{FB}(N_B^*) + 2\Phi_F(N_B^*) + \gamma(N_B^*)\cdot\sqrt{2\Phi_F(N_B^*) + U_{CB}} \qquad (2.3.85)$$

mit $U_{FB}(N_B^*) \approx U_{FB}(N_B) = \Phi_{MS} - Q_i''/C_i''$ (in erster Näherung unabhängig von der implantierten Schicht)

– als *Inversionsladung*

$$Q_I'' = -C_i''\cdot(U_{GB} - U_{CB} - U_{THt}^*) \qquad (2.3.86a)$$

und *Verarmungsladung*

$$Q_B'' = -\frac{\sqrt{2q\varepsilon_S N_B^*}}{C_i''}\cdot\sqrt{2\Phi_F(N_B^*) + U_{CB}}. \qquad (2.3.86b)$$

Bei tiefer Implantation werden die wichtigsten Eigenschaften des MOSFET somit durch die "Ersatzdotierung" $N_B^* = N_B + N_I$ bestimmt. Deswegen wächst z.B. der Body-Effekt ($\to \gamma$), und es sinkt die Durchbruchspannung Drain-Kanal durch die höhere Kanaldotierung.

b) Bei *flacher Implantation* ist die effektive Tiefe x_I der implantierten Schicht *kleiner* als die Verarmungszonenbreite W_S. Dies kann z.B. durch wachsende Substratspannung U_{CB} eintreten. Zunächst gilt im Fall a) der Zustand $x_I = W_{Sm}$ mit der "Implantationsspannung" U_I [2.184]

$$U_{CB/I} \equiv U_I = \frac{qN_B^* x_I^2}{2\varepsilon_S} - 2\Phi_F(N_B^*) \qquad (2.3.85)$$

(Bild 2.44b). Mit weiter ansteigender Spannung U_{CB} wächst die Verarmungszone über das implantierte Gebiet x_I ins schwächer dotierte Substrat hinein und der

---

[18] U_{CB}-Spannung zwischen beliebigem Kanalpunkt (c) und Substrat (B).

p$^+$p-Übergang muß bei Lösung der Poisson-Gleichung beachtet werden. Beide Gebiete sind durch die Dotierungen

$N_B^* = N_B + N_I$ $(0 \leq x \leq x_I)$ und
N_B $\quad x_I < x < \infty$

beschrieben. Aus der Poissonschen Gleichung ergibt sich als gesamte *Verarmungsladung* Q_B'' beider Gebiete[19]

$$Q_B'' = -qN_Ix_I - \frac{\sqrt{2q\varepsilon_sN_B}}{C_i''}\sqrt{2\Phi_F(N_B^*) - \frac{qN_Ix_I^2}{2\varepsilon_s} + U_{CB}}; \quad U_{CB} \geq U_I \quad (2.3.86)$$

und als *Schwellspannung*

$$U_{THf}^* = U_{FB} + 2\Phi_F(N_B^*) + \frac{qN_Ix_I}{C_i''} + \frac{\sqrt{2q\varepsilon_sN_B}}{C_i''} \cdot \sqrt{2\Phi_F(N_B^*) - \frac{qN_Ix_I^2}{2\varepsilon_s} + U_{CB}}.$$

(2.3.87a)

Die Inversionsladung entspricht Gl. (2.3.86a), wenn U_{THt} gegen U_{THf} ausgetauscht wird. Mit der oft verwendeten Implantationsdosis $D_I = x_IN_I$ und den Substitutionen

$$2\Phi_{Ff} = 2\Phi_F(N_B^*) - \frac{qD_Ix_I}{2\varepsilon_s} \quad (2.3.88a)$$

und

$$U_{FBf} = U_{FB} + qD_i\left(\frac{1}{C_i''} + \frac{x_I}{2\varepsilon_s}\right) \quad (2.3.88b)$$

kann die Schwellspannung (2.3.87a) auch in der Form

$$U_{THf}^* = U_{FBf} + 2\Phi_{Ff} + \frac{\sqrt{2q\varepsilon_sN_B}}{C_i''} \cdot \sqrt{2\Phi_{Ff} + U_{CB}} \quad (2.3.87b)$$

geschrieben werden mit *veränderter Flachbandspannung* sowie einem *fiktiven Fermipotential* Φ_{Ff} Die Implantationsdosis D_I geht nach Gl. (2.3.87) mehrfach in die Schwellspannung ein:

- *Direkt* über den *Dosisterm* qD_I, der wie eine zusätzlich (feste) Oberflächenladung wirkt und so als eine Veränderung der Flachbandspannung U_{FB} interpretiert werden kann (Gl. (2.3.88b)). Er stellt den stärkeren Einfluß dar. Sein Vorzeichen hängt von der Ionenart ab, so daß die Schwellspannung positiver oder negativer gemacht werden kann. Im *Grenzfall* des sog. δ-*Profils*

---

[19] Wurzel stets positiv.

110 2 Der MOS-Transistor als Funktionselement

der Dicke $0(x_I \to 0)$ an der Grenzfläche folgt aus Gl. (2.3.87a)

$$U_{THf} = U_{FB} + 2\Phi_F(N_B^*) + \frac{qD_I}{C_i''} + \frac{\sqrt{2q\varepsilon_S N_B}}{C_i''} \cdot \sqrt{2\Phi_F(N_B^*) + U_{CB}} \text{ oder}$$

$$U_{THf} = U_{TH/hom.Sub.} + qD_I/C_i'' \quad \text{mit } N_B^* \to N_B. \tag{2.3.89}$$

– über die *Verarmungsladung* (Wurzelterm in Gl. (2.3.87a), abhängig von Implantationstiefe x_I, meist vernachlässigbar)
– über das Fermipotential (meist vernachlässigbar für die Rechteckverteilung, Bild 2.44)

$$2\Phi_F \approx 2\Phi_{F|hom} + 2\Phi_{FI} = U_T \left[\ln \frac{N_B}{n_i} + \ln \frac{N_I}{n_i} \right] = U_T \ln \frac{N_I N_B}{n_i^2}$$

$$= U_T \ln \frac{N_B^2}{n_i^2} + U_T \ln \left(1 + \frac{D_I^*}{N_B x_I}\right). \tag{2.3.90}$$

– Streng genommen gilt auch die bisherige Definition der Flachbandspannung nicht mehr, denn verschwindende Substratfeldstärke bedingt kein Nullfeld an der Oberfläche, Im p^+-p-Übergang entsteht durch das Wechselspiel von Diffusion und Drift im Gleichgewicht ein inneres Feld. Versteht man als Flachbandspannung U_{FBI} der implantierten Struktur diejenige Gatespannung, für die das gesamte Substrat neutral ist [2.158], so ergibt sich

$$U_{FBI} = U_{FB/hom.} + U_T \ln(1 + N_I(0)/N_B) = U_{FB}/hom. + U_T \ln N_B^*/N_B. \tag{2.3.91}$$

Diese Korrektur kann in Gl. (2.3.87a) entweder als Veränderung von U_{FB} oder des Fermipotentials $2\Phi_F$ berücksichtigt werden.

Für die *Substratspannungsabhängigkeit* der Schwellspannung ergibt sich dann folgende Tendenz (Bild 2.46): Dotierungserhöhung bei homogem Substrat

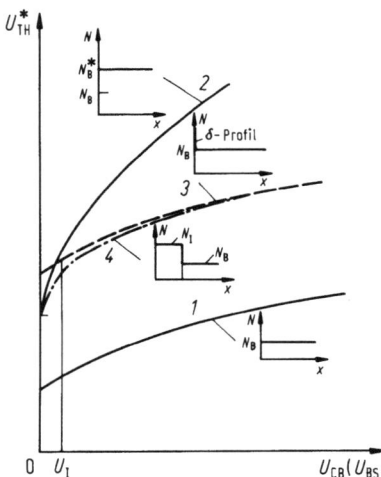

Bild 2.46a, b. Schwellspannung in Abhängigkeit von der Substratimplantation und Substratvorspannung. **a** Einfluß verschiedener Kanaldotierungen (1) uniform, (2) uniform $N_B^* > N_B$. (3) δ-Profil, (4) Box-Profil, **b** Schwellspannung und U_{BS} für Rechteckprofil

vergrößert die Schwellspannung (Kurven 1, 2). Ein Delta-Profil (Kurve 3) verschiebt Kurve 1 parallel zu höherer Schwellspannung. Beim Box-Profil nicht zu großer Tiefe (4) liegt die Verarmungszone bei kleiner Substratspannung U_{SB} voll im Implantationsbereich (etwa Kurvenverlauf 2). Mit wachsender Substratspannung wächst die Verarmungszone schließlich über die Implantationsbreite, und der Verlauf nähert sich mehr dem – Verlauf 3 an. Insbesondere das Box-Modell (4) bestätigt bei breiter Raumladungszone, wie zweckmäßig die Vereinbarung zweier Schwellspannungen U_{THf} und U_{THt} (Gl. (2.3.83)) ist. Solange die Substratspannung noch kleiner als die Implantationsspannung U_I Gl. (2.3.85) ist, liegt die Verarmungszone noch im implantierten Bereich, für $U_{SB} > U_I$ dagegen im schwächer dotierten Substrat. Je weiter sich die Verarmungszone in dieses Gebiet ausdehnt, desto mehr nähert sich die Anordnung einer δ-Näherung.

Genauere Berücksichtigung des Dotierungsprofils. Das angesetzte Rechteck-Profil (Bild 2.44) stellt einerseits eine sehr große Näherung für reale Implantationsprofile dar, andererseits erfordert selbst das Gauß-Profil als ideales Implantationsprofil eine numerische Analyse. Um dennoch zu einer handhabbaren Auswertung zu kommen, ist das Verfahren der *Dotierungstransformation* üblich. Dabei wird ein reales Implantationsprofil durch ein "Ersatzprofil" nach zu vereinbarenden Regeln so ersetzt, daß eine möglichst analytische Lösung der Poisson-Gleichung möglich ist. Vorschläge für solche Ersatzfunktionen gibt es zahlreiche, z.B. anstelle des Gauß-Profils einen Ansatz [2.181], [2.177], [2.190]

$$F(x) = c[(a + bX)^2 - 2b] \exp - (aX - bX)^2 \qquad (2.3.92)$$

mit $X = \dfrac{x - R_p}{\sqrt{2\pi}\Delta R_p}$ (a, b Anpaßparameter).

Auch Polynomansätze, exponentiell abfallendes Profil, Faltung zwischen δ- und Gauß-Profil u.a.m. wurden vorgeschlagen [2.160], [2.186], [2.191]–[2.193].

Für die Rechteckprofilnäherungen selbst wurden zahlreiche Verbesserungen entwickelt, wie z.B.

– Annäherung durch mehrere Box-Modelle [2.186], [2.183], [2.195]–[2.197],
– Aufspaltung des Stufenprofils in stückweise lineare Segmente [2.161], [2.180], [2.195], bis hin zu treppenähnlichen Näherungen,
– Aufspaltung des gesamten U_{SB}-Bereiches in zwei Gebiete mit verschiedenen Body-Konstanten für die Box-Modelle [2.194].

Auch die Dotierungstransformation läßt sich durch zusätzliche Nebenbedingungen, z.B. Erhalt der Gesamtladung und Verarmungsbreite bei der dynamischen Transformation [2.161], [2.173] oder Erhaltung von Ladung und Energie [2.147] weiter verbessern.

Allgemeine Kennliniengleichung des gleichsinnig implantierten MOSFET. Bei starker Inversion und Kanalimplantation gilt die Inversionsladung in ihrer bisherigen Form (Gln. (2.2.7a), (2.3.15))

$$Q_I'' = - C_i''[U_{GB} - U_{CB}(y) - U_{THt/f}^*(U_{CB})]$$

weiter, nur muß – abhängig von tiefer oder flacher Implantation-die jeweilige Schwellspannung $U_{THt/f}$ verwendet werden. Die Kennliniengleichung wird von

Gl. (2.3.5a)ff. übernommen:

$$I_D = \mu_n b/LC_i''[F(\psi_{SD}) - F(\psi_{SS})]$$

mit

$$F(\psi_S) = \left[(U_{GB} - U_{FB} + U_T)\psi_S - \frac{\psi_S^2}{2} - \frac{2}{3}\gamma\psi_S^{3/2} + U_T\gamma\psi_S^{1/2}\right].$$

Der Substrateinfluß (über die Schwellspannung) hängt davon ab, ob sich die Verarmungszone längs des Kanals nur im implantierten Gebiet, voll im homogen dotierten Substrat oder nur teilweise im letzteren Bereich befindet (Bild 2.47). Maßgebend für diese drei Fälle ist die Implantationsspannung U_I (Gl. (2.3.85)) in Relation zu U_{SB} und U_{DB} [2.184], [2.199]:

1. Für $U_{SB} < U_{DB} \leqq U_I$ resp. $U_I - U_{SB} \geqq U_{DS} > 0$ liegt die Verarmungszone völlig im implantierten Gebiet ($x_I > W_S$, Gl. (2.3.84ff.)), der Drainstrom beträgt entsprechend Gl. (2.3.5a)

$$I_D = \frac{\mu_n b}{L}C_i\left[(U_{GB} - U_{FBt} - 2\Phi_{Ft})U_{DS} + \frac{1}{2}(U_{DB}^2 - U_{SB}^2)\right.$$
$$\left. - \frac{2}{3}\gamma_t\left[(U_{DB} + 2\Phi_{Ft})^{3/2} - (U_{SB} + 2\Phi_{Ft})^{3/2}\right]\right] \quad (2.3.93)$$

lediglich für U_{FBt}, γ_t, $2\Phi_{Ft}$ sind die entsprechenden Werte für die implantierte Dotierung anzusetzen.

2. Verarmungszone liegt längs des gesamten Kanals *im nichtimplantierten*

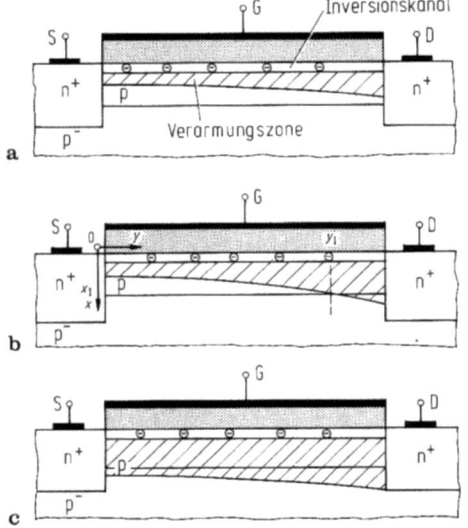

Bild 2.47a–c. n-Kanal-Verarmungs-MOSFET mit gleichsinnig implantiertem Kanal. **a** Spannung $U_{SB} < U_{DB} < U_I$ Verarmungszone voll im Kanal, **b** Spannung $U_{SB} < U_I < U_{DB}$, **c** Spannung $U_{SB} < U_I < U_{DB}$

Substrat (flache Implantation, Bild 2.47c). Jetzt gilt $U_I \leq U_{SB} < U_{DB}$ resp. $U_I - U_{SB} < 0 < U_{DS}$ und die analog zu Gl. (2.3.93) aufgebaute Stromgleichung.

$$I_D = I_f(U_{DB}, U_{SB}), \tag{2.3.94}$$

nur sind die Substratgrößen U_{FBf}, Φ_{Ff}, γ_f zu verwenden.

3. Die Verarmungszone liegt *sourcenah* im *implantierten Bereich, drainnah* dagegen im Substrat (Bild 2.47b). Jetzt gilt $U_{SB} < U_I < U_{DB}$ resp. $0 < U_I - U_{SB} < U_{DS}$. Dann gibt es nach dem Drain hin einen Punkt y_I, bei dem die Verarmungsbreite mit der Implantationstiefe x_I übereinstimmt oder die Spannung U_{CB} den Wert U_I (Gl. (2.3.85)) erreicht. Deshalb besteht der Drainstrom aus dem Anteil I_t (Gl. (2.3.93)) im implantierten Kanal (bis zur Spannung U_I) und einem zweiten Anteil I_f (2.3.94) im Kanalrest bis zum Drain:

$$\begin{aligned} I_D &= I_t(U_{SB}, U_I) + I_f(U_I, U_{DB}) \\ &= \frac{b}{L}\mu C_i'' \left[\int_{U_{SB}}^{U_I} (U_{GB} - U_{CB} - U_{THt}(U_{CB}))\, dU_{CB} \right. \\ &\quad \left. + \int_{U_I}^{U_{DB}} (U_{GB} - U_{CB} - U_{THf}(U_{CB}))\, dU_{CB} \right]. \end{aligned} \tag{2.3.95}$$

Die Kennlinienverläufe der Fälle a) und c) unterscheiden sich qualitativ nicht vom Modell mit homogenem Substrat, im Fall c) jedoch insofern, als dieser einem Transistor entspricht, dessen Schwellspannung sich mit der Betriebsspannung ändert. Dies wird besonders in der Transferkennlinie deutlich (s.u.).

Der *Abschnürpunkt* kann in allen Fällen nach den bisherigen Kriterien definiert werden, z.B. durch $dI_{DN}/dU_{DS} = 0$ resp. ausgedrückt durch die Spannung $U_{DBP}^* = U_{DSP} + U_{SBP}$. Daraus ergibt sich z.B. für den Fall a) aus der Kennliniengleichung (2.3.93) die Abschnürbedingung:

$$U_{DBP} = U_{GB} - U_{FBt} - 2\Phi_{Ft} + \gamma_t^2/2 - \gamma_t\sqrt{U_{GB} - U_{FBt} + \gamma_t^2/4} \tag{2.3.96}$$

(vgl. homogenes Substrat). Sie liegt voraussetzungsgemäß unter U_I. Die Modellierung der Vorgänge im Abschnürbereich selbst ist derzeit noch nicht befriedigend gelöst. Schon der Versuch, ein Näherungsmodell nach Gl. (2.3.16) zu entwickeln, stößt beim Parameter δ auf beträchtliche Schwierigkeiten. Je nach dem Implantationstyp müssen zwei Parameter δ_t, δ_f für die jeweiligen Dotierungen eingeführt werden [2.144].

Auch bei schwacher Inversion, gekennzeichnet durch konstante Verarmungsladung Q_B und konstantes Oberflächenpotential längs des Kanals, gibt es trotz einiger Ansätze [2.159], [2.186] noch Erklärungsbedarf. Solange der schwach invertierte Kanal und die Verarmungszone voll im implantierten Gebiet liegen – dies gilt insbesondere bei kleiner Vorspannung U_{SB} – wird im Steigungsfaktor $1/n$ ($n \approx 1 + \gamma c$) die Konstante γ (Gl. (2.3.83)) mit dem Wert γ_t für tiefe Implantation als erste Näherung anzusetzen sein. (Bild 2.48) Ihr im Vergleich zum homogen dotierten Substrat größerer Wert bedingt einen flacheren Anstieg.

114   2 Der MOS-Transistor als Funktionselement

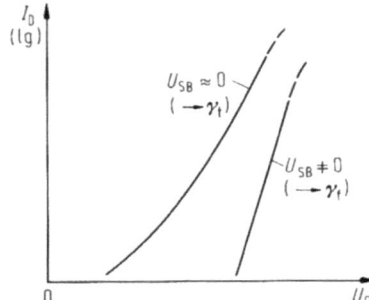

Bild 2.48. Transferkennlinie $I_D(U_{GS})$ bei schwacher Inversion mit tiefer und flache Implantation

Bei größerer U_{GS}-Variation erfaßt die Raumladungszone auch Bereiche mit stärkerer Raumladungsänderung. Dann kann nicht mehr von $Q_I \ll Q_B$ ausgegangen werden und folglich nicht von Q_I'' (Gl. (2.1.75) bzw. (2.3.29)) mit zwangsläufigen *Abweichungen* vom Exponentialverlauf $I_D = f(U_{GS})$. Der Verlauf wird flacher. Bei großer Spannung U_{SB} liegt ein erheblicher Teil der Verarmungszone außerhalb des implantierten Bereiches. Deshalb wird sich der MOSFET etwa wie ein solcher mit homogenem Substrat verhalten (Bild 2.48): die Kurvensteigung wächst, weil $\gamma \to \gamma_f$ absinkt.

2.3.3.4 MOSFET mit implantiertem Kanal entgegengesetzten Leitungstyps, n-Kanal-Verarmungstransistor

Wird in das p-Substrat anstelle des p- ein n-Kanal implantiert ($\to$ Donatoren, z.B. P oder As in Si), so erhöht die implantierte Dosis D_I die Grenzflächenladung Q_0 um $+qD_I$, und es *sinkt* die Schwellspannung U_{TH} nach Gl. (2.3.87) bzw.

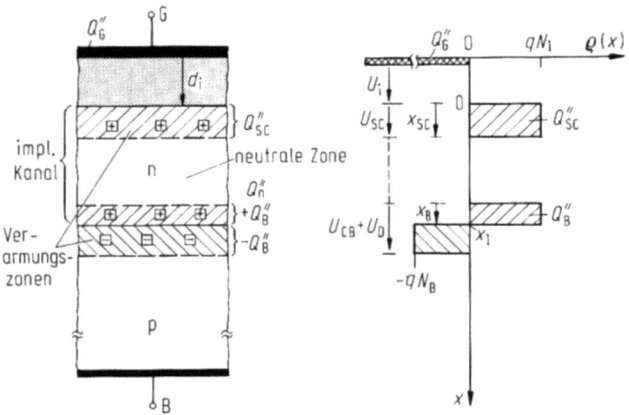

Bild 2.49. Querschnitt eines n-Kanal-MOSFET mit vergrabenem Kanal und Ladungsverteilung

(2.3.89) etwa um qD_I/C_i''. Sie kann sogar negativ werden. Umgekehrt läßt sich beim p-Kanal-MOST (n-Substrat) durch Implantation einer Akzeptorschicht die ursprünglich negative Schwellspannung um den Wert $\Delta U_{TH} = + qD_I/C_i''$ ins Positive verschieben.

Im Unterschied zum n-Kanal-Anreicherungs-MOSFET ist der dünne, n-leitende Implantationskanal (Bild 2.49) jetzt auch *ohne* äußere Gatespannung vorhanden. Deshalb spricht man oft von einem *vergrabenen Kanal* (*buried channel MOSFET*) oder verbreitet *Verarmungstransistor*: Für $U_{GS} = 0$ fließt schon ein relativ großer Strom durch den n-Kanal, erst eine *negative* Spannung U_{GS} verkleinert den Kanalleitwert durch Verarmung eines oberflächennahen Bereiches (Prinzip des SFET). Deshalb hat er eine negative Schwellspannung mit den in Bild 2.42 (bzw. Bild 1.3) gegebenen Kennlinien-Gegenüberstellungen. Fürs erste kann so der n-Kanal-Verarmungstransistor aus dem Modell des n-Kanal-Anreicherungstransistors mit jetzt negativer Schwellspannung übernommen werden, denn in der Schwellspannungsgleichung (2.1.72) (bei starker Inversion)

$$U_{TH} = U_{FB} + 2\Phi_F^* + \gamma\sqrt{2\Phi_F^*}$$
$$U_{FB} = \Phi_{MS} - Q_i/C_i$$

muß die *Flachbandspannung* U_{FB} Gl. (2.1.43) über die Austrittsarbeitsdifferenz oder die Oberflächenladung Q_i geändert werden, eben letztere durch Implantation. Sofern man das Implantationsprofil als Flächenladung auffaßt, kann das bisherige MOSFET-Modell mit korrigierter Schwellspannung verwendet werden. Bei genauer Betrachtung ergeben sich jedoch kompliziertere Verhältnisse, sowohl was den Implantationseinfluß als auch die Betriebsbedingungen betrifft [2.200]–[2.214] (Bild 2.50).

Bei *gleichsinniger* Implantation (Bild 2.50a) wachsen Feldstärke und Potential im implantierten Bereich gegenüber dem homogenen Fall. Die zur Inversion erforderliche Bandverbiegung ist größer als $2\Phi_F$ (Gl. (2.3.90), homogenes Substrat). Gleichzeitig nimmt die Verarmungszonenbreite gegenüber W_S ab. Mit zusätzlicher Substratspannung U_{SB} wachsen Feldstärke und Potential.

Eine (zunächst schwache) Implantation *entgegengesetzten* Leitungstyps (Bild 2.50b) senkt das oberflächennahe Feld ab, und es stellen sich Verhältnisse wie beim np-Übergang ein, wenn man (vereinfachend) annimmt, daß der Verarmungsbereich die ganze Inversionsschicht erfaßt. Daher erfordert Inversion nur eine Bandverbiegung $< 2\Phi_F$. Eine stärkere Implantation (Kurve 2) verursacht einen Nulldurchgang der Feldstärke und an gleicher Stelle ein Potentialmaximum im implantierten Bereich, m.a.W. verlagert sich der leitende Kanal ins Halbleiterinnere.

Eine sehr starke Implantation (Kurve 3) schließlich krümmt das Potential so stark, daß sich an der Oberfläche das Vorzeichen ändern kann: Bildung einer Inversionsschicht (bezogen auf n-Schicht, also Löcheranreicherung). Sie schirmt die Steuerwirkung der Gatespannung weitgehend ab.

116 2 Der MOS-Transistor als Funktionselement

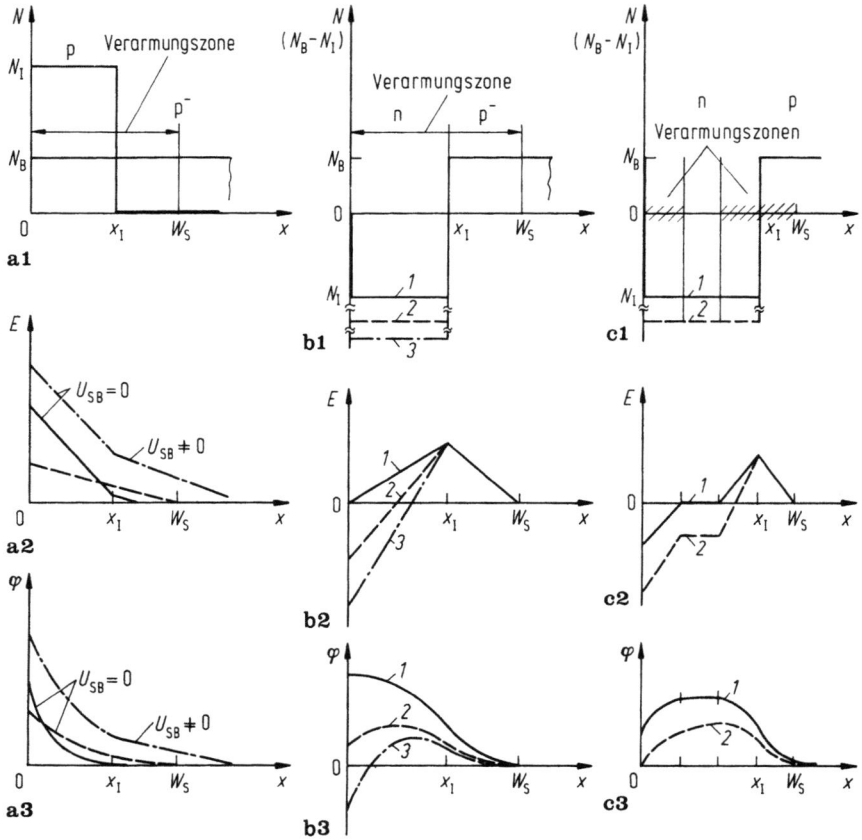

Bild 2.50a–c. Implantationsprofil, Feldstärke und Potential bei gleichsinnig und gegensinnig implantiertem Kanal. **a** gleichsinnige Implantation ($U_{SB} = 0$, $U_{SB} \neq 0$) --- homogenes Substrat, ———, —·—·— implantiertes Substrat, **b** gegensinnige Implantation, unterschiedlich stark implantiert, **c** gegensinnige Implantation, Bildung von Verarmungszonen beiderseits der Implantationsschicht

Im Bild 2.50c ist der Fall gezeichnet, daß sich sowohl am np-Übergang als auch zur Halbleiteroberfläche hin bei $x = 0$ Verarmungszonen bilden und im Mittelbereich ein neutraler Kanal verbleibt. Man erkennt den Implantationseinfluß: mit steigender Ionendosis baut sich die Potentialschwelle ab.

Schließlich sei erwähnt, daß eine Feldumkehr im oberflächennahen Bereich auch zu einer *Elektronenanreicherung* führen kann.

Im Unterschied zur gleichsinnigen Implantation sind jetzt – je nach Implantationsdosis – entweder ein invertierter, ein vergrabener oder gar ein Anreicherungskanal möglich, also wesentlich komplexere Steuerungsvorgänge als beim Anreicherungstransistor. Einen Überblick gibt Bild 2.51. Stark negative Gatespannung U_{GS} verarmt die implantierte n-Schicht völlig von Elektronen,

2.3 Verbesserte Modellierung 117

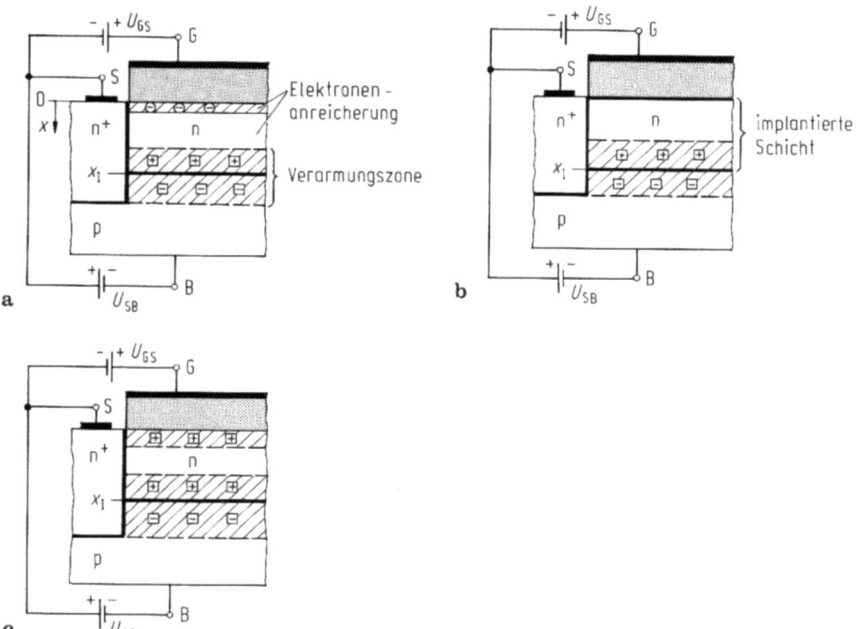

Bild 2.51a–c. Betriebszustände im n-Kanal-MOSFET mit n-Implantationsschicht bei homogenem p-Substrat. **a** Anreicherungsbetrieb mit Oberflächen-Elektronenanreicherung $U_{GB} > U_{GBFB}$, **b** Oberflächen-Flachband falls $U_{GB} = U_{GBFB}$, **c** Oberflächen-Verarmung mit Inversion $U_{GBP} < U_{GB} < U_{GBFB}$

der Transistor ist abgeschaltet. Mit wachsender (positiv werdender) Gatespannung (Bild 2.51a) entsteht ein leitender Kanal, weil nicht mehr der ganze Kanalquerschnitt verarmt ist. Bei noch höherer Gatespannung schließlich verschwindet die Verarmungszone an der Oberfläche völlig. (Bild 2.51b) Der Kanal leitet mit dem gesamten Querschnitt und kommt bei sehr großer Gatespannung (Bild 2.51c) schließlich in die Oberflächenakkumulation (höhere Elektronenkonzentration als im Kanal!).

Umgekehrt kann bei sehr stark negativer Gatespannung an der Kanaloberfläche gar Inversion (p-Schicht) entstehen, die jedoch seltener ausgenutzt wird. Schwieriger ist die Situation bei größerer Drainspannung U_{DS}. Dann kann der sourcenahe Kanalbereich angereichert sein, während der drainnahe Teil im Verarmungszustand arbeitet. Das offensichtlich kompliziertere Wirkprinzip des (implantierten) n-Kanal-Verarmungs-MOSFET erfordert gegenüber dem Anreicherungs-MOSFET erfordert zunächst eine nähere Abgrenzung der einzelnen Betriebsfälle (z.B. [2.184], [2.165], [2.215]–[2.218], [2.160], [2.169], [2.162], [2.168], [2.163], [2.147], [2.170], [2.144], [2.206]–[2.209].

Im folgenden wird die Störstellenverteilung N(x) (Bild 2.44) wieder durch ein Kastenprofil bis zur Tiefe x_I ersetzt, und es gilt für die *wirksame* Donatorkonzentration

$$N_D^* = N_I - N_B. \tag{2.3.97}$$

2.3.3.4.1. Betriebsmoden

Betriebsmoden. Bewegliche Ladung. Die unterschiedlichen Betriebsmoden des Verarmungstransistors sind gegeben durch

- die Zustände *Anreicherung, Verarmung* oder *Inversion* der MOS-Kapazität im oberflächennahe Kanalteil,
- die Ausprägung des implantierten Kanals:
  Typ A: nur *schwach dotiert* und/oder mit geringer Tiefenausdehnung und/oder großer Kanal-Substrat-Sperrspannung, so daß die Potentialverteilung von der Gatespannung im Kanalbereich *und* darunter abhängt,
- *Typ B*: *stark dotiert* und/oder mit großer Tiefenausdehnung und/oder kleiner Kanal-Substrat-Sperrspannung. Dann bestimmt die Gatespannung *nur die oberflächennahe Potentialverteilung*, nicht den darunterliegenden Bereich.

Je nach der Kanaltiefenausdehnung wird deshalb die Anreicherung noch unterteilt in

- *Oberflächenakkumulation* mit noch ausgebildetem Kanal (Typ B), wobei die Elektronenkonzentration an der Oberfläche größer als im Kanalinneren ist.
- Oberflächen*enhancement* mit nicht mehr vorhandenem Kanal (Typ A), weil die untere Verarmungszone bis zur Oberfläche durchgreift. Trotzdem existiert an der Oberfläche noch eine Elektronendichte, die Stromfluß ermöglicht. Diese Betriebsart wird gelegentlich auch als Anreicherungs-Durchgriff (Accumulation-Punchthrough-mode) bezeichnet.

In allen Fällen bestimmt die bewegliche Kanalladung, abhängig von den anliegenden Spannungen, den jeweiligen Betriebsmodus. Dabei wird der Kanal ($\rightarrow$ Sourcekontakt S) zweckmäßig wieder als Spannungsbezug eingeführt und zunächst (äußerer) Drain-Source-Kurzschluß angenommen, so daß der n-Kanal-p-Substrat-Übergang wie ein gesperrter (abrupt angenommener, s. Gl. (2.3.97)) Übergang mit der Verarmungsladung

$$Q_B'' = \sqrt{2q\varepsilon_S} \sqrt{\frac{N_D^* N_B}{N_D^* + N_B}} \cdot \sqrt{U_{SB} + U_D} \tag{2.3.98}$$

(Diffusionsspannung U_D [2.184], [2.118]) wirkt, an dem die Sperrspannung $U_{SB} = U_{CB}$ liegt. Die angelegte Spannung U_{GB} ist dann – abhängig von Größe und Vorzeichen – für die jeweiligen *Grundmoden* verantwortlich.

Eine zusätzliche Kanalspannung U_{DS} *ändert* die effektive Steuerspannung $U_{GC}(y)$ zwischen Gate und Kanaloberfläche und stellen dadurch sich *Betriebsmoden* ein, z.B. Oberflächenanreicherung im sourcenahen und Oberflächen-

2.3 Verbesserte Modellierung 119

verarmung im drainnahen Bereich [2.202], [2.203], [2.213], [2.211], [2.218]–[2.223], [2.168].

Bewegliche Ladung. Die (bewegliche) Elektronenladung $Q_n''(U_{GB}, U_{SB})$ im Kanal

$$-Q_n'' = Q_{impl}'' - Q_{SC}'' - Q_B'' = qN_D^* x_I - Q_{SC}'' - Q_B'' \qquad (2.3.99)$$

ergibt sich als Differenz (Bild 2.49) der implantierten Kanalladung $qN_D^* x_I \approx qN_I x_I$ der Verarmungsladung Q_B'' des np-Überganges (Gl. (2.3.99)) und der Oberflächenladung Q_{SC}'' (direkt an der Si–SiO$_2$-Phasengrenze), die stark von der Gatespannung abhängt. Zur Bestimmung von Q_n'' als Funktion der anliegenden Spannungen sind deshalb weiter erforderlich (wie bei der MOS-Kapazität) [2.202]

– die *Ladungsbilanz* (zwischen G und B)

$$Q_G'' + Q_{SC}'' \; (+ Q_i'') = 0 \qquad (2.3.100)$$

zwischen Gateladung Q_G'', der Ladung Q_{SC}'' direkt unter und an der Halbleiteroberfläche sowie einer Oberflächenzustandsladung Q_i'' (Isolator-Halbleiter, die jedoch vernachlässigt werden soll). Neutrale Gebiete des implantierten Kanals tragen ebenso wie die (sich kompensierenden) Verarmungsladungen $+/- Q_B''$ des np-Überganges zum Substrat hin zur Ladungsbilanz nicht bei. Die Halbleiterladung Q_{SC}'' kann je nach Spannungsverhältnissen bestehen: aus einer Elektronenüberschußladung (direkt an der Oberfläche) bei Anreicherung, einer Inversionsladung (Löcher) bei Inversion und/oder einer Verarmungsladung (feste Donatoren) bei Oberflächenverarmung.

– die Beziehung zwischen *Gateladung* und *Isolatorspannung* U_i:

$$Q_G'' = C_i'' U_i \qquad (2.3.101)$$

– die *Spannungsbilanz*

$$U_{GB} = U_i + U_{SC} + U_{CB} + U_D + \Phi_{MS} \qquad (2.3.102)$$

mit den Spannungsabfällen über Isolator (U_i) und der oberen Raumladungszone (U_{SC}), dem Spannungsabfall ($U_{CB} + U_D$) des np-Substratüberganges und der Metall-Halbleiteraustrittsarbeit Φ_{MS} zwischen Gate und dem nichtimplantierten Substrat (Bild 2.49).

Damit stehen für die Unbekannten Q_n'', Q_G'', U_i und U_{SC} insgesamt vier Gleichungen zur Verfügung. Sie sollen für zwei wichtige Sonderfälle diskutiert werden (Bild 2.51):

a) Elektronenanreicherung der Kanaloberfläche. Bei großer positiver Spannung U_{GB} (Bild 2.51a) reichert sich die Kanaloberfläche mit Elektronen zusätzlich (über die Dotierungskonzentration hinaus) an. Die erforderliche Überschußladung $Q_n'' \equiv Q_{na}''$ fließt dabei über den Sourcekontakt nach. Mit sinkender

120   2 Der MOS-Transistor als Funktionselement

Spannung U_{GB} verschwindet Q''_{na} schließlich bei der *Flachbandspannung* U_{GBFB}: $Q''_{na}(U_{GBFB}) = 0$. Deshalb gilt im *Anreicherungsfall* in guter Näherung

$$Q''_{na} = -C''_i(U_{GB} - U_{GBFB}) = Q''_{SCa} \qquad (2.3.103a)$$

mit dem Betriebszustand

$$U_{GB} > U_{GBFB} \qquad \text{Oberflächenanreicherung.} \qquad (2.3.104)$$

Die zugehörige Flachbandspannung U_{GBFB} (Bild 2.51b) ergibt sich mit $Q''_{SC} = 0$ ($Q''_i = 0$) aus Gl. (2.3.100–103a) zu

$$\begin{aligned} U_{GBFB} &= \underbrace{\Phi_{MS} - (Q''_i/C''_i)}_{U_{FB}} + U_D + U_{CB} \\ &= \underbrace{\phantom{\Phi_{MS} - (Q''_i/C''_i)}}_{U_{FBln}} + U_D + U_{CB} \qquad (2.3.105) \end{aligned}$$

aus der Flachbandspannung U_{FB} eines MIS-Überganges (nur n-Substrat) ergänzt um die Vorspannung U_{CB} und die Diffusionsspannung U_D, die durch den np-Übergang zusätzlich entsteht. Die Flachbandspannung U_{FBN} eines vorspannungslosen MIS-np-Überganges beträgt somit $U_{FB} + U_D$!
Mit $U_{GS} = U_{GB} - U_{SB}$ anstelle von U_{GB} lautet die zu Gl. (2.3.104) gleichwertige Bedingung

$$U_{GS} > U_{FBln} \qquad \text{Oberflächenanreicherung} \qquad (2.3.106)$$

resp. Gl. (2.3.103a)

$$Q''_{na} = -C''_i(U_{GS} - U_{FBln}), \qquad (2.3.103b)$$

wobei der Spannungsabfall U_{SC} über der Anreicherungsschicht (Bild 2.49 und 2.51) vernachlässigt wurde, da sie ohnehin sehr schmal ist und ladungsmäßig deshalb – wie die Inversionsschicht – durch ein Flächenaldungsmodell ersetzt werden kann.
Der Vollständigkeit wegen muß zur Trägerdichte nach Gl. (2.3.103) an der Kanaloberfläche noch die bewegliche Ladung im restlichen implantierten Kanal (abzüglich des verarmten Gebietes → Q''_B Gl. (2.3.98), herrührend vom unteren np-Übergang) ergänzt werden:

$$Q''_{nal} = -(qN_i x_I - Q''_B), \qquad (2.3.107a)$$

so daß $Q''_n = Q''_{na} + Q''_{nal}$ gilt. Dieser letzte Term kann jedoch bei starker Anreicherung entfallen.

b) Oberflächenverarmung. Für $U_{GB} < U_{GBFB}$ (Gl. (2.3.105)) verarmt der oberflächennahe Kanalbereich und der Querschnitt des neutralen Kanals sinkt: SFET-Prinzip (Bild 2.51c). Dies kann soweit gehen, bis sich schließlich bei der

2.3 Verbesserte Modellierung   121

Spannung U_{GBP} die obere und untere (np-Übergang) Verarmungszone berühren: *Abschnürung* des Stromkanals (Definition der Abschnürspannung beim SFET!). Daraus ergibt sich die Definition der *Abschnür-* (oder *Pinch-Off*) *Spannung* $U_P(U_{CB})$

$$U_{GBP} \equiv U_{GB}|_{Q_n''=0} = U_{CB} + U_P(U_{CB}) \qquad (2.3.107b)$$

und die Spannung U_P selbst aus

$$0 = qN_{DS}x_I - Q_{SC}''(U_{GBP}) - Q_B''(U_{GBP}) \qquad (2.3.107c)$$

nach längerer Rechnung (Gl. (2.3.98)) zu

$$U_P(U_{CB}) = U_{PO} + \gamma_1(\sqrt{U_D + U_{CB}} - \sqrt{U_D}) - \frac{N_B}{N_I + N_B}(U_{CB} + U_D), \qquad (2.3.108a)$$

wobei der letzte Term für starke Implantierung $N_I \ll N_B$ entfallen kann. Die Spannung U_{PO} lautet

$$U_{PO} = U_{FB} + U_D - \frac{qN_D^*x_I}{C_i''}\left(1 + \frac{x_I C_i''}{2\varepsilon_S}\right) + \gamma_1\sqrt{U_D}$$

$$\gamma_1 = \left(1 + \frac{x_I C_i''}{\varepsilon_S}\right)\gamma, \qquad \gamma = \frac{\sqrt{2q\varepsilon_S N_A}}{C_i''} \qquad (U_{FB} \equiv \Phi_{MS}). \qquad (2.3.108b)$$

Dabei wurde die Verarmungsladung Q_{SC}'' (Bild 2.49)

$$Q_{SC}'' = \sqrt{2q\varepsilon_S N_D^*} \cdot \sqrt{-U_{SC}} \qquad (2.3.109a)$$

der oberflächennahen Verarmungszone in umgeordneter Form verwendet (Gl. (2.3.100), (2.3.102)):

$$Q_{SC}'' = \frac{qN_D^*\varepsilon_S}{C_i''}\left[-1 + \sqrt{1 + \frac{2C_i''^2}{qN_D^*\varepsilon_S}(U_{FBIn} - U_{GS})}\right]. \qquad (2.3.109b)$$

Die Abschnürspannung $U_P(U_{CB})$ hängt erwartungsgemäß von der Substratvorspannung ab, weil U_{CB} die Kanaluntergrenze bestimmt: Ein n-leitender Kanal tritt somit nur im Spannungsbereich

$$U_{GBP} < U_{GB} \leq U_{GBFB} = U_{FB} + U_D + U_{SB} \qquad (2.3.110a)$$

bzw. gleichwertig

$$U_P(U_{SB}) \leq U_{GS} \leq U_{FBIn} = U_{FB} + U_D \qquad (2.3.110b)$$

auf. Er liegt unter der Oberfläche und wird als *vergrabener Kanal* (buried channel) bezeichnet.

Bisher wurde stillschweigend angenommen, daß die völlige Kanalabschnürung bereits bei mäßiger Spannung U_{CS} eintritt, m.a.W. die Kanaldicke nicht allzu groß resp. der Kanal nur schwach implantiert ist (sog. Typ A, s.o.). Gilt diese Annahme nicht, so kann die Kanaloberfläche bereits vor der Kanalabschnürung *invertieren*. Dann schirmt die Inversionsladung bei hinreichend starker Inversion den übrigen Kanalbereich förmlich ab (vgl. MOS–Kapazität) und der Kanal kann nur noch vom Substrat her gesteuert werden (sog. Depletionsmodus mit Inversionszone und fester Sperrschicht). Deshalb ist eine Abschnürung bei sehr großer Kanalbreite x_I u.U. unmöglich. Diese Situation erfordert die bewegliche Kanalladung (→ Elektronenkozentration)

$$Q_n''(y) = -(qN_D^* x_I - Q_{SC}''(y) - Q_B''(y)) \qquad (2.3.111)$$

besonders in der Halbleiterraumladung Q_{SC}'' noch genauer zu unterteilen.

Allgemeine Kanalladung. Im Transistor hängt die Spannung U_{CB} (und damit der Betriebszustand) durch die Spannung U_{DS} vom Kanalort y ab (weshalb äußerlich U_{CB} durch U_{YB} ersetzt wird). Dies überträgt sich auch auf die bewegliche Kanalladung Gl. (2.3.111) [2.168], [2.202], [2.220] (Bild 2.49) $Q_n''(y) = -qN_D^*(x_I - x_{SC}(y) - x_B(y))$, wobei sich insbesondere die *Verarmungsladung* $Q_B''(y)$ der unteren Sperrschicht (Gl. (2.3.98))

$$Q_B''(y) = qN_D^*(y)x_B(y) = \sqrt{2q\varepsilon_s}\sqrt{\frac{N_B N_D^*}{N_B + N_{DS}}}\sqrt{U_{YB} + U_D} \qquad (2.3.112)$$

und die gatespannungsabhängige Ladung $Q_{SC}''(y)$ der *oberen Schicht* der (tatsächlichen oder fiktiven, s.u.) *Breite* $x_{SC}(y)$ definiert durch

$$Q_{SC}'' = qN_D^* x_{SC}(y) = qN_D^* x_{SC}(U_{GB}, U_{YB}) \qquad (2.3.113)$$

ändern. Die Breiten x_B und x_{SC} sind Ersatzgrößen. (Bild 2.49) Namentlich letztere soll für die Grundmoden Verarmung, Inversion und Anreicherung näher betrachtet werden.

Bei *Verarmung* folgt aus. Gl. (2.3.109b) und Gl. (2.3.113)

$$\begin{aligned}x_{SC}(U_{GB}, U_{YB}) &= \left[-\frac{\varepsilon_s d_i}{\varepsilon_i} + \sqrt{\left(\frac{\varepsilon_s d_i}{\varepsilon_i}\right)^2 + \frac{2\varepsilon_s}{qN_D^*}(U_{FBIn} + U_{YB} - U_{GB})}\right]\\ &= \frac{\sqrt{2q\varepsilon_s N_D^*}}{qN_D^*}\{\sqrt{U_{FBIn} + U_{YB} - U_{GB} + U_C} - \sqrt{U_C}\} \quad (2.3.114)\end{aligned}$$

mit

$$U_C = \frac{qN_D^* \varepsilon_s}{2C_i''^2}.$$

Bei *Inversion* des implantierten Bereiches erreicht die Raumladungsschicht x_{SC} ihre maximale Breite (s. Gl. (2.3.84), Inversionseinsatz bei $2\Phi_F$)

2.3 Verbesserte Modellierung

$$x_{SCm}(U_{GB}, U_{YB}) = \sqrt{\frac{2\varepsilon_S}{qN_D^*}} \sqrt{2\Phi_F + U_{YB}}. \tag{2.3.115}$$

Zur Inversion muß die Gatespannung U_{GM} *unter* der Schwellspannung U_{GBH} (n-Kanal!, Gl. (2.1.67))

$$U_{GBH} = U_{FB} + 2\Phi_F + U_{YB} + \gamma\sqrt{2\Phi_F + U_{YB}} = U_{GSH} + U_{YB} \tag{2.3.116}$$

liegen:

$U_{GB} \leqq U_{GBH}$ Oberflächeninversion des n-Kanals resp. Verarmung

Umgekehrt gilt dann für die Verarmung $U_{GBH} < U_{GB}$.
Man beachte, daß bei zunehmender Inversion die Ladung Q_{SC} außer dem Verarmungsanteil $qN_D^* x_{SCm}$ noch einen Inversionsanteil besitzt, der meist vernachlässigt wird. Spannungsmäßig erstreckt sich der Verarmungsbereich an der Kanaloberfläche vom Verschwinden der Inversion ($U_{GBH} \leqq U_{GB}$) bis zur Flachbandspannung $U_{GBFB} \geqq U_{GB}$ (Gl. (2.3.105))

$$\sqrt{U_{GBH}} \leqq U_{GB} \leqq U_{GBFB} \quad \text{Verarmung.} \tag{2.3.117}$$

Bei Anreicherung überschreitet die anliegende Spannung U_{GB} die Flachbandspannung U_{GBFB}, und es gilt für die (Überschuß-)Ladung (Gl. (2.3.103a))

$$Q_{SC}'' = -C_i''[U_{GB} - U_{GBFB}] = -C_i''[U_{GB} - U_{FBIn} - U_{YB}] = qN_D^* x_{SC}(U). \tag{2.3.118}$$

Sie stimmt formal mit der Ladung eines **Anreicherungstransistors** (mit Substratvorspannung) ein, bei dem die Schwellspannung durch die Flachbandspannung ersetzt ist.

Die Breite $x_{SC}(y)$ resp. $x_{SCm}(y)$ in der beweglichen Ladung $Q_n''(y)$ Gl. (2.3.111) kann damit für jeden Betriebsfall angegeben werden.

Auf einen Sonderfall, den sog. *Anreicherungsdurchgriff* [2.190], [2.220], soll noch abschließend verwiesen werden. Bei niedriger Implantationsdosis und/oder großer Substratvorspannung greift die untere Verarmungszone bis zur Halbleiteroberfläche durch, so daß eine an der Oberfläche zusammengedrängte Elektronenschicht (Anreicherung, Flächenladung) den gesamten Kanalstrom führen muß. Die zugehörige Flächenladung beträgt

$$Q_{SC}'' = \varepsilon_S E(0^+) - \varepsilon_I E(0^-) = -qN_D^*(x_I - x_{SCa} - x_{Ba}), \tag{2.3.119}$$

dabei gilt für das Feld $E(0^-)$ aus dem Isolator

$$E(0^-) = \frac{U_{GB} - U_{FB} - U_{YB} + U_D}{d_i} \tag{2.3.120a}$$

und für das Feld $E(0^+)$ aus dem Halbleiterinnern (durch Lösung der Poissonschen Gleichung für den komplett verarmten Bereich x_I und das angrenzende Stück x_{bp} ins p-Substrat)

$$E(0^+) = \frac{qN_A}{\varepsilon_S}(x_{bp} - x_I) - \frac{qN_D^* x_I}{\varepsilon_S} \tag{2.3.120b}$$

124 2 Der MOS-Transistor als Funktionselement

mit

$$x_{bp} = \left\{ \frac{2\varepsilon_S}{qN_A}(U_{YB} + U_D) + x_I^2\left(1 + \frac{N_D^*}{N_A}\right)\right\}^{1/2}.$$

Ordnet man den Feldwerten $E(0^-)$ und $E(0^+)$ die definitorischen Grenzen

$$x_{SCa}(y) = -\frac{\varepsilon_i(EO^-)}{qN_D^*} \qquad (2.3.121a)$$

$$x_{Ba}(y) = x_I + \frac{\varepsilon_S E(0^+)}{qN_D^*} \qquad (2.3.121b)$$

zu, so kann die obere Grenze $x_{SCa}(y)$ bei *Anreicherung* so interpretiert werden, als ob sich der stromführende Kanal *vergrößert* (bei Verarmung verkleinert!), m.a.W. dehnt sich die untere Verarmungszone über den Inversionskanal hinaus aus.

Lokale Betriebsmoden. Für gegebene Betriebsspannungen läßt sich die lokale Breite $x_n = x_I - x_{SC}(y) - x_B(y)$ (Gl. (2.3.111)ff.) des neutralen Kanals längs des Kanalortes bzw. über dem Spannungsabfall U_{YS} zwischen y und Sourcekontakt bequem darstellen und sich so der jeweils herrschende Betriebsmodus veranschaulichen. Ist dabei x_{SC} größer als x_{SCm} (s. Gl. (2.3.115)), so wird der obere Kanalbereich stets durch x_{SXm} begrenzt, und es herrscht Inversion. Die Spannung U_{YS} variiert dabei zwischen 0 (Source) und U_{DS} (Drain). Bild 2.52 zeigt einige typische Verläufe:

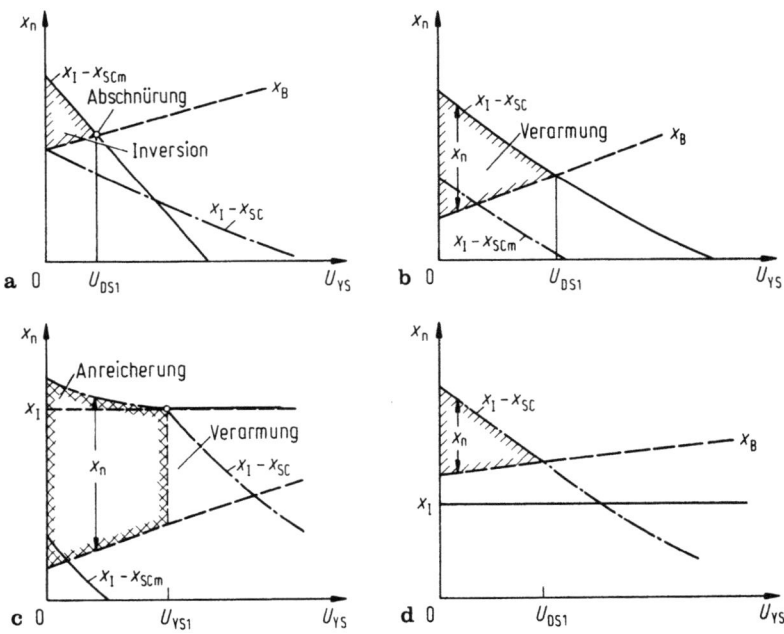

Bild 2.52a–d. Kanalbreite über der Kanallängsspannung U_{YB} für verschiedene Steuerbedingungen.
a Bereich kompleter Inversion bis zur Spannung U_{DS1}, bei Abschnürung auch darüber hinaus,
b Verarmungsbereich (bis zur Spannung U_{DS1}, für $U_{DS} > U_{DS1}$ mit Abschnürung) bei Ausschluß der Inversion, **c** Anreicherungs- und Verarmungsbereich, **d** Anreicherungs-Durchgreifbetrieb

a) Es ist $x_I - x_{SCm} > x_I - x_{SC}$, deshalb herrscht Inversion längs des gesamten Kanals. Von der Spannung U_{DS1} an (Schnittpunkt mit $x_B \sim Q_B$) ist der Kanal abgeschnürt (Bild 2.52a).
b) Bei $x_I - x_{SC} > x_I - x_{SCm}$ (Bild 2.52b) fehlt die Inversion, der Kanal wird beiderseits von Verarmungszonen begrenzt.
c) Der Kanal ist in Sourcenähe angereichert (Bild 2.52c) (Akkumulation, $x_{SC} > x_I$). Erst für größere Spannung wird die Oberfläche verarmt.
d) Erreicht die untere Verarmungszone (x_B) bereits am Source die Halbleiteroberfläche und ist $|x_{SC}| > x_I$, so herrscht der Anreicherungs–Durchgreifbetrieb (Bild 2.52d).

Aus diesen Verläufen lassen sich einige *charaktieristische Spannungen* definieren, z.B.

– *Kanalabschnürspannung* $U_P \equiv U_{GSP}$ (Pinch-off-Spannung, Berührung der beiden Verarmungszonen im Kanal am Source–Kontakt):

$$x_{SC}(U_P, U_S) + x_B(U_S, U_B) = x_I. \quad (2.122a)$$

Diese Definition gilt auch im Anreicherungs-Durchgreifbetrieb, wenn anstelle von $x_{SC} \to x_{SCa}$ und $x_B \to x_{Ba}$ gesetzt werden.

– *Abschnürung im Kanal* ($\to U_{DP}$)

$$x_{SC}(U_{DP}, U_G) + x_B(U_{DP}, U_B) = x_I \quad (2.3.122b)$$

– *Anreicherungseinsatz* ($\to U_{YBFB}$):

$$x_{SC}(U_G, U_{YBFB}) = 0. \quad (2.3.122c)$$

– *Wechsel vom Verarmungs- in den Inversionsmode* ($\to U_{YBm}$)

$$x_{SC}(U_{YBm}, U_G) = x_{SCm}(U_{YBm}, U_B). \quad (2.3.122d)$$

Besonders wichtig ist der Kanaldurchgriff vom Substrat her, der sog. *Punch-through-Fall*. Dabei verschwindet die bewegliche Kanalladung Q_n'' (Gl. (2.3.111)). Man erhält aus der Bedingung Gl. (2.3.122a) mit den Gl. (2.3.120, 121) nach kurzer Rechnung für die *Durchgreifspannung* $U_{GB|Pt} \equiv U_{Pt}$:

$$\boxed{\begin{aligned} U_{GB|Pt} = U_{Pt} &= U_{FB} + U_{YB} + U_D - \frac{qx_I}{C_i''}(N_B - N_D^*) + \frac{\sqrt{2qN_B\varepsilon_S}}{C_i''}\sqrt{U_{YB} + U_D + U_I} \\ \text{mit} \quad & \\ U_I &= \frac{x_I^2 qN_B}{2\varepsilon_S}\left(1 + \frac{N_D^*}{N_B}\right), \end{aligned}} \quad (2.3.122e)$$

die für $U_{GB} = U_{GS} + U_{SB}$ am Source ($U_{YB} \to U_{SB}$) leicht vereinfacht werden kann. Sie unterscheidet sich von der Inversionseinsatzspannung U_{GBH} Gl. (2.3.116) [2.168], [2.204], [2.224].

2.3.3.4.2 Stromfluß. Kennlinie

Eine am Transistor anliegende Drainspannung $U_{DS} = U_{DB} - U_{SB} > 0$, verursacht einen Drainstrom durch den implantierten Kanal, der stark vom elektronischen Kanalzustand und seiner effektiven Breite $x_I - x_{SC} - x_B$ abhängt und so von den Spannungen U_{GB} und U_{YB}. Dadurch entstehen außer den bereits diskutierten Stromtransportmodellen im nichtgesättigten und gesättigten Zustand zusätzlich verschiedene Betriebsmoden, die sich längs des Kanals ändern können [2.184], [2.118], [2.201], [2.209], [2.202], [2.224], [2.225].

126   2 Der MOS-Transistor als Funktionselement

Der Drainstrom ergibt sich wie bisher aus Gl. (2.3.5a) zu

$$I_D = -\frac{b\mu_n}{L}\int_{U_{SB}}^{U_{DB}} Q_n'' dU_{YB} = \frac{b\mu_n}{L}qN_{DS}\int_{U_{SB}}^{U_{DB}}[x_I - x_{SC}(U_{YB}) - x_B(U_{YB})]dU_{YB}$$

$$= I_{D1}(x_I) + I_{D2}(x_{SC}) + I_{D3}(x_B), \quad (2.3.123)$$

also der Integration der beweglichen Kanalladung längs des Kanals, jedoch wegen der lokal z.T. unterschiedlichen Betriebsmoden abschnittsweise. Die Abhängigkeiten $x_{SC}(U)$, $x_B(U)$ sind durch die Gln. (2.3.114, 115, 121) gegeben.

Die Stromanteile $I_{D1}(x_I)$ und $I_{D3}(x_B)$ des ungestörten Kanals abzüglich des Anteils der substratseitigen Raumladungszone stimmen in allen Betriebsfällen überein. Der Stromanteil $I_{D2}(x_{SC})$ der Oberflächenraumladungszone hingegen hängt stark von den Betriebsbedingungen ab. Dies soll für einige typische Zustände erläutert werden.

a) *Verarmung längs des gesamten Kanals.* Hier gilt (Gl. (2.3.123, 114)) für Gatespannungen U_{GS} zwischen Abschnürspannung U_P (Gl. (2.3.108a) am Source) und der Flachbandspannung

$$I_D = \frac{b\mu_n qN_D^*}{L}\int_{U_{SB}}^{U_{DB}}\left[x_I - \frac{\sqrt{2q\varepsilon_s N_D^*}}{qN_D^*}\cdot\{\sqrt{U_{FB} + U_{YB} + U_D - U_{GB} + U_C} - \sqrt{U_C}\}\right.$$

$$\left.-\frac{\sqrt{2q\varepsilon_s}}{qN_D^*}\sqrt{\frac{N_B N_D^*}{N_B + N_D^*}}\sqrt{U_{YB} + U_D}\right]dU_{YB} \quad (2.3.124)$$

$$= \frac{b\mu_n}{L}\left\{qN_D^* x_I U_{DS} - \tfrac{2}{3}K_B[(U_{DB} + U_D)^{3/2} - (U_{SB} + U_D)^{3/2}] - \frac{2K_G}{3}\cdot\right.$$

$$\text{--- } I_{D1}(x_I) \text{ ---} \qquad \text{------- } I_{D3}(x_B) \text{-------}$$

$$\left.\cdot[(U_{DS} - U_{GS} + U_{FBln} + U_C)^{3/2} - (U_{GS} + U_{FBln} + U_C)^{3/2} - 3/2\sqrt{U_C}U_{DS}]\right\}.$$

$$\text{--------- } I_{D2}(x_{SC}) \text{ ---------}$$

Auf diese Kennlinie wird später zurückgegriffen. Folgende Abkürzungen wurden verwendet

$$U_C = \frac{qN_D^*\varepsilon_s}{2C_i''^2}, \quad K_B = \sqrt{2q\varepsilon_s\frac{N_B N_D^*}{N_B + N_D^*}}, \quad K_G = \sqrt{2q\varepsilon_s N_D^*}.$$

b) *Anreicherung längs des gesamten Kanals,* jedoch kein Durchgriff der Substratverarmungszone. Es gelten die von x_I und x_B in Gl. (2.3.124) herrührenden (unterstrichenen) Terme I_{D1}, I_{D3} unverändert, lediglich in $I_{D2}(x_{SC})$ ist von Gl. (2.3.118) auszugehen. Das Ergebnis lautet:

$$I_{D2} = \frac{b\mu_n C_i''}{L}\cdot\int_{U_{SB}}^{U_{DB}}[U_{GB} - U_{FBln} - U_{YB}]dU_{YB}$$

$$\equiv \frac{b\mu_n C_i''}{L}\left[(U_{GS} - U_{FBln})U_{DS} - \frac{U_{DS}^2}{2}\right]. \quad (2.3.125)$$

2.3 Verbesserte Modellierung

Der Stromanteil I_{D2} entspricht somit voll der Kennlinie des Anreicherungs-MOSFET mit einer zugeordneten Schwellspannung U_{FBIn}.

c) *Anreicherung längs des gesamten Kanals mit Substratdurchgriff.* Hier sind in Gl. (2.3.123) die definitorischen Grenzen x_{SCa}, x_{Ba} (Gl. (2.3.121)) anzusetzen. Man erhält (Gl. (2.3.120))

$$I_D = \frac{b\mu_n}{L} \cdot \int_{U_{SB}}^{U_{DB}} [\varepsilon_i E(0) - \varepsilon_S(E(0)] dU_{CB}$$

$$= \frac{b\mu_n}{L} \int_{U_{SB}}^{U_{DB}} \left[C_i''(U_{GB} - U_{FBIn} - U_{YB}) \right.$$

$$\left. + qx_I(N_D^* + N_B) - qN_B \sqrt{\frac{2\varepsilon_S}{qN_B}(U_{YB} + U_D)} + x_I^2 \left(1 + \frac{N_D^*}{N_B}\right) \right] dU_{YB}$$
(2.3.126a)

und nach entsprechender Durchrechnung

$$I_D = \frac{b\mu_n}{L}[C_i''(U_{GB} - U_{FBIn})U_{DS} - \tfrac{1}{2}C_i''U_{DS}^2 + qx_I(N_D^* + N_B)U_{DS} - \sqrt{\tfrac{2}{3}qN_B\varepsilon_S} \cdot$$

$$\cdot \{(U_{DB} + U_D + U_I)^{3/2} - (U_{SB} + U_D + U_I)^{3/2}\}]. \qquad (2.3.126b)$$

mit der *Abschnürspannung*

$$U_I = x_I^2 \frac{qN_B}{2\varepsilon_S}\left(1 + \frac{N_D^*}{N_B}\right)$$

als der Spannung U_{SB}, die zum völligen Durchgreifen der unteren Verarmungszone bis zur Halbleiteroberfläche erforderlich ist.

Ganz entsprechend läßt sich der Fall völliger Inversion längs des Kanals aus den zugehörigen Beziehungen ohne weiteres herleiten.

Mit dem vorliegenden Modell können auch Mischfälle einfach behandelt werden, wie das Beispiel der sourceseitigen Anreicherung und drainseitigen Verarmung zeigen soll. Der Übergang erfolgt an der Stelle $y_0(\to U_{YoB})$, dort liegt der Flachbandzustand (Gl. (2.3.122c)) vor

$$I_D = \frac{b\mu_n qN_D^*}{L}\left[\int_{U_{SB}}^{U_{YoB}} (x_I - x_{SC} - x_B)dU_{YB} + \int_{U_{YoB}}^{U_{DS}} (x_I - x_{SC} - x_B)dU_{YB}\right].$$
(2.3.127)

Im linken Integral ist dabei x_{SC} durch Gl. (2.3.118), im rechten durch Gl. (2.3.114) gegeben. Die Übergangsgrenze U_{YoB} ergibt sich dann bei einer gegebenen Gatespannung $U_{GB}(\to U_{GBFB})$ aus Gl. (2.3.105). Mit wachsender Gatespannung rückt deshalb der Übergangspunkt zum Drain hin.

Die Unterteilung des Integrals Gl. (2.3.127) in zwei Teile ist gleichbedeutend mit der Aufteilung des Transistors in zwei Einzeltransistoren, die im jeweiligen

Betriebsmode arbeiten. Dieses Verfahren gestattet eine einfache Gewinnung von CAD-Modellen [2.224].

Praktische Kennliniendarstellung. Beim praktischen Betrieb treten gegenüber den Grundmoden a)···c) noch weitere Probleme auf:

- Im allgemeinen herrschen längs des Kanals zwei Betriebsmoden, oft noch von Abschnürung begleitet.
- Die durch Gl. (2.3.124···2.3.126) beschriebenen Kennlinien sind bereits im Grundmode kompliziert, von Mischfällen ganz abgesehen. Man wünscht deshalb Vereinfachungen. Von den möglichen Grundmoden wird vorzugsweise der Verarmungsmode benutzt. Anreicherungs- und Inversionsmode haben dagegen untergeordnete Bedeutung.

Bild 2.53 zeigt typische Betriebsmoden für eine anliegende Spannung U_{DS}. Grundsätzlich existiert für $U_{GS} < U_P$ kein Kanal (Abschnürung). Die übrigen Zustände lassen sich nach dem bisher Kennengelernten leicht verstehen und sollen nachfolgend eingehender diskutiert werden.

2.3.3.4.3 Verarmungstransistor

Bei Verarmung (Fall A) gilt im Sourcebereich (Bild 2.53)

$$U_P(U_{SB}) \leqq U_{GS} \leqq U_{FBN}.$$

Durch eine kleine Drainspannung U_{DS} wachsen sowohl U_{YB} als auch U_{SY} nach dem Drain hin an, wodurch die Kanalbreite nach dem Drain zu abnimmt. Der Transistor arbeitet im nichtgesättigten (oder aktiven) *Verarmungsmode* A_1 wie ein doppeltgesteuerter SFET. Steigt die Drainspannung (bei sonst festen Werten U_{GS}, U_{SB}) weiter, so dehnen sich beide Verarmungszonen auf Kosten des Kanalquerschnittes immer mehr aus und bei einer bestimmten Spannung U_{DSP}

$$U_{DSP} \equiv U_{GS} - U_{FBN} \tag{2.3.128}$$

erfolgt *Abschnürung*. Danach tritt der Transistor für $U_{DS} \geqq U_{DSP}$ in die *Sättigung* (Zustand A_2). Der Trägertransport durch die Verarmungszone vor dem Drain erfolgt dann qualitativ durch die gleichen Mechanismen wie beim Anreicherungs-MOSFET im Abschnürfall. Die Kennlinie des aktiven Bereiches ergibt sich aus Gl. (2.3.124) mit Einsetzen von U_C (Gl. (2.3.114)) zusammengefaßt als

$$I_D = \frac{\mu_n b}{L} \left[qN_D^* \left(x_I + \frac{\varepsilon_S}{\varepsilon_i} d_i \right) U_{DS} - \frac{2}{3}\sqrt{2q\varepsilon_S} \sqrt{\frac{N_B N_D^*}{N_B + N_D^*}} \right.$$
$$\cdot \{(U_{DS} + U_{SB} + U_D)^{3/2} - (U_{SB} + U_D)^{3/2}\}$$
$$\left. - \frac{2}{3}\sqrt{2q\varepsilon_S N_D^*}\{(U_{DS} - U_{GS} + U_{PO})^{3/2} - (-U_{GS} + U_{PO})^{3/2}\} \right],$$
$$\tag{2.3.129a}$$

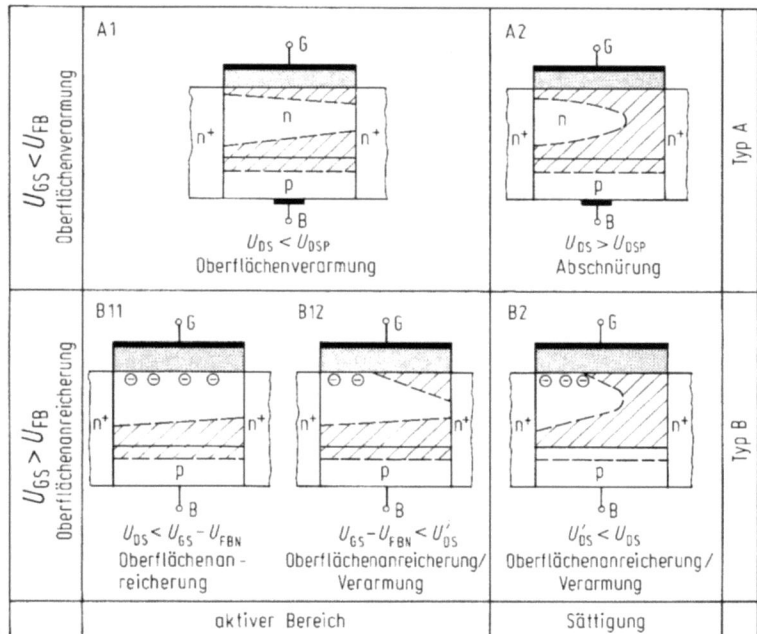

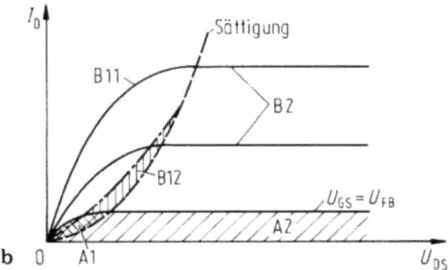

Bild 2.53a, b. Betriebsbereiche von MOSFET mit kontrapolarer Implantation. **a** Zusammenstellung von Betriebsbereichen, **b** Lage der Bereiche im Kennlinienfeld

wobei die herkömmliche *Abschnürspannung* (bei $U_{DS} \to 0$)

$$U_{PO} = U_{FB} + U_C + U_D = U_{FB} + \frac{qN_D^* \varepsilon_s d_i^2}{2\varepsilon_i^2} + U_D \qquad (2.3.129b)$$

verwendet wurde. Diese Kennlinie entspricht der eines doppeltgesteuerten Sperrschichtfeldeffekttransistors mit der Abschnürspannung U_{PO}. Der Kennlinienverlauf unterscheidet sich qualitativ nicht von dem nach Bild 2.28 dargestellten. Deswegen wird die Kennlinie Gl. (2.3.129a) – üblicherweise –

130 2 Der MOS-Transistor als Funktionselement

durch die eines n-Kanal-Anreicherungs-MOSFET, jedoch mit *negativer Schwellspannung* (im aktiven Bereich) ersetzt [2.171], [2.180]:

$$I_D = K[(U_{GS} - U_{THD})U_{DS} - 1/2(1 + \delta)U_{DS}^2]. \qquad U_{DS} \leq U_{DSP} \qquad (2.3.130)$$

Der Zusammenhang zwischen der Schwellspannung U_{THD} des Verarmungstransistors und der Abschnürspannung U_{Pt} korrigierend zu Gl. (2.3.122c) ergibt sich dabei für flachen Kanal $x_I < x_{SCm}$ wie folgt: Nach dem Verständnis der Abschnürspannung ist U_{Pt} diejenige Gatespannung U_{GS}, bei der der Kanal und damit der Stromfluß gerade verschwindet, also (Gl. 2.3.107), (2.3.122a))

$$x_I(U_{Pt}) = x_{SC}(U_{Pt}) + x_B(U_{SB})$$

gilt (Abschnürung am Source resp. für $U_{DS} \to 0$ an beliebigem Kanalort). Mit x_{SC} nach Gl. (2.3.114) für $U_{YB} = U_{SB}$, $U_{SB} - U_{GB} = U_{GS}$ und $x_B(U_{SB})$ nach Gl. (2.3.112) folgt durch kurze Rechnung

$$U_{GS} \equiv U_{Pt} = U_{FB} + U_D - \frac{qN_D^*}{2\varepsilon_S}\left[(x_I - x_B(U_{SB}))^2 + \frac{2\varepsilon_S d_i}{\varepsilon_i}(x_I - x_B(U_{SB}))\right]. \qquad (2.3.131a)$$

Der Term

$$-\frac{qN_D}{2\varepsilon_S}(x_I - x_B(U_{SB}))^2 \lessgtr -2\Phi_F$$

in der Klammer entspräche für $x_{SC} \to 0$ genau dem (doppelten) Volumenpotential der implantierten Schicht, wenn also die Verarmungszone x_{SC} keine Ausdehnung hätte. Eine endliche Breite der Verarmungszone senkt den Anteil etwas ab, doch soll die Näherung rechts weiter verwendet werden. Dann folgt mit x_B nach Gl. (2.3.112) [2.168]

$$U_{GS|Pt} = U_{Pt} = U_{FB} + U_D - 2\Phi_F - qN_D^*x_I\frac{d_i}{\varepsilon_i} + \frac{d_i}{\varepsilon_i}\sqrt{2q\varepsilon_S}$$
$$\cdot\sqrt{\frac{N_B N_D^*}{N_B + N_D^*}}\sqrt{U_{SB} + U_D} < 0. \qquad (2.3.131b)$$

Diese Spannung ist negativ, sie wächst mit steigender Ionendosis an.

Vom Verständnis des Verarmungs-MOSFET her (mit der Schwellspannung U_{THD} Gl. (2.3.130)) ist U_{THD} ebenfalls diejenige Gatespannung, bei der der Drainstrom gerade verschwindet. Deshalb gilt:

$$U_{THD} \equiv U_{Pt}. \qquad (2.3.131c)$$

Dieser Zusammenhang zwischen Abschnürspannung und der in Gl. (2.3.130)

2.3 Verbesserte Modellierung

eingeführten Schwellspannung U_{THD} des Verarmungstransistors ist der tiefere Grund, weshalb,

- die Verschiebung der Schwellspannung vom Positiven zum Negativen durch Implantation aus dem Anreicherungs- einen Verarmungstransistor macht und
- die analytisch völlig andersartige Kennlinienform Gl. (2.3.124b) bei starker Implantation aber schon durch einfache Linearisierung des Ladungsverlaufs wieder auf die des Anreicherungs-FET zurückgeführt werden kann.

Deshalb wird die Näherung Gl. (2.3.130) vor allem für die Schaltungsanalyse bevorzugt

- z.B. bei Verwendung des D-FET als Lasttransistor und überhaupt
- in Digitalschaltungen. Für die Analogmodellierung ist dieses Modell zu ungenau.

Die Sättigungsspannung U_{DSP} läßt sich nach den gleichen Überlegungen (z.B. $dI_D/dU_{DS} = 0$) bestimmen, wie dies schon früher erfolgte.

Für den relativ komplizierten Drainstromausdruck Gl. (2.3.129b) wurden zur Vereinfachung mehrere Ansätze vorgeschlagen:

- Verwendung eines Ladungsansatzes $Q_B = \bar{C}[U_{GS} - U_{FB} - \Phi_0 - U_{YB}]$ mit einer *mittleren Sperrschichtkapazität* $\bar{C}$ [2.226], [2.200] und einem Volumenpotential Φ_0 (das etwa mit dem bisher verwendeten Wert $2\Phi_F$ übereinstimmt)
- Ansatz einer linearen Abhängigkeit der Ladung über der Kanalspannung (Reihenentwicklung der Terme [2.118]. Die Ergebnisse stimmen nur in den wesentlichen Abhängigkeiten mit denen des Anreicherungstransistors überein, nur ist U_{TH} dort durch U_{Pt} hier zu ersetzen. Auch dort treten Terme mit der Potenz 3/2 durch den Substrateinfluß auf [2.227], [2.169].

Im Modell des n-Kanal-Verarmungs-MOSFET sind grundsätzlich die gleichen Verbesserungen möglich (und z.T. sogar erforderlich!), die vom Anreicherungs-FET her bekannt sind, z.B.

- Einbezug der Kanallängenmodulation (wobei die Ansätze bisher noch sehr lückenhaft sind),
- die Beweglichkeitsmodifikation durch Transversal- und Vertikalfeld [2.118], [2.168], [2.222], [2.147], [2.223], [2.202], besonders der relative Einfluß von Oberflächenbeweglichkeit μ_s (für den Anreicherungskanal) und Volumenbeweglichkeit μ_B im vergrabenen Kanal [2.218],
- der *Diffusionsstromeinfluß* und damit die Erweiterung des Modells auf den Subschwellbereich und eine bessere Modellierung des Draingebietes.

Trotz der Hinzunahme solcher (und anderer) Effekte ist die Modellierung des D-MOSFET derzeit aus mehreren Gründen noch unbefriedigend:

- der Strom kann nur näherungsweise durch eine einfache Kennlinie (nach Art von Gl. (2.3.130)) ausgedrückt werden, in der eine Schwellspannung U_{TH} die bestimmende Rolle spielt,

2 Der MOS-Transistor als Funktionselement

- Geschwindigkeitssättigung kann nicht befriedigend erfaßt werden, wenn man keine umständlichen mathematischen Beziehungen in Kauf nehmen will,
- die Bestimmung typischer Parameter wie U_{FB}, N_I, x_I und der Beweglichkeit ist aufwendig.
- Es gibt bei Verarmungstypen deutliche Abweichungen in der Transferkennlinie. Sie ist darauf zurückzuführen, daß der Transistor bei kleiner Drainspannung U_{DS} für $U_{Pt} \leq U_{GS} \leq U_{FBN}$ im Verarmungsmode arbeitet und sich qualitativ wie ein nichtimplantiertes Element verhält, wobei die Kennlinie durch die Volumenbeweglichkeit bestimmt wird. Bei größerer Spannung $U_{GS} \geq U_{FBN}$ herrscht Oberflächenanreicherung, der Kanal liegt an der Oberfläche (maßgebend ist die kleinere Oberflächenbeweglichkeit) und deshalb steigt der Drainstrom nur schwächer an.

2.3.3.4.4 Anreicherungstransistor

Bei *Oberflächenanreicherung* (Accumulation, Fall B) mit einer solchen Gatespannung U_{GB}, daß $U_{GS} > U_{FBN}$ gilt, stellen sich folgende Situationen ein:
a1) Bei kleiner Drainspannung $U_{DS} < U_{GS} - U_{FBN}$ entsteht *Anreicherung* längs des gesamten Kanals (völlige Anreicherung, Fall B 11, Bild 2.53). Dabei wächst die Breite der unteren Verarmungszone mit steigender Drainspannung, gleichzeitig sinkt die Tendenz zur Anreicherung. Schließlich kann a2) die Anreicherung sogar verschwinden und in die *Verarmung* übergehen, nämlich für $U_{GS} < U_{FBN}$ oder

$$U_{DS} \geq U_{GS} - U_{FBN}$$

Dies ist Fall B 12 mit *teilweiser*, Oberflächenanreicherung bis zur Länge L_1, der Rest $L - L_1$ ist verarmt (wobei noch keine Kanalabschnürung herrscht).

Erst mit weiter steigender Spannung U_{DS} wächst die Abschnürspannung $U_P(U_{YB})$ lokal und für U_{DSP2} schnürt das Kanalende am Drain ab. So entsteht der Sättigungsfall B2 mit Anreicherung/Verarmung. Die genannten Fälle finden sich in einzelnen Kennlinienabschnitten wieder.

Zur Bestimmung der Kennlinien ist bei völliger Anreicherung von Gl. (2.3.123), (2.3.125) auszugehen bzw. von (2.3.128) bei gemischter Anreicherung/Verarmung. Im ersten Fall war das Ergebnis Gl. (2.3.126). Es läßt sich umformen in

$$I_D = \mu_n \frac{b}{L} \left[C_i'' \left[(U_{GS} - U_{FB} + U_D)U_{DS} - \frac{U_{DS}^2}{2} \right] + qx_I(N_D^* + N_B)U_{DS} - \sqrt{\frac{2}{3}qN_A\varepsilon_S} \right.$$
$$\left. \cdot \{(U_{DS} + U_{SB} + U_D + U_I)^{3/2} - (U_{SB} + U_D + U_I)^{3/2}\} \right]. \qquad (2.3.132a)$$

Im Sonderfall des *Durchgreif-Anreicherungsbetriebes* (Punch-through-Accumulation), also für $U_{GS} > U_{FBN}$ greift die Verarmungszone bis zur Isolator-Halbleiterphasengrenze durch. Es gilt Gl. (2.3.126b). Danach besteht der Strom (formal) aus drei Teilen: einem Anreicherungs-MOSFET (erster Teil), dem drainspannungs-proportionalen Kanalstrom (tatsächlich ist der Kanal von Trägern verarmt!) und einem durch die Verarmungsladung gesteuerten (letzten) Teil [2.216], [2.212], [2.217], [2.226], [2.19].

Gl. (2.3.132a) kann prinzipiell auf die vom Anreicherungs-MOSFET herrührende Form

$$I_D = \mu_n \frac{b}{L} C_i'' \left[(U_{GS} - U_{TH}^*)U_{DS} - \frac{U_{DS}^2}{2} \right] \qquad (2.3.132b)$$

gebracht werden mit der (definitorischen) Schwellspannung (s. Gl. (2.3.122e))

$$U_{TH}^* = U_{FB} - U_D - \frac{qx_I}{C_i''}(N_D^* + N_B) + \frac{1}{U_{DS}}\sqrt{\frac{2}{3}qN_B\varepsilon_S}$$
$$\cdot \{(U_{DS} + U_{SB} + U_D + U_I)^{3/2} - (U_{SB} + U_D + U_I)^{3/2}\}$$
$$\equiv U_{THO}^* + U_{TH}^*(U_{DS}, U_{SB}). \qquad (2.3.133a)$$

2.3 Verbesserte Modellierung

Sie besteht aus einem festen (U^*_{THO}) und einem spannungsabhängigen Anteil $U^*_{TH}(U_{DS}, U_{SB})$. In vielen Fällen reicht es, den letzteren Teil für $U_{DS} \to 0$ zu nähern:

$$U^*_{TH}(U_{DS}, U_{SB}) \approx \frac{1}{C''_i}\sqrt{\frac{3}{2}qN_B\varepsilon_S}\cdot\sqrt{U_{SB} - U_D + U_I}. \qquad (2.3.133b)$$

Für kleine Drainspannungen U_{DS} stimmt dann die Schwellspannung U^*_{TH} etwa mit der Durchgreifspannung U_{Pt} Gl. (2.3.122e) überein.

Im Vergleich zum Anreicherungs-MOSFET (auf gleichem Substrat) läßt sich die Schwellspannug U^*_{TH} hier bei starker Substratvorspannung ($U_{SB} \gg U_I$) linear durch die Ionendosis $x_I N^*_D$ verschieben; es schwacher ($U_{SB} \ll U_I$) hingegen nichtlinear.

Damit entspricht der Kennlinienverlauf des MOSFET im Accumulation-Punch-through-Mode nach Gl. (2.3.132) in erster Näherung dem des Anreicherungs-MOSFET.

Auch hier erfolgt nach einem aktiven Bereich die Sättigung, deren zugehörige Spannung U_{DSP} sich aus der Bedingung

$$\left.\frac{dI_D}{dU_{DS}}\right|_{U_{DSP}} = 0$$

bestimmen läßt. MOSFETs, die für den Anreicherungs-Durchgreifbetrieb konzipiert sind (sog. A-MOSFET), unterscheiden sich vom *Anreicherungs-MOSFET* (E-MOSFET) in mehreren Punkten:

1. Während beim E-MOSFET ein Elektronenkanal an der Oberfläche eines p-Substrates durch Inversion entsteht (also das Wechselspiel Kanal-Substrat durch einen Zweiträgermechanismus gekennzeichnet ist mit Konsequenzen für Rauschen, Sperrströme u.a.), liegt beim A-MOS ein *Majoritätsbetrieb* vor: der Elektronenkanal liegt an der Oberfläche eines n-Halbleiters. Damit entfallen Wechselwirkungen zwischen zwei Trägersorten. In der Folge werden deutlich geringere Trap-Effekte mit Grenzflächenzentren und niedrigers Rauschen festgestellt.
2. Der E-MOS arbeitet normalerweise als *selbstsperrender* Transistor (bei geeigneter Ausbildung der implantierten Schicht).
3. Weil die source- und besonders drainseitigen Verarmungszonen fehlen, sind Kurzkanaleffekte weniger stark ausgeprägt.
4. Im Gesensatz zum Transistor mit vergrabenem Kanal (oder dem Depletion-Mode-Transistor) fließt der Strom hier direkt unter der Oberfläche.

Schließlich sei erwähnt, daß bei hoher Implantationsdosis und/oder tiefer Schicht die Oberfläche bei genügend großer Spannung U_{GS} in den Inversionszustand gelangen kann, entweder längs des gesamten Kanals oder nur in Sourcenähe. Bei starker Inversion erreicht die obere Verarmungszone ihre maximale Breite W_{Smax}. Ist die Kanaltiefe x_I dennoch wesentlich größer, so kann der Kanal durch U_{GS} nicht mehr völlig gesperrt werden (es sei denn durch eine zusätzliche Substratspannung). Solche Transistoren werden häufig als Depletion-MOSFET bezeichnet, weil sie erst durch eine zusätzliche Substratspannung zu sperren sind [2.213]. Modellmäßig liegt hier die Parallelschaltung eines Anreicherungs-MOSFET mit einem Sperrschicht-FET vor [2.228].

Abschließend soll noch auf eine Begriffszuordnung verwiesen werden. Das deutsche Schrifttum verwendet den Begriff "Anreicherungs-MOSFET" (leider) zur globalen Beschreibung sehr unterschiedlicher Grundmoden des MOSFET:

1. Man versteht darunter einen MOSFET mit Inversionskanal, dessen Trägerdichte mit steigender Gatespannung steigt (eigentlicher Enhancement-, E-MOSFET). Dazu gehören auch Transistoren mit einem (schwach) implantierten Kanal vom *Substrattyp* zur Schwellspannungseinstellung. Beim n-Kanal-Transistor ist beispielsweise die Schwellspannung U_{TH} positiv.
2. Man versteht darunter einen MOSFET mit einem sehr flach und schwach implantierten, zum Substrat *kontrapolaren* Kanal (normalerweise Verarmungsstruktur), der aber durch Einstellung der Schwellspannung auf einen positiven Wert wie ein Anreicherungstransistor nach 1. arbeitet. Derartige Transistoren werden treffender als *Pseudo-E-MOSFET* oder *Compensated-MOSFET* bezeichnet [2.209].

134   2 Der MOS-Transistor als Funktionselement

3. Man versteht darunter einen MOSFET mit kontrapolarem Kanal (zum Substrat), der speziell im Accumulationsmodus längs des ganzen Kanals arbeitet. Dann existiert zwangsläufig noch ein Verarmungskanal.
4. Man versteht darunter einen MOSFET nach 3., der im Accumulation-Punch-through-Mode arbeitet ($\rightarrow$ A-MOSFET). Unter bestimmten Bedingungen können die Fälle 2. und 4. identisch sein.

2.4 Der MOSFET bei abnehmenden Geometrien. Kurzkanal- und Schmalkanaleffekte. Submikrometertransistor

Die ständige Tendenz der Abmessungsverringerung mikroelektronischer Bauelemente (u.a. zur Verbesserung dynamischer Eigenschaften und Erhöhung des Integrationsgrades) führte im Verlauf der Zeit zu MOSFETs mit immer kürzeren Kanälen, Gatebreiten und Gateoxiddicken. Heute liegt die Kanallänge von MOSFETs in höchstintegrierten Schaltungen typischerweise im *Submikrometerbereich*. Diese Abmessungsreduktion bedingt – bei sonst gleichen Betriebsspannungen – charakteristische Unterschiede gegenüber der bisherigen Transistormodellierung [2.104], [2.93], [2.229]–[2.235], [2.111], [2.55], [2.109]:

– Primär *geometriebedingt* muß die eindimensionale Analyse der bestimmenden Felder und des Potentials der *zwei-* und *dreidimensionalen* Betrachtung weichen, weil im Isolator- und Kanalbereich Feldkomponenten mit merklichen Beiträgen sowohl in x- als auch y-Richtung (und z.T. sogar in z-Richtung) auftreten. Man spricht von *2d-* und *3d-Modellierung* und versteht darunter die Analyse der zugehörigen *Trägerdichte-* und *Potentialverteilungen* (und abgeleitete Größen wie Feldstärke, Stromkomponenten). Versuche, eindimensionale Modelle durch Modifikation zunächst an 2d-Verhältnisse anzupassen [2.36], [2.180], [2.236], [2.237], verlangten bald nach exakteren, numerisch fundierten 2d-Modellen.
– Im Isolator- und Kanalbereich treten *hohe Feldstärken* auf, die Ursache neuer Effekte sind, wie z.B. Gateströme im Gatebereich, vor allem aber im Kanalbereich:
  • die Entstehung sog. *heißer Elektronen* mit nachteiligen Folgen für die Parameterstabilität,
  • die Modifikation des *Durchbruchverhaltens* und einem stark wachsendem *Substratstrom*,
  • die Beeinflussung des Trägertransportes im Kanal durch das hohe *Lateralfeld* (sog. Veränderung der Transportmodelle).

Die Gesamtheit dieser Phänomene in Transistoren kleiner Geometrien, im besonderen kurzer Kanallänge, heißt *Kurzkanaleffekte* und die zugehörigen Transistormodelle *Kurzkanalmodelle*. Man erhält sie aus dem bisher behandelten MOSFET mit relativ großer Geometrie, den sog. *Langkanalmodellen* durch

2.4 Der MOSFET bei abnehmenden Geometrien

Einbezug der mehrdimensionalen Potential- und Strömungskomponenten. Üblicherweise setzen Kurzkanaleffekte für Kanallängen kleiner als $1 \cdots 2\,\mu\text{m}$ ein.

Die Notwendigkeit einer 2d-Modellierung bei kurzem Kanal geht schon aus dem Steuerprinzip des MOSFET anschaulich hervor (Bild 2.54). Die gesamte Inversionsladung im Kanal wird von der Gateladung Q_G der Substratverarmungsladung Q_B (nur abhängig von U_{BS}) und den Verarmungsladungen Q''_{BS}, Q''_{BD} aus den Source-Drain-Bereichen (und so von den Spannungen U_{SB}, U_{DB}) gesteuert. Können die Ausdehnungen W_S, W_D dieser Source-Drain-Verarmungszonen (in Kanalrichtung) gegenüber der Kanallänge L vernachlässigt werden

$$L \gg W_S + W_D, \qquad (2.4.1)$$

so liegt ein *Langkanaltransistor* vor (der je im Gate und Kanalbereich eindimensional betrachtet wird). Umgekehrt tragen beim Kurzkanaltransistor die Ladungen Q''_{BS}, Q''_{BD} *nennenswert* zur Kanalstromsteuerung bei, und es gilt Gl. (2.4.1) nich mehr (Bild 2.54b). Zu erwarten ist dann (u.a.)

- ein Einfluß der Source-Drain-Verarmungszonen (und damit z.B. der Spannung U_{DS}) auf Steuermechanismus und Kennlinie (relativer Rückgang der Gatesteuerung,
- ein Abhängigkeit der Schwellspannung von der Kanallänge, weil nicht mehr die gesamte, sondern nur noch ein kleiner Teil der Verarmungsladung Q_B durch das Gate gesteuert wird. Dieses Schwellspannungsverhalten ist ein typischer *Kurzkanaleffekt*.

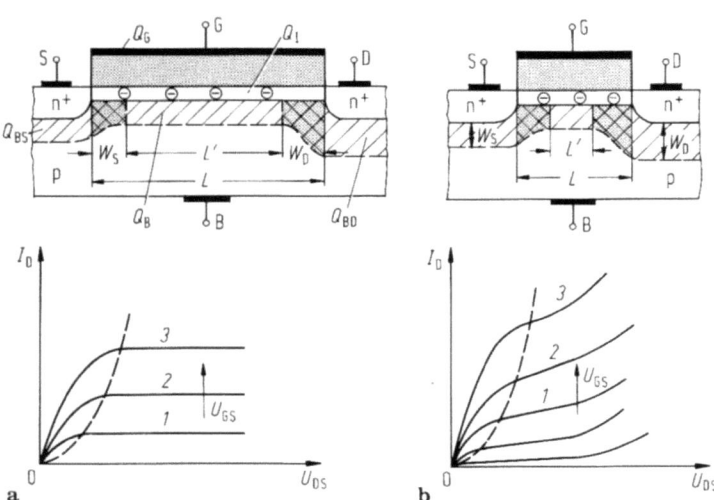

Bild 2.54a, b. Einfluß der Kanallänge auf die Ausgangskennlinie (qualitativ). **a** Langkanaltransistor, **b** Kurzkanaltransistor

Genauer besehen tritt in beiden Fällen neben der Kanalfeldstärke E_y jetzt eine *nennenswerte Komponente* E_x auf: die Gradual-Näherung versagt und eine 2d-Analyse der Träger- und Potentialverteilung wird im gesamten Kanalbereich erforderlich. Zu erwarten sind dann Auswirkungen auch auf das Stromsättigungsverhalten, die Durchbruchcharakteristik und den Kennlinienverlauf bei schwacher Inversion.

Ganz analoge Verhältnisse gelten bei schmaler werdender Gatebreite b. Ist sie z.B. vergleichbar mit der Breite W_{SC} der Gateraumladungszone (Bild 2.55), so vergrößert der Randbereich die vom Gate effektiv gesteuerte Substratladung gegenüber dem eindimensionalen Model. Deshalb *steigt* die Schwellspannung mit abnehmender Gatebreite.

Eine weitere Folge der Kanalverkürzung ist die Zunahme der *Lateralfeldstärke* im Kanal bei sonst gleichbleibenden typischen Betriebsbedingungen. Ergebnis sind eine Reihe typischer *Hochfeldeffekte*:

- im Transportvorgang kommt es zu *Geschwindigkeitssättigung*, sog. *ballistischen Effekten* und der *Erzeugung heißer Elektronen*
- im Drainbereich als einer ausgeprägten Hochfeldzone entsteht *Trägervervielfachung* und im Gefolge ein *Substratstrom*, der in Verbindung mit einem parasitären Bipolartransistoreffekt die Durchbruchsneigung vergrößert.
- *Injektion heißer Elektronen* in den Gateisolator. Erzeugt durch das Kanallateralfeld, ermöglicht das hohe Feld im Isolator einem Teil der heißen Elektronen, die Halbleiter-Isolator-Energiebarriere zu überwinden und in den Isolator einzudringen. Bei sehr dünnem Isolator kann er sogar durchtunnelt werden. Im Ergebnis ändert sich die Schwellspannung, und es tritt ein *Gatestrom* auf.

Kurzkanaleffekte sind für den VLSI-MOS-Transistor geometriebedingt typisch. Sie wären jedoch unkritisch, würden nicht wichtige elektrische Eigenschaften eher nachteilig beeinflußt. Deshalb versucht man.

- sie durch verschiedenartigste Maßnahmen zu *vermeiden* oder ihre Auswirkungen möglichst gering zu halten,
- mit neuen, physikalisch begründeten sog. *Kurzkanalmodellen* eine Brücke zwischen dem Transistorverhalten, seiner Beschreibung und den Anforderungen

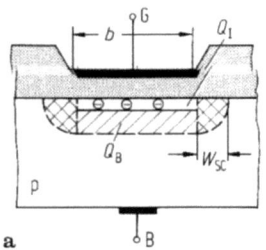
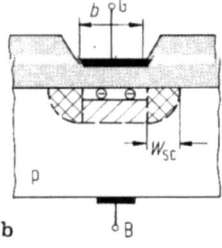

Bild 2.55a, b. Einfluß der Gatebreite auf die in die Ladungsbilanz eingehende Substratladung. **a** breites Gate, **b** schmales Gate

2.4 Der MOSFET bei abnehmenden Geometrien

des Schaltungsentwurfs zu finden. Dabei sollen die Modellgrößen theoretisch voraussagbar und/oder leicht meßbar sein. Grundlage vieler dieser (statischen) Kurzkanalmodelle sind in der Regel mehrdimensionale, computergestützte Analysen, die heute durch eine Vielzahl z.T. sehr leistungsfähiger *Simulationsprogramme* (meist 2d, vereinzelt 3d für statische und z.T. dynamische Auswertungen) unterstützt werden. Beispiele dafür bilden Programme wie FIELDAY [2.238], CADDET [2.123], GEMINI [2.242], MINIMOS [2.241], SIFCOD [2.106], PISCES II [2.240], WATMOS [2.239], MICROMOS [2.236], u.a. Erste Untersuchungen zur numerischen Simulation reichen bis in die 60er und 70er Jahre zurück. In der Zwischenzeit ist dieses Gebiet zu einem unverzichtbarem Bestandteil der MOS-Transistoranalyse geworden (z.B. [2.243], [2.244]).

Neben den numerischen Modellen kommt den *physikalisch-elektronischen* oder besser *analytischen* Modellen auch heute noch erhebliche Bedeutung zu. Sie werden aus der Transistorphysik unter bestimmten Annahmen und Näherungen hergeleitet und bieten den großen Vorzug, sehr anschaulich zu sein, die Einzeleffekte im Gesamtverhalten darstellbar zu machen und bei *vertretbarem* Rechen- und Analyseaufwand gut verwertbare Eingangsgrößen für den Schaltungsentwurf zu liefern.

Grundlage der analytischen Modelle sind die klassischen Halbleitergrundgleichungen (Poisson-, Kontinuitäts- und Transportgleichung) zusammen mit Rand- und Anfangswerten für eine bestimmte Geometrie. Zusätzliche physikalische Effekte (z.B. Lawinendurchbruch) können bei Bedarf einbezogen werden. Die Ausgangsgleichungen, ihre verschiedenen Modellnäherung und -verbesserungen in Bezug zu Geometrie und dominierenden Effekten versteht man als eine Hierarchie von *Transportmodellen*.

Werden umgekehrt semianalytisch oder numerisch gewonnene Ergebnisse (z.B. Trägerdichten, Potentialverläufe, Ströme) durch *einfachere Modelle* zusammengefaßt, so spricht man üblicherweise von *Transistormodellen*. Auch hier gibt es, je nach dem Einbezug typischer Effekte eine *Hierarchie von Transistormodellen* (s. Abschn. 3.4).

Die überwiegende Zahl der in der Vergangenheit entwickelten Modelle für den MOSFET beruht auf eindimensionalen Betrachtungen. Mit kleiner werdender Geometrie wirken aber viele Effekte zwei- und dreidimensional. Liegt die Kanallänge dabei *nennenswert* unter 1 µm, so spricht man vom *Submikrometer-MOSFET*. Hier wird auch die Anwendung des *klassischen Trägertransportmodells* (basierend auf geladenen Punktmassen) mit effektiver Masse, Beweglichkeiten und Lebensdauern und den Halbleitergrundgleichungen als dem beschreibenden System immer problematischer. An seine Stelle tritt besser das *semiklassische Modell*, das eine oder mehrere *Impulsverteilungsfunktionen* für die Träger mit heranzieht. Danach haben die Träger eine energie- und impulsabhängige Masse und anstelle der Drift-Diffusionsnäherung im klassischen Fall ist die Boltzmann-Gleichung zu verwenden.

Mit einem solchen Transportmodell können Heißelektronen- und ballistische Effekte noch gut erfaßt werden. Für extrem kurze Kanallängen im Bereich 0,01 ··· 0,1 μm, wie sie für die Speichergeneration jenseits von 64 Mbit erforderlich sein werden, dürfte auch das semiklassische Modell versagen. Dann ist ein quantenmechanisches Transportmodell anzuwenden, wofür sich erste Vorstellungen abzeichnen.

Damit gewinnen physikalische Gültigkeitsgrenzen der einzelnen Gleichungen, Vorgänge u.a. für die Transistormodellierung immer stärkere Bedeutung.

Stromflußmechanismen und Kanallänge. Die Kanallänge übt auch Einfluß auf den Stromtransport aus (Bild 2.56). Beim Langkanaltransistor verläuft das Oberflächenpotential ψ_s längs des Kanals (bei kleiner Drainspannung) horizontal, nur in den Source-Drain-Verarmungszonen gibt es die bekannte Aufwölbung. Der Stromfluß erfolgt – abhängig vom Grad der Oberflächeninversion (schwach, stark) – diffusions- oder driftgeführt.

Bei kurzem Kanal (Bild c) wird der horizontale Potentialverlauf immer kürzer und damit der Teil der Verarmungsladung, deren Feldlinien vom Gate ausgehen, immer kleiner. Die Folge ist eine abnehmende Schwellspannung. Der Strom bleibt zwar noch inversionsgesteuert, nur mit veränderter Schwellspannung.

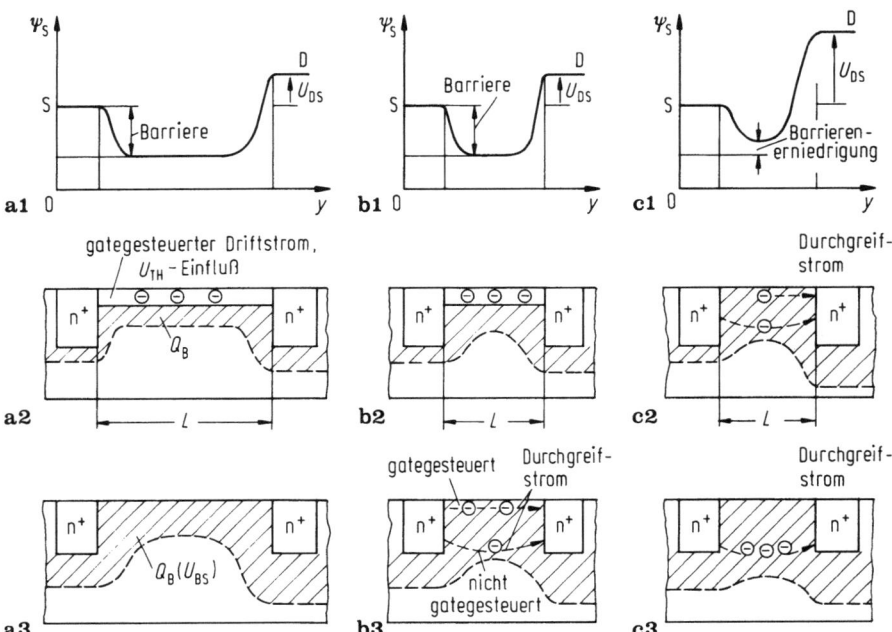

Bild 2.56a, b. Kanallänge und Steuermechanismen (Gatebereich und Bulkanschluß weggelassen). **a** Langkanaltransistor bei kleiner Drainspannung U_{DS} und kleiner und großer Substratspannung (a_2, a_3), **b** Kurzkanaltransistor, sonst wie a), **c** Kurzkanaltransistor, große Drainspannung

Starke Substratspannung (Bild b3) prägt die Verarmungszone deutlicher aus, die Verarmungsladung wächst. In beiden Fällen ist die Lateralfeldstärke E_y (bei gleicher Spannung U_{DS}) größer als im Langkanalfall. Von einem kritischen Feld an kann zusätzlich raumladungsbegrenzter oder *Punch-through-* (Durchgreif)-Strom durch die *Verarmungszone* entstehen, und zwar im Falle b3) eher als bei b2), weil beim implantierten Kanal mit deutlich höherer Oberflächendotierung der raumladungsbegrenzte Strom besonders im hochohmigen Bereich entsteht. Deshalb fließt der Durchgreifstrom unter dem Inversionskanal, näherungsweise *nicht* vom Gate steuerbar.

Bei noch kürzerem Kanal (oder größerer Drainspannung) greifen gar die Source- und Drainverarmungszonen an der Halbleiteroberfläche gegenseitig durch (Bild c). Dann zeigt das Potential über der Kanallänge ein ausgeprägtes *Minimum* (→ Potentialbarriere) auf, und der Strom fließt "barrierenbegrenzt" als Punch-through-Strom an der Oberfläche, der vom Gate her in gewissem Umfange gesteuert werden kann. Mit steigender Drainspannung ändert sich das Potentialminimum (Lage, Höhe) und dieser Effekt (DIBL, s.u.) bestimmt hauptsächlich die Kennlinienform. Diese Probleme sollen in diesem Abschnitt genauer diskutiert werden.

2.4.1 Geometrieabhängigkeit der Schwellspannung

Experimentelle Untersuchungen der bisher verwendeten Schwellspannung U_{TH} Gl. (2.3.11c) zeigen mit abnehmender Transistorgeometrie einen immer stärkeren Einfluß von Kanallänge und -breite. Zur Erklärung dieses Effektes werden hauptsächlich zwei Modelle herangezogen:

- die Abnahme der Substratladung Q_B durch die relativ zunehmenden Verarmungsgebiete im Source- und Drainbereich und/oder
- die Absenkung des Kanaloberflächenpotentials ψ_s zufolge der Drainspannung U_{DS}, oft auch als draininduzierte Barrierenerniedrigung (Drain induced barrier lowering, DIB-Effekt) bezeichnet.

Zweckmäßig ist es dabei, die Fälle des kurzen Kanals oder eines schmalen Gates zunächst getrennt zu betrachten.

2.4.1.1 Kurzkanalschwellspannung

Wie eben erwähnt, wird die Schwellspannung U_{TH} dann von der Kanallänge abhängen, wenn die Source- und Drain-Verarmungszonen merklich in den vom Gate gesteuerten Kanalbereich eingreifen. Da die Verarmungsbreiten X, D u.a. von der *Eindringtiefe* r_j, der Dotierung und den anliegenden Spannungen abhängen, wird zunächst das *Kriterium* (Bild 2.57)

$$L' \gtrsim W_S + W_D \tag{2.4.2}$$

140   2 Der MOS-Transistor als Funktionselement

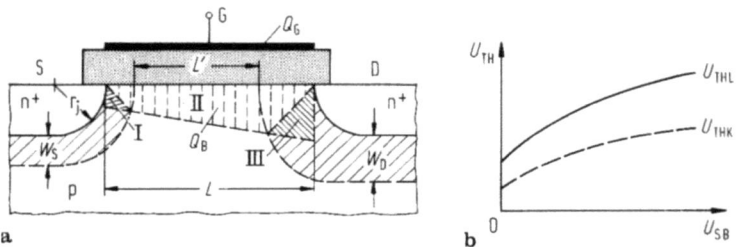

Bild 2.57a, b. Aufteilung der Verarmungsladung Q_B im Ladungsteilungsmodell

für den *Kurzkanaltransistor* anschaulich verständlich [2.245]. Die Gesamtverarmungsbreite $W_S + W_D$ ist dabei eine Worst-case-Näherung der Verarmungsbreiten W_S und W_D, wobei z.B. die drainseitige Ausdehnung W_D beim abrupten Übergang durch

$$W_D = \left[\frac{2\varepsilon_S}{qN_A} (|U_{DB}| + U_{Diff}) \right]^{1/2} \qquad (2.4.3)$$

($U_{Diff} \approx 0{,}7\,\text{V}$, $U_{DB} = U_{DS} + U_{SB}$) gegeben ist. Deshalb wurden "Kurzkanaleffekte" anfänglich auch bei größeren Kanallängen bemerkt, weil die Eindringtiefe r_j der ersten MOS-Technologien (und damit W_D) entsprechend groß waren [2.135]. Dies äußerte sich z.B. durch

– fehlende Kennliniensättigung bei größerer Drainspannung,
– weichem Durchbruchsbereich (der eher auf einen draingesteuerten Strom hindeutet und nicht auf den Lawinendurchbruch).

Evident traten Kurzkanaleffekte jedoch erst bei Kanallängen unter 2 µm in allen Betriebsbereichen zutage und entsprechende Untersuchungen folgten. Sehr bald erkannte man das zweidimensionale drainseitige Potentialfeld als Ursache [2.246], [2.247]. Darauf aufbauend entstanden mehrere Modelle zur ingenieurmäßigen Handhabe des Effektes:

– Das *Ladungsteilungsmodell* (Charge-sharing-model). Danach ändert sich die Schwellspannung, weil ein Teil der (ionisierten) Substratladung Q_B unter dem Gatebereich von den Verarmungszonen der Source-Drain-Gebiete "verbraucht" wird, sich also die Substratladung teilt (Bild 2.54). Zufolge der kleineren Substratladung kann der Transistor leichter eingeschaltet werden, was wie eine kleinere Schwellspannung wirkt. Das Oberflächenpotential wird bei diesem Modell durch die enger zusammenliegenden Source-Drain-Bereiche als nicht verändert angesehen [2.248]–[2.256], (2.46].
– *Analytische Modelle.* Sie gehen von einer 2d- oder Quasi-2d-Lösung der Poissonschen Gleichung im Drainbereich aus und verwenden die Ergebnisse entweder direkt zur Schwellspannungsberechnung bzw. zur Verbesserung des Ladungsteilungsverfahren oder des Barrierenmodells.
– Das *Barrierenmodell.* Längs eines langen Kanals (Bild 2.56) bleibt das Oberflächenpotential ψ_S praktisch konstant. Bei kurzem Kanal hingegen ändert es sich lokal durch die Nähe von Source und Drain sehr stark. Dadurch entsteht eine Potentialbarriere für den Trägerfluß zum Drain hin. Eine zusäzliche Drainspannung senkt diese Barriere weiter und der Drainstrom steigt an. Um ihn auf dem ursprünglichen Wert zu halten, muß die Gatespannung in negativer Richtung verschoben weden: *Absenkung der Schwellspannung.* Man spricht bei diesem Barrierenmodell oft

2.4 Der MOSFET bei abnehmenden Geometrien

auch von *"draininduzierter Barriereniedrigung"* (drain induced barrier lowering, DIBL-Effect) [2.54], [2.254], [2.255], [2.257]–[2.262], [2.95].
- *Empirische Modelle.* Sie verwenden für den Zusammenhang $U_{TH}(L)$ entweder experimentelle Daten oder eines der vorgenannten Modelle mit Funktionsanpassung (Anpaßparameter). Ihre Einfachheit zwingt deshalb zu Einschränkungen im Parameterbereich (Technologie, Geometrie, Spannungen) [2.262], [2.95], [2.263].

Ladungsteilungsmodell. Die Schwellspannung U_{THL} des Langkanaltransistors betrug nach Gl. (2.3.11c)

$$U_{THL} = U_{FB} + 2\Phi_F^* - \frac{Q_{BL}''}{C_i''} = U_{FB} + 2\Phi_F^* + \gamma\sqrt{2\Phi_F^* + U_{SB}}.$$

Beim kurzen Kanal trägt von der Verarmungsladung Q_{BL}'' nur ein kleinerer Teil Q_{BK}'' bei, was analog durch eine Schwellspannung

$$\boxed{U_{THK} = U_{FB} + 2\Phi_F^* - \frac{Q_{BK}''}{C_i''} = U_{FB} + 2\Phi_F^* + \frac{Q_{BK}}{Q_{BL}}\gamma\sqrt{2\Phi_F + U_{SB}}} \qquad (2.4.4)$$

ausgedrückt werden kann. Damit ist für die Schwellspannungserniedrigung

$$\Delta U_{TH} = U_{THL} - U_{THK} = (1 - F)\gamma\sqrt{2\Phi_F^* + U_{SB}} \qquad (2.4.5)$$

der *Ladungsteilungsfaktor*

$$\boxed{F = \frac{Q_{BK}}{Q_{BL}} = \frac{\text{Ladung im Bereich II}}{\text{Gesamtladung in den Bereichen I} \cdots \text{III}}} \qquad (2.4.6)$$

maßgebend (Bild 2.57). Anschaulich zerfällt die Substratladung Q_B'' (Integral über das Kanaldotierungsprofil im Verarmungsbereich unter dem Gate) in drei Gebiete: den vom Gate gesteuerten Bereich II sowie die von Source und Drain gesteuerten Gebiete I und III. Dieser Ansatz zerlegt das zweidimensionale Problem in mehrere eindimensionale Aufgaben, da sich die Einzelladungen resp. die zugehörigen geometrischen Abgrenzungen einfacher berechnen lassen (s.u.).

Trotz einiger Mängel [2.267], [2.248], [2.268], [2.51] ist dieses auf Poon und Yau [2.269], [2.270] zurückgehende (ideell aber schon von Varshney [2.271] skizzierte) Modell weit verbreitet (im Gegensatz zu dem von Lee [2.272] etwa zur gleichen Zeit ganz analog entwickelten, aber rechenintensiveren Modell).

Zur Bestimmung von F sind mehrere Ansätze bekannt (Bild 2.58). Sie verwenden als Sperrschichtbreite $W_C(U)$ entweder die des ebenen oder zylinderförmigen abrupten pn-Überganges [2.97], [2.273], wobei der Zusammenhang zwischen Sperrschichtbreite und zugehöriger Spannung im letzteren Falle implizit zu berechnen ist.

Im ersten Falle ergibt sich für eine Ladungsverteilung nach Bild 2.58a sogar eine geschlossene Lösung [2.271], [2.46]:

$$F = 1 - \frac{W_C}{L} \quad \text{mit } W_C = \left[\frac{2\varepsilon_S}{qN_A}(U_{BG} + 2\Phi_F^*)\right]^{1/2}. \qquad (2.4.7)$$

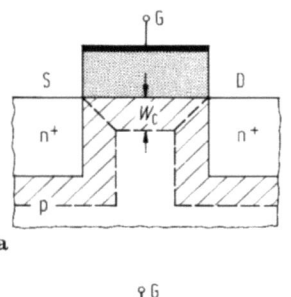
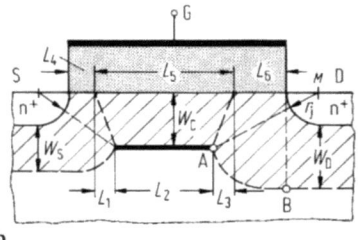
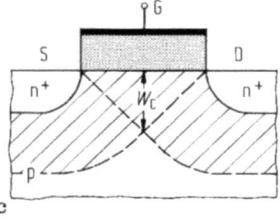

Bild 2.58a–c. Modelle für die Ladungsteilung beim Kurzkanaltransistor. **a** Trapeznäherung bei sehr tiefem n⁺-Gebiet, **b** Trapeznäherung bei flachem, stark gerundeten n⁺-Gebiet, **c** Dreiecknäherung bei sehr breiter Verarmungszone (U_{BS}) oder kurzem Kanal

Verbessern läßt sich das Modell [2.97], [2.269] durch Ansatz der tatsächlichen Geometrie der Source-Drain-Gebiete (Radius r_j) [2.256], [2.274], [2.275]. Die Strecken L_4 und L_6 betragen

$$L_4 = W_C(U_D - \psi_s), \quad L_6 = W_C(U_{DS} + U_D - \psi_s)$$

mit der Diffusionsspannung U_D des Source-(Drain-)Substratüberganges. Die übrigen Trapezgrößen L_1, L_3 werden durch Annahme einer Verarmungsladungsgrenzkurve zwischen den Punkten A und B bestimmt, beispielsweise durch einen Kreisbogen vom Radius [2.46], [2.269]

$$r = r_j + W_C(U_{DS} + U_D - U_{BS})$$

um den Mittelpunkt M (bei ebenfalls zylindrisch angenommener Unterdiffusion). Dann kann die Länge L_3 aus der Lage von A als Funktion der relevanten Spannungen bestimmt werden (für L_1 ist sinngemäß zu verfahren). Ein anderer Ansatz ersetzt die Kurve AB durch einen Ellipsenbogen [2.97].

Die im Trapezvolumen enthaltene Verarmungsladung ergibt sich unter Annahme

– kleiner Drainspannung $U_{DS} \approx 0$, so daß $W_C \approx W_D = W_C$ und
– eines konstanten Oberflächenpotentials längs des Kanals (s.u.) zu

$$Q''_{BK} = qN_A W \left[LW_C - 2\frac{\Delta L W_C}{2} \right], \qquad (2.4.8)$$

2.4 Der MOSFET bei abnehmenden Geometrien

wobei die Längenänderung L hervorgeht aus:

$$(\Delta L + r_j)^2 + W_C^2 = (W_C + r_j)^2.$$

Daraus folgt schließlich als Ladungsteilungsfaktor (Gl. (2.4.7))

$$\boxed{F = 1 - \frac{W_C}{L} \approx 1 - \frac{r_j}{L}\left(\sqrt{1 + \frac{2W_C}{r_j}} - 1\right)} \qquad (2.4.9)$$

mit der Näherung $W_C/r_j \ll 1$ (Taylor-Entwicklung). Diese Näherung ist rechnerisch zwar bequem, doch für große W_C/r_j zu ungenau. Deshalb verwendet man oft auch die Form

$$F = 1 - \alpha W_C/L \qquad (2.4.10)$$

mit dem Anpaßparameter α [2.229], bisweilen auch Potenz- oder Exponentialreihen in L^{-1} [2.264]-[2.266].

Zusammengefaßt wächst die *Schwellspannungsänderung* (Gl. (2.4.5), (2.4.9), im Rahmen der Modellgültigkeit)

$$\Delta U_{TH} \approx 2\alpha \frac{\varepsilon_S}{\varepsilon_i} \frac{d_i}{L}(2\Phi_F^* + U_{SB}) \qquad (2.4.11)$$

mit sinkender Kanallänge, abnehmender Substratdotierung (α, Φ_F^*) und zunehmender Source- und Drain-Eindringtiefe (α).

Die bisherige Ladungsaufteilung Bild 2.58a gilt, solange sich die Source-Drain-Bereiche noch nicht berühren, also für kleine Substratspannung U_{SB}. Im anderen Fall kann der Bereich der Verarmungsladung am besten durch eine Dreiecksnäherung erfaßt werden [2.269] (Bild 2.58c) mit

$$W_C = L/2r_j * (r_j + L/4). \qquad (2.4.12)$$

Die Einfachheit des Yau-Modells beruht auf verschiedenen Einschränkungen und Grenzen. Sie waren umgekehrt Anlaß für zahlreiche Verbesserungen, so daß man heute eine *Familie von Ladungsteilungsmodellen* kennt:

a) Ein großer Nachteil ist die a priori-Festlegung der Source-Drain-Verarmungszonen ohne direkten Bezug zur tatsächlichen Potentialverteilung. Die Folge dieser rein geometrischen Ladungsabgrenzung sind nicht nur mehr oder weniger willkürliche Teilungsregeln, sondern in direkter Folge eine Abhängigkeit $U_{THK} \sim L^{-1}$, obwohl experimentell oft eine stärkere Abhängigkeit zutrifft. Eine grundlegende Verbesserung sollte daher durch Kombination der Ladungsteilung mit der 2d-Lösung der Poissonschen Gleichung (s.u.) erwartet werden: Gebietszuordnung im Faktor F Gl. (2.4.6) erst *nach* Lösung der Potentialverteilung, also realistischere Gebietsabgrenzungen [2.46], [2.275]-[2.278], [2.264].

b) Das Yau-Modell nimmt homogen dotiertes Substrat an. Der Einbezug inhomogen dotierter Substratbereiche ergibt Korrekturterme [2.195], [2.164], [2.176], [2.268], [2.147], [2.197], [2.280], [2.279]. Sie können auf sehr verschiedene Weise (Abschn. 2.3.3.3) gewonnen werden, z.B. semianalytisch [2.162], [2.181] durch Dotierungstransformation [2.147], [2.161], [2.275], [2.173], durch das (nichtphysikalische) Prinzip der virtuellen Ladungsfront [2.161], [2.275] sowie leicht integrierbarer Ersatzfunktion für das inhomogene Störstellenprofil [2.190], [2.177], [2.280], [2.113]). Nähert man beispielsweise das Implantationsprofil durch ein Kastprofil an und setzt voraus, daß die Verarmungszonen von Source, Drain und Gate gleiche Ausdehnung haben, so geht Gl. (2.4.9) über in

$$F = 1 - r_j/L(\sqrt{1 + 2W_C/r_j} - 1) \cdot 2/W_C \left[\int_0^{w_C} xN_A(x)dx \int_0^{w_C} N_A(x)dx \right]. \quad (2.4.13)$$

c) Das Yau-Modell nimmt konstantes Kanaloberflächenpotential an, was in den Source-Drain-Anschlußbereichen nicht zutrifft, also bei kürzer werdendem Kanal auch nicht mehr längs des Kanals (Übergang im Barrierenmodell, s.u.). Verbessernde Ansätze sind ein mittleres Potential (Lee [2.272]), lineare Potentialverläufe im Source-Drain-Verarmungsgebiet und Potentialnäherungen der tatsächlichen Verläufe [2.254], [2.204].

Eine wichtige Zielsetzung ist dabei der Einbezug auch großer Drainspannung U_{DS} (was das originäre Yau-Mode nicht leistet). Mit wachsender Spannung U_{DS} dehnt sich die drainseitige Sperrschicht aus und das Modell wird *unsymmetrisch*. Deshalb sinken Q''_{BK} Gl. (2.4.4) und damit U_{THK} ab, m.a.W. muß die Schwellspannung von der Drainspannung abhängen (Bild 2.59). Rechnerisch wird der U_{DS}-Einfluß nach den bereits genannten Prinzipverfahren vorgenommen, z.B. rein geometrisch durch ein unsymmetrisches Trapez [2.250], [2.256], [2.46] nach dem Spiegelladungsmodell [2.281] und vor allem der 2d-Poisson-Lösung (s.u.). Beispielsweise führen rein geometrische Überlegungen auf die Schwellspannungsänderung ΔU_{TH}

$$\Delta U_{TH} = -\frac{1}{C''_i}[2\varepsilon_s q N_A(2\Phi_F^* - U_{BS})]^{1/2} \cdot \left\{ \left(\left[1 + \frac{2W_S}{r_j}\right]^{1/2} - 1 \right) \right.$$
$$\left. + \left(\left[1 + \frac{2W_D}{r_j}\right]^{1/2} - 1 \right) \right\} \cdot \frac{r_j}{2L}, \quad (2.4.14)$$

wobei die Sperrschichtbreiten W_S, W_D von den Source- und Drain-Substratspannungen abhängen. Näherungsweise ergibt sich daraus für $r_j \gg W_S$, W_D (vgl. Gl. (2.4.10))

$$F \approx 1 - \alpha \cdot \frac{W_S + W_D}{2L} \quad (2.4.15)$$

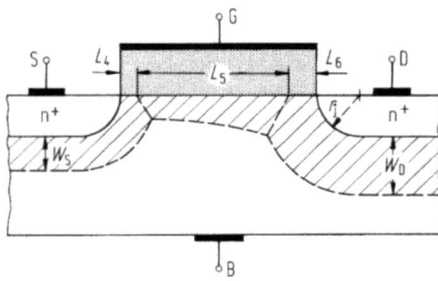

Bild 2.59. Ladungsteilungsmodell bei wesentlicher Drainspannung U_{DS} ($W_D \gg W_S$)

2.4 Der MOSFET bei abnehmenden Geometrien 145

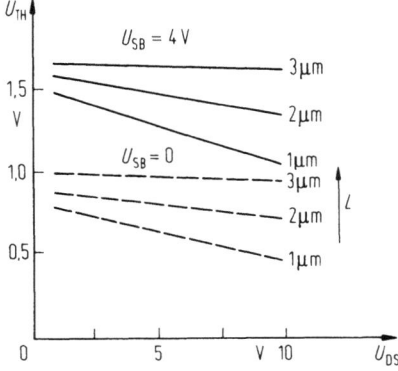

Bild 2.60. Einfluß der Kanallänge und Substratspannung auf die Schwellspannung

mit der bereits erwähnten Konstante α. Die Summe der Sperrschichtbreiten W_S und W_D beträgt

$$\frac{W_S + W_D}{2} = \frac{1}{2}\sqrt{\frac{2\varepsilon_S}{qN_A}} \cdot [\sqrt{2\Phi_F^* + U_{SB}} + \sqrt{2\Phi_F^* + U_{DB}}]$$

$$\approx \sqrt{\frac{2\varepsilon_S}{qN_A}}\left(\sqrt{2\Phi_F^* + U_{SB}} + \frac{1}{4}\frac{U_{DS}}{\sqrt{2\Phi_F^* + U_{SB}}}\right). \quad (2.4.16)$$

Daraus folgt die Schwellspannungsänderung (β Anpassfaktor)

$$\Delta U_{TH} = 2\alpha_1 \frac{\varepsilon_S}{\varepsilon_i} \cdot \frac{d_i}{L}\left[2\Phi_F^* + U_{SB} + \beta\frac{U_{DS}}{4}\right]. \quad (2.4.17)$$

Auch hier nimmt sie mit wachsender Drainspannung zu, die Schwellspannung also ab (Bild 2.60). Interessanterweise bleibt dieser Effekt auch im abschnürzustand erhalten. Deshalb ist die weitere Abnahme der Schwellspannung in diesem Bereich für den Drainstromanstieg verantwortlich, nicht allein der Kanallängeneffekt. Im Extremfall kann so ein bereits abgeschalteter Transistor ($U_{GS} \ll U_{THK}$) durch die Schwellspannungsabsenkung mit wachsender Drainspannung wieder einschalten!

Auf die *Kennlinie* wirkt sich die Schwellspannungsänderung um ΔU_{TH} im Bereich mittlerer und starker Inversion qualitativ wie eine Verschiebung der $I_D - U_{GS}$-Kurve um einen entsprechenden U_{GS}-Wert aus. Dies wird umgekehrt zur *Messung von* ΔU_{TH} verwendet: Bei Konstantstrom I_D (im Schwellbereich) mißt man die Verschiebung von U_{GS} gegen einen Bezugswert [2.95]. Sie ist dann gleich der Schwellspannungsänderung.

2d-Potentialmodelle. Eine deutliche Verbesserung läßt sich beim Ladungsteilungsmodell durch a-priori-Bestimmung des 2d-Potentialverlaufs erreichen.

Bild 2.61 zeigt prinzipielle Verläufe beim Lang- und Kurzkanaltransistor im Flachbandfall und bei Inversion. Beim Langkanaltransistor bleibt das Oberflächenpotential $\psi(0, y) = \psi_S(y)$ längs

146   2 Der MOS-Transistor als Funktionselement

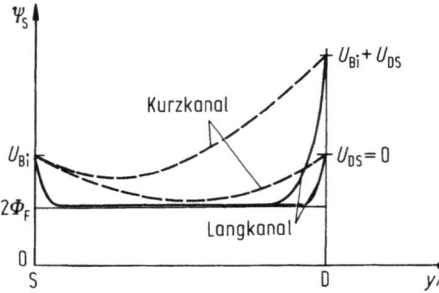

Bild 2.61. Verlauf des Oberflächenpotentials längs des Kanals beim Langkanal- und Kurzkanaltransistor

des (stromlosen) Kanals mit Ausnahme der S-D-Bereiche konstant. Speziell beim Inversionseinsatz beträgt es $2\Phi_F$ (resp. Φ_F bei schwacher Inversion). Dies entspracht der Definition der Schwellspannung (konsistent mit dem Flächenladungsmodell $\to Q_I''$). Sinkende Kanallänge verkürzt diesen Bereich konstanten Potentials ($2\Phi_F$), bis das Oberflächenpotential den Inversionswert $2\Phi_F$ nicht mehr am Source, sondern erst weiter im Kanal erreicht: die Source-Drain-Verarmungszonen dringen von beiden Seiten immer mehr durch. Bei anliegender Drainspannung U_{DS} erfolgt dies noch früher. Qualitativ hat so das Oberflächenpotential $\psi_S(0, y)$ in Kanalrichtung den Verlauf einer unsymmetrischen Parabel, ebenso in x-Richtung. Deshalb muß die ursprüngliche Definition der Schwellspannung aus der Inversionsbedingung vor dem Source-Kontakt[20] (s. Gl. (2.1.72)) $U_{TH} = U_{FB} + 2\Phi_{F|y=0} + \gamma\sqrt{2\Phi_F}$, jetzt sinngemäß an die Stelle des Oberflächenpotential-Minimums (sog. virtuelle Katode [2.95]) verlegt werden.

Ein Transistor mit nicht zu kurzem Kanal hat immer einen Kanalabschnitt etwa konstanten Oberflächenpotentials (in dem die Poissonsche Gleichung näherungsweise nach x- und y-Richung entkoppelt betrachtet werden kann). Aus dem Potentialverlauf $\psi_S(y)$ kann dann sie Schwellspannung U_{TH} nach sinngemäßer Definition auch mit Drainspannungs- und Bulkspannungs-Einfluß hergeleitet werden [2.254], [2.282], [2.276], [2.182]. Derartige (semianalytische) Lösungen der Poissonschen Gleichung gestatten eine genauere Berechnung des Ladungsteilungsfaktors F, weil sie auf die empirische Gebietsaufteilung verzichten.

Bei sehr kurzem Kanal durchdringen sich die source- und drainseitigen Raumladungsbereiche, vor allem bei großer Drainspannung. Die Folge ist eine starke Absenkung der Potentialbarriere, gleichzeitig setzt der Durchgreifeffekt verbunden mit einem weiteren Strommechanismus (raumladungsbegrenzter Strom) ein (s. Abschn. 2.4.2.1). Dieses Modell der drainspannungsbedingten Potentialbarrieren-Absenkung (Drain-induced barrier-lowering, DIBL) dient alternativ zum Ladungsteilungsmodell zur Erklärung der Schwellspannung-Erniedrigung. Ein erster (empirischer) Ansatz [2.95] geht von einem linearen Einfluß der Drainspannung auf die Änderung des Oberflächenpotentials (im Minimum) aus:

$$\psi_{Smin}(L) - \psi_{Smin}(L \to \infty) = P_N + P_E U_{DS}. \tag{2.4.18}$$

Das Ergebnis [2.113], [2.14], [2.283], [2.147]

$$U_{THK} = U_{THL} - K_N - K_E U_{DS} \tag{2.4.19a}$$

enthält einen "Nachbarschaftseffekt" $K_N = f(L, x_j, d_i, N_A, U_{SB})$ und einen "Eindringeffekt" K_E. Abschätzungen führen je nach dem benutzten Modell z.B. auf [2.266], [2.275]

$$K_E = \frac{6d_i}{W_{Smax}} \exp\frac{-nL}{4W_{Smax}}. \tag{2.4.19b}$$

---

[20] Vernachlässigte Source-Kanal-Raumladungszone!

2.4 Der MOSFET bei abnehmenden Geometrien

W_{Smax} ist dabei die maximale Breite der Verarmungszone unter dem Kanal. Auch andere Ansätze werden benutzt (z.B. $K_E \sim L^{-3}$ [2.262] in SPICE 2G, Level 3 oder $K_E \sim 1/L$ [2.113], [2.70], [2.14]).

Die 2d-Lösung der Poisson-Gleichung erfolgt bei dieser Modellierung unter sehr verschiedenen Voraussetzungen. Sie reichen vom konstant angenommenen Oberflächenpotential und unbegrenzt tiefen Source-Drain-Übergängen [2.275] über realistischere Randbedingungen [2.284] bis hin zur parabolischen Potentialapproximation [2.278], [2.182], [2.164], [2.285], [2.277], [2.275], [2.265], [2.254]. Solche 2d-Modelle werden zunehmend zur Berechnung der Kurzkanalschwellspannung bei inhomogener Substratdotierung verwendet [2.282], [2.275], [2.190].

Semiempirische Modelle. Aus Sicht einer praktikablen Schaltungssimulation wurden Modelle entwickelt, die den Kurzkanaleffekt semiempirisch, meist durch Anpaßparameter erfassen. Ihr Merkmal ist weniger die physikalische Begründung, sondern die bequeme Einpassung in CAD-Modelle und eine einfache Parameterbestimmung. Ein Beispiel dafür ist die Kennliniengleichung [2.54], [2.286]

$$I_D = \mu_n C_i \frac{b}{L} \left[\left(U_{GSeff} - \frac{U_{DS}}{2} \right) U_{DS} - \frac{2}{3} \gamma F \{ |U_{DS} + U_{SB} + 2\Phi_F^*|^{3/2} - |U_{SB} + 2\Phi_F^*|^{3/2} \} \right]$$

mit

$$F = 1 - \left(\sqrt{2 + \frac{W_C}{x_j}} - 1 \right) \cdot \frac{x_j}{L} \quad \text{und} \tag{2.4.20}$$

$$W_C = \sqrt{\frac{2\varepsilon_S}{qN_A} |U_{SB} + \Phi_F^*|}.$$

In erster Linie kommt es dabei nur auf den Geometrieeinfluß (Skalierungsmöglichkeiten!) an. Weil vielfach $\Delta U_{TH} \sim 1/L$ (ebenso eine Abhängigkeit von der Gatebreite b ($\to 1/b$) festgestellt wird, spricht man von einer *reziprok-geometrische Abhängigkeit* der wichtigsten elektrischen Parameter des MOSFET [2.301] und stellt die Schwellspannung dann dar durch [2.288], [2.70], [2.273], [2.113], [2.287] (z.B. im BSIM-Modell, s Abschn. 3.4.1)

$$\boxed{U_{TH}(L) = U_{TH}(\infty) - \frac{P_L}{L} + \frac{P_b}{b}.} \tag{2.4.21}$$

Die Größen P_L und P_b lassen sich aus mehreren Transistoren mit verschiedenen L- und b-Werten für eine bestimmten Prozeß leicht bestimmen. Für L und b ist dabei eine zu vereinbarende Obergrenze L_{max}, b_{max} zweckmäßig. Sie beträgt etwa das Doppelte von

$$L_{min} = 0,4 [x_j d_i (W_S + W_D)^2]^{1/3}. \tag{2.4.22}$$

Kennlinie bei starker Inversion mit Kurzkanaleffekt. Bisher war davon ausgegangen worden, daß der Kurzkanaleffekt (wie der folgende Schmalkanaleffekt) durch eine veränderte Schwellspannung Gl. (2.4.4) im Kennlinienverhalten z.B. bei starker Inversion erfaßt ist. Dies soll präzisiert werden [2.68], [2.289].

Aus der Kennliniengleichung (2.3.15) sowie den Inversions- und Substratladungen [2.170] folgt für den Drainstrom des Kurzkanaltransistors

$$I_D = \frac{b\mu}{L} C_i'' \left[\underline{(U_{GS} - U_{FB} - 2\Phi_F^*)U_{DS} - \frac{U_{DS}^2}{2}} + \int_{U_{SB}}^{U_{DB}} \frac{Q_{BK}''(U_{YB})}{C_i''} dU_{YB} \right]. \tag{2.4.23}$$

Der erste (unterstrichene) Anteil ist der Drainstrom *ohne* Substrateinfluß, der letzte der Substrateinfluß mit

$$Q_{BK}(U_{YB}) = F'(U_{YB}) Q_{BL}(U_{YB}), \tag{2.4.24}$$

148   2 Der MOS-Transistor als Funktionselement

wobei der Ladungsfaktor $F'(Y_B)$ Gl. (2.4.6) jetzt vom Ort (U_{YB}) abhängt (s.u.). Definiert man (wie nach Abschn. 2.3.1.2) als extrapolierte (Gate-)Schwellspannung den Wert $U_{TH} = U_{THO} + U_{TH1}(U_{DS}, U_{SB})$ (wobei $U_{THO} = U_{FB} + 2\Phi_F^*$ den substratunabhängigen Teil ausdrückt), so enthält nur der substratabhängige Anteil

$$U_{TH1}(U_{DS}, U_{SB}) = -\frac{1}{U_{DS}} \int_{U_{SB}}^{U_{DB}} \frac{Q''_{BK}(U_{YB})}{C''_i} dU_{YB}$$

$$\equiv -\frac{1}{U_{DS}C''_2 bL} \int_{U_{SB}}^{U_{DB}} qN_A V(U_{YB}) dU_{YB} \qquad (2.4.25)$$

den Kurzkanaleffekt. Die Verarmungsladung Q_B ist die Ladungsdichte qN_A multipliziert mit ihrem Volumen $V = bA$. Der Langkanaltransistor hat die Fläche $A = LW_S$ (mit der Sperrschichtbreite $W_S(U_{YB})$) über der die Spannung U_{YB} abfällt. Beim Kurzkanaltransistor entspricht A etwa einer Trapezfläche,

$$A_\triangle = W_S(U_{YB})\tfrac{1}{2}(L + L'(U_{YB})), \qquad (2.4.26)$$

wobei die kürzere Länge L' implizit von U_{YB} abhängt: für steigende U_{YB} sinkt L'. Damit geht in den Ladungsteilungsfaktor

$$F' = \frac{A_\triangle}{A_\square} = \frac{1}{2}\left(1 + \frac{L'(U_{YB})}{L}\right)$$

die Kanalspannung U_{YB} ein, und es müßte sinngemäß

$$Q_{BK}(U_{YB}) = F'(U_{YB})Q_{BL}(U_{YB}) \approx F(U_{DB}, U_{SB})Q_{BL}(U_{YB})$$

in Gl. (2.4.25) gesetzt werden. F' ist also *nicht* mit dem durch Gl. (2.4.6) eingeführten Faktor F identisch! Die Auswirkungen auf U_{TH1} sind bei Verwendung der rechts stehenden Näherung jedoch gering. Deshalb kann F für die Integration als Konstante aufgefaßt werden und aus Gl. (2.4.25) folgt

$$\boxed{U_{TH1K} = F(U_{DB}, U_{SB}) \cdot U_{TH1L}(U_{DS}, U_{SB}).} \qquad (2.4.27)$$

So bestimmt die Ladungsteilung *direkt* den vom Substrateffekt abhängigen Schwellspannungsanteil und die Kennlinie Gl. (2.4.25) des Kurzkanaltransistors (aktiver Bereich) lautet

$$\boxed{I_D = \frac{b\mu}{L} C''_i \left[(U_{GS} - U_{THK})U_{DS} - \frac{U_{DS}^2}{2}\right]} \qquad (2.4.28)$$

mit $U_{THK} = U_{THO} + F(U_{DS}, U_{SB}) U_{TH1}(U_{DS}, U_{SB})$. Um den nichtlinearen Einfluß der Drainspannung U_{DS} auf U_{TH} zu beseitigen, kann man den Spannungsverlauf vom Sourcekontakt aus linearisieren (s. Gl. (2.3.17)). Dies führt beim Kurzkanaltransistor auf

$$U_{THK} = U_{TH} = + F(U_{DS}, U_{SB}) \cdot \left[\gamma \sqrt{2\Phi_F^* + U_{SB}} + \frac{\delta}{2} U_{DS} \right] = U'_{THK} + F \frac{\delta}{2} U_{DS}$$

und schließlich die Kennlinie

$$\boxed{I_D = \frac{b\mu_n}{L} C''_i \left[(U_{GS} - U'_{THK}) U_{DS} - \left(1 + \frac{\delta}{2} F\right) U_{DS}^2 \right].} \qquad (2.4.29)$$

Der Kurzkanaleffekt schwächt somit den Substrateinfluß, was anschaulich zu erwarten ist.

2.4.1.2 Schmalkanalschwellspannung

Die bisher verwendete *Gatebreite* b ist im realen MOSFET durch Randfelder nie gleich der Breite, auf die das Steuerfeld tatsächlich einwirkt. Das Randfeld vergrößert vielmehr die Verarmungszone seitlich um die Breite $2W_{Sb}$ (Bild 2.62). Für $b \gg W_{Sb}$ ist dieser Einfluß sicher vernachlässigbar, für $b \approx W_{Sb}$ dagegen nicht. Im Unterschied zum Kurzkanaleffekt steuert das Gate jetzt eine größere Verarmungsladung, als sie dem eindimensionalen Modell zukommt. Deshalb muß eine *größere* Gatespannung anliegen, um die der vergrößerten Verarmungsladung entsprechende größere Inversionsladung aufzubauen: die Inversionseinsatzgrenzen (U_{GBM}, U_{GBH}, Bild 2.8) und somit die Schwellspannung U_{THb} wachsen an [2.268], [2.290]–[2.292], [2.251], [2.253].

Reale Strukturen unterscheiden sich von diesem einfachen Modell aus zwei Gründen (Bild 2.62b, c):

– Das dicke Feldoxid an der Halbleiteroberfläche außerhalb des Gatebereiches muß im Gatebereich "verdünnt" werden. Dies erfolgt während des technologischen Prozesses allmählich, und es entsteht der sog. Vogelschnabel (Bild b).
– Im einfachsten Fall wird diese Anordnung durch eine Struktur nach Bild c) angenähert.

Prinzipiell kann der Gatebreiteneinfluß mit den gleichen Methoden des Kurzkanaleffektes modelliert werden: Ladungsteilungsprinzip und 2d-Lösung der Poisson-Gleichung.

Beim *Ladungsteilungsmodell* wird sinngemäß zu oben als *Schwellspannung* U_{THb} angesetzt [2.268], [2.293], [2.256]:

$$U_{THb} = U_{FB} + 2\Phi_F^* + \frac{Q''_{Bb}}{Q''_B} \gamma \sqrt{2\Phi_F^* + U_{SB}} = U_{TH\infty} + \Delta U_{THb}. \qquad (2.4.30a)$$

Die tatsächliche Verarmungsladung Q''_{Bb} steht mit Verarmungsladung Q''_B (im 1d-Fall) über den *Ladungsteilungsfaktor*

$$F_b = \frac{Q''_{Bb}}{Q''_B} = 1 + \frac{\Delta Q''_{Bb}}{Q''_B} \geq 1 \qquad (2.4.30b)$$

in Beziehung. Das Ladungsteilungsverhältnis Q''_{Bb}/Q''_B führt z.B. für eine rechteckförmig angenommene Verarmungszone [2.290] auf die Schwellspannung

$$U_{THb} = U_{FB} + 2\Phi_F^* + \frac{qN_A W_C}{C''_i} + \frac{qN_A}{C''_i} \frac{\delta}{W}(W_C^2 - W_0^2) \qquad (2.4.31)$$

mit $W_C = W_C(U_{BG})$, $W_0 = W_C(U_{BG} = 0)$ und dem Anpaßfaktor $\delta = 1,2 \ldots 1,5$ (s. Bild 2.62a).

Reale Strukturen [2.293]–[2.295] erfordern eine bessere Näherung des Verarmungszonenverlaufs im Übergangsbereich, etwa durch Dreieck, Viertelkreise und Quadrate mit den jeweiligen

2 Der MOS-Transistor als Funktionselement

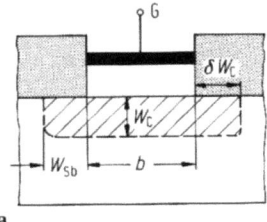
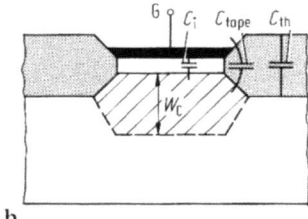

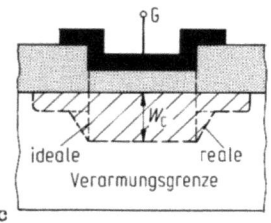

Bild 2.62a–c. Schmalkanaleffekt. **a** einfache Anordnung, **b** Realstruktur mit beiderseitigen Vogelschnäbeln, **c** Realstruktur mit realisierter Näherung des Übergangsverlaufes

Ladungsbeiträgen (homogene Substratdotierung)

$$\Delta Q''_{Bb} = \begin{cases} \dfrac{qN_A}{2} W_C^2 & \text{Dreieck} \\ \dfrac{qN_A \pi}{2} & \text{Viertelkreis} \\ qN_A Q_C^2 & \text{Quadrat.} \end{cases}$$

Das führt schließlich auf (Gl. (2.4.30a))

$$U_{THb} = U_{FB} + 2\Phi_F^* + F_b \gamma \sqrt{2\Phi_F^* + U_{SB}} \tag{2.4.32}$$

mit $F_b = 1 + \dfrac{\delta W_C^2}{W_{DW}}$, $\delta = \begin{cases} 1 & \text{Dreieck} \\ \pi/2 & \text{Viertelkreis} \\ 2 & \text{Quadrat.} \end{cases}$

Nicht beachtet wurde bei diesem Modell (Bild 2.62b), daß beiderseits der eigentlichen Dünnoxidkapazität C_i noch einen Anteil des Feldoxids (C_{th}) und der Übergangskapazität C_{tapp} auftritt, was die 1d-Rechnung von vornherein ausschließt [2.296], [2.297]. Deshalb wurden bereits mehrere Modelle auf Grundlage der 2d-Poisson-Lösung entwickelt [2.298]–[2.300], [2.291], [2.292], [2.302], [2.252], [2.113], [2.263] sowohl numerisch als auch semianalytisch.

In erster Näherung geht die Gatebreite b mit 1/b in die Schwellspannung ein. Deshalb bietet sich das schon erwähnte reziprok-geometrische Modell an (s. Gl. (2.4.21)) [2.14], [2.70]. In diese Richtung zielt auch ein Ansatz der Form [2.301]

$$U_{THb} = U_{THO} - \dfrac{C \cdot U'_{THb}}{\sqrt{b - b_0}}. \tag{2.4.33}$$

2.4.1.3 Kleingeometrieeffekte

Solange die beiden Geometrieeffekte klein sind, können sie sicher als voneinander unabhängig existierend betrachtet werden. Dann lautet die Schwellspannung [2.93], [2.253], [2.14], [2.70]

$$U_{TH,Kb} = U_{TH} - \Delta U_{THK} + \Delta U_{THb} \tag{2.4.34}$$

und es trifft die reziprok-geometrische Abhängigkeit zu (s. Gl. (2.4.21)) mit der dort erwähnten Konstantenbestimmung. Die Gültigkeit von Gl. (2.4.34) ist so auf einen Bereich innerhalb kritischer Längen L_{max}, b_{max} beschränkt (praktisch etwa gleich der doppelten Größe von der an Geometrieeffekte einsetzen). Obwohl er nicht scharf abgegenzt ist [2.14], versagt dieses Modell sicher im Submikrometerbereich. Dort sind *beide* Effekte *wesentlich* ausgeprägt und erfordern eine strenge 3d-Behandlung. Zudem beeinflussen sich Kurzkanal- und Schmalgate-Effekt gegenseitig [2.303], [2.304], [2.251], [2.290], [2.295]. Versuche einer geschlossenen Darstellung existieren [z.B. 2.268]. So führt ein lokal variabler Längsquerschnitt

$$bW_C\left[1 - \left(\sqrt{1 + \frac{2W_C}{r_j}} - 1\right)\frac{r_j}{L}\right]$$

und seine Summation über die Breite $b + 2W_C$, in dem die Ladung sitzt, auf das (normierte) Volumen ΔV^* der Verarmungszone

$$\Delta V^* = \left[1 - \left(\sqrt{1 + \frac{2W_C}{r_j}} - 1\right), \left(\frac{r_j}{L} + \frac{2W_C r_j}{bL}\right) + \frac{2W_C}{b}\right].$$

Daraus folgt als Schwellspannung

$$U_{TH,Kb} = U_{FB} + 2\Phi_F^* + \frac{qN_A W_C}{C_i''} \Delta V^*. \tag{2.4.35}$$

Derartige "Ersatzvolumina" der Verarmungszone wurden mehrfach definiert [2.256], [2.263], [2.176].

Genauere 3d-Untersuchungen [2.304], [2.236] bestätigen die gegenseitige Abhängigkeit der Kurzkanal- und Schmalkanaleffekte. Deshalb wird der gegenläufige Einfluß von L und b auf die Schwellspannung nicht zur Kompensation ausgenutzt. Hinzu kommt, daß die Kanallänge durch eine gewählte Basistechnologie i.a. festlegt, während die Gatebreite als wesentlicher Entwurfsparameter fungiert, um Schaltungsforderungen zu erfüllen.

2.4.1.4 Kurzkanalschwellspannung des MOSFET mit vergrabenem Kanal

Kleingeometrie-Effekte der eben beschriebenen Art treten auch beim MOSFET mit implantiertem Kanal auf (s. Abschn. 2.3.3), z.B. auch beim Verarmungs-

MOSFET [2.169], [2.224], [2.305], [2.211], [2.197], [2.195], [2.225]. Eine Struktur nach Bild 2.63 mit homogen dotiertem (vergrabenem) Kanal hat nach Abschnitt 2.3 die Schwellspannung ($x_B(U_{SB}) \equiv \ln(U_{SB})$)

— bei flachem Kanal

$$U_{Pt} = U_{FB} - \frac{qN_D}{2\varepsilon_\delta}[x_I - l_n]^2 - \frac{d_i}{\varepsilon_i}\frac{qN_D}{2}[x_I - l_n(U_{SB})]$$

$$= U_{FB} - \frac{qN_D}{\bar{C}}[x_I - l_n(U_{SB})]$$

mit $\dfrac{1}{\bar{C}} = \dfrac{1}{C_i} + \dfrac{1}{2}\dfrac{(x_I - l_n(U_{SB}))}{\varepsilon_i}$

— und bei tiefem Kanal

$$U_{Pt} = U_{FB} - 2\Phi_F^* - U_{SB} - \frac{d_i}{\varepsilon_i}\sqrt{2qN_D\varepsilon_S(2\Phi_F^* - U_{SB})},$$

wie sie aus der allgemeinen Form

$$U_{PV} = U_{FB} + \psi_{Sin} + |Q_{Bmax}|/C_i \tag{2.4.36}$$

hervorgeht. Die Kanallänge wirkt über die Verarmungsladung Q_B ladungsteilend auf die Schwellspannung ein: Mit sinkender Kanallänge wird der von der Gateladungsbilanz erfaßte Teil der Verarmungsladung immer kleiner [2.203], [2.225].

Der Ladungsteilungsfaktor beträgt

$$F = \frac{\square_{A'B'CD}}{\square_{ABCD}} = \frac{(L - \Delta L_1 - \Delta L_2)(W_S' + W_D') + W_C'\Delta L_2 + W_S'\Delta L_1}{L(W_S + W_D)} \tag{2.4.37a}$$

$$\approx 1 - \frac{1}{2}\frac{\Delta L_1 + \Delta L_2}{L} = \frac{1}{2}\left(1 + \frac{L'}{L}\right); \quad (\Delta L_1 + \Delta L_2) \leq L, \tag{2.4.37b}$$

wobei wegen $W_S \approx W_S'$, $W_D \approx W_D'$ und $W_S \approx W_D$ im letzten Fall die Trapezform ersichtlich wird.

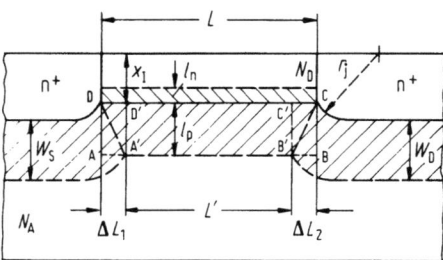

Bild 2.63. Ladungsteilung (Gatebereich entfallen) beim n-Kanal-Verarmungs-FET mit implantiertem Kanal (s. Text)

Die Ladungsteilung selbst ergibt sich aus den Verarmungsladungen des unteren pn-Überganges mit $l_p \approx W'_D \approx W'_S$ und $qN_D l_n bL = qN_A l_p b((L + L')/2)$ zu

$$\boxed{N_D l_n = N_A l_p F.} \qquad (2.4.38)$$

Die Breiten W_S und W_D der Source-Drain-Verarmungszonen betragen für abrupte Übergänge

$$W_S = k \cdot \sqrt{U_D + U_{BS}}, \quad W_D = k\sqrt{U_D + U_{DS} + U_{BS}}, \quad k = \sqrt{\frac{2\varepsilon_S}{q(N_A + N_D^2/N_A)}}. \qquad (2.4.39)$$

Über der Sperrschichtbreite $W_S = l_n + l_p$ des Substratüberganges

$$W_S = l_n + l_p = \equiv l_n\left(1 + \frac{N_D}{N_A F}\right) \qquad (2.4.40)$$

läßt sich dann die Teilausbreitung l_n (resp. l_p) bei gegebenem Teilungsfaktor bestimmen und somit die Schwellspannung berechnen.

Der Tendenzverlauf der Schwellspannung über der Kanallänge stimmt mit dem des Anreicherungs-MOSFET überein, wenn die Auswertung hier auch komplizierter ist und zusätzliche Bedingungen, wie das implantierte Profil des vergrabenen Kanals [2.197], der Einfluß der n^+n-Dichteübergänge zwischen Kanal und Source bzw. Drain [2.224] sowie die unterschiedlichen Betriebsmoden (s. Abschn. 2.3.3.4) noch zusätzlich auf den Teilungsfaktor einwirken [2.215].

2.4.1.5 Kennlinien im Bereich schwacher Inversion bei Kurzkanaleffekt

Bei schwacher Inversion erfolgt der Stromfluß (unter entsprechenden Bedingungen)

- als Minoritätsdiffusions- und/oder Minoritätsdriftstrom von Source nach dem Drain,
- als Durchgreifstrom zufolge durchgreifender Feldlinien vom Drain nach dem Substrat (DIBL),
- als Leckströme zwischen Drain und Substrat, oft unterstützt durch Lawinenvervielfachung vor dem Drain.

Wir betrachten zunächst die beiden ersten Komponenten.

Beim *Langkanaltransistor* fließt nach Abschn. 2.3.1.5 hauptsächlich Minoritätsdiffusionsstrom im Kanal als Folge des Dichtegradienten zwischen Source und Drain. Weil die Gatespannung $U_{GS} < U_{TH}$ noch unter der Schwellspannung liegt, wird der Strom in einem Oberflächenkanal geführt, der trotz schwacher

154   2 Der MOS-Transistor als Funktionselement

Inversion durch eine deutliche Verarmungszone vom Substrat getrennt ist. Dabei gilt $Q_I \ll Q_B$ (weshalb Q_I auch nicht genau aus der Ladungsbilanz $Q_G + Q_{SS} + Q_B + Q_I = 0$ bestimmt werden kann, s. Abschn. 2.3.1.5).

Neben dem Dichtegradient existiert durch U_{DS} noch ein (geringer) Potentialgradient im Kanal. Durch die geringe Trägerdichte kann das Potential längs y deshalb in erster Näherung als konstant angesehen werden: $\psi_S(0, y) = $ const. Deswegen fließt im Langkanaltransistor nur Diffusionsstrom.

Im Kurzkanalfall (ohne Durchgreifeffekt) mit *wesentlichen* Anteilen der Source-Drain-Verarmungszonen und den entsprechenden Feldern steuert das Gatefeld nur noch einen kleineren Kanalteil, m.a.W. gilt die Gradual-Näherung (Abschn. 2.2) nicht mehr. Bei größerer Drainspannung verschwindet der Bereich eines relativ kleinen Lateralfeldes sogar ganz und der Strom kann nicht mehr nur diffusionsbegrenzt fließen. Schon deshalb muß das Feld zweidimensional betrachtet werden. Daher überraschen Kennlinienabweichungen gegenüber dem Langkanalfeld nicht. Im Transferkennlinienfeld (Bild 2.64) beispielsweise gilt:

– für lange Kanäle (hier $L \approx 5$ μm) der exponentielle Verlauf gemäß Gl. (2.3.30).
– mit abnehmender, nicht zu kleiner Kanallänge (etwa bis $L \approx 2$ μm) verschieben sich die Kurven bei etwa gleicher Steigung. Dies kann als eine Abnahme der *Schwellspannung* interpretiert werden (s.u. (Bild 2.65)).
– Bei noch kürzeren Kanälen und/oder sehr kleiner Gatespannung flacht die Kennliniensteigung ab, außerdem setzt offenbar ein zusätzlicher Drainstrom ein, der sich nur schwach durch die Gatespannung steuern läßt. Deshalb kann der Transistor auch durch die Gatespannung nicht mehr ausreichend geschaltet werden.
– Dieser Zusatzstrom stiegt mit abnehmender Kanallänge stark (Größenordnungen!) an, und bei sehr kurzem Kanal besteht praktisch keine Beziehung mehr zur Ursprungskennlinie.

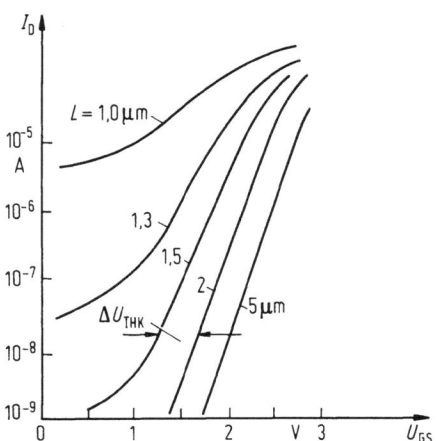

Bild 2.64. Transferkennlinienfeld eines n-Kanal-MOSFET im Subschwellbereich ($U_{DS} = 2$ V), Parameter Kanallänge (μm)

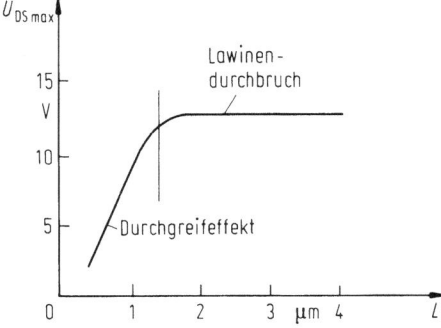

Bild 2.65. Begrenzung der maximalen Drainspannung durch Lawinen- und Durchgreifeffekt

Offensichtlich gilt das Modell der Schwellspannungsabnahme nur in einem begrenzten Längenbereich, der Zusatzstrom wird üblicherweise durch den Durchgreifeffekt erklärt (s. Abschn. 2.4.2.1). Für nicht zu kleine Kanallängen ($L \approx 2\,\mu m$) kann, wie ersichtlich, das Langkanalmodell Gl. (2.3.30 ff.) $I_{DL}(U_{GS}, U_{DS})$ mit einer Schwellspannungsänderung ΔU_{THK} (z.B. nach Gl. (2.4.17) o.a.) verwendet werden, wobei wegen $I_D \sim 1/L$ [2.55]

$$I_{DK} = I_{DL}\left(\frac{L_L - L_K}{L_K}\right)\exp\frac{U_{THL} - U_{THK}}{nU_T}, \qquad (2.4.41)$$

noch die Längenänderung auf den Sättigungsstrom zu berücksichtigen ist. Bei konstant gehaltenem Strom läßt sich die Schwellspannungsänderung U_{THK} direkt aus der Gatespannungsverschiebung bestimmen [2.46], [2.261], [2.28], [2.307], [2.283].

Die Kennlinie nach Gl. (2.4.41) wird durch eine Reihe von Modellen gestützt;
- durch Ansatz eines schwach veränderlichen Oberflächenpotentials über U_{DS} längs des Kanals [2.308], wobei diese Änderung aus 2d-numerischen Rechnungen für den Kurzkanalfall angepaßt wird
- durch Einbau des Ladungsteilungsprinzips in ein Subschwellstrom-Kurzkanalmodell [2.46] und eine darauf beruhende verbesserte Version [2.67], die den Kanallängeneffekt zweidimensional einbaut und einen stetigen Übergang an den mittleren Inversionsbereich hat.
- Durch das Modell [2.309] einer sich über U_{GS} gegen einen Grenzwert sättigenden Inversionsladung. Sie hängt im Subschwellbereich exponentiell von U_{GS} ab und mündet oberhalb der Schwellspannung in den üblichen Wert ($n \sim \psi_S$).
- Bestimmung des Schwellstromes aufgrund einer analytischen 2d-Potentiallösung der Poissonschen Gleichung [2.47].
- semiempirisches Modell [2.310].

2.4.2 Hochfeldeffekte

Gegenüber den typischen Hochfeldeffekten des Langkanaltransistors, wie Geschwindigkeitssättigung, Gate- und Draindurchbruch, treten beim Kurzkanaltransistor noch zusätzliche Effekte auf:

156 2 Der MOS-Transistor als Funktionselement

a) *Durchgriff* der drainseitigen Verarmungszone auf den Sourcebereich von einer kritischen Spannung U_{DS} an, verbunden mit einem zusätzlichen *Durchgreifstrom*. Dieser Vorgang beeinflußt auch das Durchbruchsverhalten.

b) *Gateströme*. Beim Skalierungsverfahren (Abschn. 2.4.5) bedingen kürzere Kanäle zwangsläufig dünnere Gateoxide. Dann steigt die Gateisolatorfeldstärke, und es wächst die Tendenz zu einem Gatestrom.

c) Beeinflussung des *Durchbruchsverhaltens* im Drain-Substrat-Bereich (s. Abschn. 2.3.3.3) durch den sog. *Source-Substrat-Drain-Bipolartransistor*. Die Schichtfolge n^+pn^+ wirkt vor allem bei kurzem Kanal (Basisbreite!) als sog. parasitärer Bipolar-Substrattransistor, der tiefer im Substrat liegt. Er bestimmt beim Draindurchbruch den Substratstrom mit.

d) Schließlich entstehen bei großer Kanalfeldstärke *heiße Elektronen*, die nicht nur den Stromtransport beeinflussen, sondern vor allem auch den Gatestrom.

In allen Fällen ist eine möglichst genaue Kenntnis der Feldverteilung im Drainbereich erforderlich, wofür verschiedene 1d- und 2d-Rechnerlösungen und auch quasianalytische Verfahren entwickelt wurden.

2.4.2.1 Durchgreifeffekt

War die Durchbruchfeldstärke (verstanden als Quotient von maximaler Drainspannung U_{DS} und Kanallänge) beim Langkanaltransistor längs des Kanals konstant (Bild 2.65), so fällt sie im Kurzkanalfall stark ab. Die Ursache dafür ist der *Durchgreif-* oder *Punch-through-Effekt*. Darunter versteht man das Verschmelzen der source- und drainseitigen Verarmungszonen von einer kritischen Spannung U_{DS}, der *Durchgreifspannung* U_{pt} an (Bild 2.66a): Im stromlosen Fall stellt sich zwischen den n-Source-Drain-Bereichen und dem p-Substrat jeweils eine Potentialbarriere ($\approx$ Diffusionsspannung U_D) ein. Erreicht U_{DS} die Durchgreifspannung U_{pt} (Bild 2.66b), so berühren sich beide Verarmungszonen im Substratbereich. Mit weiter wachsender Spannung U_{DS} "durchdringen" sich beide Raumladungszonen noch intensiver und die Barrierenhöhe U_B sinkt. Die Barrierenhöhe U_B bestimmt nun – nach dem Modell einer thermionischen Emission – den Stromfluß vom Sourcekontakt aus durch das trägerverarmte Basisgebiet. Dieser "barrierengesteuerte" Strom hat (unter gewissen Annahmen) eine Kennlinie der Form

$$\boxed{I = I_0 \exp - U_B/U_T.} \qquad (2.4.42)$$

Mit abnehmender Barriere U_B steigt der Strom. Beim MOSFET hängt die Barrierenhöhe sowohl von der Drainspannung U_{DS} als auch – zumindest für den oberflächennahen Bereich – von der Gatespannung U_{GS} ab: $U_B = U_B(U_{DS}, U_{GS})$. Dashalb spricht man hier besser von einer "draininduzierten Barrierenerniedrigung" (Drain induced barrier-lowering) oder dem *DIBL-Effekt* [2.311], [2.229], [2.264], [2.313], [2.314], [2.261]. Der einsetzende Strom kann dabei sowohl direkt unter der Oberfläche als auch tiefer im Substrat fließen [2.283], [2.262], [2.265], [2.315], [2.312].

2.4 Der MOSFET bei abnehmenden Geometrien   157

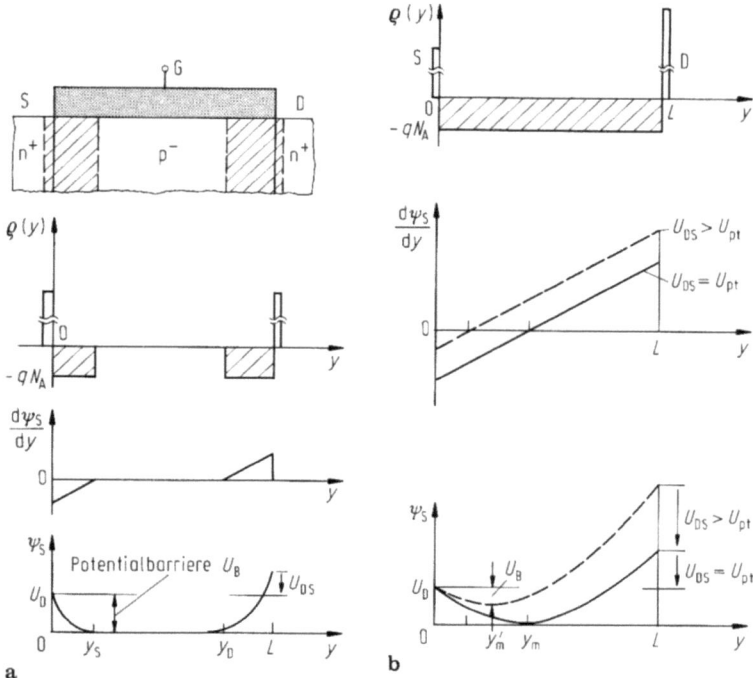

Bild 2.66a, b. Zum Durchgreifeffekt des n-Kanal-Anreicherungs-MOSFET, **a** Verlauf von Raumladungsdichte (neg.) Kanalfeldstärke $d\psi_S/dy = -E_y$ und Oberflächenpotential längs des Kanals bei kleiner Spannung U_{DS}, **b** wie a), jedoch bei einer größeren Spannung U_{DS} kurz vor der Durchgreifspannung U_{pt}, --- Verlauf für $U_{DS} > U_{pt}$. Die Potentialbarriere wird abgebaut

Grundmodell. Das grundsätzliche Stromflußmodell kann schon durch eindimensionale Betrachtungen (homogene Substratdotierung, Bild 2.66) mit abrupten pn-Übergängen gewonnen werden. Beide Verarmungszonen berühren sich bei der *Durchgreifspannung* $U_{DS} = U_{pt}$

$$U_{pt} = \frac{qN_A(L - y_S)^2}{2\varepsilon_S} - U_D \approx \frac{qN_AL^2}{2\varepsilon_S}, \qquad (2.4.43)$$

wie sie aus der Poissonschen Gleichung bei Vernachlässigung beweglicher Träger herleitbar ist. Für das Potential $\varphi(y)$ – das bei 1d-Betrachtung mit dem Oberflächenpotential $\psi_S(y)$ identisch ist – gilt im Source- und Drainbereich

$$\varphi(y) = \varphi_0(y/y_S - 1)^2 \qquad 0 \leq y \leq y_S \qquad (2.4.44a)$$

$$\varphi_0 = \frac{qN_Ay_S^2}{2\varepsilon_S} \equiv U_{SB} + U_D$$

$$\varphi(y) = L\left(\frac{y - y_D}{L - y_D}\right)^2, \quad \varphi_L = \frac{qN_A}{2\varepsilon_S}(L - y_D)^2 \equiv U_{DB} + U_D. \qquad (2.4.44b)$$

Insgesamt ergibt sich als Potentialverteilung zwischen Source und Drain

$$\varphi(y) = \frac{qN_Ay^2}{2\varepsilon_S} + \left(\frac{\varphi_L - \varphi_0}{L} - \frac{qN_AL}{2\varepsilon_S}\right)y + \varphi_0$$

$$\equiv U_{pt}(y/L)^2 - (U_{DS} - U_{pt})y/L + \varphi_0 \qquad (2.4.45)$$

2 Der MOS-Transistor als Funktionselement

mit einem *Potentialminimum* φ_{min}

$$\varphi_{min} - \varphi_0 = - U_{pt}(y_m/L)^2 \tag{2.4.46a}$$

bei

$$y_m = L\left(\frac{U_{pt} - U_{DS}}{2U_{pt}}\right). \tag{2.4.46b}$$

Es wandert für $U_{DS} = U_{pt}$ nach dem Source-Kontakt und erniedrigt mit wachsender Drainspannung U_{DS} die Höhe der Potentialbarriere (Bild 2.66). Wenn auch für die Potentialbestimmung bewegliche Träger vernachlässigt wurden (diese Näherung läßt sich leicht rechtfertigen), so reicht die dennoch vorhandene (geringe) Trägerdichte für einen *Elektronenstrom* (Diffusions- und Driftanteil)

$$I = + qA\mu_n n d\phi_n/dy, \tag{2.4.47}$$

den *Durchgreifstrom* durch die trägerverarmte Schicht aus. Die Trägerdichte n(y) hängt dabei vom Quasifermipotential $\phi_n(y)$ ab

$$n(y) = n_i \exp \frac{\varphi(y) - \phi_n(y)}{U_T}. \tag{2.4.48}$$

Mit Gl. (2.4.47) ergibt sich dann durch Variablentrennung und Integration ($I'_0 = qA\mu_n n_i U_T$) aus

$$I dy = qN\mu_n n_i \exp \frac{\varphi(y) - \phi_n(y)}{U_T}$$

schließlich

$$I = I'_0 \frac{-\left[\exp -\frac{\phi_n(L)}{U_T} - \exp -\frac{\phi_n(0)}{U_T}\right]}{\int_{\varphi(0)}^{\varphi(L)} \frac{\exp -\varphi/U_T}{d\varphi/dy} d\varphi}. \tag{2.4.49}$$

Die Randwerte des Quasifermipotentials sind durch die äußeren Spannungen gegeben:

$$\phi_n(L) = U_{SB} + U'_D \quad \phi_n(L) = U_{DB} + U'_D$$

(mit der Diffusionsspannung $U'_D = U_T \ln N_A/n_i$). Die Ableitung $d\varphi/dy$ folgt aus Gl. (2.4.45) zunächst als Funktion von y und durch Lösen von $\varphi(y)$ nach y schließlich zu

$$\frac{d\varphi}{dy} = \frac{2U_{pt}}{L^2}y + \frac{U_{DS} - U_{pt}}{L} = \frac{2U_{pt}}{L}\sqrt{\frac{1}{4}\left(\frac{U_{DS} - U_{pt}}{U_{pt}}\right)^2 + \frac{\varphi(y) - \varphi_0}{U_{pt}}} \equiv \frac{2\sqrt{U_{pt}U_T}}{L}\sqrt{\frac{\varphi(y) + \phi_A}{U_T}}. \tag{2.4.50}$$

Damit kann das Nennerintegral N in Gl. (2.4.49) schließlich als

$$N = \frac{U_T L \exp \frac{\varphi_A}{U_T}}{\sqrt{U_{pt}U_T}}\left[\text{erf}\sqrt{\frac{\varphi_L + \varphi_A}{U_T}} - \text{erf}\sqrt{\frac{\varphi_0 + \varphi_A}{U_T}}\right] \tag{2.4.51}$$

geschrieben werden mit den Abkürzungen

$$\sqrt{\frac{\varphi_L + \varphi_A}{U_T}} = \frac{1}{2}\left(\frac{U_{DS} + U_{pt}}{\sqrt{U_T U_{pt}}}\right); \quad \sqrt{\frac{\varphi_0 + \varphi_A}{U_T}} = \frac{1}{2}\left(\frac{U_{DS} - U_{pt}}{\sqrt{U_T U_{pt}}}\right).$$

2.4 Der MOSFET bei abnehmenden Geometrien

Rückeinsetzen von φ_A und Zusammenfassen ergibt schließlich die Durchgreifkennlinie

$$I = I_0 \exp - \frac{U_{DS}^2}{4U_{pt}U_T} \sinh \frac{U_{DS}}{2U_T} \qquad (2.4.52)$$

mit dem Bezugsstrom

$$I_0 = \frac{\text{const.} \exp - \dfrac{U_{pt}}{4U_T}}{\text{erf}\dfrac{1}{2}\left(\dfrac{U_{DS}+U_{pt}}{\sqrt{U_{pt}U_T}}\right) - \text{erf}\dfrac{1}{2}\left(\dfrac{U_{DS}-U_{pt}}{\sqrt{U_{pt}U_T}}\right)},$$

wobei $0 \leq \text{erf}\, x \leq 1$ für $0 \leq x \leq \infty$. Die Konstante I_0 erhält hauptsächlich halbleiterphysikalische Größen. Für $U_{DS} \gg U_T$ geht Gl. (2.4.52) in einen Exponential-Zusammenhang zwischen Strom und steuernder Spannung über (die Entwicklung des U_{DS}-Einflusses in I_0 eingeschlossen). Verbreitet wird deshalb für den Durchgreifstrom

$$I = I_{DO} \exp\left(\frac{\varphi_{min} + U_{DS}}{U_T}\right) \qquad (2.4.53)$$

angesetzt [2.316], wobei das Potentialminimum ψ_{min} entweder analytisch berechnet oder numerischen Modellen entnommen wird. Auch andere semiempirische Formen lassen sich daraus herleiten, wie z.B. [2.314], [2.315]

$$I = I' \exp \frac{a(U_{DS} - U_{pt})}{U_T}, \quad a \text{ Fittingparameter.}$$

Über der Spannung U_{DS} wird die Kennlinie (2.4.52) von zwei Bereichen eingegrenzt (Bild 2.67):
- nach kleinen Werten hin (oft) durch einen schwach ansteigenden Schwellstrom, der einem oberflächennahen Durchgreifeffekt zugeschrieben wird.
- Nach großen Werten hin durch einsetzende Raumladungsbegrenzung (s.u.).

In der allgemeinen Kennlinie macht sich der Durchgreifeffekt hauptsächlich durch eine weichere Durchbruchkennlinie bei größerer Spannung U_{DS} bemerkbar.

Realer Transistor. 2d-Effekte. Das eben betrachtete Durchgreifstrommodell muß für den realen MOSFET vor allem die 2d-Potentialverteilung berücksichtigen, wie sie durch den Einfluß der

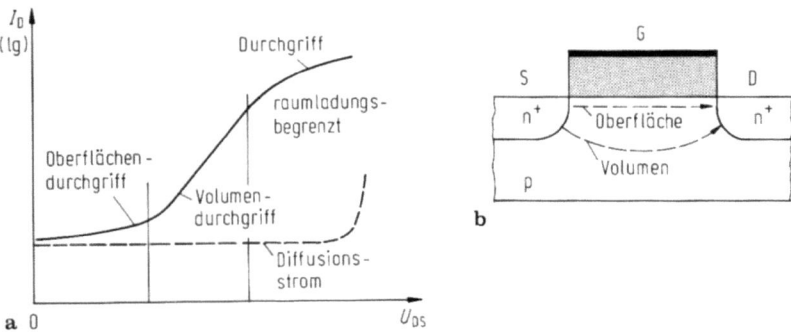

Bild 2.67a, b. Drainstromkennlinie im Durchgreifbereich. **a** Kennlinie, **b** Stromlinien im Transistor (vgl. a)

160   2 Der MOS-Transistor als Funktionselement

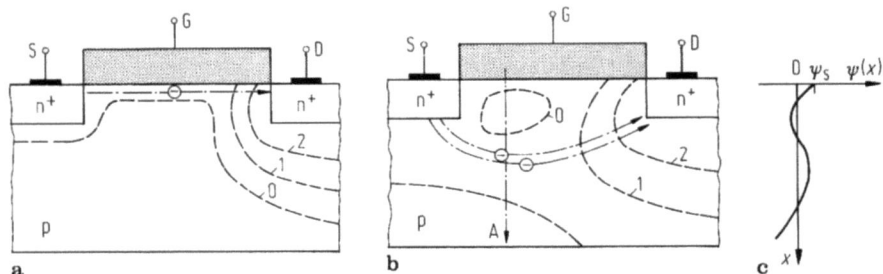

Bild 2.68a–c. 2-d-Potentialverteilung im n-Kanal-FFT. **a** Langkanaltransistor ($U_{DS} = 3$ V), es fließt der Strom an der Oberfläche, **b** Kurzkanaltransistor ($U_{DS} = 3$ V) mit Durchgreifeffekt (L = 0,5 μm). Es entsteht ein Potentialsattel, den der Strom benutzt, **c** Potentialverlauf längs der Schnittlinie A Bild b)

Gate- und Substratspannung und die inhomogene Dotierung des Kanalbereiches gegeben ist [2.317], [2.319], [2.318]. Im Gefolge verlagert sich der Durchgreifstrompfad von der Oberfläche weg tiefer ins Substrat (Bild 2.67b). Deshalb geht das bisherige Potentialminimum in einen *Potentialsattel* weiter im Substratinnen über (Bild 2.68), vor allem beim Kurzkanaltransistor. Dort durchläuft das Potential längs der dargestellten Symmetrielinie senkrecht von der Oberfläche weg ein Extrem. Steigende Gatespannung verschiebt den Sattel zum Source hin und verringert die Barriere. So fließt der Strom tiefer unter der Oberfläche, was im Bild angedeutet wurde. Auch ist der Gate-Steuereinfluß auf Gebiete oberhalb des Sattels beschränkt [2.321], [2.46], [2.47], [2.316].

Höhere Substratdotierung im oberflächennahen Bereich begünstigt die Verschiebung des Strompfades ins Innere. Zur genaueren Bestimmung des Potentialverlaufes werden in solchen Fällen rein numerische Verfahren, Anpaßverfahren auf dieser Grundlage und auch analytische quasi-2d-Verfahren verwendet [2.283], [2.312], [2.322]–[2.326], [2.328], [2.104], [2.242]. So kann z.B. die Feldänderung dE_x/dx in Substratrichtung durch einen Mittelwert [2.327], [2.316] über die Verarmungszone ersetzt werden, und es bleibt eine in y-Richtung 1d-lösbare Poisson-Gleichung. In einem anderen Ansatz [2.318] wird das Potentialfeld durch ein Krummlinien-Koordinatensystem so angenähert, daß die Potentialminima mit einer Koordinate zusammenfallen. Dann kann die 2d-Poisson-Gleichung ebenfalls in eine 1d-Gleichung überführt werden, wobei anstelle der Dotierung eine "Ersatzdotierung" verwendet wird, die den lateralen Drain-Source-Feldeinfluß erfaßt. Bei solchen verbesserten Verfahren zur Kennliniengewinnung bietet es sich an, die Barrierenenergie in Gl. (2.4.53) aufzuteilen in einen Anteil BL(0), der nicht von U_{DS} abhängt und einen solchen $BL(U_{DS})$, der von U_{DS} beeinflußt wird, also den eigentlichen DIBL-Effekt direkt ausdrückt [2.327], [3.326], [2.318], [2.242], [2.312]

$$I = I_0 \exp\frac{\Phi_0}{U_T}\exp\frac{BL(0)}{U_T}\left(\exp\frac{BL(U_{DS})}{U_T} - 1\right).$$ (2.4.54)

BL(0) hängt dabei von der Gatespannung und $BL(U_{DS})$ linear von der Drainspannung ab. Dies wird umgekehrt zur Messung der Parameter des DIBL-Effektes verwendet [2.329].

Bestimmung der Durchgreifspannung. Meßtechnische wird die Durchgreifspannung U_{pt} verbreitet als diejenige Spannung verstanden, bei der ein bestimmter (kleiner) Drainstrom (z.B. 1 μA) fließt. Weil dabei oft ein deutlicher Schwellstrom auftritt, bezeichnet man den Gesamstrom schlechthin als Subthreshold-Strom. Um ihn von der Kanallänge unabhängiger zu machen (z.B. für Entwurfszwecke), bezieht man den Durchgreifstrom (Meßbezugswert) auf die Kanallänge (z.B. 1 nA/μm Kanallänge) bei $U_{GS} = 0$. Auch kleinere Bezugsströme (bis herab zu 10 nA) werden benutzt.

Maßnahmen zur Erhöhung der Durchgreifspannung. Schaltungstechnisch ist der Durchgreifeffekt nachteilig, weil

- die maximale Drainspannung sinkt,
- der Subschwellstrom steigt, was z.b. in dynamischen Schaltungen (Speicher!) und in Low-Power-Schaltungen unerwünscht ist und
- er die Minimalabmessungen des MOSFET begrenzen kann.

Deshalb werden verschiedene Maßnahmen ergriffen, die sich insgesamt als *Reduktion des 2d-Potentialfeldes* in ein möglichst eindimensionales darstellen:

- Kanallänge so groß als möglich (konträre Forderung zur allgemeinen Miniaturisierungstendenz),
- dünnes Gateoxid, hohe Substratdotierung, negative Substratvorspannung (u.U. chipintern durch einen Substratspannungsgenerator erzeugt) und drainseitig flache Sperrschicht. Vor allem die letzte Maßnahme – bekannt als "flacher Drainbereich" (LDD-Prinzip) – ist dabei weit verbreitet.

2.4.2.2 Heißelektroneneffekte

Schon beim Langkanal-MOSFET kann ein hohes Longitudinalfeld im Drainbereich zu heißen Elektronen führen (Abschn. 2.3.2.3), die über erzeugte weitere Loch-Elektronenpaare durch Stoßionisation und Lawineneffekt schließlich den Drain-Durchbruch auslösen. Im Kurzkanal-MOSFET wird dieser Effekt durch Mitwirkung des Substrattansistors noch verstärkt (Abschn. 2.4.2.2.2).

Heiße Ladungsträger sind auch in der Lage, die Kanal-Oxid-Potentialbarriere (3,1 eV für Elektronen, 4,2 eV für Löcher) zu überwinden, um ins Oxid zu treten und es aufzuladen. Dadurch entsteht z.B. in Verbindung mit dem Tunneleffekt ein *Gatestrom*. Auch Degradationserscheinungen verschiedener Kennwerte (z.B. Steilheit, Schwellspannung, Bildung zusätzlicher Grenzflächenzustände) werden auf Heißelektronen zurückgeführt.

Heißelektroneneffekte treten besonders im Kurzkanaltransistor auf, weil dort die kritische Feldstärke schon bei kleiner Spannung erreicht wird [2.330]–[2.338].

2.4.2.2.1 Heiße Ladungsträger im Oxid. Gatestrom

Im n-Kanal-MOSFET entstehen heiße Elektronen hauptsächlich

- im Kanalbereich vor dem Drain (Bild 2.69) durch das *Longitudinalfeld* (Vorgang 1,2), wobei dieser Bereich beim Kurzkanaltransistor eine relativ größere Kanallänge erfaßt als beim Langkanaltransistor,
- im Verarmungsbereich bei großen U_{GS}-, U_{BS}-Werten durch das Transversalfeld des Substratstromes (Vorgang 3) [2.334].

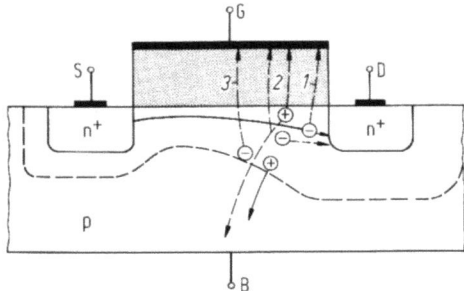

Bild 2.69. Heißelektronenerzeugung. (1) heiße Kanalelektronen (CHE) (2) Drainlawinenheißelektronen (DAHE) (3) sekundärerzeugte Heißelektronen SCHE auch am Substratbereich

Die Heißelektronen sind für verschiedene Effekte maßgebend, z.B.

– *Heißelektroneninjektion* ins Oxid, wobei ein Teil durch Trapzentren gefangen wird, ein anderer zur Gateelektrode gelangt und als Gatestrom meßbar ist,
– Erzeugung zusätzlicher *Grenzflächenzustände* an der Si–SiO$_2$-Phasengrenze [2.330], was sich direkt auf die *Schwellspannung* auswirkt, und zwar

$$U_{TH} = \underbrace{\Phi_{MS} - \frac{Q_f}{C_i} - \frac{Q_{ss}(\Phi_s)}{C_i}}_{U_{FB}} - \frac{1}{C_i}\int_0^{x_i}\frac{x}{x_i}Q_m(x)dx + 2\Phi_F \qquad (2.4.55)$$

über die Flachbandspannung ($\to Q_{ss}$) und die (bisher vernachlässigte) Verteilung von Ladungen (Q_m) im Oxid (unterstrichener Anteil),
– Abnahme der Oberflächenbeweglichkeit durch Zunahme oberflächennaher Streuzentren. Dadurch sinkt die Steilheit g_m [2.339].

Erkannt werden Heißelektroneneffekte z.B. durch Kennlinienänderungen nach längerer Hochfeldbelastung. Die ins Gateoxid injizierte Ladung sammelt sich über der Zeit an (Anwachsen Q_{ss}, Q_m) und so verschlechtern sich die Transistorkennwerte über die Schwellspannung, Beweglichkeitsabnahme u.a. (Degradationseffekt). Sie begrenzt entweder den verfügbaren Arbeitsbereich oder die Lebensdauer.

Gatestrom. Im Zuge des ständigen VLSI-Miniaturisierungstrends zum immer kleineren Strukturen nahm die Gateisolatordicke hauptsächlich aus zwei Gründen ständig ab: Vergrößerung der Steilheit und Vermeidung von Kurzkanaleffekten. So sind heute in VLSI-Schaltungen Dicken von 10 nm üblich und ultradünne Oxide bis herab zu 1 nm in Erprobung. Eine natürliche Folge dieses Trends ist, daß die übliche Annahme eines verschwindenden Gatestromes nicht mehr zutrifft. Obwohl seine Ursachen sehr verschiedenartig sind, spielen heiße Ladungsträger und der Tunneleffekt die Hauptrolle [2.332], [2.336], [2.335], [2.338], [2.340]–[2.342], [2.344]–[2.346].

2.4 Der MOSFET bei abnehmenden Geometrien

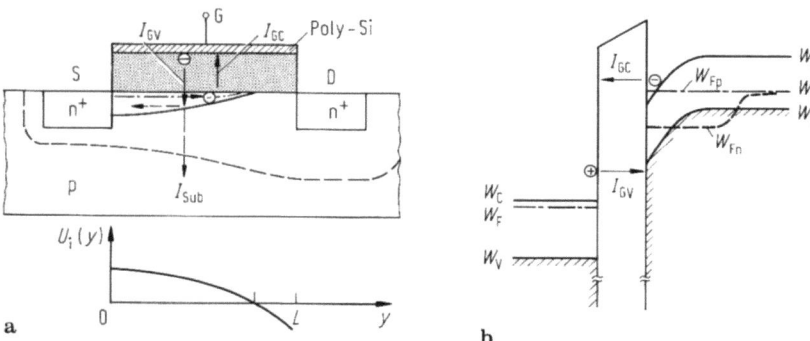

Bild 2.70a, b. Komponenten des Gatestromes beim n-Kanal-Anreicherungs-MOSFET. **a** Struktur mit typischen Stromkomponenten und Verlauf der Isolatorspannung, **b** Bändermodell der MOS-Anordnung a) mit Poly-Si-Gate und beiden Tunnelstromkomponenten I_{GV}, I_{GC}

Erste Erklärungen des Gatestromes wurden sehr früh unternommen [2.343] mit allen, heute noch benutzten Merkmalen (Bild 2.70):

– Stromfluß zwischen Kanal und Gate über eine Schottky-Barriere

$$I_G = AbT^2 \exp{-\frac{\Phi_B}{U_T}} \int_0^L \exp\left[\frac{\text{const.}}{T} \sqrt{\frac{U_i(y)}{\varepsilon_i d_i}}\right] dy \qquad (2.4.56)$$

(Φ_B Austrittsarbeit, A Richardson-Konstante, $U_i(y)$ tatsächliche Isolatorspannung an der Stelle y),

– Aufteilung des Kanals in einen nichtabgeschnürten (Länge 0...L') und abgeschnürten Teil (L – L' = L),
– Formulierung des Oxidspannungsabfalls für beide Gebiete (hier für raumladungsbegrenzten Strom)

$$U_i(y) = U_{TH} + (U_{GS} - U_{TH})\sqrt{(1 - y/L')} \quad 0 \leq y < L' \qquad (2.4.57)$$

$$U_i(y) = U_{TH} - (U_{GS} - U_{TH})\left[\frac{2}{3}\sqrt{\frac{\varepsilon_i}{\varepsilon_s d_i x_i L'}}(y - L')^{3/2}\right] \quad L' \leq y < L.$$

Dabei entsteht durch den Vorzeichenwechsel der Isolatorspannung (vgl. Feldbild 2.71) in Abschnürpunktnähe je ein positiver und negativer Gatestromanstieg (mit der Möglichkeit einer Kompensation),

– Ansatz der Trägertemperatur nach Maßgabe der im Transistor umgesetzten Wärmeleistung.

Die seither durchgeführten Verbesserungen beziehen sich hauptsächlich auf die Emission und Stromflußmechanismen durchs Oxid, die tatsächliche Trägertemperatur sowie die Berücksichtigung einer realistischen Feldverteilung [2.335], [2.330], [2.333], [2.347], [2.340].

164 2 Der MOS-Transistor als Funktionselement

Als wichtigste Emissions- und Stromflußmechanismen gelten heute (s. Bild 2.69) im Falle des n-Kanal-MOSFET mit hoch dotiertem n^+-Poly-Gate:

- *Heißelektronenemission* aus dem Kanalbereich (sog. CHEI; Channel hot-electron injection) und/oder einem Lawinenvorgang im Draingebiet (DAHC, Drain avalanche hot-carrier injection),
- Injektion von *heißen Sekundärelektronen*, die im Substratbereich als Folge einer Minoritätsträgergeneration entstehen (vor allem bei Submikrometerstrukturen) (SCHE, Substtrat current induced hot-electron injection). Dieser Mechanismus ist eng mit dem Substratstrom verknüpft.

In beiden Fällen handelt es sich – bezogen auf das Substrat – um einen Minoritätsstrom (Elektronen), der bei positiver Gatespannung vom Substratbereich zum Gate tunnelt (entweder direkt oder als Fowler-Nordheim-Prozeß, also einen Strom $I_{G\lambda}$ zwischen Gate und Halbleiterkanal).

- Majoritätsträger-(Löcher-)Tunnelstrom vom Gate ins Substrat oder gleichwertig ausgedrückt ein Elektronentunnelstrom vom Substratvalenzband in freie Zustände der Gateelektrode (→Gate-Halbleiter-Valenzband I_{Gv}, Bild 2.70).

Analytisch wird der Elektronenstrom (Löcherstrom analog) hauptsächlich durch zwei Modelle beschrieben:

- *thermische Emission* eines erhitzten Elektronengases mit einer effektiven Elektronentemperatur T_e [2.349], [2.332], [2.348] über eine Potentialbarriere Φ_B in Form einer Richardson-Gleichung

$$I_G = \text{const.}_1 \int_0^{L'} qn_s P_b(y) dy = \text{const.}_2 n_s \sqrt{T_e} \exp -\frac{\Phi_B}{kT_e} \quad (2.4.58)$$

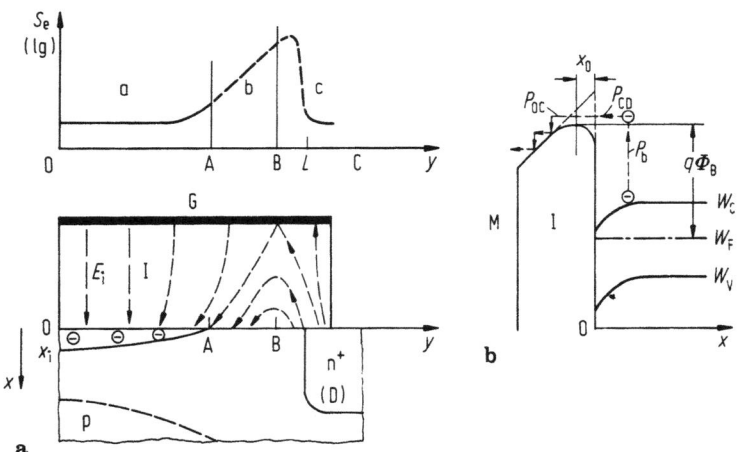

Bild 2.71a, b. Modell zur Bestimmung des Gatestromes. **a** Feldverteilung im Isolator und Elektronenemissionsdichte, **b** Elektronenemission am MOS-Übergang

mit der Wahrscheinlichkeit P_b

$$P_b = A\sqrt{kT_e}\exp -\frac{\Phi_B q}{kT_e} \qquad (2.4.59)$$

dafür, daß Elektronen (mit der Temperatur T_e) eine Potentialbarriere Φ_B überwinden können.

Für die Bestimmung der effektiven Elektronentemperatur T_e gibt es eine Reihe von Ansätzen [2.349], [2.71]; [2.351], z.B. über

$$\frac{T_e}{T} = 1 + \frac{\tau_e v_d q}{3/2 kT} \cdot \frac{\vec{S}_n \vec{E}}{|S_n|} \qquad (2.4.60)$$

(τ_e Energierelaxationszeit $\approx 0{,}5$ ps, T Gittertemperatur, v_d Driftgeschwindigkeit $\approx v_{dmax}$) oder aus dem Energiesatz, dem zweiten Moment der Boltzmann-Transportgleichung und einer verschobenen Maxwell-Verteilung, die auf

$$T_e(y) = \frac{2q}{5k}\int_0^\infty E_y(y-u)\exp -\frac{3u}{5\tau_e v_d}du$$

führt mit $\tau_e v_d \approx 5$ nm.

– Das *Lucky-Electron-Modell* [2.334], [2.348], [2.333] mit einem Ansatz

$$I_G \sim \exp -\frac{\Phi_B}{E_m} = \text{const.}\, I_D \cdot \exp -\frac{\Phi_B}{E_m} \qquad (2.4.61)$$

E_m mittlere Kanalfeldstärke, λ mittlere freie Weglänge der heißen Elektronen, Φ_B Potentialbarriere der Si–SiO$_2$-Grenzfläche).

Es geht auf Shockley [2.119] zurück und wurde für die Heißelektroneninjektion aus dem Kanalbereich erweitert [2.350]. Man erhält schließlich für den Gatestrom

$$I_G = I_D \cdot \int_0^L P_b P(E_i) dy/\lambda. \qquad (2.4.62)$$

Die freie Weglänge λ beschreibt Streuvorgänge senkrecht zur Kanalrichtung. Die vom Isolatorfeld E_i abhängige Übergangswahrscheinlichkeit $P(E_i)$ wird hauptsächlich vom Tunnelvorgang durch den Isolator bestimmt.

Die größte Feldstärke $E \approx E_m$ tritt im Drainabschnürbereich ΔL auf und so auch dort der größte Heißelektroneneffekt. Deshalb kann Gl. (2.4.62) mit

$$dy = \frac{dy}{dE_y}\bigg|_{\approx \text{const.}} \cdot dE_y$$

umgeschrieben und integriert werden [2.333] (s. Gl. (2.4.61))

$$\boxed{I_G = \frac{1}{2}\frac{I_D d_i}{\lambda}\left(\frac{\lambda E_m}{\Phi_B}\right)^2 P(E_{i|y=L})\exp -\frac{\Phi_B}{E_m} \approx C_1 I_D \exp -\frac{\Phi_B}{\lambda E_m}} \qquad (2.4.63)$$

mit

$$\left.\frac{dE_y}{dy}\right|_L \approx \frac{E_m}{2d_i}$$

und $C_1 \approx 2 \cdot 10^{-3}$ (bei $U_{GS} > U_{DS}$).

Die Barriere Φ_B zwischen den Leitbandkanten von Si und SiO_2 beträgt [2.350]:

$$\left. \begin{aligned} q\Phi_{B/eV} &= 3{,}1 - \beta\sqrt{E_i} - \vartheta E_i^{2/3} \\ &= 3{,}1\,eV - 2{,}6 \cdot 10^{-4}\sqrt{E_i}\sqrt{cmV} \\ &\quad - 10^{-5}\,cm^{2/3}V^{1/3}E_i^{3/2} \end{aligned} \right\} \begin{aligned} E_i &> 0 \\ \text{resp. } U_{GS} - \psi_s(y) &> 0 \end{aligned} \quad (2.4.64)$$

Erweiterung für 2d-Vorgänge. Da der Gatestrom senkrecht zum Kanal fließt, ist schon deshalb eine 2d-Erweiterung des Modells wünschenswert. Grundsätzlich lassen sich sowohl das thermische Emissions-wie auch das Lucky-Electron-Modell auf 2d-Probleme erweitern [2.337], [2.333], [2.352]. Man bestimmt dann zunächst die Elektronentemperatur $T_e(x,y)$ aus dem lokalen Feld und Trägerfluß [2.349] und daraus die Wahrscheinlichkeit (Bild 2.71)

$$P_{inj}(x,y) = P_b(x,y) \cdot P_{ed}(x) \tag{2.4.65}$$

für eine Elektronenemission aus dem Punkt x, y in den Isolator. Sie setzt sich aus der Wahrscheinlichkeit P_b Gl. (2.4.59) zur Überwindung der Potentialbarriere Φ_B (thermische Emissionsstrombeziehung!) und der Wahrscheinlichkeit P_{ed} dafür zusammen, daß Elektronen aus der Tiefe x die Grenzfläche $x=0$ nach Maßgabe ihrer mittleren freien Wegläneg (≈ 90Å) erreichen

$$P_{ed} \approx \exp - x/\lambda. \tag{2.4.66}$$

Letztere spielt vor allem im Abschnürbereich eine Rolle, weil dann der Stromkanal tiefer im Halbleiter liegt. Die Elektronenstromdichte $S_e(y)$ an der Stelle y folgt durch Integration über die Kanaltiefe

$$S_e(y) = \int_{x=0}^{x_i} n(x,y) P_{inj}(x,y) \cdot dx \tag{2.4.67}$$

mit dem prinzipiellen Verlauf nach Bild 2.71. Dabei gilt die thermische Emissions-Strombeziehung (2.4.58) nur, solange das Vertikalfeld positiv ist ($E_i > 0$), also *links* von B. Im Gebiet rechts davon werden die Elektronen durch das umgekehrte Feld zurückbewegt. Dieser Vorgang ist z.B. für Degradationsvorgänge maßgebend.

Zum Gatestrom selbst tragen nur die Stromdichteanteile S(y) *links* von A bei, deren zugehörige Feldlinien vom Gate ausgehen:

$$I_G = b \int_{y=0}^{\text{Punkt A}} P_{OC}(y) S_e(y) dy = b \int_{y=0}^{y(\text{Punkt A})} \left[\int_{x=0}^{x_i} n(x,y) P_{inj}(x,y) P_{OC}(y) dx\,dy \right]. \tag{2.4.68}$$

Die Wahrscheinlichkeit (Isolatorstreufaktor)

$$P_{OC} = \exp - x_0/\lambda_1; \quad x_0 = \sqrt{q/16\pi E_i \varepsilon_i}$$

berücksichtigt dabei den Bildkrafteffekt beim Eintritt der Elektronen ins Oxid mit dem Abstand x_0 zwischen Potentialmaximum im Isolator und Grenzfläche sowie der freien Weglänge λ_1 im Isolator (≈ 3.2 nm [2.353]). Der Gatestrom ergibt sich damit durch "Summation" der im Volumen $x_i \cdot y_A b$" vorhandenen Elektronen nach Maßgabe der Emissionswahrscheinlichkeit $P_b(x,y)$ (Gl. (2.4.65)), des Isolatorstreufaktors P_{OC} und der Wahrscheinlichkeit P_{ed}, daß ein Elektron aus dere Tiefe x im Kanal zur Grenzfläche $x=0$ gelangen kann.

2.4 Der MOSFET bei abnehmenden Geometrien

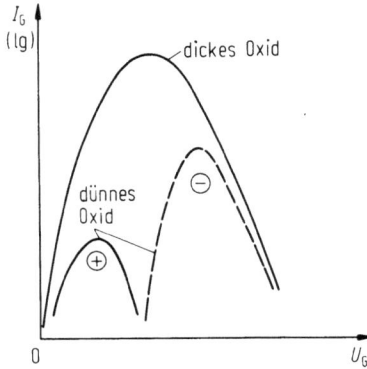

Bild 2.72. Heißelektronen- und Heißlöcherinjektion beim n-Kanal-Anreicherungs-MOSFET über der Gatespannung bei dünnem Oxid und fester Spannung U_{DS}

Im Gatestromverlauf über U_{GS} (Bild 2.72) bemerkt man ein Maximum etwa bei $U_{GS} = U_{DS}$. Für $U_{GS} < U_{DS}$ ist die Potentialbarriere relativ groß, mit wachsendem U_{GS} nimmt sie ab, der Strom also exponentiell zu. Für $U_{GS} > U_{DS}$ hingegen hängt die Barriere vom Abstand zwischen Drain und SiO$_2$-Leitband ab, kaum noch von U_{GS}. Weiter steigende Gatespannung führt den Transistor aus der Sättigung in den linearen Bereich, m.a.W. sinkt das Drainfeld und so die Elektronentemperatur, und der Gatestrom fällt wieder.

Bei sehr dünnem Oxid trägt neben der Heißelektronen- auch die Heißlöcher-Injektion zum I_G-U_{GS}-Verlauf bei. So ergibt sich bei großer Spannung $U_{GS} \approx U_{DS}$ ein negatives Maximum von I_G durch dominierende Elektroneninjektion aus dem Kanal. Bei kleiner Gatespannung wechselt I_G das Vorzeichen, weil heiße Löcher (erzeugt durch Stoßionisation im Substrat) zum Gate gelangen. Im Zwischenbereich tragen beide Trägersorten bei und kompensieren teilweise.

Zur Erklärung dieser Vorgänge werden verschiedene Mechanismen und Modelle herangezogen, vor allem die Erzeugung heißer Elektronen und Löcher im Drainbereich durch Lawinenvervielfachung (DAHC-Effekt) [2.338], [2.335]. Folgerichtig ergibt sich dann eine Beziehung zwischen Gate- und Substratstrom I_G, I_B jeweils für Löcher und Elektronen

$$I_{Gn,p} = \xi_{n,p}(E_x, E_y) \cdot I_B. \qquad (2.4.69)$$

Das von der Feldverteilung abhängige Injektionsverhältnis ξ wird auf eine Austrittswahrscheinlichkeit $P(\Phi_B)$ mit der Si–SiO$_2$-Barrierenenergie Φ_B als bestimmender Größe (s. Gl. (2.4.59)) und einen Streufaktor als Maß für die Trägerstreuung an dieser Grenzfläche ausgedrückt.

Ein anderer Ansatz [2.354] geht davon aus, den (abgeschnürten) Kanal in zwei Gebiete A und B zu unterteilen, die je für die Elektronen- (und Löcheremission) verschiedene Bedingungen haben und damit auch zu zwei Gatestromanteilen

$$I_G = b \int_{\text{Gebiet A}} S_G(y) dy + b \int_{\text{Gebiet B}} S_G(y) dy \qquad (2.4.70)$$

führen. Die Gatestromdichte $S_G(y)$ ist in den Gebieten A, B verschieden. So gilt:
– im invertierten Kanalbereich A (mit $U_{GS} \geq \psi_s(y)$) die Stromdichte

$$S_G(y) = S_e(y) \quad (U_{GS} \geq \psi_s(y)) \qquad (2.4.71a)$$

mit $S_e(y)$ nach Gl. (2.4.67). Sobald hier Elektronen die Si–SiO$_2$-Barriere überwunden haben, erreichen sie auch das Gate

168   2 Der MOS-Transistor als Funktionselement

– im Abschnürbereich B (mit $U_{GS} \leq \psi_s(y)$)

$$S_G(y) = S_e(y) \cdot P_1(U_i) \cdot P_2(d_i) \tag{2.4.71b}$$

mit $U_i = U_{GS} - \psi_s(y)$.
Zusätzlich treten die Wahrscheinlichkeiten

$$P_2(d_i) = \exp - d_i/\lambda_i \tag{2.4.72}$$

(bei mittlerer freier Weglänge der Elektronen im Oxid, s.o.) dafür auf, das Oxid ohne unelastische Stöße überwinden zu können und die Wahrscheinlichkeit

$$P_1(U_i) \approx \exp - qU_i(y)/kT_e \tag{2.4.73}$$

dafür, daß Elektronen gegen die Isolatorspannung $U_i = U_{GS} - \psi_s(y)$ anlaufen können, d.h. ihre Energie zur Überwindung dieser Barriere ausreicht. Im Gebiet B werden somit alle Elektronen zurückgewiesen, die die Oxidbarriere U_i energetisch nicht überwinden können.

In das vorliegende Modell lassen sich auch die Löcher einbeziehen, die im Drainbereich durch Stoßionisation entstehen [2.335], [2.349]. Für die Injektion ist nur der Bereich c (Bild 2.71) wegen der vertauschten Feldrichtung maßgebend. Außerdem muß jetzt die höhere Barriere ($\Phi_B \approx 3,8\,eV$) betrachtet werden.

p-Kanaltransistoren. Wenn auch die meisten Untersuchungen an n-Kanaltransistoren durchgeführt wurden, so steigerte die CMOS-Technik das Interesse an Heißträgereffekten in p-Kanaltransistoren notwendigerweise. Grundsätzlich ist die Injektion heißer Löcher aus dem Kanal möglich, aber wegen der größeren Barrierenenergie und kleineren freien Weglänge im Oxid geringer als die Elektronenemission. Der Hauptbeitrag stammt vielmehr aus dem Lawineneffekt vor dem Drain [2.355], [2.337], [2.341], [2.356].

Auswirkungen von Heißträgereffekten. Heiße Ladungsträger führen nicht nur zum Gatestrom, sondern bedingen eine Reihe weiterer nachteiliger Effekte:

– die Ladungsinjektion in den Isolator führt zu zusätzlichen *Trapzuständen* und damit
– zu *Parameterveränderungen* (Degradation) insbesondere der Schwellspannung, der Steilheit und des Schwellstromswings (s. Gl. (2.3.33))

$$\Delta S = \frac{dU_{GS}}{d(\log_{10} I_D)} \text{ und so schließlich}$$

– zur Beeinträchtigung der Lebensdauer.

Deshalb müssen Heißelektroneneffekte insbesondere bei der Strukturverkleinerung vermieden werden, z.B. durch

– die Senkung des elektrischen Feldes in Drainnähe (Reduktion der Trägeremissionswahrscheinlichkeit) durch konstruktive Maßnahmen (→LDD-Struktur, Abschn. 4.1.1),
– Verbesserung der Isolatorqualität (Einfangquerschnitt für Träger, Trapdichte) durch technologische Maßnahmen.

Heißelektroneneffekte setzen deshalb bei der Bauelementeskalierung (s. Abschn. 2.4.5) eine deutliche Grenze.

Beziehung zwischen Gate- und Substratstrom. Der für den Gatestrom I_G verantwortliche drainnahe Hochfeldbereich bestimmte nach Abschn. 2.3.2.3.1 auch den Substratstrom I_B (Stoßionisation!) (s. Gl. (2.3.74) und z.B. Gl. (2.4.58)). Beide Ströme hängen von der Energieverteilung $f[E(x,y)]$ der Elektronen im Punkt x, y ab. Ein erster Unterschied wird jedoch durch die verschiedenen "Energieschwellen" (Ionisationsenergie, Austrittsarbeit) bedingt, die die Elektronen überwinden müssen. Ein zweiter Unterschied resultiert aus der räumlichen Lage der erzeugenden Gebiete: während zum Gatestrom hauptsächlich nur der Kanalbereich zwischen Source- und Gatefeld-Umkehrpunkt beiträgt, wird der Substratstrom von der effektiv wirkenden Kanallänge bestimmt.

Die gemeinsame Entstehungsursache beider Ströme läßt eine starke Korrelation zwischen I_G und I_B erwarten, zumindest im Bereich $U_{GS} > U_{DS}$, die experimentell auch festgestellt wurde [2.330], [2.333], [2.348], [2.342], [2.341], [2.345]. Es gilt nämlich nach Gl. (2.3.74)

$$I_{Sub} \approx 2 I_D \exp - \frac{B_I}{E_m} = 2 I_D \exp - \frac{\Phi_i}{q \lambda E_m}, \qquad (2.4.74)$$

wenn λ als mittlere freie Weglänge heißer Elektronen und Φ_i als Schwellenergie der heißen Elektronen für die Stoßionisation verstanden wird.

Mit dem Gatestrom Gl. (2.4.63)

$$I_G = a C_2 I_D \exp - \frac{\Phi_B}{q E_m \lambda}$$

wird für $U_{GS} > U_{SD}$

$$\boxed{\frac{I_G}{I_D} = C_2 \left[\frac{I_{Sub}}{C_1 I_D} \right]^{\Phi_B / \Phi_i},} \qquad (2.4.75)$$

m.a.W. besteht die erwartete Korrelation.

2.4.2.2.2 Durchbruchserscheinungen

Mit abnehmender Kanallänge werden im Durchbruchverhalten gegenüber dem Langkanaltransistor (Abschn. 2.3.2.3) einige typische *Unterschiede* (Bild 2.73) deutlich:

- die Draindurchbruchspannung sinkt, die Kennlinien verlaufen "weicher" und überschneiden sich mit wachsender Gatespannung *nicht* mehr wie beim Langkanaltransistor
- eine gewisse *Rückläufigkeit* (Snap-back-effect) ist möglich, sogar ein Spannungszusammenbruch auf eine sehr kleine Spannung U_{DS} Arbeitet der Transistor

170   2 Der MOS-Transistor als Funktionselement

dabei nicht strombegrenzt, so tritt Zerstörung ein. Die Rückläufigkeit und der Spannungszusammenbruch werden oft als "zweiter Durchbruch" des MOSFET bezeichnet [2.330], [2.322], [2.181], [2.157], [2.357], [2.125], [2.358].

Ursache dieser Erscheinungen ist ein Zusammenwirken des Drain-Substrat-Durchbruchs mit dem (parsitären) *npn-Substrattransistor* in einer Rückkoppelungsschleife (s.u.). Bei kurzem Kanal bildet der Source-Drain-Bereich einen npn-Bipolartransistor parallel zum (eigentlichen) MOSFET mit nahezu schwimmender Basis, weil das Substratpotential in Sourcenähe durch den lawinenbedingten Substratstrom entsteht. Ein basisseitig leerlaufender Bipolartransistor hat bekanntermaßen eine rückläufige Kennlinie mit dem Durchbruch bei

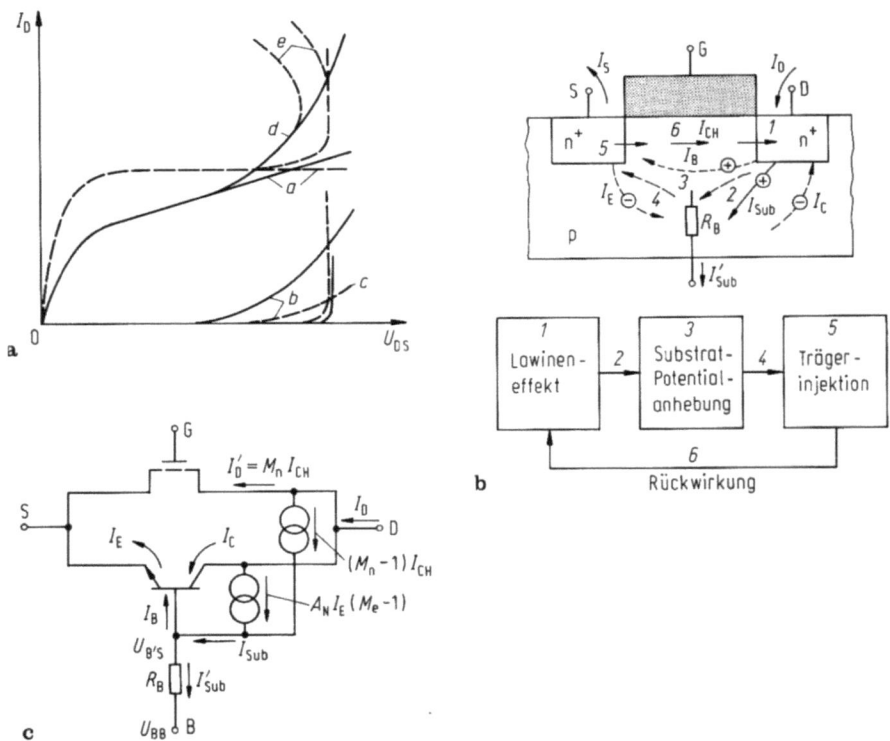

Bild 2.73a–c. Lawineneffekt beim Kurzkanaltransistor. **a** Ausgangskennlinien beim Langkanal- (---) und Kurzkanaltransistor (———) mit Durchbruchseffekt (a) Drainstrom ohne Lawineneffekt, (b) Drainstromanteil, der durch vervielfachte Träger in Wechselwirkung mit dem Substrat entsteht, (c) Drainstromanteil durch Lawineneffekt am Drain zufolge des Oberflächenfeldes, (d) Gesamtstrom, (e) Snap-back-Effekt, **b** Modell der Substratrückwirkung beim Kurzkanaltransistor, **c** Ersatzschaltung des Kurzkanaltransistors mit Substrattransistor

2.4 Der MOSFET bei abnehmenden Geometrien

$M \approx 1/A_N$, d.h. bei einer Spannung $U_{CE} \gg U_{CBBR}$. Die Rückläufigkeit entsteht durch Zunahme der Stromverstärkung A_N mit wachsendem Kollektorstrom, so daß M sinkt und so auch die Spannung U_{CE}, die zum Durchbruch erforderlich wäre.

Der Kurzkanaltransistor verhält sich ähnlich, nur ist seine "Basis" durch den Substratstrom vorbelastet. Wegen dieses Substrattransistors spricht man auch von "bipolarinduziertem Durchbruch" oder anfänglich "Softbreakdown" und modelliert entsprechend [2.322], [2.120], [2.153], [2.125], [2.156], [2.359], [2.130], [2.121], [2.133], [2.124].

Für den *Langkanaltransistor* ergibt sich deshalb der gesamte Drainstrom (Anteil 4, Bild 2.73) aus

– dem Drainstromanteil a) ohne Lawineneffekt,
– einen Drainstromanteil b), der durch Trägervervielfachung in Wechselwirkung mit dem Substrat entsteht und
– einem Vervielfachungsanteil c), soweit er durch durch das Oberflächenfeld bestimmt ist. Die Teile a)...c) bilden den Gesamtstrom d).

Modellmäßig werden (vereinfachend) folgende Vorgänge berücksichtigt:

– Lawinenvervielfachung des Kanalstromes im Drain-Substrat-Bereich, was etwa den Anteil a)...c) (Bild 2.73) umfaßt. Der entstehende Löcherstrom fließt zum Substrat. Im Bild 2.73b sind das die Vorgänge 1 und 2,
– Der Löcherstrom I_{Sub} erzeugt im Substrat einen Spannungsabfall zufolge des Substratwiderstandes R_B (Vorgang 3), der das Potential in Sourcenähe so anhebt, daß,
– schließlich der Source-Substrat-Übergang flußgepolt wird und
– eine Elektroneninjektion ins Substrat beginnt (Vorgang 4, 5), von der ein Teil den Drainbereich erreicht und den anfänglichen Prozeß rückkoppelnd unterstützt (Vorgang 6, der im Bildteil a) im Vorgang b mit enthalten ist).

Der Drainstrom I_D besteht (ohne Drain-Substrat-Leckstrom) ohne Mitwirkung des Substrattransistors aus

$$I'_D = I_{CH} + I_{Sub} = M_n I_{CH}, \tag{2.4.76}$$

dem Kanal (I_{Ch}) und Substratstrom I_{Sub}

$$I_{Sub} = (M_n - 1) I_{CH}, \tag{2.4.77}$$

wobei für letzteren z.B. Gl. (2.3.70) gilt. Mit dem Substrattransistor (Bild 2.73c) fließt ein Substratstrom I'_{Sub}

$$I'_{Sub} = I_{Sub} - I_B = (M_n - 1) I_{CH} + (A_N M_e - 1) \cdot I_E. \tag{2.4.78}$$

Er ist die Differenz zwischen dem gesamten Löcherstrom (gebildet aus dem Lawinenbereich des FET) und dem Löcheranteil durch Lawinenvervielfachung ($\rightarrow M_e$) des Emitterstromes des Bipolartransistors. Man erhält anstelle von Gl. (2.4.77)

$$I_{Sub} = (M_n - 1) I_{CH} + (M_e - 1) A_N \cdot I_E. \tag{2.4.79}$$

Der Basisstrom beträgt $I_B = (1 - A_N) I_E$. Der gesamte Drainstrom I_D ist dann die Summe von Kanal- und Kollektorstrom (I_{CH}, I_C) und dem durch Lawinenvervielfachung entstehenden zusätz-

172   2 Der MOS-Transistor als Funktionselement

lichen Kanal- und Kollektorstromanteilen (mit $I_C = A_N I_E$):

$$I_D = I_{CH} + I_C + (M_n - 1)I_{CH} + (M_e - 1)I_C = I_{CH} + I'_{Sub} + I_E, \qquad (2.4.80)$$

(der letzte Term ergibt sich durch Einsetzen von Gl. (2.4.78) und stellt die äußere Klemmenbeziehung dar). Der Emitterstrom I_E selbst hängt mit der (inneren) Source-Substratspannung $U_{B'S}$ über eine Diodengleichung

$$I_E = I_S \left(\exp \frac{U_{B'S}}{U_T} - 1 \right)$$

zusammen. Er kann bei gesperrtem Substrattransistor ($U_{B'S} \ll 0{,}7\,\text{V}$) vernachlässigt werden. Im eingeschalteten Zustand gilt hingegen

$$U_{B'S} = U_{BB} + I'_{Sub} R_B \approx U_{max} \approx (0{,}7 \ldots 0{,}8)\text{V}, \qquad (2.4.81)$$

und es fließt ein etwa konstanter Strom $I_{Sub} \approx I_{max}$ aus dem Substrat:

$$I'_{Sub} = \frac{U_{max} - U_{BB}}{R_B} \approx I_{max}. \qquad (2.4.82)$$

Für konstant angenommenen Substratwiderstand R_B folgt aus Gln. (2.4.78, 80 und 81) schließlich

$$I_E = \frac{U_{max} - U_{BB} - (M_n - 1)I_{CH} \cdot R_B}{(A_N M_e - 1) \cdot R_B}. \qquad (2.4.83)$$

Zu einem Draindurchbruch kommt es nach Gl. (2.4.80)
– ohne Substrattransistor für $M_n \to \infty$ (wie bekannt, s. Abschn. 2.3.2.3), mit Substrattransistor aber auch für
– $A_N M_e \to 1$. Im letzteren Fall folgt aus Gl. (2.4.80) die schärfere Durchbruchbedingung (bei Basisstromeinprägung resp. großem Substratwiderstand)

$$\boxed{M_e \gtrless 1/A_N = 1 + 1/B_N \gtrless 1, \qquad (2.4.84)}$$

denn bei kleinem Substratwiderstand (im Vergleich zum Diffusionswiderstand) geht R_B mit in das Durchbruchskriterium ein.

Die rez. Basisstromverstärkung $1/B_N$ ist etwa proportional zur Kanallänge L. Mit kürzer werdendem Kanal genügen deshalb kleinere Werte des Vervielfachungsfaktors M_e zum Durchbruch.

Durchbruchmodelle mit Aufteilung in einen MOSFET und Bipolarsubstrattransistor sind von verschiedenen Seiten angegeben worden [2.125]–[2.127], [2.123], [2.155], [2.157], auch für räumliche, z.B. zweidimensionale Feld- und Vervielfachungsverteilung [2.360], [2.156], [2.129].

Verglichen mit dem Langkanaltransistor (und seinen typischen Stromkomponenten, Bild 2.73), hat der Kurzkanaltransistor folgende Merkmale im Ausgangskennlinienfeld:

– Der nicht durch Trägervervielfachung beeinflußte Drainstrom (a) wächst stärker an, weil außer der intensiveren Kanallängenmodulation noch der Durchgreifeffekt eine Rolle spielt.
– Der Elektronenmultiplikationsstrom bestimmt in den tieferen Substratbereichen das Durchbruchsverhalten entscheidend, weil die Feldkomponente E_y groß und nahezu unabhängig von U_{GS} ist. Deshalb sinkt U_{DSBR} mit wachsender Gatespannung (da $I_D \uparrow$ mit $U_{GS} \uparrow$). Dadurch entsteht der weichere Anstieg.

- Der oberflächennahe vervielfachte Stromanteil beeinflußt den Durchbruch zwar mit, aber nicht so stark wie beim Langkanaltransistor;
- der Substrateffekt ist ausgeprägter, und es stellt sich oft eine Kennlinienrückläufigkeit ein.

Kennlinienrückläufigkeit wird auch in p-Kanaltransistoren beobachtet, jedoch schwächer ausgebildet als im n-Kanaltransistor. Gründe dafür sind:
- die um etwa eine Größenordnung kleinere Löcherionisationsrate
- der um einen Faktor 3 kleinere Substratwiderstand eines n-Substrates im Vergleich zum p-Substrat bei gleicher Dotierung wegen der größeren Beweglichkeit.

Die Kennlinienrückläufigkeit ist schaltungstechnisch höchst unerwünscht: Sie reduziert die Spannungsfestigkeit, erhöht den Substratstrom und verursacht des "Durchschalten" von Inverterstufen. Deshalb werden verschiedene abschwächende Maßnahmen getroffen:
- Herabsetzung der Feldstärke an der Drainkante durch größere Eindringtiefe des Drainbereiches, größere Isolatordicke sowie Graduierung des Störstellenprofils in diesem Gebiet
- Verwendung einer hochohmigen Epitaxieschicht auf niederohmigem Substrat. So sinkt der Spannungsabfall, und es entfällt die Flußpolung des Sourcebereiches.

2.4.3 Transporteffekte

Mit abnehmender Transistorgeometrie entstehen neben der 2d- und 3d-Potentialverteilung im Gate-Source-Drain-Bereich und ausgeprägten Hochfeldeffekten (heiße Elektronen, Gatestrom, Trägervervielfachung u.a.m.) auch neue *Transporteffekte*. Darunter versteht man Einflüsse auf den Kanalstrom, soweit sie direkt durch die Transistorverkleinerung bedingt sind:
- Senkung der Beweglichkeit durch hohe laterale und vertikale Feldkomponenten mit Geschwindigkeitssättigung,
- zunehmender Einfluß von Vorgängen, die nicht mehr durch die klassischen Halbleitergleichungen (sog. Drift-Diffusionslösung) beschrieben werden können,
- Vergleichbarkeit typischer geometrischer Längen, z.B. der Barrierenbreiten für die Trägerdichten an den Source-Drain-Übergängen, der Randschicht am Metall-Isolator-Kontakt, der Inversionskanaldicke und der Kanallänge selbst mit *physikalisch* bedingten Längen (z.B. mittlere freie Weglänge, Debyelänge u.a.). Dies stellt die Anwendbarkeit des klassischen Halbleiteranalysemodells zusätzlich in Frage.

Solche Effekte treten insbesondere im *Submikrometertransistor* mit Kanallängen deutlich unter 1 µm auf. Deshalb befindet sich die Bauelementeanalyse gerade hier noch stark im Fluß, sowohl von der physikalischen Modellierung als auch der mathematischen (numerischen) Lösung der Halbleitergleichungen her.

2 Der MOS-Transistor als Funktionselement

2.4.3.1 Beweglichkeit, Geschwindigkeitssättigung

Schon beim Langkanaltransistor hing die Beweglichkeit vom Lateral- und Vertikalfeld ab (s. Abschn. 2.3.2.1). Das Vertikal- oder Normalfeld E_x wurde dabei durch eine eingeführte effektive Beweglichkeit μ_{eff} (Gl. (2.3.37 ff.)) und das Horizontal- bzw. Transversalfeld E_y durch die nichtlineare v-E-Relation (Gl. (2.3.45ff.)) berücksichtigt. Ein solcher hyperbolischer v-E-Ansatz bietet sich auch für die ingenieurmäßige Modellierung der Beweglichkeit beim Kurzkanaltransistor an [2.113], [2.362], [2.93], [2.105], [2.85], [2.363], [2.48], [2.361], zumal so der Drainstrom (Gl. (2.3.46)) und Kleinsignalparameter bequem angegeben werden können. Dennoch unterscheidet sich der Kurzkanaltransistor in mehrfacher Hinsicht vom Langkanaltransistor [2.364]:

- ausgeprägt zweidimensionale Feldverteilung vor dem Drainbereich. Die Folge sind Ladungsteilung (s. Abschn. 2.4.1.1) und Verletzung der Gradual-Näherung;
- Aufsplitten der Spannung U_{DS}, bei der einerseits die Sättigungsgeschwindigkeit erreicht wird und zum anderen Abschnürung einsetzt.
- "Abdrängung" des Stromflusses nach der Abschnürung in tiefere Kanalregionen, so daß dort neben der Oberflächen- auch die Volumenstreuung auftritt.
- Anstieg der Trägertemperatur über die mittlere Gittertemperatur durch das hohe Kanallängsfeld: Transport heißer Träger;
- Quantisierungseffekte in der Inversionsschicht bei hohem Gatefeld, die einige Eigenschaften des MOSFET beeinflussen.
- Bei extrem kurzen Kanallängen ($L \approx 0,1\,\mu m$) kann es zum sog. "Überschwingen" (Overshooteffect) in der v-E-Relation kommen. Dabei liegt die Trägergeschwindigkeit entweder längs einer sehr kurzen Wegstrecke oder für sehr kurze Zeit deutlich *über* der Sättigungsgeschwindigkeit. Im Sonderfall einer stoßfreien Trägerbewegung spricht man von "ballistischen Effekten". Sie bringen eine deutliche Verbesserung der dynamischen Eigenschaften des MOSFET.

Diese verschiedenartigen Einflüsse auf den Trägertransport werden durch den Begriff "Beweglichkeit" resp. die v-E-Relation nur noch teilweise erfaßt, weil – vor allem in den letzten Fällen – das bisherige Trägertransportmodell bei extrem kleinen MOSFETs kritisch überprüft werden muß (s. Abschn. 2.4.3.2), ein derzeit intensiver Forschungsgegenstand. Momentan zeichnen sich zwei Richtungen für die Transportbeschreibung im Kurzkanal-MOSFET ab:

- Anpassung des bisherigen "Driftmodells" durch eine verbesserte, z.T. auf empirischen Ansätzen beruhende Beweglichkeits-Modellierung bzw. v-E-Beschreibung (dieser Abschnitt),
- verbesserte Transportmodelle, abgeleitet aus der Boltzmann-Gleichung (Abschn. 2.4.3.2) mit der Tendenz, schließlich zu Quantentransportmodellen zu kommen.

v-E-Relation. Wegen der Hochfeldverhältnisse und der erforderlichen Erweiterung der Transportgleichungen (s.u.) verwendet man beim Kurzkanaltransistor verbreitet statt der Beweglichkeit μ(E) (s. Abschn. 2.3.2.1) gewöhnlich die v-E-Relation, jedoch mit verbessertem Lateral- und Vertikalfeldeinbezug anstelle von Gl. (2.3.45 ff.). Beispiele dafür sind

– die Form nach Scharfetter-Gummel [2.365] (A, B, F, N, N_r Konstanten)

$$v_d = \mu_0 E \left[1 + \frac{N}{N/E + N_r} + \frac{(E/A)^2}{E/A + F} + \left(\frac{E}{B}\right)^2 \right]^{1/2} \qquad (2.4.85a)$$

– bzw. ihre Modifizierung [2.99]

$$v_d = \mu(N, E_G) E_D \left[1 + \left(\frac{\mu(N, E_G) E_D}{v_c}\right)^2 \left(\frac{\mu(N, E_G) E_D}{v_c}\right)^{-1} + \left(\frac{\mu(N, E_G) E_D}{v_s}\right)^2 \right]^{-1/2} \qquad (2.4.85b)$$

(etwa in den Simulatoren CADDET und HFIELD).
– Andere Ansätze stammen von Thornber [2.361], [2.366]

$$v_d = \mu(E_G) E_D / [|1 + [\mu(E_G) E_D / v_s(E_G)]^\beta]^{1/\beta} \qquad (2.4.85c)$$

(meist mit $\beta = 2$), von Schwarz-Russek [2.73]

$$v_d = \frac{v}{\sqrt{2}} \left\{ -1 + \left[1 + \left(\frac{2\mu_0 E}{v} \left[1 + \exp - \frac{E_{0p}}{m^* v \mu_0 E} \right]\right)^2 \right]^{1/2} \right\}^{1/2} \qquad (2.4.85d)$$

und Cooper-Nelson [2.367]

$$v_d = \mu E_t / [1 + (\mu E_t / v_s)^\alpha]^{1/\alpha}; \quad \mu = \mu_0 \Big/ \left(1 + \left[\frac{E_n}{E_c}\right]^c\right). \qquad (2.4.86)$$

Die (beispielhaft) angegebenen v-E-Modelle (Beispiele [2.143], [2.363], [2.367], [2.368]) sind alle stationärer Natur. Sie versagen für (nichtstationäre) *Überschwingeffekte* und werden deshalb nur bis zu Kanallängen $L \approx 0,3$ μm verwendet. Sie gelten auch nicht bei extrem hohem Gatefeld, weil dann ein Quantisierungseffekt auftritt.

Quantisierungseffekt im Inversionskanal. Nach Abschn. 2.3 hängt die Kanalbeweglichkeit sowohl vom Volumenanteil μ_{Vol} wie auch dem Oberflächenanteil $\mu_{OF} = \text{const.}/E_{eff}$ (Oberflächenstreuung) ab:

$$\frac{1}{\mu_{eff}} = \frac{1}{\mu_{Vol}} + \frac{1}{\mu_{OF}} \quad \text{resp.} \quad \mu_{eff} = \frac{\mu_0}{1 + Q^* \bar{E}_x} \qquad (2.4.87)$$

(s. Gl. (2.3.37a)) mit μ_0 der effektiven Beweglichkeit bei verschwindendem Normalfeld. Bei steigender effektiver Normalfeldstärke E_x (Gl. (2.3.38)) steigt auch das Feld im Inversionskanal und die "Dicke" der Inversionsschicht sinkt weiter. Für Feldstärken $E \approx 5 \cdot 10^5$ V/cm beträgt sie 10...100 Å und kommt so in den Materialwellenlängenbereich der Elektronen (≈ 50 Å). Dann versagt das (dreidimensionale) *Trägerteilchenmodell* im Inversionskanal (Trägerpaket als Ladungskontinuum), und es kommt zur *Quantisierung* dieses Ladungskontinuums in x-Richtung (Inversionsschichtdicke). Im Gefolge sind die Elektronen nur noch in y-, z-Richtung als quasifrei zu betrachten und man

176   2 Der MOS-Transistor als Funktionselement

spricht von einem *zweidimensionalen Elektronengas*. Die Energiezustände in x-Richtung sind quantisiert und das Leit- resp. Valenzband spaltet sich in *Subbänder* auf. Nur diese können mit Trägern besetzt werden (Bild 2.74).

Faßt man den Verlauf der potentiellen Elektronenenergie in der Inversionsschicht $W(x) \sim \varphi(x)$ zunächst als Potentialtopf auf, so kann der Zusammenhang zwischen Energie W und Kristallimpuls $\hbar k$

$$W = \frac{\hbar^2}{2m_n}(k_x^2 + k_y^2 + k_z^2) = W_\perp + W_\parallel \qquad (2.4.88)$$

in x-Richtung durch die Randbedingungen des Potentialtopfes nur bestimmte (quantisierte) Werte

$$k_x = \pi/dn \; (n = 1, 2 \ldots) \qquad (2.4.89)$$

annehmen, während für die Komponenten k_y, k_z (wegen der vergleichsweise großen Ausdehung in y-z-Richtung) beliebig viele Werte möglich sind. Der kleinstmögliche Energiezustand (in senkrechter Richtung) – das *erste Subband* (n = 1) – beträgt

$$W_{1\perp} = \frac{1}{2m_n}\left(\frac{\hbar\pi}{d}\right)^2. \qquad (2.4.90)$$

Die Elektronen befinden sich damit im Leitband auf der Energie $W_{1\perp} + W_C$ und nicht mehr auf der Leitbandkante W_C wie im klassischen Fall. Unter solchen Bedingungen ändert sich auch die effektive Zustandsdichte. Sie beträgt für die Träger in der y-z-Ebene bei gegebenem $W_{n\perp}$-Wert (energieunabhängig!)

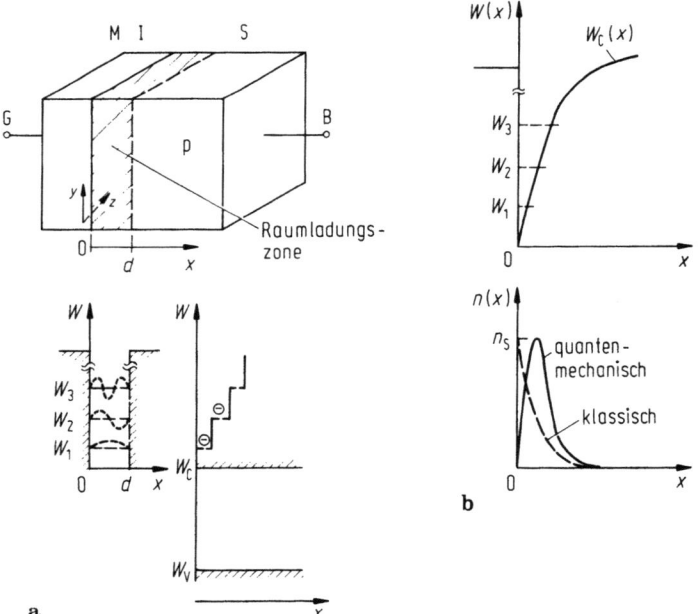

Bild 2.74a, b. Quantisierung der Trägerenergie im Oberflächenbereich. **a** Modell mit Potentialtopf, **b** Modell mit Potentialdreieck

$$N_{yz}(W) = m_n/\pi\hbar^2 \qquad (2.4.91)$$

Die gesamte Zustandsdichte N(W) geht dann in eine Treppenfunktion über.

Eine realistischere Modellierung des Quanteninversionseffektes ergibt sich bei Ersatz des Potentialtopfmodells durch das sog. Dreieckpotential (Bild 2.74b), wie es für die MOS-Raumladungszone bei großer Gatefeldstärke viel eher zutrifft [2.369]. Hier betragen die möglichen Energiewerte

$$W_{n\perp} = \frac{(\hbar q E_s)^{2/3}}{(2m_n)^{1/3}} \left[\frac{3}{2}\pi\left(n + \frac{3}{4}\right)\right]^{2/3}. \qquad (2.4.92)$$

Zur Bestimmung der Oberflächenladung Q_S als Funktion der Feldstärke E_S müssen sowohl die Poissonsche als auch Schrödinger-Gleichung selbstkonsistent gelöst werden. Für sehr tiefe Temperaturen besetzen dabei alle Träger nur den niedrigsten Energiewert [2.370], bei Raumtemperatur auch höhere Energiewerte [2.372].

Bemerkenswerte weitere Erkenntnisse solcher Untersuchungen sind, daß

- das Maximum der Trägeraufenthaltswahrscheinlichkeit nicht mehr unmittelbar an der Grenzfläche (klassische Lösung), sondern tiefer im Halbleiterinnern liegt. Deshalb ist die Flächenladungsdichte Q''_{SC} etwas geringer als im klassischen Fall [2.372] (Bild 2.74b).
- Das 2d-Elektronengas verhindert eine transversale Trägerbewegung. Deshalb wird Coulomb-Streuung an Grenzflächenladungen praktisch nicht beobachtet, und die Beweglichkeit steigt. Entsprechende Beweglichkeitsmodelle berücksichtigen dies [2.73], [2.372]–[2.375], [2.368].

2.4.3.2 Transporteffekte

Die bisherige Beschreibung der Elektronik des MOSFET basierte auf den *klassischen Halbleitergleichungen* (Poisson-, Kontinuitäts- und Stromdichtegleichung) in der Drift-Diffusionsstrom-Näherung, wobei Beweglichkeit und Diffusionskonstante Funktionen des elektrischen Feldes sein können. Sie stellt die einfachste (niedrigste) Beschreibungsstufe in einer *Hierarchie der Transportvorgänge* (→Transportmodelle) dar und gilt unter einer Reihe (z.T. stark) einschränkender Voraussetzungen. Grundsätzlich kann der Transportvorgang in Halbleiterbauelementen durch zwei Modelle beschrieben werden:

- *klassisch*, d.h. mit dem *Teichenmodell*: Elektron als geladene Punktmasse, das Kräften unterliegt. Voraussetzung dafür ist, daß die typische Bauementeabmessung (z.B. Kanallänge, Kanaldicke) groß gegen die sog. *Materie-* oder *De-Broglie-Wellenlänge* $\lambda = \hbar p = \hbar/\sqrt{2m^*W}$ ($\approx \cdots 100$ Å für Leitungselektronen in Si) sind. Die grundlegende Beziehung des Transportvorganges ist dann die sog. *Boltzmann-Transportgleichung* (s.u.).
- *Quantenmechanisch*, wenn mit dem *Wellenkonzept* des Elektrons typische Bauelementeabmessungen *vergleichbar* oder *kleiner* als die Materiewellenlänge sind (s.u.). Der Ausgang zur Beschreibung des Transportvorganges ist jetzt die sog. *Liouville-von-Neumann-Gleichung* für die (statistische) Dichtematrix. Aus ihr geht schließlich durch verschiedene Vereinfachungen die *Boltzmann-Transportgleichung* (BTG) als Grundlage des Transportvorganges beim Teilchenmodell hervor.

Derzeit führt die Analyse extrem miniaturisierter Bauelemente auf streng quantenmechanischer Grundlage noch zu wenig greifbaren Ergebnissen [2.364]. Das Schwergewicht liegt vielmehr auf der Nutzung der Boltzmann-Transport-

Tafel 2.7. Übersicht der Modellansätz für MOSFETs mit abnehmender Geometrie

Klassische Halbleitergrundgleichungen	Halbleitergleichungen für den oberen Submikrometerbereich	Halbleitergleichungen für den unteren Submikrometerbereich
Poisson-Gleichung (einschl. Verschiebunsstrom)	Poisson-Gleichung (einschl. Verschiebungsstrom)	Maxwellgleichungen
Kontinuitätsgleichung	Kontinuitätsgleichung	Boltzmanngleichung mit wichtigen Strommechanismen (einschl. höherer Momentengleichungen)
Transportgleichung μ, D feldabhängig	Transportgleichung μ, D feldabhängig	
Quantenansätze: eff. Massenansatz	Energiebilanzgleichung	Schrödingergleichung (indirekt) zur Bestimmung der Bandstruktur, der Elektronenzustände,
	Quantenansätze – eff. Massenansatz – Dimensionsquantisierung ((phänomenologischer Einbezug)	Dimensionsquantisierung u.a.

gleichung, der Kenntnis ihres Gültigkeitsbereiches und vor allem einer *makroskopischen* Interpretation des Trägertransportes.

Zwischen beiden Modellen gibt es Überlappungen derart, daß das Teilchenmodell bereits quantenmechanische Ansätze mit enthalten kann (z.B. Oberflächenquantisierung, Tunnelvorgänge u.a.m.).

Beide Modelle basieren auf Elementarprozessen des Einzelelektrons (sog. Blochelektron) und einer anschließenden Ensemblebildung (Mittelung). Im Teilchenmodell ergibt sich so die Boltzmann-Transportgleichung. Das ist eine Beziehung für die Verteilungsfunktion $f(\vec{k}, \vec{r}, t)$, die die wahrscheinliche Zahl der Elektronen mit dem Kristallimpuls $\hbar k$ am Ort $\vec{r}$ zur Zeit t beschreibt

$$\frac{\partial f}{\partial t} + v\frac{\partial f}{\partial \vec{r}} + \frac{\vec{F}}{\hbar}\frac{\partial f}{\partial \vec{k}} = \frac{\partial f}{\partial t}\bigg|_{Stoß} \qquad (2.4.93)$$

und zwar unter dem Einfluß aller auf das Teilchen wirkenden Kräfte ($\vec{F}$) (Gruppengeschwindigkeit $\vec{v}$) und Streuvorgänge (rechter Term). Quantenmechanische Aspekte (Schrödinger Gleichung) sind dabei indirekt enthalten (Elektronenzustände, Bandstruktur, effektive Masse). Deshalb ist die obige Abgrenzung streng genommen nicht zu scharf zu sehen (Tafel 2.7).

Die BTG ist in der vorliegenden Form selbst an verschiedene Voraussetzungen gebunden (wie z.B. nichtentartetes Trägergas, schwache Wechselwirkung zwischen den Trägern, Stöße ohne Energieübertragung, d.h. Stoßdauer klein gegen die Zeit zwischen zwei Stößen, Streuwahrscheinlichkeit feldunabhängig, Feldänderung innerhalb einer freien Weglänge nur gering u.a.m.), deren Verletzung selbst eine Fülle interessanter Fragen stellt [2.377].

Die Lösung der BTG, d.h. der Bestimmung der Verteilungsfunktion $f(\vec{k}, \vec{r}, t)$ ist schwierig. Dabei sind zwei *Grundstrategien* üblich:

1. *Monte-Carlo-Verfahren* zur numerischen Berechnung von f insbesondere

2.4 Der MOSFET bei abnehmenden Geometrien

für Halbleiterbauelemente. Es basiert auf der numerischen Modellierung der stochastischen Teilchentrajektoren und einer statistischen Mittelwertbildung über spontane Teilchengrößen. Bestimmt werden können sowohl die Verteilungsfunktion als auch die gemittelten Transportparameter (s.u.) mit vertretbarem mathematischen Aufwand [2.378]–[2.381], [2.25]. Obwohl es sehr rechenaufwendig ist, wird es dank der steigenden Rechnerleistung immer beliebter.

2. *Momenten-Verfahren.* Die Grundidee dieses Verfahrens basiert darauf, die BTG der Reihe nach mit eins, der Geschwindigkeit v und der mittleren Energie $W(\vec{k})$ zu multiplizieren und über den $\vec{k}$-Raum (die sog. erste Brillouin-Zone) zu integrieren. Entsprechend dieser *Mittel-* oder *Momentenbildung* erhält man die.

0. Momentengleichung (oder Teilchen*kontinuitätsgleichung*)

$$\frac{\partial n}{\partial t} + \operatorname{div}(nv) = \left.\frac{\partial n}{\partial t}\right|_{\text{Stoß}} \tag{2.4.94a}$$

mit der *mittleren Trägerdichte*

$$n(\vec{r}, t) = \int d^3 f(\vec{k}, \vec{r}, t). \tag{2.4.94b}$$

Der Stoßterm $\partial n/\partial t|_{\text{Stoß}}$ wird häufig durch eine *Nettogenerationrate* $G(\tau)$ ersetzt (τ Trägerlebensdauer). Gl. (2.4.94) ist die übliche Kontinuitätsgleichung der Halbleiterelektronik (für eine Trägersorte).

1. Momentengleichung (oder *Impulserhaltungsgleichung*) für den Impuls $\vec{p} = m_n \vec{v}$

$$\frac{\partial \vec{v}}{\partial t} + \vec{v} \nabla \vec{v} + \frac{q\vec{E}}{m_n} + \frac{1}{m_n n} \nabla(nkT) \approx \left.\frac{\partial \vec{v}}{\partial t}\right|_{\text{Stoß}} \tag{2.4.95a}$$

$$\text{resp.} \; \frac{\partial \vec{v}}{\partial t} + \frac{(n\vec{v} \operatorname{grad}|\vec{v})}{n} + \frac{1}{m_n n} \operatorname{div}(nkT) + \frac{q\vec{E}}{m_n} = \left.\frac{\partial \vec{v}}{\partial t}\right|_{\text{Stoß}} \tag{2.4.95b}$$

mit der mittleren Gruppengeschwindigkeit $\langle \vec{v}(\vec{r},t) \rangle$ (resp. Stromdichte $\vec{S} = qn\langle \vec{v} \rangle$) oder der Teilchenstromdichte $\vec{S}/q = n\langle \vec{v} \rangle$

$$n(\vec{r},t) \cdot \langle \vec{v}(\vec{r},t) \rangle = \int d^3 k \, \vec{v}(\vec{r},t) f(\vec{k}, \vec{r}, t). \tag{2.4.96}$$

Der Stoßterm rechts wird oft durch eine *Impulsrelaxationszeit* τ_p beschrieben

$$\frac{\partial \vec{v}}{\partial t|\text{Stoß}} = -\frac{\vec{v}}{\tau_p}. \tag{2.4.97}$$

2. Momentengleichung (oder *Energieerhaltung*) für die *mittlere Energie* w

$$\frac{\partial w}{\partial t} + \frac{1}{n} \operatorname{div} \vec{S} + \vec{v} \operatorname{grad} w + \frac{1}{n} \operatorname{div}(n, kT) + q\vec{v}\vec{E} = \left.\frac{\partial w}{\partial t}\right|_{\text{Stoß}} \tag{2.4.98}$$

(s Energieflußdichte) mit der *mittleren Energie* $\langle w(\vec{r},t)\rangle$

$$n(\vec{r},t)\cdot\langle w(\vec{r},t)\rangle = \int d^3k w(\vec{r},t)f(\vec{k},\vec{r},t). \qquad (2.4.99)$$

Der Stoßterm rechts wird oft durch eine *Energierelaxationszeit* τ_e

$$\left.\frac{\partial w}{\partial t}\right|_{Stoß} = -\frac{w-w_0}{\tau_e} \qquad (2.4.100)$$

ersetzt.

Eine Eigenart dieser Halbleitergleichungen (2.4.94)...(2.4.100) (mitunter wird noch ein viertes Moment für den Energiefluß gebildet) für die Trägerdichte, die Geschwindigkeit (oder besser den Strom bzw. Impuls) und die mittlere Energie ist, daß in einer Gleichung gleichzeitig die Unbekannte der folgenden Gleichung auftritt, m.a.W. das System nicht vollständig ist. Deshalb wird die noch unbekannte Energieflußdichte $\vec{s}$ (Wärmefluß durch die Elektronen) z.B. durch ein weiteres makroskopisches Gesetz, etwa die Wärmeableitung an das Gitter ersetzt: $\vec{s} = -1/n \, \text{div}\, (\alpha_w \, \text{grad}\, T)$.

Diese sog. *semiklassischen* oder *hydrodynamischen Transportgleichungen*, basierend auf den ersten drei Momenten der BTG, stellen das allgemeine *dynamische Transportmodell* zur *makroskopischen Beschreibung* dar. Die Parameter werden entweder analytisch (über vereinfachte Modelle), experimentell oder numerisch durch Monte-Carlo-Simulation bestimmt. Die eingeführten Impuls- resp. Energierelaxationszeiten (τ_p, τ_e) geben auch einen Hinweis für den Gültigkeitsbereich des Modells: Träger mit einer Impulsrelaxationszeit, τ_p und der mittleren Geschwindigkeit $\vec{v}$ haben eine freie Weglänge $\lambda_n = \bar{v}\lambda_p$ und die Beweglichkeit $\mu_n \approx q\tau_p/m_n = q\lambda_n/m_n\bar{v}$. Für Si folgt daraus mit $\mu_n \approx 10^3$ cm^2/(Vs, $\bar{v} \approx 10^7$ cm/s und $m_n \approx 10^{-27}$ g eine freie Weglänge $\lambda_n \approx 10^{-5}$ cm = 0,1 µm. Dies ist zugleich die *Grenzgeometrie*, z.B. Kanallänge, bis zu der ein Submikrometertransistor hinsichtlich des Transportvorganges etwa noch semiklassisch betrachtet werden kann.

Aus dem hydrodynamischen Modell gehen weitere Vereinfachungen hervor [2.382]–[2.386]. In Abwärtsfolge sind dann beispielsweise an unterschiedlichen *Näherungen* auf der linken Seite der Erhaltungsgleichungen für Impuls und Energie (Stoßvorgänge rechts unbeeinflußt) möglich:

– Vernachlässigung der Energieflußdichte,
– Vernachlässigung des Konvektionstermes $\vec{v}\Delta\vec{v}$ sowie der kinetischen Trägerenergie $m_n v^2/2$ (sog. vereinfachtes dynamisches Transportmodell), d.h. $w \approx 3/2\, kT$,
– Vernachlässigung der Terme $\nabla (nkT)$ sowie des Konvektionstermes $\vec{v}\nabla\vec{v}$ und $\vec{v}\nabla w$. Dann sind die lokalen Änderungen von Energie und Impuls klein, außerdem werden mv und w als voneinander unabhängig angesetzt. Dann geht die Impulserhaltung (2.4.95a) in

$$\frac{dm_n(w)\vec{v}}{dt} = -q\vec{E} - \frac{m_n(w)\vec{v}}{\tau_p(w)} \qquad (2.4.101)$$

2.4 Der MOSFET bei abnehmenden Geometrien

über und die Energieerhaltung Gl. (2.4.99) in [2.387], [2.388], [2.385], [2.383]

$$\frac{dw}{dt} = -q\vec{E}\vec{v} - \frac{w - w_0}{\tau_e(w_e)} \quad \text{sowie} \quad \vec{S} = -qn\vec{v}. \tag{2.4.102}$$

Eine wichtige Konsequenz dieser Gleichung ist die jetzt *nichtstationäre v-E-Charakteristik*. Wird zur Zeit $t = 0$ ein konstantes Feld eingeschaltet, so ergibt sich stationär eine mittlere Energie $\bar{w}_\infty > w_0 = 3/2\,kT$:

$$\bar{w}_\infty - w_0 = \tau_e(\bar{w}_\infty)\tau_p(\bar{w}_\infty)(qE)^2/m_n. \tag{2.4.103}$$

Da die Energierelaxationszeit τ_e deutlich über der Impulsrelaxationszeit τ_p liegt [2.383], steigt die Differenz $\bar{w} - w_0$ stark mit der Feldstärke an, was sich bekanntermaßen als *Elektronenaufheizung* darstellt. Stationär ergibt sich die Driftgeschwindigkeit

$$v_d(\infty) = \bar{v}_d = \tau_n(\bar{w}) \cdot qE(t)/m_n. \tag{2.4.104}$$

Im Zwischengebiet stellt sich ein Maximum, also der *Überschwingeffekt* ein (Bild 2.75). Am Si-MOSFET tritt dieser Effekt bei tiefen Temperaturen deutlicher auf, bei Zimmertemperatur ist er hingegen nur schwach ausgeprägt [2.390], [2.391]. Dieses Verhalten kann mit dem Beweglichkeitsbegriff nicht erklärt werden.

Die *gröbste Näherung* berücksichtigt nur die beiden ersten Momente der BTG: Bilanzgleichung für die Trägerdichte, Kontinuitätsgleichung und Impulserhaltung Gl. (2.4.95), letztere vereinfacht als *Drift-Diffusionsnäherung*. Dabei werden der Temperaturgradient ∇T_e der Elektronentemperatur sowie der Term $\vec{v}\nabla\vec{v}$ vernachlässigt (Gleichgewichtsbedingung $w \approx w_0$) und quasistatische Verhältnisse ($d\vec{v}/dt = 0$), also eine stationäre v-E-Relation zugrundegelegt. Dann wird aus Gl. (2.4.95)

$$\vec{v}_n = -\mu_n \vec{E} - D_n/n \nabla n \tag{2.4.105}$$

mit der definitorischen Beweglichkeit $\mu_n = q\tau_n/m_n$ und der Diffusionskonstanten $D_n = U_T\mu_n$ (Einstein-Beziehung). Diese Drift-Diffusionsnäherung – oder zusammen mit der Poissonschen Gleichung besser bekannt als *klassische Halbleiter-*

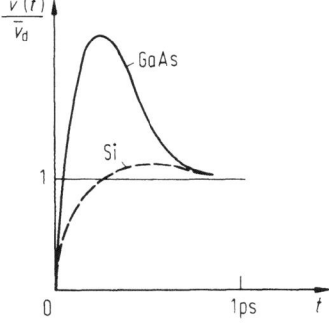

Bild 2.75. Überschwingeffekt

grundgleichungen (Kontinuitäts-, Transport-, Poissonsche Gleichung) – bildet heute die Grundlage der meisten Bauelementeanalysen. Da sie nur unter sehr eingeschränkten Bedingungen gilt (z.b. nicht in Gebieten mit starker räumlicher oder zeitlicher Änderung der Potentiale und Trägerdichten, also z.b. nicht in Hochfeldgebieten, andererseits aber solche Bedingungen häufig auftreten), wurde der *Anwendungsbereich* dieser Grundgleichungen auf ganz verschiedenen Wegen schrittweise verbreitert:

– durch heuristische Einführung feldabhängiger Parameter, z.B. der Beweglichkeit $\mu(E)$ (s. Abschn. 2.3.2.1),
– durch Erweiterung der Halbleitergrundgleichungen um die Energieerhaltungsgleichung (s. Gl. (2.4.98)) [2.385]. Dadurch kann den Trägern eine Temperatur T_e, verschieden von der Gittertemperatur T_L zugeordnet werden. Auf diese Weise lassen sich heiße Ladungsträger berücksichtigen [2.383]. Die Abhängigkeit z.B. der Elektronentemperatur T_e vom elektrischen Feld folgt dann lokal aus der Energiebilanzgleichung gemäß Gl. (2.4.103) mit $w_0 = 3/2\, kT_e$

$$T_e/T_L = 1 + \tau_e q \mu_n(E) E^2 / 3/2\, kT_L. \qquad (2.4.106)$$

So steigt die Elektronentemperatur mit der Feldstärke an [2.352], [2.389]. Schwierigkeiten bereitet diese Analyseart in Bereichen mit sehr starker Feldänderung, weil dort bestimmte Voraussetzungen nicht mehr zutreffen. Gerade hier ist die Berechnung der Verteilungsfunktion $f(\vec{k}, \vec{r}, t)$ durch das Monte-Carlo-Verfahren vorteilhaft, das umgekehrt in Gebieten mit schwacher Feldänderung dem Diffusions-Driftmodell unterlegen ist. Deshalb bietet sich die Kombination beider Methoden als *hybride Verfahren* zur Bauelemeneteanalyse an, die jeweils spezifische Vorteile nutzen [2.379], [2.390].

2.4.4 Source-Drainwiderstände und ihre Auswirkungen

Im Gegensatz zum bisher betrachteten Modelltransistor besitzt der reale MOSFET durch die räumliche Ausdehnung der Source-Drain-Anschlußgebiete endliche Zusatzwiderstände zum Kanal, die *Source-Drain-Widerstände* R_S, R_D. Sie beeinflussen je nach relativer Größe zum Kanalwiderstand verschiedene elektrische Eigenschaften, z.T. gravierend. Obwohl üblicherweise zu konzentrierten Elementen zusammengefaßt, bestehen sie vom Transistoraufbau her aus mehreren Anteilen [2.392]–[2.396]:

– dem Metall-n^+-Kontakt, meist als *Interfacewiderstand* (Metall – hochdotiertes Gebiet) bezeichnet,
– dem Widerstand des n^+-Kontaktbereiches: Flächenwiderstand des Diffusions-Implantationsbereiches,
– dem Ausbreitungs- oder *Übergangswiderstand*, der durch die Stromeinschnürung vom dickeren n^+-Gebiet auf den dünnen n-Inversionskanal entsteht.

Generell reduzieren diese Bahnwiderstände R_S, R_D die effektiv wirksamen Transistorspannungen und senken so z.B. den Drainstrom (Bild 2.76). Nach

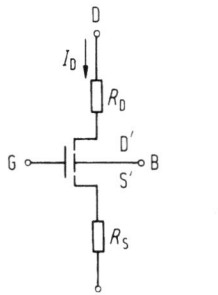 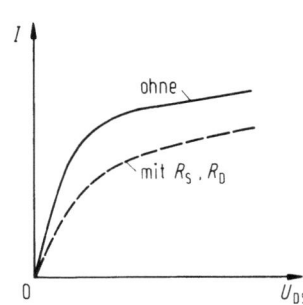

Bild 2.76. Einfluß der Bahnwiderstände auf die MOSFET-Kennlinie

Bild 2.76 gilt für die tatsächlichen Klemmenspannungen (mit Strich versehen)

$$U_{D'S'} = U_{DS} - I_D(R_S + R_D), \quad U_{GS'} = U_{GS} - I_D R_S, \quad U_{BS'} = U_{BS} - I_D R_S.$$
(2.4.107)

Setzt man fürs erste $R_S = R_D = R$ an, so folgt für den meist zutreffenden Fall $I_D R \ll U_{GS'} - U'_{TH}$ (s.u.) zunächst ein *direkter Einfluß auf die Steuerspannung*. Bei kleiner Drainspannung $U_{DS} \ll 2(U_{GS} - U_{TH})$ gilt für den Drainstrom

$$I_D \approx (b\mu_n/L)C''_i(U_{GS'} - U'_{TH})U_{D'S'}$$

resp. mit Gl. (2.4.109) (aufgelöst nach I_D)

$$I_D \approx \frac{\mu_n b}{L} C''_i \frac{(U_{GS} - U'_{TH})U_{DS}}{1 + \alpha(U_{GS} - U'_{TH})}$$
(2.4.108)

mit $\alpha = \dfrac{2\mu_n C''_i b R}{L}$.

Einfluß hat der Source-Spannungsabfall über die dadurch reduzierte Substratspannung auch auf die *Schwellspannung*. Angenähert gilt für die Schwellspannung U'_{TH} mit R_S-Einfluß

$$U'_{TH} \approx U_{T0} + \gamma\sqrt{2\Phi^*_F + U_{SB} + I_D R_S} \approx U_{TH}|_{R_S = 0} + \left.\frac{dU_{TH}}{dU_{SB}}\right|_{R_S \to 0} \cdot I_D R_S.$$
(2.4.109)

Zusammen mit dem direkten Spannungsabfall beträgt dann der Drainstrom

$$I_D \approx \frac{b\mu_n}{L} C''_i \left[U_{GS} - I_D R_S\left(1 + \left.\frac{dU_{TH}}{dU_{SB}}\right|_{R_S \to 0}\right) - U_{TH}|_{R_S \to 0}\right]U_{D'S'}.$$

Für die gesamte Reduktion der Gatesteuerspannung ist somit der Widerstand

$$R^*_S = R_S\left(1 + \left.\frac{dU_{TH}}{dU_{SB}}\right|_{R_S \to 0}\right)$$
(2.4.110)

184   2 Der MOS-Transistor als Funktionselement

maßgebend, d.h. anstelle des Faktors α in Gl. (2.4.108) der Faktor

$$\alpha^* = \frac{\mu_n C_i'' b}{L}(R_S^* + R_D). \tag{2.4.111}$$

Anschaulich wirken sich die Bahnwiderstände nach (2.4.108) wie eine Reduktion der Beweglichkeit durch U_{GS} (s. Gl. (2.3.39)) trotz physikalsch völlig verschiedener Vorgänge aus! Sind nun sowohl die Beweglichkeitsreduktion ($U_{GS} - U_{TH}$) (Gl. (2.3.37b)) als auch der Bahnwiderstandseinfluß ($U_{GS} - U_{TH}$) klein gegen 1, so folgt aus Gl. (2.4.108) und (2.3.44):

$$I_D \approx \frac{\mu C_i'' b}{L} \cdot \frac{[(U_{GS} - U_{TH}) - U_{DS}/2]U_{DS}}{1 + (\Theta + \alpha^*)(U_{GS} - U_{TH})}. \tag{2.4.112}$$

Damit wird die Kennliniendegradation deutlich (Bild 2.76), die sich z.B. direkt auf die *Steilheit* g_m (s. Abschn. 3.1) und den Ausgangsleitwert g_d übertragen.

Ziel des Transistorentwurfes sind kleine Bahnwiderstände. Sie wachsen jedoch mit sinkenden Strukturabmessungen ($\rightarrow$ Skalierung, Abschn. 2.4.5). Deshalb wurden verschiedene Methoden zur Senkung der Bahnwiderstände entwickelt (s.u.).

Widerstandsanalyse. Die Einzelanteile (Bild 2.77) aus Interface- (R_{S1}), Ausbreitungs-(R_{S2}) und Übergangswiderstand R_{S3} des Bahnwiderstandes sind bei genauerer Modellierung als Kontinuum aufzufassen [2.395], [2.393], [2.397].

So gilt für den *Interfacewiderstand* R_{S1} (Metall-hochdotierte Schicht) eines Rechteckkontaktes nach dem von Shockley eingeführten Leitungsmodell

$$R_{S1} = \frac{\sqrt{\rho_c R_S''}}{b_1} \coth \sqrt{\frac{R_S''}{\rho_c}} d \approx \begin{cases} \frac{\sqrt{\rho_c R_S''}}{b_1} \approx \frac{\rho_c}{b_1 L} \text{(langer Kontakt } d \gg L) \\ \frac{\rho_c}{ab_1} \text{(kurzer Kontakt)} \end{cases} \tag{2.4.113}$$

(ρ_c spez. Kontaktwiderstand, R_S'' Schichtwiderstand des hochdotierten Kontaktgebietes, d Kontaktlänge in Stromflußrichtung). Die in Gl. (2.4.113) auftretende Bezugslänge $L = \sqrt{\rho_c/R_S''}$ kann als derjenige Abstand von der Kontaktecke verstanden werden, nach dem die Vertikalkomponente der Stromdichte um einen Faktor e gefallen ist. Zwei Grenzfälle lassen sich aus Gl. (2.4.113) angeben:

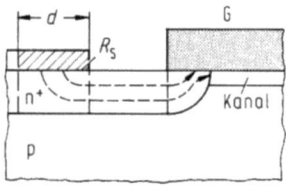 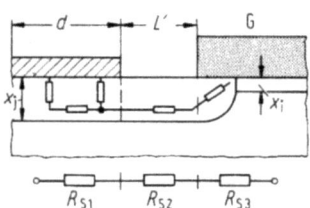

Bild 2.77. Komponenten des Bahnwiderstandes (am Source)

2.4 Der MOSFET bei abnehmenden Geometrien

der "elektrisch kurze" ($d \ll L$) und der "elektrisch lange" Kontakt ($d \gg L$). Letzterer ist unabhängig von der Kontaktlänge d.

Der Schichtwiderstand R_S'' der Drain-Source-Gebiete hängt von der Oberflächendotierung, dem Si-Leitungstyp und über d, b_1 auch von der Kontaktgröße ab. Er liegt für die verbreitetsten Verbindungsmaterialien Aluminium, hochdotiertes Poly-Silizium, Silizide und hochdotiertes einkristallines Si in der Größenordnung von $2\ldots200\,\Omega$, der spezifische Kontaktwiderstand ρ_c in der Größenordnung $\approx 10\ldots100\,\Omega\mu m^2$.

Gl. (2.4.113) geht von einer sehr dünnen Drainschicht aus und berücksichtigt nicht die reale Eindringtiefe x_j, weil das Modell 1d-Verhältnisse voraussetzt. 2d- und 3d-Betrachtungen [2.398], [2.399] zeigen Abweichungen bis zu 30% gegenüber Gl. (2.4.113).

Der *Ausbreitungswiderstand*

$$R_{S2} = R_S'' L'/b \tag{2.4.114}$$

hängt vom Flächenwiderstand R_S'' der Drain-Source-Gebiete und ihren Abmessungen L', b ab, wobei die Beziehung für $L' \approx b$ wegen des starken Übergreifens in den Übergangswiderstand problematisch wird.

Der *Übergangswiderstand* R_{S3} schließlich umfaßt das Übergangsgebiet zwischen den relativ dicken ($\to x_j$) Source-Drain-Übergangsgebieten und dem geometrisch berechneten. Die Ansätze zur Berechnung von R_{S3} reichen von einfachen Verfahren [2.400] bis zu Lösungen über konforme Abbildungen [2.399], [2.393]. Man erhält (Kanalbreite b, Kanaldicke x_i) [2.395]

$$R_{S3} = \frac{2R_S'' x_j}{\pi b} \ln\left(0{,}75\frac{x_j}{x_i}\right) \tag{2.4.115}$$

einen Anteil, der durchaus zum Gesamtwiderstand R nennenswert beitragen kann. Gewöhnlich unterbewertet Gl. (2.4.115) den tatsächlichen Wert des Ausbreitungswiderstandes etwas [2.397].

Ziel der MOSFET-Entwicklung ist es (besonders für den VLSI-Bereich), die Bahnwiderstände soweit als möglich durch *konstruktiv-technologische* Maßnahmen zu senken. Dabei werden R_S und R_D oft unterschiedlich gewählt:

- schaltungsmäßig erfordern nur die sog. Pass-Transistoren symmetrische Bahnwiderstände ($R_S = R_D$),
- für Kurzkanaltransistoren steht die Forderung nach *flachem Drainübergang* an erster Stelle. Deshalb ist der Drainwiderstand unkritischer als der Sourcewiderstand, weil
  · der Drainkreis ohnehin hochohmig ist und der Transistor im Sättigungsbereich arbeitet,
  · aus Zuverlässigkeitsüberlegungen der Drainbereich schwach dotiert sein kann: Senkung des Feldes und damit der Heißelektroneneffekte.

Zur Senkung des Sourcewiderstandes werden eingesetzt:

- flache Anschlußgebiete mit großem Flächenwiderstand, der durch eine flache Implantation und Abscheidung einer selbstpositionierenden TiSi- oder PtSi-Schicht auf dem Sourcegebiet gesenkt wird (Reduzierung des Schichtwiderstandes um bis zu 30%).
- Verlegung der Kontakte über das Oxid.

Vor allem für den Drainbereich wurden aus den Forderungen nach geringen Kurzkanaleffekten (Senkung der Feldstärke vor dem Drain!) und kleinem

Tafel 2.8. Einfluß der Skalierung auf die zeitliche Entwicklung der MOS-Technik

	1975/76	1980/81	1984/85	1988/89	1992	1995/96
Speichergeneration	16 kb	64 kb	25 kb	1 Mb	4...16 Mb	64 Mb
Kanallänge (μm)	3...4	2...2,5	1,5	0,7...0,9	0,3...0,5	0,15...0,2
Gateoxiddicke (nm)	100	60...80	40...50	20...30	10...15	$\approx 7...10$
Gatebreite (μm)	5...7	3...4	1,5...2,5	0,8...1,5	0,5	0,3
Eindringtiefe x_j (Source-, Drainbereiche) (μm)	1	0,6...0,7	0,4...0,5	0,2...0,3	0,15	< 0,1
Leiterbahnbreite (μm), (Metall)	5	4	3	2	1	0,5
Leiterbahndicke (μm)	1	1	0,9	0,7...0,8	0,6	0,5
Betriebsspannung (V)	5	5	5	5	3,3 (5)	3,3 (1,5)

Bahnwiderstand besondere Drainstrukturen:

- das doppelt-diffundierte Drain (DDD) [2.401],
- light doped Drain (LDD) [2.402] u.a.

entwickelt. Besonders die letzte Form wird verbreitet eingesetzt. Zunächst erfolgt eine leichte, flache Implantation mit dem Gate als selbstjustierende Begrenzung. Diese Schicht nimmt einen Teil des Spannungsabfalles auf. Anschließend wird unter Nutzung eines sog. *Spacers* eine tiefe, hohe Implantation für die niederohmigeren Kontaktbereiche durchgeführt. Man kann auf diese Weise die Drainfeldstärke um mehr als die Hälfte gegenüber der konventionellen Struktur senken, was die exponentiell von der Drainfeldstärke abhängigen Heißelektroneneffekte stark reduziert.

2.4.5 Skalierung

Nach Abschnitt 2.4.1 werden mit zunehmender Miniaturisierung des MOSFET, wie sie die Höchstintegration ständig fordert, Kurz- und Schmalkanaleffekte immer gravierender. Zwangsläufig führt die Geometrieverkleinerung bei sonst unveränderten Spannungen zu höheren Feldstärken, die wichtige Transistoreigenschaften, z.B. durch Heißelektroneneffekte, nachteilig beeinflussen. Eine gewisse Abhilfe brachte der Vorschlag [2.403] nach Bedingungen – den sog. *Skalierungsregeln* – zu suchen, unter denen die typischen Merkmale eines verkleinerten Transistors mit denen eines größeren Ausgangstransistors übereinstimmen. Da die bestimmenden Effekte durchweg feldbedingt sind, arbeiten zwei MOSFET mit verschiedenen Geometrien sicher dann unter gleichen Bedingungen, wenn ihre wichtigsten Feldstärkekomponenten übereinstimmen (Bild 2.78).

Solche Skalierungsregeln werden seither mit großem Erfolg beim Schaltungsentwurf angewendet und immer weiter auf praktische Belange zugeschnitten [2.404]–[2.411], [2.392]. Zwei Grundverfahren zeichnen sich dabei ab: *elektrostatische Skalierung* (mit dem Sonderfall konstanter Feldstärke) und *Subschwell-Skalierung*.

Elektrostatische Skalierung. Bei dieser Skalierungsart wird von der elektrostatischen Gleichwertigkeit eines größeren und kleineren MOSFET ausgegangen, also die Poissonsche Gleichung

2.4 Der MOSFET bei abnehmenden Geometrien 187

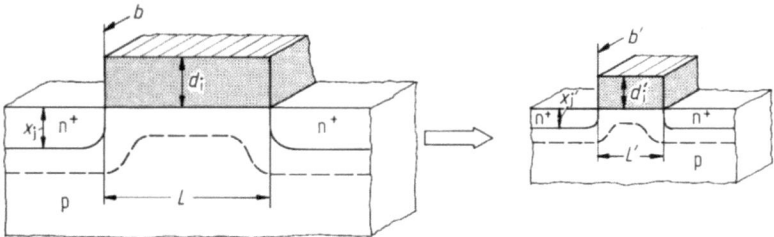

Bild 2.78. Prinzip der Skalierung

(ohne Bezug zum Stromfluß) skaliert, entweder nach dem (älteren) Prinzip konstanter Feldstärke oder einer getrennten Skalierung des Potentials und der Länge.

Bei *Skalierungseffekt konstanter Feldstärke* werden alle vertikalen und horizontalen Transistorabmessungen (z.B. Kanallänge, Oxiddicke) und alle Spannungen (auch U_{TH}, s.u.) mit dem gleichen Skalierungsfaktor $1/\varkappa$ ($> 1 \cdots 10$) multipliziert, flächenabhängige Größen also mit $1/\varkappa^2$.

Die *Sperrschichtbreite* x_j (raumladungserfüllte Zone!)

$$x_j = \sqrt{2L_D} \left[\frac{2\Phi_F + U_{BS}}{U_T} \right]^{1/2} = \sqrt{\frac{2\varepsilon_S}{qN_A U_T}(2\Phi_F + U_{BS})} \qquad (2.4.116)$$

muß in zwei Schritten skaliert werden: zunächst skaliert man die Debyelänge L_D durch Erhöhung der Substratdotierung mit $\varkappa (N_A' \to \varkappa N_A L_D' = L_D/\sqrt{\varkappa})$ und senkt anschließend die Substratspannung U_{BS} um den gleichen Faktor

$$\frac{U_{BS}}{U_T} \to \frac{U_{BS}}{\varkappa U_T} - \left[2\ln\varkappa + \left(\frac{2\Phi_F}{U_T} - 1\right)\left(1 - \frac{1}{\varkappa}\right) \right]. \qquad (2.4.117)$$

Die zu erwartende Beziehung $U_{BS}/\varkappa U_T$ ist durch den Klammerterm verletzt, da einige Größen (z.B. $\Phi_{MS} U_T$) aus physikalischen Gründen *nicht* skalieren. Sie entstehen thermodynamisch und nicht durch externe Felder.

Weil sich das Fermipotential Φ_F nur logarithmisch mit $\varkappa$ ändert, skaliert die Sperrschichtbreite x_j nur für große Spannungen $|U_{BS}| \gg |2\Phi_F|$ mit $\varkappa$ [2.406].

Ganz analog skaliert die Schwellspannung U_{TH}

$$U_{TH} = \Phi_{MS} - \frac{Q_f}{C_i} + \frac{U_{SB}}{\varkappa} + 2\Phi_F + \frac{1}{\varkappa C_i}\sqrt{2\varepsilon_S q N_A \left(2\Phi_F + \frac{U_{SB}}{\varkappa}\right)} \qquad (2.4.118)$$

wie die Breite x_j nur dann mit $\varkappa$, wenn die Einflüsse von Φ_{MS} und $2\Phi_F$ vernachlässigt werden können.

Zeigen diese Größen auch auf Skalierungseinschränkungen, kann doch fürs erste die Bedingung $E = \text{const.}$ als erfüllt angesehen werden. In Tafel 2.9 wurden die typischen Auswirkungen der Skalierung nach konstanter Feldstärke zusammengestellt:

– Der *Drainstrom* I_D skaliert mit $1/\varkappa$ (im Bereich starker Inversion!), da die Spannungen mit $1/\varkappa$ skalieren, μ_n konstant bleibt (unabhängig von N_A!) und C'' mit $1/\varkappa$ skaliert. Diese Stromskalierung gilt dagegen *nicht* bei $I_D \sim \exp U_{GS}/n_0^*$ (Subschwellbereich, s.u.). Auch der Anstieg $\ln I_D$ über $U_{GS}/U_{DS} = \text{const.}$, der nach Gl. (2.3.31) hauptsächlich durch

$$n_0^* \approx 1 + \frac{\varepsilon_S d_i/\varkappa}{\varepsilon_i x_j/\varkappa} \qquad (2.4.119)$$

festlegt, ändert sich praktisch nicht, weil der Faktor n_0^* vom Verhältnis Verarmungs- zu Oxid-

Tafel 2.9. Skalierungsregeln bei konstantem Feld und physikalisch-technologischen Grenzen

	Skalierungsregeln	Physikalisch-technische Grenzen
Dimensionen (vertikal, lateral)	$1/\varkappa$	Lithographie, Ätzverfahren
Bauelementedichte	$\varkappa^2$	Verbindungstechnik, Lithographie, Entwurfsregein
Störstellendichte	$1/\varkappa$	Entartungsgrenze, Durchbruchspannungen
Ströme, Spannungen	$1/\varkappa$	Signalgeschwindigkeit, Durchbruchserscheinungen, Heißelektronenprobleme, Gateoxiddicke, Subschwellbereich skaliert nicht
Stromdichte	$\varkappa$	Elektromigration
Kapazität (flächenbezogen)	$\varkappa$	Gateoxiddicke (Prozeßkontrolle, Pinhole-Dichte)
Steilheit	1	Bahnwiderstände
Verzögerungszeit (Schaltung)	$1/\varkappa$	Geschwindigkeitssättigung, Gatedielektrikum, Parasitäre Effekte
Verlustleistung	$1/\varkappa^2$	Subschwellbereich skaliert nicht, Leckstromzunahme durch DIB-Effekt
Leistungsverzögerungs-Produkt	$1/\varkappa^3$	Parasitäre Effekte, Grenzen durch Verbindungselemente
Parasitäre Elemente	1	keine Skalierung, Kontaktwiderstand wächst mit Flächenzunahme

kapazität abhängt. Man benötigt deshalb zum Abschalten den gleichen Spannungsswing wie ohne Skalierung.

Diese Skalierungsgrenze nach kleinen Strömen hin beeinträchtigt die Schwellspannungsskalierung (s.u.). Ein Ausweg würde sich über eine Temperaturskalierung anbieten, doch stößt dieser Weg auf technische Probleme.

Verbesserungen bringt die Skalierung

– für die Verlustleistung (skaliert mit $1/\varkappa^2$), obwohl die Leistungsdichte (Leistung/Volumen) erhalten bleibt,
– im dynamischen Verhalten, wobei sich die Geschwindigkeit um den Faktor vergrößert und das Verlustleistungs-Verzögerungsprodukt um $1/\varkappa^3$.

Aus praktischen Erwägungen wird die Skalierung E = const. oft in zwei Punkten abgeändert:

– zur Vermeidung von Heißelektroneneffekte skaliert man die Gateisolatordicke etwas schwächer,
– flache Source-Drain-Bereiche werden durch Implantation hergestellt, wodurch gleichzeitig die Substratskalierung $\varkappa N_B$ durch Kanalimplantation variiert werden kann.

Die Verbesserungen des Transistorverhaltens durch Skalierung E = const. (bei starker Inversion) gelten nicht für äußere Verbindungsleitungen, parasitäre Kapazitäten und Kontakte. Konsequent müßte nach der Forderung E = const. die Leitfähigkeit aller Verbindungsleitungen mit $\varkappa$ steigen. Dies läßt sich wohl für Halbleitermaterialien (Poly-Si-Verbindungen) in gewissem Umfange realisieren, dagegen kaum für Metallverbindungsleitungen. Bei unveränderter Leitfähigkeit der Verbindungsleitungen gilt dann für den Leitungswiderstand

$$R'_L = L'/d'b' = R_L \varkappa \tag{2.4.120}$$

der Spannungsabfall $U' = I'R' = (I/\varkappa)R_L\varkappa = U$ bleibt jedoch erhalten, ebenso wie die Leitungskonstante $\tau = R'_L C' = \varkappa R_L C/\varkappa = R_L C$. Insgesamt wächst der Leitungswiderstand an! So entstehen

2.4 Der MOSFET bei abnehmenden Geometrien

zwei gegenläufige Tendenzen: Skalierung verbessert das dynamische Verhalten des MOSFET, während die Zeitkonstante der Verbindungsleitungen (und damit das durch sie bestimmte dynamische Verhalten) erhalten bleibt. Auf diese Weise bestimmt die Verbindungstechnik (Leitungsmodelle durch RC-Netzwerke) immer mehr die dynamischen Eigenschaften einer integrierten MOS-Schaltung [2.412], [2.413], [2.414].

Ganz ähnlich wirken sich die Kontaktbereiche und damit Bahnwiderstände aus (Abschn. 2.4.4). Die Größe der Kontaktgebiete – die sog. *Kontaktfenster* – skalieren mit $1/\varkappa^2$. Da der Strom mit $1/\varkappa$ skaliert, *wächst* der Spannungsabfall über den Kontaktbereichen, mithin der Widerstand des Kontaktes an. Zusätzlich wächst mit sinkendem Kontaktquerschnitt der Flächenwiderstand, so daß das Kontaktproblem ($\rightarrow$ Vergrößerung von R_S, R_D) zunehmend wichtiger wird (s.u.).

Eine untere (physikalische) Grenze der Skalierung E = const. resultiert aus dem Steuerprinzip des MOSFET: die Dicke x_I der Inversionsschicht ($\approx 20 \cdots 100$ Å) ändert sich durch die Skalierung (im Bereich starker Inversion) *praktisch nicht*. Deshalb muß bei sehr dünn skaliertem Gateisolator (d_i) u.U. das Flächenladungsmodell überprüft werden [2.411], [2.415], weil der Spannungsabfall über x_I vergleichbar mit dem über d_i wird. Die Folge ist eine zusätzliche Reihenkapazität (Ersatzschaltung), die eine Drain-Strom- und damit Steilheitabnahme verursacht. Abschätzungen [2.416] ergaben einen deutlichen Verstärkungsabfall für L < 1 μm. Das Modell hängt aber sehr davon ab, welcher Stelle der Inversionsschicht die Ersatzschaltung zugeordnet wird [2.417], [2.406].

Verschiedene Beschränkungen des Skalierungsprinzips E = const. lassen sich durch die (allgemeinere) Skalierung der Poissonschen Gleichung mit *getrennten Potential*-(b) und *Längenskalierungsfaktoren* (a) umgehen [2.411]. Die Poissongleichung

$$\frac{d^2\varphi}{dx^2} = -\frac{qN_A}{\varepsilon} \rightarrow \frac{d^2\varphi'}{dx'^2} = -\frac{q}{\varepsilon}N_A' \tag{2.4.121}$$

bleibt invariant gegen die skalierten, d.h. transformierten Größen

$$\boxed{\varphi' = \varphi/b, x' = x/a \quad N_A' = N_A(a^2/b)} \tag{2.4.122}$$

mit den Skalierungsfaktoren a, b. Streng genommen müßte in Gl. (2.4.121) rechts in der Raumladung auch die bewegliche Ladung mit (a^2/b) skalieren, was wegen ihrer exponentiellen Abhängigkeit vom Potential unmöglich ist. Deshalb gilt dieses Skalierungsprinzip nur in Raumladungsgebieten mit vernachlässigbarer beweglicher Ladung. Debyelänge L_D und Sperrschichtbreite W_S

$$W_S = \sqrt{2L_D(\Phi/U_T - 1)^{1/2}} \tag{2.4.123}$$

skalieren dann mit

$$L_D' = L_D\left(\frac{\sqrt{b}}{a}\right); \quad W_S' = \sqrt{2}\left(\frac{\sqrt{b}}{a}\right) \cdot L_D\left(\frac{\Phi}{bU_T} - 1\right)^{1/2} \approx \left.\frac{W_S}{a}\right|_{\varphi' \ll U_T}. \tag{2.4.124}$$

Insgesamt bietet dieses Skalierungsprinzip größere Flexibilität:
- die Spannungen werden applikativ bedingt meist schwächer skaliert als die Geometrie (Rauschprobleme, Stromverfügbarkeit beim Treiben kapazitiver Last u.a.),
- für die Geometrieskalierbarkeit ist in erster Linie der technologische Prozeß maßgebend.

Aus der Skalierung der Poisson-Gleichung gehen als *Sonderfälle* hervor (Tafel 2.10):

Skalierungsbedingung
a = b = $\varkappa$ E = const.
b = 1, $\varkappa$ = a   U = const.
a > b   Quasikonstantskalierung
a, b   allgemeine (Poisson-)Skalierung, s.o.

Verbreitet ist dabei die *Konstantspannungsskalierung* U = const. Aus schaltungstechnischer Sicht beispielsweise kann es im Gegensatz zur Forderung E = const. wünschenswert sein [2.404] nicht

2 Der MOS-Transistor als Funktionselement

Tafel 2.10. Einfluß typischer Skalierungsarten auf wichtige Größen des MOSFET

Größe	Konstantfeldskalierung	Konstantspannungsskalierung $1 < \beta < \varkappa$	Quasikonstantspannungsskalierung $1 < \beta < \varkappa$	Allgemeine Skalierung $1 < \beta < \varkappa$
Abmessungen lateral (Kanallänge)	$1/\varkappa$	$1/\varkappa$	$1/\varkappa$	$1/\varkappa$
Abmessungen vertikal (z.B. Gateoxid)	$1/\varkappa$	$1/\beta$	$1/\varkappa$	$1/\varkappa$
Störstellendichte	$\varkappa$	$\varkappa$	$\varkappa$	$\varkappa^2/\beta$
Spannungen	$1/\varkappa$	1	$1/\beta$	$1/\beta$
Ströme	$1/\varkappa$	β	$\varkappa/\beta^2$	$\varkappa/\beta^2$
Verlustleistung	$1/\varkappa^2$	β	$\varkappa/\beta^3$	$\varkappa/\beta^3$
Verzögerungszeit (intern)	$1/\varkappa$	$1/\varkappa^2$	$\varkappa/\beta^2$	$\varkappa/\beta^2$
Leistungsverzögerungsprodukt	$1/\varkappa^3$	$\beta/\varkappa^2$	$\varkappa^2/\beta^5$	$\varkappa/\beta^5$
Packungsdichte	$\varkappa^2$	$\varkappa^2$	$\varkappa^2$	$\varkappa^2$
Verbindungsleitungen – Widerstand	$\varkappa$	$\varkappa$	$\varkappa$	$\varkappa$
– Kapazität	$1/\varkappa$	$1/\varkappa$	$1/\varkappa$	$1/\varkappa$
– Zeitkonstante	1	1	1	1
Kontaktwiderstand	$\varkappa^2$	$\varkappa^2$	$\varkappa^2$	$\varkappa^2$

die Spannung, wohl aber Geometriegrößen (b, L, N_A) mit $\varkappa = a$ zu skalieren. Dann wachsen Leistung und Ströme um den Faktor $\varkappa$ an, die Leistungsdichte mit $\varkappa^3$ und die Oxidkapazität sinkt mit $\varkappa$. Die Gatterverzögerung sinkt mit $1/\varkappa^2$, vorausgesetzt, daß das Feld noch niedrig genug bleibt, um Geschwindigkeitssättigung zu vermeiden.

Problematisch ist bei dieser Skalierungsart der Feldstärkeanstieg mit den bekannten Nachteilen (Oxiddurchbruch, Heißelektroneneffekte, Beweglichkeitsabnahme u.a.). Um diese Probleme zu mildern, wird die Isolatordicke d_i häufig nicht mit $\varkappa$, sondern einem Wert $\beta < \varkappa(d_i' = d_i/\beta)$, z.T. auch mit $\sqrt{\varkappa}$ skaliert [2.392]. Ursächlich entsprang das Prinzip der Konstantspannungsskalierung der TTL-Schaltungstechnik, die mit 5V-Standardspannungen arbeitet. Um die Spannungsskalierung beibehalten zu können, aber Heißelektronenprobleme abzuschwächen, wird der Übergang zu kleineren Betriebsspannungen (z.B. 3 V) immer wichtiger, zumindest chipintern (wie bei 16 Mb-Speichern). Sofern die Betriebsspannung unter der Si–SiO$_2$-Barriere (3,1 V) für Heißelektronen liegt, sind prinzipielle Vorteile zu erwarten.

Zwischen der Konstantfeld- und Konstantspannungsskalierung liegt die *Quasikonstantspannungsskalierung* [2.392]. Hier wird die Spannung nicht mit $1/\varkappa$, sondern nur mit $1/\beta$ ($\beta = \sqrt{\varkappa}$) skaliert. Dadurch skalieren die Breiten von Verarmungszonen schwächer als reine Geometriegrößen (d_i, b, L), auch wachsen Feldstärke und Leistungsdichte langsamer als oben. Weniger verbreitet ist die nichtlineare Skalierung [2.265]. So werden z.B. L, d_i und x_j mit dem Faktor $\varkappa$ skaliert, die Dotierung mit $\varkappa^2$, während U_{BS} und U_{DS} unverändert bleiben. Auf diese Weise können physikalische Grenzen besser berücksichtigt werden.

Subschwellskalierung. Skalierungsgrenzen. Die Skalierungsregeln können nicht uneingeschränkt bis zu beliebig kleinen Strukturen angewendet werden, weil verschiedene Größen und Modelle entweder aus physikalischen Gründen nicht skalieren, Grenzen für das MOSFET-Modell vorgeben oder sonstige Einschränkungen setzen. Dazu gehören z.B. eine obere Grenze der Materialleitfähigkeiten, Diffusions- und Kontaktspannungen von Materialübergängen oder auch eine minimale

2.4 Der MOSFET bei abnehmenden Geometrien

Isolatordicke (Tunnelvorgänge!). Durchbruch- oder Durchgreifeffekte können z.B. eine minimale Kanallänge festsetzen [2.320].

Erwähnt wurde bereits, daß die Skalierung nicht im Gebiet schwacher Inversion gilt. Gerade dort steigt der Drainstrom mit abnehmender Kanallänge und hängt über die Potentialverteilung stark von U_{DS} ab. Deshalb ist er ein guter Indikator für die tatsächlichen Feldverhältnisse. Das Langkanalverhalten bleibt aber – abweichend von allen bisherigen Skalierungsansätzen – etwa bestehen, wenn die folgende *empirische Regel* (unter Annahme abrupter Vorgänge) erfüllt ist [2.418]:

$$L_{min} = \text{const.} [r_j d_i (W_S + W_D)^2]^{1/3} \tag{2.4.125}$$

(r_j Sperrschichttiefe, d_i Isolatordicke, W_S, W_D Breite der Source-/Drain-Verarmungszonen). Diese Subschwellstrom-Skalierung ist flexibler als die bisherigen Prinzipien, weil nicht alle Parameter mit dem gleichen Faktor zu skalieren sind. Verzichtet man jedoch im Subschwellbereich auf den Erhalt des Langkanalverhaltens und erhebt statt dessen die Konstanz des Subschwellstromes zur Bedingung, so gibt es für die Bewertung der gesamten Schaltungsverhaltens Bedingungen, die der Regel Gl. (2.4.125) sehr nahe kommen [2.419].

Die Skalierungsergebnisse gestalten sich ganz anders, wenn z.B. die Source–Drain–Widerstände einbezogen werden, die sich bezüglich der Skalierung wie äußere Verbindungsleitungen verhalten. Wegen der gegenläufigen Auswirkung der Verkleinerung auf Transistor- und Verbindungseigenschaften kommt deshalb dem Gesamtverhalten – z.B. der Verstärkung – einer Transistorstufe Aufmerksamkeit zu. So steigt die Verstärkung mit abnehmender Kanallänge L nicht monoton an, wie nach der Skalierung ohne Bahnwiderstände zu erwarten wäre, sondern zeigt über L ein deutliches Maximum [2.406], [2.408]. Es verflacht jedoch, wenn die unterschiedlichen Anteile der Bahnwiderstände (s. Abschn. 2.4.4) in die Skalierung einbezogen werden [2.405].

3 Der MOSFET im dynamischen Betrieb

Für die Applikation des MOSFET sind neben der Kennlinie insbesondere die dynamischen Eigenschaften von größter Bedeutung, wie sie bei *zeitveränderlichen Klemmenspannungen* (sinus-, impulsförmige) typisch auftreten und schlechthin als (*Kleinsingal-)Übertragungs-* und *Schalterbetrieb* bezeichnet werden. Dazu gehören

– das quasistatische *Kleinsignalverhalten* und die zugehörige Ersatzschaltungen
– der Einfluß der *Ladungsdynamik* auf das Signalverhalten. Sie drückt sich – je nach der Steuerfrequenz in Beziehung zur charakteristischen Transistorzeitkonstante – aus als *quasistatisches* Verhalten (mit frequenzunabhängigen Kapazitäten) oder *dynamisches* Verhalten (nichtquasistatisch). Im letzten Fall ergeben sich frequenzabhängige Kapazitäten durch die räumlich-zeitliche Ausbreitung des Steuersignales längs des Kanals. Sie bilden die Grundlage entsprechender *Ersatzschaltungs-* und *Transistormodelle*.
– Bei Kurzkanaltransistoren kommen noch eine Reihe von 2d-Effekten hinzu (Abschn. 2.4). Dies würde linearisierte 2d-Modelle erfordern, die bisher praktisch noch nicht existieren. Man versucht hier vielmehr durch Anpassung von 1d-Modellen, Zusammenschalten mehrerer Einzelmodelle, heuristische Ansätze u.a.m. zu brauchbaren Modellen für den Schaltungsentwurf zu gelangen.

Wie im Abschn. 2.3 ff. gelten die Betrachtungen zunächst für den *inneren Transistor* (Bild 3.1) (Kanalbereich). Zum *äußeren Transistor* gehören auch parasitäre Effekte, die – zumindest für den linearen Betrieb – später netzwerktechnisch einbezogen werden.

3.1 Kleinsignalverhalten für tiefe Frequenzen

Im Schaltungsbetrieb wird der MOSFET in einer Grundschaltung betrieben (Bild 3.2), die neben der Gleichspannungsversorgung (Arbeitspunkteinstellung) auch Signalspannungen, hier beschrieben durch Strom- und Spannungsänderungen $\Delta I, \Delta U$, enthält. Die Kennlinienfunktion [Gl. (2.3.8), (2.3.11) oder analog] $I_D = f(U_{DS}, U_{GS}, U_{BS})$ führt für kleine Spannungsänderungen ΔU_{ij} (i, j = G, S, D, B) auf eine Drainstromänderung ΔI_D um einen Arbeitspunkt $I_D|_{\Delta U_{ij} = 0}$, die üblicher-

3.1 Kleinsignalverhalten für tiefe Frequenzen   193

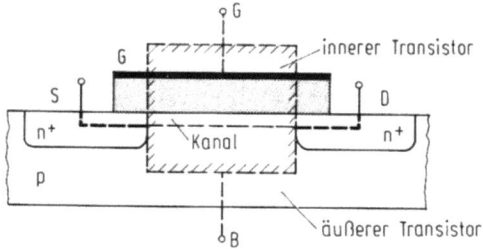

Bild 3.1. Einteilung des MOSFET in inneren und äußeren Transistor

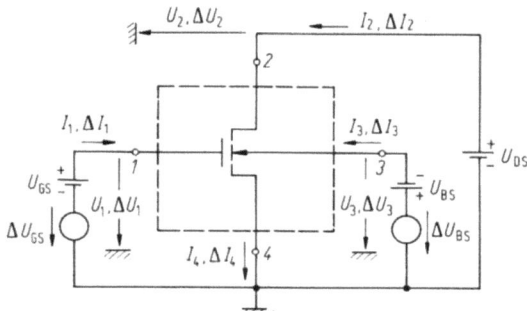

Bild 3.2. Darstellung des MOSFET als Mehrpol in der Grundschaltung (n-Kanal-Anreicherungstransistor, Dreitor (1 G, 2 D, 3 B, 4 S))

weise als *Kleinsignalverhalten für tiefe Frequenzen* oder *NF-Kleinsignalverhalten* bezeichnet wird. Dazu müssen *voraussetzungsmäßig* gelten:

- die Änderungen $\Delta I_D, \Delta U_{ij}$ sind klein gegen die Arbeitspunktwerte, so daß der Transistor als *lineares Schaltelement* betrachtet werden kann (Merkmal des Kleinsignalbetriebes),
- die Änderungen $\Delta I_D, \Delta U_{ij}$ erfolgen zeitlich so langsam, so daß Ströme zufolge der gleichzeitig auftretenden Ladungsänderungen vernachlässigt werden können (statischer Betrieb, keine kapazitiven Komponenten).

3.1.1 Formale Darstellung. Kleinsignalparameter

Nach Abschn. 2.3 kann der vom Gate und Substrat her steuerbare MOSFET formal als nichtlineares Mehrpolnetzwerk (Bild 3.2) betrachtet werden. Seine Klemmenströme $I_1 \cdots I_3$ hängen mit den Klemmenspannungen $U_1 \cdots U_3$ (bezogen auf Klemme 4) über *Kennlinienzusammenhänge* der Art

$$I_1 = f_1(U_1, U_2, U_3)$$
$$I_2 = f_2(U_1, U_2, U_3)$$
$$I_3 = f_3(U_1, U_2, U_3) \tag{3.1.1}$$

194   3 Der MOSFET im dynamischen Betrieb

zusammen. Die (willkürliche) Zuordnung des Bezugspunktes 4 legt so die *Grundschaltung* des Mehrpoles fest, sie ist vorerst ohne Belang.

Unterwirft man das Kennliniengleichungssystem (3.1.1) kleinen Spannungsänderungen $\Delta U_1, \Delta U_2, \Delta U_3$ (um einen festen Arbeitspunkt), so betragen die Stromänderungen ΔI beispielsweise für I_2:

$$\underline{I_2} + \Delta I_2 = \underline{f_2(U_1, U_2, U_3)}\Big|_{\substack{\Delta U_1=0 \\ \Delta U_2=0 \\ \Delta U_3=0}} + \frac{\partial f_2}{\partial U_1}\Big|_{\substack{\Delta U_1 \\ U_2, U_3}} + \frac{\partial f_2}{\partial U_2}\Big|_{\substack{\Delta U_2 \\ U_1, U_3}} + \frac{\partial f_2}{\partial U_3}\Big|_{\substack{\Delta U_3 \\ U_2, U_1}} + \cdots \qquad (3.1.2)$$

Die Nebenbedingungen deuten auf die jeweils konstant zu haltenden Größen. Dabei beschreiben

- die unterstrichenen Größen den Arbeitspunkt,
- die partiellen ersten Kennlinienableitungen das *lineare Übertragungsverhalten* ($\rightarrow$ Kleinsignalbetrieb),
- (nicht geschriebenen) höheren Ableitungen entsprechende *nichtlineare Beiträge*.

Damit letztere vernachlässigt werden können, muß

$$\max(\Delta U) \ll \max \left(\frac{2\dfrac{dI}{dU}}{\dfrac{d^2 I}{dU^2}} \right)\Bigg|_{\text{Kleinsignalbedingung}} \qquad (3.1.3)$$

als *Kleinsignalbedingung* gelten.

Der so *linearisierte* Mehrpol (Bild 3.2) wird durch das System

$$\boxed{\begin{aligned} \Delta I_1 &= y_{11}\Delta U_1 + y_{12}\Delta U_2 + y_{13}\Delta U_3 \\ \Delta I_2 &= y_{21}\Delta U_1 + y_{22}\Delta U_2 + y_{23}\Delta U_3 \\ \Delta I_3 &= y_{31}\Delta U_1 + y_{32}\Delta U_2 + y_{33}\Delta U_3 \quad \text{Leitwertparameterdarstellung} \end{aligned}} \qquad (3.1.4)$$

beschrieben, wobei die in Gl. (3.1.2) auftretenden partiellen (ersten) Kennlinienableitungen die Dimension von Leitwerten haben

$$y_{ik} = \frac{\partial f_i}{\partial U_k}\bigg|_{\Delta U_k} \quad i, k = 1, 2, 3.$$

Dabei soll vorerst keine Zeitverschiebung zwischen ΔU und ΔI bestehen (s.u.).

Die *Kennlinienleitwerte* y_{ik} sind spezifische Kleinsignalkenngrößen des MOSFET. Sie

- gelten unabhängig von der umgebenden Schaltung,
- hängen von elektrischen (Arbeitspunkt, Frequenz, Temperatur) und konstruktivphysikalischen Transistorfaktoren ab (z.B. Gleichstrommodell, Konstruktionsparameter, Temperaturmodell),

3.1 Kleinsignalverhalten für tiefe Frequenzen   195

- hängen von der Grundschaltung ab, in der der MOSFET betrieben wird
- stellen netzwerktechnisch sowohl *Zweipolleitwerte* (y_{ii}, i = k) als auch *Transferleitwerte* (y_{ik}, i ≠ k) dar.

Als *Dreitor* (Bild 3.2) wird das Kleinsignalverhalten des MOSFET somit durch neun unabhängige Leitwertparameter nach Gl. (3.1.4) beschrieben.
   Sie werden nach einer der folgenden Möglichkeiten bestimmt:
- analytisch aus einem Gleichstrommodell gemäß Gl. (3.1.2),
- analytisch durch Lösung der Halbleitergrundgleichungen für Kleinsignalansteuerung (s. Abschn. 3.2 ff.),
- experimentell entweder durch direkte Kleinsignalmessung oder
- rechnerisch aus Ergebnissen der numerischen Modellierung durch Störungsrechnung
- oder aus experimentellen Ergebnissen durch *Fittverfahren*.

Zweitorbetrieb. Meist arbeitet eines der drei Tore (für die Spannungsänderungen!) im Kurzschluß, z.B. Tor 3 ($\Delta U_3 = 0 \rightarrow \Delta I_3 = \Delta I_1 + \Delta I_2$). Dann entsteht ein *Zweitor* oder üblicher Vierpol, gekennzeichnet durch *vier unabhängige* Leitwertparameter, z.B.:

y_{11} Eingangskurzschlußleitwert

y_{12} neg. Übertragungsleitwert rückwärts, Rücksteilheit

y_{21} Übertragungsleitwert vorwärts, Steilheit

y_{22} Ausgangskurzschlußleitwert

mit

$$\boxed{\begin{aligned}\Delta I_1 &= y_{11}\Delta U_1 + y_{12}\Delta U_2 \\ \Delta I_2 &= y_{21}\Delta U_1 + y_{22}\Delta U_2.\end{aligned}} \qquad (3.1.5)$$

Stets läßt sich das Gleichungssystem (3.1.4), (3.1.5) durch *Ersatzschaltungen* anschaulich interpretieren. Nachfolgend werden den Torklemmen 1, 2, 3 die Transistoranschlüsse G, D und B zugeordnet, Klemme 4 stellt den Sourceanschluß dar. Überwiegend wird der MOSFET dabei in *Sourceschaltung* betrieben.
   Der Inhalt der Leitwertparameter Gl. (3.1.4) wird zunächst für den statischen Betrieb und später (Abschn. 3.2) durch Einbezug von Ladungsänderungen auch für den dynamischen Betrieb entwickelt.

3.1.2 Kleinsignalparameter

Ist in der üblichen Sourceschaltung (Bild 3.2) dem Arbeitspunkt $I_D(U_{GS}, U_{DS}, U_{BS})$ eine kleine Spannungsänderung $\Delta U_1 \equiv \Delta U_{GS} = U_{gs}$ überlagert, so daß z.B. $u_{GS}(t) = U_{GS} + \Delta U_{GS}(t) = U_{GS} + U_{gs}(t)$ gilt und setzt man für den quasistatischen Betrieb *vernachlässigbare* Gate- und Substratströme voraus ($I_G = I_B = 0$, ebenso

$\Delta I_G = \Delta I_B = 0$), so lauten in der Drainstromänderung

$$\Delta I_2 \equiv \Delta I_D = y_{21}\Delta U_{GS} + y_{22}\Delta U_{DS} + y_{23}\Delta U_{BS} \tag{3.1.6a}$$

nach Gl. (3.1.4) die *Kleinsignalgrößen*

– *Gatesteilheit* (auch Transconductance oder Steilheit genannt)

$$y_{21} = g_m = \left.\frac{\partial I_D}{\partial U_{GS}}\right|_{U_{BS},U_{DS}} \tag{3.1.6b}$$

– *Substratsteilheit*

$$y_{23} = g_{mb} = \left.\frac{\partial I_D}{\partial U_{BS}}\right|_{U_{GS},U_{DS}} \tag{3.1.6c}$$

– *Drainleitwert*

$$y_{22} = g_d = \left.\frac{\partial I_D}{\partial U_{DS}}\right|_{U_{GS},U_{BS}} \tag{3.1.6d}$$

Die zugehörige Ersatzschaltung (Bild 3.3) besteht aus zwei gesteuerten Quellen und einem Ausgangsleitwert. Die Steuerung über das Substrat – der sog. **Body-Effekt** (s. Abschn. 2.3.1.2) – wird oft auch als *Back-Gate-Effekt* bezeichnet [2.21], [3.3], [3.9], [3.5].
Im NF-Bereich wird der MOSFET nach Gl. (3.1.6) durch drei unabhängige Kleinsignalparameter beschrieben (Bild 3.3).
Der Drainstrom kann sowohl durch das Gate als auch das Substrat gesteuert werden (Doppelsteuerung), sofern letzteres getrennt zugänglig ist[1]. Sind Substrat und Source (wenn auch nur wechselstrommäßig) kurzgeschlossen, so ergibt sich die einfache Vierpolersatzschaltung.

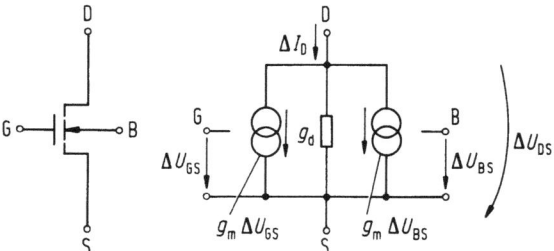

Bild 3.3. Vierpol-Kleinsignalersatzschaltung des MOSFET (Sourceschaltung)

---

[1] Streng genommen ist die Substratsteuerung immer, auch bei Kurzschluß S, B vorhanden, weil sich die Steuerspannung Gate-Kanal nach dem Drain hin ändert.

3.1 Kleinsignalverhalten für tiefe Frequenzen 197

Tafel 3.1. NF-Kleinsignalparameter des n-Kanal-Anreicherungstransistors

Größe	aktiver Bereich	Sättigungsbereich	Subschwellbereich
Gatesteilheit g_m	$\mu_n \dfrac{b}{L} C_i'' U_{DS}$	$\mu_n \dfrac{b}{L} C_i''(U_{GS} - U_{TH})$	$\dfrac{1}{n^*} \cdot \dfrac{I_D}{U_T}$
		$= \dfrac{2 I_D}{U_{GS} - U_{TH}}$	
		$= \sqrt{2 \mu_n b / L C_i'' I_{DS}}$	
Substratsteilheit $g_{mb} = \lambda g_m$	$\lambda = \dfrac{\gamma}{2\sqrt{2\Phi_F^* + U_{SB}}\big\vert_{U_{DS} \to 0}}$	$\lambda = \dfrac{\gamma}{2\sqrt{2\Phi_F^* + U_{SB}}}$	$\lambda = n^* - 1$ $= \dfrac{\gamma}{2\sqrt{3/2 \Phi_F + U_{SB}}}$
Drainleitwert g_d	$g_d = \mu_n \dfrac{b}{L} C_i''(U_{GS} - U_{TH}$ $- (1+\delta) U_{DS})$	$g_d = \dfrac{\lambda I_D}{1 + \lambda U_{DS}} \approx \lambda I_D$	$\dfrac{\exp - U_{DS}/U_T}{1 - \exp - U_{DS}/U_T} \cdot \dfrac{I_D}{U_T}$ $= \dfrac{I_D}{U_{DS}}\bigg\vert_{U_{DS} \to 0}$

1) bei starkem Drainspannungseinfluß ist für λ Gl. (3.1.14) zu verwenden

Die Kleinsignalleitwerte g_m, g_{mb}, g_d nach Gl. (3.1.6) hängen u. a. stark von der verwendeten Drainstrommodellierung, dem Inversionszustand und dem Arbeitspunkt ab. Sie wurden intensiv untersucht, hier beschränken wir uns auf das grundsätzliche Verhalten [3.1]–[3.15]. Tafel 3.1 faßt die Ergebnisse für die verschiedenen Betriebsbereiche zusammen.

3.1.2.1 Gatesteilheit g_m

Im Langkanalfall ergibt sich aus Gl. (2.2.9) für konstante Beweglichkeit im Gebiet *starker Inversion*

aktiver Bereich ($U_{DS} < U_{DSP}$)   Abschnürfall ($U_{DS} \geq U_{DSP}$)

$$g_m = \frac{b \mu_n}{L} C_i'' U_{DS} \qquad g_m = \frac{b \mu_n}{L} C_i''(U_{GS} - U_{TH}). \qquad (3.1.7a)$$

Im aktiven Bereich hängt g_m nicht von U_{GS} ab (Bild 3.4), wohl aber im Abschnürbereich. Dort ist das vorliegende Modell zu ungenau, eine bessere Näherung ergibt sich aus Gl. (2.3.23) zu

$$g_m = \frac{b \mu_n C_i''}{L(1+\delta)}(U_{GS} - U_{TH}) \equiv \frac{2 I_{DS}}{U_{GS} - U_{TH}}\bigg\vert_{U_{DS} > U_{DSP}} \approx \sqrt{2 \frac{b \mu_n C_i''}{L} I_{DS}'}. \qquad (3.1.7b)$$

Der Reziprokwert

$$\frac{I_{DS}}{g_m}\bigg\vert_{Sätt} = \frac{U_{GS} - U_{TH}}{2}$$

198 3 Der MOSFET im dynamischen Betrieb

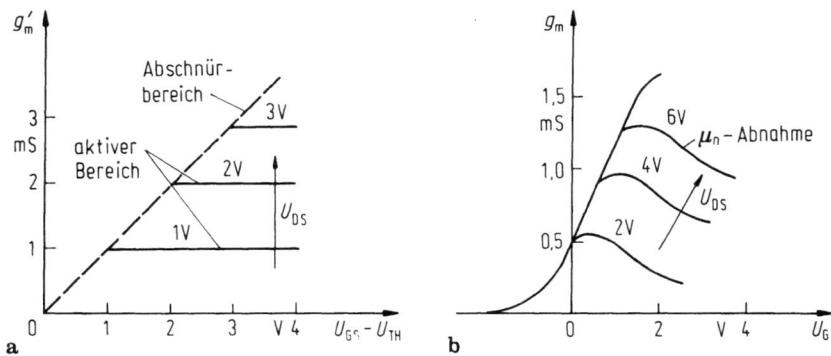

Bild 3.4a, b. Steilheit g_m. **a** Arbeitspunkteinfluß (Modell, normierte Darstellung $g'_m = g_m L/\mu_n C''_i b$), **b** Verlauf am reellen Transistor (n-Kanal-Anreicherungs-FET)

wird oft zur Extrapolation der Schwellspannung verwendet, er hängt jedoch stark vom Inversionsgrad ab.

Am realen Transistor mißt man gegenüber Gl. (3.1.7) deutlich kleinere Steilheiten. Gründe dafür sind vor allem

- die Beweglichkeitsabnahme durch Gatefeld und Geschwindigkeitssättigung (Faktoren a, ß. s.u.),
- der Geometrieeinfluß auf die Schwellspannung U_{TH} (Abschn. 2.4.1),
- der Einfluß des Drainfeldes (DIB-Effekt) auf U_{DS}, wie er z.B. im CSIM-Modell berücksichtigt wird,
- die Abhängigkeit des Earlyfaktors λ vom Arbeitspunkt bzw. Einfluß der Kanallängenmodulation,
- die gegenkoppelnde Wirkung der Bahnwiderstände, besonders des Sourcewiderstandes.

Die unterschiedliche Berücksichtigung dieser Effekte führt zu einer Reihe von Kleisignalmodellen, von denen sich das CSIM [2.38] als besonders vorteilhaft erwiesen hat.

Im Sättigungsbereich werden diese Effekte zweckmäßig in der Form (Gl. (2.3.55))

$$I_{DS} = \frac{\beta}{2a} \frac{(U_{GS} - U_{TH})^2}{1 - \Delta L/L} \equiv \frac{\beta}{2a} \cdot \frac{(U_{GS} - U_{TH})^2}{1 + \lambda U_{DS}} \rightarrow \frac{\beta_0}{2}\bigg|_{a=1} \cdot \frac{(U_{GS} - U_{TH})^2}{1 + \lambda U_{DS}} \quad (3.1.8a)$$

erfaßt. Mit den Abhängigkeiten $\beta(U_{GS})$, $a(U_{GS})$, $\Delta L/L = f(U_{GS})$ ergibt sich dann als *Gatesteilheit*

$$g_m = \frac{\partial I_D}{\partial U_{GS}}\bigg| = \frac{2I_{DS}}{U_{GS} - U_{TH}} + \frac{I_{DS}}{\beta} \frac{\partial \beta}{\partial U_{GS}} - \frac{I_{DS}}{a} \frac{\partial a}{\partial U_{GS}} + \frac{I_{DS}}{1 - \Delta L/L} \cdot \frac{\partial(\Delta L/L)}{\partial U_{GS}}$$

$$\equiv g_{mo} + g_{m\beta} + g_{ma} + g_{m\lambda}. \quad (3.1.8b)$$

3.1 Kleinsignalverhalten für tiefe Frequenzen

Die einzelnen Anteile enthalten

- die Beweglichkeitsabnahme mit $\beta = \beta_0/(1 + \mu_0(U_{GS} - U_{TH}))$ z.B. nach Gl. (2.3.37) ff.

$$g_{m\beta} = -\mu_0 \frac{\beta}{\beta_0} I_{DS} = \frac{-\mu_0}{1 + \mu_0(U_{GS} - U_{TH})} I_{DS} \qquad (3.1.8c)$$

- die Geschwindigkeitssättigung (z.B. nach Gl. (2.3.45) ff.) über

$$a = a_0[1 + \mu_1(U_{GS} - U_{TH})] \qquad a_0 \text{ Body-Effekt des Stromes,}$$

dabei hängt μ_1 von der Kanallänge und Sättigungsgeschwindigkeit v_s ab (μ_s Oberflächenbeweglichkeit)

$$\mu_1 = \frac{\mu_n}{2v_s L}$$

$$g_{ma} = -\mu_1 \frac{a_0}{a} I_{DS} = \frac{-\mu_1 I_{DS}}{1 + \mu_1(U_{GS} - U_{TH})}. \qquad (3.1.8d)$$

Bei überwiegender Geschwindigkeitssättigung wird g_m oft durch

$$g_m \approx bC_i'' \mu_n E_c \approx bC_i'' v_{max} \approx \frac{I_{DS}}{U_{GS} - U_{TH}} \approx \frac{bC_i'' v_s}{a_0} \qquad (3.1.8e)$$

ausgedrückt (unabhängig von L [3.16]).

In allen Steilheitsanteilen kann in der Schwellspannung

$$U_{TH} = U_{THO} - \eta^* U_{DS}$$

$$U_{THO} = U_{TO} + K_1 [\sqrt{2\Phi_F - U_{BS}} - \sqrt{2\Phi_F}],$$

$$K_1 = \frac{\sqrt{2q\varepsilon_S N_B}}{C_i''} \left[1 - \frac{LK_1}{L\sqrt{N_{Sub}}} \right] + \frac{b/K_1}{b} \qquad (3.1.9)$$

im Faktor η^* der U_{DS}-Einfluß berücksichtigt werden, wie er sich z.B. durch den DIBL-Effekt ergibt [2.261].

Im *Kurzkanalbereich* gilt das vorliegende Modell vertretbar gut, obwohl auch eine Reihe anderer Darstellungen existiert.

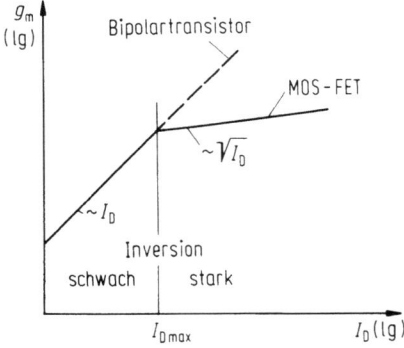

Bild 3.5. Drainstromeinfluß auf die Steilheit g_m (Vergleich Bipolartransistor BJT)

3 Der MOSFET im dynamischen Betrieb

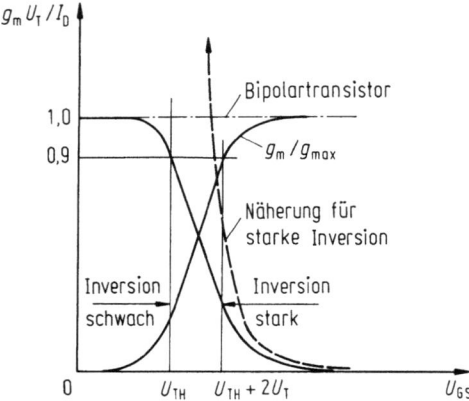

Bild 3.6. Verlauf von Steilheit/Strom- und Steilheit (bezogen jeweils auf die Maximalwerte) über U_{GS} (U_{DS} klein)

Der Bereich *schwacher Inversion*, der gerade für den Analogbetrieb interessant ist, führt über die Kennliniengleichung (2.3.30 ff.) auf die Steilheit [2.15], [2.57], [2.309]

$$g_m = \frac{1}{\eta^*} \cdot \frac{I_D}{U_T}. \qquad (3.1.10)$$

Sie hängt linear vom Strom ab (Bild 3.5a), jedoch nur bis zu einer Stromgrenze

$$I_{Dmax} = \mu_n C_i'' b/L \, U_T^2.$$

Jenseits davon gilt $g_m \sim \sqrt{I_D}$ entsprechend Gl. (3.1.7b).

Da die Transistorkonstante $\mu_n C_i''$ in der Größenordnung von $10\,\mu A/V^2$ liegt, bietet die Stromgrenze I_{Dmax} von einigen μA noch einen ausreichenden Abstand zu den tatsächlich eingestellten Strömen von 10...100 nA bei vielen Anwendungen in diesem Betriebsbereich.

Bei schwacher Inversion entspricht die Steilheit Gl. (3.1.10) formell derjenigen des Bipolartransistors. Somit haben beide Transistoren in diesem Bereich etwa gleiche Verstärkung, jenseits von I_{Dmax} sinkt die des MOSFETs jedoch ab [3.17]. Dies drückt sich auch im Quotienten $g_m U_T/I_D$ aus (Bild 3.6), der oft als "Gütemaß" gesteuerter elektronischer Bauelemente angesehen wird. Im Bereich schwacher Inversion erreicht er den Wert eins, um mit steigender Inversion ($\to U_{GS}$) stark abzufallen, im Bereich moderater Inversion bei einer Spannungsänderung $\Delta U_{GS} \approx 2U_T$ um rd. 80%! Man erkennt auch die Unzulänglichkeit der starken Inversionsnäherung Gl. (3.1.7) in diesem Gebiet. Beim Beipolartransistor hingegen ist dieser Quotient im großen Bereich unabhängig von der entsprechenden Steuerspannung U_{EB}. Die Steilheit g_m – bezogen auf ihren Maximalwert g_{max} – steigt hingegen vom Bereich schwacher Inversion aus stark auf ihren Wert g_{max} Gl. (3.1.7) mit zunehmender Gatespannung an. Bei allen Überlegungen werde kleine Drainspannung ($U_{DS} \lesssim 4U_T$) vorausgesetzt.

Das Ergebnis (3.1.10) wird oft durch eine formale Ähnlichkeit des Diffusionstransportes im MOSFET bei schwacher Inversion mit dem entsprechenden Vorgang im Bipolartransistor begründet, was einer genaueren Interpretation jedoch nicht standhält.

Am *realen MOSFET* hängt die Steilheit besonders stark ab
- von der *feldabhängigen Beweglichkeit*. Schreibt man den Drainstrom z.B. Gl. (2.2.9) in der Form

$$I_D = \beta(U_{GS}) \cdot [(U_{GS} - U_{TH})U_{DS} - U_{DS}^2/2],$$

so folgt daraus die Steilheit

$$g_m = \frac{\partial I_D}{\partial U_{GS}}\bigg|_{U_{DS}} = \frac{U_D}{\beta(U_{GS})} \frac{\partial \beta}{\partial U_{GS}} + \beta(U_{GS})U_{DS}. \qquad (3.1.11)$$

Der zusätzliche erste Anteil verursacht ein mehr oder weniger stark ausgeprägtes Maximum im Verlauf $g_m = f(U_{GS})$ (Bild 3.4b), woraus sich z.B. die Beweglichkeit analysieren läßt [2.415], [3.19].
- vom gegenkoppelnd wirkenden Sourcewiderstand R_S, weniger vom Drainwiderstand. Angenähert gilt

$$g_m = \frac{g_m|R_S = 0}{1 + R_S g_m|R_S = 0} \qquad (3.1.12)$$

- von Oberflächenzuständen, die sich durch die Gatespannung U_{GS} umladen und so g_m - stark frequenzabhängig - beeinflussen [3.20], [2.15].

Applikativ gesehen besteht aus Gründen einer hohen Verstärkung der MOSFET-Stufe nicht nur Interesse an einer möglichst hohen Steilheit, sondern es wird - ähnlich wie der lineare Zusammenhang zwischen g_m und I_E beim Bipolartransistor - auch die lineare Gatespannungsabhängigkeit (bei starker Inversion) in speziellen Anwendungen breit ausgenutzt: steuerbarer Widerstand, Transconductance-Verstärker [3.21] (die sich mit MOSFETs besonders gut realisieren lassen) u.a.m.

3.1.2.2 Substratsteilheit g_{mb}

Da sich der Drainstrom sowohl vom Gate als auch vom Substrat her steuern läßt, sollte zwischen Substrat- und Gatesteilheit eine Proportionalität erwartet werden, die direkt aus den Steilheitsdefinitionen folgt [2.38], [3.21]

$$g_{mb} = \frac{\partial I_D}{\partial U_{BS}}\bigg|_{U_{GS},U_{DS}} = \frac{dI_D}{dU_{GS}} \cdot \frac{\partial U_{GS}}{\partial U_{BS}}\bigg|_{U_{DS},U_{GS}} = g_m \lambda$$

mit $\lambda = \frac{\partial U_{GS}}{\partial U_{BS}}\bigg|_{U_{DS},U_{GS}}$ \qquad (3.1.13)

Der Faktor λ wird unterschiedlich als *Verstärkungsverlust-* oder relativer *Substratsteuerfaktor* bezeichnet. Er kann auf verschiedene Weise bestimmt werden:

1. Über ein Drainstrommodell, das U_{BS} explizit enthält (aber nicht in der Schwellspannung). Man erhält z.B. aus Gl. (2.3.11) bei starker Inversion (aktiver Bereich)

$$\lambda = \frac{\gamma}{U_{DS}}\{\sqrt{U_{DS} + 2\Phi_F^* + U_{SB}} - \sqrt{2\Phi_F^* + U_{SB}}\} \approx \frac{\gamma}{2\sqrt{2\Phi_F^* + U_{SB}}}\bigg|_{U_{DS} \to 0}$$

$$(3.1.14)$$

(oberhalb der Abschnürung ist U_{DS} durch U_{DSP} zu ersetzen). $\lambda(\ll 1)$ hängt

3 Der MOSFET im dynamischen Betrieb

somit direkt vom Substrateffekt ab. Zahlenmäßig liegt λ zwischen 0,01...0,5 im üblichen Arbeitsbereich.

2. Über ein Drainstrommodell, das den Substrateffekt nur in der Schwellspannung $U_{TH}(U_{SB})$ berücksichtigt (z.B. das Modell Gl. (2.3.19), (2.3.11c). Wird dort der Faktor δ_1 (Steigung von $-Q_B/C_i$ über U_{CB}) als unabhängig von U_{BS} angenommen (was nicht genau zutrifft), so hängt die Schwellspannung $U_{TH}(U_{BS})$ von U_{BS} ab, und es gilt

$$g_{mb} = \frac{\partial I_D}{\partial U_{BS}} = \frac{\partial I_D}{\partial U_{TH}} \cdot \frac{dU_{TH}}{dU_{BS}} = -\frac{\partial I_D}{\partial U_{TH}} \cdot \frac{dU_{TH}}{dU_{SB}} \equiv g_m \left(\frac{dU_{TH}}{dU_{SB}}\right) \quad (3.1.15a)$$

$$\text{mit} \quad -\frac{\partial I_D}{\partial U_{TH}} = +\frac{b\mu_n C_i''}{L} U_{DS} \equiv g_m \quad \text{und}$$

$$\lambda = \frac{dU_{TH}}{dU_{SB}} \equiv \left.\frac{\gamma}{2\sqrt{2\Phi_F^* + U_{SB}}}\right|_{U_{DS}\to 0} = \delta \equiv \frac{\varepsilon_s d_i}{\varepsilon_i W_S(U_{SB})} = \frac{c_{SC}}{C_i}. \quad (3.1.15b)$$

Man erkennt, daß

– die Bestimmung des relativen Substratsteuerfaktors λ nach Gl. (3.1.14) für *kleine* U_{DS} direkt auf den *Ladungsfaktor* δ (Gl. (2.3.16b)) führt.

Deshalb sind λ und δ inhaltlich eng verkoppelt. Über Gl. (3.1.15a) ist λ auf den Substrateinfluß der Schwellspannung zurückgeführt. Da λ über den Body-Effekt δ schließlich mit der Sperrschichtbreite W_S der Verarmungszone zusammenhängt, geht es schließlich in ein Kapazitätsverhältnis von Sperrschicht- (→Substrat) und Isolatorkapazität über. Dieser Sachverhalt unterstreicht das **Doppelsteuerprinzip**: Steuerung des Kanalleitwertes durch Ladungsinfluenz (→ C_i) über das Gate bzw. über das Substrat (c_{SC}). Deshalb muß λ bei kurzem Kanal sinken, weil das Volumen der steuernden Verarmungsladung abnimmt. Entartet der Verarmungsbereich gar zu einem dreiecksähnlichen Gebilde, so geht die Substratsteilheit praktisch gegen null (Bild 3.7).

Im *Kurzkanalbereich* erfordert die Substratsteilheit g_{mb} eine genauere Modellierung als nach Gl. (3.1.13). Geht man z.B. im Sättigungsbereich von einer Darstellung Gl. (3.1.8a) aus (wobei a, β und ΔL/L über die Schwellspannung U_{THO} von U_{BS} abhängen), so ergibt sich z.B. im Grenzfall der Sättigungsgeschwindigkeit mit $I_{DS} = bC_i v_s/a_0 (U_{GS} - U_{TH})$ als Substratsteilheit

$$g_{mb} \approx -g_m \frac{dU_{TH}}{dU_{BS}} - \frac{I_{DS}}{a_0} \frac{da_0}{dU_{BS}}. \quad (3.1.16)$$

Bei *schwacher Inversion* muß die Substratsteilheit aus Gl. (2.3.30) bestimmt werden. Man erhält

$$g_{mb} \approx \frac{n^* - 1}{n^*} \cdot \frac{I_D}{U_T}; \quad = \frac{g_{mb}}{g_m} \approx n^* - 1$$

3.1 Kleinsignalverhalten für tiefe Frequenzen 203

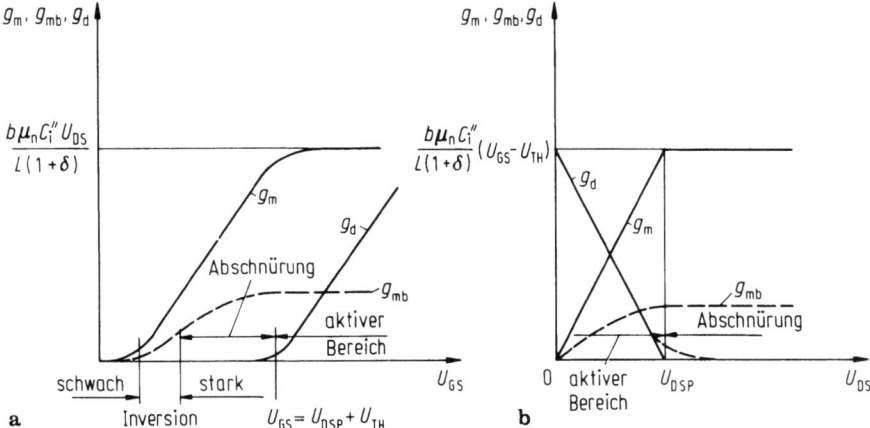

Bild 3.7a, b. Kleinsignalkennwerte g_m, g_d und g_{mb} über dem Arbeitspunkt. **a** über der Gatespannung, **b** über der Drainspannung

und

$$\lambda = \frac{g_{mb}}{g_m} \approx n^* - 1 = \frac{\gamma}{2\sqrt{3/2\Phi_F + U_{SB}}}. \qquad (3.1.17)$$

Die Proportionalität zwischen Steilheit g_m und Substratsteilheit g_{mb} ist praktisch im gesamten Arbeitsbereich gewährleistet (Bild 3.7), sowohl über die Gate- wie auch Drainspannung.

Applikativ wirkt die Substratsteilheit sehr unterschiedlich:

– bei (wechselstrommäßiger) Parallelschaltung von Gate- und Substratelektrode *addieren* sich beide Steilheiten, m.a.W. ist ein großer λ-Faktor erwünscht (→ kleine Vorspannung U_{BS} großer Body-Faktor γ),
– in vielen Schaltungen (z.B. mit Zusatzwiderstand R_S im Sourcekreis oder Verwendung des MOSFET als Lastelement) wird das Source durch den Spannungsabfall an R_S *gegenphasig* zum Gate gesteuert und die Substratsteilheit *schwächt* die Gesamtverstärkung (erwünscht: kleiner λ-Faktor, hohe Substratvorspannung, kleiner Body-Faktor). Da dieser Fall (Bahnwiderstand) meist vorliegt, wird der Substrateffekt durchweg als *verstärkungsmindernd* bewertet.

3.1.2.3 Drainleitwert g_d

Der *Drain-* oder *Innenleitwert* g_d – oft (mißverständlich) auch *Kanalleitwert* genannt – ist der Definition nach (Gl. (3.1.6d)) die Tangente an eine Ausgangskennlinie $I_D = f(U_{DS})|U_{GS}$, U_{BS} im Arbeitspunkt. Seine Modellierung wurde aus ganz unterschiedlichen Gründen mit großer Intensität durchgeführt:

– er bestimmt mit dem Lastwiderstand die Verstärkung. Deshalb fordert der Schaltungsentwurf ein möglichst gutes Modell,

204   3 Der MOSFET im dynamischen Betrieb

- besonders im Abschnürbereich ergeben sich große Unterschiede zwischen dem Modell erster Ordnung (das wegen I_D = const. (Gl. (2.2.8))g_d = 0 liefert) und dem Realverhalten. Einerseits gehen verschiedene Effekte zweiter Ordnung ein (Kanallängenverkürzung, feldabhängige Beweglichkeit, Durchbruchseinfluß, Kurzkanaleffekt u.a.), andererseits gilt auch die Gradualnäherung nicht mehr. Deshalb wurden zahlreiche 1d-, 2d- und Pseudo-2d-analytische und numerische Drainleitwertmodelle entwickelt mit dem Ziel, praktikable, möglichst physikalisch gestützte Modelle zu haben, deren Parameter einfach meßbar sind [2.42], [2.34], [2.87], [2.103], [2.104], [2.108], [2.146], [2.149], [2.264], [2.303], [3.2], [3.23], [3.24].

Bei *starker Inversion* führen die Gleichstrommodelle (2.3.11a), (2.3.23) auf

$$g_d = b/L\mu_n C_i''[U_{GS} - U_{DS} - U_{FB} - 2\Phi_F^* - \gamma\sqrt{U_{DS} + U_{SB} + 2\Phi_F^*}]$$
$$(U_{DS} \leq U_{DSP}) \quad (3.1.18a)$$
resp.
$$g_d = b/L\mu_n C_i''[U_{GS} - U_{TH} - (1 + \delta)U_{DS}] \quad (3.1.18b)$$

mit dem sog. *Kanalleitwert* g_K für $U_{DS} \to 0$ im Ursprung

$$g_d|U_{DS} \to 0 \equiv g_K = b/L\mu_n C_i''[U_{GS} - U_{TH}]. \quad (3.1.19)$$

Bild 3.8 zeigt den erheblichen Unterschied zwischen Modell und Wirklichkeit, besonders im Abschnürbereich.

Wichtige Erweiterungen sind deswegen gerade in diesem Gebiet

- der Einbezug feldabhängiger Beweglichkeit [2.303]

$$g_d \approx \frac{I_D}{U_A} \cdot \frac{1}{1 + c_1(U_{GS} - U_{TH})}, \quad (3.1.20a)$$

wobei c_1 entweder durch Beweglichkeitsmessungen oder Anpassung bestimmt wird,

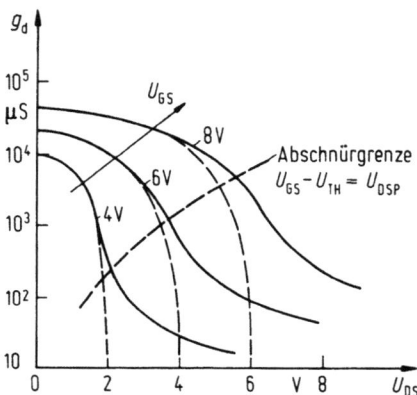

Bild 3.8. Grundsätzlicher Verlauf des Drainleitwertes g_d über der Spannung U_{DS} ——Realtransistor, ---Modell nach Gl. (3.1.18)

3.1 Kleinsignalverhalten für tiefe Frequenzen

- Stromanstiegsberechung im Abschnürbereich über die sog. *Earlyspannung* (Gl. (2.3.66))

$$g_d = I'_D/U_A \quad U_{DS} \geq U_{DSP}. \tag{3.1.20b}$$

Dieses Verfahren eignet sich besonders für Großsignalanwendungen, es geht im Sättigungsbereich in

$$g_d \approx I_{DS}/LE_C \tag{3.1.20c}$$

über [2.34].
- die Berücksichtigung des *Kanallängeneffektes* mit Gl. (2.3.55ff.) [2.100], [2.149], [3.25], [3.12]

$$g_d = \frac{\partial I_D}{\partial L} \cdot \frac{dL}{dU_{DS}} \approx \frac{I'_D}{L} \cdot \frac{d\Delta L}{dU_{DS}} \tag{3.1.20d}$$

wegen $I_D \approx I'_D$). Für die Kanallängenänderung ΔL gibt es eine Reihe von Ansätzen (s. Abschn. 2.3.2.2). Eine relativ gute Näherung ist das grundsätzlich auf Gl. (2.3.58) zurückgreifende Ergebnis

$$g_d = \frac{B_1 I'_D}{2L\sqrt{N_A}\sqrt{U_{DS} - U_{DSP} + 2\Phi_F}} \cdot \left(\frac{1}{1 + c_1(U_{GS} - U_{TH})} \right) \tag{3.1.20e}$$

Damit lassen sich sowohl die U_{DS}-Abhängigkeit als auch der Beweglichkeitseinfluß berücksichtigen. Andere ΔL-Modelle beruhen entweder auf empirischen Ansätzen [3.3], [3.21], [2.38], berücksichtigen die Eindringtiefe des Drainbereiches [2.34], den Einfluß des Längs- und Querfeldes auf die Beweglichkeit [3.26], [2.149] u.a.m.

Für Kurzkanaltransistoren werden die Verhältnisse zusätzlich durch Geschwindigkeitssättigung, den DIBL-Effekt und Hotelektronenvorgänge erschwert. Dann sind 2d-Betrachtungen erforderlich. Eine grobe Modellverbesserung ergibt sich, wenn man zunächst den Einfluß dieser Effekte in der Schwellspannung U_{TH} berücksichtigt und anschließend $U_{TH}(U_{DS})$ funktionell berücksichtigt. ($I_D = f(U_{DS}, U_{TH}(U_{DS}))$). Das Ergebnis lautet

$$g_d = \frac{\partial I_D}{\partial U_{DS}} = \frac{dI_D}{dU_{DS}} + \frac{\partial I_D}{\partial U_{TH}} \cdot \frac{dU_{TH}}{dU_{DS}} \equiv g_d|_{U_{TH}} + |g_m| \frac{dU_{TH}}{dU_{DS}}. \tag{3.1.21}$$

Der zusätzliche zweite Anteil enthält den U_{DS}-Einfluß der Schwellspannung. Er ist wegen $dI_D/dU_{TH} = dI_D/dU_{GS}$ der Steilheit proportional. So kann dU_{TH}/dU_{DS} als Steuereffekt der Schwellspannung auf den Drainstrom verstanden werden.

Bei sehr kurzem Kanal dominiert der DIB-Effekt mit ausgeprägter funktioneller Abhängigkeit $U_{TH}(U_{DS})$ etwa von der Form $U_{TH} = U_{TH0} - \eta U_{DS}$ (Gl. (3.19)) [2.262], [3.21]

$$g_d \approx \frac{(U_{GS} - U_{TH})}{L^3} \cdot \frac{\mu_n C_i b \eta}{L[1 + R_S(U_{GS} - U_{TH})\mu_n C''_i b/L]} \approx \frac{g_m \eta}{L^3}. \tag{3.1.22}$$

Der Drainleitwert hängt stark vom Arbeitspunkt ab. So stellt man bei Langkanaltransistoren verbreitet eine Stromspannungsproportionalität fest ($g_d \sim I_D$), besonders im Sättigungsbereich. Im Kurzkanalfall bemerkt man häufig einen Zusammenhang $g_d \sim \sqrt{I_D}$, wie er sich bei drainspannungsabhängiger Schwellspannung tendenziell herleiten läßt:

$$g_d = \frac{dI_D}{dU_{DS}} = \frac{b\mu_n C''_i}{L(1 + \delta)} \cdot [U_{GS} - U_{TH}(U_{DS})] \cdot \left(-\frac{dU_{TH}}{dU_{DS}} \right) = g_m \left(-\frac{dU_{TH}}{dU_{DS}} \right). \tag{3.1.23}$$

Der Faktor $|dU_{TH}/dU_{DS}|$ ist in erster Näherung stromunabhängig [2.38], so daß der Verlauf $g_m(I_D \sim \sqrt{I_D})$ hauptsächlich entscheidend ist [2.264], [2.34], [3.21].

Bei *schwacher Inversion* führt die Kennliniengleichung (2.3.30) auf dem Drainleitwert

$$g_d = \frac{\exp -U_{DS}/U_T}{1 - \exp -U_{DS}/U_T} \cdot \frac{I_D}{U_T} \rightarrow \left. \frac{I_D}{U_{DS}} \right|_{U_{DS} \rightarrow 0}, \tag{3.1.24}$$

wobei Realtransistoren dieses Verhalten nur tendenziell bestätigen [2.57], [2.273], [2.309] durch:

- den Einfluß des Drainbereiches (Feldverteilung auf das Kanalende),
- erheblichen Generationsstromanteil in der Drain-Substratverarmungszone,
- Einfluß des Durchgreifstromes (vor allem bei gößerer Drainspannung).

Grundsätzlich kann auch eine Earlyspannung U_A eingeführt werden, doch unterscheiden sich die so bestimmten U_A-Werte deutlich gegen die bei starker Inversion.

Rechnergestützter g_d-Ansatz. Die Modellierung des Drainleitwertes für die Schaltungsanalyse mit vorausgegangener Arbeitspunktberechnung führt gewöhnlich zu folgenden Problemen:

- Auswahl eines DC-Modelles. Es sollte mit Rücksicht auf die Routinewiederholungen bei der DC-Analyse einfach sein, andererseits noch eine gute g_d-Modellierung erlauben.
- Prüfung des Modells auf Stetigkeit im Abschnürpunkt und zweckmäßige Parameterbestimmungsmethoden.

Weil sich alle Forderungen i.a. nicht gleichzeitig erfüllen lassen. werden dort, wo es auf gute Kleinsignalmodellierung ankommt, unterschiedliche Strategien begangen:

- Wahl einer genauen g_d-Modellierung mit möglichst einfachem DC-Modell (das nicht direkt mit dem AC-Modell in Beziehung stehen muß). Häufig werden weniger physikalisch begründete, als vielmehr durch Anpaßparameter angleichbare Modelle verwendet. So erfüllt beispielsweise die Drainstrommodellierung [3.29], [3.30]

$$I_D = I_0 L_F \tanh S \qquad (3.1.25)$$

mit

$$I_0 = \frac{K(U_{GS} - U_{TH})^2}{1 + H(U_{GS} - U_{TH})}; \quad L_F = 1 + \frac{LU_{DS}}{U_{GS} - U_{TH}}$$

$$S = \frac{U_{DS} A}{U_{GS} - U_{TH}} \cdot [1 + G(U_{GS} - U_{TH})]$$

(Parameter K, H, L, A, G) diese Bedingung, die gleichzeitig den aktiven und Sättigungsbereich durch eine Gleichung beschreibt. Ein anderer Weg ist die Einführung einer stetigen, anpaßbaren Spannungsübergangsfunktion U_{DSeff} zwischen U_{DS} und U_{DSat} und eine dementsprechende Kennlinienformulierung [3.31].
- Verbreitet sind auch Verfahren, bei denen mehrere Leitwerte g_d bei unterschiedlichen Kombinationen von Strom und Spannung bestimmt und durch Wichtungsfaktoren so bewertet werden, daß das mittlere Fehlerquadrat minimal wird. Ursprünglich stammt dieses Verfahren aus der Ermittlung statischer Parameter (z.B. Drainstrommodelle), doch wird es zunehmend auch für dynamische Größen verwendet [3.26], [3.32]–[3.34].

3.1.2.4 Gate-, Substratdurchgriff

Eine sehr anschauliche Abgrenzung der Betriebsbereiche ergibt sich aus der sog. *Konstantstrom-Darstellung* $U_{GS} = f(U_{DS}|I_D$ [3.35]. Möglicherweise vom Durchgriffsbegriff $U_{EB}/U_{CB}|I_C$ des Bipolartransistors übernommen, ist dieser "*Gatedurchgriff*" vor allem beim Kurzkanaltransistor sehr aufschlußreich.

Bei vernachlässigtem Substrateffekt ergibt sich aus der Kennliniengleichung (2.2.9) für $I_D = $ const. die Steigung

$$\left.\frac{dU_{GS}}{dU_{DS}}\right|_{I_D} = \frac{U_{DS} - (U_{GS} - U_{TH})}{U_{DS}} \equiv -\frac{g_d}{g_m}. \qquad (3.1.26)$$

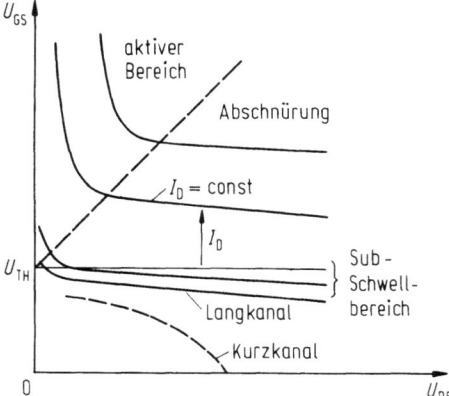

Bild 3.9. Konstantstromzusammenhang für Langkanal- und Kurzkanaltransistor

Sie verschwindet (theoretisch) im Sättigungsbereich (Bild 3.9), am Realtransistor jedoch nicht. Im Bereich starker Inversion tritt der Bereich $U_{GS} < U_{TH}$ als "Aus-Bereich" auf, obwohl dort physikalisch der Subschwellbereich liegt. Der Kurzkanaltransistor weist in diesem Gebiet einen stärker drainspannungsabhängigen Gatedurchgriff auf.

Schließlich sei darauf verwiesen, daß der Reziprokwert des Gatedurchgriffs $\left(\left.\dfrac{dU_{DS}}{dU_{GS}}\right|_{I_D} = -\dfrac{g_m}{g_d}\right)$ die *Leerlaufspannungsverstärkung* des MOSFETs ist.

3.1.2.5 Einfluß der Bahnwiderstände

Die Kleinsignaleigenschaften des realen MOSFETs unterscheiden sich u.a. durch die Source- und Drainbahnwiderstände R_S, R_D von den bisher betrachteten Parametern. Verwendet man für R_S, R_D konzentrierte Elemente, so beträgt die Drainstromänderung anstelle von Gl. (3.1.4)

$$I_D = \frac{g_m \Delta U_{GS} + g_{mb} \Delta U_{BS} + g_d \Delta U_{DS}}{1 + R_S(g_m + g_{mb}) + (R_S + R_D)g_d}. \tag{3.1.27}$$

Dabei dominiert hauptsächlich der unterstrichene Nennerterm [2.392]–[2.395], [3.33].

Die Widerstände R_S, R_D selbst liegen in der Größenordnung von $10\ldots100\,\Omega$ (Abschn. 2.4.4) und verursachen deshalb nur kleine Änderungen in den Leitwertparametern.

3.2 Signalverhalten im quasistationären Betrieb

Vorbemerkungen. Im dynamischen Betrieb wird das elektrische Verhalten des MOSFET entscheidend durch Änderung seiner Ladungen (bzw. Kapazitäten) bestimmt. Entsprechende Modelle, z.B. das von *Meyer* [3.2], sind deshalb schon seit langem Bestandteil jeder Schaltungssimulation (z.B. SPICE 2). Die Kapazitäten werden dabei aus der Spannungsabhängigkeit der Gate- und Bulkladung definiert, etwa

$$c_{gs} = \frac{\partial Q_G}{\partial U_{GS}}; \quad c_{gd} = \frac{\partial Q_G}{\partial U_{GD}}. \qquad (3.2.1)$$

Dabei erwartet man sicher *reziproke Kapazitäten*, d.h. $c_{gs} = c_{sg}$, $c_{gd} = c_{dg}$, wenn man an das übliche (physikalische) Kapazitätsmodell zwischen zwei Elektroden denkt.

Eingehende Untersuchungen in letzter Zeit zeigen jedoch, daß der MOSFET ladungsmäßig ein *nichtreziprokes* Bauelement ist und festgestellte Abweichungen bei der dynamischen Simulation, oft als *Nichterhaltung der Ladung* bezeichnet, auf die vernachlässigte Nichtreziprozität zurückzuführen sind [3.36], [3.38], [3.43], [3.51], [3.63], [3.68]–[3.70]. Ursache dieser Abweichungen ist die vernachlässigte *Wichtung* der Kanalladung zu Source und Drain, wie mehrfach gezeigt werden konnte.

Zur Modellierung dieses nichtreziproken Ladungsverhaltens (bzw. eines ladungserhaltenden Modells) wurden mehrere Wege beschritten:

a) *Unterteilung der Kanalladung* in source- und drainseitige Anteile nach Ward und Oh [3.10], [3.39]–[3.42], [3.56]–[3.59], [3.64]–[3.66] u.a. Dabei sind *nichtreziproke Kapazitäten* einzuführen.

b) Einführung eines *4-Klemmenersatznetzwerkes mit gesteuerten Quellen* zur Darstellung nichtreziproker Ladungen [3.71].

c) Wahl sorgfältiger *numerischer Integrationsverfahren* bei der Simulation, weil sonst ein Ladungsverlust vorgetäuscht wird [3.37], [3.19].

d) Modelle, die auf a) bis c) aufbauen.

Zugrunde liegt allen Methoden ein konsequenter Einbezug der Kontinuitätsgleichung anstelle einer rein statischen Kanalladung (s.u.). Im Ergebnis einer solchen *ladungsorientierten Betrachtung* können dann (unter quasistatischen Bedingungen, s.u.) innerelektronische *Kapazitäten* der Art

$$c_{kl} = \delta_{kl} \frac{\partial Q_k}{\partial U_l} \quad \text{mit } \delta_{kl} = \begin{cases} 1 & k = l \\ -1 & k \neq l \end{cases} \qquad (3.2.2)$$

$$k, l = g, d, b, s$$

gebildet werden, die zusammen mit einem Vierpolansatz (Leitwertmatrix) ein allgemeines Netzwerk (4 Knoten, 6 Zweige) z.B. als Grundlage eines Kleinsignalmodells liefern [3.5]. Die so eingeführten Kapazitäten können *nichtreziprok* ($c_{kl} \neq c_{lk}$) sein. Deshalb zerlegt man die Kapazitätsmatrix zweckmäßig in einen reziproken Anteil (physikalische Kapazität, c_{kk}, c_{ll}) und ein Netzwerk aus nichtreziproken oder *Transkapazitäten* c_{kl}, ($l \neq k$ vgl. Transconductance als Parallelfall der gesteuerten Stromquelle) [3.3]–[3.5], [3.7], [3.11], [3.60], [3.62]. Ein solches Kapazitätsmodell muß für Langkanal- und Kurzkanaltransistoren und in allen Betriebsbereichen gelten, was Leitungsmodelle nicht ohne weiteres erlauben. Schließlich soll auch eine bequeme experimentelle Kapazitätsbestimmung möglich sein [3.36].

Die gesamte Kleinsignalersatzschaltung geht schließlich durch Einbezug der Leitwerte g_m, g_{mb} und g_d von Abschn. 3.1 hervor. Einschränkend wirkt sicher der geforderte *quasistatische* Betrieb:
zeitliche Signaländerungen folgen langsam im Vergleich zu einer charakteristischen Zeitkonstante

$$\bar{\tau} = \frac{L^2}{\mu_n(U_{GS} - U_{TH})} \qquad (3.2.3)$$

des MOSFET (s. Abschn. 3.3.1). Sie liegt im Größenordnungsbereich von 0,1μs und darunter. Für Frequenzen $f > 1/\tau$ treten Abweichungen ein. Dann sind *nichtstationäre Erweiterungen* erforderlich, besser bekannt als *Leitungsmodell* (s. Abschn. 3.2.3) [3.44]–[3.50], [3.52]–[3.55], [3.61], [3.67].

3.2.1 Der MOSFET als ladungsgesteuertes Bauelement

3.2.1.1 Prinzip der Ladungssteuerung

Das vom Bipolartransistor her bekannte *Ladungssteuerprinzip* faßt das Bauelement als einen Ladungssteuerraum auf, dessen äußere Gesamtstrombilanz (Transportstrom, äußerer Nettostrom) gleich dem "Stromverlust" (Rekombination, Strom durch zeitliche Ladungsänderung) ist. So gilt z.B. für das Basisgebiet der Breite W des Bipolartransistors (Bild 3.10)

$$i_p(0) - i_p(W) = i_E - i_C = q_B(x)/\tau_B + dq_B/dt. \qquad (3.2.4)$$

Links steht die Differenz der Transportströme, rechts der (integrale) Rekombinationsstrom sowie der Ladestrom. Die quasistatische Basisladung q_B ergibt sich dabei integral aus dem Basisraum (s.u.)

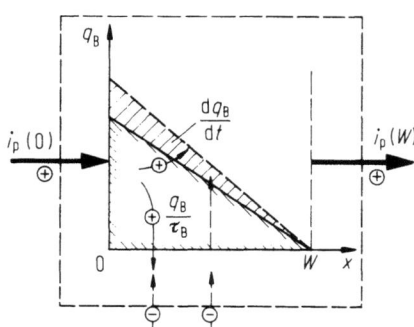

Bild 3.10. Ladungsmodell eines Bipolarbahngebietes

3 Der MOSFET im dynamischen Betrieb

Eine derart globale Beschreibung eines Steuerraumes gilt grundsätzlich für alle elektronischen Bauelemente [3.71], also auch für den MOSFET. Im Gleichstromfall fließt der Kanal- (= Konvektions-) oder *Transportstrom* I_T, der von den Klemmenspannungen U_S, U_D, U_G, U_B (bezogen auf einen beliebigen Punkt) abhängt und durch ein *Gleichstrommodell* (s. Abschn. 2.2.1 o.a.) beschrieben wird

$$I_T = f_T(U_G, U_B, U_S, U_D) \equiv I_D = - I_S \qquad (3.2.5)$$

(angesetzt in Richtung des Drainstromes I_D, Bild 3.10).

Die Steuerung dieses Transportstromes bzw. der zugeordneten *Inversionsladung* Q_I'' erfolgt über die Klemmenspannungen oder allgemeiner die spannungsabhängigen "Klemmenladungen" Q_G'', $Q_D'' \equiv Q_B''$[2,3] als vermittelnde Größen unter Wahrung der Ladungsbilanz. Physikalisch gesehen sind (ist) dabei

- die *Gate-* und *Bulkladung* Q_G'', Q_B'' Speicherladungen im *Maxwellschen Sinn* (mit Verschiebungsfluß verknüpft $\to \varepsilon$!) und direkt an das Kondensatormodell gebunden ($\to C_i''$, c_{sc}''),
- die *Inversionsladung* Q_I'' hingegen *keine* Speicherladung im Maxwellschen Sinn, vielmehr handelt es sich um die durch den Steuerraum *transportierte Elektronenladung* (keine Bemessungsgleichung für die Kapazität, in der ε auftritt).

Da die Einzelladungen vom betreffenden Kanalpunkt y resp. $U_c(y)$ abhängen, müssen für das Ladungsmodell nach Bild 3.10 die *integralen* Ladungen (oder Klemmenladungen)

$$Q_m = \int_0^L Q_m''(y)b\,dy \equiv f_m(U_G, U_B, U_S, U_D) \qquad m = G, I, B \qquad (3.2.6)$$

verwendet werden. Durch die Integration längs des Kanals hängt jede von ihnen funktionell von den Klemmenspannungen ab. Nach dem Verständnis eines quasistatischen Ladungsmodells gilt die (i.a. nichtlineare) statische Ladungs-Spannungsbeziehung Gl. (3.2.6) auch für zeitveränderliche Spannungen $u_G(t)$ usw., wenn die Spannungsänderungen *langsam* im Vergleich zur Zeitkonstante Gl. (3.2.3) der Ladungsumverteilung erfolgen: *quasistatische Ladungs-Spannungsbeziehung*

$$q_m(t) = f_m(u_G(t), u_D(t), u_S(t), u_B(t)). \qquad (3.2.7)$$

---

[2] Verarmungsladung Q_D'' jetzt mit Bezug auf die Steuerelektrode B ($\to$ Sitz der Ladung nach dem Kondensatormodell) als Q_B'', Bulkladung bezeichnet.
[3] Ladung nach Grenzflächenzuständen vernachlässigt.

Die Ladungen selbst stehen über die (integrale) Ladungsbilanz in direktem Zusammenhang:

$$q_I(t) + q_G(t) + q_B(t) = 0. \tag{3.2.8}$$

Mit den über Gl. (3.2.6) eingeführten quasistatischen Ladungen kann grundsätzlich ein *Ladungssteuermodell des MOSFET* entsprechend Gl. (3.2.4) entwickelt werden. Es erfordert noch:

– den Zusammenhang zwischen Klemmenströmen und relevanten Ladungen,
– die expliziten Spannungsabhängigkeiten der Ladungen Q_B, Q_G, Q_I, aus denen später (s. Abschn. 3.2.2) die Kapazitäten des MOSFET nach Gl. (3.2.1) hergeleitet werden.

Die Ansätze für ein Ladungssteuermodell des Feldeffekttransistors sind – vor allem im Zusammenhang mit Frequenzganguntersuchungen – alt, sicher beeinflußt von der Ladungssteuertheorie des Bipolartransistors [3.44]–[3.48]. Speziell für den MOSFET wurden die Untersuchungen durch das Problem nichtreziproker Kapazitäten stark forciert [3.5], [3.7], [3.36], [3.85], [3.86], [3.56], [3.57], [3.43].

3.2.1.2 Strom-Ladungsbeziehungen

Zeitveränderliche Gate- und Bulkladungen $q_G(t)$, $q_B(t)$ sind direkte Ursache der *Gate-* und *Bulkströme*[4]

$$i_G(t) = dq_G/dt \tag{3.2.9}$$

$$i_B(t) = dq_B/dt \tag{3.2.10}$$

mit den Richtungszuordnungen nach Bild 3.11. Die betreffende Ladungsänderung erfolgt über die *zugeordnete* Elektrode (und nur über diese!). Im Gegensatz dazu wird die Inversionsladung $q_I(t)$ über Source und Drain transportiert (S, D). Deshalb gilt nach der Kontinuitätsgleichung für den Nettostrom (Gl. (3.2.4)) mit drei Source- und Drainströmen nach Bild 3.11

$$\boxed{i_S(t) + i_D(t) = dq_I/dt.} \tag{3.2.11}$$

Offensichtlich stimmen die beiden Source- und Drainströme *nur im Gleichstromfall* ($dq_I/dt = 0$, $I_D = I_T = -I_S$) mit dem Gleichstrommodell I_T (Gl. (3.2.5)) überein, aber nicht bei zeitveränderlicher Inversionsladung!. Da die Inversionsladungsänderung auf beide Elektroden verteilt ist, muß konsequenterweise *jeder* Klemme ein "Zweikomponentenstrom" zugeordnet werden, bestehend aus [3.40], [3.41], [3.7], [3.38], [3.36], [3.72], [3.82], [3.83], [3.73], [3.68]:

– dem *Konvektions-* oder *Ladungsträgerstrom* i_T ($=$ Strom dahinströmender Träger), der zeitvariabel sein kann und

---
[4] Gleichstrom $I_G = I_B = 0$ gesetzt.

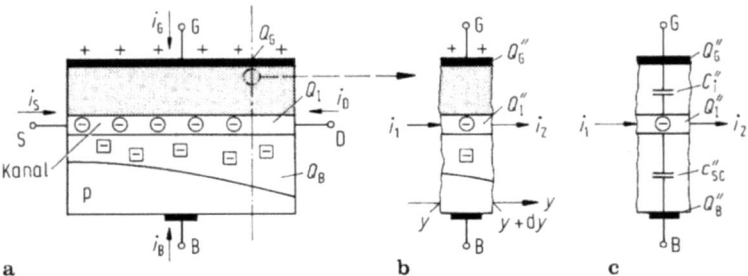

Bild 3.11. Ladungen und Ströme im MOSFET. Gesamtanordnung und Ausschnitt an der Stelle y im Bereich dy

– einem *"Ladestrom"* (Index C'), der durch die integralen Ladungsänderungen (Defizit oder Überschuß) so über die jeweilige Klemme (S, D) fließt, daß Gl. (3.2.11) erfüllt ist. Dann muß (definitionsgemäß) gelten:

$$i_D(t) = i_T(t) + i_{DC}(t) \qquad (3.2.12)$$
$$i_S(t) = -i_T(t) + i_{SC}(t)$$

mit (Gl. (3.2.11))

$$i_{DC}(t) + i_{SC}(t) = dq_I/dt. \qquad (3.2.13)$$

Während der Konvektionsstrom i_T den stationären Ladungsträgertransport beschreibt und der zugeordneten Inversionsladung Q_I direkt entspricht ($I_T \sim Q_I$, z.B. Gl. (2.2.2c)) treten die *Ladeströme i_{SC}, i_{DS} nur bei zeitlichen Ladungsänderungen* gemäß Gl. (3.2.13) auf. Da sich jedoch an der jeweiligen Klemme (S, D) Konvektions- und Ladestrom nach Gl. (3.2.12) *nicht* trennen lassen, müssen die Klemmenströme i_S, i_D bei Ladungsänderungen $q_I(t)$ vom Transportstrom abweichen. Deshalb erfordert die Stromunterteilung nach Gl. (3.2.12), den Ladeströmen i_{DC}, i_{SC} jeweils eigene *Ladungen*, die *Drain-* (q_D) und *Sourceladungen* (q_S) (bzw. deren Änderung) zuzuordnen:

$$i_{DC}(t) = dq_D/dt, \quad i_{SC}(t) = dq_S/dt. \qquad (3.2.14)$$

Dabei muß wegen (Gl. (3.2.11))

$$dq_I/dt = d/dt(q_D + q_S)$$

gleichwertig

$$q_I(t) = q_D(t) + q_S(t) \qquad (3.2.15)$$

gelten.

Die Drain- und Sourceladungen q_D, q_S selbst müssen nur die Forderung erfüllen, daß ihre zeitliche Gesamtänderung die zeitliche Änderung der Inver-

3.2 Signalverhalten im quasistationären Betrieb   213

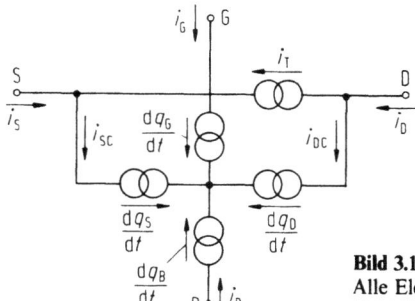

Bild 3.12. Ladungsersatzschaltung des n-Kanal-MOSFET. Alle Elemente hängen von der Klemmenspannung ab (Gl. (3.2.18))

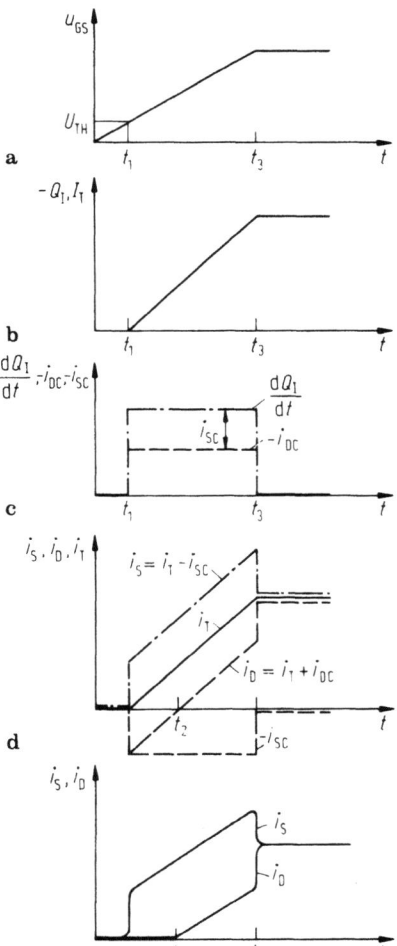

Bild 3.13a–e. Zeitverlauf der Ströme und Inversionsladung am n-Kanal-MOSFET. **a** Steuerspannung, **b** Inversionsladung und Transportstrom, **c** Ladungsstromkomponenten i_{DC}, i_{SC}, **d** Drain- und Sourceströme, **e** wie d), jedoch gemessen

sionsladung ergibt. Deshalb besteht bei Festlegung der Einzelladungen scheinbar ein gewisser Freiraum (s.u.).

Bild 3.12 zeigt die grundsätzliche Ersatzschaltung des MOSFET, wobei die Gate- und Bulkladungen noch nach Gl. (3.2.9) einbezogen wurden.

Mit dieser Ladungsverteilung läßt sich auch der Unterschied im Source- und Drainstrom bei einer zeitlich ansteigenden Gatespannung nach Gl. (3.2.12) anschaulich erklären (Bild 3.13). Die Inversionsladung steigt nach Überschreiten der Schwellspannung $\ddot{U}_{TH}$ zeitlich an und Source- und Drainströme unterscheiden sich durch die Ladungsströme.

Obwohl das bisher entwickelte Ladungsmodell letztlich konsequent auf der (integralen) Kontinuitätsgleichung beruht und beim Bipolartransistor seit langem akzeptiert ist, war die Einführung der Ladeströme im MOSFET lange Zeit keinesfalls selbstverständlich. Erst eingehende Studien erbrachten ihre Notwendigkeit [3.5], [3.7], [3.36]–[3.38], [3.40], [3.41], [3.43], [3.86]–[3.91], [3.63], [3.59], [3.69], [3.68], [3.81], [3.82], [3.57], [3.75].

Für die Festlegung der Ladungen q_D, q_S gibt es verschiedene Ansätze. Ein sehr zweckmäßiger geht von der Kontinuitätsgleichung (Differentialform) angewendet auf die Inversionsladung aus

$$\frac{\partial i_n(y,t)}{\partial y} = b\frac{\partial q_I''(y,t)}{\partial t}. \qquad (3.2.16)$$

Dabei ist berücksichtigt, daß die Inverionsladung q_I'' sowohl vom Ort als auch der Zeit abhängt. Im Gleichstromfall geht daraus der Transportstrom ($i_n = $ const. im gesamten Kanal) direkt hervor. Durch Integration zwischen Source ($y = 0$) mit dem Randwert $i_n(0,t) = -i_S(t)$ und einem Kanalpunkt y folgt daraus:

$$\int_{i_n(0)}^{i_n(y)} \partial i_n = i_n(y,t) - i_n(0,t) = b\int_0^y \frac{\partial q_I''(\eta,t)}{\partial t} d\eta$$

oder

$$-i_n(0,t) = i_S(t) = -i_n(y,t) + b\int_0^y \frac{\partial q_I''(\eta,t)}{\partial t} d\eta. \qquad (3.2.17)$$

Der gesamte Sourcestrom besteht somit aus dem Transportstrom $-i_n(y,t)$ längs des Kanals und einen Anteil bedingt durch die zeitliche Ladungsänderung im Gebiet 0...y. Beide Stromanteile ändern sich längs des Kanals. Der (beiderseitige) *räumliche Mittelwert* über den gesamten Kanal stimmt aber stets mit dem Sourcestrom überein:

$$\frac{1}{L}\int_0^L i_S(t)\,dy \equiv i_S(t) = -\int_0^L \frac{i_n(y,t)}{L}dy + \frac{b}{L}\int_0^L\left[\int_0^y \frac{\partial q_I''(\eta,t)}{\partial t}d\eta\right]dy$$

$$\equiv \frac{1}{L}\int_0^{U_{DS}} \mu_n b q_I''(U_{CB},t)\,du_{CB} + \frac{b}{L}\int_0^L\left[\int_0^y \frac{\partial q_I''}{\partial t}d\eta\right]dy \qquad (3.2.18a)$$

oder

$$i_S = -i_T + \frac{dq_S}{dt}. \qquad (3.2.18b)$$

Der erste Term entspricht unter der Annahme, daß der Trägertransport nur durch das Kanalfeld erfolgt (starke Inversion, Stromgleichung i_n (Gl. (2.2.2a)) gleich dem (negativen) Transport- und somit Drainstrom i_D (Gl. (3.2.5)). Im zweiten Term kann die Reihenfolge von Ortsintegration und Zeitdifferentiation vertauscht werden. Das Doppelintegral der Form

$$\int_0^L F(y)\,dy \quad \text{mit } F(y) = \int_0^y q_I''(\eta,t)\,d\eta$$

läßt sich partiell integrieren und führt schließlich auf die (gewichtete) Ladung

$$q_S(t) \equiv \frac{b}{L}\int_0^L \left[\int_0^y q_I''(\eta,t)\,d\eta\right]dy \equiv \frac{b}{L}\int_0^L (L-y)q_I''(y,t)\,dy, \qquad (3.2.18c)$$

die nach Gl. (2.3.18b) die *Sourceladung* sein muß. Dabei wurde lediglich $Q_I''(y)$ durch $q_I''(y,t)$ ersetzt.

Ganz analog kann durch Integration der Kontinuitätsgleichung (3.2.16) zwischen y und L (Gl. (3.2.17)) und anschließender räumlicher Mittelung über den gesamten Kanal der Drainstrom

$$i_D(t) = i_T(t) + dq_D/dt$$

mit der *gewichteten Drainladung* $q_D(t)$

$$q_D(t) = \frac{b}{L}\int_0^L y\,q_I''(y,t)\,dy \qquad (3.2.19)$$

gewonnen werden. Da in beiden Fällen keine Annahmen über zeitliche Begrenzungen erfolgte, müssen die Ladungen $q_S(t)$, $q_D(t)$ zumindest den quasistatischen Fall korrekt beschreiben.

Die Bestimmung der Ladungen q_S, q_D nach Gl. (3.2.18, 19) läßt sich in mehrfacher Hinsicht stützen:

- Ladungen, die aus einer *exakten nichtquasistatischen Kleinsignallösung* hergeleitet werden, stimmen im quasistatischen Grenzfall ($w \to 0$) mit Gl. (3.2.18, 19) überein [3.92] (s. Abschn. 3.3).
- Numerische *nichtstationäre Großsignalanalysen* führen im quasistatischen Grenzfall ebenfalls auf Ergebnisse übereinstimmend mit Gl. (3.2.18, 19) [3.49].
- Untersuchungen anderer Lösungen mit Störungsverfahren bestätigen im quasistatischen Fall die obigen Ergebnisse [3.86].
- Ein analoges *RC-Leitungmodell* für den MOSFET-Kanal führt zu gleichen Strömen und Ladungen [3.91].

216   3 Der MOSFET im dynamischen Betrieb

– Das obige Modell beruht auf der Kontinuitätsgleichung, gemittelt über den gesamten Kanal und erfaßt damit den Grundvorgang *physikalisch richtig*. Die in den Ladungen q_S, q_D unter dem Integral auftretenden Funktionen $(1 - y/L) = 1 - f(y)$ bzw. $y/L = f(y)$ haben die Bedeutung von Gewichten: Sie erfassen gewissermaßen das "Einzugsgebiet", in dem die Ladung $q_I''(y)$ anteilmäßig zur Ladung der betreffenden Elektrode beiträgt. In Elektrodennähe sind die Gewichte praktisch eins, weiter entfernt klingen sie ab.

Das statische Ladungsverhältnis Q_D/Q_S nach Gl. (3.2.18, 19) schwankt über dem Arbeitspunkt von 1:1 im linearen bis 2:3 im Sättigungsfall.

Für die Anwendung, etwa als Transistormodell bei der Schaltungssimulation, ist Gl. (3.2.18, 19) wegen der erforderlichen Integration oft zu aufwendig. Deshalb wurden verschiedene *Teilungsansätze* für Q_D/Q_S vorgeschlagen [3.40], [3.68], [3.90], [3.41], [3.21], [3.7]:

– Ansatz 0/100 nach Yang-Chatterjee [2.301], [3.37] und Sheu [3.68],
– Ansatz von 50/50 im BSIM-Modell [2.115], [2.44],
– Ansatz $Q_D = X_{QC} \cdot Q_I$, $Q_S = (1 - X_{QC})Q_I$ für den Simulator SPICE im Sättigungsbereich [3.12], [3.37] (im Linearbereich ist $Q_D/Q_S = \frac{1}{2}$),
– Aufteilung der transienten Ströme i_S, i_D ähnlich Gl. (3.2.18, 19) [3.41],
– Ansatz mit nichtreziproken Kapazitäten [3.7], [3.90], [3.51],
– Aufteilung des MOSFETs in mehrere Abschnitte [3.40],
– Aufteilung nach empirisch-rechentechnischen Gesichtspunkten [3.39], wobei die Kontinuität der Landungen und Kapazitäten in den einzelnen Betriebsbereichen zu sichern ist.

Die in Gl. (3.2.18, 19) definierten Teilladungen q_D, q_S hängen von den Klemmenspannungen ab

$$q_D = f_D(u_D, u_G, u_B, u_S); \quad q_S = f_S(u_D, u_G, u_B, u_S). \qquad (3.2.20)$$

Dann sind die transienten Ströme als Funktion der Klemmenspannungen prinzipiell bestimmbar, ggf. unter Definition entsprechender Kapazitäten (s.u.).

Zusammengefaßt wird der quasistatische Fall durch folgende Beziehungen beschrieben:

– *Kanalstrom* (Konvektionsstrom)

$$i_T = f_T(u_D, u_G, u_B, u_S), \qquad (3.2.21)$$

wobei die Stromfunktion f_T durch ein gewähltes DC-Modell bestimmt ist.
– *Ladungsströme*

$$i_B = dq_B/dt; \quad i_G = dq_G/dt$$
$$i_{SC} = dq_S/dt; \quad i_{DC} = dq_D/dt, \qquad (3.2.22)$$

dazu kommen noch
– der *Knotensatz*

$$i_D + i_G + i_B + i_S \equiv 0 = i_G + i_B + i_{SC} + i_{DC} \qquad (3.2.23)$$

3.2 Signalverhalten im quasistationären Betrieb   217

sowie die Strom-Spannungsrelationen, die sich aus Gl. (3.2.22) und den jeweiligen Ladungen q(u) ergeben:

$$i_{DC}(t) = \frac{\partial q_D}{\partial u_D} \cdot \frac{du_D}{dt} + \frac{\partial q_D}{\partial u_G} \cdot \frac{du_G}{dt} + \frac{\partial q_D}{\partial u_B} \cdot \frac{du_B}{dt} + \frac{\partial q_D}{\partial u_S} \cdot \frac{du_S}{dt} \quad (3.2.24a)$$

$$i_{SC}(t) = \frac{\partial q_S}{\partial u_D} \cdot \frac{du_D}{dt} + \frac{\partial q_S}{\partial u_G} \cdot \frac{du_G}{dt} + \frac{\partial q_S}{\partial u_B} \cdot \frac{du_B}{dt} + \frac{\partial q_S}{\partial u_S} \cdot \frac{du_S}{dt} \quad (3.2.24b)$$

$$i_G(t) = \frac{\partial q_G}{\partial u_D} \cdot \frac{du_D}{dt} + \frac{\partial q_G}{\partial u_G} \cdot \frac{du_G}{dt} + \frac{\partial q_G}{\partial u_B} \cdot \frac{du_B}{dt} + \frac{\partial q_G}{\partial u_S} \cdot \frac{du_S}{dt} \quad (3.2.24c)$$

$$i_B(t) = \frac{\partial q_B}{\partial u_D} \cdot \frac{du_D}{dt} + \frac{\partial q_B}{\partial u_G} \cdot \frac{du_G}{dt} + \frac{\partial q_B}{\partial u_B} \cdot \frac{du_B}{dt} + \frac{\partial q_B}{\partial u_S} \cdot \frac{du_S}{dt} \quad (3.2.24d)$$

Die auftretenden Ableitungen $\partial q/\partial u$ sind ihrer Natur nach *differentielle Kapazitäten*, deren Größe, Eigenschaften und vor allem die *unabhängig notwendige Zahl* noch zu bestimmen ist. Durch den Knotensatz (3.2.23) gibt es nur drei unabhängige Ströme, ebenso erlaubt der Maschensatz nur drei unabhängige Spannungen. Dann ist das Ladungsstrom-Spannungssystem Gl. (3.2.24) durch insgesamt *neun* (unabhängige) *Ladungsableitungen* bestimmt. Üblicherweise wird der *Sourcestrom* für die *Sourceschaltung* eliminiert (Zeile i_{SC} gestrichen), somit $u_S = 0$ gesetzt und alle übrigen Spannungen auf den Sourcekontakt bezogen ($u_D \to u_{DS}$, $u_G \to u_{BS}$ usw.).

Die durch Gl. (3.2.18, 19) definierten gewichteten Source-Drainladungen bringen einen beträchtlichen Fortschritt bei der Ladungsmodellierung. Dabei ist jedoch als Konsequenz entsprechender (exakter) Kleinsignallösungen und Vergleich mit daraus berechneten Ladungen nicht auszuschließen, daß Feinheiten im zeitlichen Anfangsbereich der Ladungsströme nicht ganz korrekt wiedergegeben werden.

3.2.1.3 Ladungsanalyse

Für die Ladungsanalyse werden zunächst quasistatische Verhältnisse vorausgesetzt. Dann hängen alle Ladungen von nur langsam zeitveränderlicher Spannung ab, so daß statt der bisherigen Bezeichnung q(u) sinngemäß auf Q(U) übergegangen und damit die Ladungen aus einem Gleichstrommodell bestimmt werden können.

Die Berechnung der Ladungen Q_G, Q_B, Q_S, Q_D als Funktion der anliegenden Klemmenspannungen erfordert zusammengefaßt folgende Schritte [3.5], [3.7], [3.56], [3.93], [3.90], [3.74], [3.73], [3.12], [3.57], [3.87]:

- die lokale *Inversionsladung* $Q_I''(\psi_S)$ als Funktion des Oberflächenpotentials (z.B. in Gl. (3.2.18c)) bzw. der Spannung U_{CB} zwischen Kanalpunkt und Substrat.
- Wahl eines *Strommodells*

$$I_D \equiv I_T = b/L \cdot f_T(U_{DB}, U_{SB}, U_{GB}). \quad (3.2.25)$$

218   3 Der MOSFET im dynamischen Betrieb

Dabei können weitere Effekte, wie z.B. Beweglichkeitsmodelle, einbezogen sein.
- Bestimmung des lokalen Verlaufs des *Oberflächenpotentials* $\psi_S(y)$: im einfachsten Fall folgt aus Gl. (3.2.25) analog zu Gl. (2.3.9) (L → y: U_{DB} → U_{CB}): $I_D y/b = f_T(U_{CB}, U_{SB})$ →

$$\frac{y}{b} = \frac{f_T(U_{CB}, U_{SB})}{I_D} = \frac{L}{b} \frac{f_T(U_{CB}, U_{SB})}{f_T(U_{DB}, U_{SB})}. \tag{3.2.26}$$

Man erhält so $y = f(U_{CB}...)$ bzw. $y = f(\psi_S)$.
- Bestimmung der *Ladungen* Q_G, Q_B, Q_D und Q_S nach Gl. (3.2.6), (3.2.8), (3.2.18c), (3.2.19).
- Herleitung der Ladungs-Spannungsableitungen nach Gl. (3.2.24), wenn *Kapazitäten* erforderlich sind. Grundsätzlich ist diese Modellierung wegen

$$Q_G + Q_B + \underbrace{Q_S + Q_D}_{Q_I} = 0 \tag{3.2.27}$$

ladungserhaltend.

Die Strategie führt zunächst auf ein Ladungsmodell (s. Gl. (3.2.32) ff.), bei dem die Bulkladung exakt, d.h. $Q_B \sim \sqrt{U'_{SB}}$ modelliert wird und daraus später auch relativ genaue Kapazitäten c_{bd}, c_{bs} folgen. Der rechnerische Aufwand ist hoch, zudem sind solche Modelle für die Schaltungssimulation schlecht geeignet. Deshalb wird die Substratladung häufig im Spannungsverlauf linearisiert.

Allgemeines Ladungsmodell für die Inversionsladung

Im Flächenladungsmodell beträgt die Inversionsladung (pro Fläche, s. Gl. (2.1.63))

$$Q''_I = -C''_i(U_{GB} - U_{FB} - \psi_S + Q''_B/C''_i) \quad \text{mit} \quad Q''_B = -C''_i \gamma \sqrt{\psi_S}. \tag{3.2.28}$$

Die gesamte Inversionsladung Q_I ergibt sich durch Integration von Q''_I über die Kanaloberfläche nach Gl. (3.2.6). Da im Kanal Drift- und Diffusionsstrom fließen, führt Gl. (2.3.4) mit Variablenwechsel (Gl. (2.3.3))

$$dy = b\mu_n/I_D(-Q''_I d\psi_S + U_T dQ''_I)$$
$$\text{Drift-,} \qquad \text{Diffusionsanteil}$$

schließlich auf

$$\boxed{\begin{aligned} Q_I &= \frac{b^2\mu_n}{I_D}\left[-\int_{\psi_{SS}}^{\psi_{SD}} Q''^2_I d\psi_S + U_T \int_{Q''_I(0)}^{Q''_I(L)} Q''_I dQ''_I\right] \\ &= \frac{b^2\mu_n}{I_D}\left[-\int_{\psi_{SS}}^{\psi_{SD}} Q''^2_I d\psi_S + \frac{U_T}{2}(Q''^2_I(L) - Q''^2_I(0))\right]. \end{aligned}} \tag{3.2.29}$$

Die Bandverbiegungen ψ_{SS}, ψ_{SD} am Source-Draingebiet liegen durch die jeweiligen Spannungen fest; für den Drainstrom gilt dies ohnehin.

Ganz analog ergibt sich für die *Gateladung* mit Bezug auf die Ladungsbilanz Gl. (3.2.27)

$$Q_G = b\int_0^L Q_G'' dy = -b\int_0^L (Q_I'' + Q_B'') dy = \frac{b^2\mu_n}{I_D}\int_0^L (Q_I'' + Q_B'')(Q_I'' d\psi - U_T dQ_I'').$$
(3.2.30)

Auf eine nähere Berechnung soll zunächst verzichtet werden (ebenso wie auf die von Q_B), da ohnehin in starke und schwache Inversion unterteilt werden muß.

Ein Vorteil der bisherigen Darstellung ist, daß sich bei geeigneter Wahl der Inversionsladung $Q_I''(\psi_S)$ auch weitere Effekte in das Transistormodell einbeziehen lassen, z.B.

- Kurzkanaleffekt, indem in Q_I'' und Q_B'' entsprechende Ladungsteilungsfaktoren F (s. Gl. (2.4.6)) modelliert werden [2.301], [3.56], [3.57], [3.68], [2.38],
- die unterschiedlichen Betriebsbedingungen von schwacher bis zu starker Inversion [3.91],
- Beweglichkeitsmodifikation und Geschwindigkeitssättigung [3.88].

Die Integration der Gl. (3.2.29) oder anderer Ladungen wird dabei rasch aufwendig, weshalb eine Spezialisierung für einzelne Betriebsbereiche zweckmäßig ist.

3.2.1.3.1 Ladungsmodell des Langkanaltransistors

Beim technisch *wichtigen Fall* starker Inversion beträgt das Oberflächenpotential an der Stelle y (Gl. (2.2.7a), (2.3.7)):

$$\psi_S(y) = 2\Phi_F^* + U_{CB}(y) \quad \text{mit}$$
$$\psi_{SS} = \psi_S(0) = 2\Phi_F^* + U_{SB}, \quad \psi_{SL} = \psi_S(L) = 2\Phi_F^* + U_{DB}. \quad (3.2.31)$$

Im Kanal überwiegt der Driftstrom (s. Gl. (2.3.4)), so daß $dy = -b\mu_n/I_D Q_I'' dU_{CB}$ gilt. Dann betragen die

Inversionsladung

$$Q_I = -\frac{\mu_n b^2}{I_D} \int_{U_{SB}}^{U_{DB}} Q_I''^2(U_{CB}) dU_{CB} \quad (3.2.32a)$$

Gateladung

$$Q_G = -\frac{\mu_n b^2}{I_D} \int_{U_{SB}}^{U_{DB}} Q_G'' Q_I'' dU_{CB} = \frac{\mu_n b^2}{I_D} \int_{U_{SB}}^{U_{DB}} Q_I''(Q_I'' + Q_B'') dU_{CB} \quad (3.2.32b)$$

Bulkladung

$$Q_B = -\frac{\mu_n b^2}{I_D} \int_{U_{SB}}^{U_{DB}} Q_B'' Q_I'' dU_{CB} \quad (3.2.32c)$$

220   3 Der MOSFET im dynamischen Betrieb

und *Source-* und *Drainladungen*

$$Q_S = -\frac{\mu_n b^2}{I_D}\int_{U_{SB}}^{U_{DB}} \frac{y}{L} Q_I''^2 dU_{CB}; \quad Q_D = -\frac{\mu_n b^2}{I_D}\int_{U_{SB}}^{U_{DB}} (1-y/L) Q_I''^2 dU_{CB}.$$

(3.2.32d)

Das noch offene Verhältnis y/L wird entsprechend Gl. (3.2.26) aus dem Stromverlauf $I_D(U_{GB}, U_{SB}, U_{CB})$ resp. $U_{CB} \rightarrow U_{DB}$ bestimmt.

Aus den Ladungsbeziehungen (3.2.32) bei starker Inversion können je nach den Ladungsbeiträgen, den Gewichtsverteilungen Q_D/Q_S und der Stromfunktion I_D unterschiedliche Ladungsmodelle hergeleitet werden. Grundsätzlich gelten diese Beziehungen auch im Sättigungsbereich, wenn in der Stromfunktion die Abschnürspannung verwendet und entsprechende Terme entwickelt werden.

In den Ladungsbeziehungen treten nach Gl. (3.2.28), (3.2.31) die flächenbezogenen Ladungen (s. Gl. (2.3.15))

$$Q_I'' = -C_i''[U_{GB} - U_{CB}(y) - U_{FB} - 2\Phi_F^* - \gamma\sqrt{2\Phi_F^* + U_{CB}(y)}]$$
$$Q_B'' = -C_i''\gamma\sqrt{2\Phi_F^* + U_{CB}(y)}$$

(3.2.33a)

auf. Man erhält damit nach Gl. (3.2.32) und dem Drainstrom Gl. (2.3.11b) die folgenden Ladungen für den *linearen Bereich* [3.75], [3.82], [3.83], [3.104], [3.68], [3.3.73], [3.79], [2.42], [3.36]

$$Q_G/C_i \cdot f_0 = U_G^2(U_D - U_S) - U_G(U_D^2 - U_S^2) - 1/3(U_D^3 - U_S^3)$$
$$- \gamma\{2/3 U_G(U_D^{3/2} - U_S^{3/2}) + 2/5(U_D^{5/2} - U_S^{5/2})\}$$

(3.2.33b)

$$-\frac{Q_B}{C_i}f_0 = \frac{2}{3}\gamma U_G(U_D^{3/2} - U_S^{3/2}) - \frac{\gamma^2}{2}(U_D^2 - U_S^2) - \frac{2}{5}\gamma(U_D^{5/2} - U_S^{5/2})$$

(3.2.33c)

$$-\frac{Q_I}{C_i}f_0 = U_G^2(U_D - U_S) - U_G(U_D^2 - U_S^2) + \frac{1}{3}(U_D^3 - U_S^3)$$
$$- \gamma\left\{\frac{4}{3}U_G(U_D^{3/2} - U_S^{3/2}) - \frac{\gamma^2}{2}(U_D^2 - U_S^2) + \frac{4}{5}(U_D^{5/2} - U_S^{5/2})\right\},$$

(3.2.33d)

dabei werden benutzt

$$U_G = U_{GB} - U_{FB}; \quad U_D = U_{DB} + 2\Phi_F^*, \quad U_S = U_{SB} + 2\Phi_F^*$$

und

$$f_0 = (U_D - U_S)[U_G - 1/2(U_D + U_S)] - 2/3\gamma(U_D^{3/2} - U_S^{3/2}).$$

Im Sättigungszustand ist U_{DB} durch $U'_{DB} = U'_{DS} + U_{SB}$ zu ersetzen mit der Sättigungsspannung Gl. (2.3.12).

3.2 Signalverhalten im quasistationären Betrieb   221

Problematisch sind in diesem Ergebnis die Nichtlinearitäten für die weitere Auswertung, die durch den Substrateffekt ($\rightarrow \gamma$) bedingt sind. Ohne wesentliche Einbuße an Genauigkeit ergeben sich durch *Linearisierung* des Substrateffektes der Form Gl. (2.3.16) [2.34], [2.43], [3.68] Vereinfachungen, wenn er nicht überhaupt vernachlässigt oder als konstant angesetzt wird [3.36], [3.38], [3.41]. Der Ansatz

$$\gamma\sqrt{2\Phi_F^* + U_{CB}(y)} \approx \gamma\sqrt{2\Phi_F^* + U_{SB}} + \delta(U_{CB}(y) - U_{SB}) \quad \text{und}$$

$$\delta = \frac{\gamma}{2\sqrt{2^*\Phi_F + U_{SB}}} \approx \frac{dU_{TH}}{dU_{SB}} \equiv \alpha_x - 1, \quad (3.2.34a)$$

der direkt mit dem Leitwertdegradationsparameter α_x des BSIM-Modells in Verbindung steht [3.37], [2.38], führt auf die vereinfachten Ladungen

und
$$\boxed{\begin{aligned} Q_I''(y) &= -C_i''[U_{GB} - U_{CB}(y) - U_{TH} - \delta(U_{CB}(y) - U_{SB})] \\ &= -C_i''[U_{GS} - U_{TH} - \alpha_x(U_{CB}(y) - U_{SB})] \end{aligned}} \quad (3.2.34b)$$

$$\boxed{Q_B'' \approx -C_i''[\gamma\sqrt{2\Phi_F^* + U_{SB}} + \delta(U_{CB}(y) - U_{SB})]} \quad (3.2.34c)$$

für die entsprechenden Flächenladungsansätze Gl. (3.2.33a). Bezieht man den Leitwertdegradationsparameter α_x resp. den Faktor δ in das Drainstrommodell Gl. (2.2.9) ein

$$I_D = I_{DS}(1 - \eta^2) \quad (3.2.35a)$$

mit dem Sättigungswert

$$I_{DS} = \frac{\mu_n b}{L} C_i'' \frac{(U_{GS} - U_{TH})^2}{\alpha_x}; \quad U_{DSP} = \frac{U_{GS} - U_{TH}}{\alpha_x} = \frac{U_{GS} - U_{TH}}{1 + \delta} \quad (3.2.35b)$$

und dem so gegenüber Gl. (2.2.13b) erweiterten *Arbeitspunktfaktor*

$$\boxed{\eta = \begin{cases} 1 - \dfrac{\alpha_x U_{DS}}{U_{GS} - U_{TH}}; & U_{DS} \leq U_{DSP} \\ 0 & U_{DS} \geq U_{DSP}, \end{cases}} \quad (3.2.35c)$$

so ergeben sich (nach längerer Rechnung mit der Abkürzung $U_{GS}' = U_{GS} - U_{TH}$) als *Einzelladungen*

– *Inversionsladung*

$$\boxed{Q_I = -C_i U_{GS}' 2/3 f_1(\eta)} \quad (3.2.36a)$$

– *Substratladung*

$$Q_B = -C_i \left[\gamma\sqrt{2\Phi_F^* + U_{SB}} - \left(\frac{1-\alpha_x}{\alpha_x}\right) U'_{GS}\left(1 - \frac{2}{3}f_1(\eta)\right) \right] \quad (3.2.36b)$$

– *Gateladung*

$$Q_G = -(Q_I + Q_B) = C_i \left[\frac{U'_{GS}}{\alpha_x}\left(\alpha_x - 1 + \frac{2}{3}f_1(\eta)\right) + \gamma\sqrt{2\Phi_F^* + U_{SB}} \right] \quad (3.2.36c)$$

mit der Abkürzung

$$f_1(\eta) = \frac{1 + \eta + \eta^2}{1 + \eta}.$$

Dazu identische Formen sind

$$\frac{Q_I}{(-C_i)} = U'_{GS} - \frac{\alpha_x U_{DS}}{2} + \frac{(\alpha_x U_{DS})^2}{12(U'_{GS} - \alpha_x U_{DS}/2)} \quad (3.2.37a)$$

$$\frac{Q_B}{C_i} = -U_{TH} + U_{FB} + 2\Phi_F^* + \left(\frac{1-\alpha_x}{2}\right) U_{DS} - \left(\frac{1-\alpha_x}{12}\right)\frac{\alpha_x U_{DS}^2}{(U'_{GS} - \alpha_x U_{DS}/2)}$$
$$\quad (3.2.37b)$$

$$\frac{Q_G}{C_i} = U_{GS} - U_{FB} - 2\Phi_F^* - \frac{U_{DS}}{2} + \frac{\alpha_x U_{DS}^2}{12(U'_{GS} - \alpha_x U_{DS}/2)}. \quad (3.2.37c)$$

Die Berechnung der *Source- und Drainladungen* Q_S, Q_D erfordert den (nichtlinearen) Zusammenhang zwischen Ort y und Kanalspannung $U_{CB}(y)$ oder $U_{CS}(y) = U_{CB}(y) - U_{SB}$. Man erhält aus (3.2.26) unter Verwendung der Standardkennliniengleichung (3.2.35a) (aktiver Bereich) mit $U_{GS} - U_{TH} = U'_{GS}$

$$\frac{y}{L} = \frac{2U'_{GS} - \alpha_x U_{CS}/2}{2U'_{GS} - \alpha_x U_{DS}/2} \quad (3.2.38)$$

und damit über Gl. (3.2.18c, 19), (3.2.34), (3.2.35a) die entsprechenden Source- und Drainladungen

$$\frac{Q_D}{-C_i} = \frac{4 + 8\eta + 12\eta^2 + 6\eta^3}{15(1+\eta)^2} U'_{GS} = f_2(\eta) U'_{GS} \quad (3.2.39a)$$

und

$$\frac{Q_S}{-C_i} = \frac{Q_I - Q_B}{-C_i} = \frac{6 + 12\eta + 8\eta^2 + 4\eta^3}{15(1+\eta)^2} \cdot U'_{GS} = f_3(\eta) U'_{GS} \quad (3.2.39b)$$

3.2 Signalverhalten im quasistationären Betrieb

Die gleichwertigen Beziehungen mit dem Leitwertdegradationsparameter α_x lauten

$$\frac{Q_S}{-C_i} = \frac{U'_{GS}}{2} + \frac{(\alpha_x U_{DS})^2}{12} \frac{1}{U'_{GS} - \alpha_x U_{DS}/2} - \frac{\alpha_x U_{DS}}{U'_{GS} - \alpha_x U_{DS}/2}$$

$$\cdot \left(\frac{U'^2_{GS}}{6} - \frac{\alpha_x U_{DS} U'_{GS}}{8} - \frac{(\alpha_x U_{DS})^2}{10} \right) \qquad (3.2.40a)$$

und

$$\frac{Q_D}{-C_i} = \frac{U'_{GS}}{2} - \frac{\alpha_x U_{DS}}{2} + \frac{\alpha_x U_{DS}}{(U'_{GS} - \alpha_x U_{DS}/2)} \cdot \left(\frac{U'^2_{GS}}{6} - \frac{\alpha_x U_{DS} U'_{GS}}{8} - \frac{(\alpha_x U_{DS})^2}{40} \right).$$

$$(3.2.40b)$$

Zur Darstellung dieser Verläufe, z.B. über U_{DS}, sind noch die Grenzwerte für $U_{DS} \to 0$ ($\eta \to 1$) und dem Abschnürzustand ($\eta \to 0$, $U_{DS} \to U_{DSP}$) erforderlich. Man erhält im ersten Fall der Reihe nach (mit $C_i = bLC''_i$)

$$Q_{I|\eta=1} = -C_i U'_{GS}, \qquad (3.2.41a)$$

$$Q_{B|\eta=1} = -\gamma C_i \sqrt{2\Phi^*_F + U_{SB}} \qquad (3.2.41b)$$

$$Q_{G|\eta=1} = C_i U'_{GS} + \gamma \sqrt{2\Phi^*_F + U_{SB}} \qquad (3.2.41c)$$

$$Q_{S|\eta=1} = -C_i/2(U'_{GS}) = Q_I/2 = Q_{D|\eta=1}. \qquad (3.2.41d)$$

Durch Grenzübergang $\eta \to 0$ sind auch leicht die beiden *Ladungsableitungen* zu bestätigen:

$$\left. \frac{\partial Q_S}{\partial U_{DS}} \right|_{U_{DS} \to 0} = \frac{1}{3} \left. \frac{\partial Q_I}{\partial U_{DS}} \right|_{U_{DS} \to 0} \qquad (3.2.41e)$$

sowie

$$\left. \frac{\partial Q_D}{\partial U_{DS}} \right|_{U_{DS} \to 0} = \frac{2}{3} \left. \frac{\partial Q_I}{\partial U_{DS}} \right|_{U_{DS} \to 0} \qquad (3.2.41f)$$

Im Abschnürfall ($\eta \to 0$) wird analog

$$Q_{I|0} = 2/3 C_i U'_{GS} \qquad (3.2.42a)$$

$$Q_{B|0} = -C_i \left[\gamma \sqrt{2\Phi^*_F + U_{SB}} + \frac{1+\alpha_x}{3\alpha_x} U'_{GS} \right] \qquad (3.2.42b)$$

$$Q_{G|0} = C_i \left[\frac{U'_{GS}}{\alpha_x} \left(\frac{2}{3} + 1 + \alpha_x \right) + \gamma \sqrt{2\Phi^*_F + U_{SB}} \right] \qquad (3.2.42c)$$

$$Q_{D|0} = -4/15 C_i U'_{GS} = 2/3 Q_{S|0} \qquad (3.2.42d)$$

$$Q_{S|0} = -2/5 C_i U'_{GS}. \qquad (3.2.42e)$$

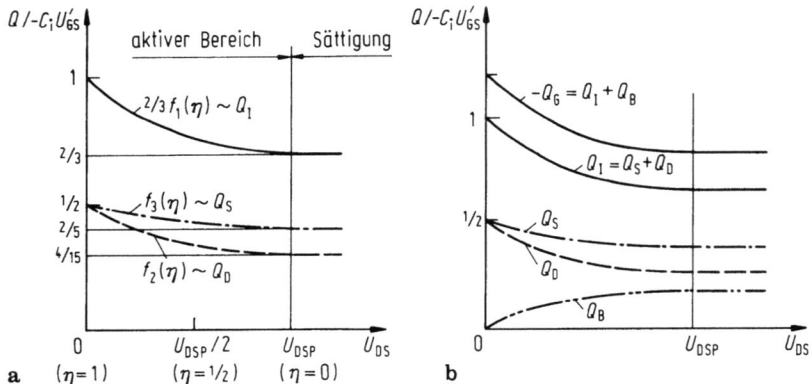

Bild 3.14a, b. Abhängigkeit der Ladungen von der Drainspannung (U_{GS}, U_{BS} = const., $U'_{GS} = U_{GS} - U_{TH}$). **a** Verlauf der Kanal- (Q_I), Source- und Drainladungen (Q_S, Q_D), **b** wie a), jedoch Bulk-(Q_B) und Gateladungen (Q_G) ergänzt

Über der Drainspannung dargestellt (Bild 3.14) fällt zunächst die relativ schwache Abhängigkeit auf. Die Kurven beginnen für $U_{DS} \to 0$ mit den entsprechenden Werten des MOS-Kondensators bei starker Inversion, wobei sich die Gateladung in Inversions- und Verarmungsladung aufteilt. Drain- und Sourceladung sind gleich groß ($\to$ symmetrische Anordnung). Bei Abschnürung sind die Ladungen (mit Ausnahme von Q_B) stets kleiner. Die Grenzwerte hängen nicht von U_{DS} ab, zumindest für den Langkanaltransistor. Dies weist auf Besonderheiten in den zugeordneten Strömen hin:

So verursacht eine Spannungsänderung du_{DS}/dt keine Änderung der Gateladung $Q_G(U_{GS}, U_{BS})$ im Abschnürfall, da Q_G unabhängig von U_{DS} ist. Über die Gateklemme fließt kein Strom. Ändert sich dagegen (bei festen übrigen Größen) die Gatespannung u_{GS}, so hat die Änderung dQ_D/dt der Drainladung $Q_D(U_{GS}, U_{BS})$ einen Drainstrom $i_D \sim du_{GS}/dt$ zusätzlich zum Konvektionsstrom über den Drainkontakt zur Folge. Diese *nichtumkehrbare* Strom-Spannungsbeziehung erfordert später die Einfügung sog. *nichtreziproker Kapazitäten*.

Im Ladungsverlauf über der Gatespannung (Bild 3.15) erkennt man

– den etwa spannungsproportionalen Anstieg von Q_G im Sättigungsbereich. Der nichtgesättigte Verlauf gilt für Spannung

$$U_{GS} \equiv U_{GS4} \geq \alpha_x U_{DS} + U_{TH}$$

im Bereich starker Inversion
– verschwindenden Inversionsanteil bei der Schwellspannung (Definition von U_{TH}!). Q_G ist gleich der (negativen) Substratladung. Hier wurde die Spannung $U_{GS3}(2\Phi_F^*)$ gewählt, bei der die Bandverbiegung $2\Phi_F^*$ beträgt
– die Substratladung Q_B (Gl. (3.2.36b)) nähert sich mit steigender Spannung U_{GS} einem Sättigungswert, der durch die Substratspannung bestimmt ist. Etwa bei der Flachbandspannung verschwindet sie. Für $U_{GS} < U_{FB}$ geht sie in eine Anreicherungslösung über.

3.2 Signalverhalten im quasistationären Betrieb   225

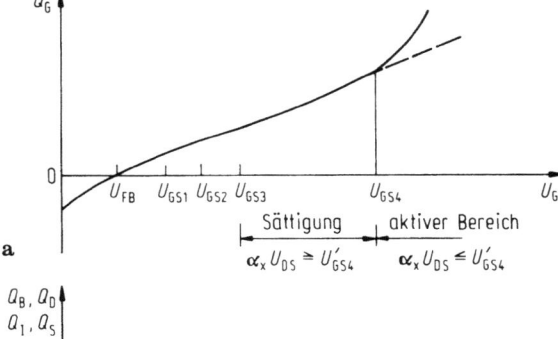

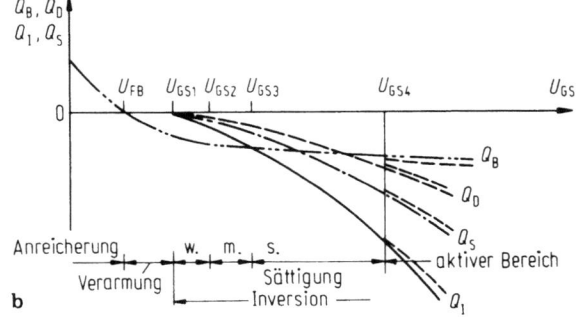

Bild 3.15a, b. Gatespannungsabhängigkeit der Ladungen für feste Drain- und Substratspannung U_{DS}, U_{BS}. **a** Gateladung über der Gatespannung ($U'_{GS} = U_{GS} - U_{TH}$), $U_{GS1} = U_{GS}(\Phi_F)$, $U_{GS2} = U_{GS}(2\Phi_F)$, $U_{GS3} = U_{GS}(2\Phi_F^*)$. Ab $U_{GS} > U_{GS1}$ setzt Inversion ein, **b** Ladungskomponenten Q_D, Q_S, Q_I und Q_B über der Gatespannung. Es bedeuten w weak Inversion, m moderate Inversion, s strong Inversion

- Source- und Drainladung sind nach Gl. (3.2.39) etwa der Gatespannung U_{GS} proportional.
- (Schwache) Inversion setzt bereits von der Gatespannung $U_{GS1}(\Phi_F)$ an ein!

Bereich schwacher Inversion, Verarmung. Die bisher für den Bereich starker Inversion diskutierten Ladungsverläufe versagen bei schwacher Inversion, Verarmung und Anreicherung.

Bei *Anreicherung*, d.h. $U_{GS} < U_{FB}$ (Löcheranreicherung an der Oberfläche des p-Substrates) ist die Halbleiterflächenladungsdichte etwa gleich der Gateladungsdichte, und es gilt

$$Q_G \approx C_i U_i = C_i(U_{GB} - U_{FB}) \tag{3.2.43}$$

Die Substratladung Q_B ist betragsmäßig gleich groß ($Q_B = -Q_G$).

Bei *Verarmung* verschwindet die Inversionsladung definitionsgemäß und die Verarmungsladung Q_B unter der Halbleiteroberfläche (s. Gl. (2.1.60), (2.3.27)) beträgt

$$Q''_B = -\gamma C''_i \sqrt{\psi_S} = -C''_i \gamma [-\gamma/2 + \sqrt{\gamma^2/4 + U_{GB} - U_{FB}}]. \tag{3.2.44}$$

Applikativ werden Anreicherungs- und vor allem der Verarmungsbereich beim implantierten MOSFET genutzt (s. Abschn. 2.3.3.4).

Schwache Inversion. In diesem Bereich mit $U_{FB} \leqslant U_{GB} \leqslant U_{TH}$ und $Q_I \ll Q_B$ (s. Abschn. 2.3.1.5) war die Bandverbiegung (Gl. (2.3.27))

$$\psi_S \approx -\gamma/2 + \sqrt{\gamma^2/4 + U_{GB} - U_{FB} - U_T} \tag{3.2.45a}$$

226 3 Der MOSFET im dynamischen Betrieb

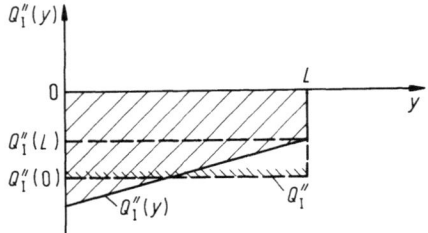

Bild 3.16. Verlauf der Inversionsladung $Q_I''(y)$ im Kanal bei schwacher Inversion und mittlerer Inversionsladung Q_I'' Gl. (3.2.47)

unabhängig vom Kanalort und damit auch die Verarmungsladung (Gl. (2.1.60))

$$Q_B'' = -\gamma C_i'' \sqrt{\psi_S}. \qquad (3.2.45b)$$

Wegen $Q_I \ll Q_B$ gilt dann noch *etwa* die *Ladungsbilanz* $Q_G \approx -Q_B$.

Die Inversionsladung ergibt sich entweder aus dem lokalen Verlauf $Q_I''(y)$ (Gl. (2.3.28) und Bild 3.16) oder gleichwertig aus dem zweiten diffusionsbedingten Teil der Inversionsladung Q_I Gl. (2.3.3) im Drainstrom

$$Q_I''(y) = Q_I''(0) + y/L(Q_I''(L) - Q_I''(0)) \qquad (3.2.46)$$

und daraus als gesamte Inversionsladung

$$Q_I = b \int_0^L Q_I''(y) dy = \frac{bL}{2}(Q_I''(0) + Q_I''(L)). \qquad (3.2.47)$$

Die Source- und Drainladungen Q_S, Q_D betragen dann nach Gl. (3.2.18), (3.2.19)

$$Q_S = \frac{bL}{3}\left(Q_I''(0) + \frac{1}{2}Q_I''(L)\right), \quad Q_D = \frac{bL}{3}\left(\frac{Q_I''(0)}{2} + Q_I''(L)\right). \qquad (3.2.48)$$

Die Randwerte $Q_I''(0)$, $Q_I''(L)$ liegen durch Gl. (2.3.29) fest und ergeben in der Summe die Inversionsladung

$$Q_I = \frac{bL}{2} Q_I''(0)\left(1 + \exp-\frac{U_{DS}}{U_T}\right) \equiv -\frac{bL}{2} \frac{C_i'' U_T}{\sqrt{\sqrt{U_{GB} - U_{FB}} - \gamma\sqrt{U_{GB} - U_{FB}}}}$$

$$\cdot \exp\frac{U_{GS} - U_{TH}}{U_T}\cdot\left(1 + \exp-\frac{U_{DS}}{U_T}\right) \qquad (3.2.49)$$

bei schwacher Inversion. Deutlich dominiert der U_{GS}-Einfluß, während die Drainspannung nur korrigierend eingeht.

Die bisher ermittelten Ladungen des Langkanaltransistors bei starker und schwacher Inversion bilden die Grundlage der Kapazitäten (Abschn. 3.2.2) für den Kleinsignalbetrieb. Für die Großsignalmodellierung werden sie – wie generell in solchen Fällen üblich – direkt verwendet.

3.2.1.3.2 Ladungsmodell des Kurzkanaltransistors

Beim Kurzkanaltransistor gelten die eben durchgeführten Ladungsbetrachtungen prinzipiell in gleicher Weise, es sind lediglich typische Effekte wie Ladungsteilungsfaktor F, feldabhängige Beweglichkeit (besonders Geschwindigkeitssättigung) und die Kanallängenmodulation einzuarbeiten. So wird z.B. der Ladungsteilungsfaktor F [2.109] Gl. (2.4.6) in der Ladungsbilanz

$$Q_G'' = C_i''(U_{GS} - U_{FB} - \psi_S) = -Q_I'' - FQ_B'' \tag{3.2.49}$$

erfaßt, wobei F nur eine schwache Funktion der Klemmenspannungen ist (Ob dies bei der Kapazitätsbildung zu berücksichtigen ist, sei dabei von untergeordneter Bedeutung).

Kurzkanalmodelle wurden unter sehr verschiedenen Voraussetzungen mit dem Ansatz der typischen physikalischen Effekte entwickelt [3.79], [3.82], [3.75], [3.76], [3.72], [3.78], [2.301], [3.68], [3.56], [3.83], [3.112], [2.43], [3.104], [3.87]. Dabei gibt es zunehmend auch Modellierungen, die neben den physikalischen Effekten auch 2d-Ansätze mit direkter numerischer Integration beinhalten [3.111], [3.110], [3.105], [3.114], [3.115].

Die folgenden Betrachtungen erstrecken sich auf die prinzipielle Verfahrensweise der 1d-Kurzkanalmodellierung bei starker Inversion.

Die Analyse geht mit der Bandverbiegung $\psi_S(y)$ Gl. (3.2.31) aus von

– der *Gateladung* Q_G'' (Gl. (2.1.64), (2.3.15 ff.))

$$\begin{aligned} Q_G'' &= C_i''(U_{GS} - U_{FB} - 2\Phi_F^* - U_{CB}(y)) \\ &= C_i''(U_{GS} - U_{FB} - 2\Phi_F^* - U_{CS}(y)) = C_i''(U_{GS}' - U_{CS}(y)) \end{aligned} \tag{3.2.50a}$$

mit der "reduzierten Gatespannung" $U_{GS}' = U_{GS} - U_{FB} - 2\Phi_F^*$,
– der *Bulkladung* $Q_B''(y)$ (Gl. (2.3.16)) mit Beachtung des Ladungsteilungsfaktors F (Gl. (2.4.6), (3.2.33))

$$Q_B''(y) = -C_i'' F \gamma (2\Phi_F^* + U_{SB} + U_{CB}(y))^{1/2} \tag{3.2.50b}$$

oder in *linearisierter* Form (Gl. (2.3.16b), (3.2.24))

$$Q_B''(y) = -C_i'' F(\gamma \sqrt{2\Phi_F^* + U_{SB}} + \delta U_{CB}(y)). \tag{3.2.50c}$$

Daraus ergibt sich über die Ladungsbilanz Gl. (3.2.27) $Q_I = -Q_G - Q_B$ schließlich die *Inversionsladung* (s. Gl. (3.2.33 ff.))

$$Q_I'' = -C_i''(U_{GS} - U_{THK} - U_{CS}(y)(1 + \delta F)) \tag{3.2.50d}$$

mit der *Kurzkanalschwellspannung* U_{THK} (Gl. (2.4.4)). Zweckmäßig wird später die *reduzierte Kurzkanalgatespannung*

$$\boxed{U_{GSK} = U_{GS} - U_{THK} \tag{3.2.51}}$$

verwendet.

228 3 Der MOSFET im dynamischen Betrieb

Die Ladungen nach Gl. (3.2.50) mit linearisiertem Substratenbezug und Ladungsteilung bilden die Grundlage der Ladungsberechnung.

Im nächsten Schritt sollen feldabhängige Beweglichkeit und Geschwindigkeitssättigung (Gl. (2.3.52), (2.2.2b), (2.3.41), (2.3.46)) einbezogen werden (mit $Q_B = 0$ gesetzt). Dann beträgt der Drainstrom

$$I_D = \frac{bC_i''\mu_{eff}^*}{L + U_{DS}/E_c}\left[U_{GSK}U_{DS} - (1 + \delta F)\frac{U_{DS}^2}{2}\right] \qquad (3.2.52a)$$

im aktiven Bereich. Abschnürung ($dI_D/dU_{DS} = 0$) tritt für die Abschnürspannung $U_{DS} \equiv U_{DSP}$

$$(1 + \delta F)U_{DSP} = U_{GSK} \qquad (3.2.53)$$

am Kanalende ein. Wie bereits in Gl. (3.2.35) geschehen, erweist sich folgende Normierung des Arbeitspunktes als zweckmäßig

$$\boxed{\eta = 1 - \frac{U_{DS}}{U_{DSP}} = 1 - \frac{(1 + \delta F)U_{DS}}{U_{GS} - U_{THK}}} \qquad (3.2.54)$$

mit den Grenzwerten $\eta \to 1$ ($U_{DS} \to 0$) und Abschnürung ($U_{DS} \to U_{DSP}$, $\eta \to 0$). Der Drainstrom beträgt so:

$$\boxed{I_D = \frac{\mu_{eff}^* bC_i''(U_{GS} - U_{THK})^2}{(L + U_{DS}/E_c)(1 + \delta F)^2}\left[1 - \eta^2\right].} \qquad (3.2.52b)$$

Soll im Sättigungsbereich noch die Kanallängenmodulation (Abschn. 2.3.2.2) erfaßt werden, so ist zu ersetzen: $L \to L'$, $U_{DS} \to U_{DSP}$ und es ergibt sich die Längenänderung ΔL nach Gl. (2.3.58), wobei der dort auftretende Faktor

$$q\frac{N_A}{\varepsilon_S} \to \frac{q}{\varepsilon_S}\left(N_AF + \frac{I_{DS}}{qv_{Sätt}b\bar{x}}\right) \qquad (3.2.55)$$

zu ersetzen ist (F Wert im Sättigungszustand, $\bar{x}$ mittlere Kanaltiefe). Damit ist das Gleichstrommodell abgeschlossen.

Ladungsanteile. Die Gesamtladungen Q_G, Q_B, Q_S, Q_D ergeben sich entsprechend Gl. (3.2.6) mit den bisherigen Ergebnissen Gl. (3.2.50), (3.2.52) der Reihe nach:

Gateladung Gl. (3.2.32b) wird

$$Q_G = C_i''b \int_0^L (U_{GS}' - U_{CS}(y))\,dy. \qquad (3.2.56)$$

Mit der Drainstromgleichung (2.3.4, nur Driftstrom) sowie Gl. (2.3.48) für feldabhängige Beweglichkeit führt dies auf

3.2 Signalverhalten im quasistationären Betrieb

$$Q_G = C_i \left[U'_{GS} + \frac{U_{DS}^2}{2LE_c} + \left(1 + \frac{U_{DS}}{LE_c}\right) \frac{U_{DS}/2[2/3(1+\delta F)U_{DS} - U_{GSK}]}{U_{GSK} - U_{DS}/2(1+\delta F)} \right]$$

$$= C_i \left[U'_{GS} + \frac{U_{DS}^2}{2LE_c} - \left(1 + \frac{U_{DS}}{LE_c}\right) U_{DS} \frac{(1+2\eta)}{3(1+\eta)} \right]$$

$$= C_i \left[U'_{GS} + \frac{U_{DS}^2}{2LE_c} - \left(1 + \frac{U_{DS}}{LE_c}\right) \frac{U_{GSK}(1-\eta)(1+2\eta)}{3(1+\delta F)(1+\eta)} \right]. \quad (3.2.57)$$

Im Sättigungsfall muß die Integration abschnittsweise erfolgen: bis zum Abschnürpunkt $L = L'(\to U_{DSP})$: $Q_G = Q_{G1}$, und anschließend von L' bis $L \to Q_G = Q_{G2}$ (auf weitere Einzelheiten sei verzichtet).

Speziell für $E_c \to \infty$ (konstante Beweglichkeit) und $F = 1$ (keine Ladungsteilung) kann Gl. (3.2.57) in die Form (3.2.36c resp. 37c) überführt werden.

Die *Bulkladung* Q_B ergibt sich analog zu Gl. (3.2.32c) für den linearisierten Fall im aktiven Bereich

$$Q_B = b \int_0^L Q''_B dy = C_i F \gamma \sqrt{2\Phi_F^* + U_{SB}} \cdot$$

$$\left[1 - \frac{U_{DS}^2}{L4E_c\sqrt{2\Phi_F^* + U_{SB}}} + \frac{(1+U_{DS}/E_cL)}{2(2\Phi_F^* + U_{SB})} \cdot \frac{[U_{GSK}U_{DS}/2 - U_{DS}^2/3(1+\delta F)]}{U_{GSK} - (1+\delta F)U_{DS}/2} \right]$$

$$= C_i F \left[\gamma \sqrt{2\Phi_F^* + U_{SB}} + \frac{1}{E_c L} \left[\frac{\delta U_{DS} U_{GSK}}{1+\delta F} f_1 - \frac{U_{DS}^2}{4} \gamma \right] + \frac{\delta U_{GSK} f_1}{1+\delta F} \right]$$

(3.2.58)

mit der Arbeitspunktfunktion

$$f_1 = \frac{1}{3} \cdot \frac{1+\eta-2\eta^2}{(1+\eta)}, \quad (3.2.59)$$

wobei sich für $E_c \to \infty$, $F \to 1$ wieder Gl. (3.2.36b) ergibt. Im Sättigungsbereich wäre die Integration wieder in Kanal und den abgeschnürten Bereich zu unterteilen.

Source-, Drainladung. Ausgang für die Berechnung dieser Ladungen sind Gl. (3.2.16) bis (3.2.19) sowie die Inversionsladung Gl. (3.2.50d), wobei in der Beweglichkeit nach Gl. (2.3.48) die Geschwindigkeitssättigung mit erfaßt ist (aber offen bleiben mag, ob μ_n das Querfeld entsprechend Gl. (2.3.44) mit einbezieht oder nicht).

Der Sourcestrom $i_S(t)$ beträgt dann gemäß Gl. (3.2.18b)

$$-i_S(t) = \frac{b\mu_n Q''_I E_y}{1+E_y/E_c} + b \int_0^y \frac{\partial q''_I}{\partial t} d\eta. \quad (3.2.60)$$

Man erhält mit $E_y = dU_{CS}(y)/dy$ und Integration zwischen Source und Drain entsprechend der räumlichen Mittelung nach Gl. (3.2.18a) mit der zeitveränder-

230   3 Der MOSFET im dynamischen Betrieb

lichen Inversionsladung $q_I''(t)$ (pro Fläche)

$$-i_S(t) = \left(\frac{b}{L+U_{DS}/E_c}\right)\left\{\mu_n \int_0^{U_{DS}} q_I''(U_{CB})dU_{CS} + \underline{\int_0^L \left[\left(\int_0^y \frac{\partial q_I''}{\partial t}\right)d\eta\right]dy}\right.$$

$$\left. + E_c^{-1}\int_0^{U_{DS}}\left[\int_0^y \frac{\partial q_I''}{\partial t}d\eta\right]dU_{CB}\right\}. \tag{3.2.61}$$

Der unterstrichene Term ergibt den Transportstrom nach Gl. (3.2.52a) mit der Inversionsladung Gl. (3.2.50d). Vertauscht man räumliche Integration und zeitliche Differentiation, so folgt daraus nach Gl. (3.2.18b) als *Sourceladung*

$$Q_S = \frac{b}{(1+U_{DS}/E_cL)}\left[\int_0^L\left(1-\frac{y}{L}\right)Q_I''dy + \frac{U_{DS}}{LE_c}\int_0^{U_{DS}}\left(1-\frac{U_{CS}}{U_{DS}}\right)f(U_{CS})\cdot Q_I''dU_{CS}\right] \tag{3.2.62}$$

mit (Gl. (3.2.52a))

$$f(U_{CS}) = \frac{b\mu_n C_i''}{I_D}(U_{GS} - U_{THK} - (1+\delta F)U_{CS}) - \frac{1}{E_c}.$$

Die Drainladung Q_D ergibt sich analog, nur muß $(1-y/L)$ durch y/L (und sinngemäß $1 - U_{CS}/U_{DS}$ durch U_{CS}/U_{DS}) ersetzt werden. Die Ausführung der Integration in Gl. (3.2.62) führt mit dem normierten Arbeitspunktfaktor η (Gl. (3.2.54)) auf

$$-Q_S = \frac{C_i U_{GSK}}{15(1+\eta)^2}\left\{4\eta^3 + 8\eta^2 + 12\eta + 6\right\}$$

$$- \frac{C_i U_{GSK}^2(1-\eta)^2}{LE_c(1+\delta F)60}\cdot\left(\frac{\eta^2 - 12\eta - 9}{(1+\eta)^2}\right). \tag{3.2.63}$$

Auf ganz analoge Weise ergibt sich für die *Drainladung* Q_D.

$$-Q_D = \frac{C_i U_{GSK}}{15(1+\eta)^2}\{6\eta^3 + 12\eta^2 + 8\eta + 4\} - \frac{C_i U_{GSK}^2(1-\eta)^2}{LE_c(1+\eta)^2(1+\delta F)20}$$

$$\cdot\left\{3\eta^3 - 16\eta + \frac{19}{3}\right\}. \tag{3.2.64}$$

Man erkennt in beiden Fällen im jeweils ersten Anteil den Langkanaltransistor (s. Gl. (3.2.39)) mit den dort bereits gezogenen Forderungen. Zusammenfassend verändert der Kurzkanaleffekt (→ Ladungsteilungsfaktor) die Ladung hauptsächlich durch die veränderte Schwellspannung: sinkende Schwellspannung verkleinert η bei sonst festen werten U_{GS}, U_{DS}, wohingegen die Geschwindigkeitssättigung selbst noch einen zusätzlichen Ladungsanteil liefert.

Numerische Lösungen zeigen, daß sich die Kurzkanaleinflüsse auf Ladungen und Kapazitäten nicht so gravierend auswirken, um den hohen Analyse- und

Modellierungsaufwand in allen Fällen zu rechtfertigen. Deshalb benutzt man für die dynamische Modellierung häufig das Langkanalmodell mit einer entsprechend reduzierten Kanallänge und einer korrigierten Schwellspannung, setzt aber den Ladungsteilungsfaktor gleich 1.

3.2.1.3.3 Ladungsmodell des Verarmungstransistors

Grundsätzlich läßt sich ein dynamisches Ladungsmodell auch für den Verarmungstransistor (Abschn. 2.3.3.4) entwickeln. Die Grundlage dafür bilden ebenso die integralen Ladungen Gl. (3.2.6) und die Kontinuitätsgleichung (3.2.16 ff.), wobei jedoch anstelle der Inversionsladung $Q_I''(y)$ Gl. (3.2.28 ff.) jetzt von der beweglichen Elektronenladung $Q_n''(y)$ (Gl. (2.3.111 ff.)) ausgegangen werden muß. Die Analyse wird dabei wegen der zahlreichen Wurzelterme schnell unübersichtlich. Dies mag wohl ein Grund dafür sein, daß es bis heute noch kein entsprechend genaueres Ladungsmodell gibt. Weil es vom Strukturaufbau her dem des Anreicherungs-MOSFETs entspricht, begnügt man sich daher mit einem dementsprechenden Modell, das durch Wahl der Schwellspannung Gl. (2.3.129 ff.) entsprechend angepaßt wird.

3.2.2 Linearisierung des ladungsgesteuerten MOSFET. Kapazitäten

Zeitveränderliche Spannungen am MOSFET erzeugen Ladungsänderungen, die entsprechende Klemmenströme nach Gl. (3.2.24) verursachen. Ihre Größe hängt u.a. von den Ableitungen $\partial Q/\partial U$ ab, die dem Wesen nach *differentielle Kapazitäten* sind. Solange quasistatische Verhältnisse vorliegen, hängen diese Kapazitäten u.U. nur von den Klemmenspannungen ab, jedoch nicht von der Zeit (resp. später von der Frequenz, s. Abschn. 3.3) [2.43], [3.4], [3.86], [3.43], [3.57], [3.58], [3.37], [3.108], [3.89], [3.39], [3.63], [3.40], [3.104], [3.68],[3.82], [3.73], [3.95].

3.2.2.1 Nichtreziproke Kapazität

Nach den Klemmenströmen Gl. (3.2.24) gibt es grundsätzlich zwei Formen von Ladungsänderungen:

– Solche, bei denen die Ladungs- und Stromänderung an der Klemme auftritt, deren Spannung sich ändert. So gilt beispielsweise für den Drainanschluß

$$\left.\frac{\partial q_D}{\partial u_D}\right|_0 \equiv \left.\frac{dQ_D}{dU_D}\right|_0 = c_{dd} \qquad (3.2.65a)$$

mit $i_D = c_{dd} \cdot du_D/dt$. Alle übrigen Spannungen werden dabei konstant gehalten. Allgemein gilt also für die *Selbstkapazität* eines Knotens

$$c_{kk} = +\left.\frac{\partial q_k}{\partial u_k}\right|_0. \qquad (3.2.65b)$$

Es gibt davon vier: c_{gg}, c_{ss}, c_{bb}, c_{dd}. Dem Wesen nach handelt es sich dabei

um die *Gesamtkapazität* der Klemme k gegen alle übrigen Klemmen, so wie sie der Kapazitätsdefinition entspricht (s.u.)
- Solche, bei denen eine Ladungsänderung und damit ein Strombeitrag an einer Anschlußklemme (z.B. D) als Folge der Spannungsänderung an einer anderen Klemme (z.B. G) auftritt

$$\left.\frac{\partial q_D}{\partial u_G}\right|_0 = \left.\frac{dQ}{dU_G}\right|_0 = -c_{dg} \quad (3.2.66a)$$

$$\text{mit } i_D = -c_{dg}\frac{du_G}{dt}, \text{ allgemein also } c_{kl} = -\left.\frac{\partial q_k}{\partial u_L}\right|_0. \quad (3.2.66b)$$

An dieser differentiellen Kapazitätsdefinition fällt neben dem negativen Vorzeichen vor allem die Tatsache auf (s.u.), daß allgemein

$$c_{kl} \neq c_{lk} \quad (3.2.67)$$

gilt, also der Reziprozitätssatz *nicht* zutrifft. Man nennt sie *Transkapazitäten* (oft auch *Kopplungskapazitäten*[5]). Davon gibt es insgesamt 12.

Zur Erläuterung dieser Kapazitätsbegriffe möge eine schematisierte Transistoranordnung nach Bild 3.17 betrachtet werden, die eine (physikalische) Kapazität zwischen G und S habe. An den zugehörigen Klemmen herrschen Spannungsänderungen $U_G(t)$, $U_S(t)$ wie dargestellt. Alle übrigen Spannungen sollen konstant sein und entsprechende Kapazitäten fehlen. Es gilt die Ladungserhaltung. $Q_G + Q_S = 0$ ($Q_D = Q_B = 0$). Dann wird aus Gl. (3.2.24)

$$i_G = \frac{\partial Q_G}{\partial U_G}\frac{du_G}{dt} + \frac{\partial Q_G}{\partial U_S}\frac{du_S}{dt} = c_{gg}\frac{du_G}{dt} - c_{gs}\frac{du_S}{dt} \quad (3.2.68a)$$

$$i_S = \frac{\partial Q_S}{\partial U_G}\frac{du_G}{dt} + \frac{\partial Q_S}{\partial U_S}\frac{du_S}{dt} = -c_{sg}\frac{du_G}{dt} + c_{ss}\frac{du_S}{dt} \quad (3.2.68b)$$

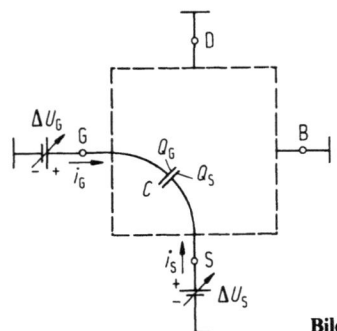

Bild 3.17. Modell zur Begründung innerer Transistorkapazitäten

---

[5] Der wohl der Leitungstheorie entlehnte Begriff ist mit der Gültigkeit des Reziprozitätssatzes verbunden, z.B. $c_{12} = c_{21}$.

3.2 Signalverhalten im quasistationären Betrieb

mit den Definitionen[6]

und
$$c_{gs} = -\frac{\partial Q_G}{\partial U_S}; \quad c_{sg} = -\frac{\partial Q_S}{\partial U_G}$$

$$c_{gg} = \frac{\partial Q_G}{\partial U_G} = -\frac{\partial Q_S}{\partial U_G} \equiv c_{sg}; \quad c_{ss} = \frac{\partial Q_S}{\partial U_S} = -\frac{\partial Q_G}{\partial U_S} \equiv c_{gs}. \quad (3.2.68c)$$

Die Ladungserhaltung $Q_G = -Q_S$ führt auf $c_{gg} = c_{sg}$; $c_{ss} = c_{gs}$ und über Gl. (3.2.68b) zum Knotensatz $i_S = -i_G$. Ein linearer (physikalischer) Kondensator C zwischen G und S mit den Ladungen $Q_G = C(U_G(t) - U_S(t))$, $(Q_S = -C(U_G(t) - U_S(t)))$ ergibt dann $c_{gg} = c_{ss} = c_{gs} = c_{sg} = C$, also positive Kapazitätskoeffizienten (wie sie übrigens direkt auch aus den Vierpolkoeffizienten eines Vierpols mit G, S als Eingangs-/Ausgangsklemmen und einem dritten Bezugspunkt hervorgehen).

Im *allgemeinen* Fall muß jedoch *Nichtreziprozität* der Kapazitäten, also

$$c_{kl} \neq c_{lk} \quad (3.2.69)$$

zugelassen werden. Konsequenterweise wird die Größe c_{kl} zunächst nicht als physikalische, sondern definitorische Größe betrachtet, die lediglich einen Zusammenhang zwischen der Ladungsänderung einer Klemme mit der Spannungsänderung an einer anderen vermittelt.

Der nichtreziproke Charakter dieser Kapazitäten läßt sich beispielsweise anhand der Ladungskopplung Gate-Drain ($\rightarrow c_{gd}, c_{dg}$) im MOSFET bei Abschnürung veranschaulichen (Langkanaltransistor, keine Kanallängenmodulation). Bei Abschnürung hat eine Drainspannungsänderung ΔU_D keinen Einfluß auf die Gateladung Q_G (d.h. $\Delta Q_G = 0$), weil sie nach Gl. (3.2.42c) unabhängig von U_{DS} ist. Deshalb verschwindet der Koeffizient $\partial Q_G / \partial U_D \equiv -c_{gd} \rightarrow 0$. Ändert sich hingegen die Gateladung zufolge ΔU_G, so ändert sich dadurch auch die Inversions- und damit Drainladung: $\partial Q_D / \partial U_G = -c_{dg} \neq 0$:

$$c_{dg} \neq c_{gd},$$

was auch experimentell nachweisbar ist.

Dies erhärtet, daß

– die Transkapazität letztlich den Ladestrom einer Netzwerkklemme bei Spannungsänderungen an einer anderen repräsentiert, der bei Vertauschung der Klemmen durchaus verschieden sein kann,
– die Übertragung des physikalischen Kondensatormodells nur bei Reziprozität (s. Beispiel oben) zulässig ist.

---

[6] Die bei der Definition jeweils einzuhaltenden Nebenbedingungen, z.B. U_G = const. bei c_{gs} werden weggelassen.

3.2.2.2 Kapazitätsbeziehungen

Die allgemeinen Klemmen(lade)ströme Gl. (3.2.24) führen mit den Kapazitätsdefinitionen nach Gl. (3.2.2) resp. (3.2.65,66) zu folgenden Strom-Spannungsrelationen am MOSFET, soweit sie durch *Ladungsänderungen* bedingt sind (Bild 3.18):

$$i_{DC}(t) = + c_{dd}\frac{du_D}{dt} - c_{dg}\frac{du_G}{dt} - c_{db}\frac{du_B}{dt} - c_{ds}\frac{du_S}{dt} \tag{3.2.70a}$$

$$i_G(t) = - c_{gd}\frac{du_D}{dt} + c_{gg}\frac{du_G}{dt} - c_{gb}\frac{du_B}{dt} - c_{gs}\frac{du_S}{dt} \tag{3.2.70b}$$

$$i_B(t) = - c_{bd}\frac{du_D}{dt} - c_{bg}\frac{du_G}{dt} + c_{bb}\frac{du_B}{dt} - c_{bs}\frac{du_S}{dt} \tag{3.2.70c}$$

$$i_{SC}(t) = - c_{sd}\frac{du_D}{dt} - c_{sg}\frac{du_G}{dt} - c_{sb}\frac{du_B}{dt} + c_{ss}\frac{du_S}{dt}. \tag{3.2.70d}$$

Dieses Gleichungssystem ist überbestimmt, weil die tatsächliche Zahl unabhängiger Gleichungen durch Knoten- und Maschensatz (und die Ladungserhaltung) weiter eingeschränkt wird:

– Im Gesamtsystem bleibt die *Ladung* erhalten. Liegen insbesondere an allen Klemmen gleiche Spannungen ($u_G = u_D = u_S = u_B = u$, Verbindung aller Klemmen), so folgt z.B. für den Gatestrom $i_G(t) = (-c_{gd} + c_{gg} - c_{gb} - c_{gs})du/dt$. Da der Klemmenstrom ladungserhaltend zu jedem Zeitpunkt verschwinden muß, ist dies gleichbedeutend mit der Forderung

$$c_{gg} - c_{gd} - c_{gb} - c_{gs} = 0 \tag{3.2.71a}$$

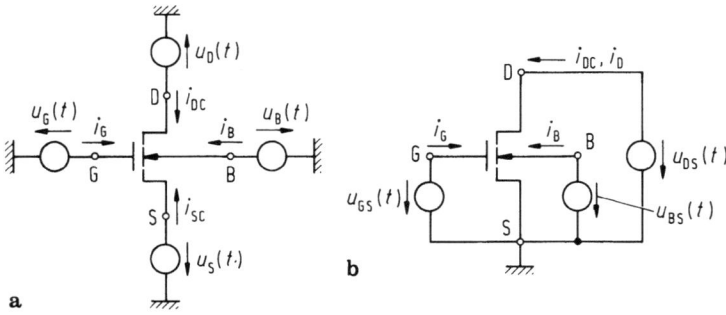

Bild 3.18a, b. Ströme und Spannungen am allgemeinen MOSFET (a) und bezogen auf den Sourcekontakt (b)

oder allgemein

$$c_{kk} = \sum_{j,k = g,d,b,s; j \neq k} c_{kj}. \qquad (3.2.71b)$$

Damit können die Selbstkapazitäten jeweils als Summe der zugehörigen Transferkapazitäten ausgedrückt werden und die Zahl der Kapazitätskoeffizienten sinkt von 16 auf 12.

– Der (zu allen Zeitpunkten gültige) Knotensatz $i_G + i_B + i_D + i_S = 0$ muß für alle Spannungsänderungen, einschließlich verschwindender, gelten. Setzt man in Gl. (3.2.70) der Reihe nach alle Spannungsänderungen (bis auf eine, z.B. du_G/dt) gleich null, so folgt für das Netzwerk

$$\sum i = 0 = (c_{gg} - c_{dg} - c_{bg} - c_{sg}) du_G/dt, \qquad (3.2.72a)$$

d.h.

$$c_{gg} - c_{dg} - c_{bg} - c_{sg} = 0. \qquad (3.2.72b)$$

Daraus (und mit Gl. (3.2.71)) ergibt sich – erweitert für alle übrigen Spannungen – als *Zusatzbedingung*

$$\begin{aligned} c_{dd} &= c_{dg} + c_{db} + c_{ds} = c_{gd} + c_{bd} + c_{sd} \\ c_{gg} &= c_{gd} + c_{gb} + c_{gs} = c_{dg} + c_{bg} + c_{sg} \\ c_{bb} &= c_{bd} + c_{bg} + c_{bs} = c_{db} + c_{gb} + c_{sb} \\ c_{ss} &= c_{sd} + c_{sg} + c_{sb} = c_{ds} + c_{gs} + c_{bs}. \end{aligned} \qquad (3.2.73)$$

– Zur Charakterisierung der Nichtreziprozität ist es zweckmäßig, die Differenz zweier Transkapazitäten, z.B. $c_{gs} - c_{sg}$ zu verwenden. Man erhält aus Gl. (3.2.73) z.B. für die erste Zeile

$$(c_{dg} - c_{gd}) + (c_{db} - c_{bd}) + (c_{ds} - c_{sd}) = 0 \qquad (3.2.74a)$$

oder allgemein

$$\sum_{k \neq j} (c_{jk} - c_{kj}) = 0 \quad k, j = g, d, s, b \qquad (3.2.74b)$$

Die kapazitive Nichtreziprozität zwischen zwei Klemmen bedingt somit stets eine Nichtreziprozität an mindestens einem weiteren Klemmenpaar!

3.2.2.3 Kapazitätsanordnung in der Vierpolersatzschaltung

Der in den bisherigen Gleichungssystemen beliebig gewählte Spannungsbezugspunkt wird im praktischen Betrieb stets mit einer Transistorklemme zusammengelegt, üblicherweise der Sourceklemme (→ Sourceschaltung, $U_G \to U_{GS}$, $U_D \to U_{DS}$, $U_S = 0$). Dann ist der Sourcestrom i_S nach dem Knotensatz ohnehin bestimmt und man erhält aus Gl. (3.2.70) durch Streichen der Gleichung für i_{SC} und $du_S/dt = 0$ schließlich:

$$i_G(t) = c_{gg}\frac{du_{GS}}{dt} - c_{gb}\frac{du_{BS}}{dt} - c_{gd}\frac{du_{DS}}{dt} \quad (3.2.75a)$$

$$i_B(t) = -c_{bg}\frac{du_{GS}}{dt} + c_{bb}\frac{du_{BS}}{dt} - c_{bd}\frac{du_{DS}}{dt} \quad (3.2.75b)$$

$$i_{DC}(t) = -c_{dg}\frac{du_{GS}}{dt} - c_{db}\frac{du_{BS}}{dt} + c_{dd}\frac{du_{DS}}{dt} \quad (3.2.75c)$$

für die Ladeströme des MOSFET in Sourceschaltung (Bild 3.19). Das Gleichungssystem wird genau durch neun unabhängige Kapazitätskoeffizienten bestimmt, die z.B. aus den Ladungen ermittelt oder gemessen werden müssen.

Die Transferelemente treten dabei als gesteuerte Quellen (Ladungsstromquellen!) auf, die "Selbstkapazitäten" als (physikalische) Kapazitäten zwischen der jeweiligen Klemme und dem Source als Bezugspunkt.

Kleinsignalersatzschaltung. Die Ladungsersatzschaltung Bild 3.19 erfaßt nur die Ladeströme über die Klemmen bei zeitveränderlichen Spannungen gemäß Gl. (3.2.75). Im MOSFET besteht jedoch der Momentanwert des Drainstromes

$$i_D(t) = I_T + i_t(t) + i_{DC}(t) \quad (3.2.76)$$

allgemein aus

– dem Gleichanteil des Transportstromes I_T (Gl. (3.2.5)) oder besser dem *Gleichstrommodell* (s. Abschn. 2.3 ff.),

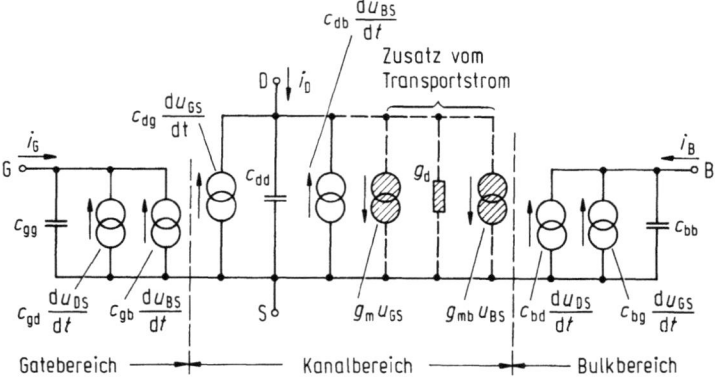

Bild 3.19. Quasistatische Kleinsignalersatzschaltung für die Ladungsänderungen (dick gezeichnet), der Zusatz durch den Transportstrom ist gestrichelt eingetragen

3.2 Signalverhalten im quasistationären Betrieb

– dem zeitveränderlichen Teil des Transportstromes $i_T(t)$, der im Kleinsignalbetrieb entsprechend Gl. (3.1.2) durch die Vierpolparameter (z.B. g_m, g_{mb}, und g_d) repräsentiert wird,
– dem Ladestrom i_{DC} nach Gl. (3.2.75c).

Solange man (wie meist vorausgesetzt) Gate- und Bulkgleichströme vernachlässigen kann ($I_G = I_B = 0$), fließen über G und B nur Ladeströme nach Gl. (3.2.75a, b).

Mit der Vierpoldarstellung für g_d, g_m, g_{mb} (Bild 3.3) und den Ladeströmen Gl. (3.2.75) zusammengefaßt ergibt sich dann die im Bild 3.19 dargestellte *Kleinsignalersatzschaltung* des MOSFET. Sie enthält drei physikalische Kapazitäten (c_{gg}, c_{bb}, c_{dd}) zwischen den jeweiligen Vierpolklemmen und Source und die Transkapazitäten als gesteuerte Quellen.

Diese kapazitiven Einströmungen sind zwar formal leicht überschaubar, doch physikalisch nur schwierig zu interpretieren. Man formt sie deshalb so um, daß möglichst viele physikalische Kapazitäten auftreten. So führt beispielsweise die Spannungsaufteilung

$$u_{DS} = -u_{GD} + u_{GS}, \quad u_{BS} = -u_{GB} + u_{GS} \tag{3.2.77}$$

auf den Gatestrom

$$i_G = c_{gd}\frac{du_{GD}}{dt} + c_{gb}\frac{du_{GB}}{dt} + (\overbrace{c_{gg} - c_{gd} - c_{gb}}^{c_{gs}})\frac{du_{GS}}{dt}$$

$$= c_{gd}\frac{du_{GD}}{dt} + c_{gb}\frac{du_{GB}}{dt} + c_{gs}\frac{du_{GS}}{dt}.$$

Analoges Vorgehen für die übrigen Ströme liefert (für die Kleinsignaldarstellung)

$$i_g = c_{gd}\frac{du_{gd}}{dt} + c_{gb}\frac{du_{gb}}{dt} + c_{gs}\frac{du_{gs}}{dt} \tag{3.2.78a}$$

$$i_b = c_{bd}\frac{du_{bd}}{dt} + c_{gb}\frac{du_{bd}}{dt} - c_{mx}\frac{du_{gb}}{dt} + c_{bs}\frac{du_{bs}}{dt} \tag{3.2.78b}$$

$$i_{dc} = c_{gd}\frac{du_{dg}}{dt} + c_{sd}\frac{du_{ds}}{dt} + c_{bd}\frac{du_{db}}{dt} - c_m\frac{du_{gs}}{dt} - c_{mb}\frac{du_{bs}}{dt} \tag{3.2.78c}$$

mit den *Transkapazitäten*

$$\boxed{\begin{aligned} c_{mdg} &= c_m = c_{dg} - c_{gd} \\ c_{mdb} &= c_{mb} = c_{db} - c_{bd} \\ c_{mbg} &= c_{mx} = c_{bg} - c_{gb}. \end{aligned}} \tag{3.2.79}$$

Mit Einbezug der Kleinsignalelemente g_m, g_{mb}, g_d nach Abschnitt 3.1 ergibt sich so die Kleinsignalersatzschaltung Bild 3.20. Sie enthält u.a.

238   3 Der MOSFET im dynamischen Betrieb

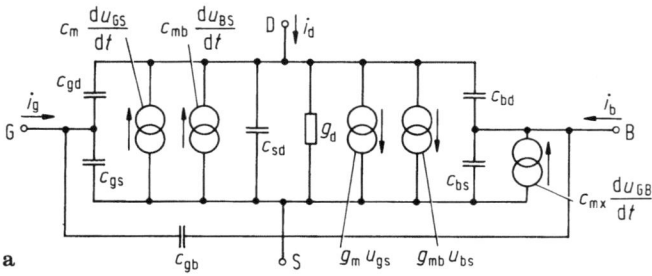

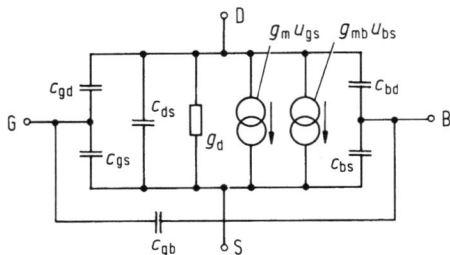

Bild 3.20a, b. Kleinsignalersatzschaltung. **a** abgeleitet aus den Kleinsignalmodellen Bild 3.19, **b** vereinfachte Form, bei der die nichtreziproken Kapazitätseinflüsse vernachlässigt sind

- die sechs (physikalischen) Kapazitäten c_{gd}, c_{gs}, c_{bs}, c_{ds}, c_{bd}, c_{gb} (Zweipolkapazitäten) als Knoten- (c_{gs}, c_{bs}, c_{ds}) und Koppelkapazitäten (c_{gd}, c_{bd}, c_{gb})
- drei weitere Transkapazitäten in Form gesteuerter Stromquellen.

Diese Ersatzschaltung bietet mehrere Vorteile: Zunächst können die Kapazitäten c_{gs}, c_{bs}, c_{gb}, c_{gd}, c_{bd} direkt aus den Ladungen Q_G und Q_B bestimmt werden, was den Aufwand bei der Ladungsberechnung reduziert.

Des weiteren treten die nichtreziproken kapazitiven Eigenschaften direkt hervor. Häufig (z.B. bei starker Inversion) sind diese nur gering und können vernachlässigt werden. Dann ergibt sich die vereinfachte (verbreitet benutzte) Form Bild 3.20b, bei der oft noch die Kapazität c_{sd} gegenüber dem Drainleitwert g_d vernachlässigt wird. Übrigens vermittelt diese Ersatzschaltung auch sofort eine einsichtige netzwerktechnische Erläuterung der Nichtreziprozität in Verbindung mit Transkapazitäten: Liegt beispielsweise nur die Spannung u_{GS} an (restliche Spannungen kurzgeschlossen), so fließt der Drainladestrom

$$i_{dc} = -(c_{gd} + c_m)\frac{du_{gs}}{dt} \equiv -c_{dg}\frac{du_{gs}}{dt}.$$

Liegt umgekehrt nur die Spannung u_{ds} an (übrige Spannungen kurzgeschlossen), so fließt der Gatestrom

$$i_g(t) = -c_{gd}\frac{du_{ds}}{dt}.$$

Bei gleichen Spannungsänderungen unterscheiden sich so die Ladeströme wegen $c_{dg} \equiv c_{gd} + c_m = c_{gd}$: nichtreziprokes Verhalten.

3.2.2.4 Ladung und Kapazitäten

Die Kapazitäten c_{kk}, c_{k1} können aus den Ladungen Q_G, Q_B, Q_I (Gl. (3.2.33)) bzw. den entsprechenden Beziehungen Q_G, Q_B, Q_S, Q_D mit linear kanalspannungsabhängigem Substrateinfluß (Gl. (3.2.36–40)) als Funktion der Klemmenspannungen U_{GS}, U_{DS}, U_{BS} entsprechend der Zuordnung Gl. (3.2.24) und (3.2.70) grundsätzlich bestimmt werden. Der Substrateffekt δ wird dabei unterschiedlich berücksichtigt:

a) Annahme einer konstanten, nicht von $U_{CB}(y)$ abhängigen Verarmungsladung Q_B''. Dies bedeutet nach Abschn. 2.3.1.2 $\delta = 0$ und stellt damit eine sehr grobe Näherung dar (die jedoch dem sog. Meyer-Modell unterliegt, s. Bild. 3.29 später).

b) Ansatz von δ mit voller (nichtlinearer) Spannungsabhängigkeit, was auf die oben bereits erwähnten Probleme führt

c) Ansatz von δ als konstante Größe (Gl. (2.3.16b))

$$\delta = \frac{\gamma}{2\sqrt{2\Phi_F^* + U_{SB}}} \equiv \frac{dU_{TH}}{dU_{SB}},$$

so daß die Ableitungen

$$\frac{\partial \delta}{\partial U_S}; \quad \frac{\partial \delta}{\partial U_B} \quad \text{resp} \quad \frac{\partial \delta}{\partial U_{SB}}$$

verschwinden. Die hierbei auftretenden Fehler sind vertretbar.

Damit ergeben sich aus den Ladungslösungen (Gl. (3.2.36–40)) bei starker Inversion für den Langkanaltransistor (in Sourceschaltung) mit den Abkürzungen $U'_{GS} = U_{GS} - U_{TH}$ sowie dem normierten Arbeitspunkt Gl. (3.2.35) $\eta = 1 - U_{DS}/U_{DSP}$ der Reihe nach:

Kapazität c_{gd}: Es gilt definitionsgemäß (mit $U'_{GS} = U_{GS} - U_{TH}$)

$$c_{gd} = -\frac{\partial Q_G}{\partial U_D}\bigg|_{U_G, U_B, U_S} \equiv -\frac{\partial Q_G}{\partial U_{DS}}\bigg|_{U_{GS}, U_{BS}} = \frac{C_i U'_{GS}}{1+\delta} \cdot \frac{d}{d\eta}\left\{1 - \frac{2}{3}f_1(\eta)\right\}\frac{d\eta}{dU_{DS}}$$

$$= \frac{2}{3}C_i\frac{\eta^2 + 2\eta}{(1+\eta)^2} = \frac{2}{3}C_i\left[1 - \frac{1}{(1+\eta)^2}\right], \tag{3.2.80a}$$

da nach Gl. (3.2.35b) $U_{DSP}(1+\delta) = U_{GS}$ zu setzen ist mit U_{TH} der Schwellspannung des Langkanaltransistors Gl. (2.3.11c).

240   3 Der MOSFET im dynamischen Betrieb

Kapazität c_{gb}: Hier folgt aus

$$c_{gb} = -\frac{\partial Q_G}{\partial U_B}\bigg|_{U_G,U_S,U_D} = -\frac{\partial Q_G}{\partial U_{BS}}\bigg|_{U_{GS},U_{DS}} = -\frac{\partial Q_G}{\partial U_{DSP}} \cdot \frac{dU_{DSP}}{dU_{BS}}\bigg|_{U_{GS},U_{DS}}$$

$$c_{gb} = \frac{\delta C_i}{3(1+\delta)} \cdot \frac{(1-\eta)^2}{(1+\eta)^2}. \tag{3.2.80b}$$

Dabei muß der U_{BS}-Einfluß in der Schwellspannung U_{TH} und Gl. (2.3.16b) beachtet werden:

$$\frac{dU_{DSP}}{dU_{BS}} = \frac{\partial U_{DSP}}{\partial U_{TH}} \cdot \frac{dU_{TH}}{dU_{BS}} = \frac{(-1)}{(1+\delta)}(-\delta) = \frac{\delta}{1+\delta}.$$

Kapazität c_{gg}: Man erhält definitionsgemäß aus

$$c_{gg} = \frac{\partial Q_G}{\partial U_G}\bigg|_{U_B,U_S,U_D} = \frac{\partial Q_G}{\partial U_{GS}}\bigg|_{U_{DS},U_{BS}} = \frac{\partial Q_G}{\partial \eta} \cdot \frac{d\eta}{dU_{GS}}$$

$$= \frac{C_i}{1+\delta}\left[\delta + \frac{2(1+4\eta+\eta^2)}{3(1+\eta)^2}\right] = C_i\left[1 - \frac{1}{3(1+\delta)} \cdot \frac{(1-\eta)^2}{(1+\eta)^2}\right] \tag{3.2.80c}$$

Kapazität c_{gs}: Sie beträgt

$$c_{gs} = -\frac{\partial Q_G}{\partial U_S}\bigg|_{U_G,U_B,U_D} = +\frac{\partial Q_G}{\partial U_{GS}}\bigg|_{U_{BS},U_{DS}} + \frac{\partial Q_G}{\partial U_{BS}}\bigg|_{U_{GS},U_{DS}} + \frac{\partial Q_G}{\partial U_{DS}}\bigg|_{U_{GS},U_{BS}}$$

$$= c_{gg} - c_{gb} - c_{gd}. \tag{3.2.80d}$$

Dabei ist die Ableitung wegen der funktionellen Abhängigkeit $Q_G(U_{GS}, U_{BS}, U_{DS})$ nach jeder der Spannungen durchzuführen. Die Zusammenfassung der bisher berechneten Kapazitäten c_{gg}, c_{gb}, g_{gd} Gl. (3.2.80a–c) ergibt:

$$c_{gs} = \frac{2C_i}{3} \cdot \frac{1+2\eta}{(1+\eta)^2} = \frac{2}{3}C_i\left[1 - \frac{\eta^2}{(1+\eta)^2}\right]. \tag{3.2.80e}$$

Die Berechnung der an die *Substratklemme* gebundenen Kapazitäten c_{bd}, c_{bg} und c_{bs} erfolgt auf analoge Weise:
Kapazität c_{bd}: Man geht aus von

$$c_{bd} = -\frac{\partial Q_B}{\partial U_D}\bigg|_{U_G,U_S,U_B} = -\frac{\partial Q_B}{\partial U_{DS}}\bigg|_{U_{GS},U_{BS}} = -\frac{\partial Q_B}{\partial \eta} \cdot \frac{d\eta}{dU_{DS}}\bigg|_{U_{GS},U_{BS}}$$

$$= \frac{2}{3}\delta C_i \frac{2\eta+\eta^2}{(1+\eta)^2} = \delta c_{gd} \tag{3.2.81a}$$

und erhält das angegebene Ergebnis problemlos.

3.2 Signalverhalten im quasistationären Betrieb

Kapazität c_{bg}: Die Definition führt hier auf

$$c_{bg} = -\frac{\partial Q_B}{\partial U_{GS}}\bigg|_{U_{BS},U_{DS}} = -\frac{\partial Q_B}{\partial U_{DSP}}\frac{dU_{DSP}}{dU_{GS}} = \frac{C_i}{1+\delta}\frac{dQ_B}{dU_{DSP}}$$

$$= \frac{C_i}{1+\delta}\frac{\partial Q_B}{\partial \eta}\frac{d\eta}{dU_{DSP}} = \frac{\delta C_i}{3(1+\delta)}\frac{(1-\eta)^2}{(1+\eta)^2} = c_{gb}. \qquad (3.2.81\text{b})$$

Überraschenderweise stimmen beide Transferkapazitäten c_{gb}, c_{bg} überein, und die Transkapazität c_{mx} (Gl. (3.2.79)) verschwindet.

Kapazität c_{bb}: Hier lautet die Festlegung

$$c_{bb} = \frac{\partial Q_B}{\partial U_B}\bigg|_{U_G,U_S,U_D} = \frac{\partial Q_B}{\partial U_{BS}}\bigg|_{U_{GS},U_{DS}}$$

$$= -C_i\left[-\delta - \frac{\delta}{1+\delta}\cdot\frac{\partial}{\partial \eta}\{U'_{GS}(1-\tfrac{2}{3}f_1(\eta))\}\frac{d\eta}{dU_{BS}}\right]$$

$$= C_i\delta\left[1 - \frac{\delta}{3(1+\delta)}\cdot\frac{(1-\eta)^2}{(1+\eta)^2}\right]. \qquad (3.2.81\text{c})$$

Die *Kapazität* c_{bs} schließlich folgt zusammenfassend zu

$$c_{bs} = -\frac{\partial Q_B}{\partial U_S}\bigg|_{U_G,U_B,U_D} = +\frac{\partial Q_B}{\partial U_{GS}}\bigg|_{U_{BS},U_{DS}} + \frac{\partial Q_B}{\partial U_{BS}}\bigg|_{U_{GS},U_{DS}} + \frac{\partial Q_B}{\partial U_{DS}}\bigg|_{U_{GS},U_{BS}}$$

$$= c_{bb} - c_{bd} - c_{bg} = \frac{2}{3}\delta C_i\frac{1+2\eta}{(1+\eta)^2} = \delta c_{gs}. \qquad (3.2.81\text{d})$$

Damit ergibt sich die folgende Zusammenstellung:

$$\boxed{\begin{aligned}
c_{bb} &= \delta C_i\left[1 - \frac{\delta}{3(1+\delta)}\frac{(1-\eta)^2}{(1+\eta)^2}\right]; & c_{bs} &= \delta c_{gs} \\
c_{gg} &= C_i\left[1 - \frac{(1-\eta)^2}{3(1+\delta)(1+\eta)^2}\right]; & c_{gs} &= \frac{2}{3}C_i\frac{1+2\eta}{(1+\eta)^2} \\
c_{gd} &= \frac{2}{3}C_i\frac{\eta(2+\eta)}{(1+\eta)^2}; & c_{bd} &= \delta c_{gd} \\
c_{gb} &= \frac{\delta C_i}{3(1+\delta)}\left(\frac{1-\eta}{1+\eta}\right)^2 = c_{bg}.
\end{aligned}} \qquad (3.2.82)$$

Mit diesen Kapazitäten ist zwar die einfache Ersatzschaltung Bild 3.20b in ihren kapazitiven Elementen bestimmt, die vollständige erfordert mit ihren nichtreziproken Elementen noch c_{dg}, c_{db} und c_{sd}. Die Berechnungsgrundlage sind die gleichen wie oben und es ergeben sich mit Q_S, Q_D (Gl. (3.2.39)) der Reihe nach

242 3 Der MOSFET im dynamischen Betrieb

Kapazität c_{dg}: Man erhält mit den bereits bekannten Elementen

$$c_{dg} = -\left.\frac{\partial Q_D}{\partial U_G}\right|_{U_S,U_B,U_D} = -\left.\frac{\partial Q_D}{\partial U_{GS}}\right|_{U_{BS},U_{DS}} = -\left.\frac{\partial Q_D}{\partial U_{DSP}}\frac{dU_{DSP}}{dU_{GS}}\right|_{U_{BS},U_{DS}}$$

$$= \left.\frac{(-1)}{1+\delta}\frac{\partial Q_D}{\partial U_{DSP}}\right|_{U_{BS},U_{DS}} = \frac{2C_i}{15}\cdot\frac{2+14\eta+11\eta^2+3\eta^3}{(1+\eta)^3} \quad (3.2.83a)$$

Kapazität c_{db}: Das Ergebnis lautet:

$$c_{db} = -\left.\frac{\partial Q_D}{\partial U_B}\right|_{U_S,U_G,U_D} = -\left.\frac{\partial Q_D}{\partial U_{BS}}\right|_{U_{GS},U_{DS}} = -\left.\frac{\partial Q_D}{\partial U_{DSP}}\frac{dU_{DSP}}{dU_{BS}}\right|_{U_{GS},U_{DS}}$$

$$= \frac{\delta}{1+\delta}c_{dg}. \quad (3.2.83b)$$

Kapazität c_{sd}: Hier führt die Ableitung der Sourceladung Q_S Gl. (3.2.39) auf

$$c_{sd} = -\left.\frac{\partial Q_S}{\partial U_D}\right|_{U_G,U_B,U_S} = -\left.\frac{\partial Q_S}{\partial U_{DS}}\right|_{U_{GS},U_{BS}} = \frac{-4(1+\delta)}{15}C_i\frac{\eta+3\eta^2+\eta^3}{(1+\eta)^3}. \quad (3.2.83c)$$

Mit diesen Ergebnissen lassen sich sofort die durch Gl. (3.2.79) definierten *Transkapazitäten* angeben:

$$c_m = c_{dg} - c_{gd} = \frac{4}{15}C_i\frac{1+2\eta-2\eta^2-\eta^3}{(1+\eta)^3} = \frac{4C_i}{15}\frac{(1-\eta)}{(1+\eta)^3}\cdot(\eta^2+3\eta+1) \quad (3.2.84a)$$

$$c_{mb} = c_{db} - c_{bd} = \delta(c_{dg} - c_{gd}) = \delta c_m \quad (3.2.84b)$$

und

$$c_{mx} = c_{bg} - c_{gb} = 0, \quad \text{da} \quad c_{bg} = c_{gb}. \quad (3.2.84c)$$

Arbeitspunktabhängigkeit. Über den Faktor η geht der Arbeitspunkt ein, beginnend mit den Werten bei $U_{DS}\to 0$ ($\eta\to 1$) bis zum Sättigungseinsatz ($\eta\to 0$, $U_{DS} = U_{DSP}$). Bild 3.21 zeigt den Verlauf über der Drainspannung U_{DS}. Die Verläufe setzen für $U_{DS}\to 0$ mit folgenden Werten ein:

$$\boxed{\begin{aligned}c_{gs} &= c_{gd} = C_i/2; \quad c_{bs} = c_{bd} = \delta C_i/2 \\ c_{gb} &= c_{bg}\end{aligned}} \quad (3.2.85a)$$

ferner

$$c_{dg} = c_{sg} = C_i/2; \quad c_{db} = c_{sb} = \frac{\delta}{1+\delta}C_i/2 \quad (3.2.85b)$$

$$c_{ds} = c_{sd} = -(1+\delta)C_i/6$$

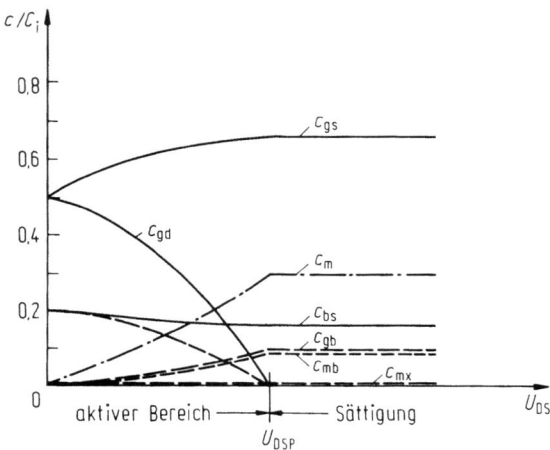

Bild 3.21. Kleinsignalkapazitäten über der Drainspannung (U_{SB} = const.)

und

$$c_m = c_{mb} = c_{mx} = 0 \text{ sowie} \tag{3.2.85c}$$

$$c_{gg} = C_i; \; c_{bb} = \delta C_i, \; c_{dd} = (1 + \delta)C_i/3 = c_{ss} \tag{3.2.85d}$$

Im Abschnürfall ($\eta \to 0$, $U_{DS} = U_{DSP}$) werden als Grenzwerte erreicht:

$$c_{gs} = 2/3 C_i \qquad c_{bs} = 2/3 \delta C_i \tag{3.2.86a}$$

$$c_{gd} = 0 \qquad c_{bd} = 0$$

$$c_{gb} = \frac{\delta}{3(1+\delta)} C_i = c_{gb'}$$

$$c_{dg} = 4/15 C_i \qquad c_{db} = 4/15 \frac{\delta}{1+\delta} C_i$$

$$c_{sg} = 2/5 C_i \qquad c_{sb} = 2/5 \frac{\delta}{1+\delta} C_i \tag{3.2.86b}$$

$$c_{ds} = -(1+\delta)4/15 C_i; \qquad c_{sd} = 0 \text{ sowie}$$

$$c_{gg} = C_i \left[\frac{2}{3} + \frac{\delta}{3(1+\delta)} \right]; \qquad c_{bb} = \delta C_i \left[\frac{2}{3} + \frac{1}{3(1+\delta)} \right] \tag{3.2.86c}$$

$$c_{dd} = 0, \; c_{ss} = (1+\delta) 2/5 C_i$$

und die Transkapazitäten

$$c_m = 4/15 C_i; \qquad c_{mb} = \delta c_m; \qquad c_{mx} = 0. \tag{3.1.86d}$$

Die Startwerte $U_{DS} \to 0$ sind leicht zu erklären. Hier verhält sich der MOSFET wie eine homogene RC-Leitung, weil der Inversionskanal überall gleich gut ausgeprägt ist. Ersetzt man eine solche Anordnung durch eine Ersatzschaltung mit konzentrierten Parametern, so verteilt sich die Gesamtkapazität C_i je zur Hälfte auf c_{gs} und c_{gd} (und analog die Verarmungskapazität c_b auf c_{bs} und c_{bd}). Die Verarmungskapazität zwischen Inversionsschicht und Substrat ergibt sich nach dem Modell des stark unsymmetrischen pn-Überganges mit der Sperrspannung U_{SB} und Diffusionsspannung $2\Phi_F^*$ zu

$$c_b'' = \frac{\sqrt{2q\varepsilon_S N_A}}{2\sqrt{2\Phi_F^* + U_{SB}}} = \delta C_i'', \qquad (3.2.87)$$

wobei die rechte Form sofort unter Beachtung der Ladungs- und Substratfaktoren δ, γ (Gl. (2.1.24), (2.3.16b)) folgt.

Die Kapazität c_{gb} verschwindet im Nullpunkt zufolge der "Abschnürwirkung" der Inversionsschicht; bei $U_{DS} = 0$ ($U_S = U_D$) würde jede Spannungsänderung ΔU_B wohl eine Ladungsänderung in der Inversionsschicht erzeugen, die sich aber sofort nach beiden Seiten ausgleicht. Deshalb bleibt die Gateladung Q_G unbeeinflußt: $\Delta Q_G = 0 \rightarrow c_{gb} = 0$. Sofort ist einsichtig, daß die Ergebnisse Gl. (3.2.85) für $U_{DS} = 0$ jedes Kapazitätsmodell erfassen müssen, also auch solche mit genauer dargestellten Ladungen. Im Punkt $U_{DS} = 0$ stellt man $c_{kl} = c_{lk}$ fest: die Anordnung verhält sich ladungsmäßig *reziprok*, was für die homogene RC-Leitung physikalisch plausibel ist. Dies gilt jedoch nicht mehr für $U_{DS} > 0$!

Im *Abschnürfall* ($\eta \rightarrow 0$, $U_{DS} = U_{DSP}$) gelten die Beziehungen Gl. (3.2.86). Zweifelsohne überrascht das Ergebnis $c_{gd} = c_{bd} = 0$, das die totale ladungsmäßige Entkopplung des Drainbereiches von Gate und Bulk ausdrückt (Kanallängenmodulation vernachlässigt). Es resultiert aus der Unabhängigkeit der Ladungen Q_B, Q_G Gl. (3.2.42) von U_{DS}. Der Grenzwert $c_{gs} = 2/3 C_i$ ist *kleiner* als der möglicherweise erwartete Wert C_i. Die Erklärung kann leicht gegeben werden. So erzeugt eine Spannungsänderung ΔU_S eine entsprechende Spannungsänderung ΔU_i über dem Oxid. Vom Source nach dem Drain (dort wegen $\Delta U_D = 0$!) fällt die lokale Spannungsänderung ΔU_C ab, weshalb auch die Ladungsänderung Q_G nach dem Drain zu abnimmt und so auch der Kapazitätsbeitrag im Vergleich zu $U_S = \Delta U_D$ (d.h. $\Delta U_{DS} = 0$). Dann würde sich die Ladung längs des Kanals überall gleich ändern, was $c_{gs} = C_i$ zur Folge hätte.

Die Kapazität $c_{gb} = c_{bg}$ ist in erster Linie durch den Substrateffekt bestimmt. Sie verschwindet im Abschnürfall nicht, denn eine Substratspannungsänderung ΔU_B ändert auch die Isolatorspannung ΔU_i, zumindest außerhalb der Kanalendpunkte (dort ist U_S, $U_D = $ const.). Dann trägt ΔU_i zu ΔQ_G bei und die Kapazität c_{gb} verschwindet im Sättigungsgebiet nicht.

Die Komponenten c_{dg} und c_{db} (Bild 3.22) ändern sich über U_{DS} innerhalb der durch Gl. (3.2.85), (3.2.86) gegebenen Grenzwerte nicht besonders stark, generell nehmen sie mit zunehmender Sättigungstendenz ab. Die Transkapazitäten hingegen werden um so größer, je mehr man sich der Sättigungsgrenze nähert. Deshalb ist die Nichtreziprozität der Ladungen (und überhaupt des MOSFET-Klemmenverhaltens) im Sättigungsbereich am stärksten ausgeprägt. Überraschend

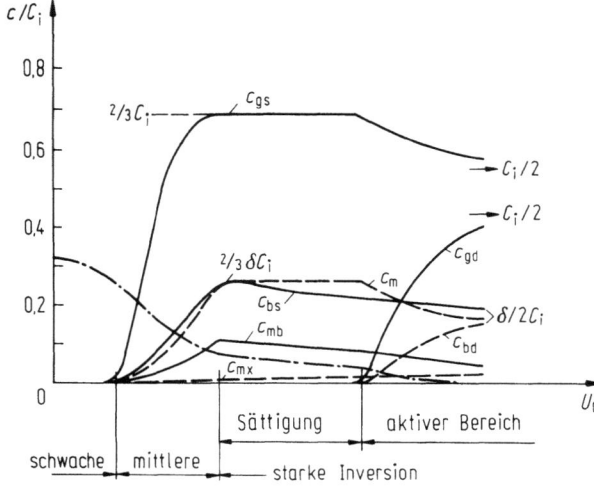

Bild 3.22. Typische Kapazitäten der Ersatzschaltung Bild 3.20 über der Gatespannung (U_{SB} = const.)

ist der (experimentell zu bestätigende) negative Wert der Kapazität c_{sd} (Gl. (3.2.83c)) im gesamten Arbeitsbereich. Man kann dies als Zunahme der effektiven Sperrspannung am Drain durch die (positive) ΔU_D-Erhöhung und die damit verbundene *effektive* Abnahme der (negativen) Inversionsladung interpretieren. Deshalb müssen die Änderung ΔQ_I positiv sein und ebenso die Anteile ΔQ_S, ΔQ_D. Daraus folgt $c_{sd} = -\partial Q_S/\partial U_D$ negativ.

Abschließend sei noch auf zwei Tatsachen verwiesen:
– Die Kapazitäten von Gate resp. Bulk zu Source oder Drain sind einander nach Maßgabe des Ladungsfaktors δ (Gl. (2.3.16b)) proportional

$$\delta \approx c_{bs}/c_{gs} \approx c_{bd}/c_{gd} \approx g_{mb}/g_m = dU_{TH}/dU_{SB}. \tag{3.2.88}$$

Diese Beziehung, die streng genommen nur für $U_{DS} \to 0$ gilt, wurde bereits bei der Substratsteilheit (Gl. (3.1.14 ff.)) festgestellt.
– Die Kapazitäten c_{xy} unterscheiden sich u.a. von den zugehörigen Komponenten c_{yx} für $U_{DS} = 0$ um so mehr, je näher man an die Sättigungsgrenze gelangt.
– Stärkere Abweichungen in den absoluten Kapazitätswerten – kaum jedoch im Tendenzverlauf – sind durch die Spannungsabhängigkeit des Ladungsfaktors δ zu erwarten, der in den Kapazitätsbeziehungen Gl. (3.2.80) ff. als Konstante betrachtet wird. Dies gilt nach der Diskussion von Gl. (2.3.16b) bei kleiner Drainspannung recht gut, aber nicht bei größerer, wie sie im Sättigungsbereich auftritt. Dann muß der U_{DS}-Einfluß in δ mit beachtet werden (was die Ladungsbeziehungen weiter kompliziert).

Abhängigkeit von U_{GS}. Schwache Inversion. Applikativ wichtiger als der Einfluß der Drainspannung ist der Verlauf der Kapazitäten über der Gatespannung, weil damit der gesamte Inversionsbereich (bis hin zur schwachen Inversion und Verarmung) experimentell bequem durchlaufen werden kann.

Erinnert sei zunächst (s. Bild 3.15) an die Zuordnung der Inversionsbereiche: von $U_{GS} = 0$ ausgehend gelangt man der Reihe nach ggf. aus der Anreicherung

246 3 Der MOSFET im dynamischen Betrieb

über Verarmung zur schwachen, mittleren und schließlich starken Inversion. Für eine gewählte Drainspannung $U_{DS} \equiv U_{DSP}$ befindet man sich für $U_{GS} - U_{TH} <$ $(1 + \delta) \cdot U_{DS}$ noch im Abschnürbereich, erst anschließend geht der Transistor in den aktiven Betrieb über. Da die bisher bestimmten Kapazitäten starke Inversion voraussetzen, kann streng genommen nur dieser Bereich diskutiert werden. Andererseits lassen sich für die schwache Inversion und Verarmung zumindest Anhaltswerte gewinnen, womit eine Kurveninterpolation für mittlere Inversion möglich ist. Bild 3.22 zeigt die Kapazitätsverläufe aus den bisherigen Ergebnissen.

Im Bereich *schwacher Inversion* gilt generell $Q_I \ll Q_G, Q_B$ und ist damit ist die Ladungsbilanz durch $Q_G + Q_B \approx 0$ gegeben. Die Bulkladung Q_B'' liegt durch Gl. (3.2.45) fest

$$Q_B'' = -\gamma C_i'' \left(-\frac{\gamma}{2} + \sqrt{\frac{\gamma^2}{4} + (U_{GB} - U_{FB})} \right)$$

$$\equiv -\gamma C_i'' \left(-\frac{\gamma}{4} \pm \sqrt{\frac{\gamma^2}{4} + (U_{GS} + U_{SB} - U_{FB})} \right). \tag{3.2.89}$$

Man erhält dann entsprechend der Zuordnungen Gl. (3.2.80–83)

$$c_{gd} = c_{gs} = c_{bd} = c_{bs} = 0 \tag{3.2.90}$$

und (Gl. (3.2.80b)

$$c_{gb} = -\frac{\partial Q_G}{\partial U_{BS}}\bigg|_{U_{GS},U_{DS}} = -\frac{\partial Q_B}{\partial U_{SB}}\bigg|_{U_{GS},U_{DS}} = \frac{\gamma C_i}{2\sqrt{\gamma^2/4 + U_{GS} - U_{SB} - U_{FB}}} \tag{3.2.91}$$

sowie gemäß Gl. (3.2.81b)

$$c_{bg} = -\frac{\partial Q_G}{\partial U_{GS}}\bigg|_{U_{BS},U_{DS}} \equiv c_{gb}.$$

Damit sind c_{gb}, c_{bg} die dominanten Kapazitäten des inneren Transistors bei schwacher Inversion. Sie fallen über der Gatespannung ab (Bild 3.22), um schließlich in die Sättigungswerte einzumünden. Nach dem Verarmungsbereich hin bleibt c_{gb} praktisch nach Gl. (3.2.91) erhalten, weil der Inversionskanal völlig verschwunden ist und damit $Q_G + Q_B = 0$ exakt gilt.

Einfluß von Kurzkanaleffekten. Aus dem Ladungsmodell (Abschn. 3.2.1.3.2), das typische Kurzkanaleffekte berücksichtigt, lassen sich auch die entsprechenden Transistorkapazitäten herleiten. Sieht man einmal davon ab, daß in diesem Fall parasitäre Effekte ohnehin einen relativ größeren Einfluß haben (s. nächster Abschnitt), so zeigen die Kapazitäten gegenüber denen des Langkanaltransistors folgende typische Abweichungen [3.68], [3.76], [3.111], [2.43], [3.87], [3.112], [3.104], [3.105]:

1. Im Sättigungsbereich verschwinden die Kapazitäten c_{gd}, c_{bd}, c_{sd} und c_{dd} nicht, wie dies im Langkanalfall z.B. nach Bild 3.21 zutraf. Der Übergang vom Abschnür- nach dem linearen Bereich erfolgt vielmehr allmählich.

2. Im Abschnürfall trägt das parasitäre Streufeld neben Kanallängenmodulation und Geschwindigkeitssättigung am stärksten zu den eben genannten Kapazitäten bei.
3. Die Kapazität c_{gs} überschreitet den Grenzwert $2/3 C_i$ des Langkanalmodells bei Sättigung mit sinkender Kanallänge deutlich, ebenso sinkt c_{gd} im Linearbereich mit abnehmender Kanallänge. Der erste Effekt ist hauptsächlich durch den Einfluß der Kurzkanalschwellspannung bedingt.
4. Die Skalierungsregeln (s. Abschn. 2.4.5) gelten für die Kapazitäten praktisch nicht.
5. Die Kapazität c_{gb} sinkt gegenüber dem Langkanalfall sehr stark ab. Die wesentliche Ursache dafür ist der relativ wachsende Einfluß der source- und drainseitigen Verarmungsladung.

3.2.2.5 Parasitäre Elemente

Neben den parasitären Widerständen der Source- und Draingebiete spielen parasitäre Elemente auch für das Ladungsverhalten des Gesamttransistors dann eine Rolle, wenn dessen Abmessungen sinken. Sie dominieren z.T. im VLSI-Bereich, wo einige innere Kapazitäten (z.B. c_{gb}, c_{gd}, c_{bd}) sehr klein werden.

Zu den wichtigsten parasitären Kapazitäten gehören (Bild 3.23):
 1. Die *Sperrschicht-Kapazitäten* der Source-Draingebiete gegen Substrat (c_{bse}, c_{bde}). Sie sind prozeß- und geometrieabhängig. So besteht beispielsweise die Kapazität des diffundierten Sourcebereiches vereinfacht aus jeweils zwei Komponenten:
 - der Bodenkapazität (Fläche A_S, spez. Kapazität c''_{js}) und
 - der größeren Seitenkapazität durch die nach oben zunehmende Dotierung (Faktor 3...5 gegen c_{js}), die geometrisch etwa Viertelzylinderform besitzt. Häufig gibt man die Seitenkapazität pro Länge an (c'_{jss}), die mit dem Kontaktgebietsumfang l_s (außer der Kanalbreite) zu multiplizieren ist

$$c_{bse} = A_S c''_{js} + l_s c_{jss}. \tag{3.2.92}$$

Als Spannungsabhängigkeit für c''_{js}, c'_{jss} wird eine übliche Form

$$c = \frac{c_0}{(1 + U_{SB}/U_D)^m}$$

angesetzt, wie sie aus der Theorie des pn-Überganges folgt.

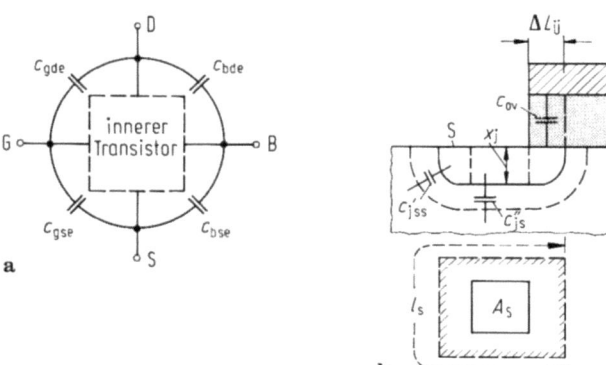

Bild 3.23a, b. Parasitäre Kapazitäten. **a** Zusatzkapazitäten zum Kleinsignalmodell nach Bild 3.20, **b** Sperrschicht- und Überlappungskapazität am Sourcekontakt

248   3 Der MOSFET im dynamischen Betrieb

2. Die *Überlappungskapazität*. Insbesondere bei Betrieb im abgeschalteten Zustand fehlt zwar der Inversionskanal, doch verbleiben noch Überlappungskapazitäten Gate-Source bzw. Gate-Drain (Bild 3.23). Näherungsweise gilt

$$c_{ov} = C_i b \Delta L_{\ddot U}, \tag{3.2.93}$$

wobei $\Delta L_{\ddot U}$ die Überlappungsstrecke angibt. Ein guter Ansatz ist $\Delta L_{\ddot U} \approx 0{,}5 x_j$. Wenn $\Delta L_{\ddot U}$ sehr gering wird, macht sich die Streukapazität der Gateelektrode immer stärker bemerkbar. Überlappungskapazitäten sind prozeß- und geometrieabhängig, aber grundsätzlich lineare Kapazitäten. Derartige Kapazitäten lassen sich durch konforme Abbildung mittels der Schwartz-Christoffel-Methode berechnen [3.96]–[3.98]. Man erhält als gesamte Überlappungskapazität (pro Länge)

$$c'_{ov} = \frac{\varepsilon_i}{\alpha'} \ln\left(1 + \frac{1}{X}\right) + \frac{2\varepsilon_S}{\pi} \ln\left[1 + \frac{x_j}{d_i}\sin\left(\frac{\pi}{2}\frac{\varepsilon_i}{\varepsilon_S}\right)\right] + \frac{\varepsilon_i(d + \delta)}{d_i} \tag{3.2.94}$$

($X \approx d_i/d_{Poly}$, d_{Poly} Dicke der Poly-Gate-Elektrode, α' Winkel des Poly-Gates, $d \approx 0{,}5 x_j$, Korrekturfaktor). Die *Streukapazität* selbst läßt sich annähernd durch

$$\frac{c_{fr}}{C_i} = \frac{d_i}{\pi}\left[\left(X + \frac{1}{X}\right)\ln\left(\frac{1 + X}{1 - X}\right) + 2\ln\left(\frac{1}{4}\left(\frac{1}{X} - X\right)\right)\right], \tag{3.2.95}$$

berechnen, wobei jedoch auch andere Formen angegeben werden [3.96]–[3.99]. Sie übertrifft in VLSI-Elementen rasch den Wert $C_i b \Delta L_{\ddot U}$. Schließlich sei darauf verwiesen, daß auch noch Gate-Verdrahtungskapazitäten weitere Beiträge liefern können.

3.2.3 Allgemeine Kleinsignalersatzschaltung

Ein unter Kleinsignalbedingungen betriebener (nichtlinearer) Mehrpol konnte nach Gl. (3.1.4) durch ein lineares Gleichungssystem gekennzeichnet werden, dort in Leitwertform. Auf der anderen Seite wird der MOSFET im Zeitbereich durch ein System von Ladungsströmen und einem überlagerten Transportstrom nach Gl. (3.2.24) beschrieben, das bei Linearisierung (→ Einführung der Leitwertparameter g_m, g_{mb}, g_d sowie der Kapazitäten nach Gl. (3.2.70)) ebenfalls in ein lineares System im Zeitbereich übergeht. Liegen nun speziell *sinusförmige* (stationäre) Ströme und Spannungen vor der Art

$$u_m(t) = U_m \cos(\omega t + \varphi_u), \quad i_m(t) = I_m \cos(\omega t + \varphi_i),$$

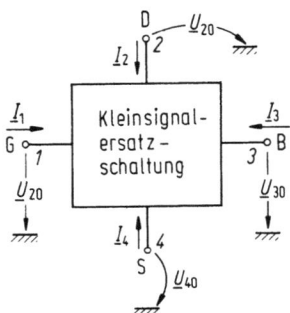

Bild 3.24. Kleinsignalersatzschaltung im Frequenzbereich

zu denen im Frequenzbereich die Zeiger (ruhend)

$$u_m(t) \to U_m = U_m \exp j\varphi_u, \quad i_m(t) \to I_m = I_m \exp j\varphi_i$$

gehören, so läßt sich das lineare Strom-Spannungsverhalten des MOSFET in den *Frequenzbereich* transformieren und folgendermaßen darstellen (Klemmenzuordnungen nach Bild 3.24):

$$\begin{aligned}
I_1 &= y_{11}U_{10} + y_{12}U_{20} + y_{13}U_{30} + y_{14}U_{40}\\
I_2 &= y_{21}U_{10} + y_{22}U_{20} + y_{23}U_{30} + y_{24}U_{40}\\
I_3 &= y_{31}U_{10} + y_{32}U_{20} + y_{33}U_{30} + y_{34}U_{40}\\
I_4 &= y_{41}U_{10} + y_{42}U_{20} + y_{43}U_{30} + y_{44}U_{40} \quad \text{bzw.}
\end{aligned} \quad (3.2.96a)$$

$$\begin{aligned}
I_g &= y_{gd}U_d + y_{gg}U_g + y_{gb}U_b + y_{gs}U_s\\
I_d &= y_{dd}U_d + y_{dg}U_g + y_{db}U_b + y_{ds}U_s\\
I_b &= y_{bd}U_d + y_{bg}U_g + y_{bb}U_b + y_{bs}U_s\\
I_s &= y_{sd}U_d + y_{sg}U_g + y_{sb}U_b + y_{ss}U_s
\end{aligned} \quad (3.2.96b)$$

(unbestimmte Admittanzform).

Die Spannung U_{io} bzw. U_i sind dabei auf einen beliebigen Punkt 0 bezogen. Die einzelnen *Vierpoladmittanzen* haben die Form

$$y_{ik} = \left.\frac{I_i}{U_k}\right|_{U_n} = 0, \quad n \neq k \quad (i, k = g, d, b, s \text{ resp. } 1, 2, 3, 4) \quad (3.2.97)$$

und sind dem Charakter nach entweder *Admittanzen* (y_{ii}) oder *Transadmittanzen* ($y_{ik}, i \neq k$). Im Unterschied zu Gl. (3.2.70) wurden sie alle als positiv definiert.

Das Gleichungssystem (3.2.96) – die sog. unbestimmte Admittanzform – ist mit seinen 16 Leitwertkoeffizienten überbestimmt. Es kann – genau wie Gl. (3.2.70 ff.) – durch Berücksichtigung des Knoten- und Maschensatzes und Zuordnung des bisher beliebigen Spannugsbezugspunktes auf den *Sourcepunkt* (→ Sourceschaltung, Spannungen $U_{10} \to U_1$, $U_{20} \to U_2$ bzw. $U_g \to U_{gs}$, $U_d \to U_{ds}$ usw.) auf die Admittanzform des in Sourceschaltung betriebenen MOSFET mit insgesamt nur noch *neun* offenen Admittanzparametern reduziert werden.

$$\begin{aligned}
I_1 &= y_{11}U_1 + y_{12}U_2 + y_{13}U_3\\
I_2 &= y_{21}U_1 + y_{22}U_2 + y_{23}U_3\\
I_3 &= y_{31}U_1 + y_{32}U_2 + y_{33}U_3.
\end{aligned} \quad (3.2.98)$$

Dabei sollten noch die Nebenbedingungen

$$\begin{aligned}
y_{11} + y_{12} + y_{13} + y_{14} &= y_{11} + y_{21} + y_{31} + y_{41} = 0\\
y_{22} + y_{21} + y_{23} + y_{24} &= y_{22} + y_{12} + y_{32} + y_{42} = 0\\
y_{33} + y_{32} + y_{31} + y_{34} &= y_{33} + y_{23} + y_{13} + y_{43} = 0\\
y_{44} + y_{42} + y_{41} + y_{43} &= y_{44} + y_{24} + y_{14} + y_{34} = 0
\end{aligned} \quad (3.2.99)$$

analog zu Gl. (3.2.72 ff.) erwähnt werden, die sich im Verlauf der Reduktion von Gl. (3.2.96) nach (3.2.98) ergeben.

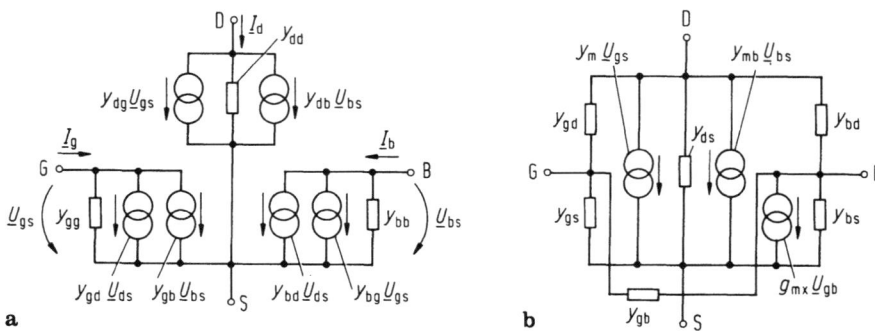

Bild 3.25a, b. Kleinsignalersatzschaltung in Sourceschaltung. **a, b** Zahl der Quellen reduziert durch Einfügen von Transleitwerten

Speziell zu Gl. (3.2.98a) gehört die in Bild 3.25a angegebene Ersatzschaltung: Zwischen jedem der drei Knoten G, D, B und Source liegen eine Admittanz ($y_{11} \ldots y_{33}$) und jeweils zwei spannungsgesteuerte Stromquellen, die durch die Transadmittanzen bestimmt sind. Diese Ersatzschaltung ist die verallgemeinerte Form von Bild 3.19. Aus Gründen, die bereits bei der Entwicklung der Kapazitätsersatzschaltung Bild 3.19 erläutert wurden, ist es neben der Ersatzschaltung Bild 3.25a zweckmäßig, eine Form mit möglichst vielen physikalisch realisierbaren Schaltelementen zu besitzen (Bild 3.25b). Sie enthält

- 6 Admittanzelemente (durch passive Elemente darstellbar),
- 3 gesteuerte Quellen.

Es gelten folgende Zuordnungen:

$$\begin{aligned}
y_{11} &= y_{gs} + y_{gb} + y_{gd} \text{ und umgekehrt} & y_{gs} &= y_{11} + y_{12} + y_{13} \\
y_{12} &= -y_{gd} & y_{ds} &= y_{12} + y_{22} + y_{32} \\
y_{13} &= -y_{gb} & y_{bs} &= y_{31} + y_{32} + y_{33} \\
y_{21} &= y_m - y_{gd} & y_{gd} &= -y_{12} \\
y_{22} &= y_{ds} + y_{gd} + y_{bd} & y_{bd} &= -y_{32} \\
y_{23} &= y_{mb} - y_{bd} & y_{gb} &= -y_{13} \\
y_{31} &= y_{mx} - y_{gb} & y_m &= y_{21} - y_{12} \\
y_{32} &= -y_{bd} & y_{mb} &= y_{23} - y_{32} \\
y_{33} &= y_{bd} + y_{bs} - y_{mx} + y_{gb} & y_{mx} &= y_{31} - y_{13}.
\end{aligned} \qquad (3.2.100)$$

Damit besteht eine direkte Beziehung zu den NF-Vierpolparametern g_d, g_m, g_{mb} nach Abschn. 3.1 und den Kapazitäten insbesondere den Ersatzschaltungen Bild 3.3 und B. 3.20. So gelten bei tiefen Frequenzen: $y_{21} = g_m$, $y_{23} = g_{mb}$, $y_{22} = g_d$, alle restlichen Vierpolleitwerte verschwinden.

Für mittlere Frequenzen erhalten alle Leitwertparameter noch eine Blindkomponente, meist in Form einer Kapazität. Deshalb wird die allgemeine Admittanz

$$y_{ik} = g_{ik} + j\omega c_{ik}$$

in Conductanz und Suszeptanz aufgeteilt. Die eingeführte Größe c_{ik} ist positiv, wenn eine physikalische Kapazität vorliegt. Man erhält so beispielsweise aus Gl. (3.2.81 ff.), (3.2.82)

$$c_{11} = c_{gg} = c_{gs} + c_{gb} + c_{gd}$$
$$c_{22} = c_{dd} = c_{sd} + c_{gd} + c_{bd}$$
$$c_m = c_{21} - c_{12} \quad \text{usw.}$$

3.3 Dynamisches Verhalten

Die bisherige quasistatische Betrachtung ging davon aus, daß sich z.B. eine Spannungsänderung $u_{GS}(t)$ am Sourcekontakt *sofort*, d.h. *ohne zeitliche Verzögerung* auch auf Punkte y längs des Kanals ($\to u_{GY}(t)$) überträgt. Tatsächlich erfolgt die Steuerung der Inversionsladung im Kanalelement der Länge Δy jedoch durch die am jeweiligen Kanalpunkt y herrschende Steuerfeldstärke $E(y,t) \sim u_{GS}(t) - u_{CS}(y,t)$. Bei einer Änderung von $u_{GS}(t)$ ändert sich dann $u_{CS}(y,t)$ streng genommen *zeitlich etwas versetzt*, weil die Oxid- und Inversionskapazität an der Stelle y *erst umgeladen* werden muß, ehe sich die Spannung $u_{CS}(y,t)$ auf den zugehörigen (stationären) Wert einstellen kann. Damit hängt $u_{CS}(y,t)$ durch die *räumlich verteilte* Steuergröße von *Ort und Zeit* ab, was bei der quasistatischen Betrachtung nicht berücksichtigt wurde.

Ganz entsprechend wird auch der Kanalstrom $i(y,t)$ (Konvektions- und Verschiebungsstrom!) von *Ort und Zeit* abhängen, weil an der Stelle y eine Stromänderung $\partial i/\partial y$ schon durch die erforderliche Umladung der Inversionskapazität muß. Zur genaueren Beschreibung dieser Vorgänge sind daher die *Halbleitergrundgleichungen* herangezogen werden, nämlich Kontinuitäts-, Transport- und Poissonsche Gleichung. Dabei soll zunächst der Fall *starker Inversion* in einem eindimensionalen Modell angenommen werden.

3.3.1 Modell, Grundgleichungen

Bei Vernachlässigung der Rekombination lautet die (eindimensionale) *Kontinuitätsgleichung* des Elektronenstromes I_n (Stromdichte S_n) im Kanal (Bild 3.26)

$$\frac{\partial n}{\partial t} = \frac{1}{q}\frac{\partial S_n}{\partial y}$$

252 3 Der MOSFET im dynamischen Betrieb

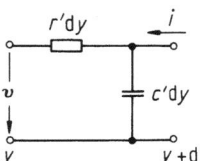

Bild 3.26. Leitungsmodell als Analogon zum Ladungsverhalten im MOSFET

bzw. durch Integration über die Kanalquerschnittsfläche $\int_A dA = \int_0^{x_i} b\,dx$

$$-\frac{\partial}{\partial t}\left(\int_0^{x_i} qn\,dx\right) = \frac{\partial}{\partial y}\left(\int_A S_n\,dA\right) = \frac{\partial i_n}{\partial y}$$

bzw. mit der flächenbezogenen (Bezugsfläche b.L) Inverionsladung nach dem Flächenladungsmodell Gl. (2.2.4) $q_I''(y) = -qn(y)x_i$ schließlich

$$+\frac{b\partial q_I''(y,t)}{\partial t} = \frac{\partial i_n(y,t)}{\partial y} \tag{3.3.1}$$

Dies ist die Ausgangsgleichung (3.2.16) auch des Ladungssteuermodells nach Abschn. 3.2.1.1. Dabei wurde berücksichtigt, daß sowohl die Inversionsladung $q_I''(y,t)(Q_I'' \rightarrow q_I'')$ als auch der Kanalstrom in von Ort und Zeit abhängen. Im Gleichstromfall geht daraus der räumlich konstante Kanalstrom hervor.

Die *Transportgleichung* vermittelt bei starker Inversion den Zusammenhang zwischen Kanaldriftfeld, d.h. der lokalen Kanal-Sourcespannung $u_{CB}(y,t)$ und dem Strom $i_n(y,t)$ (Gl. (2.3.15)) an der Stelle y zur Zeit t

$$i_n(y,t) = \mu_n b(-q_I''(y,t))\cdot \partial u_{CB}/\partial y. \tag{3.3.2}$$

Gl. (3.3.1) und (3.3.2) stehen in direkter Analogie zu den Gleichungen einer RC-Leitung (Bild 3.26) mit den Längswiderständen r'dy und Teilkapazitäten c'dy (r', c' längenbezogene Elemente). Dabei liegt über der Kapazität c' die Spannung v(y), so daß die Ladung q' = c'v(y) gespeichert ist. Die entsprechenden Leitungsgleichungen lauten

$$\frac{\partial v}{\partial y} = r'i;\quad \frac{\partial i}{\partial y} = c'\frac{\partial v}{\partial t}. \tag{3.3.3}$$

Der Unterschied zwischen Leitungsmodell Gl. (3.3.3) und Transistormodell besteht darin

- daß der für Gl. (3.3.3) zu definierende Widerstand r' wegen der dort auftretenden Ladung q_I'' (Spannungsfunktion!) spannungsabhängig, also *nichtlinear* ist,
- die Beziehung zwischen Ladung q_I'' und Spannung über die Poisson-Gleichung und Ladungsbilanz durch die Eigenschaften der MOS-Kapazitäten im Punkt y festliegt. Für starke Inversion war diese Beziehung durch Gl. (3.2.33a)

gegeben (abgeändert für zeitveränderliche Spannungen

$$\begin{aligned}q_I''(y,t) &= -C_i''[u_{GB}(t) - U_{FB} - 2\Phi_F^* - u_{CB} + q_B''/C_i] \\ &= -C_i''[u_{GB}(t) - U_{FB} - 2\Phi_F^* - u_{CB}(y,t) - \gamma\sqrt{2\Phi_F^* + u_{CB}(y,t)}] \\ &= -C_i''[u_{GS}(t) - U_{FB} - 2\Phi_F^* - u_{CY}(y,t) - \gamma\sqrt{2\Phi_F^* + u_{CS} + u_{SB}(t)}]\end{aligned}$$
(3.3.4)

Mit Gl. (3.3.1), (3.3.2) und (3.3.4) stehen drei Gleichungen als System nichtlinear partieller Differentialgleichungen zur Lösung der drei Unbekannten $i_n(y,t)$, $u_{CB}(y,t)$ und $q_I''(y,t)$ zur Verfügung. Dazu sind Rand- und Anfangswerte erforderlich, die u. a. von den Klemmenspannungen abhängen und somit den Betriebsfall (z.B. Kleinsignal-, HF-Verhalten, Impulsverhalten) festlegen.

Vor dieser Spezialisierung sind jedoch noch zwei Aspekte zu betrachten: die Gültigkeit der quasistatischen Ladungsbetrachtung und die zweckmäßige Erfassung des Substrateffektes.

3.3.2 Quasistatische Betrachtung

Um die Brauchbarkeit der in Abschn. 3.2 verwendeten quasistatischen Näherung vor dem Hintergrund des vollständigen Gleichungssystems (3.3.1)–(3.3.4) bewerten zu können, sollen

- zunächst der Substrateffekt in der Ladung Gl. (3.3.4) ($\gamma \to 0$) vernachlässigt werden, so daß sich die vereinfachte Schwellspannung $U_{TH} = U_{FB} + 2\Phi_F^*$ Gl. (2.3.11c) verwenden läßt und
- die Variablen durch Übergang zur Isolatorspannung $v(y,t)$ gewechselt werden.

$$v(y,t) \equiv u_{GS}(t) - u_{CS}(y,t) - U_{TH}$$
(mit $u_{GB}(t) - u_{CB}(t) \equiv u_{GS}(t) - u_{CS}(y,t)$)

Dann folgt aus Gl. (3.3.1)–(3.3.4)

$$\begin{aligned}i_n &= -\mu_n b C_i'' v \partial v/\partial y \\ b \partial q_I''/\partial t &= \partial i/\partial y \\ q_I'' &= -C_i'' v\end{aligned}$$
(3.3.5a)

oder zusammengefaßt:

$$\boxed{C_i'' \frac{\partial v}{\partial t} = -\frac{\partial q_I''}{\partial t} = \frac{\partial}{\partial y}\left\{\mu_n C_i'' v \frac{\partial v}{\partial y}\right\} = \frac{\mu_n C_i''}{2} \frac{\partial^2(v^2)}{\partial y^2}}$$
(3.35b)

als (nichtlineare) Grundgleichung des MOSFET für die räumlich-zeitliche Kanalspannung $v(y,t)$ bei vorgegebener Anregung mit noch festzulegenden Anfangs- und Randwerten. Eine gleichwertige Form lautet mit $\lambda(y,t) = v^2$:

254   3 Der MOSFET im dynamischen Betrieb

$$\frac{L^2}{\mu_n v(y,t)}\frac{\partial \lambda}{\partial t} \equiv \tau(y,t)\frac{\partial \lambda}{\partial t} = \frac{L^2 \partial^2 \lambda}{\partial y^2} \quad \text{mit} \quad \tau(y,t) = \frac{L^2}{\mu_n v(y,t)}. \qquad (3.3.6)$$

Dabei ist $\tau(y,t) \approx \tau(y)$ eine über $v(y,t)$ definierte nichtlineare Zeitkonstante, die hauptsächlich vom Ort, kaum aber von der Zeit abhängt (wie sich für große Lösungsbereiche zeigen läßt).

Für den *Gleichstromfall* ($\partial v/\partial t = 0$) folgt aus Gl. (3.3.6) sofort die allgemeine Lösung

$$v^2(y) = ay + b,$$

die mit den Randwerten

Source $(y = 0) \rightarrow v(0) = U_{GS} - U_{TH}$
Drain $(y = L) \rightarrow v(L) = U_{GS} - U_{DS} - U_{TH}$

die "Gleichstromlösung" (Bild 3.27)

$$v^2(y) = \frac{v^2(L) - v^2(0)}{L} y + v^2(0) \qquad (3.3.7)$$

ergibt (s. Gl. (2.2.13a)). Diese "statische" Spannungsverteilung gilt näherungsweise sicher dann noch, wenn der Term $\partial \lambda/\partial t$ sehr klein gegen die rechte Seite von Gl. (3.3.6) ist, also die zeitliche Änderung von λ *sehr langsam* erfolgt und sich ferner die Zeitkonstante τ nicht ändert. Deshalb kann sie durch einen Mittelwert $\bar\tau$ ersetzt werden kann:

$$\frac{\partial \lambda}{\partial t} \ll \frac{L^2}{\bar\tau}\frac{\partial^2 \lambda}{\partial y^2} \approx \frac{L^2}{\bar\tau}\frac{\partial^2 \lambda}{\partial y^2}. \qquad (3.3.8)$$

Ein (orientierender) Mittelwert $\bar\tau$ ergibt sich nach Gl. (3.3.6), wenn für die Spannung $v(y,t)$ der Wert am Sourcekontakt $v(0,0)$ verwendet wird:

$$\bar\tau = \frac{L^2}{\mu_n(U_{GS} - U_{TH})} = \tau. \qquad (3.3.9)$$

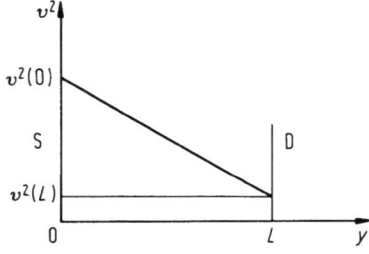

Bild 3.27. Spannungsverteilung $v^2(y)$ längs des Transistor-Leitungsmodells

3.3 Dynamisches Verhalten   255

Von quasistatischem Verhalten kann somit nur gesprochen werden, wenn die Zeitspanne Δt, in der die Änderung der Spannung $u_{CB}(t)$ erfolgt, *groß* gegen die charakteristische Zeitkonstante $\bar{\tau}$ ist. Die Zeitkonstante $\bar{\tau}$ ist somit ein wichtiger dynamischer Parameter des MOSFET, der sich später auch in einer Grenzfrequenz wiederfinden wird. Damit findet auch die bereits früher (Gl. (3.2.3)) verwendete Abgrenzung des quasistatischen Betriebes ihre nachträgliche Rechtfertigung.

Anschaulich steht diese Zeitkonstante über die Definitionsgleichung des Stromes in direktem Zusammenhang mit Inversionsladung Q_I und Drainstrom I_D:

$$i_D = \frac{dQ}{dt} \rightarrow \frac{Q_I}{\bar{\tau}} \rightarrow \int_0^{Q_I} dQ = \int_0^{\bar{\tau}} i dt. \quad (3.3.10a)$$

Integral wird dann während der Zeit $\bar{\tau}$ die Gesamtladung Q_I mittels des Drainstromes I_D durch einen Kanal transportiert:

$$\bar{\tau} = Q_I/I_D. \quad (3.3.10b)$$

Weil sich Inverionsladung und Drainstrom für die unterschiedlichen Betriebsfälle rasch angeben lassen, ist somit auch eine Bewertung von $\bar{\tau}$ und damit eine Abschätzung des Gültigkeitsbereiches der quasistatischen Betrachtung möglich.

Für *starke Inversion* betragen $Q_I \approx bLC_i''(U_{GS} - U_{TH})$ (bei Nichtsättigung, bei Sättigung noch Zahlenfaktor 2/3) und der Drainstrom I_D (bei Sättigung) $I_D = 1/2\mu_n C_i'' b/L(U_{GS} - U_{TH})^2$ (Gl. (2.2.11)).
Dann gilt

$$\boxed{\tau \approx \frac{4L^2}{3\mu_n(U_{GS} - U_{TH})}.} \quad (3.3.11)$$

Im aktiv normalen Bereich, insbesondere für kleine Drainspannungen $U_{DS} \ll U_{GS} - U_{TH}$, geht diese Beziehung nach Gl. (3.2.41a) $I_D \sim (U_{GS} - U_{TH})U_{DS}$ in $\tau \sim 1/U_{DS}$ über. Gl. (3.3.11) gilt für den Langkanaltransistor insbesondere dann, wenn noch keine Geschwindigkeitssättigung ($\rightarrow v_{dmax}$) herrscht. Bewegen sich Ladungsträger im gesamten Kanal, nämlich mit Sättigungsgeschwindigkeit, so beträgt die Zeitkonstante einfach

$$\tau = \frac{L}{v_{dmax}}. \quad (3.3.12)$$

Da im realen Transistor Geschwindigkeitsbegrenzung nur in einem Teil des Kanals herrscht, wird τ etwas größer als L/v_{dmax} sein. Diese Zeitkonstante ist z.B. beim Kurzkanaltransistor (kleines L, großes v_{dmax}) deutlich kleiner als beim Langkanaltransistor.

Da die Stromdefinition Gl. (3.3.10) (und damit die Einführung der Laufzeit τ) den Transportmechanismus nicht vorschreibt, kann diese Beziehung auch im Bereich *schwacher Inversion* angewendet werden. Dort betragen die Inversionsladung $Q_I = bL/2|Q_I''(0)|$ Gl. (3.2.46) (wegen $Q_I''(L) \approx 0$ bei $U_{DS} \gg U_T$), der

256   3 Der MOSFET im dynamischen Betrieb

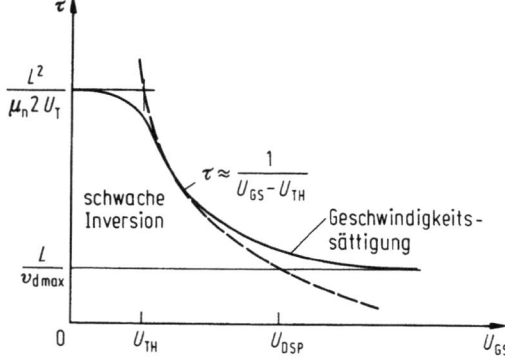

Bild 3.28. Gatespannungsabhängigkeit der Zeitkonstante

Diffusionsstrom $I_D \approx \mu_n b/L\, U_T |Q_I''(0)|$ (Gl. (2.3.28)) und damit die Zeitkonstante

$$\tau = \frac{L^2}{\mu_n 2 U_T}. \qquad (3.3.13)$$

Sie ist wegen der kleinen Temperaturspannung am größten, m.a.W. die zeitliche Begrenzung des quasistatischen Modells dort am schärfsten.

Innerhalb der möglichen Betriebsbereiche ändert sich die Zeitkonstante sehr stark (Bild 3.28). Besonders günstig ist der Fall der Geschwindigkeitssättigung, die etwa vom Abschnürpunkt an ($U_{DSP} \approx U_{GS} - U_{TH}$) zunehmend relevant wird.

3.3.3 Substrateinbezug

Bei der Diskussion der grundsätzlichen dynamischen Vorgänge im MOSFET, wie sie eben erfolgten, wurde zunächst der Substrateinfluß vernachlässigt. Diese Beschränkung soll jetzt entfallen, so daß die Steuerwirkung durch die Substratspannung $u_{BS}(t)$ mit zum Ansatz kommt und damit ein allgemeiner Vierpol nach Bild 3.24 vorliegt.

3.3.3.1 Grundgleichung der Kanalspannung und ihre Lösung

Die Inversionsladung q_I'' enthält nach Gl. (3.3.4) über den Substratfaktor γ die nichtlinear spannungsabhängige Verarmungsladung q_B''

$$q_I'' = - C_i''[u_{GS}(t) - U_{FB} - 2\Phi_F^* - \gamma\sqrt{2\Phi_F^* + u_{SB}(t) + u_{CS}(y,t)} - u_{CS}(y,t)].$$

Eine geschlossene Lösung des Grundgleichungssystems (3.3.1), (3.3.2) und (3.3.4) ist mit diesem Ansatz der Inversionsladung nach bisherigen Erkenntnissen für den Kleinsignalbetrieb nur möglich,

– wenn bei Gate- und Substratsteuerung der Substrateinfluß linearisiert wird
– oder ausschließlich Substratsteuerung erfolgt.

3.3 Dynamisches Verhalten

Für den hier interessierenden ersten Fall erhält man mit dem Linearisierungsansatz Gl. (2.3.16b) für die Substratladung

– die Inversionsladung

$$q_I'' = -C_i''[u_{GS}(t) - U_{FB} - 2\Phi_F^* - \gamma\sqrt{2\Phi_F^* + u_{SB}(t)} - (1+\delta)u_{CS}(y,t)]$$
$$= -C_i'' v_I(y,t) \qquad (3.3.14)$$

– und die *Bulkladung*

$$q_I'' = -C_i''[\gamma\sqrt{2\Phi_F^* + u_{SB}(t)} + \delta u_{CS}(y,t)]. \qquad (3.3.15)$$

Dabei wurde, wie oben (Gl. (3.3.5a)), abkürzend die Spannung $v_I(y,t)$ eingeführt, nur erweitert. Mit Gl. (3.3.14) ergibt sich dann

– für den Kanalstrom $i_n(y,t)$

$$i_n(y,t) = \frac{\mu_n b}{1+\delta} q_I''(y,t) \frac{\partial v_I(y,t)}{\partial y} = \frac{-\mu_n b C_i''}{1+\delta} v_I \frac{\partial v_I}{\partial y} \qquad (3.3.16a)$$

– und die Kanalstromänderung

$$\frac{\partial i_n(y,t)}{\partial y} = -C_i'' b \frac{\partial v_I(y,t)}{\partial t}. \qquad (3.3.16b)$$

Die *Klemmenströme* lauten

$$i_D(t) = i_n(L,t), \quad i_G(t) = dq_G(t)/dt, \quad i_B(t) = dq_B(t)/dt \qquad (3.3.17)$$

mit der Bulkladung nach Gl. (3.3.15)

$$q_B(t) = b \int_0^L q_B''(y,t)dy \qquad (3.3.18)$$

und entsprechend der Gateladung

$$q_G(t) = b \int_0^L q_G''(y,t)dy$$

$$q_G'' = C_i''[u_{GS}(t) - U_{FB} - 2\Phi_F^* - u_{CS}(y,t)]. \qquad (3.3.19)$$

Kleinsignalansatz. Ein wichtiges Anwendungsfeld des MOSFET ist der Verstärkerbetrieb mit so kleiner Aussteuerung, daß er noch als annähernd lineares Schaltelement betrachtet werden kann. Hinsichtlich des Frequenzbereiches in Relation zur reziproken Zeitkonstanten $1/\tau$ (Gl. (3.3.11)) sind dabei zunächst keine wesentlichen Einschränkungen erforderlich, denn das Gleichungssystem (3.3.16) ist dynamisch sicher leistungsfähiger als das Ladungsmodell nach Abschn. 3.2.

Unter solchen Bedingungen läßt sich der Momentanwert der bisher betrachteten Größen (Spannung, Ladung, Strom) stets in einen Gleichwert (= Arbeitspunkt, Symbol und Index große Buchstaben) und eine überlagerte kleine Änderung

258   3 Der MOSFET im dynamischen Betrieb

(Symbol und Index kleine Buchstaben) zerlegen, z.B.

$$u_{GS}(t) = U_{GS} + u_{gs}(t)$$
$$v_I(y,t) = V_I(y) + v_i(y,t)$$
$$q_I''(y,t) = Q_I''(y) + q_i''(y,t)$$
$$i_n(y,t) = i(y) + i(y,t) \quad \text{(Index n künftig weggelassen)}. \tag{3.3.20}$$

Werden nur kleine Änderungen vorausgesetzt ($\rightarrow$ Kleinsignalbetrieb), so ergeben sich der Reihe nach

– die *Inversionsspannung* $v_I(y,t)$

$$v_I(y,t) = V_I(y) + v_i(y,t) \tag{3.3.21a}$$

mit

$$V_I(y) = U_{GS} - U_{FB} - 2\Phi_F^* - \gamma\sqrt{2\Phi_F^* + U_{SB}} - (1+\delta)U_{CS}(y)$$
$$= U_{GS} - U_{TH}(U_{BS}) - (1+\delta)U_{CS}(y) \tag{3.3.21b}$$

und

$$v_i(y,t) = u_{gs}(t) + \delta u_{bs}(t) - (1+\delta)u_{cs}(t), \tag{3.3.21c}$$

dabei wurde verwendet (Gl. (2.3.16b))

$$\gamma\sqrt{2\Phi_F^* + u_{SB}(t)} \approx \gamma\sqrt{2\Phi_F^* + U_{SB}} - \delta u_{bs}(t)$$

– die *Verarmungsladung*

$$q_B''(y,t) = Q_B''(y) + q_b''(y,t)$$
mit $Q_B''(y)$ nach Gl. (3.3.15) ($u \rightarrow U$) und
$$q_b''(y,t) = \delta C_i''[u_{bs}(t) - u_{cs}(y,t)] \tag{3.3.22}$$

– die *Gateladung*

$$q_G''(y,t) = Q_G'' + q_g''(y,t)$$
mit $\quad Q_G''(y) = C_i''(U_{GS} - U_{FB} - 2\Phi_F^* - U_{CS}(y))$
und $\quad q_g''(y,t) = C_i''[u_{gs}(t) - u_{cs}(y,t)] \tag{3.3.23}$

Damit lautet der *Kanalstrom* $i(y,t)$ nach Gl. (3.3.16a) durch den Ansatz

$$i(y,t) \equiv \frac{b\mu_n}{1+\delta}(-C_i'')\left[\underbrace{V_I(y)\frac{\partial V_I(y)}{\partial y}}_{I_I(y)} + \underbrace{\frac{\partial}{\partial y}\{V_I(y)v_i(y,t)\} + v_i(y,t)\frac{\partial v_i}{\partial y}}_{i_i(y,t)}\right]. \tag{3.3.24}$$

Seine räumliche Änderung vereinfacht sich wegen

$$\frac{\partial V_I(y)}{\partial t} = 0, \quad \frac{\partial I(y)}{\partial y} = 0$$

3.3 Dynamisches Verhalten   259

mit Gl. (3.3.16a) zu

$$\frac{\partial i(y,t)}{\partial y} = -bC_i'' \frac{\partial v_i(y,t)}{\partial t}. \tag{3.3.25}$$

Gate- und Bulkströme schließlich ergeben sich über Gl. (3.3.17)–(3.3.19) zu

$$i_g(t) = \frac{dq_g(t)}{dt} = \frac{bC_i''}{1+\delta} \cdot \frac{d}{dt}\left[\int_0^L \{\delta(u_{gs}(t) - u_{bs}(t)) + v_i(y,t)\}\,dy\right] \tag{3.3.26a}$$

und

$$i_b(t) = \frac{dq_b(t)}{dt} = \frac{\delta bC_i''}{1+\delta} \cdot \frac{d}{dt}\left[\int_0^L \{(u_{bs}(t) - u_{gs}(t)) + v_i(y,t)\}\,dy\right]. \tag{3.3.26b}$$

Die entsprechenden Randwerte betragen:

$$\begin{aligned}v_i(0,t) &= u_{gs}(t) + \delta u_{bs}(t)\\ v_i(L,t) &= u_{gs}(t) - u_{ds}(t) + \delta(u_{bs}(t) - u_{ds}(t))\end{aligned} \tag{3.3.27}$$

Zur Bestimmung der äußeren Ströme als Funktion der anliegenden Klemmenspannungen muß das DGL-System (3.3.24), (3.3.25) für die Spannung $v_i(y,t)$ gelöst werden. Beschränkt man sich zusätzlich auf sinusförmige Kleinsignalgrößen mit der Zuordnung

$$\begin{aligned}u_{gs}(t) &\to U_{gs}\exp j\omega t\\ v_i(y,t) &\to V_i(y,\omega)\exp j\omega t\\ i_d(t) &\to I_d(\omega)\exp j\omega t \text{ usw.}\end{aligned}$$

und den stationären Fall, so ergeben sich aus Gl. (3.3.24), (3.3.25) der Reihe nach

– für die *Gleichgrößen* (Arbeitspunkt)

$$I_D = \frac{-b\mu_n C_i''}{1+\delta} V_I(y) \frac{\partial V_I(y)}{\partial y} \quad \text{mit} \quad \frac{dI_D}{dy} = 0 \tag{3.3.28a}$$

sowie den Randwerten

$$\begin{aligned}V_I(0) &= U_{GS} - U_{FB} - 2\Phi_F^* - \gamma\sqrt{2\Phi_F^* - U_{BS}} \equiv U_{GS} - U_{TH}(U_{BS})\\ V_I(L) &= V_I(0) - (1+\delta)U_{DS},\end{aligned} \tag{3.3.28b}$$

woraus direkt die Kennliniengleichung (s. Gl. (2.3.23))

$$\boxed{I_D = \frac{b\mu_n C_i''}{2L(1+\delta)}[V_I^2(0) - V_I^2(L)]} \tag{3.3.28c}$$

hervorgeht. Für die weitere Betrachtung ist die Verwendung des bereits benutzten Arbeitspunktparameters (Gl. (3.2.35c)

$$\eta = \frac{V_I(L)}{V_I(0)} = 1 - \frac{(1+\delta)U_{DS}}{U_{GS} - U_{TH}} \equiv 1 - \frac{U_{DS}}{U_{DSP}} \qquad (3.3.28d)$$

mit der *Abschnürspannung* $U_{DSP}(1+\delta) = U_{GS} - U_{TH}$ und der Kennliniengleichung

$$\boxed{I_D = \frac{b\mu_n C_i'' V_I^2(0)}{2L(1+\delta)}(1-\eta^2) = I_{DS}(1-\eta^2)}$$

zweckmäßig.

Dann ergibt sich für

– die *Wechselgröße* (wobei der Term $v_i(\partial v_i/\partial y)$ in Gl. (3.3.24) durch die Kleinsignalbedingung vernachlässigt wird, veil er Aussteuerungsamplituden der Ordnung v_i^2 liefern würde)

$$I(y,\omega) = -\frac{\mu_n b C_i''}{1+\delta}\frac{\partial}{\partial y}(V_I(y)V_i(y,\omega))$$

$$\frac{\partial I(y,\omega)}{\partial y} = -j\omega C_i'' b V_i(y,\omega) \qquad (3.3.29)$$

mit den Randwerten

$$V_i(0,\omega) = U_{gs} + \delta U_{bs}$$
$$V_i(L,\omega) = (U_{gs} - U_{ds}) + \delta(U_{bs} - U_{ds}).$$

Die Klemmenströme betragen schließlich nach Gl. (3.3.26)

$$I_d(\omega) = I(L,\omega) \qquad (3.3.30a)$$

$$I_g(\omega) = \frac{j\omega C_i''}{1+\delta}\left\{\delta bL(U_{gs} - U_{bs}) + b\int_0^L V_i(y,\omega)dy\right\} \qquad (3.3.30b)$$

$$I_b(\omega) = \frac{\delta j\omega C_i''}{1+\delta}\left\{bL(U_{bs} - U_{gs}) + b\int_0^L V_i(y,\omega)dy\right\} \qquad (3.3.30c)$$

mit $\delta I_g(\omega) - I_b(\omega) = j\omega C_i(U_{gs} - U_{bs})$.

Gl. (3.3.29) ist – zusammen mit den Randwerten – die grundlegende Beziehung für das Kleinsignalverhalten des MOSFET mit linearem Substrateinbezug. Je nach Aufwand kann sie

– geschlossen gelöst werden, wobei Lösungen für vernachlässigten Substrateffekt – durchweg für starke Inversion – schon lange bekannt sind [3.100]–[3.103], [3.51], [3.52], [3.55], [3.56], [3.68], [3.77], [3.80], [3.106]

3.3 Dynamisches Verhalten

- näherungsweise für einen begrenzten Frequenzbereich durch Verfahren der fortgesetzten Substitution u.a. ermittelt werden. Dabei sind Erweiterungen für alle Betriebsereiche möglich [2.21], [3.75], [3.56], [3.5], [3.100], [3.95], [3.70]
- numerisch erfolgen [3.57], [3.75], [3.76], [3.105], [3.72].

Führt man als neue (normierte) Variable

$$w(y,\omega) = \frac{V_I(y)V_i(y,\omega)}{V_I^2(0)}$$

(mit $V_I^2(0) \equiv U_{GS} - U_{TH} = U'_{GS}$ nach Gl. (3.3.28b)) ein, faßt Gl. (3.3.29) zusammen

$$\frac{d^2w}{dy^2} - \frac{j\omega(1+\delta)}{\mu_n} \cdot \frac{w}{V_I(y)} = 0$$

und ersetzt schließlich $V_I(y)$ nach Gl. (3.3.7) durch die dimensionslose Variable ξ (mit dem Arbeitspunktparameter $\eta = V_I(L)/V_I(0)$, s. Gl. (3.3.28d))

$$\xi(y) = \frac{V_I^2(y)}{V_I^2(0)} = 1 + \frac{y}{L}\left(\frac{V_I^2(L)}{V_I^2(0)} - 1\right) = 1 + \frac{y}{L}(\eta^2 - 1),$$

so stellt

$$\xi^2 \frac{d^2w}{d\xi^2} - \frac{j\omega}{\omega_0} \xi^{3/2} w(\xi) = 0 \qquad (3.3.31a)$$

die Differentialgleichung für die Wechselspannung $V_i(y,\omega)$ resp. $w(y,\omega)$ dar. Verwendet wurde die (arbeitspunktabhängige!) *Normierungsfrequenz*

$$\omega_0 = \frac{\mu_n(U'_{GS} - U_{TH})}{L^2(1+\delta)}[\eta^2 - 1]^2 = \omega_1[\eta^2 - 1]^2 \qquad (3.3.31b)$$

mit der Bezugsfrequenz

$$\omega_1 = \frac{\mu_n(U_{GS} - U_{TH})}{L^2(1+\delta)}. \qquad (3.3.31c)$$

deren Reziprokwert - abgesehen vom Faktor $(1 + \delta)$ - bereits in Abschn. 3.3.2 als grundlegende Zeitkonstante τ für die dynamischen Vorgänge erkannt wurde ($\rightarrow$ Gl. (3.3.9)).

Die Differentialgleichung (3.3.31a) wird durch Zylinderfunktionen Z_n der Ordnung $n = 2/3$ resp. $-2/3$ gelöst. So lautet eine Partikulärlösung[7]

---

[7] j imaginäre Einheit.

262   3 Der MOSFET im dynamischen Betrieb

$$w(\xi) = \sqrt{\xi} Z_{2/3}(4/3\sqrt{-j\omega/\omega_0}\xi^{3/4}) = \sqrt{\xi} Z_{2/3}(\gamma_1) \qquad (3.3.32)$$

mit $\gamma_1 = 4/3\sqrt{\omega/\omega_0}\, j^{3/4}\eta^{3/2}$.

Daraus ergibt sich die *Gesamtlösung*

$$\boxed{w(\xi) = c_1 g_1(\gamma_1) + c_2 g_2(\gamma_1) \text{ mit}} \qquad (3.3.33a)$$

$$g_1 = \sqrt{\xi} Z_{2/3}(\gamma_1) = \frac{V_I(y)}{V_I(0)} J_{2/3}(\gamma_1)$$

$$g_2 = \sqrt{\xi} Z_{-2/3}(\gamma_1) = \frac{V_I(y)}{V_I(0)} J_{-2/3}(\gamma_1).$$

Die so definierten Funktionen $J_{2/3}(\gamma_1)$, $J_{-2/3}(\gamma_1)$ werden später entwickelt. Die Konstanten c_1, c_2 liegen durch die Randwerte der Spannungen fest. Mit ihnen beträgt die Wechselspannung $V_i(y,\omega)$

$$\frac{V_i(y,\omega)}{V_I(0)} = \frac{V_I(0)}{V_I(y)} \cdot w(\xi) = c_1 J_{2/3}(\gamma_1) + c_2 J_{-2/3}(\gamma_1). \qquad (3.3.33b)$$

Die Bestimmung der Klemmenwechselströme erfordert die Stromlösung nach Gl. (3.3.29)

$$I(y,\omega) = \frac{-\mu_n b C'' V_I^2(0)}{1+\delta} \cdot \frac{\partial w}{\partial y}$$

$$= \frac{I_D V_I^2(0)}{V_I(y)} \cdot \frac{\partial w}{\partial V_I(y)} = \frac{I_D V_I^2(0)}{V_I(y)} \left(c_1 \frac{dg_1}{dV_I} + c_2 \frac{dg_2}{dV_I} \right). \qquad (3.3.34)$$

Dabei wurde die Gleichstromlösung I_D (Gl. (3.3.28c)) verwendet. Führt man die Ableitungen unter Beachtung von $dZ_n(x)/dx = -n/x \cdot Z_n(x) + Z_{n-1}(x)$ aus, so folgt

$$V_I(0)\frac{dg_1}{dV_I} = \frac{3}{2}\gamma_1 J_{-1/3}(\gamma_1), \quad V_I(0)\frac{dg_2}{dV_I} = -\frac{3}{2}\gamma_1 J_{1/3}(\gamma_1) \qquad (3.3.35)$$

und damit der Wechselstrom durch den Kanal am Ort y

$$I(y) = I_D \frac{3}{2} V_I(0) \frac{\gamma_1(y)}{V_I(y)} [c_1 J_{-1/3}(\gamma_1) - c_2 J_{1/3}(\gamma_1)]. \qquad (3.3.36)$$

Aus dieser Lösung ergeben sich nach Bestimmung der Konstanten c_1, c_2 durch die Klemmenwechselspannungen schließlich die Klemmenströme und damit Vierpolparameter z.B. nach Gl. (3.2.96). Dies ist Inhalt des folgenden Abschnittes.

3.3.3.2 Die Admittanzparameter und Ersatzschaltungselemente

Mit den Lösungen für $V_i(y)$ and $I(y)$ können die Admittanzparameter nach Bestimmung der Konstanten c_1, c_2 als Funktion der Klemmenspannungen z.B.

3.3 Dynamisches Verhalten   263

nach Gl. (3.2.96) ermittelt werden. Ausgang dazu sind
- die Abkürzungen
$$w_s = V_I(0)V_i(0)/V_I^2(0), \quad w_d = V_I(L)V_i(L)/V_I^2(0) \tag{3.3.37}$$
- die Gleichgrößen $V_I(0)$, $V_I(L)$ nach Gl. (3.3.28)
- die Wechselgrößen (Gl. (3.3.29))
$$V_i(0, \omega) = U_{gs} + \delta U_{ds}$$
$$V_i(L, \omega) = V_i(0, \omega) - (1 + \delta)U_{ds}.$$

Damit lauten die Konstanten c_1, c_2
$$c_1 \Delta = g_2(D)w(0) - g_2(S)w(L)$$
$$c_2 \Delta = g_1(S)w(L) - g_1(D)w(0)$$
$$\Delta = g_2(D)g_1(S) - g_2(S)g_1(D) \quad \text{(Wronski-Determinate)}. \tag{3.3.38}$$

Die Funktionen $g_{1,2}(S, D)$ beziehen sich jeweils auf Source und Drain.

Die Drain-, Gate- und Bulk(wechsel)ströme als Funktion der anliegenden Klemmen-(wechsel-)spannungen ergeben sich der Reihe nach mit Gl. (3.3.30) und (3.3.36) sowie den Randwerten.

Der *Drainwechselstrom* ergibt sich dann zu

$$\boxed{I_D(\omega) = I_D(\eta) \frac{3}{2} \frac{\gamma_S \eta^{3/2}}{\Delta V_I(0)} \{(U_{gs} + \delta U_{bs})(f(\gamma_D) - \Theta_{DS}) + (1 + \delta)U_{ds}\Theta_{DS}\}} \tag{3.3.39}$$

Die Abkürzungen $f(\gamma_D)$, Θ_{DS} werden später definiert.

Ganz analog wird für die Gate- und Bulkströme nach Gl. (3.3.30) verfahren. Die dabei auftretende Integration der Spannung $V_i(y, \omega)$ über die Kanallänge kann über die Integralbeziehung

$$\int_{z_1}^{z_2} t^{1/3} J_{2/3}(t) dt = -[z_2^{1/3} J_{-1/3}(z_2) - z_1^{1/3} J_{-1/3}(z_1)]$$
$$\int_{z_1}^{z_2} t^{1/3} J_{-2/3}(t) dt = z_2^{1/3} J_{1/3}(z_2) - z_1^{1/3} J_{1/3}(z_1) \tag{3.3.40}$$

geschlossen erfolgen. Die Ergebnisse dieser (längeren) Analyse lauten mit den Abkürzungen (Anhang E)

$$f(x) = J_{2/3}(x)J_{1/3}(x) + J_{-2/3}(x)J_{-1/3}(x) = 2\sin 2/3(\pi/\pi x) = \sqrt{3}/\pi x$$
$$\Theta_{DS/SD} = J_{1/3}(\gamma_{D/S})J_{2/3}(\gamma_{S/D}) + J_{-1/3}(\gamma_{D/S})J_{-2/3}(\gamma_{S/D})$$
$$\Delta = \eta[J_{-2/3}(\gamma_D)J_{2/3}(\gamma_S) - J_{-2/3}(\gamma_S)J_{2/3}(\gamma_D)]$$
$$\gamma_S = 4/3\sqrt{\omega/\omega_0}j^{3/2}; \quad \gamma_D = \gamma_S \eta^{3/2}$$
$$\omega_0 = \frac{(\mu_n U'_{GS})}{(1+\delta)L^2}(\eta^2 - 1)^2 = \omega_1(1-\eta^2)^2, \quad \text{Gl. (3.3.31c)}$$
$$U'_{GS} = U_{GS} - U_{TH} = V_I(0); \quad \eta = 1 - U_{DS}/U_{DSP} \tag{3.3.41}$$

264 3 Der MOSFET im dynamischen Betrieb

geordnet in der *Vierpolschreibweise* (s. Gl. (3.2.98))

$$I_g = y_{11} U_{gs} + y_{12} U_{ds} + y_{13} U_{bs}$$
$$I_d = y_{21} U_{gs} + y_{22} U_{ds} + y_{23} U_{bs}$$
$$I_b = y_{31} U_{gs} + y_{32} U_{ds} + y_{33} U_{bs}$$
(3.3.42)

mit den *Admittanzparametern*:

$$y_{11} = \frac{j\omega C_i \delta}{1+\delta} + \frac{3}{2} \frac{I_D(\eta)\eta\gamma_S}{(1+\delta)\Delta U'_{GS}} \cdot f_3(\gamma_D, \gamma_S) = \frac{j\omega C_i}{1+\delta} \left[\delta + \frac{3\eta\gamma_S I_D f_3}{2\Delta U'_{GS} j\omega C_i} \right]$$

$$y_{12} = \frac{3}{2} \frac{I_D \eta}{\Delta U'_{GS}} f_4(\gamma_S)$$

$$y_{13} = -\frac{j\omega C_i \delta}{1+\delta} + \frac{3}{2} \frac{I_D(\eta)\eta\gamma_S \delta}{(1+\delta)U'_{GS}\Delta} f_3(\gamma_D, \gamma_S) = \frac{j\omega C_i \delta}{1+\delta} \left[-1 + \frac{3}{2} \frac{I_D \eta \gamma_S f_3}{j\omega C_i U'_{GS}\Delta} \right]$$

$$y_{21} = \frac{3}{2} \frac{I_D(\eta)}{\Delta U'_{GS}} f_2(\gamma_D) = -\frac{3g_0(1-\eta^2)}{4\Delta(1+\delta)} f_2(\gamma_D)$$

$$y_{22} = \frac{3}{2} \frac{I_D(1+\delta)}{\Delta U'_{GS}} \gamma_D \Theta_{DS} = \frac{3}{4} \frac{g_0(1-\eta^2)}{\Delta} \gamma_D \Theta_{DS}$$

$$y_{23} = \frac{3}{2} \frac{I_D \delta}{\Delta U'_{GS}} f_2(\gamma_D) = \delta y_{21}$$

$$y_{31} = \frac{j\omega C_i \delta}{1+\delta} \left[-1 + \frac{4\eta f_3}{3\gamma_S(\eta^2-1)\Delta} \right] = \frac{j\omega C_i \delta}{1+\delta} \left[-1 + \frac{3}{2} \frac{I_D \gamma_S \eta}{j\omega C_i \Delta U'_{GS}} f_3 \right] = y_{13}$$
$$= \delta y_{11} - \delta j\omega C_i$$

$$y_{32} = \frac{\delta_3 \eta I_D}{2\Delta U'_{GS}} f_4(\gamma_S) = \delta y_{12}$$

$$y_{33} = \frac{\delta}{1+\delta} \left[j\omega C_i + \frac{3\eta\delta\gamma_S I_D}{2\Delta U'_{GS}} f_3 \right] = \frac{j\omega C_i \delta}{1+\delta} \left[1 + \frac{4\delta \cdot \eta f_3}{3\gamma_S(\eta^2-1)\Delta} \right]$$
$$= \delta y_{13} + j\omega C_i \delta.$$
(3.3.43)

Dabei wurden abkürzend verwendet (s. Gl. (3.3.41))[8]:

$$f_2(\gamma_D) = \gamma_D(f(\gamma_D) - \Theta_{DS})$$
$$f_3(\gamma_D, \gamma_S) = \Theta_{SD} - \sqrt{\eta} f(\gamma_D) + \sqrt{\eta} \Theta_{DS} - f(\gamma_S)$$
$$f_4(\gamma_S) = \gamma_S(f(\gamma_S) - \sqrt{\eta}\Theta_{DS})$$
$$f(\gamma) = \sqrt{3}/\pi\gamma.$$
(3.3.44)

---
[8] Die Funktionen f_2, f_3 unterscheiden sich von den durch Gl. (3.2.39) definierten!

3.3 Dynamisches Verhalten

Als zweckmäßig erweisen sich noch die Einführung des *Kanalleitwertes* g_0 bei kleiner Drainspannung ($U_{DS} \to 0$):

$$g_0 = \left.\frac{I_D}{U_{DS}}\right|_{U_{DS}\to 0} = \frac{\mu_n b C_i'' U_{GS}'}{L} = \frac{2(1+\delta)I_D}{U_{GS}'(1-\eta^2)} = \frac{(1+\delta)\omega_0 C_i}{(1-\eta^2)^2} \quad (3.3.45a)$$

oder wahlweise auch der *Isolatorkapazität* C_i

$$\frac{3}{2}\frac{I_D}{U_{GS}'}\frac{\omega_0}{\omega_0} = \frac{3}{4}\frac{\omega_0 C_i}{(1-\eta^2)} = \frac{3\omega_1 C_i}{4}(1-\eta^2), \quad (3.3.45b)$$

was sich leicht nachweisen läßt. Insbesondere für die Koeffizienten $y_{21} \ldots y_{23}$ ist die Verwendung des Kanalleitwertes g_0 zweckmäßig, weil sich so der direkte Bezug zu den NF-Parametern g_m, g_d und g_{mb} nach Abschn. 3.1 ergibt. Alle übrigen Vierpolparameter sind in erster Näherung rein kapazitiv. Dort ist die Isolatorkapazität als Bezugsgröße zweckmäßiger.

Die Kleinsignalparameter nach Gl. (3.3.43) sind mit vernachlässigtem Substrateinfluß schon seit langem bekannt [3.52]–[3.55], [3.110], [3.101]–[3.103]. Sie hängen vom Arbeitspunkt ($\eta, U_{GS}', \gamma_D, \gamma_S$, Normierungsfrequenz ω_0!) und der Frequenz ($\omega, \gamma_D, \gamma_S$) in komplizierter Weise (besonders über die Funktionen $f_2 \ldots f_4$) ab. Deshalb sind später Vereinfachungen für ausgewählte Arbeitspunkt- und Frequenzbereiche erforderlich. Der Substrateinfluß selbst beeinflußt weniger die gategesteuerten Leitwertparameter ($y_{11}, y_{21}, y_{12}, y_{22}$), er bewirkt hauptsächlich neu hinzutretende Komponenten ($y_{13}, y_{23}, y_{32}, y_{33}$).

Für einen wichtigen Sonderfall, die *Abschnürung* ($\eta \to 0, U_{DS} \to U_{DSP}$) lassen sich weitere Vereinfachungen für Gl. (3.3.41) nachweisen:

$$\Delta = \frac{\eta}{\Gamma(1/3)}\left(\frac{\gamma_D}{2}\right)^{-2/3} J_{2/3}(\gamma_S) = \frac{1}{\Gamma(1/3)}\left(\frac{\gamma_S}{2}\right)^{-2/3} J_{2/3}(\gamma_S) = \frac{3}{4}\frac{\sqrt{3}}{\pi} f_{2/3}(\gamma_S)$$

$$\Theta_{SD} = \frac{1}{\Gamma(1/3)} J_{-1/3}(\gamma_S)\left(\frac{\gamma_D}{2}\right)^{-2/3} = \frac{1}{\eta\Gamma(1/3)}\left(\frac{\gamma_S}{2}\right)^{-2/3} J_{-1/3}(\gamma_S)$$

$$= \frac{\sqrt{3}}{2\pi\eta}\left(\frac{\gamma_S}{2}\right)^{-1} f_{-1/3}(\gamma_S)$$

$$\Theta_{SD} = 0. \quad (3.3.46)$$

Damit erhält man der Reihe nach in Gl. (3.3.43)

$$\frac{\eta\gamma_S f_3}{\Delta} = \frac{4}{3}\frac{(f_{-1/3}(\gamma_S)-1)}{f_{2/3}(\gamma_S)}; \quad \frac{f_2(\gamma_D)}{\Delta} = \frac{4}{3}\frac{1}{f_{2/3}(\gamma_S)}$$

$$\frac{\eta f_4(\gamma_S)}{\Delta} = \frac{4}{3}\frac{\eta}{f_{2/3}(\gamma_S)} \to 0. \quad (3.3.47)$$

266 3 Der MOSFET im dynamischen Betrieb

Dann ergeben sich mit den im Anhang E näher ausgeführten Größen ($\omega_0 \to \omega_1$) als Admittanzparameter im *Abschnürfall*:

$$y_{11} = \frac{j\omega C_i \delta}{1+\delta} + \frac{\omega_1 C_i}{1+\delta} \frac{f_{-1/3}(\gamma_S) - 1}{f_{2/3}(\gamma_S)},$$

$$y_{21} = \frac{\omega_1 C_i}{f_{2/3}(\gamma_S)}$$

$$y_{13} = \frac{\delta}{1+\delta}\left[-j\omega C_i + \omega_1 C_i \frac{f_{-1/3}(\gamma_S) - 1}{f_{2/3}(\gamma_S)}\right]$$

$$y_{23} = \delta y_{21}$$

$$y_{33} = \frac{\delta}{1+\delta}\left[j\omega C_i + \delta\omega_1 C_i \frac{f_{-1/3}(\gamma_S) - 1}{f_{2/3}(\gamma_S)}\right]$$

$$y_{31} = \frac{\delta}{1+\delta}\left[\frac{\omega_1 C_i}{1+\delta} \frac{f_{-1/3}(\gamma_S) - 1}{f_{2/3}(\gamma_S)} - j\omega C_i\right]. \qquad (3.3.48)$$

Da bei Abschnürung die Admittanzparameter y_{12}, y_{22} und y_{32} verschwinden, verbleibt in der Ersatzschaltung Bild 3.25b des inneren Transistors summarisch nur ein zwischen den Klemmen G, B und S liegendes (passives) Netzwerk (y_{gs}, y_{bs}, y_{gb}) sowie eine spannungsgesteuerte Stromquelle $y_m(U_{gs} + \delta U_{bs})$ zwischen D und S.

Elemente der Ersatzschaltung. Aus den Admittanzparametern Gl. (3.3.43) lassen sich die Elemente der allgemeinen Vierpolersatzschaltung Bild 3.23 nach Gl. (3.2.100) in allgemeiner Form, d.h. für beliebige Frequenzen und Arbeitspunkte bestimmen. Man erhält:

– für die passiven *Netzwerkelemente*

$$y_{gs} = y_{11} + y_{12} + y_{13} = \frac{3I_D}{2\Delta U'_{GS}} \eta\gamma_S[\Theta_{SD} - \sqrt{\eta}f(\gamma_D)]$$

$$= \frac{3}{4}\frac{\omega_0 C_i}{(1-\eta^2)} \cdot \frac{1}{\Delta}\left[\eta\gamma_S\Theta_{SD} - \frac{\sqrt{3}}{\pi}\right]$$

$$y_{ds} = y_{12} + y_{22} + y_{32} = \frac{3I_D(1+\delta)}{2\Delta U'_{GS}} \eta\gamma_S f(\gamma_S) = \frac{3}{4}\frac{g_0(1-\eta^2)\eta\sqrt{3}}{\Delta\pi}$$

$$y_{bs} = y_{31} + y_{32} + y_{33} = \frac{\delta_3 I_D}{2\Delta U'_{GS}} \eta\gamma_S[\Theta_{SD} - \sqrt{\eta}f(\gamma_D)] = \delta y_{gs} \qquad (3.3.49a)$$

– für die *gesteuerten Quellen*

$$y_m = y_{21} - y_{12} = \frac{3I_D}{2\Delta U'_{GS}}(\gamma_D f(\gamma_D) - \eta\gamma_S f(\gamma_S)) = \frac{3}{4}\frac{g_0(1-\eta^2)\eta\sqrt{3}}{(1+\delta)\Delta\pi}$$

$$y_{mb} = y_{23} - y_{32} = \delta y_m$$

$$y_{mx} = y_{31} - y_{13} = 0. \qquad (3.3.49b)$$

Aus diesen Ersatzschaltungselementen und der zugeordneten Ersatzschaltung (Bild 3.25b) lassen sich einige generelle Schlüsse ziehen:

– Der vom Gate her gesteuerte Teil der Ersatzschaltung (Elemente y_{gs}, y_{gd}, y_m) findet seine gleichartige Entsprechung auf der Bulkseite, sämtliche Elemente unterscheiden sich nur um den Substratfaktor δ. Dies folgt direkt aus dem Doppelsteuerprinzip des MOSFET: die gleiche Drainstromänderung kann entweder über die Spannungsänderung ΔU_{GS} vom Gate oder $\delta\Delta U_{BS}$ vom Bulk her erreicht werden [3.21]. Dadurch vereinfacht sich die Frequenzgangdiskussion (soweit sie den inneren Transistor betrifft) deutlich, weil so nur noch y_{gs}, y_{gd}, y_m, y_{sd} und y_{gb} betrachtet werden müssen.
– Hinsichtlich der Klemmeneigenschaften zwischen G, D resp. B, D ist die Ersatzschaltung jeweils *nichtreziprok* (z.B. ausgedrückt durch die Steilheiten y_m, y_{mb}), zwischen G und B gilt Reziprozität ($\rightarrow y_{mx} = 0$!). Die in Gl. (3.2.79) eingeführten Transkapazitäten finden sich deshalb im Frequenzbereich in den Steilheiten y_m, y_{mb} wieder.
– Bei Abschnürung reduziert sich die Ersatzschaltung weiter, insbesondere entfallen die verkoppelnden Elemente zwischen G, D und B, D sowie der Leitwert y_{sd}, die Nichtreziprozität y_m, y_{mb} bleibt jedoch erhalten.

3.3.4 Ersatzschaltung

Die Leitwertparameter nach Abschn. 3.3.3 Gl. (3.3.43 ff.) hängen in komplizierter Weise von Frequenz und Arbeitspunkt ab. Grundsätzlich läßt sich aber erkennen, daß

– die direkt mit dem Drainstrom verbundenen Vierpolparameter y_{21}, y_{22} und y_{23} (ebenso wie die Steilheiten y_m, y_{mb}) einen *wesentlichen* Realteil besitzen, der nach tiefen Frequenzen ($\omega \rightarrow 0$) in die Kleinsignalparameter g_m, g_{mb}, g_d nach Abschn. 3.1 übergeht.
– bei allen übrigen Parametern der Imaginärteil stark dominiert. Seine physikalische Ursache sind Kapazitäten bzw. Transkapazitäten, wie sie in Abschn. 3.2.2 (insbesondere Gl. (3.2.70 ff.) aus den Ladungen hergeleitet worden sind. Dabei wird die Verbindung zu den Admittanzparametern herzustellen sein.

268   3 Der MOSFET im dynamischen Betrieb

Für den *Frequenzeinfluß* sind die (dimensionslosen) Größen (Gl. (3.3.41))

$$\gamma_S = \frac{4}{3}\sqrt{\frac{\omega}{\omega_0}} j^{3/2} = \frac{4}{3(1-\eta^2)}\sqrt{\frac{\omega}{\omega_1}} j^{3/2}$$

$$\gamma_D = \frac{4}{3}\frac{\eta^{3/2}}{(1-\eta^2)}\sqrt{\frac{\omega}{\omega_1}} j^{3/2}$$

maßgebend. Setzt man insbesondere für *feste Drainspannung*

$$\beta = \frac{U'_{GS}}{U_{DS}(1+\delta)} \qquad (\eta = 1 - 1/\beta)$$
$$1 \leqslant \beta \leqslant \infty$$

Abschnürung: $U_{DS} \to U_{DSP}$, $\eta = 0$
stromlos: $U_{DS} = 0$, $\eta = 1$

so folgt

$$\boxed{\begin{aligned}\gamma_S &= \frac{4}{3}j^{3/2}\sqrt{\frac{\omega L^2(1+\delta)}{\mu_n U_{DS}(1+\delta)}} \cdot \frac{\beta^{3/2}}{(2\beta-1)} \\ \gamma_D &= \frac{4}{3}j^{3/2}\sqrt{\frac{\omega L^2(1+\delta)}{\mu_n U_{DS}(1+\delta)}} \cdot \frac{(\beta-1)^{3/2}}{(2\beta-1)}.\end{aligned}}$$

Sie können, je nach Arbeitspunkt und Frequenz zwischen sehr kleinen und sehr großen Werten schwanken. So gilt z.B. für $\omega/\omega_1 \ll 1$ im abschnürnahen Bereich ($\eta \to 0$) wohl $|\gamma_S|, |\gamma_D| \ll 1$, andererseits wachsen beide Argumente für absinkende Drainspannung ($\eta \to 1$) stark an. Steigendes Frequenzverhältnis ω/ω_1 engt den Variationsbereich nach unten (mit Ausnahme von γ_D) ein. Deshalb ist eine Unterteilung in drei *charakteristische* Frequenzbereiche zweckmäßig:

- *Quasistatischer Bereich.* Er soll dadurch gekennzeichnet sein, daß die allen Vierpolparametern (Gl. (3.3.43)) gemeinsame Frequenzgangfunktion ($\to \Delta$) im Nenner konstant (frequenzunabhängig) ist und im Zähler nur Glieder von höchstens $0(\omega)$ auftreten. Später wird sich zeigen, daß dieser Frequenzbereich durch (ω_1 Gl. (3.3.31c))

$$\omega \lesssim 0{,}1\omega_1 \qquad (3.3.50a)$$

gut charakterisiert wird. In diesem Frequenzbereich sind insbesondere die Steilheiten y_m, y_{mb} noch als reelle Größen anzusehen.
- *Quasistatischer Bereich mit Laufzeitkorrektur.* Hier wird die Frequenzgangfunktion ($\to \Delta$) im Nenner der Admittanzparameter Gl. (3.3.43) bis zu Frequenzgliedern von $0(\omega)$ berücksichtigt:

$$\Delta \sim 1 + j\omega\tau_N. \qquad (3.3.50b)$$

Diese Erweiterung kann – z.B. in Zusammenhang mit der Steilheit g_m als Berücksichtigung der *Steilheitslaufzeit* τ_N

$$y_m \sim \frac{g_m}{1 + j\omega\tau_N} \qquad (3.3.50c)$$

oder einfach *Laufzeitkorrektur* bezeichnet werden. In guter Näherung wird dieser Frequenzbereich durch

$$\omega \lessgtr 0{,}5\omega_1. \qquad (3.3.50d)$$

gekennzeichnet. Ein typisches Merkmal dieses Frequenzbereiches ist, daß jetzt *Transkapazitäten* einen nennenswerten Einfluß auf die Admittanzparameter haben.
– *Nichtquasistatischer Bereich.* Er ist dadurch gekennzeichnet, daß sowohl im Zähler als auch Nenner der Admittanzparameter Gl. (3.3.43) alle Glieder bis $O(\omega^2)$ berücksichtigt werden. Als wichtigstes Merkmal erhalten dann die bis dahin rein kapazitiven Parameter (z.B. y_{gd}, y_{gs}, y_{11} u.a.) zusätzlich einen mit ω^2 ansteigenden Realteil: Auftreten von Wirkwiderständen durch Laufzeiteffekte im Steuerprinzip des MOSFET.

Sofern man sich auf Frequenzglieder bis $O(\omega^2)$ beschränkt, ist

$$\omega \lessgtr \omega_1 \qquad (3.3.50e)$$

eine vernünftige Grenze dieses Frequenzbereiches. Für noch höhere Frequenzen müssen noch weitere Anteile in den Frequenzgangfunktionen berücksichtigt werd, so daß die Genauigkeit entsprechend steigt.

Noch höhere Frequenzen erfordern Computerauswertungen der Frequenzgangfunktionen. Im praktische Betrieb zeigt sich aber, daß der MOSFET kaum für Frequenzen höher als $2\omega_1$ betrieben wird, weil dann die Verstärkung zu stark abfällt.

Ganz offensichtlich stehen die abgegrenzten drei typischen Frequenzbereiche in direktem Zusammenhang nicht nur zu den Frequenzentwicklungen der exakten Kleinsignalparameter Gl. (3.3.43), sondern auch zu den in Gl. (3.3.30) erwähnten Näherungsverfahren zur Lösung des dynamischen Strom-Spannungsverhaltens des Transistors. Dabei wird sich ein direkter Bezug zu den im Abschnitt 3.2.2 hergeleiteten Kapazitäten ergeben.

Für den hier betrachteten Frequenzbereich bis zu $\omega \lessgtr \omega_1$ genügt es, die Zylinderfunktionen in den Frequenzfunktionen der Admittanzparameter Gl. (3.3.43) resp. Leitwertparameter Gl. (3.3.49) für kleine Argumente bis zu den Gliedern der Potenz γ^4 auszuwerten (s. Anhang E). Dann sind alle Glieder bis

270   3 Der MOSFET im dynamischen Betrieb

$O(\omega^2)$ richtig erfaßt. Die Ergebnisse lassen sich in der Form

$$
\begin{aligned}
y_{11} &= \frac{\delta j\omega C_i}{1+\delta} + j\omega c_{gg}\frac{1+j\omega\tau_{11}}{1+j\omega\tau_N}, \quad y_{12} = -j\omega c_{12}\frac{1+j\omega\tau_{12}}{1+j\omega\tau_N} \\
y_{21} &= \frac{g_0(1-\eta)}{1+\delta}\cdot\frac{[1+(\omega/\omega_1)^2 p_{21} - j\omega\tau_{21}]}{1+j\omega\tau_N} \\
y_{22} &= g_0\eta\frac{[1-(\omega/\omega_1)^2 p_{22} + j\omega\tau_{22}]}{1+j\omega\tau_N}; \quad c_{22} = g_0\eta(\tau_{22}-\tau_N) \\
y_{13} &= -\frac{j\omega C_i\delta}{1+\delta} + j\omega c_{gg}\delta\frac{1+j\omega\tau_{11}}{1+j\omega\tau_N} \\
y_{33} &= \delta y_{13} + j\omega C_i \quad\quad\quad\quad\quad\quad\quad\quad\quad\quad\quad (3.3.51)
\end{aligned}
$$

darstellen bzw. durch die Elemente der Ersatzschaltung (Bild 3.25) (s. Tafel 3.4)

$$
\begin{aligned}
y_{gs} &= j\omega c_{gs}\frac{1+j\omega\tau_{gs}}{1+j\omega\tau_N}, \quad y_{sd} = \frac{g_0\eta}{1+j\omega\tau_N} \\
y_{gd} &= -y_{12} = j\omega c_{gd}\frac{1+j\omega\tau_{gd}}{1+j\omega\tau_N}, \quad y_{gb} = -y_{13} = j\omega c_{gd}\frac{1+j\omega\tau_{gb}}{1+j\omega\tau_N} \\
y_m &= y_{21} - y_{12} = \frac{g_0(1-\eta)}{1+\delta}\frac{1}{1+j\omega\tau_N}, \quad y_{mx} = 0, \quad y_{mb} = \delta y_m. \quad (3.3.52)
\end{aligned}
$$

Man erkennt, daß die Laufzeitkonstante τ_N in allen Parametern in gleicher Weise eingeht. So gesehen ist die Unterteilung des Frequenzbereiches in Gebiete bis $0,1\omega_1$ resp. $0,5\omega_1$ sehr zweckmäßig. Die Ergebnisse der Berechnung der einzelnen Größen nach Gl. (3.3.51) resp. (3.3.52) wurden in den Tafeln 3.2 bzw. 3.3 zusammengefaßt und zwar für den quasistatischen Bereich mit und ohne Laufzeiteinfluß im Vergleich zum nichtstationären Ladungsmodell. Sie liegen der folgenden Diskussion zugrunde. Die Darstellungsformen Gl. (3.3.51) (bzw. 3.3.52) – oft für den Sonderfall $\omega\tau_N \ll 1$ – ist zunächst ein Ergebnis, auf das jede Kleinsignalbetrachtung mit Berücksichtigung zeitlicher Ladungsänderungen führt. Deshalb ist es umgekehrt gut geeignet,

– die Gültigkeitsbereiche des einfachen und gewichteten Ladungsmodells nach Abschnitt 3.2.2 zu bewerten und
– die Ladungsmodelle überhaupt mit den exakten Kleinsignalparametern nach Gl. (3.3.43) zu vergleichen [3.75], [3.107], [3.115], [3.113], [3.106], [3.56], [3.51], [3.52]–[3.55], [2.21], [3.95], [3.5].

3.3 Dynamisches Verhalten

Tafel 3.2. Kapazitäten der Ersatzschaltung, Bild 3.20 entwickelt aus dem nichtstationären Ladungsmodell

Größe	Bereich aktiv	$U_{DS} \to 0$	Sättigung
c_{gs}	$\frac{2}{3} C_i \cdot \frac{1+2\eta}{(1+\eta)^2}$ (3.2.80e)	$\frac{C_i}{2}$	$\frac{2}{3} C_i$
$c_{sg} = c_{gs} - c_m - c_{mx}$	$\frac{C_i}{15} \cdot \frac{(6+22\eta+28\eta^2+4\eta^3)}{(1+\eta)^3}$	$\frac{C_i}{2}$	$\frac{2}{5} C_i$
c_{db}	$\frac{\delta}{1+\delta} c_{dg}$ (3.2.83b)	$\frac{\delta}{1+\delta} \cdot \frac{C_i}{2}$	$\frac{4}{15} \delta C_i$
c_{bd}	δc_{gd} (3.2.81a)	$\delta C_i / 2$	0
c_{dg}	$C_i \frac{4+28\eta+22\eta^2+6\eta^3}{15(1+\eta)^3}$ (3.2.83)	$\frac{C_i}{2}$	$\frac{4}{15} C_i$
c_{gd}	$\frac{2}{3} C_i \frac{\eta^2+2\eta}{(1+\eta)^2}$ (3.2.80a)	$\frac{C_i}{2}$	0
$c_{sb} = c_{bs} - c_{mb} + c_{mx} = \delta c_{sg}$	δc_{sg}	$\frac{\delta}{1+\delta} \frac{C_i}{2}$	$\frac{2}{5} \delta C_i$
c_{bs}	δc_{gs}	$\delta C_i / 2$	$\frac{2}{3} \delta C_i$
c_{gb}	$\frac{\delta C_i}{3(1+\delta)} \left(\frac{1-\eta}{1+\eta}\right)^2$ (3.2.80b)	0	$\frac{\delta}{3(1+\delta)} C_i$
c_{bg}	$\frac{\delta C_i}{3(1+\delta)} \left(\frac{1-\eta}{1+\eta}\right)^2$ (3.2.81b)	0	$= c_{gb}$
$c_{ds} = c_{sd} - c_m - c_{mb}$	$-\frac{4}{15}(1+\delta)C_i \cdot \frac{1+3\eta+\eta^2}{(1+\eta)^3}$ (3.2.81)	$-(1+\delta)\frac{C_i}{6}$	$-(1+\delta)\frac{4}{15} C_i$
$c_{sd} = \eta c_{ds}$	$-\frac{4}{15} C_i (1+\delta) \cdot \frac{\eta+3\eta^2+\eta^3}{(1+\eta)^3}$ (3.2.83c)	$-(1+\delta)\frac{C_i}{6}$	0
c_m	$\frac{4}{15} C_i \frac{1+2\eta-2\eta^2-\eta^3}{(1+\eta)^3}$	0	$\frac{4}{15} C_i$
c_{mb}	δc_m	0	δc_m
c_{mx}	0	0	0

Arbeitspunktfaktor $\eta = 1 - U_{DS}/U_{DSP}$

Tafel 3.3. Elemente der Vierpolparameter Gl. (3.3.51) auf Grundlage der Frequenzanganalyse (Anhang D, Gl. (D7))

$$\tau_{11} = \frac{1}{\omega_0} \cdot \frac{m_{11} + \eta m_{22}}{m_{12} + \eta m_{21}} = \frac{1}{15\omega_1} \cdot \frac{(2 + 11\eta + 2\eta^2)}{(1+\eta)\cdot(1+4\eta+\eta^2)}$$

$$c_{gg} = \frac{C_i}{2(1+\delta)} \cdot \frac{m_{12} + \eta m_{21}}{(1-\eta^2)^2} = \frac{2C_i}{3(1+\delta)} \cdot \frac{(1+4\eta+\eta^2)}{(1+\eta)^2}$$

$$\tau_{12} = \frac{m_{22}}{\omega_0 m_{21}} = \frac{1}{15\omega_1} \cdot \frac{(5+8\eta+2\eta)^2}{(2+\eta(\cdot(1+\eta)^2}$$

$$c_{12} = \tfrac{2}{3}C_i\eta \frac{(2+\eta)}{(1+\eta)^2} = \frac{\eta C_i}{2} \cdot \frac{m_{21}}{(1-\eta^2)^2}$$

$$\tau_{21} = \frac{1}{2\omega_0} \cdot \frac{\eta m_{21}}{1-\eta} = \frac{2}{3\omega} \cdot \frac{1}{(1-\eta)\cdot(1+\eta)^2}$$

$$p_{21} = \frac{1}{2(1-\eta)\cdot(1-\eta^2)^4} \cdot \frac{\eta m_{22}}{2} = \frac{2}{45} \cdot \frac{\eta}{1-\eta} \cdot \frac{(5+8\eta+2\eta^2)}{(1+\eta)^4}$$

$$\tau_{22} = \frac{1}{2_0} m_{21} = \frac{2}{3\omega_1} \cdot \frac{(2+\eta)}{(1+\eta)^2}$$

$$p_{22} = \frac{1}{(1-\eta^2)^4} \cdot \frac{m_{22}}{2} = \frac{2}{45} \cdot \frac{5+8\eta+2\eta^2}{(1+\eta)^4}$$

$$\tau_N = \frac{1}{\omega_0(1-\eta^2)} \cdot \frac{p\Delta 1}{} = \frac{4}{15\omega_1} \cdot \frac{1+3\eta+\eta^2}{(1+\eta)^3}$$

Abkürzungen: $\omega_0 = \omega_1(1-\eta^2)$, $\omega_1 = \mu_n \dfrac{(U_{GS} - U_{TH})}{L^2(1+\delta)}$, $g_0 = \dfrac{(1+\delta)\omega_0 c_i}{(1-\eta^2)^2}$

Tafel 3.4. Elemente der Transistorersatzschaltung Bild 3.35 entsprechend Tafel 3.3

$$c_{gs} = \frac{C_i m_{12}}{2(1-\eta^2)^2} = \tfrac{2}{3}C_i \frac{(1+2\eta)}{(1+\eta)^2}$$

$$\tau_{gs} = \frac{m_{11}}{\omega_0 m_{12}} = \frac{1}{15\omega_1} \cdot \frac{2+8\eta+5\eta^2}{(1+2\eta)\cdot(1+\eta)^2}$$

$$c_{gd} = c_{12}$$

$$\tau_{gd} = \tau_{12}$$

$$c_{gb} = \frac{C_i \delta}{1+\delta}\left[1 - \frac{m_{12} + \eta m_{21}}{2(1-\eta^2)^2}\right] = \frac{\delta C_i}{(1+\delta)} \cdot \frac{(1-\eta)^2}{3(1+\eta)^2}$$

$$\tau_{gb} = \frac{1}{\omega_0} \cdot \frac{2(1-\eta^2)p_{\Delta 1} - (m_{11}+\eta m_{22})}{2(1-\eta^2)^2 - (m_{12}+\eta m_{21})}$$

$$= \frac{2}{15\omega_1} \cdot \frac{4+7\eta+4\eta^2}{(1-\eta)^2(1+\eta)}$$

3.3.4.1 Quasistatische Ersatzschaltung

Der *quasistatische Bereich* war nach Gl. (3.3.50a) die einfachste Näherung im Frequenzbereich. Vergleicht man die in Gl. (3.3.51) resp. (3.3.52) im Nenner und Zähler der Vierpolparameter auftretenden Zeitkonstanten, so kann davon ausgegangen werden, daß die Vierpolparameter entweder hauptsächlich reell oder rein imaginär sind. Dies führt z.B. für den *Ausgangskurzschlußleitwert* $y_{22} = g_{22} + j\omega c_{22}$ auf die Forderung $\tau_{22} = \omega c_{22}/g_{22} \ll 1$. Da τ_{22} im Arbeitspunktbereich $\eta = 0 \ldots 1$ zwischen $4/3\omega_1$ und $1/2\omega_1$ schwankt, stellt $\omega \ll 1/\tau_{22} = (0{,}75 \ldots 2)\omega_1$ die für den quasistatischen Betrieb einzuhaltende Bedingung dar. Dann ist die schon erwähnte (Gl. (3.3.50a)) Beziehung $\omega \approx 0{,}1 \cdot \omega_1$ eine vernünftige obere Schranke. Die durch die Laufzeitforderung $\omega\tau_N \ll 1$ (Nennerfaktor der Leitwertparameter) gesetzte Schranke ist demgegenüber unbedeutend (s.u.).

Die **Merkmale** des quasistatischen Bereiches sind dann:

- vorzugsweise reelle Vierpolparameter y_{21}, y_{22}, y_{23},
- alle übrigen Vierpolparameter sind praktisch rein *kapazitiv* (auftretende Realteile von $0(\omega^2)$ können dabei zu falschen Ergebnissen führen, weil durch Berücksichtigung der Laufzeitkonstante später weitere Glieder von $0(\omega^2)$ hinzutreten!),
- die nach Gl. (3.3.51), (3.3.52) bestimmten Kapazitäten $c_{gs}, c_{gd}, c_{bs}, c_{bd}$ und c_{gb} (s. Tafel 3.3, 3.4) stimmen mit den Werten aus der Ladungsanalyse (Gl. (3.2.78 ff.)) überein (Tafel 3.2),
- die im Ladungsmodell auftretende Kapazität c_{sd} (Gl. (3.2.83c))[9] fehlt in der exakten Darstellung des Ersatzschaltelementes

$$y_{sd} = y_{22} + y_{12} + y_{32} = y_{22} + y_{12}(1 + \delta)$$

(der Nenner wurde voraussetzungsgemäß gleich 1 gesetzt).

- Die Transferkapazitäten c_m, c_{mb} (Gl. (3.2.79))

$$c_m = \frac{\text{Im}}{\omega}(y_{21} - y_{12}) = \left[-\frac{\tau_{21} g_0 (1 - \eta)}{1 + \delta} + c_{12} \right] \equiv 0 \quad (3.3.53)$$

verschwinden, wenn sie aus den Vierpolparameter nach Gl. (3.3.51) berechnet werden: es liegen *reziproke* Kapazitäten vor

$$\boxed{c_{gd} = c_{dg}} \quad (3.2.75)$$

(s. Gl. (3.2.75)).

Der quasistatische Betriebsbereich wird dann insgesamt durch die Ersatzschaltung Bild 3.29 repräsentiert, bekannt als das sog. *Meyer-Modell* [3.2]. Seine Originalversion – ohne Substrateffekt und nur für starke Inversion gültig – war historisch gesehen lange Zeit richtungsweisend als Kapazitätsmodell. Für Großsignalanwendungen ist es nicht ladungserhaltend (s. Abschn. 3.3.5).

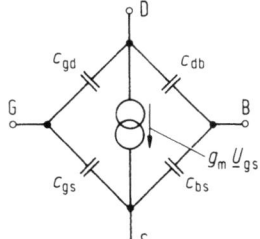

Bild 3.29. Meyer-Kapazitätsmodell (bei wesentlicher Substratsteilheit ist g_m durch $g_m + g_{mb}$ zu ersetzen)

---

[9] Wenn sie auch wegen des kleinen Strombeitrages im Vergleich zu i_T vernachlässigt werden kann.

3 Der MOSFET im dynamischen Betrieb

Vernachlässigt man zunächst den Substrateffekt, so wird das dynamische Transistormodell nach Abschn. 3.3.1 stark vereinfacht auf einen (nichtlinearen) Längswiderstand zwischen S, D, eine gesteuerte Quelle und die beiden Kapazitäten c_{gs}, c_{gd} zurückgeführt. Die Kapazitäten sind über die Inversionsladung $Q_I(U_{GD}, U_{GS})$ definiert:

$$c_{gs} = \frac{\partial Q_I}{\partial U_{GS}}\bigg|_{U_{GD}} \qquad c_{gd} = \frac{\partial Q_I}{\partial U_{GD}}\bigg|_{U_{GS}} \qquad (3.3.54)$$

definiert. Ihre Arbeitspunktabhängigkeit wurde in Bild 3.30 dargestellt.

Die Ersatzschaltung kann zur realistischeren Erfassung physikalischer Effekte verbessert werden

– durch eine bessere Modellierung der Elemente g_d, g_m und g_{mb} nach Abschn. 3.1,
– durch Verbesserung der Arbeitspunktabhängigkeit von δ.

Die Struktur der Ersatzschaltung bleibt dabei erhalten.

Kleinsignalmodelle dieser Art wurden für den Langkanal- und Kurzkanalbereich vielfältig entwickelt [3.105], [3.83], [3.78], [3.111], [3.21], [3.5], [3.95], [2.21], [3.51], [3.56] und unter den verschiedensten Gesichtspunkten diskutiert.

Laufzeiteinbezug. Eine Erweiterung des Frequenzbereiches der eben begründeten Ersatzschaltung ergibt sich durch Berücksichtigung der Laufzeitkonstanten τ_N im Nenner der Vierpolparameter Gl. (3.3.51). Im Arbeitspunktbereich $\eta = 0\ldots 1$ schwankt τ_N (Tafel 3.3) zwischen $(4/15\ldots 1/6)1/\omega_1$. Die Forderung $\omega\tau_N < 1$ führt dann auf $\omega < (15/4\ldots 6)\omega_1$. Die vernünftige Forderung $\omega\tau_N \leqslant 0,1$ ergibt dann die Frequenz (s. Gl. (3.3.50d)) $\omega \lessgtr 0,5\omega_1$, bis zu der die in Tafel 3.3 und 3.4

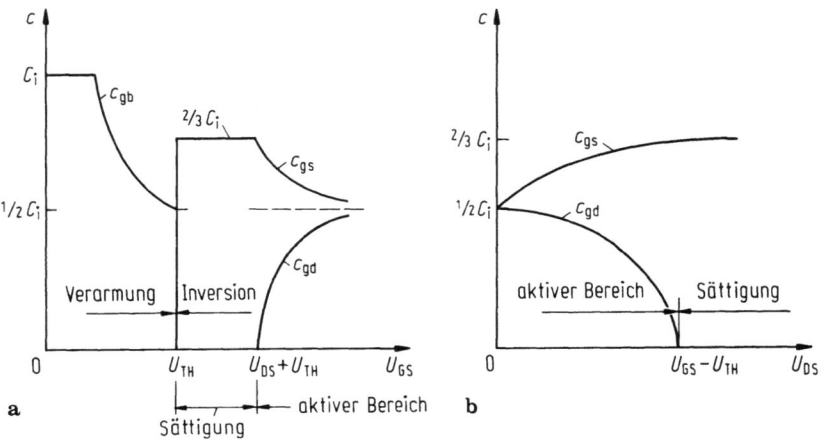

Bild 3.30a, b. Arbeitsabhängigkeit der Kapazitäten im Meyer-Modell (die Substratkomponenten c_{db}, c_{bs} sind proportional c_{gd}, c_{bs}). **a** Gatespannungsabhängigkeit, **b** Drainspannungsabhängigkeit

zusammengestellten Vierpolparameter und Ersatzschaltelemente noch gelten. Man erkennt:

- die *Leitwerte* $y_{11}, y_{12}, y_{13}, y_{31}$ und y_{33} ändern ihre Imaginärteile praktisch nicht. Deshalb bleiben die zugeordnete Kapazitäten (bzw. die entsprechenden Elemente der Ersatzschaltung – das sog. *Kapazitätsgerüst* – von den Punkten G und B nach jeweils D und S ausgehend (s. Bild 3.29)) erhalten.
- Die *Kapazität* c_{22} im Imaginärteil von y_{22}

$$c_{22} = \frac{\text{Im}(y_{22})}{\omega} = g_0 \eta (\tau_{22} - \tau_N) = \frac{2}{15} C_i (1 + \delta) \frac{\eta(3\eta^2 + 9\eta + 8)}{(1 + \eta)^3}$$

$$\rightarrow C_i/2(1 + \delta)|_{\eta \rightarrow 1} \tag{3.3.55a}$$

ändert sich gegenüber dem Wert

$$c_{22} = \frac{2}{3} C_i (1 + \delta) \cdot \frac{\eta(2 + \eta)}{(1 + \eta)^2} \rightarrow \frac{C_i}{3}(1 + \delta)|_{\eta \rightarrow 1} \tag{3.3.55b}$$

ohne Laufzeitkonstante τ_N.
- Die *Steilheit*

$$y_{21} \approx \frac{g_0(1 - \eta)}{1 + \delta}(1 - j\omega(\tau_{21} + \tau_N)) \tag{3.3.56}$$

hat jetzt eine größere Zeitkonstante

$$\tau_{21} + \tau_N = \frac{2}{15\omega_1(1 - \eta)(1 + \eta)^3}[3\eta^3 + 11\eta^2 + 14\eta + 2].$$

Dieses sog. *induktive Verhalten* der Steilheit durch Laufzeiteinfluß ist eine allgemeine, physikalisch begründete Eigenschaft eines jeden quellengesteuerten Verstärkerelementes.
- Die in einigen Leitwertparametern auftretenden Anteile von $O(\omega^2)$ genügen zur vollständigen Bewertung noch nicht, weil auch im Term $1 + j\omega\tau_N$ ein solcher (vernachlässigter) Beitrag hinzukommt.

Bei den Elementen der Ersatzschaltung gibt es – im Gegensatz zum Erhalt des Kapazitätsgerüstes (Bild 3.29) – jedoch Änderungen der Summensteilheiten y_m, y_{mb} und des Leitwertes y_{sd}.

Der Leitwert

$$y_{sd} = \frac{g_0 \eta}{1 + j\omega\tau_N} \tag{3.3.57}$$

kann direkt als Reihenschaltung eines Widerstandes $R = 1/g_0 \eta$ und einer Induktivität $L = \tau_N/g_0 \eta$ interpretiert werden. Ordnet man *formal* eine Kapazität c_{sd} über $y_{sd} = g_{sd} + j\omega c_{sd}$ zu (mit $g_{ds} = ng_0$), so folgt durch Vergleich mit

3 Der MOSFET im dynamischen Betrieb

Gl. (3.3.57)

$$c_{sd} = \text{Im}/\omega[y_{12} + y_{22} + y_{23}] = \underbrace{\tau_{22}g_0\eta - (1 + \delta)c_{12}}_{= 0} - \tau_N g_0 \eta. \quad (3.3.58)$$

Diese Kapazität müßte dann negativ sein, was aus der formalen Zuordnung zur Induktivität folgt.

Die *Summensteilheit* y_m nach Gl. (3.3.51)

$$y_m = y_{21} - y_{12} = g_m + j\omega c_m$$

$$\approx \frac{g_0(1-\eta)}{1+\delta} + j\omega \left[\overbrace{c_{12} - \frac{g_0(1-\eta)}{1+\delta}(\tau_{21} - \tau_N)}^{= 0} \right] \quad (3.3.59a)$$

wird im Imaginärteil von der *Transkapazität* (Tafel 3.2)

$$c_m = \frac{4}{15} C_i \frac{(1-\eta)}{(1+\eta)^3}(\eta^2 + 3\eta + 1) \quad (3.3.59b)$$

bestimmt. Dabei kompensieren sich die von c_{12} und τ_{21} herrührenden Anteile des quasistatischen Modells exakt.

Damit ist die Transkapazität (und analog auch $c_{mb} = \delta c_m$) und somit die Nichtreziprozität der zugeordneten Kapazitäten nach Gl. (3.2.84) ausschließlich durch die Laufzeit τ_N der Steilheit bedingt!

Die so aus dem Kleinsignalmodell entwickelte Transkapazität c_m stimmt exakt mit der des nichtstationären Ladungsmodells (Tafel 3.2) überein. Dies folgt direkt aus dem Vergleich von Gl. (3.3.59a), Gl. (3.3.52) mit (3.2.84):

$$\frac{1}{1 + j\omega\tau_N} \approx 1 - j\omega\tau_N|_{\omega\tau_N \ll 1} = 1 - j\omega\frac{c_m}{g_m},$$

also

$$\tau_N = +\frac{c_m}{g_m} = \frac{4}{15}\frac{C_i}{g_0}\frac{(1+\delta)}{(1+\eta)^3}(\eta^2 + 3\eta + 1) = \frac{4}{15\omega_1} \cdot \frac{(\eta^2 + 3\eta + 1)}{(1+\eta)^3}. \quad (3.3.59c)$$

Wesentlich ist aber, daß der *Frequenzgang* der Summensteilheit Gl. (3.3.59a) *prinzipiell* von der Lösung Gl. (3.3.52) *abweicht*, wie sie näherungsweise aus der exakten Lösung hervorgeht: erwartungsgemäß sinkt $|y_m|$ mit wachsender Frequenz, während die Transkapazität c_m nach Gl. (3.3.59a) einen mit der Frequenz anwachsenden Betrag von $|y_m|$ vortäuscht!

Das Konzept der in Abschn. 3.2.1 (scheinbar willkürlich) eingeführten geteilten Source-Drain-Ladungen Q_S, Q_D mit der direkten Folge nichtreziproker oder Transkapazitäten ergibt damit nicht nur eine bessere physikalische Modellierung, sondern es bringt die Ladungsteilung in eine direkte Beziehung zur Ausbreitung einer Ladungsänderung im Kanalgebiet über die Laufzeitkonstante τ_N: Eine Gatespannungsänderung $\Delta U_{GS}(0)$ zur Zeit $t = 0$ bewirkt entsprechend der Summensteilheit y_m erst *nach* einer Reaktionszeit von größenordnungsmäßig τ_N eine Drainstromänderung $\Delta I_D \sim dQ_D/dt$! Die Laufzeitkonstante τ_N ist offenbar für den räumlich-zeitlichen Umbau der Inversionsladung Q_I verantwortlich, was durch eine Ladungswichtung in Q_S, Q_D in erster Näherung zum Ansatz kommt.

Bisher sind die Transkapazitäten und zugehörigen Kleinsignalersatzschaltungen sehr umfangreich für Langkanal- und Kurzkanaltransistoren untersucht worden [3.38], [3.58], [3.56], [3.51], [3.95], [3.5], [2.21], [3.82], doch finden sich Hinweise auf die enge Verbindung zwischen den nichtreziproken Kapazitätseigenschaften und der Laufzeitkonstanten τ_N für Ladungsänderungen ungleich seltener.

3.3.4.2 Nichtquasistatische Ersatzschaltung

In der quasistatischen Näherung mit Laufzeitkorrektur treten sowohl im Zähler als auch Nenner von Gl. (3.3.51) Terme der $0(\omega^2)$ auf. Dadurch werden einerseits die Frequenzgänge von Steilheit und Ausgangsleitwert besser approximiert, zum anderen kommt es bei den bisher rein kapazitiven Größen y_{11}, y_{12}, y_{13} (u.a.) bzw. in den zugehörigen Ersatzschaltelementen zu zusätzlichen *frequenzabhängigen Wirkleitwerten*. Deshalb ergeben gerade diese Komponenten – im Vergleich zu numerisch exakt ermittelten Werten – Anhaltspunkte für die Güte der benutzten Approximationen. Weil dabei der Term von $0(\omega^2)$ im Nenner bis zu Frequenzen $\omega \lessgtr \omega_1$ noch klein gegen den von $0(\omega)$ bleibt, kann gesetzt werden:

$$\frac{1}{1 + a0(\omega^2) + jb0(\omega)} \approx \frac{1 - a0(\omega^2) - jb0(\omega)}{|1 + jb0(\omega)|^2}. \tag{3.3.60}$$

Erst mit dieser Vereinbarung ist es sinnvoll, die Zeitkonstanten τ_{11}, τ_{12}, τ_{gs}, τ_{gd} usw. nach Gl. (3.3.51) zu vereinbaren. In Tafel 3.3 wurden die wichtigsten Ergebnisse zusammengefaßt. Für die weitere Diskussion sollen stellvertretend zwei Parameter, nämlich y_{11} und y_{21} herangezogen werden.

Für den *Eingangskurzschlußleitwert* y_{11} ergibt sich aus Tafel 3.3 und 3.4.

$$y_{11} = \frac{\delta j\omega C_i}{1+\delta} + \frac{j\omega c_{gg} - \omega^2 c_{gg}\tau_{11}}{1 - (\omega/\omega_1)^2 p_2 + j\omega\tau_N}$$

$$\approx \frac{j\omega C_i \delta}{1+\delta} + \frac{j\omega c_{gg} + \omega^2 c_{gg}(\tau_N - \tau_{11})}{|1 + j\omega\tau_N|^2}. \tag{3.3.61}$$

Der dabei auftretende Realteil beträgt

$$\mathrm{Re}(y_{11}) = \frac{\omega^2 c_{gg}(\tau_N - \tau_{11})}{|1 + j\omega\tau_N|^2}$$

$$\approx \frac{2/45(\omega/\omega_1)^2 \omega_1 C_i/(1+\delta)[13\eta^2 + 30\eta^2 + 15\eta + 2]}{(1 + (\omega\tau_N)^2)\cdot(1+\eta)^5} \tag{3.3.62}$$

278 3 Der MOSFET im dynamischen Betrieb

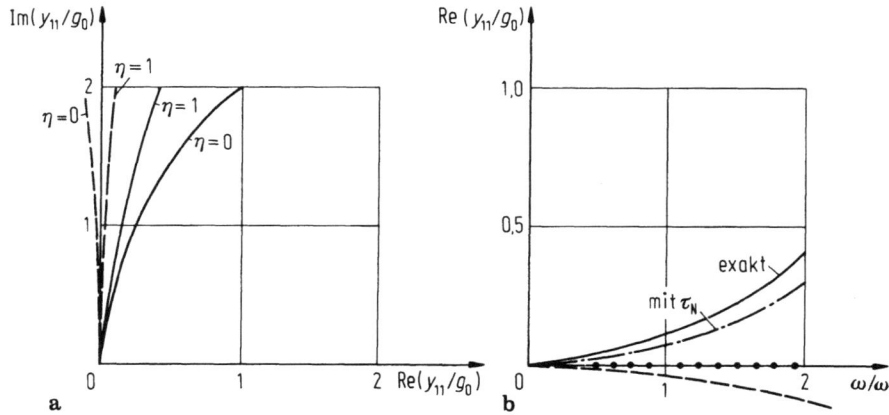

Bild 3.31a, b. Eingangsleitwert y_{11} (normiert). **a** Ortskurve —— exakter Verlauf, --- quasistatische Näherung mit τ_{11}, **b** Realteil über der Frequenz (normiert, Arbeitspunkt $\eta = 0$) —— exakter Verlauf, —·—·— Näherung mit τ_N, --- quasistatische Näherung mit τ_{11}, ··· NF-Näherung

Er ändert sich nur schwach mit dem Arbeitspunkt η, wie die Eckwerte

$$\eta = 0: \operatorname{Re}(y_{11}) = \frac{4}{45}\left(\frac{\omega}{\omega_1}\right)^2 \omega_1 C_i \cdot \frac{1}{1+\delta} \frac{1}{1+(\omega/\omega_1)^2(4/15)^2}$$

$$\eta = 1: \operatorname{Re}(y_{11}) = \frac{1}{12}\left(\frac{\omega}{\omega_1}\right)^2 \omega_1 C_i \cdot \frac{1}{1+\delta} \frac{1}{1+(\omega/\omega_1)^2(1/6)^2}$$

zeigen. Im Vergleich mit der numerisch exakten Auswertung (Bild 3.31) erkennt man die "Güte" der bisherigen Näherungen:

- Im NF-Fall verschwindet $\operatorname{Re}(y_{11})$ frequenzunabhängig, was nach dem Grundmodell zu erwarten ist.
- Die Berücksichtigung nur der Komponenten τ_{11} im quasistatischen Fall liefert das physikalisch falsche Ergebnis $\operatorname{Re}(y_{11}) < 0$.
- Wird zusätzlich τ_N einbezogen, so weicht der Verlauf bis zu etwa $\omega \approx \omega_1$ nicht wesentlich von der exakt berechneten Kurve ab.

Die genaue Darstellung der Ortskurve (Bild 3.31b) verdeutlicht zudem, daß auch die Kapazität c_{11} nach Gl. (3.3.61) frequenzabhängig wirkt.

Das Auftreten eines Realteiles im sonst rein kapazitiven Leitwert y_{11} ist eine direkte Wirkung der bereits im Abschn. 3.3 einleitend erwähnten räumlich-zeitlich verteilten Steuerwirkung des Gates (analog Bulk) auf die einzelnen Kanalbereiche. Sie fehlt im quasistatischen Modell.

Summensteilheit. Für die Summensteilheit $y_m = y_{21} - y_{12}$ ergeben sich (Bild 3.32)

- ein frequenzunabhängig reeller Wert für die quasistatische Näherung (Kurve 1) ohne Einbezug von τ_N Gl. (3.3.59ff)),

3.3 Dynamisches Verhalten   279

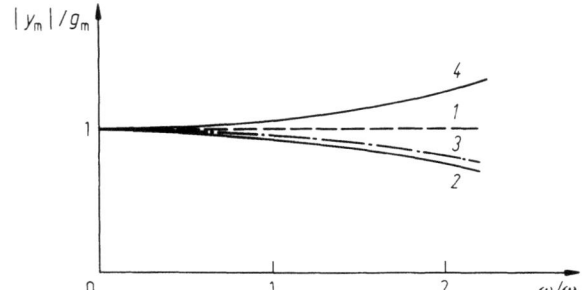

Bild 3.32. Verlauf der Steilheit y_m (Betrag) über der normierten Frequenz ω/ω_1, (1) quasistatische Näherung, (2) mit Laufzeitkorrektur τ_N, (3) numerische Lösung, (4) nach Gl. (3.3.59a)

– ein Abfall des Betrages nach Gl. (3.3.52) mit Laufzeitkorrektur (Kurve 2), der je nach dem Arbeitspunkt (η) bei $\omega = \omega_1$ bis zu rd. 10% betragen kann,
– ein Fehler von etwa gleicher Größe bei $\omega = \omega_1$ für die numerische Lösung (Kurve 3).

Man erkennt aber auch, daß eine Darstellung der Form Gl. (3.3.59a)

$$y_m = g_m - j\omega c_m,$$

wie sie zwingend aus dem Ladungsmodell folgt, ein *physikalisch völlig falsches* Bild ergibt, da der Betrag der Summensteilheit über der Frequenz stets fällt. Die Transkapazität ist nach Gl. (3.3.59b) nur eine *angenäherte* Ersatzformulierung des Laufzeiteinflusses, wie er physikalisch richtig nur im Nenner der Summensteilheit auftritt.

Ersatzschaltung. Ausgehend von der quasistatischen Ersatzschaltung Bild 3.25 führt der Einbezug der Laufzeitkonstante τ_N auf die im Bild 3.33a angegebene verbesserte Form, die insbesondere Transkapazitäten enthält.

Legt man schließlich die Ersatzschaltelemente nach Gl. (3.3.52) zugrunde und berücksichtigt so den Laufzeiteinfluß, was Realteile bei sonst rein kapazitiven Elementen zur Folge hat (z.B. y_{gs}), so müssen insbesondere zu den Kapazitäten c_{gs}, c_{gd}, c_{bs}, c_{bd}, c_{gb} weitere Elemente zur Nachbildung der Frequenzabhängigkeit

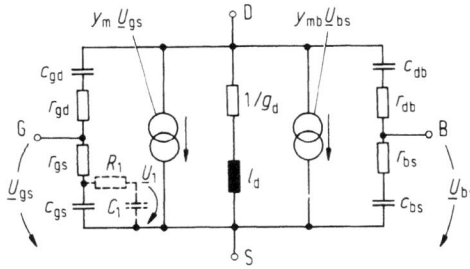

Bild 3.33. Ersatzschaltung mit verbessertem Einbezug des Frequenzverhaltens ($y_m = g_m/(1+j\omega\tau_N)$, y_{mb} analog). (Bei Ergänzung durch das Netzwerk R_1, C_1 ist y_m durch g_m zu ersetzen, y_{mb} analog). Kapazität c_{gb} weggelassen

zugeschaltet werden. Beispielsweise gilt für y_{gs} mit $1 + j\omega\tau_{gs} \approx (1 - j\omega\tau_{gs})^{-1}$

$$y_{gs} = j\omega c_{gs} \frac{1 + j\omega\tau_{gs}}{1 + j\omega\tau_N}\bigg|_{\omega\tau_{gs} \ll 1} \approx \frac{j\omega c_{gs}}{1 + j\omega(\tau_N - \tau_{gs})} \qquad (3.3.63a)$$

und analog für die übrigen Elemente

$$y_{gd} \approx \frac{j\omega c_{gd}}{1 + j\omega(\tau_N - \tau_{gd})} \qquad \omega\tau_{gd} \ll 1 \qquad (3.3.63b)$$

$$y_{bs} = \frac{j\omega c_{bs}}{1 + j\omega(\tau_N - \tau_{bs})} \qquad \omega\tau_{bs} \ll 1. \qquad (3.3.63c)$$

Somit sind den Kapazitäten c_{gs}, c_{gd} und c_{bs} die Widerstände r_{gs}, r_{gd} und r_{bs} in Reihe zu schalten. Die Ersatzschaltelemente r_{gs}, r_{gd} selbst ergeben sich aus

$$y_{gs} = \frac{j\omega c_{gs}}{1 + j\omega(\tau_N - \tau_{gs})} \equiv \frac{j\omega c_{gs}}{1 + j\omega r_{gs} c_{gs}} \rightarrow \qquad (3.3.64)$$

$$r_{gs} = \frac{\tau_N - \tau_{gs}}{c_{gs}} \rightarrow \begin{cases} \dfrac{1}{5} \dfrac{C_i}{\omega_1} & (\eta = 0) \\ \dfrac{1}{6} \dfrac{C_i}{\omega_1} & (\eta = 1) \end{cases}$$

und analog

$$r_{gd} = \frac{\tau_N - \tau_{gd}}{c_{gs}} \rightarrow \begin{cases} \infty & (\eta = 0) \\ \dfrac{C_i}{6\omega_1} & (\eta = 1) \end{cases}$$

(und sinngemäß für die Bulkseite). Während sich r_{gs} (und analog r_{bs}) über dem Arbeitspunkt (η) nur geringfügig ändern, trifft dies für r_{gd} nicht zu. Im Abschnürfall ($\eta \rightarrow 0$) wächst r_{gd} über alle Grenzen und c_{gd} verschwindet. Derart ergänzte Ersatzschaltungen wurden mehrfach angegeben [3.53], [3.70], [3.113], [3.106], [2.21], [3.64], [3.109]. Sie sind durch weitere Glieder zu ergänzen, wenn in der Frequenzentwicklung der exakten Leitwertparameter Gl. (3.3.43) auch Glieder von $0(\omega^3)$ und höher erfaßt werden sollen. Die Summensteilheiten und y_{sd} werden für analytische Zwecke zweckmäßig als komplexe Größen in der Ersatzschaltung beibehalten. Für die Anwendung dieser Ersatzschaltung in CAD-Programmen ist diese Form ungünstig. Man formt hier besser die gesteuerte (komplexe) Stromquelle

$$y_m U_{gs} \equiv g_m U_1$$

in eine reelle, von einer Hilfsspannung U_1 gesteuerte, wobei die Hilfsspannung U_1 aus einem zusätzlich eingefügten (im Vergleich zum Zweig r_{gs}, c_{gs} sehr hochohmigen) Spannungsteiler R_1, C_1 gewonnen wird:

$$U_1 = \frac{1}{1+j\omega R_1 C_1} U_{gs} \qquad (3.3.65)$$

(mit $R_1 C_1 = \tau_N - \tau_{gs} = r_{gs} c_{gs}$ und $R_1 \gg r_{gs}, C_1 \ll c_{gs}$).

Sinngemäß kann auch mit der Substratsummensteilheit y_{mb} verfahren werden.

Die Ersatzschaltung des inneren Transistors nach Bild 3.33 gilt im Frequenzbereich bis ω_1 ausreichend genau. Aus ihr gehen durch schrittweise Vereinfachungen hervor:

- die quasistatische Form Bild 3.20a mit Laufzeiteinbezug für Frequenzen bis etwa $\omega_1/2$ und
- die reine quasistatische Form Bild 3.20b mit reeller Summensteilheit bzw. noch weiter vereinfacht ($c_{gb} = 0$, $c_{ds} = 0$) das Meyer-Modell Bild 3.29.

Zur Ersatzschaltung des äußeren Transistors gelangt man durch Ergänzung mit den äußeren parasitären Elementen (Kapazitäten, Abschn. 3.2.2.5, Bahnwiderstände).

3.3.5 Vergleich der Ladungsmodelle

Die MOSFET-(Kleinsignal-)Ersatzschaltung wurde rückblickend auf zwei Wegen gewonnen:

- Bestimmung der harmonischen stationären Lösung der partiellen Differentialgleichung für die flächenbezogene, lokale Kanalladungsdichte $q''_1(y, \omega)$, aus der die Admittanzparameter hervorgingen (s. Abschn. 3.3). Dieser Weg ist physikalisch und mathematisch zwar exakt, aber aufwendig und oft (z.B. bei Kurzkanalproblemen) u.U. nur näherungsweise gangbar, weil die Gleichungslösung zu schwierig wird.
- Bestimmung von Ladungen und Kapazitäten (Abschn. 3.2.1ff.)). Da sich die harmonische Lösung bei niedrigen Frequenzen als Aufeinanderfolge von *statischen* Lösungen der Differentialgleichung interpretieren läßt, erhält man aus dem Vergleich zweier, um jeweils eine kleine Differenz ΔU verschiedener Lösungen die Strom- (ΔI) und Ladungsänderungen (ΔQ). Daraus kann formal eine Kapazität $c = \Delta Q/\Delta U$ vereinbart werden.

Der Vorteil dieses Verfahrens liegt auf der Hand: man braucht nur die stationäre Lösung der Differentialgleichung, die auch bei größerer physikalischer Modellbreite einfacher gewonnen werden kann. Gerade die Diskussion des vorherigen Abschnittes zeigt aber, daß

- es bei einigen der so gewonnenen Kapazitäten *Abweichungen* zu den Ergebnissen der Frequenzanalyse gibt,

282   3 Der MOSFET im dynamischen Betrieb

- die Ergebnisse stark von der Ladungsteilung im Transistor abhängen: nur die Ladungen Q_G, Q_B und Q_I oder zusätzlich noch eine Aufteilung der Kanalladung Q_I in Source- und Drainladung Q_S, Q_D nach einem "Mittelungsverfahren", dem eine gewisse Zufälligkeit nicht abzusprechen ist;
- zwischen den nichtreziproken Kapazitäten als Ergebnis eines solchen Mittelungsverfahrens und der Laufzeitkonstante τ_N – charakteristisch für den *nichtstationären* Ladungsumbau – offenbar ein Zusammenhang besteht.

Lange Zeit diente das einfache quasistatische Ladungsmodell mit *reziproken* Kapazitäten (Bild 3.29) – bekannter als *Meyer-Modell* – zur vorbehaltlosen Beschreibung des dynamischen MOSFET-Verhaltens, obwohl Ersatzschaltungen, hergeleitet aus der Frequenzanalyse, in wichtigen Teilen Abweichungen zeigten [3.55], [3.56], [3.51], [3.95], [2.21]. Spätere Untersuchungen führten zu nichtquasistatischen Modellen nach Abschn. 3.2 angeführt vom sog. *Ward-Modell*, deren wichtigstes Merkmal die Teilung der Inversionsladung war mit nichtreziproken Kapazitäten als zwangsläufiger Folge.

Zahlreiche Gründe wurden für die Diskrepanzen zwischen beiden Modellen angeführt: sie reichen von fraglicher physikalischer Modellierung, dem Substrateinfluß, über die nichtlineare Kapazität, die Art der Integrationsverfahren bei der Schaltungssimulation bis zu der Erkenntnis, daß die aufgeteilten Ladungen nicht Zustandsvariable im üblichen Sinn sind [3.63], [3.58], [3.81], [3.112], [3.40], [3.57], [3.107], [3.73], [3.79], [3.82].

Im folgenden soll gezeigt werden, daß sich die Unterschiede zwischen beiden Modellen aus der *Annahme* reziproker Kapazitäten im Meyer-Modell ergeben, was *zwangsläufig* eine Verletzung der Ladungsbilanz nach sich zieht.

Meyer-Modell. Ursache der Nichterhaltung der Ladung

Das quasistatische Kapazitätsmodell (Meyer-Modell) beruht in seiner Grundkonzeption auf

- der *Gateladung* $Q_G = f(U_G, U_D, U_B) = -Q_I(U_G, U_D, U_B) - Q_B(U_G, U_D, U_B)$
und den daraus hergeleiteten Kapazitäten (s. Gl. (3.2.68))

$$c_{gd} = \frac{\partial Q_G}{\partial U_D}, \quad c_{gs} = -\frac{\partial Q_G}{\partial U_S}, \quad c_{gb} = -\frac{\partial Q_G}{\partial U_B}$$

sowie (Gl. (3.2.71a)) $c_{gg} = c_{gd} + c_{gs} + c_{gb}$
- *verschwindenden Kapazitäten* zwischen Drain und Source, weil die Ladungen Q_D, Q_S nicht definiert sind: $c_{ds} = c_{sd} = 0$,
- der Annahme *reziproker* Kapazitäten

$$c_{gd} = c_{dg}, \quad c_{sg} = c_{gs}, \quad c_{bg} = c_{gb} \tag{3.3.66}$$

- der Ladungsbilanz

$$Q_G + Q_I + Q_B = 0. \tag{3.3.67}$$

3.3 Dynamisches Verhalten

Die Inversions-, Bulk- und Gateladung sind durch Gl. (3.2.36) gegeben

$$Q_I = -C_i U'_{GS} 2/3 f_1(\eta)$$

$$Q_B = -C_i \cdot [\gamma\sqrt{2\Phi_F^* + U_{SB}} + \delta/(1+\delta)\cdot(1 - 2/3 f_1(\eta))]$$

$$Q_G = -(Q_I + Q_B) = C_i\left[\frac{U'_{GS}}{1+\delta}\left(\delta + \frac{2}{3}f_1(\eta)\right) + \gamma\sqrt{2\Phi_F^* + U_{SB}}\right].$$

Ohne Änderung des physikalischen Grundanliegens soll nachfolgend der Substrateffekt vernachlässigt werden ($\gamma = \delta = 0$). Ferner ist es zweckmäßig, im Arbeitspunktparameter η (Gl. (3.2.35c)) die Gate-Drainspannung U_{GD} bzw. die um die Schwellspannung U_{TH} reduzierte Form $U'_{GD} = U_{GD} - U_{TH}$ anstelle von U_{DS} zu verwenden:

$$\eta = 1 - \frac{U_{DS}}{U_{GS} - U_{TH}} \equiv \frac{U_{GD} - U_{TH}}{U_{GS} - U_{TH}} = \frac{U'_{GD}}{U'_{GS}}$$

(Abschnürung: $\eta = 0$ $U'_{GD} = 0$). Dann betragen die Kapazitäten (Gl. (3.2.80))

$$\boxed{\begin{aligned} c_{gs} &= \frac{\partial Q_G}{\partial U_{GS}} = \frac{2}{3}C_i\left[1 - \frac{U'^2_{GD}}{(U'_{GS} + U'_{GD})^2}\right] \end{aligned}} \quad (3.3.68a)$$

$$\boxed{c_{gd} = \frac{\partial Q_G}{\partial U_{GD}} = \frac{2}{3}C_i\left[1 - \frac{U'^2_{GD}}{(U'_{GS} + U'_{GS})^2}\right]} \quad (3.3.68b)$$

$$\boxed{c_{gb} = \frac{\partial Q_G}{\partial U_{GD}} = 0.} \quad (3.3.68c)$$

Diese (nichtlinearen) Kapazitäten werden nach Gl. (3.3.66) im Meyer-Modell als *reziprok* vorausgesetzt, d.h. es muß gelten

$$c_{gs} \equiv \frac{\partial Q_G}{\partial U_{GS}} = c_{sg} \equiv \frac{\partial Q_S}{\partial U_{SG}} = -\frac{\partial Q_S}{\partial U_{GS}} \quad (3.3.69a)$$

und

$$c_{gd} \equiv \frac{\partial Q_G}{\partial U_{GD}} = c_{dg} \equiv \frac{\partial Q_D}{\partial U_{DG}} = -\frac{\partial Q_D}{\partial U_{GD}}. \quad (3.3.69b)$$

Aus dieser *Reziprozitätsannahme* folgt *zwangsläufig*

$$\boxed{\partial Q_G = -\partial Q_S \quad \text{resp.} \quad \partial Q_G = -\partial Q_D.} \quad (3.3.70)$$

Damit werden den Source- Drain-Gebieten die Ladungen Q_S, Q_D *zugeordnet*. Deshalb ist die Reziprozitäts*annahme* Gl. (3.3.69) die tiefere Ursache für die Verletzung der Ladungserhaltung im *Meyer-Modell*. Ladungserhaltung erfordert (mit $Q_B = 0$ gesetzt) $\Sigma Q = Q_G + Q_S + Q_D = 0$, wobei jede der Ladungen von den Spannungen U'_{GS}, U'_{GD} abhängt. Daraus resultiert z.B. für die Ladungsänderung abhängig von U'_{GS}:

$$\frac{\partial \Sigma Q}{\partial U'_{GS}} = 0 = \underbrace{\frac{\partial Q_G}{\partial U'_{GS}} + \frac{\partial Q_S}{\partial U'_{GS}}}_{0} + \frac{\partial Q_D}{\partial U'_{GS}} = 0,$$

also mit Gl. (3.3.70) die Forderung

$$\frac{\partial Q_D}{\partial U'_{GS}} = 0, \tag{3.3.71a}$$

nach der Q_D *unabhängig* von U'_{GS} sein muß. Ganz analog führt die Ladungsänderung

$$\frac{\partial \Sigma Q}{\partial U'_{GD}} = 0 = \frac{\partial Q_G}{\partial U'_{GD}} + \underbrace{\frac{\partial Q_S}{\partial U'_{GD}} + \frac{\partial Q_D}{\partial U'_{GD}}}_{0} = 0$$

auf die Bedingung

$$\frac{\partial Q_S}{\partial U'_{GD}} = 0, \tag{3.3.71b}$$

woraus Q_S *unabhängig* von U'_{GD} folgt. Die Annahme reziproker Kapazitäten und Ladungserhaltung setzt somit *gleichzeitig* die Erfüllung von Gl. (3.3.71a, b) voraus. Dann müßte sich die Inversionsladung $Q_I(U'_{GS}, U'_{GD}) \equiv Q_S(U'_{GS}) + Q_D(U'_{GD})$ in zwei Teile Q_S, Q_D aufspalten lassen, wobei Q_S nur von U'_{GS} und Q_D nur von U'_{GD} abhängig sein dürfen. Dies ist aber nach Gl. (3.2.36a)

$$Q_I = -\frac{2}{3} C_i \frac{(U'^2_{GS} + U'_{GS} U'_{GD} + U'^2_{GD})}{(U'_{GS} + U'_{GD})} \tag{3.3.71c}$$

wegen des Produkttermes $U'_{GD} U'_{GS}$ nie möglich!

Die Annahme der Reziprozität von Einzelkapazitäten im Meyer-Modell, deren zugeordnete Klemmenladungen nichtlinear von mehreren Klemmenspannungen abhängen, schließt zwangsläufig die Ladungserhaltung aus!

Umgekehrt erfordert die Erfüllung der Ladungserhaltung im Transistormodell *zwangsläufig* den Ansatz nichtreziproker Kapazitäten, wie sie sich im sog. *Ward-Modell* ergeben.

Berechnet man nämlich umgekehrt aus den Kapazitäten Gl. (3.3.68) die zugehörigen Ladungen

$$Q_S^* = -\int c_{gs}(U'_{GS}, U'_{GD}) dU'_{GS}, \quad Q_D^* = -\int c_{gd}(U'_{GS}, U'_{GD}) dU'_{GD} \tag{3.3.72}$$

und summiert das Ergebnis, so ergibt sich *nicht* die Inversionsladung Q_I nach Gl. (3.2.36a), wie zu erwarten wäre: die Ladungserhaltung ist verletzt. Jeder Schaltungssimulator führt aber eine numerische Integration gemäß Gl. (3.3.72) durch, weshalb das Ladungsdefizit tatsächlich dort zuerst bemerkt wurde.

3.3 Dynamisches Verhalten

Der Ersatz der verteilten Kapazität zwischen Gate und Kanal im MOSFET bei *Stromfluß* im Kanal (d.h. $U'_{GD} \neq U'_{GS}$) durch zwei reziproke Kapazitäten c_{gd}, c_{gs} ergibt somit bei der Ladungsintegration *nicht* die ursprüngliche Ausgangsladung! Lediglich im *stromlosen* Fall ($U_{DS} = 0$, $U'_{GS} = U'_{GD}$) führt Gl. (3.3.72) auf $Q_S^* = Q_D^* = -C_i/2 U'_{GS}$ und damit *Ladungserhaltung*

$$Q_I \equiv Q_S^* + Q_D^* = -C_i U'_{GS}$$

in Konsistenz mit reziprok angesetzten Kapazitäten!

Spaltet man jedoch die Ladungen Q_S, Q_D *gewichtet* auf (wie dies entsprechend Gl. (3.2.18), (3.2.19) erfolgte)

$$Q_S = b \int_0^L \left(1 - \frac{y}{L}\right) Q''_I(y) dy = -\frac{C_i}{15} \frac{6U'^3_{GS} + 12 U'_{GD} U'^2_{GS} + 8 U'^2_{GD} U'_{GS} + 4 U'^3_{GD}}{(U'_{GS} + U'_{GD})^2}$$

$$Q_D = b \int_0^L \frac{y}{L} Q''_I(y) dy = -\frac{C_i}{15} \frac{6U'^3_{GD} + 12 U'_{GS} U'^2_{GD} + 8 U'^2_{GS} U'_{GD} + 4 U'^3_{GS}}{(U'_{GS} + U'_{GD})^2}$$

(3.3.73)

so ergeben sich Lösungen, die (leicht auf die Form Gl. (3.2.39) bringbar)
- die *Ladungserhaltung* $\Sigma Q = 0$ erfüllen
- bezüglich des Spannungseinflusses völlig gleichartig aufgebaut sind: Q_D ergibt sich aus Q_S, wenn jeweils U'_{GS} und U'_{GD} miteinander vertauscht werden
- nur für $U'_{GD} = U'_{GS}$ (d.h. $U_{DS} \rightarrow 0$), stromloser Zustand) übereinstimmen. Durch Stromfluß $U_{DS} = 0$, werden die beiden Ladungen Q_S, Q_D unsymmetrisch, die Summe ist stets gleich Q_I!

Die Nichtreziprozität der Kapazitäten als Folge der *gewichteten* Ladungen Q_S, Q_D erkennt man sofort bei Berechnung der jeweiligen Kapazitäten. Setzt man abkürzend

$$\eta_S = \frac{1}{1+\eta} = \frac{U'_{GS}}{U'_{GS} + U'_{GD}}, \quad \eta_D = \frac{\eta}{1+\eta} = \frac{U'_{GD}}{U'_{GD} + U'_{GS}} \quad (3.3.74)$$

(und berücksichtigt noch die Gateladung $Q_G + Q_S + Q_D = 0$ bei erfüllter Ladungsbilanz), so ergeben sich (für den aktiven Bereich) die Kapazitäten

$$c_{gs} = +\frac{\partial Q_G}{\partial U_{GS}} = -\frac{2}{3} C_i (1 - \eta_D^2), \quad c_{gd} = \frac{\partial Q_G}{\partial U_{GD}} = -\frac{2}{3} C_i (1 - \eta_S^2)$$

$$c_{gg} = \frac{\partial Q_G}{\partial U_{GG}} = -\frac{2}{3} C_i (1 + 2\eta_S \eta_D)$$

$$c_{sg} = \frac{\partial Q_S}{\partial U_{GS}} = -\frac{C_i}{3} \left[1 + 2\eta_S \eta_D + \frac{1}{5}(\eta_S - \eta_D)^3\right]$$

$$c_{dg} = \frac{\partial Q_D}{\partial U_{DG}} = -\frac{C_i}{3} \left[1 + 2\eta_S \eta_D + \frac{1}{5}(\eta_D - \eta_S)^3\right]$$

286   3 Der MOSFET im dynamischen Betrieb

$$\equiv \frac{C_i}{15} \frac{4 + 28\eta + 22\eta^2 + 6\eta^3}{(1+\eta)^3}$$

$$c_{ds} = \frac{\partial Q_D}{\partial U_{SD}} = -\frac{4}{15} C_i \eta_S (1 + \eta_D \eta_S), \quad c_{sd} = \frac{\partial Q_S}{\partial U_{SD}} = -\frac{4}{15} C_i \eta_D (1 + \eta_D \eta_S)$$

$$c_{dd} = \frac{\partial Q_D}{\partial Q_{DD}} = -\frac{2}{5} C_i \eta_D \left(1 + \eta_S + \frac{2}{3} \eta_S^2\right). \tag{3.3.75}$$

Die Gleichwertigkeit dieser Schreibweise zu Gl. (3.2.80)ff. läßt sich leicht zeigen.

Alle "gemischten Kapazitäten" c_{ik} ($i \neq k$) sind im stromdurchflossenen Fall ($\eta_S \neq \eta_D$) erwartungsgemäß *nichtreziprok* und die Differenz, z.B. zwischen c_{dg}, c_{gd}, führten auf die jeweilige *Transkapazität* Gl. (3.2.84)

$$c_m = c_{dg} - c_{gd}.$$

Im *stromlosen Fall* ($U_{DS} \to 0 \to U'_{GS} = U'_{GD}|\eta_S = \eta_D = 1/2$. d.h. $\eta = 1$) *verschwinden* diese, m.a.W. werden die jeweils zusammengehörenden Kapazitäten *reziprok*: $c_{gs} = c_{sg}$, $c_{gd} = c_{dg}$ usw. übereinstimmend mit Bild 3.29. Daß dabei die Nichtreziprozität z.B. der Gate-Source-Kapazität in der Ersatzschaltung Bild 3.20 nicht explizit in Erscheinung tritt, darf nicht verwundern. Dort wird nämlich (definitionsgemäß) die (reziproke) Kapazität

$$c_{11} \equiv c_{gg} = c_{gd} + c_{gs} \equiv c_{dg} + c_{sg} \tag{3.3.76}$$

(Bulkbeitrag vernachlässigt) als Element verwendet. Die Gleichwertigkeit ist mit Gl. (3.3.75) leicht zu zeigen.

Damit bilden die Ladungen Q_G, Q_S, Q_D (und Q_B, wenn hinzugezogen), von denen Q_S, Q_D über eine Ladungsteilung (Wichtung) definiert sind, ein vollständiges, ladungserhaltendes Modell des MOSFET. Es führt wegen der Verschiedenheit von Q_S, Q_D bei Stromfluß ($U_{DS} \neq 0$) zwangsläufig auf nichtreziproke Kapazitäten.

Die eigentliche Ursache der Ladungsnichterhaltung im Meyer-Modell ist damit nicht physikalischer, sondern mathematisch-definitorischer Art. Dort wird die Ladung als mehrdimensionale Funktion der Spannungen durch einen unvollständigen Satz partieller Ableitungen (Gateladung nach den Spannungen) beschrieben, was zwangsläufig die Nichteinhaltung der Ladungsbilanz bedingt. Erst eine mathematisch korrekte Beschreibung durch die gewichteten Ladungen Q_S, Q_D ergibt einen vollständigen Satz partieller Ableitungen, zwangsläufig einhergehend mit nichtreziproken Kapazitäten.

Offen bleibt aber noch näherer Aufschluß über die Wichtung der Ladungen selbst.

Momentenbildung der Kontinuitätsgleichung: Prinzip der Ladungsteilung.
Bildet man von der Kontinuitätsgleichung (3.2.16) das sog. *nullte Moment* über

3.3 Dynamisches Verhalten   287

die Kanallänge L, so folgt

$$\int_0^L di_n(y,t) = i_n(L,t) - i_n(0,t) = b \int_0^L \frac{\partial q_I''}{\partial t} dy = \frac{dq_I(t)}{dt}$$

$$= i_D(t) + i_S(t)$$

entsprechend Gl. (3.2.11). Dabei wurde $i_S(t) = -i_n(0,t)$ zum Sourcekontakt hin positiv festgelegt. Die zeitliche Änderung der Inversionsladung $q_I(t)$ ist wegen $q_I(+) + q_G(t) = 0 (q_B = 0$ gesetzt) der Ausgangspunkt für die Kapazitätsdefinition im Meyer-Modell.

Ermittelt man jedoch das *erste Moment* (oder den ersten räumlichen Mittelwert) über die Kanallänge (indem die Kontinuitätsgleichung zunächst zwischen $y = 0$ und y (anstelle von L) und anschließend erneut zwischen 0 und L integriert wird), so folgt genau Gl. (3.2.18). Die so gewonnenen *Source-* und *Drainladungen* Q_S, Q_D

$$Q_S = b \int_0^L (1 - y/L) Q_I''(y) dy \equiv b \int_0^L (1 - f(y)) Q_I''(y) dy \qquad (3.3.77a)$$

$$Q_D = b \int_0^L y/L\, Q_I''(y) dy \equiv b \int_0^L f(y) Q_I''(y) dy \qquad (3.3.77b)$$

entstehen damit durch *Wichtung* und die eingeführte Funktion f(y) hat die Bedeutung einer *Gewichtsfunktion*. Sofort erhebt sich die Frage nach ihrer *Allgemeinheit*. Dazu wird die Kontinuitätsgleichung (3.2.16)

$$\int_0^L f(y) \left(\frac{\partial i_n(y,t)}{\partial y} - b \frac{\partial q_I''(y,t)}{\partial t} \right) dy = 0 \qquad (3.3.78)$$

herangezogen. Die Integration in Teilen ergibt mit den Randwerten f(0), f(L)

$$i_n(L,t) - i_n(0,t) \frac{f(0)}{f(L)} = \int_0^L \frac{(df/dy)}{f(L)} i_n(y,t) dy + b \frac{d}{dt} \left\{ \int_0^L \frac{f(y)}{f(L)} q_I''(y,t) dy \right\}. \qquad (3.3.79)$$

Der Strom $i_n(y,t)$ ist unbekannt. Physikalische Gründe sprechen dafür, ihn *ortsunabhängig* gleich dem Transportstrom $i_T(t)$ (Gl. (3.2.18b)) anzusetzen. Man erhält (wenn zusätzlich noch $f(0) = 0$ gesetzt wird)

$$i_n(L,t) = i_D(t) = i_n(0,t) \frac{f(0)}{f(L)} + i_T \int_0^L \frac{(df/dy)}{f(L)} dy + b \frac{d}{dt} \left\{ \int_0^L \frac{f(y)}{f(L)} q_I''(y,t) dy \right\}$$

$$= i_n(0,t) \frac{f(0)}{f(L)} + i_T \left(1 - \frac{f(0)}{f(L)} \right) + \frac{dq_D(t)}{dt}$$

$$= i_T + \frac{dq_D(t)}{dt}. \qquad (3.3.80)$$

Ersetzt man die Gewichtsfunktion f(y) durch eine neue Funktion g(y) mit der Forderung g(L) = 0, so ergibt sich aus Gl. (3.3.78) ganz analog

$$-i_n(0,t) = \int_0^L \frac{dg/dy}{g(0)} i_n(y,t) + b \frac{d}{dt}\left\{\int_0^L \frac{g(y)}{g(0)} q_I''(y,t)\,dy\right\}. \quad (3.3.81a)$$

Die läßt sich mit der gleichen Begründung wie eben als (Gl. (3.2.18b))

$$-i_n(0,t) \equiv i_S(t) = -i_T + dq_S/dt \quad (3.3.81b)$$

darstellen. Damit ist zunächst gezeigt, daß die allgemeinen Klemmenströme $i_D(t)$, $i_S(t)$ Gl. (3.2.12) neben dem Transportstrom i_T stets *unterschiedlich* gewichtete Anteile der zeitlichen Inversionsladungsänderung enthalten, die als Source- und Drainladungen auftreten.

Die Gewichtsfunktionen f(y) und g(y) können nicht unabhängig voneinander sein, weil Q_S und Q_D stets die Inversionsladung Q_I ergeben müssen. Man erhält

$$\frac{f(y)}{f(L)} = -\frac{g(y)}{g(0)}. \quad (3.3.82)$$

Die Ladungsteilung ist damit grundsätzlich an eine *ortsabhängige* Gewichtsfunktion gebunden, denn für f(y) = f(L) = f(0) = const. folgt zwangsläufig

$$Q_D \equiv Q_I, \quad Q_S = 0.$$

Dies ist aber die Lösung des Meyer-Modells mit dem nullten Moment (s.o.). In allen anderen Fällen ist $Q_S + Q_D = Q_I (Q_S \neq Q_D)$ bzw. Ladungserhaltung gesichert, für das erste Moment beträgt f(y) = y (s. Gl. (3.2.32d)), worauf das Ladungsteilungsmodell nach Ward beruht. Eingehendere Untersuchungen zeigen nun, daß zwischen der Gewichtsfunktion f(y) und der (statischen) Lösung des Potentials $\psi_S(y)$ resp. der Inversionsladung $Q_I(y)$ Beziehungen bestehen, die umgekehrt zur einfachen Berechnung der Ladungen Q_S, Q_D und zugeordneter Kapazitäten verwendet werden können.

3.4 MOSFET-Modelle für den Schaltungsentwurf

Namentlich der rechnergestützte Entwurf integrierter Schaltungen erforderte immer mehr Methoden, funktionelle Beziehungen zwischen den Klemmen der Bauelemente so zu beschreiben, daß sie mit entsprechenden Meßergebnissen gut übereinstimmen. Die Gesamtheit dieser Verfahren wird als *Bauelementemodellierung* bezeichnet, ihre Ergebnisse sind die *Bauelementemodelle* (Tafel 3.5). Die Grundlage dieser Modelle ist im Regelfall die *physikalische Modellbildung*. Sie umfaßt

1. die Analyse der Bauelementephysik und Formulierung der physikalischen Gleichungen, das sind durchweg die Halbleitergrundgleichungen, ergänzt durch typische physikalische Effekte einschließlich der Materialdaten,

2. die Geometrieabgrenzung,
3. die Lösung der physikalischen Gleichungen unter gegebenen Nebenbedingungen (z.B. Betriebsbedingungen),
4. die gleichwertige Beschreibung des Verhaltens durch ein (nichtlineares) elektrisches Netzwerk, das dann für die Schaltungsanalyse verwendet wird: eine spezielle Form der Netzwerksynthese.

Je nach der Art der Lösung (Pkt. 3) gewinnt man

– *Kompaktmodelle.* Solche Modelle beschreiben insbesondere das Klemmenverhalten in einer Form, die für die Netzwerkanalyse geeignet ist;
– *mathematische* Modelle bestehend aus einer Anzahl von Gleichungen, die bereits eine analytische Beschreibung erlauben. Sie haben oft einen sehr engen Bezug zur Physik und heißen dann auch *physikalische Modelle.* Zu dieser Gruppe (mit geringem Physikbezug) gehören z.B. die Taylor-Reihen-Entwicklung und stückweise lineare Kennlinienapproximation;
– Modelle aus idealen *Netzwerkelementen* (passive Elemente, gesteuerte Quellen), denen sehr oft mathematische Modelle zugrundeliegen. Die Netzwerkelemente ergeben sich entweder direkt aus dem physikalischen Modell und haben so einen Bezug zu den physikalisch-technologisch und geometrischen Beziehungen des MOSFET oder können durch "Anpaßparameter" an Meßergebnissen angepaßt werden. Bekannte Beispiele dieser Gruppe sind die SPICE-Modelle (s. Abschn. 3.4.1);
– numerische *Tabellen- oder Tafelmodelle.* Sie enthalten die durch Messung oder numerische Simulation gewonnenen (und gespeicherten) Daten typischer elektrischer Eigenschaften in tabellarischer Anordnung, wobei Zwischenwerte Interpolationen erforderlich machen (s. Abschn. 3.4.2);
– *empirische Modelle.* Das sind Modelle, die analytische Zusammenhänge wiedergeben, die durch (meßtechnische) Erfahrungen gewonnen wurden, ohne daß sie quantitativ physikalisch begründet werden können. Beispielsweise ist die Kennlinie Gl. (3.1.25) von dieser Art. Oft werden die Modelle auch noch nach Verwendungszweck und Betriebsbedingung näher unterteilt: z.B. DC-, AC-, Transienten-Modelle u.a.m. (Tafel 3.5);
– *numerische* Modelle als Gegenstück zu den Kompaktmodellen. Sie sind das Ergebnis numerischer Lösungen der Halbleitergrundgleichungen, der sog. (numerischen) *Device-Simulation* (s. Abschn. 3.4.3). Derartige Modelle dienen vorwiegend zum Studium des inneren Bauelementeverhaltens und der Auswirkungen der inneren Elektronik auf das Klemmenverhalten. Fügt man in die Grundgleichungen Vereinfachungen (zum Zwecke einer einfacheren numerischen Lösung) ein, so spricht man von *quasi-numerischen* Modellen.

Die Modellbildung des Transistors ist für den Schaltungsentwurfsprozeß von grundlegender Bedeutung. Dabei bestimmt die Modellqualität nicht nur die Genauigkeit der Simulationsergebnisse (und so die Rechnerlaufzeit), sondern sie hängt auch mit dem Anwendungsfeld zusammen. So erfordert die Simulation

Tafel 3.5. Übersicht der allgemeinen MOSFET-Modelle

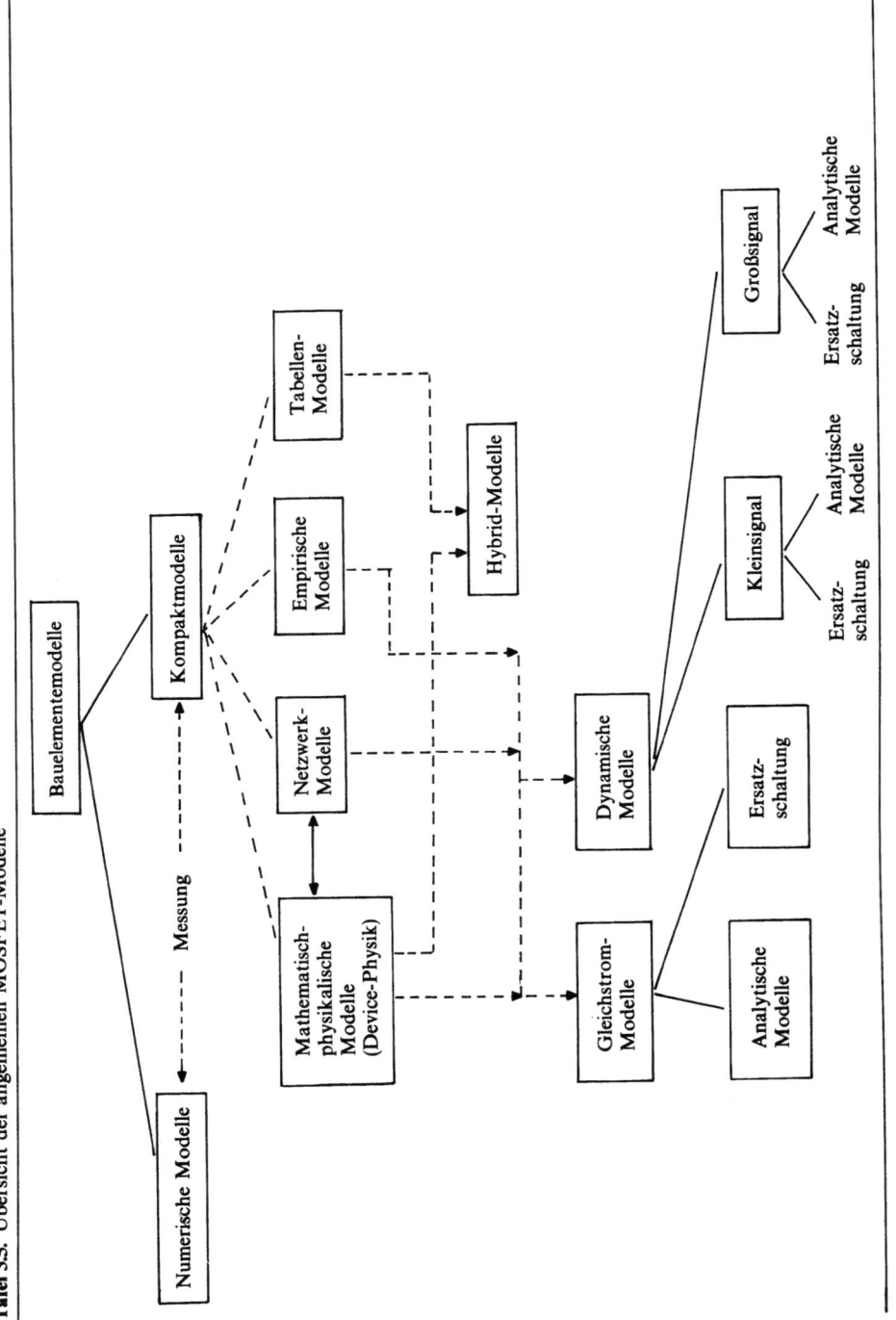

von Digitalschaltungen nur "gröbere" Modelle im Vergleich zur Simulation von Analogschaltungen. Deshalb ist ein breites Modellspektrum geradezu erforderlich.

3.4.1 Kompaktmodelle für die Schaltungssimulation

Zur Analyse und zum Entwurf von Schaltungen ist die Rechnerunterstützung durch *Schaltungssimulationsprogramme* heute unverzichtbar geworden. Derartige Simulatoren erfordern im Regelfall Kompaktmodelle für die verschiedenen Bauelemente. Fortschritte in der Simulationstechnik, steigende Rechnerleistung und Zunahme der Schaltungskomplexität führten daher nicht nur zu immer verbesserten Versionen von Simulationsprogrammen, sondern auch zu Bauelementemodellfamilien, wie dies am sehr verbreiteten Schaltungssimulator SPICE deutlich zu sehen ist. Dort sind mehrere MOSFET-Modelle verfügbar, die durch den Parameter LEVEL unterschieden werden. So enthält z.B. die Version SPICE 2G drei verschiedene MOSFET-Modelle (Level 1, 2 und 3), die Version SPICE 3 gar noch ein LEVEL-4-Modell. Sie unterscheiden sich u.a. in der Formulierung der I-U-Relationen, den Betriebsbereichen, den physikalischen Effekten und vor allem der Anzahl erforderlicher *Modellparameter* (sog. Parametersatz). Das sind Größen, die in den Strom-Spannungs-Klemmenrelationen auftreten und die durch Messung (sog. Parameterextraktion), Vorgabe oder als Ergebnis numerischer Berechnungen bestimmt werden. Da die Anzahl zu bestimmender Parameter häufig sehr groß ist, werden häufig Optimierungstechniken eingesetzt.

Die in den unterschiedlichen SPICE-Level verwendeten Kompaktmodelle sind *physikalische* Modelle, die die wichtigsten der in den Abschnitten 2 und 3.1 ... 3.3 erläuterten Effekte enthalten, und zwar in den verschiedenen Level gestaffelt. Deshalb haben ihre Modellparameter durchweg einen direkten physikalischen Bezug und stehen teilweise in Wechselbeziehung. Durch das Skalierungsprinzip (Abschn. 2.4.5) sind Geometrievariationen in gewissem Umfange möglich.

Nicht zuletzt aus Gründen des Rechneraufwandes *zwingen* physikalische Modelle zu gewissen Vereinfachungen im physikalischen Ansatz und/oder den analytischen Beziehungen, so daß natürlicherweise eine Kluft zwischen der Modellierung einzelner physikalischer Phänomene und ihrer Erfassung in Kompaktmodellen besteht (beispielsweise fehlen Gatestromeinflüsse in allen bisher bekannt gewordenen Kompaktmodellen völlig). Auch tiefergreifende Unterschiede in den einzelnen MOSFET-Typen (Aufbau, Geometrie, z.B. Anreicherungs-, Verarmungsbetrieb), führen oft zu veränderten Modellen. Trotz dieser Begrenzungen haben die physikalischen Modelle den wesentlichen Vorteil *vorausschauender* Beschreibung der Klemmenverhältnisse innerhalb eines Parametervariationsbereiches. Darin besteht der eigentliche Vorteil für den Schaltungsentwurf.

3.4.1.1 Kompaktmodelle für den Digitalschaltungsentwurf

Historisch wurde der MOSFET über nahezu ein Jahrzehnt ausschließlich in Digitalschaltungen verwendet. Dementsprechend war die Modellierung, z.B. auch bei den verschiedenen SPICE-Modellen angelegt. Sie ist der tiefere Grund für Einfachheit des *Level-1-Modells*, das auf Shichman-Hogdes und Hofstein-Heiman [3.123] zurückgeht. Es unterteilt den Transistor – wie alle nachfolgenden SPICE-Modelle – in ein *äußeres Modell* mit allen parasitären Elementen (Bahnwiderstände, Kapazitäten) – den sog. *Modellrahmen* – und den *inneren Transistor* (Bild 3.34). Der Modellrahmen ändert sich für die einzelnen Transistormodelle praktisch nicht und kann darüber hinaus leicht der jeweiligen Transistorgeometrie angepaßt werden. Der innere Transistor wird hier durch die Kennliniendarstellung Gl. (2.2.9 ff.) mit Einbezug der Kanallängenmodulation in Form eines Faktors λ (Gl. (2.3.66b)) in den Betriebsgebieten Sperr-, Linear- und Sättigungsbereich wiedergegeben:

$$I_D = f(U_{DS}, U_{GS}, U_{BS}) = \begin{cases} I_{Cut} & U_{GS} < U_{TH} \\ I_{Lin} & U_{GS} \geq U_{TH}; \quad U_{DS} \leq U_{DSP} \\ I_{Sätt} & U_{GS} > U_{TH}; \quad U_{DS} > U_{DSP} \end{cases} \quad (3.4.1)$$

mit folgenden Formulierungen

$$\begin{aligned} I_D = f(U_{DS}, U_{GS}, U_{BS}) &= 0 & &\text{Sperrbereich } U_{GS} < U_{TH} \\ &= \beta[(U_{GS} - U_{TH})U_{DS} - U_{DS}^2/2] & &\text{Linearbereich} \\ &= \beta/2[U_{GS} - U_{TH}]^2 & &\text{Sättigungsbereich.} \end{aligned} \quad (3.4.2)$$

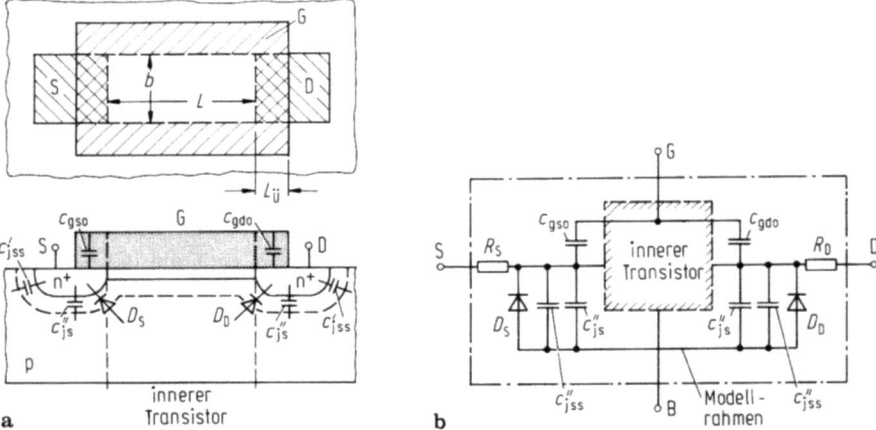

Bild 3.34a, b. MOSFET unterteilt nach innerem und äußerem Transistor. **a** Schnittbild und Draufsicht, **b** Ersatzschaltung, Der Modellrahmen liegt innerhalb der schraffierten Fläche

3.4 MOSFET-Modelle für den Schaltungsentwurf   293

Dabei werden verwendet:

- die Schwellspannung (s. Gl. (2.3.20))

$$U_{TH} = U_{THO} + \gamma(\sqrt{2\Phi_F^* + U_{SB}} - \sqrt{2\Phi_F^*})$$
$$= U_{TH}|_{U_{SB}=0}, = U_{FB} + \gamma\sqrt{2\Phi_F^*} + 2\Phi_F^* \qquad (3.4.3)$$

wobei U_{THO} (bei $U_{BS} = 0$) in den Eingabeparametern festgelegt werden muß,
- die Kennlinienkonstante [3.12]

$$\beta = \mu_n C_i''(b/L_{eff}) = KP \cdot b/L_{eff} \qquad (3.4.4)$$

- die effektive Kanallänge (s. Gl. (2.3.55c))

$$L_{eff} \equiv L' = \frac{L_{adj}}{1 + \lambda U_{DS}}. \qquad (3.4.5)$$

Sie ergibt sich aus der (technologisch) eingestellten Kanallänge

$$L_{adj} = L - 2x_j \equiv L - 2LD \qquad (3.4.6)$$

als Differenz der gezeichneten Kanallänge L und der Verkürzung $2x_j$ durch die laterale Diffusion der Source-Draingebiete.

Das Gleichstrommodell wird insgesamt durch fünf Parameter bestimmt: ß, U_{THO}, γ, $2\Phi_F^*$ und λ. Korrespondenzen zwischen den bisherigen Bezeichnungen und den SPICE-Parameternamen, die auf das große englische Alphabet beschränkt sind, enthält Tafel 3.6. Die Parameter sind entweder im Modell spezifiziert (in

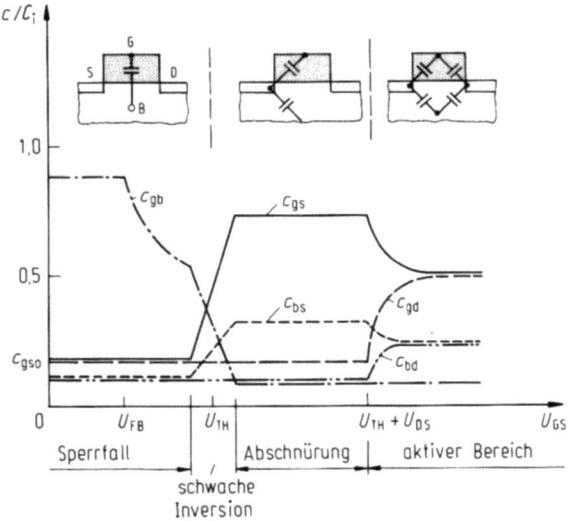

Bild 3.35. Qualitative Darstellung der Gatespannungsabhängigkeit der Kapazitäten im SPICE-Modell (Meyer-Modell)

Tafel 3.6. Wichtige Parameter der SPICE-MOSFET-Modelle. Level 1...3

Symbol	SPICE-bezeichnung	Beschreibung	Level	Einstellwert	Beispiel	Einheit
	Modelligruppe					
U_{THO}	VTO	Schwellspannung bei $U_{SB} = 0\,V$	1–3	0	1	V
$\mu_n C_i''$	KP	Kennlinienkonstante	"	$2 \cdot 10^{-5}$	$3 \cdot 10^{-5}$	A/V^2
γ	GAMMA	Substratfaktor	"	0	0,3	$V^{1/2}$
$2\Phi_F$	PHI	Oberflächenpotential	"	0,6	0,7	V
λ	LAMDA	Kanallängenmodulationsfaktor	1,2	0	00,2	1/V
R_D	RD	Drainbahnwiderstand	1–3	0	1	Ω
R_S	RS	Sourcebahnwiderstand	"	0	1	Ω
c_{db}	CBD	Drain-Substrat-Kapazität (0-Vorspannung)	"	0	20fF	F
c_{sb}	CBS	Source-Substrat-Kapazität (0-Vorspannung)	"	0	20fF	F
c'_{gso}	CGSO	Gate-Source-Überlappungs-kapazität pro Kanalbreite	"	0	$3 \cdot 10^{-11}$	F/m
c'_{gdo}	CGDO	Gate-Drain-Überlappungs-Kapazität pro Kanalbreite	"	0	$3 \cdot 10^{-11}$	F/m
c'_{gbo}	CGBO	Gate-Substrat-Überlappungs-kapazität pro Kanalbreite	"	0	$1 \cdot 10^{-10}$	F/m
R_{SH}	RSH	Drain-Source-Flächenwiderstand	"	0	5–10	$\Omega/\square$
C_j''	CJ	Substratkapazität (flächenbezogen, 0 V)	"	0	$1 \cdot 10^{-4}$	F/m^2

3.4 MOSFET-Modelle für den Schaltungsentwurf

m	MJ	zugehöriger Kapazitätskoeffizient (der Fläche)	,,	0,4	0,5	—
C'_j	CJSW	pn-Kapazität je Länge bei $U_{SB}=0\,V$	,,	0	$1\cdot 10^{-9}$	F/m
m	MJSW	Kapazitätskoeffizient des Wandanteils	,,	0,33	0,30	—
J_s	JS	Sättigungsstromdichte der D/S-Dioden	,,	0	$1\cdot 10^{-8}$	A/m²
d	TOX	Oxiddicke	,,	$1\cdot 10^{-7}$	$2\cdot 10^{-8}$	m
N_A, N_D	NSUB	Substratdotierung	,,	0	10^{16}	cm^{-3}
x_j	XJ	Eindringtiefe, Diffusion	2,3	0	$0,5\cdot 10^{-6}$	m
$\mu_n(0), \mu_{ns}$	UO	Oberflächenbeweglichkeit	1–3	600	700	cm²/Vs
E_{crit}	UCRIT	Kritische Feldstärke der Beweglichkeit	2	$1\cdot 10^4$	$1\cdot 10^5$	V/cm
	UEXP	Krit. Feldexponent im Beweglichkeitsmodell	2	0	0,2	—
v_{max}	VMAX	max. Driftgeschwindigkeit	2,3	0	$1\cdot 10^5$	m/s
F	XQC	Kanalladungsteilungsfaktor	2,3	1	0,5	—
δ	DELTA	Kanalweitenfaktor	2,3	0	1	—
Θ	THETA	Beweglichkeitsänderung	3	0	0,1	1/V
η	ETA	Draineinfluß auf Schwellspannung	3	0	1	—
κ	KAPPA	Kanallängenmodulation	3	0,2	0,5	—

der sog. MODEL-card) oder können aus anderen physikalisch-konstruktiven Größen berechnet werden:

$$KP = \mu_n C_i''; \quad C_i'' = \varepsilon_i/d_i = \frac{\sqrt{2\varepsilon_s q N_A}}{C_i''} \quad (3.4.7)$$

$$2\Phi_F^* = 2U_T \ln N_A/n_i + nU_T.$$

Substratdotierung, Gateoxiddicke, Kanallänge und Breite sind somit grundsätzlich vorgeschriebene Strukturparameter. Fehlen sie, so sieht das Modell entsprechende Ersatzparameter (Defaultparameter) vor, ebenso wie alle SPICE-Modelle.

Für das dynamische Verhalten berücksichtigt das LEVEL-1 AC-Modell die (reziproken) Kapazitäten des Meyer-Modells c_{gd}, c_{gs} nach Bild 3.29, wie sie durch Gl. (3.3.68) gegeben sind und die Kapazität c_{gb} mit der im Bild 3.35 dargestellten Arbeitspunktbhängigkeit. In den jeweiligen Betriebsbereichen gelten dann:

Sperrbereich: $c_{gs} = c_{gd} \approx 0$

$$c_{gb} = \begin{cases} \dfrac{C_i}{\sqrt{1 + 4/\gamma^2(U_{GB} - U_{FB})}} & U_{GB} > U_{FB} \\ C_i & U_{GB} \leq U_{FB} \end{cases} \quad (3.4.8a)$$

Sättigungsbereich: $U_{DS} \geq U_{DSP}$

$$c_{gs} = 2/3 C_i, \quad c_{gd} = 0, \quad c_{gb} = 0 \quad (3.4.8b)$$

Linearbereich: $c_{gb} = 0$, c_{gs}, c_{gd} nach Gl. (3.3.68) bzw. (3.2.80).

Im Sperrbereich verschwinden c_{gs}, c_{gd} effektiv und c_{gb} folgt direkt aus der Analyse des MOS-Zweipols-Gate-Bulkanschluß (Gl. (3.2.91)). Dort ist die Flachbandspannung U_{FB} maßgebend. Im eingeschalteten Zustand geht c_{gb} gegen Null, wie aus Bild 3.35 ersichtlich.

Weil die Kapazitätsverläufe über der Spannung U_{GS} Diskontinuitäten aufweisen (die die Konvergenz der Iterationslösungen i.a. nachteilig beeinflussen), werden oft allmähliche Übergänge eingefügt, wie im Bild 3.35 etwa bei schwacher Inversion angedeutet. Dieses Verfahren ist jedoch besonders bei Rückberechnung der Ladung problematisch. Das hier angegebene innere Kapazitätsmodell muß noch durch die Kapazitäten des Modellrahmens ergänzt werden. Er enthält nach Abschn. 3.2.2.5 zunächst die (konstanten) *Überlappungskapazitäten* c_{gso}, c_{gdo}, c_{gbo} (Gate-Source, Gate-Drain, Gate-Bulk, Bild 3.34). Die Grundlage für die Bestimmung bildet Gl. (3.2.93). In der SPICE-Bezeichnung beträgt die effektive Fläche der Überlappungskomponente c_{gsoL} bLD (LD $\equiv \Delta L_Ü$, laterale Diffusionsausbreitung z.B. am Source). Dann beträgt die Gate-Source-Überlappungskapazität

$$c_{gsoL} = \frac{\gamma_i LDb}{d_i} \equiv c_{gso}'b. \quad (3.4.9a)$$

3.4 MOSFET-Modelle für den Schaltungsentwurf

Diese "Wandkapazität" c'_{gso} wird, wie alle anderen Wandkapazitäten, längenspezifisch angegeben (c_{gdo} analog).

Die Gate-Bulk-Überlappungskapazität c_{gbo} ist proportional zu L und hängt von der Gateüberlappung d_1, d_2 ab (Gebiete, in denen sich die Oxiddicke durch Übergang vom Gate- auf das Feldoxid stark ändert). Man setzt daher

$$c_{gboL} = c'_{gbo} \cdot L \tag{3.4.9b}$$

und betrachtet c'_{gbo} als technologieabhängigen Vorgabewert.

Den nächsten Anteil bilden die (nichtlinearen) *Source-Drain-Sperrschichtkapazitäten*. Durch inhomogene Substratdotierung ist die genauere Analyse schwierig. Deshalb unterteilt man diese Kapazität in einen Bodenanteil c''_{gs} (flächenspezifische Angabe) und den Wand- oder Seitenanteil c'_{jss} (längenspezifische Angabe, s. Gl. (3.2.92)). Dadurch kann die Gesamtkapazität leicht aus der Topologie bestimmt werden, z.B. für den Sourceübergang (Drain analog)

$$c_{ges} = \frac{c''_j A_s}{[1 + U_{SB}/U_0]^{MJ}} + \frac{c'_{jss} l_s}{[1 + U_{SB}/U_0]^{MJSW}}. \tag{3.4.10}$$

In der SPICE-Bezeichnung bedeuten dabei $c''_j(c'_j)$pn-Kapazität pro Fläche (Länge) bei $U_{SB} = 0$, MJ (MJSW) Kapazitätskoeffizient des Boden-(Wand-)anteils, $U_0 = \Phi_B$ Diffusionsspannung, $A_s = A$ Sperrschichtbodenfläche, $l_s = P$ Wandumfang, U_{SB} Substratsperrspannung.

Trotz einer Reihe einschneidender Begrenzungen, wie z.B.

- Fehlen des Subschwellbereiches (das Modell basiert auf dem Fall starker Inversion),
- konstante Beweglichkeit,
- homogene Substratdotierung,
- Trägergeschwindigkeitssättigung im Kanal nicht berücksichtigt,
- fehlende Kurzkanalmodellierung,

leistet es durch seine geringe Komplexität dort gute Dienste, wo es auf eine schnelle und orientierende Schaltungsberechnung ankommt. Da die Zahl seiner Anpaßparameter sehr klein ist, sind die Abweichungen gegenüber dem realen Transistor z.T. beträchtlich.

In der SPICE-Version 2 ist neben dem Level-1-Modell zusätzlich das *Level-2*-Modell verfügbar (neben einem quasiempirischen Level-3-Modell, s.u.).

Das *Level-2*-Modell ist ein 1d-Modell, das eine Reihe typischer Kurzkanaleffekte berücksichtigt, insbesondere feldabhängige Beweglichkeit, Geschwindigkeitssättigung, Kanallängenmodulation, die Geometrieabhängigkeit der Schwellspannung und den Subschwellbereich [3.12].

Die Modellgleichungen lauten im Sperr-, Subschwell-, Linear- und Sättigungsbereich:

$$I_D = \begin{cases} 0 & N_{FS} = 0 \\ I_{Subschwell} & N_{FS} \neq 0 \end{cases} \tag{3.4.11}$$

298   3 Der MOSFET im dynamischen Betrieb

$$I_{Dlin} = \frac{K'_2 b}{L_{eff}} \left[\left((U_{GS} - U^*_{TH}) - \eta \frac{U_{DS}}{2} \right) U_{DS} \right] + I_{BSO}$$

$$I_{DSätt} = \frac{K'_2 b}{2 L_{eff}} [(U_{GS} - U^*_{TH})^2 (2 - \eta)] + I_{BSS}.$$

Die Wahl zwischen Sperr- und Subschwellbereich erfolgt über NFS (Fast Surface State Densitiy) [3.124].

Der Kennlinienansatz entspricht im Grundtyp etwa Gl. (2.4.20) und (2.4.29), wobei der Substrateinfluß jedoch nichtlinear gemäß Gl. (3.2.11b) explizit in den Anteilen I_{BSO}, I_{BSS} berücksichtigt ist. Der Übergang zum Sperrbereich ist durch die Schwellspannung

$$U_{TH} = U_{THO} + \gamma(\sqrt{2\Phi^*_F - U_{BS}} - \sqrt{2\Phi^*_F}) - \gamma\alpha\sqrt{2\Phi^*_F - U_{BS}}$$

$$- (2\Phi^*_F - U_{BS}) \frac{\pi \varepsilon_S \delta}{4 C_i L_{adj}} \qquad (3.4.12)$$

bestimmt und berücksichtigt das Ladungsteilungsmodell Gl. (2.4.4). Die Parameter U_{THO}, L_{adj}, $2\Phi^*_F$ stimmen mit dem Level-1-Modell überein. Der dritte, zu

$$\alpha = \frac{1}{2} \frac{x_j}{L_{adj}} \left[\sqrt{1 + \frac{2W_S}{x_j}} + \sqrt{1 + \frac{2W_D}{x_j}} - 2 \right] \qquad (3.4.13)$$

$$W_S = x_D \sqrt{2\Phi^*_F - U_{BS}}; \quad W_D = x_D \sqrt{2\Phi^*_F - U_{BS} + U_{DS}}; \quad x_D = \sqrt{2\varepsilon_S / q N_A},$$

proportionale Anteil berücksichtigt den Kanallängeneinfluß über die Ladungsteilung nach dem Grundansatz Gl. (2.4.9 ff.), jedoch mit Berücksichtigung der Asymmetrie durch die verschieden breiten Source- und Drainraumladungszonen.

Der vierte Term schließlich erfaßt über δ (als Eingabeparameter, Anpassfaktor) den Gatebreiteneinfluß auf die Schwellspannung nach dem Grundansatz Gl. (2.4.31). Die effektive Gatebreite b_{eff} selbst beträgt

$$b_{eff} = b(2 - \eta) = b\left(1 - \frac{\delta \pi \varepsilon_S}{4 C''_i L_{adj}}\right), \qquad (3.4.14)$$

$$\text{da } \eta = 1 + \frac{\pi}{4} \frac{\varepsilon_S \delta}{C_i L_{adj}}.$$

δ ist SPICE-Eingabeparameter. Im Idealfall beträgt δ = 0 (→kein Gatebreiteneinfluß, $b_{eff} = b$). Praktische Werte liegen bei 5...10%.

In den Kennliniengleichungen (3.4.11) tritt die Schwellspannung

$$U^*_{TH} = U_{THO} - \gamma\sqrt{2\Phi^*_F} - (2\Phi^*_F - U_{BS}) \frac{\pi \varepsilon_S \delta}{4 C_i L_{adj}} \qquad (3.4.15)$$

auf, die wohl den Schmalkanaleinfluß (letzter Term), aber nicht den Kanallängen-

3.4 MOSFET-Modelle für den Schaltungsentwurf

einfluß (Ladungsverteilungsfaktor α Gl. (3.4.13)) erfaßt. Weil hier (abweichend z.B. zur Schwellspannungsfestlegung nach Gl. (2.3.11c)) der nichtlineare U_{DS}- und U_{BS}-Einfluß fehlt, müssen diese zusätzlich in Form von I_{BSO} bzw. I_{BSS} Gl. (3.4.11) berücksichtigt werden:

$$I_{BSO} = -\frac{2}{3}\frac{K'_2 b}{L_{eff}}\frac{\gamma_S}{\eta}[(2\Phi_F^* + U_{DS} - U_{BS})^{3/2} - (2\Phi_F^* - U_{BS})^{3/2}] \qquad (3.4.16a)$$

$$I_{BSS} = \frac{K'_2 b}{L_{eff}}\Bigg[\{(U_{GS} - U_{TH}^*)(1-\eta) - \frac{\eta}{2}(U_{DSP} - (U_{GS} - U_{TH}^*)\}$$

$$\cdot(U_{DSP} - (U_{GS} - U_{TH}^*)) - \frac{2\gamma_S}{3\eta}[(U_{DSP} - U_{BS} + 2\Phi_F^*)^{3/2} - (2\Phi_F^* - U_{BS})^{3/2}]\Bigg].$$

$$(3.4.16b)$$

Dabei sind Kurzkanaleffekt in $\gamma_S = \gamma(1 - \alpha)$ und Kanallängenmodulation über L_{eff} (Gl. (3.4.6a)) berücksichtigt. Der Parameter K'_2 in Gl. (3.4.16a) ist durch

$$K'_2 = K'\mu_S/\mu_0; \quad K' = \mu_0 C_i \equiv \mu_n C_i$$

gegeben und berücksichtigt in der effektiven Oberflächenbeweglichkeit μ_S

$$\frac{\mu_S}{\mu_0} = \left(\frac{d_i\varepsilon_i}{C_i}\frac{U_c}{(U_{GS} - U_{TH})}\right)^{U_e} \quad \text{Level 2} \qquad (3.4.17a)$$

$$= \left[\frac{\varepsilon_i \cdot u_c}{C_i(U_{GS} - U_{TH} - U_t)}\right]^{U_e} \quad \text{Level 3} \qquad (3.4.17b)$$

den Feldeinfluß. Der Parameter $U_c = E_{krit} d_i$ hängt mit einer kritischen Gatefeldstärke ($E_{krit} \approx 10^5$ V/m) zusammen, oberhalb derer die Beweglichkeit fällt. Der Nennerterm $(U_{GS} - U_{TH})/d_i$ ist das mittlere Gatefeld. Der Parameter U_t (der den Drainspannungseinfluß im Level-3-Modell erfaßt) liegt zwischen $(0\ldots0,5)U_e \cdot U_t$ und U_e sind SPICE-Eingabeparameter.

Im Vergleich zu den Geschwindigkeitsmodellen Abschn. 2.3.1 bzw. fortgeschritteneren Modellen nach Abschn. 2.4.3.1 (insbesondere Gl. (2.4.85e ff.)) erkennt man die stark praxisorientierte Beweglichkeitsmodellierung in SPICE, die auch ein Beispiel dafür ist, wie schwierig ein Kompromiß zwischen genauem physikalischen Bild und einfacher Rechnerformulierung ist.

Der Einfluß der Geschwindigkeitssättigung, d.h. der Übergang vom linearen zum Sättigungsbereich, wird in SPICE über die Sättigungsgeschwindigkeit v_{dmax} entsprechend Gl. (2.3.51)

$$I_D \equiv I_{DSätt} = (-Q''_I)bv_{dmax} \qquad (3.4.18)$$

zum Ansatz gebracht. Gl. (3.4.18) gilt, wenn die Ladungsträger am Kanalende die Sättigungsgeschwindigkeit erreicht haben, also bei $U_{DS} = U_{DSP}$. Dann ergibt sich daraus mit der Inversionsladung Q''_I nach Gl. (2.3.15b) (für $U_{CB} = U_{DB}$) und dem Drainstrom Gl. (3.4.11) die Sättigungsspannung U_{DSP}. Vereinfachend kann

300   3 Der MOSFET im dynamischen Betrieb

dabei $Q_I'' \approx -C_i(U_{GS} - U_{TH})$ verwendet werden. SPICE bestimmt U_{DSP} durch ein Polynom 4. Ordnung [3.12]. Gleichzeitig läßt sich dabei auch die Kanallängenreduktion nach Gl. (2.3.58) mit $E_p\mu_n = v_{dmax}$ bestimmen.

Ist hingegen v_{dmax} nicht vorgegeben, so wird die Sättigungsspannung U_{DSP} am Übergang Linear-Sättigungsbereich aus Gleichsetzen der Ströme $I_{Dlin} = I_{DSätt}$ Gl. (3.4.11) und Auflösung nach $U_{DSF} = U_{DSP}$ ermittelt.

Im Subschwellbereich benutzt das Modell den Ansatz

$$I = I_0 \exp\frac{U_{GS} - U_x}{nU_T}. \qquad (3.4.19)$$

wie er sich aus Gl. (2.3.30b ff.), (2.3.35) für große Drainspannung U_{DS} ergibt. Die Spannung $U_x \approx U_{TH}$ hat dabei die Bedeutung einer Einschaltspannung.

Zusammengefaßt wird das Level-2-Gleichstrommodell

- durch acht geometrische Parameter,
- eine Reihe von elektrischen Parametern ($2\Phi_F^*$, Schwellspannung U_{THO}, Beweglichkeit $\mu_n = \mu_0$ und Isolatorkapazität C_i, Substratfaktor γ und Kanallängenmodulationsparameter $\lambda = \Delta L/LU_{DS}$) bestimmt, dazu kommen bedarfsweise die Sättigungsgeschwindigkeit v_{dmax} und Nullpunktkapazitäten.
- Durch eine Reihe von Prozeßparametern wie Gateisolatordicke d_i, Dotierungsdichte N_A sowie die Parameter, die die Beweglichkeit bestimmen (Gl. (2.3.97), U_c, U_e, U_t, μ_0), erfaßt.

Die dynamische Modellierung des Level-2-Modells stimmt weitgehend mit der des *Level-3-Modells* überein.

Das *Level-3-Modell* ist ein stark verbessertes, z.T. semiempirisches Kurzkanalmodell, das der SPICE-Version 2G (Level 3) zugrundeliegt und sehr verbreitet ist. Hauptzweck sind dabei hohe Genauigkeit und gute Rechnereffizienz bis zu 3-fach besser gegenüber dem Level-2-Modell. Es geht auf mehrere Quellen zurück [3.12], [2.13], [2–289] und entspricht in seinem Grundansatz dem Level-2-Modell, jedoch mit größeren Anpaßmöglichkeiten (z.T. ohne physikalischen Hintergrund). Es überstreicht – wie das Level-2-Modell – alle Betriebsbereiche:

Subschwellbereich:

$$I_D = \beta\left[nU_T U_{DSX} - \frac{1+F_B}{2}U_{DSX}^2\right]\exp\frac{U_{GS} - U_{TH} - nU_T}{nU_T} \quad \text{für } U_{GS} < U_{TH} + nU_T$$

(3.4.20a)

Linear-/Sättigungsbereich

$$I_D = \beta\left[(U_{GS} - U_{TH}) - \frac{1+F_B}{2}U_{DSX}\right] \qquad (3.4.20b)$$

$$U_{DSX} = \begin{cases} U_{DS} & \text{für } U_{GS} - U_{TH} > U_{DS} \\ U_{DSP}U_{DSätt} & \text{für } U_{GS} - U_{TH} \leq U_{DS} \end{cases}$$

3.4 MOSFET-Modelle für den Schaltungsentwurf

mit

$$F_B = \frac{\gamma F_S}{2\sqrt{2\Phi_F^* + U_{SB}}} + F_N.$$

Die Schwellspannung geht von einem Ladungsteilungsansatz [2.289]

$$U_{TH} = U_{THO} + \gamma F_S[\sqrt{2\Phi_F^* + U_{SB}} - \sqrt{2\Phi_F^*}] - F_\sigma U_{DS} \quad (3.4.21)$$
$$U_{THO} = U_{FB} + 2\Phi_F^* + \gamma F_S\sqrt{2\Phi_F^*} + F_N.$$

Sie erfaßt im Anteil U_{THO} in den Faktor ($x_{dmax} \equiv W_C$, $r_j = x_j$)

$$F_S = 1 - \frac{x_j}{L}\left(\sqrt{1 + \frac{2x_{dmax}}{x_j}} - 1\right) \quad (3.4.22)$$

den Kurzkanaleffekt über das Ladungsteilungsmodell nach Gl. (2.4.9), (2.4.32) sowie über

$$F_N = (2\Phi_F^* + U_{SB})\frac{\delta\pi\varepsilon_S}{C_i'b} \quad (3.4.23)$$

den Kanalbreiteneinfluß wie im Level-2-Modell (Gl. (3.4.12)).
Die Schwellspannung U_{TH} selbst hängt über den Parameter F_σ

$$F_\sigma = \eta\frac{8{,}15\cdot 10^{-22}}{C_i L_{eff}^3} \quad (3.4.24)$$

noch von der Drainspannung U_{DS} ab, was durch numerische Lösungen gezeigt werden kann [2.254], [2.261], [2.262], [2.136] (sog. DIBL-Effekt, Abschn. 2.4.2.1). Im 1d-Modell muß dieser Sachverhalt empirisch zum Ansatz gebracht werden. Im Drainstrommodell Gl. (3.4.20) beschreibt dann F_B den Kurzkanalgeometrieeinfluß zusammenfassend.
Die Feldabhängigkeit der Beweglichkeit wird mit

$$\frac{\mu_S}{\mu_0} = \frac{1}{1 + \Theta(U_{GS} - U_{TH})} \quad (3.4.25)$$

gegenüber Level-2 einfacher, nämlich nach Gl. (2.3.37), modelliert. Setzt man noch eine U_{BS}-Abhängigkeit der Schwellspannung an, so kann der Beweglichkeitseinfluß weiter verbessert werden.
Der Einfluß des Kanalfeldes an der Sättigungsgrenze v_{dmax} auf die Beweglichkeit wird über Gl. (2.3.52) bzw. (2.3.53)

$$\mu_{eff} = \frac{\mu_S}{1 + \mu_S U_{DS}/v_{dmax}L_{eff}}$$

einfacher als im Level-2-Modell angesetzt. Geht man dabei von der Annahme aus, daß die Sättigungsspannung beim Kurzkanaltransistor eintritt, sobald die

Träger die Grenzgeschwindigkeit v_{dmax} erreicht haben, so läßt sich die Sättigungsspannung durch

$$U_{DSätt} = U_A + U_B - \sqrt{U_A^2 + U_B^2} \tag{3.4.26}$$

mit

$$U_A = \frac{U_{GS} - U_{TH}}{1 + F_B}; \quad U_B = \frac{v_{dmax} L_{eff}}{\mu_S}$$

einfacher als im Level-2-Modell ausdrücken. Dabei ist U_A die Sättigungsspannung ohne Berücksichtigung von v_{dmax} und U_B eine Abkürzung.

Dynamisch können sowohl im *Level-2-* als auch *Level-3-Modell* entweder das reziproke (Meyer-Modell) oder das nichtreziproke Kapazitätsmodell (Ward-Dutton, s. Abschn. 3.2.2 ff.) verwendet werden. Im letzteren Fall verwendet man zur Bestimmung der Drain- und Sourceladung nicht die genaue Wichtung nach Gl. (3.2.18c, 3.2.19) (weil die Integration im Verlauf der Simulation zu aufwendig wäre), sondern eine gleichmäßige Aufteilung im Linearbereich bzw. eine mittlere Wichtung durch den Faktor XQC im Sättigungsbereich

$$Q_D = \begin{cases} Q_I/2 \\ XQC \, Q_I \end{cases}, \quad Q_S = \begin{cases} Q_I/2 & \text{Linearbereich} \\ (1 - XQC)Q_I & \text{Sättigungsbereich.} \end{cases} \tag{3.4.27}$$

Dabei ist $XQC \leqslant 1/2$ Eingabeparameter. Dieser Ansatz hat jedoch eine Diskontinuität beim Übergang zur Linear-Sättigung zur Folge. Für $XQC = 1/2$ gilt das Meyer-Modell. Die Kapazitäten der Gateseite ergeben sich dann aus Gl. (3.2.24) und (3.2.70) resp. Gl. (3.2.80) mit $b \equiv XQC$ zu

$$c_{dg} = b \frac{\partial Q_I}{\partial U_G}; \quad c_{sg} = (1 - b) \frac{\partial Q_I}{\partial U_G}$$

$$c_{gd} = -\frac{\partial Q_I}{\partial U_D}; \quad c_{gs} = -\frac{\partial Q_I}{\partial U_S}. \tag{3.4.28}$$

Die Inversionsladung Q_I wird zweckmäßig in der Form

$$Q_I = \frac{2}{3} C_i \frac{(U_G - U_D - U_{TH})^2 + (U_G - U_D - U_{TH})(U_G - U_S - U_{TH}) + (U_G - U_S - U_{TH})^2}{[2(U_G - U_{TH}) - U_D - U_{TH}]} \tag{3.4.29}$$

mit den Klemmenpotentialen U_G, U_S, U_D verwendet (Gl. (3.2.33d), $\gamma = 0$ resp. Gl. (3.3.71c)). Daraus ergeben sich dann die nichtreziproken Kapazitäten Gl. (3.3.75) oder die Darstellung mit Transkapazitäten (Gl. (3.2.80 ff.)).

Weil diese Ladungsmodellierung im SPICE-Level-2-Modell keine Kurzkanaleffekte berücksichtigt (und auch für den Substratanteil erweitert werden muß), verwendet das Level-3-Modell angepaßtere Ladungsdarstellungen

$$Q_G = C_i [U_{GS} - U_{FB} - 2\Phi_F^* - U_{DS}/2 + (1 - F_B)/12 F_I \cdot U_{DS}^2]$$

3.4 MOSFET-Modelle für den Schaltungsentwurf

$$Q_B = -C_i[\gamma\sqrt{2\Phi_F^* + U_{SB}} + F_B/2 \cdot U_{DS} - (1 + F_B)/12F_1 \cdot U_{DS}^2]$$

mit $F_1 = U_{GS} - U_{TH} - (1 + F_B)/2 \cdot U_{DS}$

und $Q_1 = -Q_G - Q_B$. (3.4.30)

Diese Darstellung genügt für viele Fälle.

Viel stärker auf die Probleme des Kurzkanaltransistors orientiert sich in der neueren Version SPICE-3 das *Level-4-Modell* BSIM (Berkeley Short channel IGFET-Model) [3.125], [3.126]. Es basiert auf dem Vorläufermodell *CSIM* (Compact Short-channel-IGFET-Model), zunächst angegeben von Liu und Nagel [2.38], später von Sheu u.a. [2.44], [2.43] weiterentwickelt. Dieses Kurzkanalmodell mit feldabhängiger Beweglichkeit, dem DIB-Effekt, der Ladungsteilung, inhomogener Substratdotierung, Subschwellbereich u.a.m. verwendet in seiner ersten Version (CSIM 1) die 8 Parameter: U_{FB}, γ, Oberflächenpotential $2\Phi_F^*$, Ladungsteilungsfaktor K, den DIB-Effekt-Parameter η, einen Eigenleitungsleitwert β_0, den Beweglichkeitsdegradationsparameter U_0 und Geschwindigkeitssättigungsparameter U_1. Die ersten fünf von ihnen bestimmen die Schwellspannung

$$U_{TH} = U_{FB} + 2\Phi_F^* + \gamma\sqrt{2\Phi_F^* - U_{BS}} - K(2\Phi_F^* - U_{BS}) - \eta U_{DS} \quad (3.4.31)$$

K und η modellieren die U_{TH}-Abnahme und sind eng verwandt mit F_S, F_0 im Level-3-Modell (Gl. (3.4.22)).

Die restlichen Parameter β_0, U_0 und U_1 bestimmen den Drainstrom z.B. im Linearbereich

$$I_D = \frac{\beta_1}{(1 + U_S/L\,U_{DS})}\left[(U_{GS} - U_{TH}) - a_x\frac{U_{DS}}{2}\right]U_{DS}.$$

mit $\beta_1 = \beta_0[1 + U_0(U_{GS} - U_{TH})]^{-1}$; $\beta_0 = \mu_0 b/L C_i$ (3.4.32)

und dem Leitwertdegradationsfaktor

$$a_x = 1 + \frac{\gamma}{2\sqrt{2\Phi_F^* - U_{BS}}}\left[1 - \frac{1}{1{,}744 + 0{,}836(2\Phi_F^* - U_{BS})}\right],$$

der nach Gl. (3.2.34a) direkt mit dem Ladungsfaktor $\delta = \alpha_x - 1$ zusammenhängt.

Die Beweglichkeit

$$\mu_{eff} \equiv U = \frac{U_0}{(1 + U_1/L\,U_D)\cdot(1 + U_0(U_{GS} - U_{TH}))}$$

berücksichtigt über Gl. (2.3.52) sowohl Gate- als auch Kanalfeldeinfluß (mit den unmittelbaren Beziehungen entsprechender Größen).

Im Sättigungsbereich gilt (s. Gl. (3.2.35))

$$I_D = \beta_1/2\alpha_x(U_{GS} - U_{TH})^2. \quad (3.4.33)$$

Eine verbesserte Modellform (CSIM 2) arbeitet mit 13 Parametern, wobei jetzt U_0, U_1, η und β_0 noch von U_{DS} und U_{BS} abhängen.

Das *BSIM-Modell* [3.125], [2.115], [3.126] schließt praktisch alle physikalischen Sekundäreffekte moderner Kurzkanaltransistoren ein, jedoch in relativ einfacher, z.T. semiempirischer Formulierung mit besonderer Berücksichtigung einer bequemen Parameterbestimmung. Es umfaßt 17 Parameter.

Die Schwellspannungsmodellierung erfolgt nach Gl. (3.4.31) (mit den dort angesetzten Parametern), ebenso ist der Drainstrom im linearen Bereich durch Gl. (3.4.32) gegeben. Die Trägergeschwindigkeitssättigung wird vom Modell Gl. (3.4.18) ausgehend berücksichtigt und führt anstelle Gl. (3.4.33) auf

$$I_D = \frac{\beta_1}{2a_x K}(U_{GS} - U_{TH})^2$$

$$\text{mit} \quad K = \frac{1 + v_c\sqrt{1 + 2v_c}}{2}; \quad v_c = \frac{U_1}{L}\frac{(U_{GS} - U_{TH})}{a_x}. \tag{3.4.34}$$

Dies ergibt eine bessere Modellierung im Abschnürbereich.

Die dynamische Modellierung ist gegenüber dem Level-3-Modell deutlich verbessert:

- Modellierung der Überlappungskapazitäten (Berücksichtigung des Streufeldes durch endliche Gatedicke nach Gl. (3.2.95))
- variabler Teilungsansatz des Verhältnisses Source-/Drainladung (korrespondierend zu XQC Gl. (3.4.27), die von 50/50 im Linearbereich bis 100/0 bzw. 60/40 bei Sättigung reichen)
- Berücksichtigung typischer Kurzkanaleffekte (Beweglichkeitsabnahme und Geschwindigkeitssättigung) auf die Kapazitäten [3.93], [3.125], [3.85].

Neben den hier erläuterten, weit verbreiteten SPICE-Modellen ist noch eine Fülle anderer Modelle mit ganz unterschiedlichen Zielstellungen entwickelt worden, von denen verschiedene bereits in den Abschnitten 2 und 3 im Zusammenhang mit den jeweils typischen physikalischen Effekten erwähnt worden sind. Ihnen gemeinsam ist, daß

- nahezu alle physikalischen Probleme – vor allem bei Kurzkanaltransistoren – nur begrenzt genau modellierbar sind (Kompromiß zwischen Modellgenauigkeit und Komplexität für die Rechnerbearbeitung),
- daher auch weiterhin ein Modellierungsbedarf besteht (zumal eine Reihe typischer Submikrometereffekte überhaupt noch nicht in rechenorientierten Modellen berücksichtigt wird),
- die Modellgenauigkeit wohl für die Simulation von Digitalschaltungen ausreicht, kaum dagegen für Analogschaltung, sowohl von den Übertragungseigenschaften als auch den typischen Betriebsbedingungen her gesehen.

Dieses Defizit bei Analogmodellen ist der eingangs bereits erwähnten historischen Entwicklung zuzuschreiben., weil erst zu Ende der 70er Jahre der MOSFET für Analoganwendungen durch Gebiete wie die Schalter-Kondensatortechnik, AD-Wandler, Telekommunikationsschaltungen u.a.m. interessant wurde.

3.4.1.2 Kompaktmodell für den Analogschaltungsentwurf

Stehen beim Entwurf von Digitalschaltungen hauptsächlich Flächenbedarf, Verlustleistung und Schaltzeit als Entwurfszielgrößen im Mittelpunkt (mit

3.4 MOSFET-Modelle für den Schaltungsentwurf

dementsprechender Orientierung der Transistormodelle), so sind in der Analogtechnik (neben Verlustleistung und Flächenbedarf) vor allem Verstärkung (Arbeitspunkt), Grenzfrequenz und Störgrößen (Offsetspannung, Rauschen) die Zielparameter. Dies erfordert für die Schaltungssimulation dynamische Analogmodelle des MOSFET mit wesentlich höherer Genauigkeit als im Digitalbetrieb.

Während der Arbeitspunkt im Digitalbetrieb stets zwischen "Aus" und "Ein" (im Sättigungsbereich) wechselt, nutzt der Analogbetrieb arbeitspunktmäßig

- den Grenzbereich zwischen Linear- und Sättigungsbereich, z.T. auch nur letzteren,
- den Bereich geringer Drainströme, insbesondere den Subschwellbereich (aus Verlustleistungsgründen),
- den Betrieb mit sehr kleinen effektiven Gatespannungen $U'_{GS} = U_{GS} - U_{TH} \approx 1$ V bei ebenso niedrigen Substratspannungen, vor allem im Subschwellbereich.

Hinzu kommt, daß in einer Reihe typischer Analogschaltungen (z.B. Stromspiegel), ein (konstanter) Drainstrom die Vorgabegröße ist und sich daraus auch eine spezifische Parameterbestimmungs- und Optimierungsstrategie ergibt, die Rückwirkungen auf das Modell hat.

Auch dynamisch unterscheidet sich der Analogschaltungsentwurf deutlich vom Digitalentwurf. Digitalschaltungen werden meist mit Taktzeiten betrieben, die deutlich über die Laufzeitkonstante τ Gl. (3.3.9 ff.) liegen. Deshalb reicht dort die quasistatische oder nichtquasistatische Ladungsmodellierung (Abschn. 3.2) aus. Analogschaltungen arbeiten dagegen sehr häufig bis in den Bereich der Grenzfrequenz ω_0 resp. ω_1 (Gl. (3.3.31)), weshalb hier viel eher nichtquasistatische Modelle (mit Transkapazitäten bzw. Laufzeitkonstanten oder gar Leitungseffekten, Abschn. 3.3.3) verwendet werden müssen. Hinzu kommt, daß die Grenzfrequenz (s. Gl. (3.3.13)) im Subschwellbereich ohnehin noch absinkt.

Aus diesen Besonderheiten des Analogbetriebes muß das Modell

- die Übergänge Subschwellbereich – schwache Inversion und/oder schwache – starke Inversion hinreichend gut, sowohl im Drainstrom als auch bei den typischen Kleinsignalparametern g_m, g_d (s. Abschn. 3.2), g_{mb} weniger, *stetig* und bei hoher Genauigkeit (Strom $\leq \pm 10\%$, Leitwerte $\leq \pm 20\%$) erfassen,
- eine hinreichende gute dynamische Modellierung erlauben (auch für die Kapazitätsverläufe über den Spannungen gelten solche Stetigkeitsforderungen zwischen den Arbeitsbereichen),
- ggf. eine Simulation über eine größere Temperatur ermöglichen,
- eine Rauschmodellierung beinhalten.

Analogmodelle sind in den SPICE-Modellversionen verfügbar (z.B. auch Rausch- und Temperatureinfluß). Gemessen an den obigen Modellanforderungen erfassen sie aber völlig ungenügend

- die Übergänge zwischen den einzelnen Betriebsbereichen,
- die Modellierung des Drainleitwertes g_d besonders im Sättigungsbereich,

- das Frequenzverhalten, je mehr man sich der Grenzfrequenz ω_1 (Gl. (3.3.31)) nähert.

Der Grund für diese Unzulänglichkeiten liegt in der getrennten Beschreibung der einzelnen Kennlinienbereiche, wie sie sehr viele Modelle nutzen. Dann sind Unstetigkeiten in den Kennlinienableitungen (Kleinsignalgrößen!) an den Übergangsstellen (z.b. Linear-Sättigungsbereich, Subschwellbereich – schwache Inversion u.a.) häufig die Folge. Abhilfe schafft hier die Einführung (halbempirischer) Übergangsfunktionen (s. z.B. Gl. (3.1.25)).

Versucht man hingegen mit dem Flächenladungsmodell (s. Abschn. 2.3.1) eine geschlossene Darstellung des Stromes und der Ladungen als Funktion der Oberflächenpotentials am Source- und Drainende des Kanals (Gl. (2.3.5)), so liegt die Schwierigkeit in der expliziten Darstellung zwischen Klemmenspannungen und Oberflächenpotential, die nur numerisch möglich ist (dazu muß Gl. (2.3.6) gelöst werden) [2.1], [2.6], [2.2], [3.127]. Zwar lassen sich die Grenzfälle schwacher und starker Inversion näherungsweise ausführen (s. Gl. (2.3.7)), doch ist der Einbezug von Kurzkanaleffekten auf diese Art schwierig. Nach solchen Überlegungen wurde eine Reihe von Analogmodellen entwickelt [2.59], [2.38], [2.105], [2.109], [3.104], [2.114], [2.117], [2.35], [2.235], [3.24], [3.18], [3.31], [3.51], [3.70], [3.95], [2.21], [3.82].

Solange dabei hauptsächlich die Drainstrom- und NF-Kleinsignalmodellierung (→ quasistatisches Modell) im Mittelpunkt stehen, genügt es, von einer Drainstromkennlinie – z.B. im starken Inversionsgebiet – auszugehen, die

- zunächst typischen Sekundäreffekten angepaßt wird (Beweglichkeit, Geschwindigkeitssättigung),
- durch eine geeignete "Übergangsfunktion" stetige Bereichsübergänge z.B. Linear-Sättigung erhält, so daß I_D und seine Ableitungen am Übergang stetig bleiben. Dazu kann z.B. eine Form nach Gl. (3.1.25) dienen oder eine sehr zweckmäßige anpaßbare "effektive Drainspannung" [3.31],
- ganz analog durch eine "Übergangsfunktion" zum Subschwellbereich hin erweitert wird, etwa nach dem Modell einer "effektiven" Gatespannung (Gl. (2.3.34a)) [3.31].

Dann hat eine Drainstrombeziehung der Form (Gl. (3.4.20b))

$$I_D = \frac{b}{L_{eff}} \mu_{eff} C_i \left[U_{GSeff} - \frac{1 + \varkappa f_B}{2} U_{DSeff} \right] U_{DSeff}$$

genau die geforderten Eigenschaften. Der Faktor $(1 + \varkappa f_B)$ ist etwa identisch mit $(1 + F_B)$ obiger Beziehung und erfaßt Kurzkanaleffekte.

Eine solche Kennlinie gilt dann – jeweils spezifiziert durch die effektiven Gate- und Drainspannungen – vom Subschwell- bis zum Sättigungsbereich mit einer Arbeitspunktabhängigkeit der Kleinsignalgrößen g_m, g_d, die sehr gut mit Meßwerten übereinstimmen.

Zur Beschreibung des Frequenzverhaltens wird in Analogmodellen verbreitet auf die Grundersatzschaltung nach Bild 3.25 zurückgegriffen mit quasistatischen oder nichtquasistatischen Kapazitäten nach Abschn. 3.2.2 [3.70], [3.51], [3.95], [2.21], [3.104], [3.82].

Sofern ausreichend genaue Frequenzgangdarstellungen bis zur Grenzfrequenz ω_1 (Gl. (3.3.31b)) und darüber erforderlich sind, genügt das Grundmodell (auch mit Transkapazitäten) nicht mehr, da es nach Abschn. 3.3.4 nur bis zu $\omega_0/2$ gilt. Abhilfe schaffen entweder

- sog. 2-(oder Mehr-)*Segmentmodelle* (Unterteilung des Kanals in mehrere Segmente mit jeweils zugeordneter Ersatzschaltung [3.129]). Dies entspricht einer (groben) räumlichen Diskretisierung der Ausgangsgleichungen (3.3.16), wobei jedem Segment eine entsprechende eine entsprechende Ersatzschaltung zugeordnet wird,
- oder Verbesserung des Frequenzganges durch Hinzufügen weiterer Ersatzschaltelemente in Bild 3.25b, 3.33, die aus der Frequenzgangentwicklung gewonnen werden [3.5], [3.57], [3.53], [3.55], [3.106].

Verglichen mit dem sehr umfangreichen Angebot an Modellen für die Simulation von Digitalschaltungen haben Analogmodelle bisher eher einen bescheidenen Stand erreicht. Wichtige Einflüsse, wie einer Reihe typischer physikalischer Effekte des Kurzkanaltransistors sowie ihre Auswirkungen auf die Grenzfrequenz und eine zugehörige Ersatzschaltung fehlen beispielsweise derzeit immer noch.

3.4.2 Tabellenmodelle

In den letzten Jahren gewannen für die Schaltungssimulation neben den physikalischen zunehmend *Tabellen-* oder *table-lookup-Modelle* an Bedeutung. In diesen Modellen wird das Klemmenverhalten des MOSFET (I-U-Relationen, Kapazitäten, Ladungen) durch *Punktmengen* oder *stückweise gültige Modellfunktionen* in ein- oder mehrdimensionalen Arrays erfaßt und im Rechner abgespeichert. Weil sich in einer Tabelle nicht alle benötigten (Zwischen-)Werte ablegen lassen, ist in jedem Falle ein Interpolationsalgorithmus erforderlich.

Solche Tabellenmodelle sind im Gegensatz zu analytischen Modellen sehr effizient, denn die zeitaufwendige Berechnung komplexer Modellfunktionen entfällt, statt dessen sind nur einfache arithmetische Operationen durchzuführen.

Tabellenmodelle werden vorwiegend für die Simulation von digitalen MOSFET-Schaltungen verwendet, erstmalig in den Simulatoren MOTIS und SPLICE [3.118], [3.119], denn die exponentielle Nichtlinearität des Bipolartransistors erfordert größeren Interpolationsaufwand [3.122], [3.130], [3.132], [3.131], [3.120].

Hauptanwendungsgebiet der Tafelmodelle ist die Gleichstrommodellierung $I_D = f(U_{GS}, U_{DS}, U_{BS})$ mit den drei Spannungsvariablen oder gar mit fünf Variablen, wenn Kanallänge und -breite (als Entwurfsparameter) noch hinzugenommen werden.

Der Dimension nach lassen sich Tafelmodelle typischerweise einteilen in (Bild 3.36):

308 3 Der MOSFET im dynamischen Betrieb

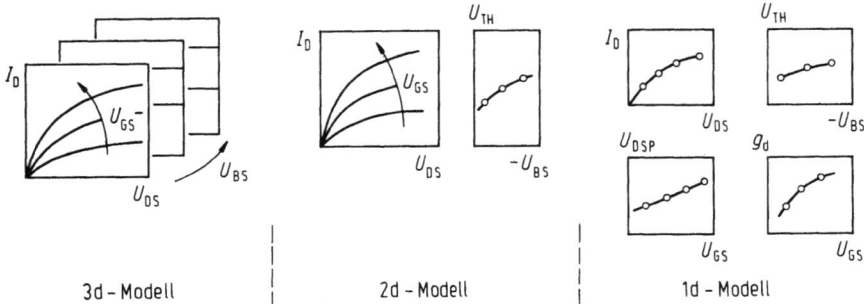

Bild 3.36. Tafelmodelle

3d-Modelle. Hier wird der Drainstrom $I_D = f(U_{GS}, U_{DS}, U_{BS})$ als 3d-Matrix der 3 Spannungen dargestellt. Diese 3d-Matrix-Stromwerte werden abgespeichert und das tatsächliche I-U-Verhalten durch Bezug auf diese Tafel modelliert. Weil man dabei auf eine große Zahl von Datenpunkten zurückgreifen kann, ist der Modellierungsfehler sehr klein, der Speicherbedarf dagegen hoch. Um den Geometrieeinfluß (b, L) zu erfassen, wird die Tafel für I_D normiert (d.h. erfaßte Werte durch b/L dividiert). Die Schwellspannungstafel müßte in diesen Fällen auf 3 Tabellen erweitert werden

$$U_{TH} = U_{T1}(U_{BS}) + U_{T2}(U_{BS}, 1/b) + U_{T3}(U_{DS}, 1/L).$$

2d-Modelle. Hier wird der Drainstrom als 2d-Feld $I_D(U_{GS}, U_{DS}, U_{BS} = 0)$ abgespeichert und der U_{BS}-Einfluß auf die Schwellspannung U_{TH} in einem 1d-Array erfaßt:

$$I_D = I_{D2}(U_{GS}, U_{DS})I_{D1}(U_{BS}).$$

Auf diese Weise können so viele Datenpunkte erzeugt werden, daß der Interpolationsfehler des 2d-Feldes ausreichend klein bleibt und nur noch der Approximationsfehler durch die Änderung von U_{GS} über die Schwellspannung verbleibt.

1d-Modelle. Bei dieser, durch Ausdehnung des 2d-Modell-Prinzips gewonnenen Darstellung, werden zunächst einige typische Punktmengen der I_D-U_{DS}-Kennlinie in einem 1d-Array abgespeichert (für $U_{GS} = U_{GSmax}$, $U_{BS} = 0$) und die restlichen Zusammenhänge wieder in separaten Feldern erfaßt, z.B. in einer T_B-Tafel für den Einfluß der Substratspannung U_{BS} auf die Schwellspannung, einer T_S-Tafel für den Einfluß der Gatespannung auf die Sättigungsspannung, einer T_G-Tafel für den Zusammenhang zwischen Drainleitwert im Sättigungsbereich und Gatespannung (zur besseren Modellierung des Abschnürbereiches) (und der eigentlichen T_D-Tafel als Zusammenhang zwischen I_D und U_{DS} im Linearbereich. Speziell dieses Verfahren wird verbreitet in Timingsimulatoren verwendet (z.B. MOTIS); es ist nicht sehr flexibel.

Drainstrom-Tafelmodelle kommen hauptsächlich für die Simulation von Digitalschaltungen in Frage, weil sie das Kleinsignalverhalten sehr schlecht (z.T. nicht stetig) wiedergeben und dann – vor allem bei linearer Interpolation – zu Konvergenzproblemen während der Simulation führen können.

Tafelmodelle werden zunehmend auch für Analoganwendungen benutzt. Die Grundidee ist dabei, aus einer 3d-Tafel $I_D(U_{GS}, U_{DS}, U_{BS})$ die Interpolation im 3d-Datenraum entweder durch Tensor-Produkt-Technik oder einer stückweisen kubischen Spline-Technik hinreichend gut durchzuführen (monotone Verläufe, keine Unstetigkeiten) und daraus die Kleinsignalparameter numerisch zu berechnen. Grundsätzlich läßt sich dieses Verfahren auch für die Kapazitäten und Ladungen anwenden [3.133], [3.137]. Wegen der Schwierigkeiten bei der Berechnung greift man dabei häufig auf experimentell bestimmte Kapazitäten (und daraus bestimmte Ladungen) zurück.

Grundsätzlich können Tafelmodelle auch mit analytischen Modellen gekoppelt werden [3.138]. So läßt sich beispielsweise die Drainstrombeziehung

$$I_D = T_D(U_{GSE}, U_{DS})(1 + \lambda_G U_{DS}), \quad U_{GSE} = U_{GS} - T_B(U_{BS})$$
$$\lambda_G = T_G(U_{GSE})$$

durch drei Tafeln T_D, T_B und T_G und dem multiplikativen Term der Kanallängenmodulation als gemischtes Tafel-Analytik-Modell darstellen.

Bei allen Tafelmodellen erfordern die Interpolationsverfahren für Zwischenwerte besondere Aufmerksamkeit. Die anfangs sehr verbreitete Polynom-Interpolation kann leicht zu nichtmonotonem Verhalten des Drainstromes führen, außerdem wird sie bei mehrdimensionaler Anwendung schwierig. Spline-Interpolationen (quadratische, kubische in 1-, 2- und 3d-Version [3.121], [3.122], [3.131]) sowie die stückweise kubische Interpolation [3.134], [3.135] und ebenso B-Splines [3.136] zählen zu den bekanntesten Methoden.

Im Regelfall basieren Tafelmodelle auf Meßdaten, seltener auf Ergebnissen der Device-Simulation. Deshalb können sie erst *nach* der Herstellung eines Bauelementes entwickelt und verwendet werden und haben daher keine vorhersagenden Eigenschaften, im Gegensatz etwa zu physikalischen Modellen. So lassen sich auch Auswirkungen von Technologieänderungen nicht im voraus abschätzen. Eine gewisse vorausschauende Bewertung ist jedoch möglich, wenn die Tafelwerte als Ergebnis der Device-Simulation entstehen. Dann können zumindest das Grundgleichungsmodell und seine Parameter-Erwartungswerte (Geometrie, Material, Prozeßdaten) prognostiziert werden. Tafelmodelle haben gegenüber physikalischen Modellen sowohl Vorteile als auch Nachteile. Vorzüge sind

– die sehr kurze Entwicklungszeit, große Flexibilität und der einfache Aufbau,
– die Anwendbarkeit für Bauelemente, für die ein analytisch/physikalisches Modell noch nicht existiert,
– die leichte Anpaßbarkeit an technologische Änderung durch Neuaufnahme der Tafeln,
– Genauigkeit einstellbar durch Vergrößerung der Punktzahl,
– der Gewinn an Rechenzeit durch direkten Zugriff auf Tabellenwerte ohne Auswertung großer analytischer Gleichungen (damit auch Reduktion der Zweige und Knoten in einem Netzwerkmodell).

310   3 Der MOSFET im dynamischen Betrieb

Als Nachteile müssen genannt werden:

- die fehlende physikalische Interpretationsmöglichkeit, weshalb Eigenschaftsvorhersagen fehlen,
- der Einfluß von Parametervariationen ist nur sehr begrenzt absehbar, Skalierungsverfahren sind nicht anwendbar (jede Veränderung führt zu einer neuen Tabelle!).

3.5 Schalt- und Impulsverhalten

Wird der MOSFET am Gate durch eine impulsförmige Spannung ein- oder ausgeschaltet, so spricht man vom *Impuls-* oder *Schaltverhalten*. Diese, besonders für die gesamte Digital-, aber auch Leistungselektronik (mit entsprechenden Leistungs-MOSFETs) typische Betriebsart nutzt durchweg zwei Grundschaltungen:

- *MOSFET als Schalter im Grundstromkreis* mit ohmscher (odere auch reaktiver) Last (Bild 3.37), besser bekannt als *Inverterschaltung*. In integrierten Schaltungen wird dabei der ohmsche Lastwiderstand verbreitet durch den MOSFET (Verarmungs- (D-, hauptsächlich) oder Anreicherungstransistor (E-)) selbst ersetzt: *E/D-Inverter* (Anreicherungsschalter, Verarmungslast), was eine Reihe

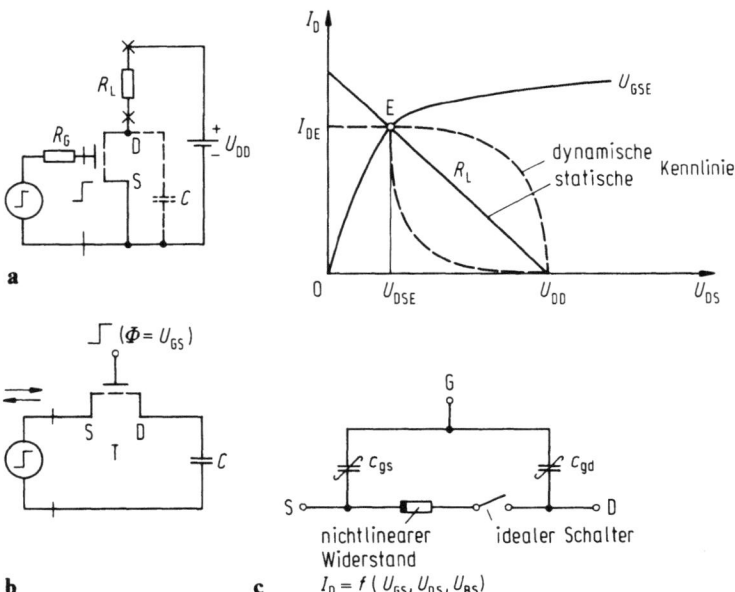

Bild 3.37a–c. MOSFET im Schalterbetrieb. **a** Grundschaltung, **b** Transferschaltung mit kapazitiver Last, **c** allgemeines Schaltermodell

von elektrischen Vorteilen bringt. Eine andere Variante ist der *CMOS-Inverter*: n-Kanal-Schalter, p-Kanal-Lasttransistor, die jedoch *beide* nach dem Wechselschalterbetrieb geschaltet werden.

- als sog. *dynamisches Grundelement* (Bild 3.37b). Dabei schaltet der MOSFET-Schalter eine Kapazität an eine Spannungsquelle oder trennt sie davon ab. Faßt man die Kondensatorladung als "Informationsmaß" auf, die bei geschlossenem Schalter entweder zufließt (Aufladen, Einschreiben der Information), abfließt (→ Entladen → Lesen der Information) oder gespeichert wird (Schalter offen), so dient diese Anordnung als "dynamisches Speicherelement". Sie ist das Grundelement jeglicher *dynamischer MOS-Schaltungen*, z.B. auch der dynamischen Speicher. Als Speicher dient dabei selbst ein MOS-Kondensator. Weil der MOSFET in dieser Anordnung als "Längsschalter" arbeitet, spricht man auch von einem *Transfer-* oder *Transmissionsgate*.

Elektrisch unterscheidet man für beide Grundschaltungen den *statischen* und *dynamischen* Schalterbetrieb. Im ersten Fall bestimmt man mittels Kennliniengleichung, Lastelementkennlinie und den Netzwerkbeziehungen die Arbeitspunkte des ein- und ausgeschalteten Zustandes. So ergibt sich z.B. für die Schaltung a) unter der Annahme, daß der Ein-Punkt im Linearbereich liegt, die Einschaltspannung U_{DSE} aus

$$I_D = K'\left[(U_{GSE} - U_{TH})U_{DSE} - \frac{U_{DSE}^2}{2}\right] \equiv \frac{U_{DD} - U_{DSE}}{R_L}$$

Für den praktisch meist erfüllten Fall $U_{GSE} \gg U_{DSE}$ gilt dann

$$U_{DSE} \approx \frac{U_{DD}}{1 + K'R_L(U_{GSE} - U_{TH})} \qquad (3.5.1)$$

Im *dynamischen* Schalterbetrieb hingegen bestimmen vor allem die Energiespeicherelemente der äußeren Schaltung und/oder das *dynamische Verhalten* des inneren Transistors das Übergangsverhalten, häufig in einer vereinfachten Form Bild 3.37c angesetzt. Aus praktischen Gründen unterteilt man dabei in folgende Fälle:

a) die charakteristische Zeitkonstante τ_R der äußeren Schaltelemente ist *groß* gegen die Zeitkonstante τ (Gl. (3.3.11)) des inneren Transistors: $\tau_R \gg \tau$.

Dann kann der Transistor durch einen trägheitslosen gesteuerten Schalter oder besser durch ein Schaltermodell mit quasistatischen Kapazitäten ersetzt werden. Deshalb spricht man auch von *quasistatischem* Schaltverhalten.

b) Im *umgekehrten Fall* $\tau_R \ll \tau$ bestimmt der innere Transitor das Übergangsverhalten (z.B. bei streng ohmscher Belastung oder im Kurzschlußbetrieb). Dann wird das dynamische Verhalten aus dem räumlich-zeitlichen Verlauf der Kanalspannung $u_{CS}(y, t)$ resp. $v(y, t)$ (Gl. (3.3.5a)) als Lösung der nichtlinearen partiellen Differentialgleichung (3.3.5) bei gegebenen Rand- und Anfangswerten bestimmt. Dafür sind folgende Verfahren üblich:

312   3 Der MOSFET im dynamischen Betrieb

- geschlossene Lösung der linearisierten Gleichung, z.B. durch Einführung einer mittleren Zeitkonstante τ (Gl. (3.3.8)).
- Integration unter Annahme linearer Aussteuerung, ggf. über die Vierpolparameter Abschn. (3.3.3.1) als Übertragungskoeffizienten und anschließender Rücktransformation in den Zeitbereich bei Impulsanregung. Da die Übertragungskoeffizienten z.B. auch Näherungsfunktionen – entsprechend dem jeweiligen Ersatzschaltungsmodell sein können, eignet sich dieser Verfahren gut für die ingenieurmäßige Behandlung. Es liegt auch gewöhnlich dem Falle a) zugrunde.
- numerische Integration der Gl. (3.3.5) bzw. (3.3.24) unter vorgegebenen Rand- und Anfangswerten.
- Näherungslösungen über Ladungsmodelle.

Zur Gateansteuerung dient dabei in praktischen Fällen ein Spannungsprung mit Rampenfunktion (mit endlicher Anstiegszeit) bzw. eine e-Funktion mit zeitbegrenzt etwa linearem Anstieg, weil der Generatorwiderstand und Widerstand des Poly-Gates zusammen mit der verteilten Gatekapazität keinen sprunghaften Anstieg erlaubt. Lediglich für prinzipielle Modelluntersuchungen kommt die Sprungfunktion zur Anwendung.

3.5.1 Quasistatisches Schaltverhalten

Für die Grundschaltung Bild 3.37a mit gemischt ohmisch-kapazitiver Last und dominierender Lastkreiszeitkonstante wird der MOSFET durch eine spannungsgesteuerte Stromquelle i_Q (Bild 3.38) mit der (stationären) U-I-Relation (Gl. (2.2.9))

$$i_D = K'[2(u_{GSE} - U_{TH})u_{DS} - u_{DS}^2] \qquad u_{DS} \leq U_{GS} - U_{TH} \qquad (3.5.2a)$$

bzw.

$$i_D = K'(u_{GS} - U_{TH})^2 \qquad U_{DS} \geq U_{GS} - U_{TH} \qquad (3.5.2b)$$
$$U'_{GS} = U_{GS} - U_{TH}$$

ersetzt. Die Kapazität C faßt alle Komponenten (Transistor, parasitäre Kapazität, Eingangskapazität der Folgestufe) zusammen. Dann gilt für den Ausgangsstrom $i_R(t)$ bei geschlossenem Schalter

$$i_D = i_R + RC\,di_R/dt \qquad \text{sowie}\ u_{DS} = U_{DD} - i_R R. \qquad (3.5.3)$$

Beim *Einschalten* mit $U_{GSE} > U_{TH}$ ist der Kondensator auf die Spannung $u_{DS}(0) = U_{DD}$ geladen, so daß der Transistor noch im Abschnürbereich Gl. (3.5.2b) arbeitet. Mit $i_R(0) = 0$ hat dann Gl. (3.3.5) die Lösung

$$i_R(t) = K'U'^2_{GS}(1 - \exp -t/\tau_1) \qquad t > t' \qquad (3.5.4)$$

mit $\tau_1 = R_L C$.

Der Lastwiderstand bestimmt, ob der stationäre Endwert im Sättigungs- oder

3.5 Schalt- und Impulsverhalten 313

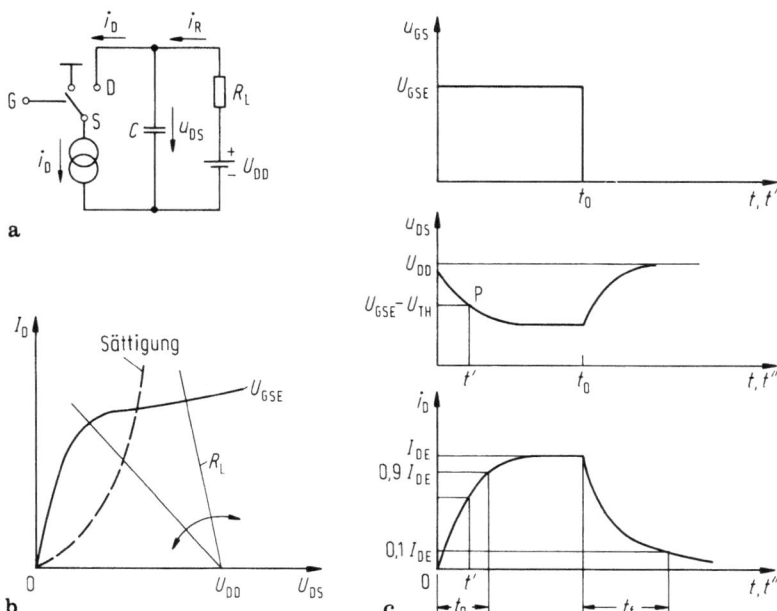

Bild 3.38a–c. Verhalten des MOSFET beim Ein- und Ausschalten. **a** Grundschaltung, **b** Kennlinienfeld (schematisch), **c** zeitliches Verhalten der Eingangs- und Ausgangsspannung sowie des Drainstromes

Linearbereich liegt. Bei großem Lastwiderstand tritt der Transistor zur Zeit

$$t' = -\tau \ln\left(1 - \frac{(U_{DD} - U'_{GS})}{R_K K' U'_{GS}}\right)$$

in den Linearbereich (Punkt P'_2, $U_{DS} = U_{GSE} - U_{TH}$) mit dem Stromwert

$$i_R(t') = \frac{U_{DD} - U'_{GS}}{R_L}. \tag{3.5.5}$$

Für den anschließenden Linearbereich gilt dann mit Gl. (3.5.2a) (jedoch Quadratterm U_{DS} vernachlässigt) und dem Anfangswert Gl. (3.5.5)

$$i_R(t) = \frac{U_{DD}}{R_L + R_K}\left(1 - \exp-\frac{t-t'}{\tau_2}\right) + \frac{U_{DD} - U'_{GS}}{R_L}\exp-\frac{t-t'}{\tau_2} \tag{3.5.6}$$

mit $\tau_2 = C(R_L \| R_K)$ und dem Kanalwiderstand

$$R_K = \frac{1}{\mu_n C''_i b/L U'_{GS}}.$$

314   3 Der MOSFET im dynamischen Betrieb

Im stationären Zustand $t \to \infty$ schließlich fließt der Strom

$$I_R = \frac{U_{DD}}{R_L + R_K}. \tag{3.5.7}$$

Die *Anstiegszeit* $t_a [i_R(t_a) = 0.9\, i_R(\infty)]$ beträgt

$$t_a = R_L C \ln \frac{U'_{GS}}{(1 + 2R_K/R_L)U'_{GS} - 2U_{DD}R_K/R_L}$$
$$+ \tau_2 \ln 10 \left[\left(1 + \frac{R_K}{R_L}\right) \frac{U'_{GS}}{U_{DD}} - \frac{R_K}{R_L} \right] \tag{3.5.8a}$$

mit dem Sonderfall

$$t_a = \tau_2 \ln 10 \tag{3.5.8b}$$

bei sofortiger Steuerung in die Sättigung mit $U'_{GS} \geqq U_{DD}$.

Beim *Ausschalten* wird die Gatespannung zur Zeit $t'' = t - t_0$ auf $U_{GS} \leqq U_{TH}$, am einfachsten auf Null geschaltet und der Schalter (Bild 3.39) geöffnet: $i_D = 0$. Mit der Stromanfangsbedingung (Gl. (3.5.7))

$$i_R(0) \equiv U_{DD}/(R_L + R_K)$$

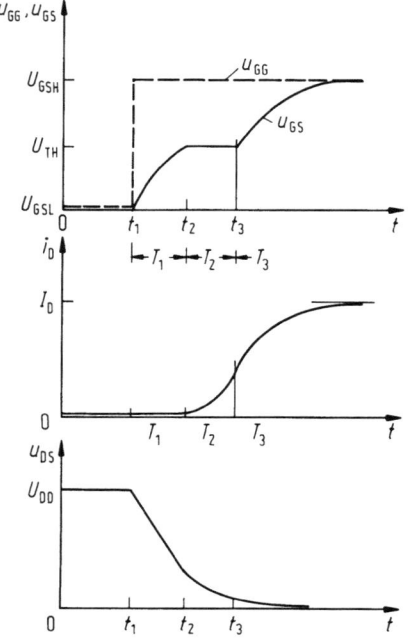

Bild 3.39. Einschaltvorgang des MOSFET mit kapazitiver Last

(bzw. einer entsprechenden Kennliniengleichung) folgt

$$i_R(t) = i_R(0)\exp - t''/\tau_1 \, (\tau_1 = R_L C). \tag{3.5.9}$$

Definiert man auch hier eine *Ausschaltzeit* t_f (Abfall von 100% auf 10% des Stromeinschaltwertes $i_R(0)$), so ergibt sich

$$t_f = \tau_1 \ln 10. \tag{3.5.10}$$

Damit hängen die Ein- und Ausschaltzeiten direkt vom Lastwiderstand ab, zudem gilt $t_e < t_a$ (Ausschalten erfolgt langsamer). Speichereffekte, wie sie beim Bipolartransistor auftreten, fehlen völlig.

Grundsätzlich kann anstelle der linearisierten Kennliniengleichung, wie sie Gl. (3.5.6) zugrundeliegt, auch die nichtlineare Form verwendet werden, nur bereitet dann die Angabe der Einschaltzeit mehr Schwierigkeiten.

In der *realen Schaltung* treten beim Schaltvorgang noch zwei wichtige Effekte auf: der endliche Anstieg des Steuersignals und die Transistorkapazitäten c_{gs}, c_{gd} und c_{ds}. Dann bleibt auch der Generatorwiderstand R_G nicht mehr ohne Einfluß auf die Zeitvorgänge, denn es wächst die Steuerspannung u_{GS} bei sprungförmiger Generatorspannung $u_{GG} = U_{GH} - U_{GL}$ nach der Zeitfunktion

$$u_{GS} = (U_{GH} - U_{GL})(1 - \exp - t/\tau_G) + U_{GL} \tag{3.5.11}$$

mit der Zeitkonstanten

$$\tau_G = R(c_{gs} + c_{gd}) = Rc_i$$

an. Da der MOSFET erst für $U_{GS} \geq U_{TH}$ einschaltet, verstreicht eine *Verzögerungszeit* (Bild 3.39)

$$T_1 = \tau_G \ln \frac{U_{GH} - U_{GL}}{U_{GH} - U_{TH}}. \tag{3.5.12}$$

Wenn die Kapazitäten c_{gs}, c_{gd}, c_{ds} auch üblicherweise als konstant (spannungsunabhängig) und reziprok angesetzt werden, so macht hiervon die Rückwirkungskapazität c_{gd} eine Ausnahme: auf das Schaltverhalten hat ihre Drainspannungsabhängigkeit Auswirkung in Verbindung mit der Tatsache, daß c_{cd} für den *Millereffekt* verantwortlich ist.

Nach Bild 3.22 fällt $c_{gd}(U_{DS})$ über U_{DS} von einem großen Wert im Linearbereich im Abschnürpunkt auf eine sehr kleinen Wert (theoretisch null). Der Millereffekt setzt mit dem Drainstromanstieg für $U_{GS} > U_{TH}$ ein, weil dann die Steilheit g_m Gl. (3.1.6b) groß ist. Dadurch entsteht mit dem Lastwiderstand R_L die Spannungsverstärkung $v_u = R_L g_m$, so daß die gesamte Eingangskapazität c_i

$$c_i = c_{gs} + c_{gd}(1 + g_m R_L), \tag{3.5.13}$$

durch den Millereffekt $c_{gd} g_m R_L$ stark zunimmt. Dann steigt der Drainstrom

316   3 Der MOSFET im dynamischen Betrieb

$i_D = g_m(u_{GS} - U_{TH})$ nach Ablauf der Einschaltverzögerung T_1 für $u_{GS} \geqq U_{TH}$ an und u_{DS} sinkt, wobei sich der MOSFET noch im Abschnürbereich befindet. In der im Verzögerungsbereich $t \leqq T_1$ kleinen Eingangskapazität c_i (c_{gd} klein, da $U_{DS} \approx U_{DD}$)) beginnt der Millereffekt Gl. (3.5.13) zu wirken: c_i wächst im Bereich $t \geqq T_1$ stark an. Deshalb wird der Gatestrom fast völlig zum Anstieg der Gateladung $q_i = u_{GS} c_i$ benötigt und u_{GS} bleibt nahezu konstant. Nach Ablauf der *Einschaltzeit* T_2 ist u_{DS} stark abgefallen und der MOSFET geht in den Linearbereich über. Im Übergangsbereich $T_2 \rightarrow T_3$ und in der anschließenden Phase T_3 steigt die Kapazität $c_{gd}(U_{DS})$ stark an bis sich u_{DS} schließlich nur noch langsam ändert, obwohl der Drainstrom i_D weiter wächst. Im Bereich der absinkenden Spannung u_{DS} fällt auch die Steilheit $g_m \sim u_{DS}$ ab, und c_i stellt sich auf

$$c_i|_{max} \approx c_{gs} + c_{gd}|_{max}$$

ein. Hat der Drainstrom schließlich einen etwa konstanten Wert erreicht (Ende des Millereffektes), so beginnt u_{GS} wieder zu steigen, jedoch mit einer Zeitkonstante τ'_G, die wegen $c_{gd}|_{max}$ größer als während der Phase T_1 ist: u_{GS} steigt langsamer. Die letzten beiden Phasen – $T_2 + T_3$ – heißen *Settingtime*.

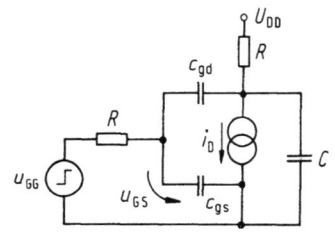

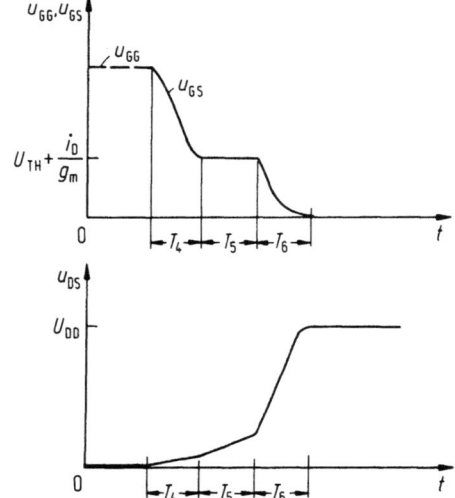

Bild 3.40. Ausschaltvorgang des MOSFET mit kapazitiver Last

Der *Ausschaltvorgang* (Bild 3.40) verläuft analog. Nach Abschalten der Spannung u_{GG} fließt der Drainstrom für $u_{GS} \geqq U_{TH} + I_D/g_m$ noch voll weiter. Es setzt zunächst die Entladung von $c_i|_{max}$ ein. Der Vorgang ist nach Ablauf der Zeit T_4 abgeschlossen und u_{GS} auf $U_{TH} + i_D/g_m$ gefallen.

Für $u_{GS} \approx U_{TH}$ beginnt der MOSFET als Millerintegrator mit maximaler Kapazität $c_{i_{max}}$ zu arbeiten: u_{GS} bleibt konstant und u_{DS} steigt an, während sich i_D noch kaum ändert. Dieser Vorgang ist nach der Zeit T_5 beendet. Die Zeit $T_4 + T_5$ heißt *Ausschaltverzögerung*. Erst jetzt, nämlich für $u_{GS} < u_{DS}$, beginnt die Kapazität c_{gd} stark zu fallen und leitet den eigentlichen *Abschaltvorgang* durch Abfall des Drainstromes ein. Dabei steigt u_{DS} stark u_{DS} stark an. Nach der *Abschaltzeit* T_6 ist der Drainstrom etwa auf null abgeklungen. In der letzten Phase schließlich muß die Eingangskapaziuät noch auf $u_{GS} \approx 0$ entladen werden und erst dann ist der gesamte Ausschaltvorgang beendet.

Eine rechnerorientierte Modellierung für dieses (mit reziproken nichtlinearen Kapazitäten arbeitenden) Modell liegt vor [3.139], doch bleiben noch einige Punkte offen.

3.5.2 Dynamisches Verhalten

Ein grundlegender Mangel der quasistatischen Beschreibung des Schaltverhaltens ist die Vernachlässigung der Dynamik der Kanalladung, was bei sehr kleiner äußerer Zeitkonstante und steilem Gatespannungsimpuls nicht mehr zutrifft. Nach Abschnitt 3.3 muß dann von der dynamischen Grundgleichung (3.3.24, 25) für die Kanalspannung bzw.-ladung ausgegangen werden, deren Lösung bei Sprungerregung durch die Gatespannung unter gegebenen Rand- und Anfangswerten schließlich den Zeitverlauf z.B. des Drainstromes liefert. Diese Aufgabe ist in Strenge nur numerisch lösbar (s.u.).

Einen halbquantitativen Einblick in die Kanalladungsdynamik erhält man jedoch schon aus dem lokalen Verlauf der 'Isolatorspannung" $u_{GC}(y)$ zwischen Gate- und Kanalpunkt y

$$U_{GC}(y) - U_{TH} = (U_{GS} - U_{TH})\sqrt{1 - y/L(1 - \eta^2)}; \quad \eta = 1 - U_{DS}/U_{DSP} \quad (3.5.14)$$

zu Beginn und Ende eines Einschaltvorganges. Er folgt direkt aus Gl. (2.2.13a) mit $U_{GS} = U_{GC}(y) + U_{CS}(y)$. Bild 3.41 zeigt den Verlauf im stationären Fall ($t \to \infty$) für gegebene Spannungen U_{GS}, U_{DS}. Liegt nur U_{DS} an und wird zum Zeitpunkt $t = 0$ eine Spannung $u_{GS} > U_{TH}$ sprungartig angelegt (vom nichtinvertierten Zustand aus) und so auch u_{GD} analog erzwungen, so sind $u_{GC}(0,0)$ und $u_{GC}(L,0)$ am Source und Drain vorgegeben. Von beiden Werten aus breiten sich die Spannung $u_{GS}(y,t)$ bzw. $u_{GC}(L-y,t)$ zur Kanalmitte hin aus, um sich zur Zeit t' bei y' zu treffen. Erst nach diesem Zeitpunkt steigt die Isolatorspannung und überall im Kanal beginnt sich ein zusammenhängender Inversionskanal zu bilden. Dann ist ein Drainstrom möglich.

Nach Gl. (2.2.15) entspricht die Verteilung $u_{GC}(y) - U_{TH}$ der lokalen Inversionsladung $q_I''(y,t)$, so daß damit zunächst der *prinzipielle* räumlich-zeitliche

318 3 Der MOSFET im dynamischen Betrieb

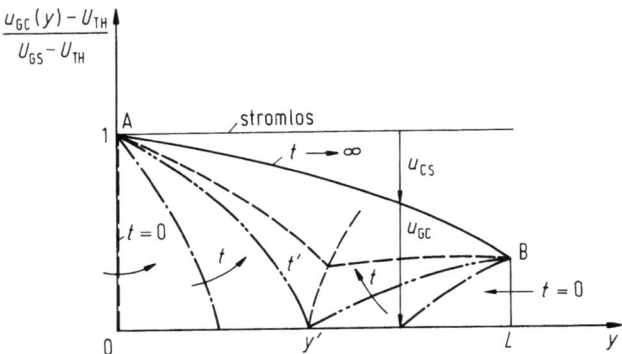

Bild 3.41. Zeitlich-räumlicher Aufbau der Gate-Kanalspannung (bzw. Kanal-Source-Spannung) bei gegebenen U_{GS}, U_{DS} ($\eta = 1 - U_{DS}/U_{DSP}$)

Aufbau des Kanals als Reaktion auf eine Gatespannungssprung vermittelt wird. Abschätzungen für die Zeit t' und Stelle y' ergeben [3.70], [3.113]

$$t' \approx \frac{8}{27} \frac{L^2}{\mu_n(U_{GS} - U_{TH})} \frac{1}{(1 + \sqrt{\eta})^2} \qquad (3.5.15)$$

und

$$y' = L/(1 + \sqrt{\eta}).$$

Die Zeit t' steht damit zumindest in Größenordnung zur Laufzeitkonstante τ (Gl. (3.3.11)), die charakteristisch für die Kanaldynamik war. Physikalisch erfolgt der Kanalaufbau durch Ladungszufuhr aus den Source- und Drainbereichen. Dabei herrscht für $U_{DS} = 0$ erwartungsgemäß Symmetrie [3.45], [3.140], [3.70], [3.73], [3.113].

Dieser Aufbauprozeß bleibt prinzipiell auch erhalten, wenn der Transistor bereits mit der Spannung U_{GS1} eingeschaltet ist und die Gatespannung sprungartig auf U_{GS2} erhöht wird (Bild 3.42) [3.72]. Im Abschnürfall ($U_{GS} = 0$) wird der Kanal nur vom Sourcebereich her aufgebaut. Der Verlauf der Isolatorspannung $u_{GC}(y, t)$ (Bild 3.42) bestimmt wegen $u_{CS}(y, t) = u'_{GS}(t) - u_{GC}(y, t)$ auch die Kanallängsspannung $u_{CS}(y, t)$ als örtliches Komplement zu u_{GC}.

Die Diskussion des Kanalaufbaus durch Gl. (3.5.14) zu ausgewählten Zeitpunkten ist insofern halbquantitativ, als eine stationäre Verteilung zur Bewertung eines dynamischen Vorgangs herangezogen wurde. Für genauere Lösungen muß deshalb die dynamische Gleichung (3.3.24ff.) der Ladungsverteilung als Anfangs- und Randwertproblem numerisch gelöst werden [3.48], [3.44], [3.45], [3.49], [3.75], [3.108]. Dabei bestätigt sich der Verlauf nach Bild 3.42 Da der Grundgleichungstyp einer Diffusionsgleichung mit konzentrationsabhängigen Diffusionskonstanten entspricht, hat der Kanalladungsaufbau nicht nur eine starke Ähnlichkeit mit dem Basisladungsanbau des Bipolar-

3.5 Schalt- und Impulsverhalten   319

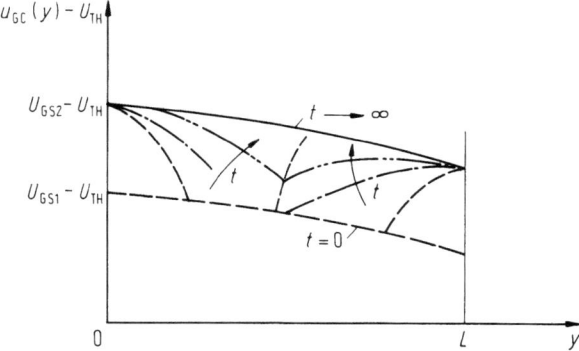

Bild 3.42. Zeitlich-räumlicher Aufbau der Gate-Kanal-Spannung bei gegebenen U_{GS1}, U_{DS} beim Umschalten auf die Spannung U_{GS2}

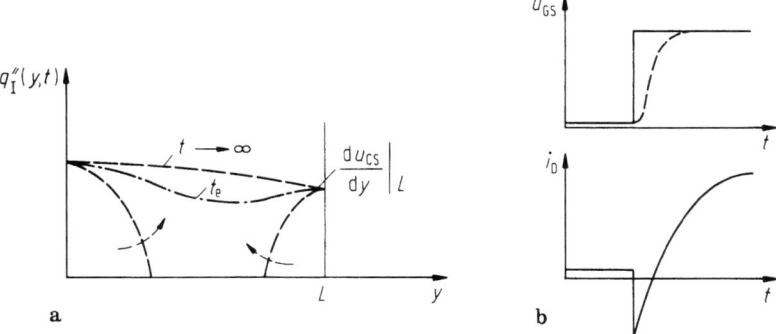

Bild 3.43a, b. Einschaltverhalten des Drainstromes. **a** Trägerverteilung im Kanal, **b** Gatespannungs- und Drainstromverlauf

transistors, sondern es lassen sich auch zugeordnete spezifische Lösungsverfahren erfolgreich anwenden [3.72], [3.128].

Definiert man für eine solche Ladungsverteilung (Bild 3.43a) als *Einschaltzeit* t_e (der Kanalladung!) die Zeit, nach der 90% der stationären Ladung erreicht ist, so gilt

$$t_e \approx (0{,}3 \cdots 0{,}8) L^2 / \mu_n (U_{GS} - U_{TH}), \tag{3.5.16}$$

was recht gut mit der Laufzeitkonstanten τ Gl. (3.3.11) übereinstimmt.

Der *Drainstrom* $i_D(t)$ zeigt bei Betrieb in der Grundschaltung mit Lastwiderstand (Bild 3.38) im Linearbereich eine typische Spitze (Sprungerregung, abflachend bei Rampenerregung) in *negativer* Richtung. Erst danach erfolgt der Anstieg auf den stationären (positiven) Wert [3.141]. Geht man davon aus, daß

320   3 Der MOSFET im dynamischen Betrieb

der Drainstrom $i_C \sim du_{CS}/dy|_L$ durch die Kanalfeldstärke $(\sim du_{CS}/dy|_L) \sim - du_{GC}/dy|_L$ am Kanalende bestimmt ist, so werden die Spitze, der Nulldurchgang und der anschließende Anstieg aus der Ladungsverteilung Bild 3.43 sofort erklärbar. Man schlußfolgert auch, daß die Spitze bei Betrieb nur im Abschnürbereich fehlt (soweit sie vom Kanalaufbau verusacht ist!), was experimentell bestätigt wird. Form und Größe der (schaltungstechnisch unerwünschten) Spitze hängen von der Anstiegsgeschwindigkeit der Steuersignals, dem Lastwiderstand und vor allem den (parasitären) Kapazitäten c_{GD}, c_{DS} ab [3.57], [3.73], [3.75], [3.48], [3.38].

Bei Darstellung des Schaltverhaltens mit dominanter äußerer Lastkapazität (Abschn. 3.5.1) fehlte die Drainstromspitze, was aufgrund der nicht berücksichtigten Kanalladungsdynamik nicht verwundert. Beschreibt man jedoch den Transistor durch ein nichtstationäres Ladungsmodell nach Abschn. 3.2.2 oder besser durch Kleinsignalparameter nach Gl. (3.3.51) (mit Einbezug der Steilheitslaufzeitkonstanten τ_N und der jeweiligen Kapazitäten), nimmt arbeitspunktabhängige Elemente an und legt diese Parameter zusammen mit dem äußeren Netzwerk dem Schaltverhalten zugrunde, so entstehen ebenso die Drainstromspitzen. In einer solchen Modellierung, die nach Abschn. 3.3.3 physikalisch begründeter ist als das nichtstationäre Ladungsmodell, können die real vorhandenen Spannungsabhängigkeiten der Ersatzschaltelemente z.B. durch Mittelwerte oder Ersatzfunktionen korrigierend zum Ansatz gebracht werden. Dies erhöht jedoch den Lösungsaufwand [3.75], [3.142]–[3.144].

Der *Abschaltvorgang* zeigt in der Kanalladung und im Drainstrom den genau umgekehrten Verlauf: aus dem Kanal fließen die Ladungen nach beiden Seiten ab, und der Drainstrom beginnt deshalb mit einer Ausschaltspitze, um schließlich auf den stationären Ausschaltwert abzuklingen.

3.5.3 Schaltverhalten des dynamischen Grundelementes

Im dynamischen Grundelement (Bild 3.38) wird eine Eingangsspannung $U_E \equiv u_{DD}$ über einen Transistorschalter an einen Kondensator C geschaltet bzw. der Kondensator entladen. Die Steuerspannung $U_{GS}(t) = U_{DD} - u_A(t)$ des Schalters ist eine Taktspannung $\Phi \equiv U_{DD}$ bzw. $\Phi = 0$. Gilt dabei $u_{GS} \geqq U_{DSP}$, so arbeitet der Schalter zwischen Sättigungszustand (Ein) und Sperrbereich (Aus). Dann gilt für die Ausgangsspannung (Kennliniengleichung (2.2.11))

$$i_D = C\frac{du_A}{dt} = \frac{\beta}{2}(U_{DD} - u_A - U_{TH})^2. \qquad (3.5.17)$$

Mit dem Anfangswert $u_A(0) = 0$ folgen daraus

$$u_A(t) = (U_{DD} - U_{TH})\cdot\frac{t}{t+\tau}, \qquad \tau = 2C/\beta(U_{DD} - U_{TH}) \qquad (3.5.18)$$

sowie die *Aufladezeit*

$$t_r = \tau \left[\cfrac{1}{1 - \cfrac{u_A(t)}{U_{DD} - U_{TH}}} - 1 \right]. \qquad (3.5.19)$$

Bild 3.44 zeigt den Verlauf der Kondensatorspannung. Sie erreicht beispielsweise für $t = 9\tau$ 90% des stationären Wertes. Dabei ist die Ausgangsspannung grundsätzlich um die Schwellspannung U_{TH} kleiner als die Eingangsspannung. Schaltungstechnisch wirkt der Transistor als Stromquelle, deren Intensität jedoch mit fortschreitender Zeit abnimmt.

Arbeitet der Transistor während der ganzen Zeit dagegen im linearen Betriebsbereich (mit $U_{GD} \geqq U_{DD} + U_{TH}$), so ist anstelle von Gl. (3.5.17) jetzt von

$$i_D = C \frac{du_A}{dt} = \frac{\beta}{2} [2(U_{GO} - U_{TH} - u_A)(U_{DD} - u_A) - (U_{DD} - u_A)^2] \qquad (3.5.20)$$

auszugehen. Die Lösung für die Kondensatorspannung u_A lautet (mit $u_A(0) = 0$)

$$u_A(t) = U_{DD} \frac{1 - \exp[-(1-m)t/2\tau]}{1 - m\exp[-(1-m)t/2\tau]}; \quad m = \frac{U_{DD}}{2(U_{GO} - U_{TH}) - U_{DD}}. \qquad (3.5.21)$$

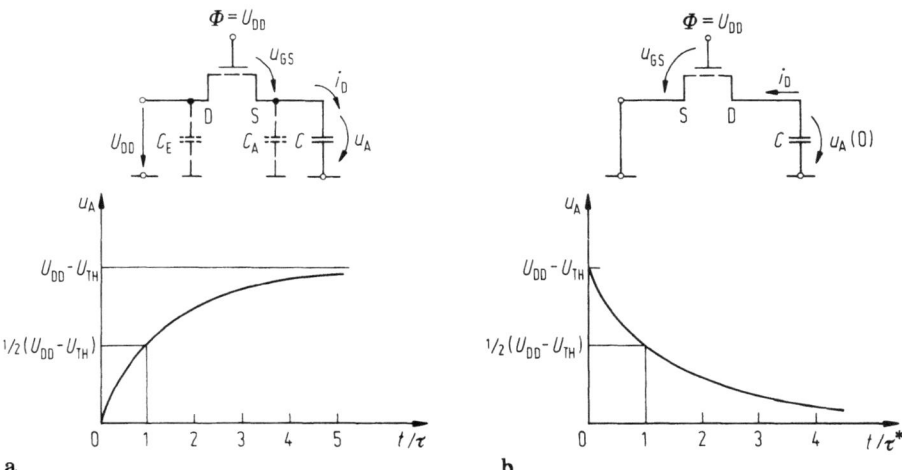

Bild 3.44a, b. Dynamisches Grundelement. **a** Aufladevorgang, **b** Entladevorgang

Die Zeitkonstante ist durch Gl. (3.5.18) gegeben. Im Gegensatz zum Sättigungsbetrieb läuft die Aufladung jetzt schneller ab. Im Grenzfall m → 1 (Abschnürung) ergibt sich daraus Gl. (3.5.18).

Entlädt man umgekehrt einen auf die Spannung $u_A(0) = U_{DD} - U_{TH}$ geladenen Kondensator durch Einschalten des MOSFET ($\Phi = U_{DD}$, Eingangsspannung $u_E \equiv 0$), so arbeitet der Transistor wegen $u_{GS} \equiv U_{DD}$, $U_{DS}(t) \equiv u_A(t)$ und $u_{GS} \equiv U_{DD} > u_{DS} \equiv U_{DD} - U_{TH}$ im Linearbereich. Dann ist von der Entladegleichung

$$-C\frac{du_A}{dt} = \frac{\beta}{2}[2(U_{DD} - U_{TH})u_A - u_A^2] \tag{3.5.22}$$

auszugehen. Ihre Lösung lautet

$$u_A(t) = (U_{DD} - U_{TH})\frac{2\exp - t/\tau^*}{1 + \exp - t/\tau^*} \tag{3.5.23}$$

mit $\tau^* = C/\beta \, (U_{DD} - U_{TH})$

und der *Abfallzeit*

$$\boxed{t_f = \tau^* \ln\left(\frac{2(U_{DD} - U_{TH})}{u_A(t)} - 1\right).} \tag{3.5.24}$$

Man erhält beispielsweise $t_f = \tau^* \ln 19 \approx 2{,}9\tau^*$ bei einem Abfall auf $0{,}1\,(U_{DD} - U_{TH})$. Der Entladevorgang erfolgt jetzt wegen der kleineren Zeitkonstante viel rascher.

Die bisher verwendete Modellierung des dynamischen Grundelementes durch eine gesteuerte Stromquelle und den Nutzkondensator reicht wohl für viele schaltungstechnische Analysen aus, jedoch nicht, um eine Störerscheinung, den sog. *Taktdurchgriff* (Ladungseinstreuung des Taktsignals) zu bewerten.

Durch die Transistorkapazitäten c_{gs}, c_{gd} und die beiden Knotenkapazitäten C_E, C_A (Bild 3.44a) teilt sich die Taktspannung z.B. am Knoten A im Verhältnis $c_{gd}/(c_{gd} + C_A)$, so daß neben der Nutzspannung (Signalspannung) an C_A noch die Störspannung durch das Taktsignal von größenordnungsmäßig

$$\left(\frac{c_{gd}}{C_A + c_{gd}}\right)\Phi$$

auftritt. Sie kann z.B. bei $\Phi = 10\,V$ und einem Teilerverhältnis von 10^{-2} durchaus im mV-Bereich liegen und damit das Nutzsignal deutlich verfälschen.

Die genauere Analyse erfordert zumindest ein Kapazitätsmodell des Transistors oder für sehr steile Schaltflanken sogar ein genaues dynamisches Modell. Zunächst liegt es nahe [3.145]–[3.147], von einem sehr einfachen Transistormodell bestehend aus gleichen, spannungsunabhängig angenommenen Kapazitäten $c_{gs} = c_{gd}$ und einem gesteuerten Leitwert auszugehen. Dieses Modell muß aus den bereits im Abschn. 3.5.2 erläuterten Gründen bei sehr steil abfallendem Ausschaltimpuls und geringen Knotenkapazitäten versagen. Dann wird die

Kanalladung durch Feldströme in den source- und drainnahen Gebieten rasch entfernt, so daß sich dort der Kanal beiderseits abschnürt. Der Trägerabfluß aus dem Mittelgebiet ist nur noch durch Diffusion möglich. Genauere numerische Lösungen [3.67], [3.116] auf Grundlage von Gl. (3.3.24) bestätigen dieses Verhalten.

Schaltungstechnisch stört der Taktdurchgriff. Abhilfemaßnahmen sind die Verwendung des CMOS-Transferschalters oder der Einsatz sog. *Dummy*-Transistoren. Das sind zwei Längstransistoren beiderseits des Schalters, die gegenphasig gesteuert werden. Ist ihre Kanalfläche jeweils nur halb so groß wie die des Schalters, so kompensiert ihre Ladungseinstreuung jeweils die vom Schalter herrührende Ladungseinstreuung und der Taktdurchgriff ist eliminiert.

4 Bauformen des MOSFET

Wie im Abschnitt 1 bemerkt, wurde die Entwicklung des MOSFET während der letzten drei Jahrzehnte hauptsächlich durch folgende Anforderungen beeinflußt:

- Integration digitaler und analoger Schaltungen mit ständig steigendem Integrationsgrad. Dabei sind Transistorabmessungen, Verlustleistung, Isolationsmaßnahmen, besondere Schaltungstechniken u.a.m. von ausschlaggebener Bedeutung. Marksteine dieser Entwicklungen waren die CMOS-Technik als Schaltungsmaßnahme, die *SOI-* bzw. *SOS-Technik* zur grundsätzlichen Isolationsverbesserung, die Entwicklung speichernder MOSFETs für elektrisch schreib-/ löschbare Festwertspeicher: EPROM, E^2PROM, um einige Typische zu nennen. Bemerkenswert ist auch die gegenwärtig stark im Fluß befindliche Vermischung von Bipolar- und MOS-Technik zur sog. *BIMOS-*resp. *BICMOS-Technik*. Hier werden die spezifischen Vorteile einer jeden Schaltungstechnik miteinander verknüpft.
- Trend zu höheren Transistorleistungen, der zu (diskreten) MOS-Leistungsbauelementen führte. Gerade sie lösten durch verschiedene Vorteile gegenüber dem Bipolartransistor einen deutlichen Aufschwung der Leistungselektronik aus, der mit dem Konzept heute verfügbarer Leistungsschaltkreise einen vorläufigen Höhepunkt erreichte. Dabei spielen die bisher vernachlässigten thermischen Probleme eine besondere Rolle.

4.1 Der MOSFET in integrierten Schaltungen

Das an sich einfache Aufbauprinzip des MOSFET (Bild 1.1) führte durch einige Grundeigenschaften, wie

- Wegfall zusätzlicher Isolationsmaßnahmen zu benachbarten Funktionselementen durch das Prinzip der *Selbstisolation* (Flächen- und Maskenzahlreduzierung, weniger Prozeßschritte).
- Hochohmige *Steuerstrecke*, vereinfachte Schaltungstechnik mit einfacher Verdrahtungstechnik, wofür auch Poly-Si-Leitungen (im Gatebreich) eingesetzt werden können.
- Nutzbarkeit der niederohmigen Source-Drain-Bereiche als *Verdrahtungsebene*

- Verfügbarkeit komplementärer Strukturen sowie von Anreicherungs- und Verarmungstransistoren also sog. *aktive* oder *Transistorlast* mit elektrischen Vorteilen.
- Möglichkeit der *dynamischen Schaltungstechnik* durch Nutzung der Ladungsspeicherung auf der Gateelektrode. Dadurch kann z.B. die Verlustleistung pro Schaltstufe deutlich gesenkt werden. Man erhält so nicht nur integrationsfreundliche Schaltungskonzepte (Tafel 4.1), sondern auch zahlreiche neue Schaltungstechniken. In Wechselwirkung damit wuchs die Anzahl der Realisierungsformen des MOSFET. Sie können nach verschiedenen Gesichtspunkten, [4.2] wie z.B. die Art der Kanalrealisierung, Aufbau und Technologie, das Substratmaterial, Bauformen u.a. (s. Tafel 1.1) eingeteilt werden. Aus diesem Komplex werden (beschränkend) herausgegriffen:

- Bauformen des MOSFET,
- Substrateinfluß und Isolationsmaßnahmen einschließlich der *SOI-Technik*,
- Schaltungsaspekte, die zu einigen Verbundtransistoren führten mit der *CMOS-Grundschaltung* als ihrem wichtigsten Vertreter.

4.1.1 Bauformen

Bauformen

Die verschiedenen Bauformen des MOSFET leiten sich durchweg aus *Grundforderungen* ab nach:

- *Minimalgeometrie* (insbesondere kurzer Kanal und schmales Gate) in Verbindung mit den Skalierungsregeln (Abschn. 2.4.5),
- geringe Parasitärkapazitäten (Prinzip der *Selbstjustierung*),
- Steuerbarkeit der Schwellspannung,

um einige zu nennen.

Die *typische* Bauform (vor allem für diskrete und integrierte MOSFETs mit geringer Verlustleistung) ist der Transistor mit *horizontalem* oder *lateralem Kanal*, wie er bisher betrachtet wurde (Bild 1.1). Überwiegend wird er als Rechteckstruktur (mit einstellbarem b/L-Verhältnis) ausgelegt, kaum als Ringstruktur. Die erstere ist das Ergebnis einer Reihe typischer technologischer Schritte (Bild 4.1):

- Herstellung eines dicken Feldoxids auf der Siliziumscheibe (Bild 4.1a),
- Herstellung der Source-Drainbereiche nach einem fotolithographischen Schritt, anschließender Oxidätzung und nachfolgender Diffusion oder Implantation (Bild 4.1b),
- Herstellung des dünnen Gateoxids nach einem fotolithographischen Schritt, anschließender Oxidätzung und Oxydation (Bild 4.1c),
- Herstellung des Metallgates und der Source-Drain-Metallverbindungen durch ganzflächige Aluminiumabscheidung, anschließend Fotolithographie und Aluminiumätzen (Bild 4.1d).

4 Bauformen des MOSFET

Tafel 4.1. Übersicht typischer MOS-Schaltungstechniken

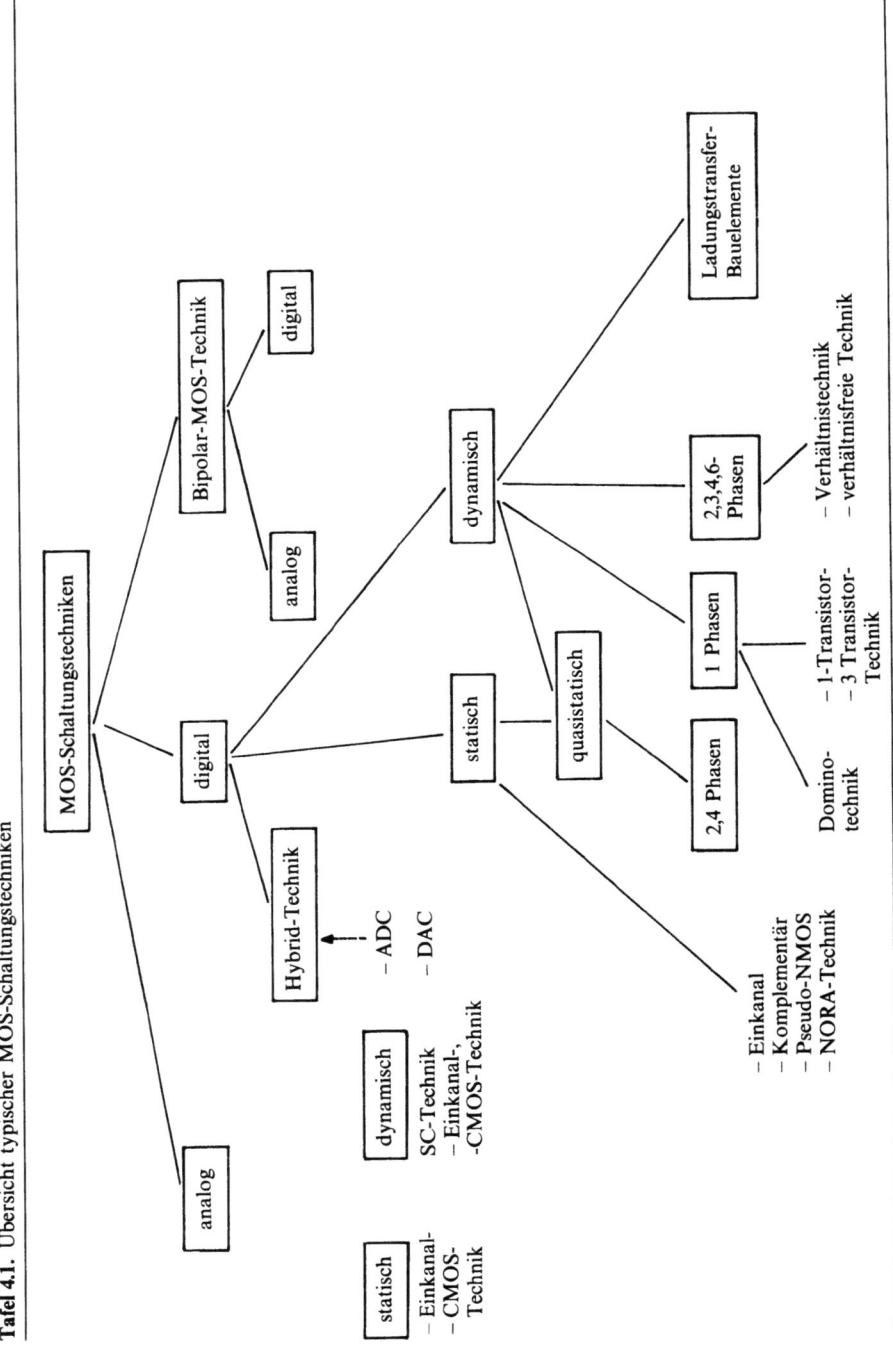

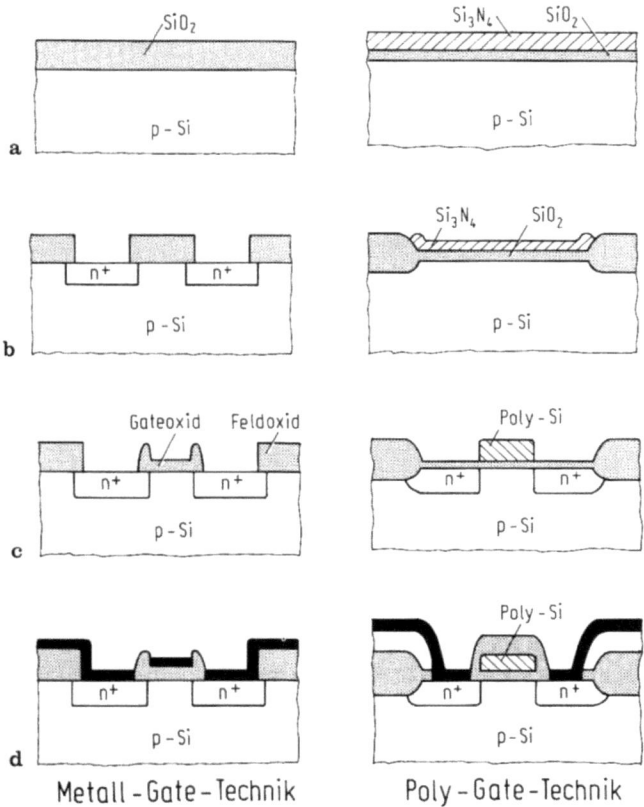

Bild 4.1a–d. NMOS-Basistechnologien (Metall-, Poly-Gate-Technik)

Der so realisierte *Metall-Gate-MOSFET* entsteht durch eine Folge von Strukturierungs- und Abscheide-/Ätzschritten. Erstere dienen zur Übertragung einer geometrischen Struktur gemäß Maskenvorgabe, letztere erzeugen die unterschiedlichen Schichten. Die typischen Schritte und ihre Folge bestimmen die sog. *Basistechnologie.* Der dargestellte n-Kanal-MOSFET auf Grundlage der *NMOS-Basistechnologie* ist noch heute eine Standardtechnik, wenn auch nicht mehr mit Metallgate (s.u.). [4.3]–[4.5].

Die kleinsten, mit einer Technologie erreichbaren Abmessungen sind durch die *Strukturauflösung* der Fotolithographie bestimmt. Sie beträgt bei optischer Strukturübertragung etwa $0{,}7 \ldots 1\,\mu m$, bei der Elektronen- und Röntgenlithographie deutlich darunter ($\delta \approx 0{,}1 \ldots 0{,}2\,\mu m$). Bild 4.2 zeigt eine Tendenzentwicklung. Im Bestreben nach immer kleineren Transistorabmessungen, vor allem kurzen Kanälen, gelangte man zu Anfang der 80er Jahre zunächst an die

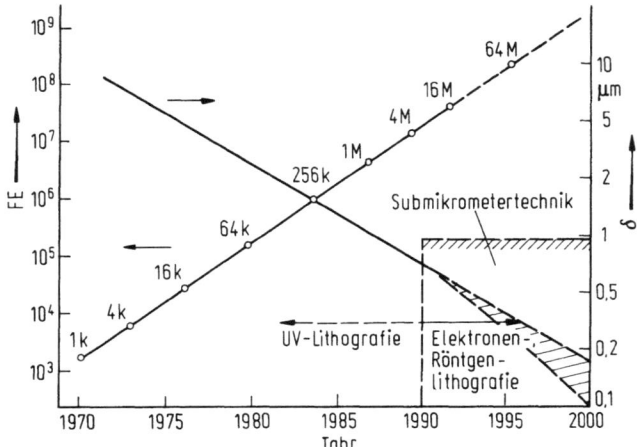

Bild 4.2. Entwicklung der Strukturbreite δ und des Integrationsgrades (Zahl der Funktionselemente (FE) pro Chip)

Grenze der optischen Lithographie, denn die Elektronen- und Röntgenlithographie stand noch am Anfang. Um kurze Kanäle auch mit optischer Lithographie unter Umgehung der Strukturbreitenbegrenzung herstellen zu können, entstanden zwei neue, typische MOS-Bauformen: der *DMOS-*(double-diffused) und *VMOS-* (V-Groove-)*MOSFET*. Ist im ersten Fall der gesteuerte Kanal noch *lateral* angeordnet, so wird er im zweiten *vertikal* ausgeführt, wobei der Drainbereich jetzt unten liegt. Da sich beide Bauformen schließlich nur für (diskrete) Leistungsbauelemente durchgesetzt haben und ihr Einsatz in integrierten Schaltungen nach anfänglicher Euphorie nur sehr wenig Bedeutung erlangte, werden diese Bauformen erst im Abschn. 4.3.1 betrachtet.

Historisch dominierte beim *Kanalleitungstyp* zunächst die *p-Kanaltechnik* (mit Metallgate). Ursache dafür war die zunächst technologisch nicht beherrschte Schwellspannungseinstellung für n-Kanaltransistoren. Zwei wesentliche Nachteile, die relativ hohe Schwellspannung ($U_{TH} \approx -3 \ldots -8$ V, Anreicherungstyp) mit der zwangsläufig hohen Versorgungsspannung ($U_{DDmin} \geq 3U_{TH}$, sog. Hochvolttechnik) und die geringe Schaltgeschwindigkeit führten sehr bald zur *n-Kanaltechnik* zu Beginn der 70er Jahre. Neben der kleineren Schwellspannung und ihrer besseren Einstellbarkeit war es vor allem die etwa 3fach größere Elektronenbeweglichkeit, die zu größerer Transistorsteilheit, höherer Grenzfrequenz (Gl. (3.3.31)), kleinerem Flächenwiderstand und damit kleinerer Geometrie führten. Diese NMOS-Technik dominierte lange Zeit und bot in Verbindung mit der Skalierungstechnik (Abschn. 2.4.5) die erste technische Grundlage für LSI-Schaltkreise. Erst mit der CMOS-Technik (Abschnitt 4.1.2) wurde auch der p-Kanal-MOSFET wieder interessant.

Gateauslegung

Die Gateauslegung (Material, Isolatordicke und -material [4.11]) hat über die Schwellspannung U_{TH} (Gl. (2.1.72))

$$U_{TH} = \Phi_{MS} - Q_0''/C_i'' + 2\Phi_F^* - Q_B''/C_i'' = U_{FB} + 2\Phi_F^* + \gamma\sqrt{2\Phi_F^*}$$

und insbesondere die Flachbandspannung U_{FB} fundamentalen Einfluß auf den Steuertyp (E-, D-MOSFET) und die notwendigen Betriebsspannungen. So ist z.B. für die Grundschaltung (MOSFET mit Lastwiderstand) je nach Schaltungsauslegung eine Betriebsspannung von $(3\ldots 10) \cdot U_{TH}$ erforderlich. Deshalb sollte die Schwellspannung – nicht nur mit Rücksicht auf die Steuerspannung U_{GS} – beim Anreicherungs-MOSFET möglichst klein sein.

Für einen p-Kanal-Metallgate-MOSFET (Al-Gate) und einer Isolatordicke $d_i = 100$ nm ergibt sich z.B. mit einer Substratdotierung $N_D = 10^{16}$ cm^{-3} mit $\Phi_{Fn} = -U_T \ln N_D/n_i = -0{,}35$ V ($n_i = 1{,}45 \cdot 10^{10}$ cm^{-3}, Zimmertemperatur) und einer Metallaustrittsarbeit (Spannung!) $\Phi_{MS} = \Phi_{Fn} - \Phi_{Gate} = +(0{,}35 - 0{,}6)$ V $= -0{,}25$ V ($\Phi_{Gate} = +0{,}6$ V für Al) sowie einer Oxidladung $Q_0'' = 0{,}07 \cdot 10^{-15}$ As/µm^2 ($\rightarrow C_i'' = \varepsilon_i/d_i = 0{,}345$ F/µm^2) die Flachbandspannung $U_{FB} = \Phi_{MS} - Q_0''/C_i'' = -0{,}25$ V $- (0{,}07/0{,}345)$ V $= -0{,}453$ V.

Eine um eine Größenordnung größere Isolatorladung Q_0'' würde eine Flachbandspannung von 2,27 V ergeben. Weil zur Schwellspannung U_{TH} noch Substratdotierung ($\rightarrow \Phi_F$) und der Substrateinfluß (Faktor γ) in gleicher Richtung beitragen, stellen sich für die p-Kanal-Technik sehr schnell große negative Werte ein. Tatsächlich bestimmte anfangs die sehr hohen Isolatorladungen die hohe Flachbandspannung der p-MOS-Technik. Eine Anordnung Al-Gate mit p-Substrat ($N_A = 10^{16}$ cm^{-3}) würde bei gleicher Gatedicke und Isolatorladung mit $\Phi_F \approx \Phi_{Fp} = U_T \ln N_A/n_i = 0{,}35$ V auf eine Metall-Halbleiteraustrittsarbeit $\Phi_{MS} = \Phi_F - \Phi_{Gate} = -0{,}35$ V $- 0{,}6$ V $= -0{,}95$ V und damit eine Flachbandspannung $U_{FB} = \Phi_{MS} - Q_0''/C_i'' = -0{,}95$ V $- (0{,}07/0{,}345)$V $= -1{,}15$ V- führen. Die Schwellspannung selbst wird durch den Substrateinfluß jetzt in positiver Richtung verschoben. Aus diesen Beispielen gehen schon die *Maßnahmen zur Absenkung* der Schwellspannung hervor:

– Senkung der Isolatorladung durch technologische Maßnahmen, z.B. auch durch Nutzung von Silizium mit (100)-Oberfläche anstelle der (111)-Orientierung,
– dünne Isolatorschicht,
– Senkung der Flachbandspannung z.B. durch Anwendung von Poly-Si-Gate anstelle von Aluminium,
– Substratvordotierung durch Ionenimplantation (s. Abschn. 2.3.3).

Aus solchen Gründen hatte sich kurzzeitig eine *p-Kanal-Silizium-Gate-Technik* entwickelt, die aber durch Fortschritte bei der n-Kanaltechnik sehr rasch von der *n-Kanal-Poly-Silizium-Technik* (nSGT) abgelöst wurde (Bild 4.1):

– Oxid- und anschließende Nitridabscheidung auf dem Silizium (Bild 4.1a),

- Lithographieschritt, Ätzen der Nitridschicht und anschließende (lokale) Oxydation (sog. LOCOS-Technik (Bild 4.1b),
- Nitridentfernung, ganzflächige Poly-Silizium-Abscheidung, Lithographieschritte, Ätzen der Poly-Si-Bahnen, anschließende Implantation der Source-Drain-Gebiete und des Poly-Gates (Bild 4.1c),
- Abscheiden einer Bor-Phosphor-Glas-Passivierungsschicht, Lithographieschritt, Ätzen der Phosphorglas- und Oxidschicht. Mit einer folgenden ganzflächigen Al-Abscheidung, anschließender Lithographie und dem Ätzen der Al-Leiterbahnen (Source, Drain) sind die typischen technologischen Schritte beendet (Bild 4.1d).

In Verbindung mit dem Übergang zu (100)-orientiertem Silizium, sorgfältigster Oberflächenpräparation zur Senkung des Q_0''-Anteiles und dem Einsatz der Ionenimplantation zur Schwellspannungseinstellung, entwickelte sich diese *NMOS-Poly-Si-Technik* sehr rasch zu einer Basistechnologie.

Ist beispielsweise das n-Poly-Si-Gate sehr hoch dotiert (n$^+$-Gate), so beträgt sein Fermipotential wegen $W_F \approx W_C$ etwa

$$\Phi_{Fn} = \frac{W_F - W_i}{-q} \equiv \frac{W_C - W_i}{-q} = -\frac{W_G}{2q} \approx -0{,}56 \text{ V}$$

(p$^+$-dotiertes Poly-Si hätte etwa + 0,56 V). Dies gilt für eine Poly-Gate-Dotierung von $N_D > 5 \cdot 10^{19}$ cm^{-3} recht gut. Dann erhält man für obiges p-Substrat ($N_A = 10^{16}$ cm^{-3}) eine Austrittsspannung $\Phi_{MS} = \Phi_{Fp} - \Phi_{Gate} = -0{,}35\text{ V} - 0{,}56\text{ V} = -0{,}91$ V, was eine kleinere Flachbandspannung zur Folge hat. Da das Vorzeichen der Flachbandspannung U_{FB} beim p-Kanal-E-MOSFET mit dem von Φ_{Fp} und Q_B'' in der Schwellspannung U_{TH} übereinstimmt, entsteht additiv eine hohe (negative) Schwellspannung, während beim n-Kanal-E-MOSFET beide Anteilgruppen unterschiedliche Vorzeichen haben. Dann ist es möglich (und meist sogar erforderlich), die Schwellspannung durch eine zusätzliche Borimplantation ins Positive zu verschieben. Dieses *"Schwellspannungengineering"* ist besonders für CMOS-Stufen wichtig (s. Abschn. 4.1.2).

Mit dem *Poly-Si-Gate* ist außer der Schwellspannungsverbesserung auch das Prinzip der *Gateselbstjustierung* anwendbar. Es war ursprünglich an Schwermetalle (Mo, W) und später Schwermetallsilizide als Gatematerial gebunden. Silizide sind Metall-Siliziumverbindungen, die auch in dünner Schicht ($\approx 0{,}1$ µm) deutlich niederohmige Leiterbahnen als Poly-Si ergeben. Verbreitet werden die Silizide WSi_2, $TaSi_2$, $MOSi_2$, $TiSi_2$ verwendet. Sie haben obendrein mit rd. 4,7 ... 4,8 eV eine größere Metall-Austrittsarbeit als Al (4,1 eV). Dadurch können bei niedriger Substratdotierung nahezu symmetrische p- und n-Kanal-Transistoren hergestellt werden [4.61]. Tafel 4.2 zeigt zusammenfassend wichtige Prozeßgrößen und ihren Einfluß auf wichtige elektrische Kennwerte.

Die Selbstjustierung des Poly-Gates zu den Source-Draingebieten bei der Implantation (Bild 4.3), wobei das Gate zugleich als Maske dient – wird nicht nur zur Einsparung von Maskierungsschritten verwendet, sondern vor allem

4.1 Der MOSFET in integrierten Schaltungen

Tafel 4.2. Wechselwirkungen zwischen physikalischen, elektrischen und Prozeßgrößen im MOSFET

Größe	Elektrische Größen	Prozeßeinflüsse
Φ_{MS}	– U_{TH} (Größe und Drift)	– Gatematerial
		– Dotierung
		– Gateherstellung
Q_{SS}	– U_{TH} (Größe, Stabilität)	– Gateherstellung
		– Substrat, Dotierung
Substratladung	– U_{TH} (Einstellung, Größe)	– Dotierverfahren
	– Kurzkanaleffekt	– Störstellenverteilung
	– Steilheit	– Source-, Drain-Herstellung
	– Substrat-Drainkapazität	(Eindringtiefe, Abmessung)
	– Durchgreifspannung	
μ_{eff}	– Drainstrom	– Kanaldotierung, Verteilung
	– Steilheit	– Si-SiO$_2$-Grenzfläche
		– eff. Kanalfeldstärke (lateral, vertikal)
Gateoxid-	– U_{TH} (Höhe, Toleranz)	– Gateoxydation
kapazität C''_{ox}	– Steilheit	– ε_i
R_S, R_D	– Drainstrom	– Drain-Source-Dotierung
	– Steilheit	– Abstand Kanal-Source-Drainkontakt
		– Kontaktwiderstand

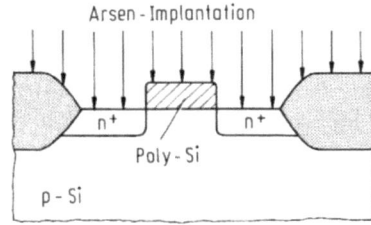

Bild 4.3. Prinzip der Selbstjustierung

auch zur Reduktion parasitärer Effekte (z.B. Überlappungskapazitäten u.a.). Sie ist in der VLSI-Technik ein Standardverfahren, das in zahlreichen Varianten eingesetzt wird.

Isolatormaterial

Obwohl sich seit Anfang der Si-MOS-Technik am Einsatz von SiO$_2$ als dem typischen Gateisolatormaterial noch grundlegend nichts verändert hat, sind die Anforderungen an die Materialqualität ständig gestiegen: geringer Leckstrom (< 1pA bei $U_{GS} = 10$ V), hohe Durchbruchfeldstärke (> 5 MV/cm), geringe Ladungsdichte ($Q''_0 < 10^9$ As cm^{-2}), Defektarmut u.a.m. Dies drückt sich am deutlichsten darin aus, daß die Gateisolatordicke von anfangs 100 nm auf heute um 20 nm im Massenfertigungsprozeß gesenkt werden konnte. Für Submikrometertransistoren wird $d_i \approx 10 \ldots 15$ nm angestrebt [4.63]. Unter dieser Grenze scheint ein Betrieb wenig wahrscheinlich, weil z.B. Tunnelströme nicht mehr vermieden werden können. Einen Ausweg sucht man gegenwärtig in der Anwendung von Isolatoren mit höheren $\varepsilon_r (\varepsilon_r/\text{SiO}_2 = 3,8)$. Dann kann die

Isolatordicke bei gleicher Kapazität C_i'' entsprechend größer sein. In Erprobung sind vor allem nitrierte Oxide und thermisch erzeugte Nitride [4.64]. Die naheliegenden SiO_2–Si_3N_4-Doppelschichten eigneten sich wegen der Hystereseeffekte nicht für den üblichen MOSFET, wohl aber für Speicher-MOSFETs (s. Abschn. 4.2).

Drain-Struktur. Eine wichtige Konsequenz der Skalierungsregel war, daß die Betriebsspannung ebenfalls skalieren muß. Dies ist aus technichen Gründen oft nicht möglich (z.B. Anschluß an eine TTL-Schaltung mit $U_{DD} = 5\,V$). Dann wächst die Feldstärke vor allem vor dem Drainbereich. Weil dieser Bereich im üblichen MOSFET bereits hoch dotiert ist (und diese Dotierung nach der Skalierung weiter erhöht werden müßte), sinkt die Durchbruchspannung drastisch ab und Heißelektroneneffekte nehmen zu (s. Abschn. 2.4.2.2 und 2.4.3.2). Eine Feldsenkung gelingt nun durch Einbau eines schwach dotierten Drainbereiches: *light doped drain* (LDD-Struktur). Bild 4.4 zeigt die Anordnung und den Feldverlauf, der durch Änderung der Form und des Konzentrationsverlaufes im Drainbereich beeinflußt werden kann. In ähnlicher Richtung wirkt auch die *DDD-Struktur* (double diffused drain): Man erzeugt einen abgeflachten pn-Übergang durch Nutzung der unterschiedlichen Diffusionskonstanten von As und P bei der Implantation und anschließender Diffusion. Auch hier entsteht ein pn-Übergang mit kleinerer Feldstärke. Beide Verfahren führen zu graduierten Drain-Strukturen mit abgeflachten Störstellenprofilen. Ein Nachteil dieser Technik – von der es zahlreiche Varianten gibt – ist die Erhöhung der Source-Drain-Basiswiderstände. Dadurch sinkt die Steilheit ab, doch hält sich die dynamische Verschlechterung durch die geringere Drain-Substrat-Kapazität in Grenzen [4.66], [4.7]–[4.9].

4.1.2 CMOS-Technik

Das Konzept der CMOS-Technik ist schaltungstechnischer Art und besteht im integrationsgerechten Zusammenschalten von Transistor und Lastelement zur

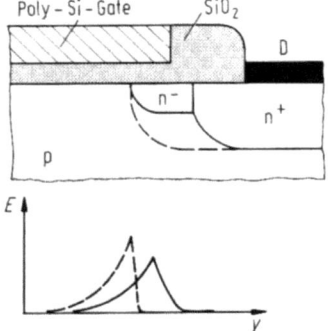

Bild 4.4. Prinzip des schwach dotierten Drainüberganges

4.1 Der MOSFET in integrierten Schaltungen

Transistorgrundschaltung, dem sog. *Inverter*. Ein *CMOS-Inverter* verwendet für beide Bauelemente komplementäre, durch das Steuersignal wechselseitig geschaltete MOS-Transistoren.

Der Inverter (resp. die Transistorgrundschaltung) ist das Grundelement der Digital- und Analogtechnik. Im ersten Fall wird er nichtlinear, im letzteren linear ausgesteuert.

Ein Inverter kann ganz unterschiedlich ausgeführt sein (Bild 4.5):

- mit jeweils nur einem gesteuerten Bauelement als Stromsenken- oder Quellenschaltung oder mit zwei gesteuerten Bauelementen. Dann spricht man vom Push-Pull- oder *Komplementärinverter*;
- mit unterschiedlichen Lastelementen, wie dem linearen Widerstand oder der *Transistor-* bzw. *aktiven* Last. Im letzten Fall kann der Lasttransistor gleichen oder komplementären Kanaltyp zum Schaltertransistor haben und/oder im gleichen oder entgegengesetzten Steuermodus (Anreicherung, Verarmung) arbeiten. Ein bekanntes Beispiel ist der sog. *ED-MOS-Inverter*: Anreicherungstransistor als Schalter, Verarmungstransistor (vom gleichen Kanaltyp) als Last. Im Ein-Zustand des Schalttransistors fließt dann durch den Verarmungstransistor beständig Strom (→ Ruheverlustleistung).

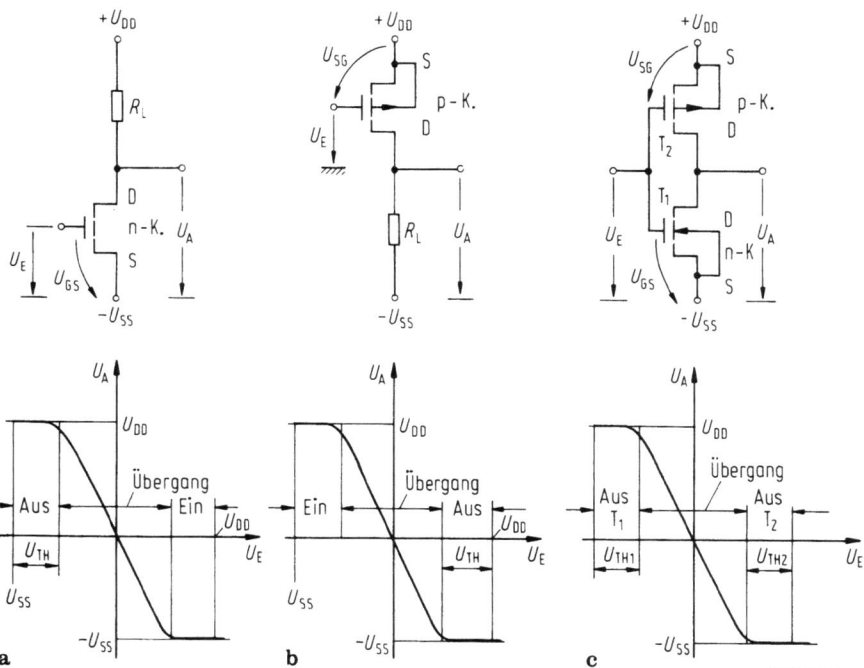

Bild 4.5a–c. Invertergrundschaltungen mit Übertragungskennlinie. **a** Senkeninverter, **b** Quelleninverter, **c** Wechselinverterr, Komplementärinverter

Beim CMOS-Inverter hingegen ist stets einer der beiden Transistoren ausgeschaltet und ein Strom kann nur während der Umschaltphase fließen.. Die so bedingte extrem kleine (statische) Verlustleistung begründet den Einsatz der CMOS-Technik überall dort, wo die Leistungsaufnahme gering sein muß: Schaltungen für batteriebetriebene Geräte und solche höchsten Integrationsgrades (→ Leistungsabfuhrproblem!). Dies ist der eigentliche Grund, weshalb die CMOS-Technik zu *der* potentiallen VLSI-Schaltungstechnik während der letzten Jahre geworden ist.

Die wichtigsten *Vorteile* der CMOS-Technik sind:

- die extrem niedrige *Ruheverlustleistung* (die allerdings nach höheren Frequenzen durch Umschaltverluste zunimmt),
- die reguläre Schaltungsstruktur, weil die gesamte Schaltung nur noch p- und n-Kanal-MOSFETs benötigt. Damit verbunden sind *Entwurfsvorteile* (Regelmäßigkeit, für Gatearrays sehr geeignet);
- eine hohe Signalausgangsspannung (theoretisch zwischen Null und der vollen Betriebsspannung) und die damit verbundene geringe Störempfindlichkeit,
- Verfügbarkeit spezieller CMOS-Schaltungstechniken, mit denen Entwürfe in NMOS-Technik problemlos in CMOS-Technik umgesetzt werden können.

Trotz der Vorteile sind einige *Nachteile* nicht zu übersehen:

- der höhere technologische Aufwand, vor allem die Notwendigkeit zweier (voneinander zu isolierender) Substratgebiete komplementären Leitungstyps,
- die Verdopplung der Transistorzahl gegenüber Einkanal-Digitalschaltungen (Flächenbedarf),
- die Gefahr des *Durchbruchs* (Latch-up- oder Thyristoreffekt), vor allem bei der Transistorskalierung,
- ungleicher Flächenbedarf der beiden Transistoren bei geforderter elektrischer Symmetrie durch die Beweglichkeitsunterschiede ($\mu_n \approx (2.5\ldots 3)\mu_p$).

Trotz dieser Nachteile überwiegen die Vorteile so sehr, daß die CMOS-Technik heute breit eingesetzt wird, z.B.

- in dynamischen Speicherschaltungen mit n-Speicheranordnung und CMOS-Peripherie,
- in spezifischen dynamischen Schaltungskonzepten, z.B. Domino-Logik mit 1-Phasentakt oder Pseudo-NMOS-Logik mit mehreren Eingängen und getakteten Lastelementen,
- in analogen Schaltungen, insbesondere nach dem Schalter-Kondensator-Prinzip,
- in gemischt-analog-digitalen Schaltunge (DA-, AD-Wandler),
- in Telekomunikationsschaltungen

und schließlich zunehmend auch in MOS-Leistungsschaltungen in Verbindungen mit MOS-Leistungstransistoren (Abschn. 4.3), [4.57], [4.58], [4.60].

4.1.2.1 CMOS-Inverter

Die wichtigste Eigenschaft des CMOS-Inverters (Bild 4.6) ist seine *Übertragungskennlinie* $U_A = f(U_E)$ – bzw. im Kleinsignalbetrieb – seine *Spannungsverstärkung* als Ableitung der Übertragungskennlinie

$$A_u = \left.\frac{dU_A}{dU_E}\right|_{AP}$$

im Arbeitspunkt AP, zweckmäßig an der steilsten Stelle (Bild 4.6b). Liegt die Eingangsspannung U_E z.B. bei 0, so ist Transistor T_1 ab- und T_2 eingeschaltet: $U_A = +U_{DD}$. Wächst U_E von 0 aus, so erreicht U_{GS1} schließlich die Schwellspannung U_{THn} und der Strom I_D beginnt zu fließen, folglich sinkt U_A. Ist schließlich $U_{SG2} = U_{THp}$ (d.h. $U_E - U_{THp}$) erreicht, so schaltet T_2 ab und es ist $U_A \rightarrow 0$. Das Wechselschalterprinzip geht aus dem gegensätzlichen Steuereinfluß auf beide Transistoren hervor (Bilder 4.6c).

Bei genauerer Betrachtung der einzelnen Transistorarbeitsbereiche zeigt sich, daß beide Transistoren im Mittelbereich im Abschnürbereich arbeiten, beiderseits davon ist jeweils einer von beiden gesättigt und der andere arbeitet im Linearbereich. Außerhalb der Schwellspannungsbereiche sind beide Transistoren gesperrt.

Zur Bestimmung der Kleinsignalspannungsverstärkung A_u wird eine Kleinsignalersatzschaltung nach Bild 3.3 für jeden Transistor verwendet. Man erkennt sofort, daß beide Transistoren T_1, T_2 wechselstrommäßig parallel arbeiten. Deshalb gilt (bei vernachlässigtem Substrateinfluß)

$$A_u = \frac{U_a}{U_e} = -\frac{(g_{m1} + g_{m2})}{g_{d1} + g_{d2}}. \tag{4.1.1}$$

Die Verstärkung entspricht grundsätzlich derjenigen der Einzelstufe (Lastelement g_{d2}, Transistorleitwert g_{d1}), doch ist sie durch Mitwirkung der zweiten

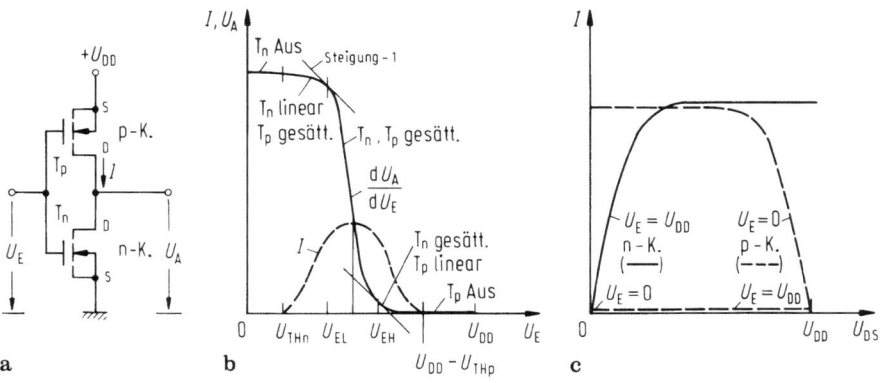

Bild 4.6a–c. CMOS-Inverter. **a** Schaltung, **b** Übertragungskennlinie mit Abhängigkeit des Stromes $I(U_E)$, **c** Kennlinien der n- und p-Kanaltransistoren

336 4 Bauformen des MOSFET

Steilheit höher. Mit dem Kleinsignalparametern nach Gl. (3.1.7 und 3.1.18 ff.) ergibt sich schließlich aus Gl. (4.1.1) mit Einbezug der Kanallängenmodulation (Faktoren λ_1, λ_2)

$$A_u = -\sqrt{\frac{2}{I_D}}\left(\frac{\sqrt{K_n(b/L)_{T1}} + \sqrt{K_p(b/L)_{T2}}}{\lambda_1 + \lambda_2}\right). \qquad (4.1.2)$$

Stufenverstärkungen von $10^2 \ldots 10^3$ lassen sich leicht erreichen. Man findet die bereits erwähnten Vorteile der CMOS-Stufen bestätigt.:

– steile Übertragungskennlinie, wobei nur im Bereich zwischen den Schwellspannungen Gleichstrom fließen kann (dieser Bereich wird im Digitalereich sehr schnell durchfahren). In den "Endpunkten" ist die Schaltung stromlos,
– die Ausgangsspannung ist im Aus-Zustand Null,
– die hohe Verstärkung und das (nicht betrachtete) günstige Frequenzverhalten.

4.1.2.2 Durchschalteffekt

Da im CMOS-Inverter wenigstens einer der beiden Transistoren in einem lokalen kontrapolaren Substratbereich, einer sog. "Isolierwanne" angeordnet sein muß (Abschn. 4.1.2.3), entstehen zwangsläufig sog. zwei *parasitäre Bipolartransistoren*. Sie sind so zusammengeschaltet, daß eine *Thyristorstruktur* (Bild 4.7a) zwischen den beiden Betriebsspannungsanschlüssen vorliegt mit der Gefahr des "Durchschaltens". Bei dieser, auch als *Latch-up-Effekt* bezeichneten Erscheinung entsteht ein sehr niederohmiger Pfad für die Versorgungsspannung, der die Schaltung durch thermische Überlastung zerstört [4.55]. Im Bild ist der npn-Transistor zwischen Source, p-Substrat und n-Wanne (mit dem p-Substrat als Basis) und der pnp-Transistor mit p^+-Source (Emitter), n-Wanne als Basis und p-Substrat als Kollektor sofort zu erkennen. Die Widerstände R_S, R_W, R_{Ep}, R_{En} sind verteilter Natur, wobei $R_{En}, R_{Ep} \ll R_S, R_W$ gilt. Wegen der Verkopplung beider Bipolartransistoren nach Art einer Thyristorersatzschaltung stellt sich zwischen den Versorgungspunkten U_{DD} und U_{SS} die typische Thyristorcharakteristik ein mit dem "Durchschaltpunkt" oberhalb einer kritischen Spannung U_I.

Vernachlässigt man die Kollektorreststöme, so gilt nach Bild 4.7b

$$I = A_{Np}I_{Ep} + A_{Nn}I_{En}$$
$$= A_{Np}(I_{Ep} + I_W) - A_{Np}I_W + A_{Nn}(I_{En} + I_S) - A_{Nn}I_S \qquad (4.1.3)$$

mit den Lateralströmen I_W, I_S durch die Widerstände R_W, R_S. Mit $I = I_{Ep} + I_W = I_W = I_{En} + I_S$ folgt dann

$$I(A_{Np} + A_{Nn} - 1 - A_{Np}I_W/I - A_{Nn}I_S/I) = 0.$$

Daraus ergibt sich als *Durchschaltbedingung*

$$A_{Np} + A_{Nn} = 1 + A_{Np}I_W/I + A_{Nn}I_S/I \qquad (4.1.4a)$$

bzw.

$$\beta_p\beta_n \geq 1 - I_W/I\beta_p(\beta_n + 1) - I_S/I\beta_n(\beta_p + 1). \qquad (4.1.4b)$$

4.1 Der MOSFET in integrierten Schaltungen   337

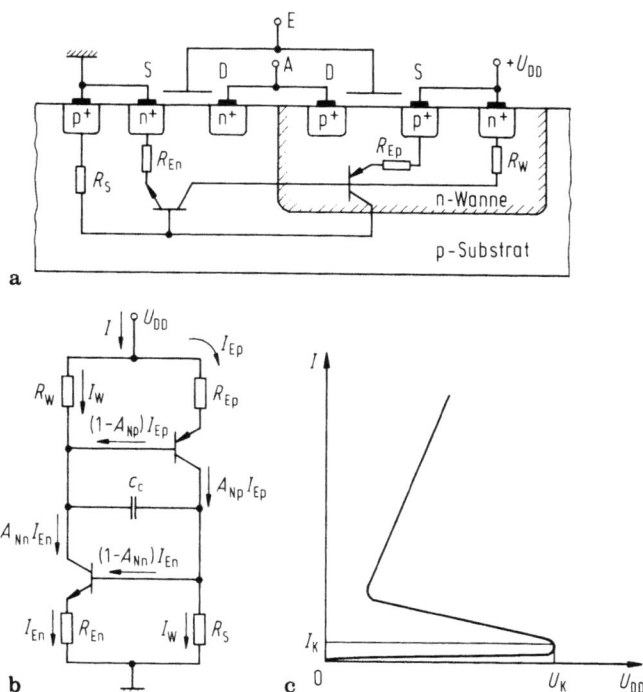

Bild 4.7a–c. Latch-up-Effekt im CMOS-Inverter. **a** Struktur mit parasitären Transistoren, **b** Ersatzschaltung, **c** Kennlinie

Bei sehr kleinen Widerständen R_S, R_W (genauer $I_S R_S \ll U_{BEnpn}$, $I_W R_W \ll U_{BEpnp}$, $U_{BE} \approx 0{,}7$ V), bleiben beide Transistoren ausgeschaltet. Vernachlässigt man die beiden rechten Terme ($I_{W,S} \ll I$, d.h. hohe Widerstände R_W, R_S), so gilt schließlich vereinfacht

$$\boxed{\beta_p \beta_n \geqq 1} \qquad (4.1.4c)$$

als *Kreisverstärkung* der stromrückgekoppelten Transistorschaltung. Mit steigender Spannung U_{DD} tritt diese Bedingung wegen des Spannungseinflusses auf β schließlich bei U_K ein (Bild 4.7c). Die Gefahr des Durchschaltens besteht selbst dann, wenn die Betriebsspannung noch unterhalb von U_K bleibt:

- wird einer der beiden äußeren pn-Übergänge des Thyristors *kurzzeitig* flußgepolt (z.B. durch eine Spannungsspitze), so setzt der Durchschaltvorgang ein.
- Das gleiche gilt, wenn ein hinreichender Strom über die mittlere Sperrschichtkapazität c_c des Thyristors fließt (z.B. durch eine rasche Betriebsspannungsänderung). Man spricht dann vom *dynamischem Latch-up* [4.54].

– Schließlich kann auch temperatur- oder strahlungsbedingter Sperrstromanstieg die Zündung einleiten.

Der Durchschalteffekt läßt sich über die gezielte Wahl der Parameter R_W, R_S und β_n, β_p sowie die Betriebsbedingungen vermeiden:

– durch möglichst kleine Verstärkung β_n, β_p der Bipolartransistoren (bessere Layoutregeln, gute Device-Isolation, Abstand der p- und n-Gebiete groß, Wahl der Wannendotierung). Weitere Maßnahmen in dieser Richtung sind Basisbremsfelder zur Reduktion der Stromverstärkungen, hohe Basisrekombination ($\rightarrow$ Golddotierung), Einsatz von Schottkykontakten am Source und Drain zur Verhinderung der Minoritätsinjektion sowie der Einsatz von Schutzringen und dünnen Epitaxiegebieten.
– Vergrößerung des Haltestromes I_H (Bild 4.7c) durch technologische Verbesserungen (lokale Substratdotierung, Isolationstechnik)
– zusätzliche Substratvorspannung
– kleine Widerstände R_S, R_W. Sie können auf verschiedene Art erreicht werden. So läßt sich der Widerstand R_W durch die sog. *Retrowanne* senken: Man dotiert den tiefer liegenden Wannenbereich höher als den oben liegenden [4.53]. Dadurch fließt der Strom stärker "am Transistor vorbei."
– Der Widerstand R_S kann durch eine Epitaxieschicht ($\rightarrow E_{pi}$-CMOS-prozeß) klein gehalten werden. Man realisiert die Elemente in der schwach dotierten p-Epischicht (auf p^+-Substrat z.B. beim n-Wannenprozeß. Der hochdotierte Substratbereich wirkt als niedriger Widerstand für die lateralen Substratströme.

Weil die Gefahr des Durchschaltens mit enger zusammenliegenden MOS-Transistoren steigt, stellt der Latch-up-Effekt eine deutliche Begrenzung des minimalen Flächenbedarfs einer CMOS-Grundstufe dar.

4.1.2.3 Technologieaspekte

In der CMOS-Grundstruktur benötigt jeder der beiden Komplementärtransistoren einen eigenen Substratbereich. Ausgehend von einem Grundsubstrat – z.B. p-dotiert – für den n-Kanal-MOSFET muß dann eine n-Wanne erzeugt werden. Auch die umgekehrte Folge (p-Wanne im n-Substrat) ist möglich. Substrat bzw. Wanne liegen dabei jeweils an der negativsten (p-Wanne) oder positivsten (n-Wanne) Spannung. Dann arbeitet der Wannen-pn-Übergang stets im Sperrbetrieb. Moderne Prozesse arbeiten mit je einer p- und n-Wanne (*Doppelwannentechnik*, twin-well Process) und bekommen dadurch größere Flexibilität. Technologisch wird von einem n- oder p-Substrat (meist mit Epitaxieschicht) ausgegangen, in dem die eine oder beide Wannen hergestellt werden. Dies geschah anfangs nur durch Diffusion, später durch Implantation. Weil so das Maximum der Implantationsdotierung tiefer in den Halbleiter verlagert werden kann (sog. Retrograde-well), ist eine *Feldumkehr* zur Oberfläche hin möglich und entsteht ein Verzögerungsfeld im parasitären Bipolartransistor. Der niederohmigere Bereich liegt so tiefer im Halbleiter. Mit diesem Dotierungsprinzip werden zusätzlich der Body-Effekt und die Sperrschichtkapazität gesenkt sowie – wie bereits erwähnt – die Durchschaltfestigkeit verbessert. Diese bisherige, auch als "Volumen-CMOS-Technik" bezeichnete Variante unterscheidet sich in der Isolationsmethode (Sperrschichtisolation) deutlich von der dielektrischen-Isolation und SOS-Technik (s. Abschn. 4.1.3).

Die Wahl des Wannentyps hängt u.a. von den Transistor- und Schaltungsanforderungen ab. Vielfach werden elektrisch symmetrische Transistoren gewünscht. Dann legt man den p-Kanal-Transistor in das Grundmaterial (weil dort die Entwurfsfreiheit größer ist), während der elektrisch natürlicherweise schnellere n-Kanal-Transistor in der Wanne angeordnet wird (Beispiel SRAM). Für schnelle Schaltungen hingegen ist der n-Kanal-MOSFET im Grundmaterial besser aufgehoben. Schaltungen mit dynamischen Speicherbereichen – die durchweg in n-Kanal-Technik ausgeführt sind und deren Peripherieelektronik aus CMOS-Schaltungen besteht – tendieren dann zur n-Wannen-Technik. Dies trifft auch auf resistente Speicherelemente (E^2PROM-Schaltungen) zu (Abschn. 4.2), weil sich diese Bauelemente nur auf p-Substrat effektiv herstellen lassen [4.59], [4.50], [4.52]. Mit sinkenden Transistorabmessungen wird die Optimierung beider MOSFET immer schwieriger. Hier bietet die *Doppelwannentechnik* größere Freiheitsgrade. Beide Wannen können unabhängig voneinander gestaltet und beide MOSFETs schließlich sogar mit modernen Prozeßvarianten unterschiedlich dotierte Poly-Si-Gates erhalten.

Ein Grundproblem der CMOS-Technik ist die Einstellung (betragsgleicher) Schwellspannungen für beide MOSFETs (s. Gl. (2.1.72)

$$U_{THn} = \Phi_{MSn} - \frac{Q_0''}{C_i''} + \Phi_{Bn} - \frac{Q_B''}{C_i''} \quad \text{n-Kanal-MOSFET}$$

$$(Q_B'' < 0)$$

$$U_{THp} = \Phi_{MSp} - \frac{Q_0''}{C_i''} + \Phi_{Bp} - \frac{Q_B''}{C_i''} \quad \text{p-Kanal-MOSFET.}$$

$$(Q_B'' > 0)$$

(4.1.5)

Sie liegt üblicherweise bei $\pm 0,5 \ldots 0,8$ V. Für den n-Kanal-MOSFET (mit n^+-Poly-Gate) betragen (etwa) $\Phi_{MSn} + \Phi_{Bn} = (-0,85 + 0,75)$ V $= 0,1$ V, das p-Substrat trägt mit $Q_B'' = -\sqrt{\varepsilon 2q}\sqrt{N_A \Phi_B} < 0$ bei. Deshalb läßt sich die Schwellspannung durch eine weitere Akzeptorerhöhung (z.B. B-Implantation) weiter ins Positive verschieben, etwa auf $U_{THn} = +0,5$ V.

Beim p-Kanal-MOSFET (ebenso mit n^+-Poly-Gate) beträgt der unterstrichene Term der Schwellspannung etwa -1 V. Durch eine Akzeptorimplantation (B) kann der Wert auf $U_{THp} \approx -0,5$ V gesenkt werden. Technisch wird dabei der Substratbereich des Transistors "gegendotiert", wobei ein dünner, vergrabener p-Kanal entsteht. Er ist bei flacher Implantation dünn genug, um für $U_{GS} = 0$ abgeschnürt zu sein.

Zweckmäßiger verwendet man in diesem Fall jedoch ein p^+ – Poly-Gate (mit $\Phi_{MSp} + \Phi_{Bp} \approx +0{,}1$ V). Dann verschiebt eine Q_B-Erhöhung ($Q_B > 0$, z.B. P-Implantation) die Schwellspannung ins Negative auf $U_{THp} \approx -0{,}5$ V. Da sich zwischen den n^+p^+-Gategebieten eine Barriere bildet, ist eine Kurzschlußbrücke (z.B. mit einer Silicide-Schicht) erforderlich [4.51].

4.1.3 SOI-MOSFET

Während der letzten Jahre wurde die *Silicon on-Insulator* (*SOI*)-Technik für integrierte Schaltungen zunehmend interessanter. Sie nutzt eine dünne, meist einkristalline (seltener amorphe oder polykristalline) Si-Schicht für die Realisierung elektronischer Bauelemente, die durch verschiedene Herstellungsverfahren auf einem isolierenden Substrat (als mechanischer Träger) abgeschieden worden ist. Eine tyische Variante dieser Technologie ist die *SOS-*(*Silicon-on Sapphire*) *Technik* mit einer Si-Schicht, die man auf kristallinem Träger (Saphir) epitaktisch abscheidet.

Verschiedene technologische Probleme und nicht zuletzt Kostengründe führten vom Trägersubstrat Saphir weg zum SiO_2 (SOI) als Isolatorschicht auf oder in einem Si-Substrat. Bild 4.8 zeigt typische Aufbauformen solcher Trägersysteme. Man unterscheidet

a) den *sehr dünnen* Isolator (SIO_2) auf einem Siliziumsubstrat: SOI-Technik,

b) den sehr dicken Isolator, der eine Si-Schicht für die späteren Bauelemente trägt: *SOS-Technik*,

c) Sonderformen von b) mit flächenhaft begrenzten Isolatorgebieten.

Die Isolatordicke schwankt zwischen einigen 100 µm im Fall b) bis zu einigen 100 nm bei a). Zur Herstellung solcher Anordnungen kommen neben der Hetero-Epitaxie (SOS) vor allem die Tiefenimplantation von Sauerstoff in Si und anschließender Oxydation ($\rightarrow$ SIMOX-Technik), die Rekristallisation von Poly-Si-Schichten auf einer Oxidschicht mit verschiedenen Verfahren und die selektive Epitaxie zur Anwendung (Tafel 4.3).

Obwohl sich grundsätzlich nahezu alle Transistortypen in SOI-Technik realisieren lassen, wird das Verfahren fast ausschließlich für die MOS- und insbesondere CMOS-Technik eingesetzt. Vor allem wegen der ausgezeichneten

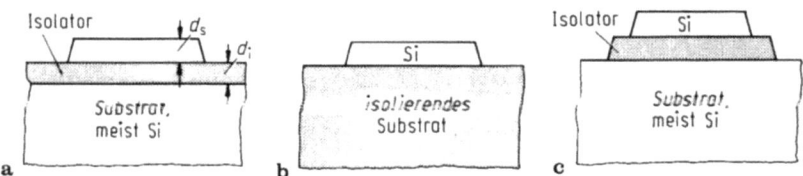

Bild 4.8a–c. SOI-Substrate. **a** dünner Isolator, $d_i < 1$ µm, Halbleiterfilmdicke d_s, **b** dicker Isolator ($d_i \gg 1$ µm), **c** lokal begrenzter Isolator, meist dünn

4.1 Der MOSFET in integrierten Schaltungen

Tafel 4.3. Typische Herstellungstechniken für SOI-Strukturen

Filmdicke	dünn < 1 μm	dick > 1 μm	dünn, dick (flächenbergenzt)
SOS-Technik		x	
Implantation von O oder N in Si	x		
Rekristallisation von Poly-Silizium	x	x	x
Amorphes Silizium	x	x	x
Epitaktisches laterales Überwachsen	x		x

Isolation zu den Nachbarelementen haben SOI-Bauelemente eine Reihe deutlicher Vorteile gegenüber der konventionellen MOS-Technik:

Höhere Geschwindigkeit durch kleinere Substratkapazitäten, dadurch kleineren dynamischen Leistungsverbrauch, höhere Packungsdichte, gute Strahlungsfestigkeit, Wegfall des Latch-up-Effektes (Abschn. 4.1.2.2) und einfachere Herstellungstechniken. Auch für die *dreidimensionale Integration* (sog. 3d-Technik) bietet die SOI-Technologie die beste Voraussetzung, die bereits zu einer Reihe von bemerkenswerten Laborlösungen führte.

Realisiert man einen MOSFET in SOI-Technik (SOI-MOSFET), so gibt es gegenüber dem bisher betrachteten *Volumen-MOSFET* (dessen Verarmungsladung über dem Bulk-Kontakt mit dem Kanal in Verbindung steht) einige grundsätzliche *Unterschiede* (Bild 4.9):

– Die "Bulk-Steuerelektrode" wirkt über eine Isolatorschicht auf den Halbleiterkanal von rückwärts her (sog. Back-Gate, zweiter MOS-Übergang). So wird die bisherige Bulk-Steuerung des Volumen-MOSFET durch eine "Oberflächensteuerung" des unteren MOS-Überganges ersetzt.
– Die Rückelektrode ist selbst ein Halbleiterbereich.
– Der für den Stromfluß verfügbare Kanalquerschnitt hängt nicht nur von den Bedingungen der beiden gate- und backseitigen Raumladungszonen an den Filmoberflächen, sondern auch von der *Filmdicke* ab. Man unterscheidet deshalb zwischen *Dick-* und *Dünnfilm-SOI-MOSFET*, wobei eine genauere geometrische Abgrenzung noch erfolgen muß.

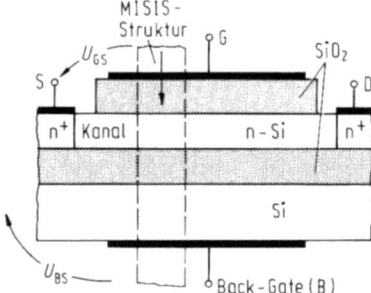

Bild 4.9. Grundstruktur und Aufbau eines SOI-MOSFET

Die grundlegende Steuerstruktur des SOI-MOSFET ist deshalb die *Metall-Isolator 1-Halbleiter-Isolator 2-Halbleiter*-Struktur (Bild 4.9), die man bei Ersatz les unteren Si-Gates durch eine Metallelektrode[1] vereinfacht durch zwei MOS-Kondensatoren mit gemeinsamen dicken oder dünnen Halbleiterbereich ersetzen kann. Die typischen Eigenschaften einer solchen MOSOM-, MISIM-, MISIS- oder MOSOS-Struktur werden zunächst vorangestellt.

4.1.3.1 Typische Eigenschaften der MISIS-Grundstruktur

Filmdicke. Ein wichtiger Unterschied des SOI-MOSFET zum Volumen-MOSFET ist die *endliche* Dicke des Halbleiterfilms. Er dient zugleich als stromführender Kanal und ggf. Substrat. Da durch die beiden Steuerspannungen U_{GS}, U_{BS} (bezogen jeweils auf den Film) jeder der beiden Oberflächenbereiche (und zwar zunächst unabhängig voneinander) zwischen Anreicherung bis Inversion eingestellt werden kann und darunter Verarmungszonen entstehen, ist es zweckmäßig, die Filmdicke d_s in Relation zur Verarmungszone zu sehen. Nach dem Bändermodell des n-Kanal-Volumen-MOSFET stellte sich bei starker Inversion (homogenes p-dotiertes Substrat) eine Bandverbiegung $\approx 2\Phi_F$ ein (Bild 4.10a).

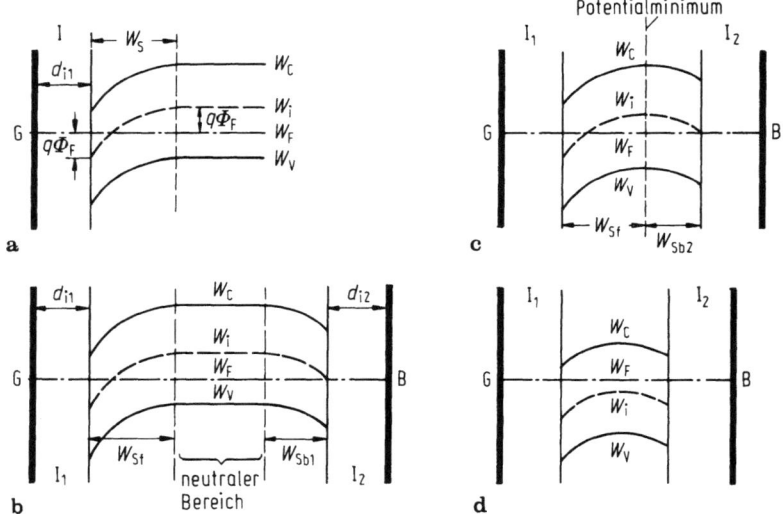

Bild 4.10a–d. Bändermodell des n-Kanal-SOI-MOSFET bei Inversion. **a** Volumen-MOSFET, **b** SOI-MOSFET mit dickem Film, **c** SOI-MOSFET mit dünnem Film, **d** SOI-MOSFET mit Volumeninversion, W_{Sm} max. Verarmungsbreite, W_{Sf}, W_{Sb} Verarmungsbreite des Front-oder Backgates

---

[1] Tatsächlich wirkt dieses Substrat im Betrieb nur als Potentialfläche.

4.1 Der MOSFET in integrierten Schaltungen   343

Dabei hat die Verarmungszone nach Gl. (2.1.35) die maximale Breite[2]

$$W_{Sm} \approx \sqrt{\frac{4\varepsilon_S \Phi_F}{qN_A}}, \qquad (4.1.6)$$

die sich auch bei weiterer Vergrößerung des Oberflächenfeldes praktisch nicht ändert. Beim *Dickfilm*-SOI-MOSFET (mit p-Filmschicht, Bild 4.10b) bleibt das Bändermodell im Vordergatebereich erhalten, nur kommt durch das Backgate an der unteren Filmseite noch ein Raumladungsbereich hinzu. Solange sich beide Raumladungszonen noch nicht berühren, hat jedes der beiden Systeme eine eigene Schwellspannung Gl. (2.1.70ff.)[3]

$$\boxed{U_{TH/f,b} = U_{FB/f,b} + 2\Phi_F - \frac{Q''_B}{C''_i} - \frac{Q''_{0/f/b}}{C''_i}.} \qquad (4.1.7a)$$

Grenzflächen- und Isolatorzustände, die bisher in Q''_o eingeschlossen waren, sollen künftig vernachlässigt werden. Die Volumenladung Q''_B beträgt bei starkem Inversionseinsatz[4]

$$Q''_B = -qN_A W_{Sm} = -\sqrt{4qN_A \varepsilon_S \Phi_F}. \qquad (4.1.8)$$

Mit der Body-Konstante γ(Gl. (2.1.24)) und $C''_i = \varepsilon_i/d_i$ wird dann

$$-\frac{Q''_B}{C''_i} = \gamma\sqrt{2\Phi_F}.$$

Die *Flachbandspannungen*

$$\boxed{U_{FB/f,b} = \Phi_{MSf/b} - Q''_{if,b}/C''_{if,b}} \qquad (4.1.7b)$$

entsprechen der bisherigen Vereinbarung (Gl. (2.1.44)), nur sind sie auf die jeweilige Steuerseite zu beziehen.

Bein *Dünnfilm-SOI-MOSFET* hingegen reicht die Dicke des Si-Films nicht aus, um die Verarmungszonen bei beidseitiger Inversion "aufzufangen". Sie durchdringen sich vielmehr und der Film ist *total verarmt*. Man spricht auch von einem *fully-depleted type SOI-MOSFET*.

Dann dehnt sich die vordere Raumladungszone bis zu einer Tiefe $W_{Sf} < W_{Sm}$ aus und unmittelbar schließt die rückseitige mit einer Dicke $W_{Sb2} < W_{Sb1}$ an (Bild 4.10b,c). W_{Sb2} ist jedoch kleiner (bei sonst gleichen Spannungen U_{GS}, U_{BS}) als bei dickem Film, weil die Filmdicke zum vollständigen Aufbau nicht ausreicht. Im Gefolge

---
[2] Es wird hier eine Bandverbiegung $\psi_S = 2\Phi_F$ angesetzt, obwohl sie bei starker Inversion nach Gl. (2.1.34b) etwas über $2\Phi_F$ liegt.
[3] Index: f (Vorder-), b (Back-Gate)
[4] Substrat mit n$^+$-Source-Kontakt kurzgeschlossen.

- entsteht ein Potentialminimum in Film (kongruent zum Verlauf des Bändermodells)
- wirken Spannungsänderungen an der Rückseite auf das Potentialminimum und das Potential an der vorderen Grenzfläche zurück.

Beim Dünnfilm SOI-MOSFET sind damit vorder- und rückseitiger Steuerbereich über die Potential- und damit Ladungsverteilung miteinander verkoppelt!

Beim Volumen-MOSFET hing die bewegliche Kanalladung Q_I'' (s. z.B. Gl. (2.3.18)) linear von der Isolatorspannung und über den Substrateffekt nichtlinear von der Bulkspannung U_{SB} ab. Mit der maximalen Verarmungsbreite W_{Sm} Gl. (4.1.6) lassen sich somit Dick- und Dünnfilm-SOI-MOSFET voneinander abgrenzen:

Dickfilm-SOI-MOSFET:

$$d_s \gg 2W_{Sm}.$$

Bei beidseitig starker Inversion verbleibt ein neutraler Filmbereich.
Dünnfilm-SOI-MOSFET:

$$d_s \leq 2W_{Sm} \text{resp.} W_{Sf} + W_{Sb}.$$

Hier ist der Halbleiterfilm im Betriebsspannungsbereich (U_{GS}, U_{BS}, U_{DS}) grundsätzlich verarmt. Deshalb muß das Schwellspannungskonzept neu überdacht werden.

Der Dickfilm-SOI-MOSFET hat nach Gl. (4.1.7) vorder- und rückseitige Schwellspannungen, die unabhängig von der Filmdicke sind (Bild 4.11, Q_B = const.). Beim Dünnfilm-SOI-MOSFET ist die Schwellspannung nach Gl. (4.1.7) im Prinzip noch anwendbar, wenn die Bulkladung durch einen Term der Größenordnung $(0,3 \ldots 1)qN_A d_s$ ersetzt wird, jedoch abhängig von der Rückspannung. Tatsächlich fällt U_{TH} über der Filmdicke von diesem Punkt an linear über d_s (Bild 4.11), wenn sich beide Raumladungszonen berühren ($W_{Sf} < W_{Sm}$). Schaltungstechnisch ist die Abhängigkeit $U_{TH} = f(U_{BS})$ meist unerwünscht,

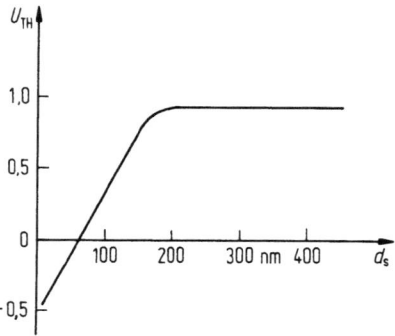

Bild 4.11. Schwellspannung U_{THn} eines n-Kanal-SOI-MOSFET über der Filmdicke d_s ($N_A = 10^{16}$ cm^{-3}, $d_i = 35$ nm)

andereseits können sehr dünne SOI-MOSFETs sehr gut über diesen Effekt untersucht werden.

Bei *sehr dünnem* Film und beiderseitigen Inversionskanälen kann es dann vorkommen, daß sich der Inversionsbereich über den gesamten Kanalquerschnitt erstreckt: *Volumeninversion* (Bild 4.10d). Dann verbessern sich einige Transistoreigenschaften, z.B. die Steilheit, deutlich.

Applikativ-technologisch hat der Dünnfilm-SOI-MOSFET die größere Bedeutung. Deshalb wird nur auf ihn näher eingegangen. Hinzu kommt, daß der Dickfilm-SOI-MOSFET in guter Näherung durch zwei parallel arbeitende Volumen-MOSFET (mit eingeschränktem Substrateffekt) interpretiert werden kann.

Betriebsmoden. Vom Kanalleitungstyp bezüglich der Source-Drainbereiche her gibt es grundsätzlich zwei Gruppen von SOI-MOSFETs (Bild 4.12). [4.74], [4.80], [3.89], [4.68]:

- Leitungstyp des Kanalsubstrats und der Source-Drain-Kontaktbereiche verschieden (Bild 4.12a), wie beim Standardvolumen-MOSFET,
- Leitungstyp von Kanalsubstrat und Kontaktbereichen übereinstimmend (Bild 4.12b), wie beim MOSFET mit kontrapolar implantiertem Kanal (Abschn. 2.3.3.4).

Im ersten Fall arbeitet der Transistor nach dem *Inversionsprinzip* der oberen, unteren oder beider Kanaloberflächen bzw. des ganzen Kanals (Volumeninversion). Je nach der Gestaltung der Übergänge Gateelektrode-Isolator-Si-Grenzfläche ist dann die Anreicherung (Enhancement) resp. Depletion-Mode-Steuerung möglich.

Im zweiten Fall liegt *Verarmungssteuerung* (→ Kanalquerschnittssteuerung) wie beim Sperrschicht-FET vor, auch kann die bereits erwähnte (Majoritäts-) Anreicherungssteuerung (Accumulation typ) bzw. Mischmoden zwischen beiden verwendet werden. Zur Kennlinienbestimmung muß in allen Fällen die bewegliche Kanalladung als Funktion der anliegenden Spannungen ermittelt werden,

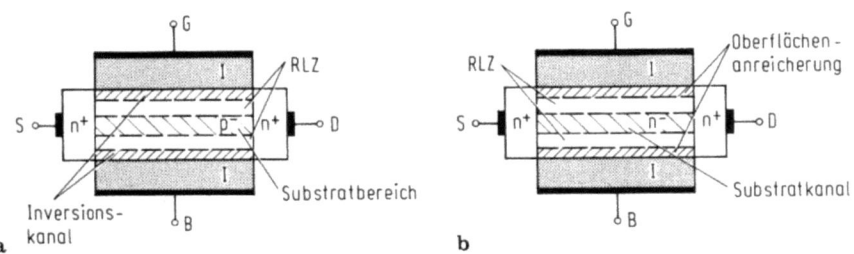

Bild 4.12a, b. Betriebsmoden des Dünnfilm-SOI-MOSFET. **a** Inversionsprinzip, **b** Verarmungssteuerung, hier mit Oberflächenanreicherung

wozu – wie im Abschn. 2.1 – ein entsprechendes MOSOM-Modell zugrunde zu legen ist.

MOSOM-Anordnung. Für die Bestimmung der beweglichen Kanalladung wird von einer 1d-MOSOM-Anordnung nach Bild 4.13a im thermodynamischen Zustand mit den Steuerspannungen $U_{Gf} \equiv U_{GS}$, $U_{Gb} \equiv U_{BS}$ ausgegangen (jeweils bezogen auf das Source-bzw. das Kanalsubstrat) [4.76], [4.68], [4.80].

Die größte applikative Bedeutung hat der voll verarmte Dünnfilm-SOI-MOSFET mit *Inversionssteuerung*. Dann ist der gesamte Filmquerschnitt im Ausgangszustand (bei Spannungen U_{GS}, U_{BS} jeweils unterhalb einer Schwellspannung) völlig verarmt und hat die Verarmungsladung (Bild 4.13b)

$$Q_B'' = -qN_A d_s. \tag{4.1.9}$$

Die zugehörigen Oberflächenpotentiale $\psi_S \equiv \psi_{Sf}$ resp. ψ_{Sb} an der vorderen und hinteren Grenzfläche liegen dabei *unterhalb* des (starken) Inversionswertes (Gl. (2.1.12))

$$\boxed{\psi_S < 2\Phi_F = U_T \ln N_A/n_i, \quad \text{(p-Halbleiter)}} \tag{4.1.10}$$

für $\psi_S \geqq 2\Phi_F$ setzt umgekehrt Oberflächeninversion ein. Faßt man Inversions- (Q_I'') und Verarmungsladung (Q_B'') jeweils in der Halbleiterladung (Q_{SC}'' (Gl. (2.1.15)) zusammen, so gilt für jede Steuerseite (Isolatorkapazitäten $C_{if}'' = \varepsilon_i/d_{if}$, $C_{ib}'' = \varepsilon_i/d_{ib}$, Filmkapazität $C_d'' = \varepsilon_S/d_s$)

$$\boxed{\begin{aligned} U_{GS} = U_{Gf} &= U_{FBf} + \psi_{Sf} - \frac{Q_{SC/f}''}{C_{if}''} = U_{FBf} + \psi_{Sf} \underbrace{- \frac{Q_B''}{C_{if}''} - \frac{Q_{If}''(\psi_S)}{C_{if}''}}_{U_{THf}} \\ &= U_{FBf} + \psi_{Sf} + \varepsilon_S E_{Sf}/C_{if}'' \\ U_{BS} = U_{Gb} &= U_{FBb} + \psi_{Sb} - \frac{Q_{SC/b}''}{C_{ib}''} = U_{FBb} + \psi_{Sb} \underbrace{- \frac{Q_B''}{C_{ib}''} - \frac{Q_{Ib}''(\psi_S)}{C_{ib}''}}_{U_{THb}} \\ &= U_{FBb} + \psi_{Sb} - \varepsilon_S E_{Sb}/C_{ib}'' \end{aligned}}$$

(4.1.11a)

(4.1.11b)

mit den entsprechend zugeordneten vorder- und rückseitigen Größen (U_{FBf}, ψ_{Sf} usw.) Grundsätzlich können die rechts unterstrichenen Terme für (starken) Inversionseinsatz ($\psi_f = 2\Phi_F$, $Q_I'' = 0$) als Schwellspannung U_{TH} verstanden werden (s. Gl. (2.1.72)). Verbreiteter ist hingegen die Verwendung der "Nettospannungen

$$U_{Gf}' = U_{GS} - U_{FBf}; \quad U_{Bb}' = U_{BS} - U_{FBb}. \tag{4.1.11c}$$

4.1 Der MOSFET in integrierten Schaltungen 347

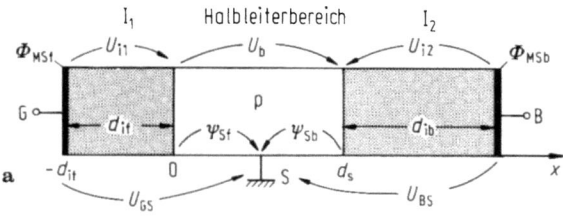

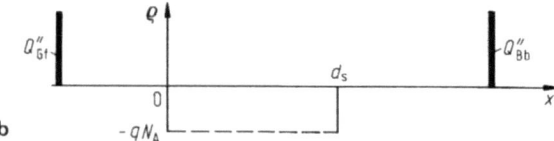

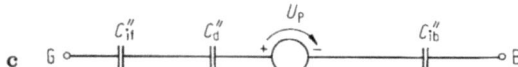

Bild 4.13a–c. Modell des Dünnfilm-SOI-MOSFET. **a** Gebietseinteilung, eindimensional, **b** Ladungsverteilung, Halbleiterbereich nicht invertiert, **c** Kapazitätsmodell

Solange der Halbleiterfilm beiderseits noch nicht invertiert ist ($\psi_{Sf}, \psi_{Sb} < 2\Phi_F$), ergibt stich die Potentialverteilung $\psi(x)$ im Kanalquerschnitt über die Verarmungsnäherung der Poissonschen Gleichung

$$\frac{d^2\psi}{dx^2} = q\frac{N_A}{\varepsilon_S} \tag{4.1.12}$$

zu $\psi(x) = ax^2 + bx + c$. \hfill (4.1.13)

Mit den Potentialrandwerten $\psi_{Sf} = \psi(0)$, $\psi_{Sb} = \psi(d_s)$ und den zugeordneten Verschiebungsflußdichten D_f, D_b

$$-\varepsilon_S \left.\frac{d\psi}{dx}\right|_0 = D_f, \quad -\varepsilon_S \left.\frac{d\psi}{dx}\right|_{d_s} = D_b \tag{4.1.14}$$

folgen daraus nach einigen Zwischenrechnungen

$$\boxed{\begin{aligned}\psi(x) &= U_P(x/d_s - 1)^2 - D_b/C_d''(x/d_s - 1) + \psi_{Sb} &(4.1.15a)\\ &= U_P(x/d_s)^2 - D_f/C_d''(x/d_s) + \psi_{Sf} &(4.1.15b)\\ &= U_P(x/d_s)^2 + [\psi_{Sb} - \psi_{Sf} - U_P](x/d_s) + \psi_{Sf}\end{aligned}}$$

sowie durch Differenzbildung

$$2(\psi_{Sf} - \psi_{Sb}) = \frac{(D_b + D_f)}{C_d''}. \tag{4.1.16}$$

Umgekehrt ergeben sich als Verschiebungsflußdichten (im Halbleiter!) an den

4 Bauformen des MOSFET

Filmgrenzen:

$$D_f = \frac{qN_A d_s}{2} + C_d''(\psi_{Sf} - \psi_{Sb}), \quad D_b = \frac{qN_A d_s}{2} + C_d''(\psi_{Sf} - \psi_{Sb}) \quad (4.1.17)$$

und aus der Differenz

$$D_f - D_b = 2C_d'' U_P \quad (3.1.18)$$

die *Filmabschnürspannung* U_P

$$\boxed{U_P = \frac{qN_A d_s^2}{2\varepsilon_s}.} \quad (4.1.19)$$

Der Zusammenhang mit den äußeren Spannungen wird über die Stetigkeitsbeziehungen der Verschiebungsflußdichten an den Halbleitergrenzen (Isolator: D_i, Halbleiter D_f, D_b) hergestellt:

$$\begin{aligned} x = 0: \quad & D_{if} = C_{if}''(U'_{Gf} - \psi_{Sf}) = D_f \\ x = d_s: \quad & D_{ib} = C_{ib}''(U'_{Bb} - \psi_{Sb}) = D_b. \end{aligned} \quad (4.20)$$

Man erhält so mit Gl. (4.1.17) als beiderseitige Bandverbiegungen abhängig von den äußeren Spannungen:

$$\boxed{\begin{aligned} \psi_{Sf} &= U'_{Bb} + U_P + F_1(U'_{Gf} - U'_{Bb} - U_P) = F_1 U'_{Gf} + (1 - F_1)U'_{Bb} + (1 - F_1)U_P \\ & \hspace{10cm} (4.1.21a) \\ \psi_{Sb} &= U'_{Bb} + F_2(U'_{Gf} - U'_{Bb} - U_P) = U'_{Bb}(1 - F_2) + F_2 U'_{Gf} - F_2 U_P. \\ & \hspace{10cm} (4.1.21b) \end{aligned}}$$

Dabei wurden die *Kapazitätsverhältnisse*

$$F_1 = \frac{C_{ib}''^{-1} + C_d''^{-1}}{C_{ib}''^{-1} + C_{if}''^{-1} + C_d''^{-1}} \quad F_2 = \frac{C_{ib}''^{-1}}{\div} \quad (4.1.22)$$

verwendet.

Zwischen den Steuerspannungen und den Bandverbiegungen ψ_{Sf}, ψ_{Sb} besteht beim SOI-MOSFET (im Verarmungsfall) ein linearer Zusammenhang (im Gegensatz zum Volumen-MOSFET)!

Die bisherigen Beziehungen lassen sich direkt durch das *3-Kondensatormodell* (Bild 4.13c) interpretieren. Dabei fällt über dem Film die Spannung U_P Gl. (4.1.19) ab (eingefügt als Ladespannung der Filmkapazität). Überschreitet einer (oder beide) der Randwerte ψ_{Sf}, ψ_{Sb} den Inversionseinsatzpunkt $2\Phi_F$ durch das äußere Feld und gilt damit z.B. vorderseitig $D_{if} > D_f$, so führt der Überschuß zum Aufbau der jeweiligen *Inversionsladung* an der betreffenden Halbleiteroberfläche. Das Oberflächenpotential bleibt dabei quasi auf $2\Phi_F$ "festgeklemmt" (es steigt in Wirklichkeit nur noch geringfügig über $2\Phi_F$ an).

4.1 Der MOSFET in integrierten Schaltungen

Diese (Elektronen-) Inversionsladung wird – dem *Flächenladungsmodell* (s. Abschn. 2.3.1) entsprechend – durch eine Diskontinuität der jeweiligen Verschiebungsflußdichten angesetzt:

$$-Q''_{If} = D_{if} - D_f, \quad -Q''_{Ib} = D_{ib} - D_b. \tag{4.1.23}$$

Mit Gl. (4.1.11), (4.1.17) und (4.1.20) folgen dann schließlich als *Steuerbeziehungen* [4.79], [4.76], [3.89]

$$U'_{Gf} = \left(1 + \frac{C''_d}{C''_{if}}\right)\psi_{Sf} - \frac{C''_d}{C''_{if}}\psi_{Sb} - \frac{(Q''_{If} + Q''_{B/2})}{C''_{if}} \tag{4.1.24a}$$

$$U'_{Bb} = -\frac{C''_d}{C''_{ib}}\psi_{Sf} + \left(1 + \frac{C''_d}{C''_{ib}}\right)\psi_{Sb} - \frac{(Q''_{Ib} + Q''_{B/2})}{C''_{ib}}. \tag{4.1.24b}$$

Die Gln. (4.1.24a,b) sind die allgemeinen Steuergleichungen, die zugleich die Ladungsverkopplung zwischen beiden Steuerstrecken bei totaler Kanalverarmung vermitteln.

Der jeweils eingestellte Oberflächenmodus liegt durch die Bandverbiegung ψ_{Sf}, ψ_{Sb} fest und ebenso Q''_B bei totaler Verarmung durch Gl. (2.4.9). Die äußeren (reduzierten) Spannungen U'_{Gf}, U'_{Bb} fixieren dann die beweglichen Kanalladungen $Q''_{If,b}$ nach Maßgabe der Oberflächenpotentiale als Ausgangsbeziehung der Kennlinienanalyse.

Verallgemeinerte Lösung. Die bisherige Lösung mit total verarmtem Filmbereich mag als Sonderfall erscheinen. Sie wirft deshalb die Frage nach einer Lösung für allgemeine Kanalladung auf. Dabei ist von den beiden (gemischten) Randbedingungen an den Grenzen des Halbleiterfilms [4.69], [4.71]

$$U'_{Gf} = \psi_{Sf} + \varepsilon_S E_{Sf}/C''_{if} \tag{4.1.25a}$$

$$U'_{Bb} = \psi_{Sb} - \varepsilon_S E_{Sb}/C''_{ib} \tag{4.1.25b}$$

auszugehen, die Gl. (4.1.11) entsprechen [4.69], [4.71]. E_{Sf} und E_{Sb} sind die Feldstärken an der Vorder-bzw. Rückseite im Halbleiter. Aus der Poisson-Gleichung

$$d^2\psi/dx^2 = -\rho(\psi)/\varepsilon_S \tag{4.1.26a}$$

bzw. ihrer umgeschriebenen Form

$$d(E^2)/dx = -2\rho(\psi)/\varepsilon_S \tag{4.1.26b}$$

folgt durch Integration zwischen $x = 0$ ($\to \psi_{Sf}, E_{Sf}$) und $x(\to \psi_S(x), E(\psi))$

$$E^2(\psi) - E^2_{Sf} = G^2(\psi) - G^2(\psi_{Sf}). \tag{4.1.27}$$

Das Integral

$$G^2(\varkappa) = -\int \frac{2\rho(\psi)d\psi}{\varepsilon_S}$$

350   4 Bauformen des MOSFET

führt dabei die Volumen- auf eine Oberflächenladung nach dem Gaußschen Satz (bzw. die entsprechende Flußdichte) zurück. Aus der Feldstärkendefinition $(E(x) = -d\psi/dx)$ mit $E(x)$ nach Gl. (4.1.27) ergibt sich durch Variablentrennung

$$x(\psi) = \int_{\psi_{sf}}^{\psi} \frac{-d\psi}{\sqrt{E_{Sf}^2 - G^2(\psi_{Sf}) + G^2(\psi)}} \qquad (4.1.28)$$

als Ort x der zum Potential $\psi(x)$ gehört. Speziell am Ort $\psi = \psi_{Sb}$ folgen dann aus Gl. (4.1.27,28) die *Ladungskopplungsbeziehung*

$$\boxed{E_{Sf}^2 - G^2(\psi_{Sf}) = E_{Sb}^2 - G^2(\psi_{Sb})} \qquad (4.1.29)$$

und der *Spannungsabfall* über der Filmdicke d_s

$$d_s = \int_{\psi_{sf}}^{\psi_{Sb}} \frac{-d\psi}{\sqrt{E_{Sf}^2 - G^2(\psi_{Sf}) + G^2(\psi)}}. \qquad (4.30)$$

Mit den Gln. (4.1.24a,b), (4.1.29), (4.1.20a,b) und (4.1.30) stehen vier Beziehungen zur Bestimmung von $\psi_{Sf}, \psi_{Sb}, E_{Sf}$ und E_{Sb} bei gegebenen äußeren Spannungen zur Verfügung, ohne daß eine genaue Kenntnis der Ortsabhängigkeit von $\psi(x)$, $E(x)$ erforderlich wäre, die aber über Gl. (4.1.27), (4.1.28) jederzeit bestimmt werden kann.

Die *Inversionsladung*, z.B. auf der Vorderseite, ergibt sich dann z.B. für den n-Kanal-MOSFET direkt aus

$$-Q_{If}'' = \int_0^{\psi_{sf}} \frac{(n(\psi) - n_0)}{E(\psi)} d\psi, \qquad (4.1.31)$$

wobei ψ_0 für den Inversionseinsatz zu definieren ist. Die eigentliche Schwierigkeit dieses Verfahrens liegt in der Lösung von Gln. (4.1.27), (4.1.28), weil die Raumladungsdichte $\rho(\psi)$ alle beweglichen und festen Ladungen enthält. Dies erfordert generelle Näherungen oder numerische Verfahren. Im Sonderfall der *totalen Verarmung* ($\rho = -qN_A$) wird daraus beispielsweise der Reihe nach

$$G^1(\psi) = 2qN_A/\varepsilon_S$$
$$E_{Sf}^2 - E_{Sb}^2 = 2qN_A/\varepsilon_S[\psi_{Sf} - \psi_{Sb}] = (E_{Sf} - E_{Sb})(E_{Sf} + E_{Sb}) \qquad (4.1.32a)$$

sowie

$$d_S = \int_{\psi_{sf}}^{\psi_{Sb}} \frac{-d\psi}{\sqrt{E_{Sf}^2 - 2qN_A/\varepsilon_S(\psi_{Sf} - \psi)}} = -\frac{\varepsilon_S}{qN_A}\{\sqrt{E_{Sb}^2} - \sqrt{E_{Sf}^2}\} \qquad (4.1.32a)$$

oder

$$\boxed{-qN_A d_s/\varepsilon_S = (E_{Sb} - E_{Sf}).} \qquad (4.1.32b)$$

Dies stimmt mit Gl. (4.1.18) überein und kann übrigens durch direkte Lösung der Poisson-Gleichung sofort bestätigt werden. Schließlich läßt sich Gl. (4.1.32) noch umformen in (s. Gl. (4.1.16))

$(E_{Sf} + E_{Sb})/2 = (\psi_{Sf} - \psi_{Sb})/d_s.$

Für die allgemeine (numerische) Lösung werden die Feldstärken E_{Sf}, E_{Sb} in Gl. (4.1.29), (4.1.30) zweckmäßig durch Gl. (4.1.25) eliminiert. Dann folgen bei totaler Kanalverarmung leicht die Steuerbeziehungen Gl. (4.1.24) (für $Q''_{If,b} = 0$, da keine Randinversion vorliegt).

Steuermoden. Der Transistor kann über die beiden Steuergates grundsätzlich in

- *Doppelsteuerung* mit der Signalspannung an beiden Gates
- oder *Einfachsteuerung* mit einer Signalspannung (durchweg am Frontgate) und einer Hilfseinstellung (Zusatzspannung, Kurzschluß) am Rückgate betrieben werden. Dann wird die Auswirkung der Hilfseinstellung zweckmäßig in einer (abgeänderten) *Schwellspannung* des Vordergates erfaßt. Dabei genügt es, typische Zustände zwischen Anreicherung bis Inversion herauszugreifen. Dieser Fall entspricht der Mehrzahl aller Anwendungsfälle.

Auf diese Weise kann auch der Filmdickeneinfluß auf die Schwellspannung bestimmt werden.

Schwellspannung. Beim voll verarmten Dünnfilm-SOI-MOSFET (mit $Q''_B = -qN_Ad_s$) ergibt sich die Schwellspannung nach der bisherigen "Volumenfestlegung" Gl. (2.1.70) als diejenige Gatespannung, bei der die Bandverbiegung $\psi_{Sf} = 2\Phi_F$ ($\Phi_F = U_T \ln N_A/n_i$) eintritt und die Inversionsladung Q''_I gerade noch verschwindet. Dann führt die Steuerbeziehung Gl. (4.1.24a)

- bei *Rückseitenanreicherung* ($\psi_{Sb} = 0$, $\psi_{Sf} = 2\Phi_F$) auf die *Anreicherungsschwellspannung*

$$\boxed{U_{THf|Anr} = U_{FBf} + (1 + C''_d/C''_{if})2\Phi_F - Q''_B/2C''_{ib}.} \quad (4.1.33a)$$

Dies erfordert nach Gl. (4.1.24b) eine Substratspannung

$$U_{BS|Anr} \leqq U_{FBb} - C''_d/C''_{ib} \cdot 2\Phi_F - Q''_B/2C''_{ib} \quad (4.1.33b)$$

- bei *Rückseiteninversion* ($\psi_{Sb} = 2\Phi_F, \psi_{Sf} = 2\Phi_F$) auf die *Inversionsschwellspannung*

$$U_{THf|Inv} = U_{FBf} + 2\Phi_F - Q''_B/2C''_{if} \quad (4.1.34a)$$

mit der Substratspannung

$$\boxed{U_{BS|Inv} \geqq U_{FBb} + 2\Phi_F - Q''_B/2C''_{ib} = U_{THb|Inv}.} \quad (4.1.34b)$$

Somit muß rückseitig ebenfalls die zugehörige Schwellspannung U_{THb} überwunden werden. Von der Volumenschwellspannung Gl. (2.1.70) bzw. Gl. (4.1.7ff.) unterscheiden sich beide Werte durch den festen Substratladungsanteil.

Man erkennt gegenüber Gl. (4.1.33a) eine Schwellspannungsabnahme.
- bei *Rückseitenverarmung* variiert ψ_{Sb} im Bereich $0 < \psi_{Sb} < 2\Phi_F$ abhängig von der Rückspannung $U_{BS}(U_{BS|Anr} \leq U_{BS|Inv})$. Innerhalb dieses Bereiches folgt aus Gl. (4.1.24a, b) durch Eliminieren von ψ_{Sb}:

$$U_{THf|D} \approx U_{THf|Anr} - \frac{C_{ib}'' C_d''}{C_{if}''(C_d'' + C_{ib}'')}(U_{BS} - U_{BS|Anr}) \qquad (4.1.35a)$$

$$(U_{BS} > U_{BS|Anr})$$

Verarmung, Inversion

$$\approx U_{THf|Anr} \qquad (U_{BS} \leq U_{BS|Anr}) \qquad (4.1.35b)$$

Anreicherung

mit $U_{THf|A}$ nach Gl. (4.1.33a).

Es ergibt sich eine lineare Abhahme der Schwellspannung bei Änderung der Rückgatespannung zwischen Anreicherung und Inversion. Die Schwellspannungsänderung bezogen auf die Substratspannungsänderung

$$\frac{\Delta U_{TH}}{\Delta U_{BS}} = \frac{U_{THf|A} - U_{THf|Inv}}{U_{BS|A} - U_{BS|Inv}} = -\frac{1/C_{if}''}{1/C_d'' + 1/C_{ib}''} \qquad (4.1.36)$$

hängt nur von den drei Kapazitäten des Modells (Bild 4.13) ab!

Hinsichtlich des *Filmdickeneinflusses* folgt:

- Bei *dickem Film* ($d_s > 2W_{Sm}$) ist der Kanalquerschnitt nie völlig verarmt, weshalb jede Steuerseite ihre Schwellspannung hat. Beispielsweise beträgt die der Vorderseite (Gl. (4.1.7))

$$U_{THf} = U_{FBf} + 2\Phi_F + qN_A W_{Sm}/C_{if}''. \qquad (4.1.37)$$

Sie hängt nicht von der Filmdicke ab.

- Bei *dünnem Film* (speziell $d_s < W_{Sm}$) mit völlig verarmtem Filmquerschnitt (unabhängig von U_{BS}) bestimmt der Oberflächenmodus der Rückseite die Schwellspannung. Sie ergibt sich beispielsweise für Anreicherung Gl. (4.1.33a) mit $Q_B'' = -qN_A d_s$. Dabei fällt über den Kanalquerschnitt die Abschnürspannung

$$\boxed{U_P = \frac{qN_A d_s^2}{2\varepsilon_S} \leq \frac{qN_A W_{Sm}^2}{2\varepsilon_S} \equiv 2\Phi_F} \qquad (2.1.5)$$

ab. Solange als Dicken- und damit Kapazitätsverhältnis $C_d'' \ll C_{if}''$ gilt, sinkt deshalb die Schwellspannung über der Filmdicke d_s (s. Bild 4.11). Bei Rückseiteninversion gilt dies nach Gl. (4.1.34a) immer, ansonsten ergibt sich nach Gl. (4.1.6) für

$$\boxed{d_s = W_{Sm}}$$

4.1 Der MOSFET in integrierten Schaltungen   353

eine *minimale Schwellspannung*

$$U_{THf|A\,min} = U_{FBf} + 2\Phi_F + 1/C''_{if}\sqrt{4\Phi_F\varepsilon_s q N_A}. \qquad (4.1.38)$$

Da üblicherweise $d_i \ll d_s$ gilt, wird experimentell meist nur der Anstiegsbereich der Schwellspannung über der Filmdicke bestätigt.

Im *Zwischenbereich* $W_{Sm} \leq d_s - 3W_{Sm}$ bestimmt die Rückspannung U_{BS}, ob der Film ganz oder nur teilweise verarmt ist. Dafür lassen sich entsprechende Kriterien herleiten.

4.1.3.2 Kennlinien

Die Kennlinengleichung des SOI-MOSFET wird – genau wie die des Volumen-MOSFET – über die bewegliche Kanalladung $Q''_I(y)$ Gl. (4.1.24) bestimmt, wobei der Drainstrom aus Feld- und Diffusionsanteil (im Bereich schwacher Inversion) bestehen kann. Im Unterschied zum Volumen-MOSFET [4.76], [4.74], [4.80], [4.77]

– können sich jedoch Kanäle an der Filmvorder- und -rückseite bilden, so daß der Drainstrom aus den zugehörigen Komponenten I_{Df}, I_{Db} nach Maßgabe der Flächenladungen Q''_{If}, Q''_{Ib} zu bilden ist. Dabei gehen die jeweiligen Steuermoden entscheidend ein;
– sind die Kanalabschnürbedingung komplizierter,
– stößt schließlich das Flächenladungsmodell an seine Grenzen, wenn z.B. Volumeninversion herrscht.

Aus der Vielzahl möglicher Fälle werden deshalb nur einige typische Situationen herausgegriffen [4.74]. Bei starker Inversion überwiegt dabei – wie beim Volumen-MOSFET – der Driftstrom (s. Gl. (2.3.4))

$$I_{Df,b} = \frac{\mu_n b}{L} \int_{\psi_{S0}}^{\psi_{SL}} (-Q''_{If,b}) d\psi_s(y). \qquad (4.1.39)$$

Die beweglichen Ladungen ergeben sich aus Gl. (4.1.24a,b) zu (bei völlig verarmtem Filmbereich)

$$-Q''_{If}(y) = -C''_{if}\left[U'_{Gf} - \left(1 + \frac{C''_d}{C''_{if}}\right)\psi_{sf}(y) + \frac{C''_d}{C''_{if}}\psi_{sb}(y) + \frac{Q''_B}{2C''_{if}}\right] \qquad (4.1.40a)$$

$$-Q''_{Ib}(y) = -C''_{ib}\left[U'_{Bb} + \frac{C''_d}{C''_{ib}}\psi_{sb}(y) - \left(1 + \frac{C''_d}{C''_{ib}}\right)\psi_{sb}(y) + \frac{Q''_B}{2C''_{bf}}\right]. \qquad (4.1.40b)$$

Dabei hängt jetzt das Oberflächenpotential $\psi_s \equiv \psi_s(y)$ jeweils vom Kanalpunkt ab. Bei nicht völlig verarmten Film ($d_s > W_{Sm}$) oder auch bei dickem Film ($d_s \gg d_{if}$, $C''_d \ll C''_{if}$) geht aus Gl. (4.1.40a) die Lösung des Volumen-MOSFET hervor [4.81], [4.73]

$$-Q''_{If} = C''_{if}\left[U'_{Gf} - \psi_{sf}(y) - \frac{1}{C''_{if}}(2q\varepsilon_s N_A \psi_{sf}(y))^{1/2}\right], \qquad (4.1.41)$$

354   4 Bauformen des MOSFET

sofern längs des gesamten Kanals Inversion herrscht.

Grundsätzlich läßt sich aus Gl. (4.1.40a, b) eine (vorderseitige) Schwellspannung U_{THf} herleiten, bei der Q''_{If} und Q''_{Ib} für $\psi_{Sf} = 2\Phi_F$ verschwinden, was aber nicht weiter verfolgt werden soll. Dann gelingt es, anstelle von Gl. (4.1.40) eine Steuerbeziehung

$$-Q''_{If}(y) = f(U_{GS}, U_{BS}, \psi_S(y), Q''_{Ib}) \qquad (4.1.42)$$

zu erhalten und über Gl. (4.1.39) die Kennliniengleichung anzugeben. Dabei ist es wegen des linearen Zusammenhanges von Q''_{If} und ψ_{Sf} Gl. (4.1.40) zweckmäßig, von ψ_{Sy} auf die Variable Q''_{If} überzugehen und eine Hilfsgröße $C''*$ in Gl. (4.1.40a) zu definieren:

$$\frac{dQ''_{If}}{d_{Sf}} \equiv (C''_{if} + C''*) = C''_{if}(1+\alpha); \quad \alpha = \frac{C''*}{C''_{if}}. \qquad (4.1.43)$$

Die Größe $C''*$ ist durch den jeweils eingestellten Zustand der Rückseite bestimmt:

– *Anreicherung* ($\psi_{Sb} = 0$) mit

$$C''* = C''_d \qquad (4.1.44a)$$

nach Gl. (4.1.40).

– *Verarmung*. Da sich $\psi_{Sb}(y)$ lokal ändert, führt die Eliminierung in Gl. (4.1.40) auf

$$C''* = \frac{C''_{Ib} C''_d}{C''_{ib} + C''_d}. \qquad (4.1.44b)$$

– *Inversion*. In diesem Falle gilt schließlich $\psi_{Sb} = 2\Phi_F$ mit

$$C''* \approx 0. \qquad (4.1.44c)$$

Die Verteilung von Inversionsladung $Q''_{If}(y)$ längs des Kanals ergibt sich – wie beim Volumen-MOSFET (Gl. (2.3.8)) – über der Drainstrombeziehung Gl. (4.1.39)

$$I(y) = -b\mu_n Q''_{If}(y)\frac{d\psi_{Sf}(y)}{dy} = -\frac{b\mu_n}{C''_{iF} + C''*} Q''_{If}\frac{dQ''_{if}}{dy} \qquad (4.1.45)$$

zunächst in der Form

$$yI(y) = \frac{-b\mu_n}{2(C''_{if} + C''*)}[Q''^2_{If}(y) - Q''^2_{If}(0)],$$

woraus durch die Stromkontinuität $I(y) = I_D$ die Ortsabhängigkeit der Inversionsladung resultiert:

$$Q''_{If}(y) = Q''_{If}(0)\left[1 - \frac{y}{1} + \frac{y}{L}\left(\frac{Q''_{If}(L)}{Q''_{If}(0)}\right)^2\right]^{1/2}. \qquad (4.1.46)$$

4.1 Der MOSFET in integrierten Schaltungen

Das Oberflächenpotential beträgt dann nach Gl. (4.1.43)

$$\psi_{Sf}(y) = \psi_{Sf}(0) + \frac{Q''_{If}(y) - Q''_{If}(0)}{C''_{if} + C''^{*}}. \tag{4.1.47}$$

Der Randwert $Q''_{If}(0)$ hängt direkt von der Gate- und Schwellspannung ab:

$$Q''_{If}(0) = -C''_{if}(U_{GS} - U_{THf}) \tag{4.1.48}$$

mit der Maßgabe, daß die Schwellspannung U_{THf} vom rückwärtigen Betriebszustand bestimmt wird ($U_{THf|Anr}$, $U_{THf|Depl}$ usw.).
Die Drainstromkennlinie folgt aus Gl. (4.1.45)

$$I_D \equiv I_{Df} = b\mu_n/LC''_{if}[(U_{GS} - U_{THf})U_{DS} - (1+\alpha)U_{DS}^2/2] \tag{4.1.49}$$

bei nur vorderseitig leitendem Kanal, d.h. nur Anreicherungs- oder Verarmungsbetrieb der Rückseite.

Die Kennlinie des Dünnfilm-SOI-MOSFET und Volumen-MOSFET ist identisch, wobei der Filmdicken- und Steuermodus der Rückseite (Faktor α) hier formal den (linearisierten) Substrateffekt (Faktor δ, Gl. (2.3.19) ff.) im Volumen-MOSFET ersetzt.

Zur Kennliniengleichung (4.1.49) gehören
- die *Sättigungsspannung*

$$U_{DSP} = \frac{U_{GS} - U_{THf}}{1+\alpha} \tag{4.1.50a}$$

- und der *Sättigungsstrom*

$$I_{DS} = \frac{b\mu_n C''_{if}}{2L(1+\alpha)}(U_{GS} - U_{THf})^2. \tag{4.1.50b}$$

Ist zusätzlich die Filmrückseite invertiert, so fließt im zugehörigen Inversionskanal der Strombeitrag I_{Db}, und der gesamte Drainstrom lautet $I_D = I_{Df} + I_{Db}$ mit

$$I_{Df/b} = b/L\mu_n C''_{if/b}[(U_{GS/BS} - U_{THf/b|Inv})U_{DS} - U_{DS}^2/2] \tag{4.1.51}$$

und den Schwellspannungen (Gl. (4.1.34a))

$$U_{THf/b|Inv} = 2\Phi_F - \frac{Q''_B}{2C''_{if/b}}.$$

Jetzt verhält sich die Anordnung wie zwei parallel arbeitende Volumen-MOSFETs (ohne Substrateffekt) mit den jeweiligen Gatekapazitäten, Schwell- und Steuerspannungen.

Der Drainstrom kann dann z.B. der Form

$$\boxed{I_D \equiv \frac{b\mu_n}{L}C''_{if}\left[(U_{GS} - U^*_{TH})U_{DS} - \left(1 + \frac{C''_{ib}}{C''_{if}}\right)\cdot\frac{U_{DS}^2}{2}\right]} \tag{4.1.52}$$

zusammengefaßt werden mit der Schwellspannung

$$U_{TH}^* = U_{THf} + \frac{C_{ib}''}{C_{if}''} U_{THb} - \frac{C_b''}{C_{if}''} U_{BS}. \qquad (4.1.53)$$

Zusammenfassend arbeitet der Dünnfilm-SOI-MOSFET im Grundsatz wie der normale MOSFET, dennoch gibt es komplexere Steuermöglichkeiten. Dabei darf nicht übersehen werden, daß zahlreiche Probleme noch nicht befriedigend modelliert sind.

4.2 Speicherfeldeffekttransistoren

In der digitalen Schaltungstechnik hat die Signalspeicherung grundlegende Bedeutung. Sie benötigt *Speicherelemente*, die in der Lage sind, einen elektrischen Zustand kurz- oder langfristig zu erhalten. Speicherelemente lassen sich realisieren durch

– Schaltungen mit *Zustandsspeicherung*, wie sie z.B. im Flipflop vorliegt,
– spezielle *Speicherbauelemente*. Dabei ist weniger an die klassichen Energiespeicher (Kondensator, Induktivität) gedacht, als vielmehr an elektronische Bauelemente mit *extrem langer* Speicherzeit. Zu dieser Gruppe zählen die *Speicherfeldeffekttransistoren* als Grundlage der heute bedeutsamen *programmierbaren Festwertspeicher* (ROM, Read only-memory). Sie lassen sich – je nach Programmierungszeit und Wiederholbarkeit – weiter unterteilen in (Tafel 4.4):
 – *PROM* (programmable ROM mit elektrischer Programmierung durch den Anwender, nicht löschbar),
 – *EPROM* (erasable (löschbare) PROM: Speicher löschbar und neu programmierbar),
 – *EAROM* (electrically alterable (elektrisch änderbare) ROM) oder EEPROM (elektrisch zellenweise oder gesamt löschbarer PROM).

Insbesondere die beiden letzten Gruppen haben als integrierte Schaltungen große Bedeutung erlangt, denn die können nicht durch Strahlung (UV-, Röntgen) zur Gänze, sondern vor allem elektrisch zeilen- oder zellenweise gelöscht werden.

MOS-Speicherfeldeffekttransistoren haben eine Schwellspannung, die auf zwei Werte einstellbar (programmierbar) ist. Das gemeinsame Wirkprinzip ist eine im Gateisolator lokalisierte, von außen beeinflußbare Ladungsspeicherung. Es kommt in drei typischen Formen zur Anwendung:

– Einbau einer *Isolator-Doppelschicht* (durchweg Si_3N_4-SiO_2), an deren Grenzfläche Trapzentren die Ladungsspeicherung besorgen: *MNOS-FET*,
– Einbau einer halbleitenden, allseitig isolierten Schicht (schwebende Elektrode, Floating Gate), die durch Lawineninjektion mit Ladungsträgern beladen werden kann: *FAMOS-SAMOS-Transistor*.

4.2 Speicherfeldeffekttransistoren 357

Tafel 4.4. Halbleiter-Festwertspeicher

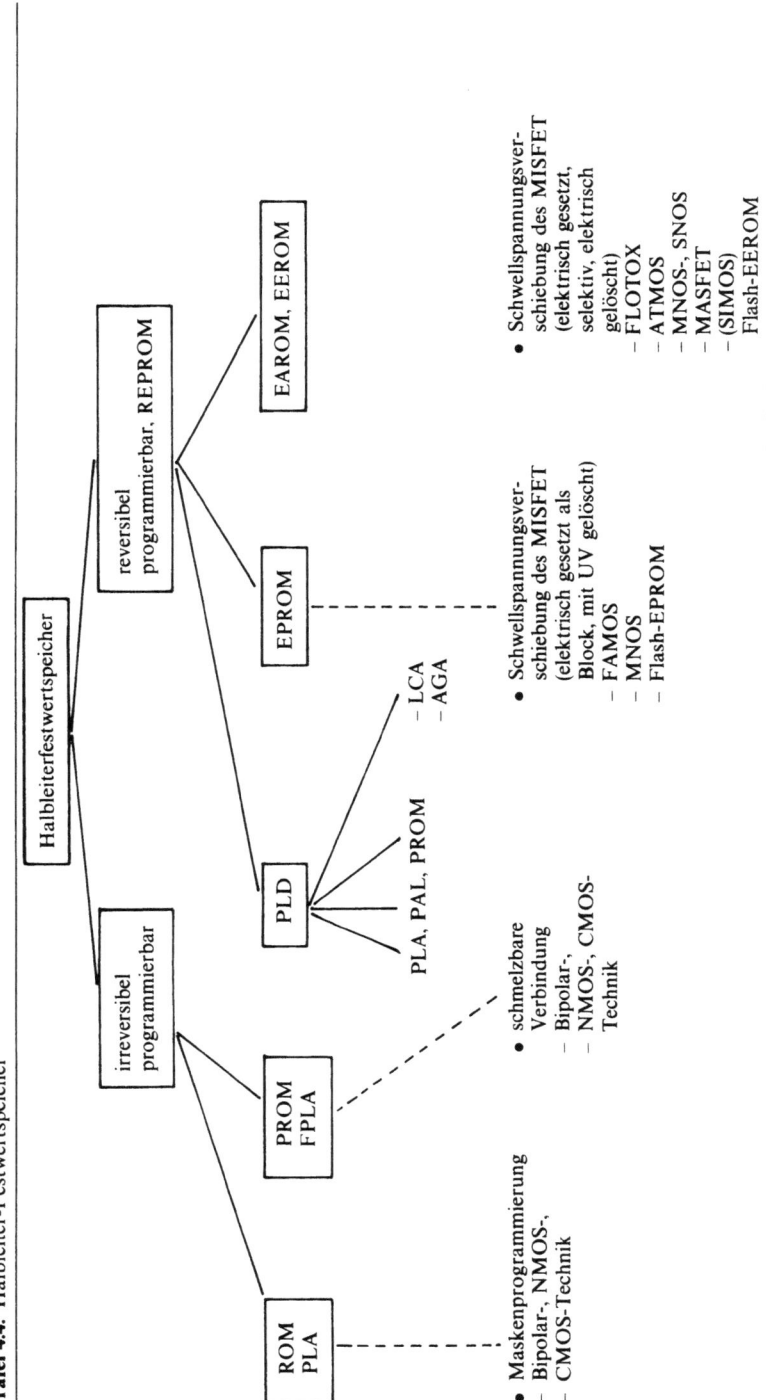

4.2.1 MNOSFET

Prinzip. Bei diesem – gelegentlich auch als MIOS (Metal-Insulator-SiO$_2$-Si)-FET, verbreitet aber als MNOS (Metal-Si$_3$O$_4$–SiO$_2$–Si)-FET bezeichneten Transistor wird eine Doppelisolatorschicht bestehend aus einer dünnen ($d_{ox} \leq$ 5 nm) SiO$_2$-Schicht direkt auf dem Si-Substrat und einer dicken Si$_3$N$_4$-Schicht ($d \approx 50\ldots100$ nm) darüber als Gateisolator verwendet. (Bild 4.14). Die Ladungsspeicherung erfolgt in Trapzuständen (vom Donatortyp) in der Grenzfläche zwischen beiden Isolatoren und zum Teil auch im Si$_3$N$_4$. Die Zustände sind positiv geladen, falls sie nicht mit Elektronen besetzt sind.

Bild 4.15 zeigt die prinzipiellen Vorgänge beim Schreiben und Löschen des Transistors mit der Schwellspannung U_{THO} im Ausgangszustand. Wird für kurze Zeit (Bruchteil von Sekunden) eine hohe positive Gatespannung (>10 V) angelegt, so reicht die Isolatorfeldstärke – besonders im SiO$_2$ – zum Tunnelstrom aus, es fließen Elektronen aus dem Kanal zu den Donatorzuständen und werden dort getrappt. Die gespeicherte Ladung $Q_E (<0)$ verschiebt die Schwellspannung zu einem höheren Wert U_{TH1}: *Einschreiben der Information*. Es gilt

$$U_{TH1} - U_{THO} = -\Delta Q_E'' / C_i''. \tag{4.2.1}$$

Bei Erniedrigung der Gatespannung bleibt die höhere Schwellspannung erhalten. Zum *Lesen* der Information wird der Transistor mit kleinerer Gatespannung zwischen U_{THO} und U_{TH1} betrieben. Die Information (0 oder 1) besteht dann darin, ob in dieser Situation Drainstrom fließt oder nicht.

Zum *Löschen* genügt eine hohe negative Spannung am Gate: Elektronen fließen aus den Donatorzuständen als Tunnelstrom durch das SiO$_2$ wieder zurück. So ist eine elektrische Lösung möglich.

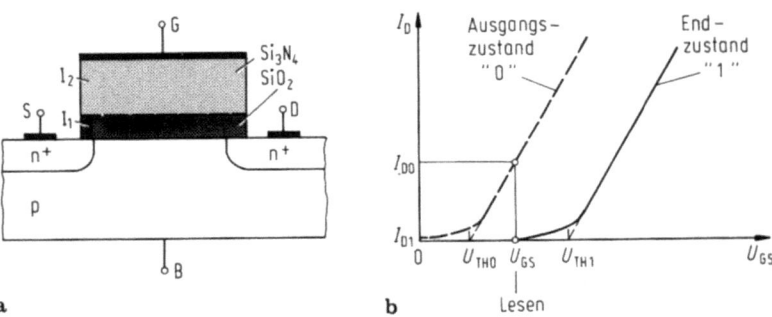

Bild 4.14a, b. MNOSFET. **a** Aufbau, **b** Transferkennlinie

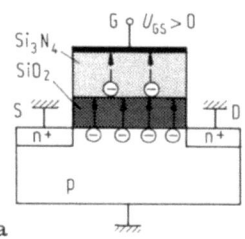
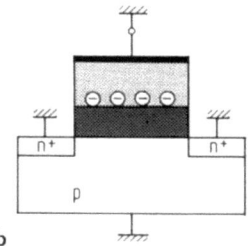

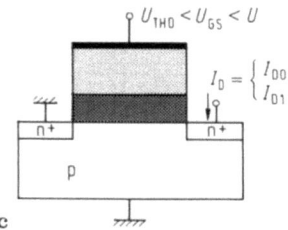
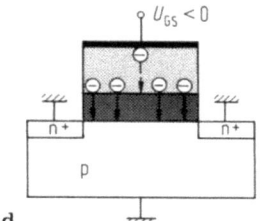

Bild 4.15a–d. Schreib-, Lese- und Löschvorgang beim n-Kanal-MNOSFET. **a** Schreiben: Elektroneninjektion vom Kanal zur SiO_2-Si_3N_4-Grenzfläche, **b** Speichern der Elektronenladung an der Grenzfläche (Schwellspannung U_{TH1}), **c** Lesen des MNOSFET durch eine Spannung $U_{TH0} < U_{GS} < U_{TH1}$ (vgl. Bild 4.16b). Es fließt der Strom I_{D0} oder I_{D1}, **d** Löschen. Elektronenrückfluß von der SiO_2-Si_3N_4-Grenzfläche zum Kanal

Für den Speichermechanismus sind somit erforderlich:

- Haftstellen in sehr kurzer Zeit bei nicht zu hohen Spannungen umladbar,
- Langzeitstabilität des Speicherzustandes ($> 10^6$ Stunden),
- ausreichender Abstand der beiden Schwellspannungen, um sicheres Lesen zu ermöglichen.

Sorgfältige Studien ergaben, daß diese Forderungen nur mit einer dünnen SiO_2-Schicht ($d_{ox} < 50$ Å) erfüllt werden können. Für die Beladung der Haftstellen kommen grundsätzlich mehrere Mechanismen in Frage, von denen die wichtigsten sind (Bild 4.16) [4.82], [4.83], [4.100], [4.101]:

a) direktes Tunneln zwischen den Si-Bändern und den Haftstellen,
b) Fowler-Nordheim-Tunnelung zwischen dem Si-Leitband und dem Leitband des Si_3N_4,
c) wie b), jedoch zu tiefer im Volumen des Si_3N_4 liegenden Haftstellen.

Zum Verständnis des MNOSFET muß zunächst der Einfluß der Gateladungen auf die Schwellspannung diskutiert werden. Gegenüber dem bisherigen Modell kommen hinzu (Bild 4.17)

360   4 Bauformen des MOSFET

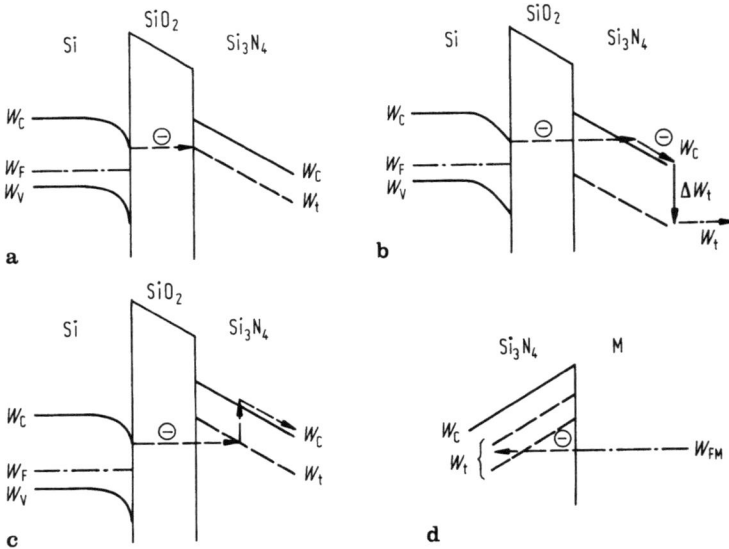

Bild 4.16a–d. Elektronenemissionsmechanismen im MNOSFET. **a** direktes Tunneln von Elektronen vom Si-Leitband zu Grenzflächenzuständen an der SiO_2/Si_3N_4-Grenzfläche, **b** Fowler-Nordheim-Tunnelung vom Si-Leitband zum Si_3N_4-Leitband, **c** Fowler-Nordheim-Tunnelung vom Si-Leitband zu Volumentrapzuständen im Si_3N_4, **d** Elektronentunnelung aus dem Gatemetall in Volumentrapzustände im Si_3N_4

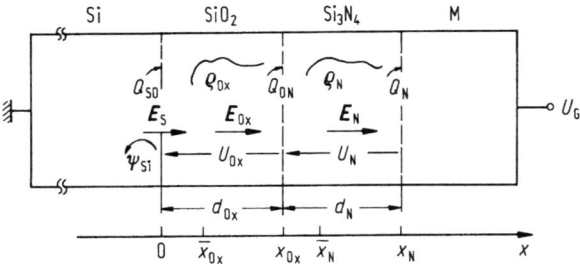

Bild 4.17. MNOS-Struktur (Größen zur Bestimmung der Flachbandspannung)

- Volumenladungsverteilungen ρ_{ox}, ρ_N in den Isolatoren,
- Grenzflächenladungen $Q''_{ON}(SiO_2–Si_3N_4)$, Q''_{SO} (Si–SiO_2), $Q''_{NM}(Si_3N_4$-Gate), letztere gleich Null gesetzt.

Am einfachsten ist es, diese Volumenladungsverteilungen den Flächenladungen Q''_{ox}, Q''_N zuzuordnen, indem man sie als Zusatzflächenladungen an den Stellen

$$\bar{x}_{ox} = \frac{1}{Q''_{ox}} \cdot \int_0^{x_{ox}} x\rho_{ox}dx, \quad \bar{x}_N = \frac{1}{Q''_N} \cdot \int_{x_{ox}}^{x_N} x\rho_N dx \qquad (4.2.2)$$

ansetzt. Dazu gehören die Flächenladungen

$$Q''_{ox} = \int_0^{x_{ox}} \rho_{ox}\,dx, \quad Q''_N = \int_{x_{ox}}^{x_N} \rho_N\,dx. \tag{4.2.3a}$$

Dann ergibt sich als *Flachbandspannung*

$$U_{FB} = \Phi_{MS} - Q''_{ox}\left[\frac{x_{ox} - \bar{x}_{ox}}{\varepsilon_{ox}} + \frac{d_N}{\varepsilon_N}\right] - Q''_N\left(\frac{x_N - \bar{x}_N}{\varepsilon_N}\right)$$

$$- Q''_{So}\left(\frac{d_{ox}}{\varepsilon_{ox}} + \frac{d_N}{\varepsilon_N}\right) - Q''_{ON}\frac{d_N}{\varepsilon_N}. \tag{4.2.3b}$$

Sie hängt von den Ladungsverteilungen in den Isolatoren (Q''_{ox}, Q''_N) und den Grenzflächenladungen ab. Über die Gatespannung lassen sich nun insbesondere die Anteile prop. zu Q''_N (herrührend aus dem Si_3N_4-Isolator) und Q''_{ON} (herrührend von den SiO_2-Si_3N_4-Grenzflächen) beeinflussen. Deshalb faßt man die spannungsunabhängigen Teile besser in U'_{FB} zusammen:

$$U_{FB} = U'_{FB} - Q''_N\left(\frac{x_N - \bar{x}_N}{\varepsilon_N}\right) - Q''_{ON}\frac{d_N}{\varepsilon_N}. \tag{4.2.4}$$

Die Ladungsänderungen $\Delta Q''_{ON}$ nur an der SiO_2-Si_3N_4-Grenzfläche ändert dann die Flachbandspannung um

$$\Delta U_{FB} = -\Delta Q_{ON}\frac{d_N}{\varepsilon_N} \equiv \Delta U_{TH} \tag{4.2.5}$$

und in gleichem Maße die Schwellspannung.

Grundbeziehungen des Ladungsaustausches. Die Grundbeziehungen des Ladungsaustausches gehen von einer Stromdichte $S_{ox}(x,t)$ im Oxid und einer

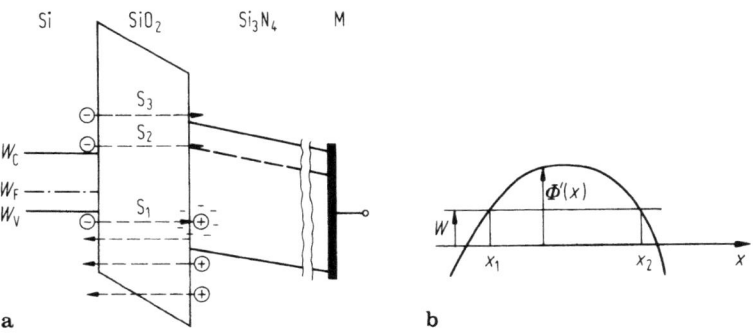

Bld 4.18a, b. Tunnelvorgänge in der MNOS-Struktur. **a** Stromkomponenten, **b** Modell für die Tunnelwahrscheinlichkeit

362 4 Bauformen des MOSFET

Stromdichte $S_N(x,t)$ im Nitrid aus. Letztere steht in direktem Zusammenhang mit der zeitlichen Änderung der Raumladung (Trapumladung im Si_3N_4)

$$\frac{\partial S_N(x,t)}{\partial x} = -\frac{\partial \rho_N(x,t)}{\partial t}. \tag{4.2.6}$$

Dazu kommt die Bilanzgleichung beiderseits der SiO_2-Si_3N_4-Grenzfläche

$$S_{ox}(x_{ox},t) - S_N(x_{ox},t) = \frac{dQ''_{ON}(t)}{dt}. \tag{4.2.7}$$

Physikalisch dominiert der Tunnelstrom durch den dünnen SiO_2-Film. Seine wichtigsgen Anteile sind (Bild 4.18) der Strom (S_3) zwischen dem Si- und Si_3N_4-Leitband sowie der Strom zwischen Si-Leitband und Trapzentren an der SiO_2-Si_3N_4-Grenzfläche (S_1) und räumlich verteilten Trapzentrum (S_2). Grundsätzlich hängen diese Tunnelstromkomponenten von der *Tunnelwahrscheinlichkeit* ab

$$P = \exp\left[\frac{-2\sqrt{m^*}}{h}\int_{x_1}^{x_2}(\Phi'(x) - W)^{1/2}\cdot dx\right]. \tag{4.2.8}$$

Stromkomponenten, bedingt durch heiße Elektronen im Silizium, werden nicht betrachtet.

Im Si_3N_4 fließt bei Raumtemperatur und hohem Feld hauptsächlich Strom durch feldunterstützte thermisch angeregte Emission aus Trapzentren (Pool-Frenkel-Effekt) (s. Bild 4.16b)

$$S_N = C_1 E_N \exp\left[\frac{1}{kT}\sqrt{\frac{q^3 E_N}{\pi \varepsilon_N^*}} - \frac{\Delta W_t}{kT}\right]. \tag{4.2.9}$$

Dabei sind ΔW_t der energetische Abstand der Traps von der Leitbandkante und E_N die Feldstärke im Si_3N_4. Andere Komponenten (z.B. Hoppingprozesse, Feldemission) können bei normalen Betriebsbedingungen meist vernachlässigt werden [4.85].

Zur Herleitung des Zeitverlaufes der Flachband-bzw. Schwellspannung beim Schreiben oder Löschen benötigt man (neben den Ausgangsbeziehungen Gln. (4.2.5) und (4.2.7))

- den *Anfangswert* $Q''_{ON}(0)$ der Zwischenschichtladung (resp. die zugehörige Gatespannung U'_G)

$$U'_G = -\frac{Q''_{ON}(t)}{C''_N} - \varepsilon_{ox} E_{ox}\left(\frac{d_{ox}}{\varepsilon_{ox}} + \frac{d_N}{\varepsilon_N}\right) = -\frac{Q''_{ON}(0)}{C''_N} + \Delta U_{FB} - \frac{\varepsilon_{ox} E_{ox}}{C''_e} \tag{4.2.10}$$

resp.

$$U'_G = -\frac{Q''_{ON}(t)}{C''_N} - \varepsilon_N E_N\left(\frac{d_{ox}}{\varepsilon_{ox}} + \frac{d_N}{\varepsilon_N}\right) = -\frac{Q''_{ON}(0)}{C''_{ox}} - \Delta U_{FB} - \frac{\varepsilon_N E_N}{C''_E} \tag{4.2.11}$$

4.2 Speicherfeldeffekttransistoren

mit

$$Q''_{ON}(t) = Q''_{ON}(0) + \Delta Q''_{ON}(t).$$

In U'_G sind implizit Austrittsarbeit usw. eingeschlossen.
- die *Stromflußmechanismen* $S_N(E)$. Einfache *analytische* Modelle [4.84] gehen von exponentiellen Feldabhängigkeiten der Ströme S_{ox}, S_N aus

$$S_{ox}(t) = -S'_{ox} \exp -\frac{E_{ox}(t)}{E_{oxo}} = S_{oxo} \exp -\frac{\Delta U_{FB}(t) C''_e}{\varepsilon_{ox} E_{oxo}} \quad (4.2.12)$$

$$S_N(t) = -S'_N \exp -\frac{E_N(t)}{E_{NO}} = S_{NO} \exp \frac{\Delta U_{FB}(t) C''_e}{\varepsilon_N E_{NO}}. \quad (4.2.13)$$

S_{oxo}, S_{NO} ergeben sich leicht durch Einsatzen von Gl. (4.2.10) bzw. (4.2.11). Da sich das Feld im Si_3N_4 durch die Flachbandspannung ΔU_{FB} viel weniger ändert als im SiO_2 (so daß $S_N(t) \approx S_{NO}$), folgt mit Gl. (4.2.5) und (4.2.12) als DGL für die Flachbandspannung $\Delta U_{FB}(t)$

$$C''_N \frac{d\Delta U_{FB}}{dt} = S_{NO} - S_{oxo} \exp -\frac{\Delta U_{FB}(t) C''_e}{\varepsilon_{ox} E_{oxo}}, \quad (4.2.14)$$

die sich leicht lösen läßt. Für

$$\frac{C''_e |S_{NO}| t}{C''_N \varepsilon_{ox} E_{oxo}} \ll 1 \text{ lautet die Lösung} \quad (4.2.15)$$

$$\Delta U_{FB}(t) = \frac{\varepsilon_{ox} E_{oxo}}{C''_e} \ln\left[1 - \frac{C''_e(S_{oxo} - S_{NO})t}{C''_N \varepsilon_{ox} E_{oxo}}\right]. \quad (4.2.16)$$

Genauere Stromflußmodelle erfordern numerische Lösungen [4.86]–[4.88].

Für den Speicherbetrieb des MNOSFET interessieren vor allem der *Einschaltvorgang* (Mindestzeit zum Einschreiben) und die *Speicherzeit* der Ladung (was gleichbedeutend mit dem Abschalten auf die Spannung $U_G = 0$ ist). Dabei interessiert der praktisch stets gegebene Fall des dünnen Oxids mit vernachlässigbarem Strom durch die Si_3N_4-Schicht ($S_{ox} \gg S_N = 0$). Hier folgt sofort (Gl. (4.2.5), (4.2.11))

$$\Delta U_{FB}(t) = -\frac{1}{C''_N} \int_0^t S_{ox}(t) dt, \quad (4.2.17)$$

falls nur die Grenzflächenzustände umzuladen sind. Realistisch ist jedoch eine Situation, die auch noch Trapstellen im Volumen des Si_3N_4 zuläßt (Bild 4.19). Dann liefert ein Elektronentunneln zwischen dem Si-Leitband und einem Volumentrap (Energie W_t, Ort x, Dichte N_t) mit differentiellem Orts-Energie-Element $dx\, dW_t$ den Stromdichtebeitrag [4.89], [4.83]

$$dS = qN_t(f_S - f_t)P^* dx\, dW_t \quad (4.2.18)$$

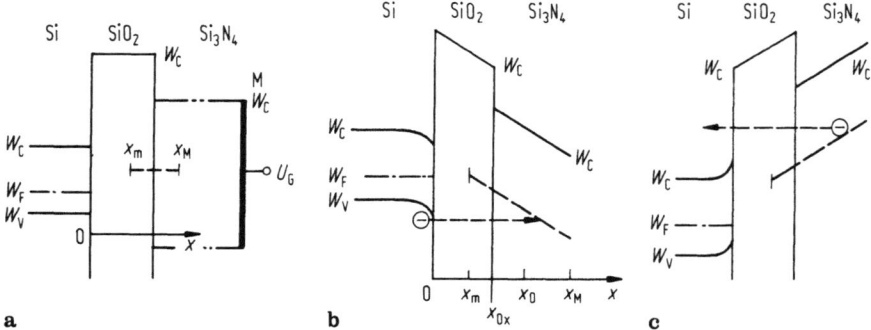

Bild 4.19a–c. MNOS-Struktur mit Volumentraps. **a** Bändermodell im Flachbandfall, **b** beladen der Traps bei positiver Gatespannung ($U_G > 0$), **c** entladen der Traps bei negativer Gatespannung ($U_G < 0$)

resp.

$$S = \int_x \int_{W_t} dS.$$

f_t, f_S sind die Besetzungsfunktionen der Traps im Volumen bzw. in der Grenzfläche. Daraus ergibt sich als Flachbandspannung

$$\Delta U_{FB} = -\frac{1}{C_N} \int_0^t \left[\int_x \int_{W_t} qN_t(f_S - f_t)P^* dx\, dW_t \right] dx. \qquad (4.2.19)$$

In diesem Ansatz müssen die Tunnelwahrscheinlichkeiten P* und Trapverteilungen weiter spezialisiert werden. Typische Fälle sind

– Traps nahe der SiO_2–Si_3N_4-Grenzfläche mit diskretem Energieniveau,
– Traps nur in der Grenzfläche mit verteiltem Energieniveau,
– Traps mit räumlicher und energetischer Verteilung,
– unterschiedliche Arten von Tunnelvorgängen.

Beispielsweise gilt für den Fall, daß alle Traps in unmittelbarer Nähe der SiO_2-Grenzfläche liegen:

– bei $U_G > 0$ füllen Elektronen aus dem Si-Valenzband leere Traps und
– bei $U_G = < 0$ gelangen umgekehrt Elektronen aus dem Trapniveau ins Si-Leitband. Stets gilt $f_S = 1(U_G > 0)$.

Für ein Rechteckmodell als Tunnelbarriere mit der Übergangswahrscheinlichkeit

$$P^* = P_0 \exp - d_{ox}/\lambda \qquad (4.2.20)$$

nach Maßgabe der freien Weglänge λ ist die Dichte der freien Traps die einzige Zeitvariable in Gl. (4.2.19). In einer Schicht der Dicke dx zwischen x und x + dx ändert sich die Dichte der gefüllten Traps durch den Strom um

$$\frac{dn_t(t)}{dt}dx = \frac{dS_{ox}}{q} \equiv N_t - n_t(t)P^* \cdot dx. \qquad (4.2.21)$$

Dabei wurden rechts Gl. (4.2.18) und $N_t(1 - f_t) = N_t - n_t(t)$ verwendet. Aus der Lösung

$$N_t - n_t(t) = N_t - n_{to} \exp - P^*/t \qquad (4.2.22)$$

folgt als Spannungsänderung

$$\boxed{\Delta U_{FB}(t) = - \frac{q(N_t - n_{to})P_0}{C_N} \int_0^t \left(\int_x \exp\left[\frac{-x}{\lambda} - P_0 t \exp - \frac{x}{\lambda} \right] dx \right) dt.} \qquad (4.2.23)$$

Die Integration ist über den Bereich der Trapausdehnung zu erstrecken.

Ladungsstandzeit. Von grundsätzlich applikativer Bedeutung ist die "Standzeit" der eingespeicherten Ladung, denn bei zu schneller Entladung eignet sich der MNOSFET als Langzeitspeicherelement nicht. Wenn auch das interne Feld im Ladungszustand relativ klein ist, so gibt es doch verschiedene physikalisch bedingte Entladevorgänge wie z.B. [4.90]–[4.93]:

- Rücktunnelung der Elektronen ins Si-Leitband aus Trapstellen
- Elektronenbewegung innerhalb des Si_3N_4-Films
- Trapneutralisation durch Löcher, die z.B. von der Gateelektrode stammen können.

Setzt man für die Ladungsstandzeit jene Zeitspanne an, innerhalb derer die Ladung auf ihren halben Anfangswert gefallen ist, so sind heute Standzeiten von mehr als 10 Jahren durchaus die Regel.

Entwicklungen. Die Entwicklungsrichtung des MNOSFET resultiert aus zwei Grundforderungen:

- hohe Schreib-Löschgeschwindigkeit bei geringer Spannung,
- lange Ladungsstandzeit.

Die erste Forderung zielt auf möglichst dünne SiO_2-und Nitridschichten ab, einen Dickfilmisolator mit möglichst hohem ε (höher als für Si_3N_4) und eine große Trapdichte in der Grenzfläche. Sie kann z.B. durch Metalleinlagerung künstlich erhöht werden. Auch die Floating-Elektrode wirkt in dieser Richtung. Die zweite Forderung bedingt Isolatoren mit möglichst geringer Leitfähigkeit und großer Dicke, also gerade die umgekehrte Tendenz. Deshalb ist die Suche nach besseren Isolatormaterialien voll im Gange.

Beim *MAOSFET* kommt Al_2O_3 – ohne, aber auch mit dünner SiO_2-Zwischenschicht – als Isolator zur Anwendung. Es hat verschiedene der geforderten besseren Eigenschaften (Leitfähigkeit, Dielektrizität), auch die jetzt negative

Trapladung ist nicht ungünstig (weil damit bequem n-Kanal-Anreicherungs MOSFETs herzustellen sind). Allein die schlechte technologische Kompatibilität zum Si-SiO$_2$-System (und ausgeprägte Hystereseeffekte) verhinderten bisher einen größeren Einsatz dieses Speichertransistors.

Eine Verbesserung der Speichereigenschaften des MIOSFET wurde außer durch ein anderes Dickisolatormaterial (TiO$_2$, Ta$_2$O$_5$ mit höherem ε_r) auch durch *Zusatzdotierung* in der Doppelisolatorgrenzfläche versucht ($\rightarrow$ Erhöhung der Grenzflächenzustandsdichte). Dazu diente vor allem aufgedampftes Wolframtrioxid WO$_3$ [4.97].

4.2.2 Floating-Gate-MOSFET

Ein erheblicher Nachteil der konventionellen MNOSFET-Anwendung im EPROM-Speicher ist die aufwendige Umprogrammierung (Löschen) etwa durch UV-Licht. Hier sind Speicherkonzepte (EEPROM), die in der Schaltung (also ohne Aus- und Wiedereinbau) elektrisch gelöscht und erneut programmiert werden können, von grundlegendem Vorteil. Die Grundstruktur solcher EEPROMs ist der MOSFET mit einer allseitig isoliert im Gateisolator angebrachten, potentialmäßig schwebenden Poly-Si-Hilfselektrode (Floating-Gate) zur Ladungsspeicherung. Typische Bauformen dieses Prinzips heißen FAMOST, SAMOST und FLOTOX (Bild 4.20).

Beim *FAMOST* (Floating-Gate avalanche injection-MOSFET, Bild 4.20a) fehlt generell eine von außen zugängige Steuerelektrode. Die Beladung der Schwebeelektrode (Programmieren) erfolgt durch Injektion (Tunnelung) heißer Elektronen, die z.B. beim Durchbruch des Drain-Substrat-Überganges entstehen. Durch Ladungsübergang steigt die Spannung der Schwebeelektrode, so daß es bei ausreichender Ladung zum n-leitenden Kanal zwischen S, D kommt (z.B. Speicherzustand "1"). Fehlt andererseits Ladungsspeicherung, so herrscht Zustand 0.

Zum Programmieren des n-Kanal-Transistors genügt ein kurzer positiver Spannungsstoß, um den Drainbereich kurzzeitig in den Durchbruchszustand zu bringen. Das *Löschen*, also die Entfernung der Gateladung, erfolgt durch energiereiche Strahlung (UV-Licht bei offenen, Röntgenstrahlung bei gschlossenem Gehäuse).

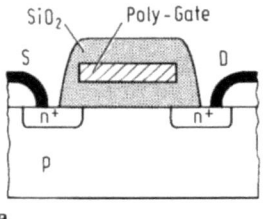
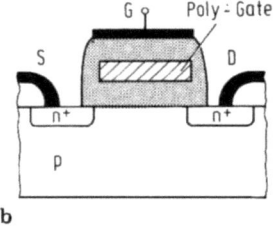

Bild 4.20a, b. MOSFET mit Schwebeelektrode.
a FAMOST-Prinzip,
b SAMOST-Prinzip

Der FAMOST ist somit zwar elektrisch programmierbar, aber nur nichtelektrisch (und so nur zusammen mit anderen Transistoren eines Speicherchips) löschbar.

Die elektrische Löschung (Einzeltransistorlöschung) erfordert eine zweite Steuerelektrode: SAMOST (Stacked gate avalanche injection MOST, Bild 4.20b). Dieses Steuergate kann mit starker Vorspannung dazu benutzt werden, das Floating-Gate durch einen Fowler-Nordheim-Tunnelstrom zum oberen Gate hin zu entladen: elektrische Löschung. Eine solche SAMOST-Struktur hat mehrere Vorteile: kürzere Schreibzeit und besser kontrollierbare Ladungsinjektion, kürzere Löschzeit und vor allem Einzellenlöschbarkeit.

Während FAMOST und SAMOST in der Ursprungsform als p-Kanaltransistoren ausgeführt waren (wobei eine Elektronenbeladung des Gates zur Verschiebung der Schwellspannung ins Negative notwendig ist), müßte für den applikativ interessanten n-Kanal-MOSFET das Schwebegate mit Löchern beladen werden. Wegen der höheren Si-SiO$_2$-Austrittsbarriere für Löcher (4,36 eV) (Elektron 3,25 eV) wäre der Injektionseffekt geringer. Deshalb werden durch das Steuergate (bei hoher Spannung) die heißen Elektronen aus dem Kanal zur Gatebeladung herangezogen.

Die Vorteile beider Strukturen vereint der *FLOTOX* (Floating-gate-tunneloxide MOSFET). Er besitzt über dem Drainbereich noch ein Gebiet mit sehr dünnem Oxid (d = 10...20 nm), durch das ein Tunnelstrom zwischen Drain- und Schwebegate möglich ist. Aus dem Bändermodell (Bild 4.21) geht das Arbeitsrinzip hervor. Bei hoher positiver Steuergatespannung (≥ 5 V = "Schreiben") liegen Source und Drain auf Masse. Dann tunneln Elektronen aus dem Drainbereich auf das Gate und beladen es. Dabei senkt die anwachsende Ladung das Tunnelfeld, und es erfolgt eine Selbstbegrenzung. Die Schwellspannung verschiebt sich stark ins Positive. Im Speicherzustand ($U_G = 0$) bleibt die geänderte Schwellspannung erhalten.

Beim *Löschen* wird das Steuergate geerdet und das Drain erhält eine hohe positive Spannung (≈ 20 V), so daß ein Tunnelstrom vom Schwebegate zum Drain fließt und die Schwellspannung auf einen kleinen Wert abfällt. Die zum Schreiben und Löschen erforderlichen hohen Spannungen werden heute auf

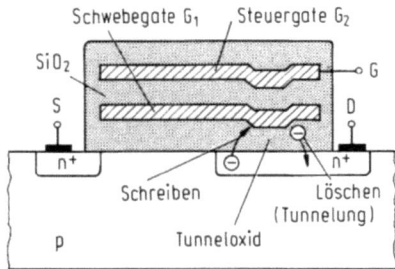

Bild 4.21. FLOTOX-Prinzip

368 4 Bauformen des MOSFET

Speicherchips durchweg mit einer Ladungspumpe erzeugt, so daß die übliche TTL-Betriebsspannung zum Betrieb der Schaltung ausreichen.

Modell. Zur Beschreibung der Umladevorgänge im FLOTOX geht man von einem Kapazitätsmodell aus, über das die externe Spannung auf das Schwebegate wirkt und einen Ladungsaustausch zum Drain hin durch Fowler-Norheim-Tunnelstrom ermöglich. Im Grundmodell (Bild 4.22) [4.94]–[4.96], [4.98], [4.99] ist die Schwebeelektrode kapazitiv mit Gate, Substrat und Drain verbunden, wobei auch eine feinere Unterteilung der Kapazität möglich ist.

Die Zeitverläufe der Spannungen während des Schreibens ($u_S(t)$) und Löschen ($u_E(t)$) sind durch

$$u_S(t) = U_{THi} + U_G - \frac{1}{K_W} \frac{B}{\ln(A \cdot B \cdot t + E_1)} \qquad (4.2.24a)$$

$$u_E(t) = U_{THi} - U_{DS} \frac{K_E}{K_W} + \frac{1}{K_W} \ln \frac{B}{ABt + E_2} \qquad (4.2.24b)$$

gegeben (A, B Konstanten, E_1, E_2 abhängig von der Programmierspannung bei der Schwellspannung zur Zeit $t = 0$, U_{THi}, Anfangsschwellspannung der Zelle).

Man erkennt, daß für die Speicherzelle während des Programmierens und Löschens, also im Hochfeldbereich, die übliche MOSFET-Kennlinie praktisch nicht in Erscheinung tritt.

Im *Lesezu*stand dagegen arbeitet der FLOTOX wie ein MOSFET mit eingestellter Schwellspannung, doch mit dem wichtigen Unterschied, daß die Schwellspannung über die "Tunnelkapazität" zum Drain hin auch von der Drainspannung abhängt, m.a.W. wird die bisherige Steuerspannung U_{GS} jetzt kapazitiv durch die obere Gatespannung U_G' und die Drainspannung U_D^* beeinflußt:

$$U_{GS} = \frac{C_T U_{DS} + C_{FG} U_G'}{C_G + C_S + C_T + C_{FG}} \equiv \alpha U_{DS} + \beta U_G'. \qquad (4.2.25)$$

Setzt man die obere Plattenspannung U_G' zu Null, so lautet die Drainstromgleichung

$$\boxed{I_D = \beta[(\alpha U_{DS} - U_{TH})U_{DS} - U_{DS}^2/2]} \qquad (4.2.26a)$$

mit der Sättigungsspannung

$$\boxed{U_{DSS} = -\frac{U_{TH}}{1-\alpha}. \quad (U_{TH} < 0, \text{ n-Kanal-Verarmungstransistor})} \qquad (4.2.26b)$$

Beim normalen MOSFET hängt der Sättigungsstrom nicht von U_{DS} ab (ideales Modell angenommen), hier jedoch – je nach dem Kopplungsfaktor α – z.T. sehr stark.

Die Speicherzeiten solcher MOSFETs mit Schwebegate sind recht hoch (mehrere Jahre), ebenso werden mehr als 10^5 Schreib-Löschzyklen mühelos überstanden.

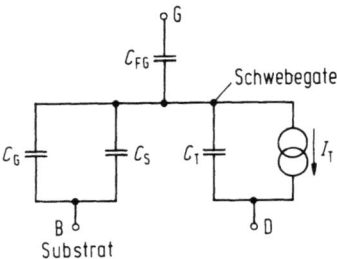

Bild 4.22. Ersatzschaltung des FLOTOX-Transistors. C_G, C_S Kanal- Streukapazität, C_T Tunnelkapazität, C_{FG} Kapazität Floating-Gate, I_T Tunnelstrom

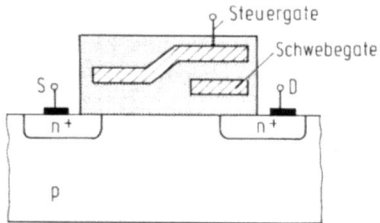

Bild 4.23. Flash-EEROM-Prinzip

Flash-EEROM. Im Halbleiterspeicher besitzt eine EEROM-Zelle im Regelfall neben dem Speicher-MOSFET noch einen zweiten Transistor zur Auswahl der Einzelzelle. Diese Gesamtanordnung läßt sich jedoch zu einer Zelle verschmelzen, wenn das Schwebegate als "Splitegate" ausgeführt wird (Bild 4.23). Die Beladung des Schwebegates (Schreiben) erfolgt, wie beim FAMOST, durch heiße Elektronen aus dem Kanal (FLOTOX arbeitet mit Tunnelung), die Entladung (Löschen) dagegen durch Elektronentunneln zum Drain (ebenso wie beim FLOTOX).

Der wesentlichste Vorteil dieser Flash-EEROM-Zelle (mit zweitem gewöhnlichen MOSFET) ist die flache Bauform und damit die günstigen Integrationseigenschaften.

4.3 MOS-Leistungsbauelemente

In der Entwicklung der unterschiedlichsten Halbleiterleistungsbauelemente blieb der MOSFET konventioneller Bauform hauptsächlich aus zwei Gründen lange fast bedeutungslos:

- die geringe Leistungsbelastung begrenzt durch ein nicht beliebig wählbares b/L-Verhältnis beim Einzeltransistor (Parallelschaltung von Strukturen kaum möglich) und begrenzte Wärmeabfuhr,
- die niedrige Drain-Source-Durchbruchspannung.

Andererseits bestach der MOSFET gegenüber dem Bipolarleistungstransistor durch mehrere attraktive elektrische Eigenschaften: kein zweiter Durchbruch, unbedingte thermische Stabilität, kurze Schaltzeiten (ohne Speichereffekt), extrem geringe Steuerleistung, größere schaltungstechnische Möglichkeiten u.a.m.

Deshalb wurden zahlreiche MOS-Strukturen zur Umgehung dieser Mängel bis Mitte der 70er Jahre vorgeschlagen [4.20]-[4.23]. Ein Durchbruch erfolgte erst mit dem Übergang vom *lateralen* zum *vertikalen* Stromfluß. Dabei spielten hauptsächlich die *DMOS*- und *VMOS-Prinzipien* bald eine tragende Rolle. Aus ihnen entstanden – je nach konstruktiver Gestaltung der Kanal- und Draindotierung und ihrer Geometrie einige "Bauelementefamilien" mit unterschiedlichen elektrischen Eigenschaften:

4 Bauformen des MOSFET

- Strukturen mit *koplanaren* Gate-, Drain- und Sourceelektroden sowie *horizontalem* homogen dotierten *Kanal* [4.24], oft mit Refractory-Gate [4.26] oder Feldplatten über dem Gate zur Erhöhung der Durchbruchspannung versehen [4.25],
- Strukturen mit koplanaren Elektroden und horizontalem Kanal hergestellt durch Doppeldiffusion-sog. *DMOS*- oder *LDMOS*-Transistoren [4.27]–[4.30],
- Strukturen mit *nichtkoplanaren* Elektroden und *horizontalem* Kanal, z.B. Source und Gate oben und Drain an der Unterseite hergestellt durch Doppeldiffusion (*VDMOS*), Implantation oder auch mit homogen dotierem Kanal und strukturiertem Gatemuster [4.23] oder Mehrfachsource-Elektroden [4.31], [4.32],
- Strukturen, die durch chemische Ätzung (isotrop, anisotrop [4.33]) hergestellt wurden: *VMOS, UMOS, ISOFET* [4.34]–[4.36].

Diese unterschiedlichen Konzeptionen schlugen sich in verschiedenen Kurzbezeichnungen nieder, von denen Tafel 4.5 einige enthält. Applikativ wichtig sind aus diesen Gruppen geworden:

- die *VMOS*- und *UMOS-FETs* für hohe Spannungen und hohen Frequenzen [4.10],
- die LDMOSFETs für integrierte Leistungsendstufen,
- die VDMOSFET, die (herstellerabhängig) auch als SIPMOS, HEXFET, TMOS, TRIMOS u.a. bezeichnet werden (dabei oft auch das LDMOS-Prinzip einschließen) [4.11].

Neben den reinen MOS-Leistungstransistoren entstanden in jüngster Zeit Kombinationen mit Bipolartransistoren, auf die jedoch hier verzichtet werden soll.

4.3.1 Bauformen

DMOS-Struktur. Im Bemühen, kleine Kanallängen mit möglichst konventionellen technologischen Mitteln zu erzielen – dem in den 70er Jahren vorherrschenden Trend-, nutzte man die Tatsache aus, daß sich durch aufeinanderfolgende Diffusion zweier unterschiedlicher Dotanten mit verschiedenen Diffusionskoeffizienten sehr genau abgegrenzte Halbleitergebiete herstellen lassen.

Tafel 4.5. Bauformorientierte Transistorbezeichnungen

DMOS	Sammelbegriff für doppelt diffundierte (DMOS-) bzw. implantierte (DIMOS-) Strukturen
LMOS	lateraler Stromfluß
LDMOS	lateraler Stromfluß, doppelt diffundiert
LVDMOS	lateraler Stromfluß, V-Graben
VMOS	V-Graben, oft auch vertikaler Stromfluß
VDMOS	DMOS-Struktur mit vertikalem Stromfluß

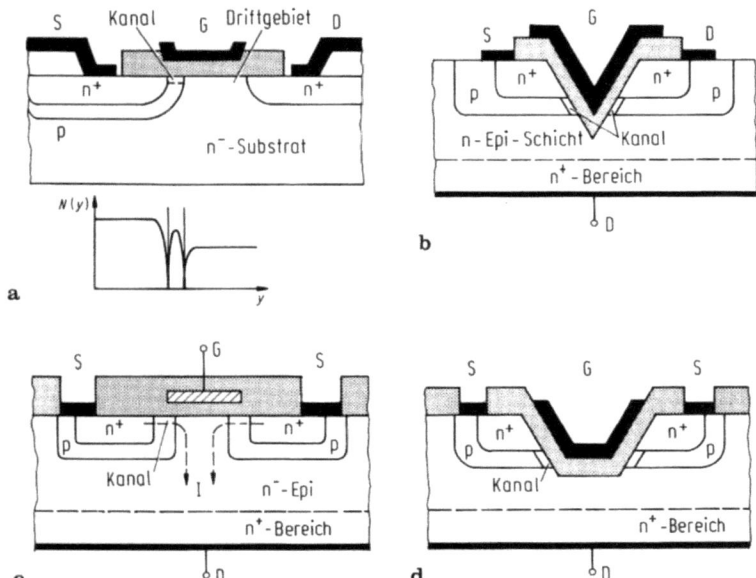

Bild 4.24a–d. Bauformen von Leistungs-MOSFETs. **a** LDMOS-Struktur, **b** VMOS-Struktur, **c** VDMOS-Struktur, **d** UMOS-Struktur

Dazu erfolgt durch das Source-Oxid-Fenster zunächst eine p-Diffusion (Bild 4.24a), die sich im n⁻-Substrat lateral unter den (späteren) Gate-Bereich ausbreitet. Anschließend erfolgt eine n⁺-Diffusion für den Source-Bereich. Durch Steuerung der Diffusion (Dauer, Temperatur, Dotiermenge) läßt sich die unter dem Gate verbleibene Kanallänge L durch die Differenz beider Diffusionsausbreitungen sehr genau einstellen. So sind Kanallängen von 1...2 µm möglich. Ein weiterer Vorteil ist, daß sich der n⁺-n⁻-Drainübergang bei hoher Spannung ins Substrat ausdehnt. Für das dynamische Verhalten wirkt dieses n⁻-Gebiet als zusätzliche Laufzone zum Drain hin.

Die so ausgeführte *laterale DMOS-(LDMOS)*-Struktur hat (für Einzelbauelemente) mehrere Nachteile:

– oben liegender Drainkontakt mit schlechter Wärmeabfuhr und größeren Flächenbedarf,
– Ausbreitung der Drain-Substrat-Verarmungszone erfolgt ebenfalls lateral, wodurch der Flächenbedarf wächst,
– die rein koplanare Elektrodenanordnung bietet wenig Möglichkeiten für Maßnahmen, die Feldverläufe im Drainbereich zu homogenisieren.

Diese Nachteile führten zum Konzept des *vertikalen Stromflusses*: Source an der Halbleiteroberfläche, Drain an der Chipunterfläche liegend.

Die *VMOSFET-Struktur* (Bild 4.24b) nutzt die anisotropen Ätzeigenschaften des $\langle 100 \rangle$-orientieren Si zur Herausbildung V-förmiger Gräben. Durch zwei aufeinanderfolgende Diffusionen in einem Epitaxie-Wafer werden zunächst die Substrat- und Source-Bereiche gebildet. Anschließend ätzt man einen V-Graben, versieht seine Oberfläche mit einer SiO_2-Schicht und bringt darauf den Gatekontakt (Metall-Poly-Si) an.

Diese Struktur hat einige prinzipielle Unterschiede zum LDMOSFET:

– Die Kanallänge wird zwar auch hier durch die Unterschiede zweier Diffusionsschritte bestimmt, doch ist der Kanal wegen der V-Schräge etwas länger.
– Gegenüber dem üblicherweise verwendetem $\langle 111 \rangle$-Si besitzt $\langle 100 \rangle$-orientiertes Si höhere Beweglichkeit und geringere Oxidladung, was die Schwellspannung senkt.
– Schließlich ist der "Ein"-Widerstand wegen der Stromeinschnürung am Kanalende größer als bei der Standardstruktur [4.12].

Dieser Nachteil läßt sich jedoch durch eine U-förmige Grabengestaltung ($\rightarrow$ UMOS, Bild 4.24c) entschärfen bei allerdings schwierigerer Technologie.

Eine dritte, sehr vorteilhafte (und heute verbreitet genutzte) Variante entsteht aus dem LDMOS, wenn der Stromfluß *vertikal* erfolgt: VDMOS (Bild 4.24d). Dabei wird der Strom zunächst im Lateralbereich gesteuert (wie beim LDMOS), das anschließende Driftgebiet jedoch ist vertikal mit unten liegendem Drainbereich angeordnet. Erreicht werden so hohe Strombelastbarkeit, kleiner Flächenbedarf und hohe Draindurchbruchspannung. Durch diese Vorteile haben sich die VDMOS- und LDMOS-Konzepte heute breit durchgesetzt.

4.3.2 Elektrische Eigenschaften

Im Gegensatz zum Kleinleistungs-MOSFET, bei dem die Kennlinienmodellierung, Geometrieeffekte und vor allem das dynamische Verhalten applikativ wichtig sind, interessieren beim Leistungs-MOSFET andere Eigenschaften:

– Kennlinienfeld besonders bei hohen Strom- und Spannungsbelastungen und die Draindurchbruchspannung,
– die Stromverfügbarkeit im eingeschalteten Zustand, beschrieben durch den *Ein-Widerstand*,
– die Verstärkung (Steilheit),
– die Leistungsbelastbarkeit und damit zwangsläufig thermische Probleme,
– dynamische Eigenschaften: typische Kapazitäten, Schaltverhalten und aufbaubedingte Parasitärelemente.

Kurzkanaleffekte sind dagegen nur von zweitrangigem Interesse.

Kennlinienfeld. Durch den anderen Aufbau und die höhere elektrische und thermische Belastung bedingt, unterscheidet sich das Kennlinienfeld von dem des Kleinleistungstransistors in mehreren Punkten (Bild 4.25):

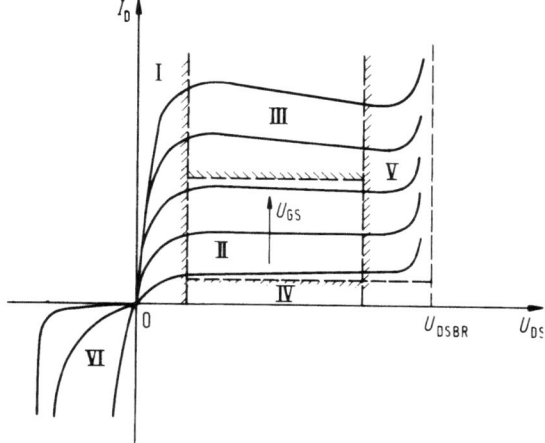

Bild 4.25. Kennlinienfeld des Leistungs-MOSFET.
I Widerstandsbereich
II Sättigungsbereich
III Hochstrombereich
IV Sperr- und Durchbruchsbereich
V Lawinenvervielfachung
VI Rückwärtsbereich

Bei *kleiner* Drainspannung – im sog. *Linear*-oder *Widerstandsbereich I* – bestimmt hauptsächlich der *Ein-Widerstand* das Strom-Spannungsverhalten. Er ist für den durchgeschalteten Zustand maßgebend und sollte möglichst klein sein.

Im *Sättigungszustand II*, konventionell durch die Kennlinie $I_D \sim (U_{GS} - U_{TH})^2$ beschreiben, verursacht das hohe Kanalfeld ausgeprägte Geschwindigkeitssättigung mit entsprechender Beweglichkeitsabnahme. Dann wird der Drainstrom besser durch

$$I_{DS} = C''_{ib} v_{max}(U_{GS} - U_{TH}) \tag{4.3.1}$$

modelliert [4.13] mit der Steilheit (Gl. (3.1.8))

$$g_m = \frac{dI_D}{dU_{GS}} = C''_i b v_{max} \tag{4.3.2}$$

anstelle von $g_m \sim U_{GS}$ (s. Gl. (3.1.7)) unabhängig von Gatespannung und Kanallänge.

Im *Hochstrombereich* III (mit entsprechend hoher Leistungsbelastung) erfolgt (wie auch im Bereich IV) eine thermische Rückkopplung, der sog. dI_D/dT-*Effekt*. Er verursacht eine gewisse Strom*abnahme* mit wachsender Spannung (Leistung). Deshalb bleibt der MOSFET in diesem Gebiet stets thermisch stabil (im Gegensatz zum Bipolartransistor).

Der *Sperrbereich* IV ist i.a. problemlos, nicht aber der *Durchbruchbereich* V, weil dort der Draindurchbruch die höchstzulässige Spannung begrenzt.

Im *Rückwärtsbereich* VI der – beim normalen MOSFET kaum genutzt – beim Leistungs-MOSFET im induktiven Schalterbetrieb interessant ist, macht sich der *parasitäre Bipolartransistor* des *Source-Draingebietes* störend bemerkbar. Nach Bild 4.26 bilden die Schichten Source (n$^+$), Kanalsubstrat (p) und Epitaxiebereich (n$^-$) einen parasitären npn-Bipolartransistor parallel zum

374 4 Bauformen des MOSFET

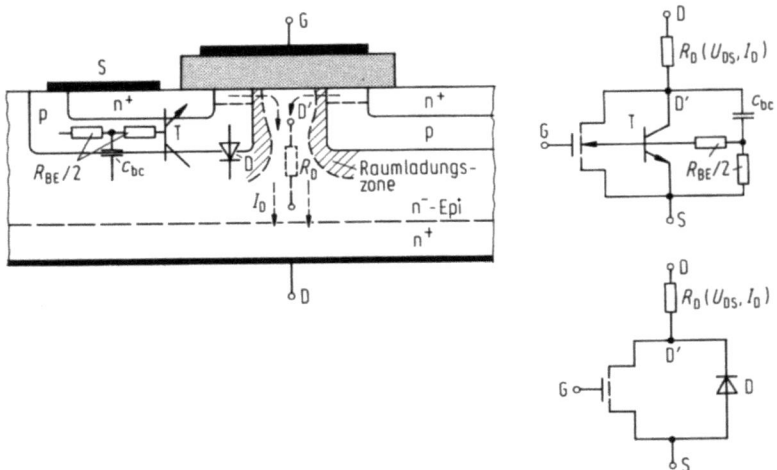

Bild 4.26. Parasitäre Elemente im MOS-Leistungstransistor Der pn^--Übergang wirkt als Inversdiode oder Teil des npn-Transistors. Der Drainwiderstand R_D ist querschnittsmoduliert

MOSFET mit einem zusätzlichen Basis-Emitter-Vorwiderstand R_{BE} der p-Zone. Unter bestimmten Spannungsverhältnissen schaltet er ein und bestimmt das Verhalten des MOSFET – z.B. im Durchbruchsgebiet – mit. Bei sehr dickem p-Gebiet (dicker Basis) sinkt die Transistorwirkung zwar, doch bleibt der Basis-Kollektor-Übergang noch als *Inversionsdiode* bestehen. Sie arbeitet bei negativer Spannung U_{DS} *flußgepolt* und so als *Antiparalleldiode* zum MOSFET.

Ein-Widerstand. Der für die Stromverfügbarkeit wichtige Parameter des Leistungs-MOSFET ist der *Ein-Widerstand* R_E

$$R_E = \frac{dU_{DS}}{dI_D}\bigg|_{U_{DS}\to 0} = \frac{1}{b/L\mu_n C_i''(U_{GS}-U_{TH})} = R_K \qquad (4.3.3)$$

Im Grundmodell stimmt R_E mit dem Kanalwiderstand R_K bei kleiner Drainspannung U_{DS} überein. Sowohl im LDMOS- als auch VDMOS stellt der Kanalwiderstand wegen des merklichen Ausbreitungswiderstandes nur einen Teil dar.

Im *LDMOS* (Bild 4.27) [4.12] besteht der gesamte Widerstand R_E aus drei Anteilen:

- dem Teil R_K (wobei die Beweglichkeit für die Hochfeldbedingung anzusetzen ist),
- einem Anteil R_1, der hauptsächlich den vom Gate her mit gesteuertem Depletion-Mode-Transistor TD parallel zu einem Volumenwiderstand umfaßt. Er kann meist vernachlässigt werden [4.14];

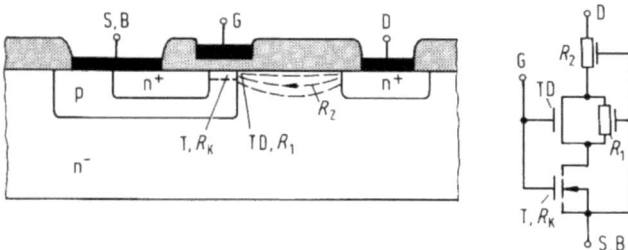

Bild 4.27. LDMOS-Struktur mit parasitären Elementen

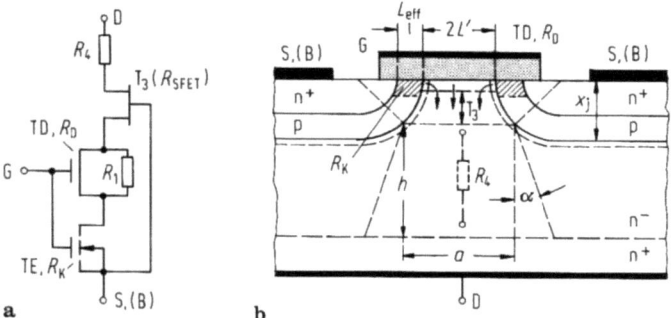

Bild 4.28a, b. Zum Ein-Widerstand des VDMOSFET. **a** Ersatzschaltung, **b** Anordnung zur Lage der Ersatzschaltelemente

– einem Anteil R_2, der den Bereich zwischen Gateelektrode und Drain modelliert und die inhomogene Stromverteilung einschließt [4.15].

Die *VDMOS-Struktur* weist demgegenüber zwei typische Unterschiede auf (Bild 4.28) [4.12].

– der Verarmungs-FET TD und der parallele Volumenwiderstand R_1 sind als verteilte Elemente anzusehen, da sich die Stromflußrichtung aus der Horizontalen zur Vertikalen ändert. Ersetzt man diese zweidimensionale Anordnung durch einen einfachen 1d-Verarmungs-FET, so ist ein Korrekturfaktor vorzusehen.

– Einfügen eines weiteren Sperrschichtefeldeffekttransistors T_3, da der vertikale Stromfluß im n-Kanal zwischen den benachbarten p-Gebieten etwa durch einen solchen FET beschrieben werden kann.

Damit wird das eigentliche Nutzelement – der Anreicherungstransistor TE – in seinen Eigenschaften mehr oder weniger stark beeinflußt. Der gesamte

Ein-Widerstand R_E

$$R_E = R_K + R_D + R_{SFET} + R_4 \tag{4.3.4}$$

besteht dann (bei vernachlässigtem n^+-Gebiet) aus dem Kanalwiderstand R_K Gl. (4.3.3) des Nutztransistors TE, dem Widerstand R_D des (inhomogenen) Verarmungstransistors TD der Oberflächen-Anreicherungsschicht, dem Kanalwiderstand R_{SEFT} des Sperrschicht-FET T_3 und dem Ausbreitungswiderstand R_4 des Bulk-Gebietes.

Der Widerstand R_D des inhomogenen Verarmungselelementes TD – oft als *Anreicherungswiderstand* bezeichnet – beträgt

$$R_D = K \frac{1}{b/L' \mu_D C_i''(U_{GS} - U_{THD})}, \tag{4.3.5}$$

wobei μ_D und U_{THD} die spezifischen Größen dieses Gebietes, L' die effektive Kanallänge des Gebietes und $K(\approx 1/12)$ die 2d-Verhältnisse berücksichtigt. Ursache des Transistors TD ist eine Oberflächenanreicherungsschicht, da das Gate nicht nur den Kanalbereich überdeckt, sondern auch das Gebiet, in dem die Strömungslinien nach unten abbiegen. Die Anreicherungszone homogenisiert somit die Strömungsverhältnisse direkt unter der Oberfläche.

Der Kanalwiderstand R_{SFET} hängt ebenfalls stark von der Geometrie ab. Legt man für die pn-Gebiete des SFET Kreisabschnitte zugrunde (mit den Bemessungen nach Bild 4.28 [4.12]) und eine Ausdehnung des SFET bis zu einem Winkel $\Theta = 45°$, so gilt ($L \approx L' + L_{eff}$)

$$R_{SFET} = \frac{2\rho}{W} \left[\frac{1}{\sqrt{1-(2x_j/L)^2}} \left(\tan^{-1} 0{,}414 \sqrt{\frac{L+2x_j}{L-2x_j}} \right) - \frac{\pi}{8} \right]. \tag{4.3.6}$$

Der anschließende Ausbreitungswiderstand R_4 mit dem trapezförmigen Modell des Driftgebietes nach Bild 4.28 beträgt [4.12]

$$R_4 = \frac{\rho}{b} \frac{1}{\tan\alpha} \ln\left[1 + 2\frac{h}{a}\tan\alpha\right]. \tag{4.3.7}$$

Als Ausbreitungswinkel gilt näherungsweise

$$\alpha = \begin{cases} 28° - h/a & h \geq a \\ 28 - a/h & h < a. \end{cases}$$

Abhängig von der Breite des Anreicherungsgebietes

– bleibt der Kanalwiderstand praktisch erhalten,
– steigt R_D bzw. fällt R_{SFET} mit dem Abstand a,

so daß der gesamte Ein-Widerstand bei einem bestimmten Abstand a ein Minimum durchläuft [4.16].

Die bisherigen Betrachtungen gingen von einem homogen dotierten Driftgebiet aus (womit auch gleichzeitig die Durchbruchspannung bestimmt ist). Nun läßt sich zeigen [4.17], [4.18], daß bei gleicher Durchbruchspannung U_B (also der gleichen kritischen Feldstärke E_C) für das Driftgebiet ein Störstellenprofil $N(x)$

$$N(x) = \frac{\varepsilon_s E_C^2}{3qU_B\sqrt{1 - (2E_C x/3U_B)}} \qquad (4.3.8)$$

existiert, für das R_E minimal wird:

$$R_E = \int \frac{dx}{q\mu N(x)} \to R_{E|min} = \frac{3U_B^2}{\varepsilon_s \mu_n E_C^3}. \qquad (4.3.9)$$

Die Absenkung ist gegenüber der homogenen Dotierung zwar nicht erheblich, doch immerhin interessant.

Eine weitere Forderung für die Transistorauslegung zielt auf möglichst gute Flächennutzung der Gate- und Sourcegebiete beim VDMOS ab. Hierfür wurden verschiedene Strukturen (Quadrat, Kreis Hexagon u.a.) entwickelt.

Durchbruchspannung. Beim Leistungs-MOSFET können zunächst alle Durchbruchmechanismen in Frage kommen: dielektrischer Durchbruch der Gatestrecke, Punch-through-Durchbruch, Zener- und Lawinendurchbruch des Drainüberganges. Während sich die ersten drei durch gute Auslegung vermeiden lassen, bestimmt der Lawinendurchbruch des Drain-Substrat-Überganges die höchstzulässige Spannung U_{DS}. Da die Lawinendurchbruchspannung des pn-Überganges stark von der Feldinhomogenität am Rand mitbestimmt wird, laufen die Maßnahmen zur Erhöhung der Durchbruchspannung auf eine *Feldhomogenisierung* hinaus [4.18], [4.19], (Bild 4.29):

- Vergrößerung des Randradius (und damit Feldsenkung) durch tiefere Diffusion im Randbereich,
- Einsatz einer Feldplatte über dem Randgebiet (Bild 4.29a),
- Einsatz angeschlossener oder auch schwebender Feldringe um den Übergang (Bild 4.29b).

Die Durchbruchkennlinie des MOSFET entspricht der einer Diode. Die Durchbruchspannung selbst hängt stark vom spezifischen Widerstand ab,

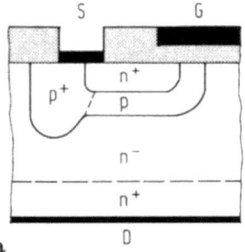
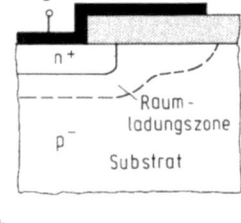

Bild 4.29a, b. Maßnahmen zur Steigerung der Durchbruchspannung. **a** zusätzliche Randdiffusion, **b** Feldplattentechnik zur Vergrößerung der Raumladungszone unter der Halbleiteroberfläche

ebenso wie (ein Teil) des Ein-Widerstandes. Deshalb besteht ein Zusammenhang zwischen beiden [4.16]

$$R_E \sim U_{BRDS} 2{,}3 \ldots 2{,}7. \tag{4.3.10}$$

Im Betrieb wird diese "Diodendurchbruchspannung" u.U. durch den parasitären Bipolartransistor nicht erreicht.

Beim LDMOS (Bild 430) läßt sich der verteilte Bipolartransistor vereinfacht durch zwei Einzeltransistoren zwischen S, D ersetzen. Davon liegt der eine (T_2), der hauptsächlich den pn^--Bereich nach dem Substrat erfaßt (mehr im Volumen), während der andere (T_1) mehr das Gebiet in Gatenähe repräsentiert. Die Diode D soll für den Teil des pn^--Überganges repräsentativ sein, in dem der Durchbruch einsetzt. So gilt die Ersatzschaltung Bild 4.30b. Zur Modellierung des Durchbruchs wird der Diode eine "Lawinenstromquelle" I an a, b beigefügt. Bei geringem Lawinenstrom I sind T_1, T_2 noch gesperrt ($U_{EB2} \approx 0$) und I fließt durch R_p, R_b. Der gesperrte Transistor besitzt die Durchbruchspannung U_{BRCES}. Mit wachsendem Strom wächst U_{EB2}, T_2 wird niederohmiger und arbeitet allmählich im Emitterleerlauf. Dazu gehört die Spannung U_{BRCEO}. Für den Übergangspunkt muß $I_{DL}(R_b + R_p) \approx 0{,}7\,V$ gelten. So entsteht die im Bild dargestellte *Kennlinienrückläufigkeit*: Bei kleinem Drainstrom gilt die Durchbruchspannung BU_{CES} (s.o.). Sie hängt von Dotierung und dem Kurvenradius des Überganges ab. Von einem kritischen Strom I_{DL} an schaltet der FET auf die geringe Durchbruchspannung $U_{BRCEO} \approx U_{BRCES}/\sqrt[n]{B_N}$ um. Dieser (störende) Effekt läßt sich mindern durch (Bild 4.31)

– "Parallelschalten" einer zweiten Diode D_1 mit geringerer Durchbruchspannung $U_{BR} < U_{BRD}$ an einer Stelle, wo T_2 nicht wirksam wird, z.B. direkt unter dem

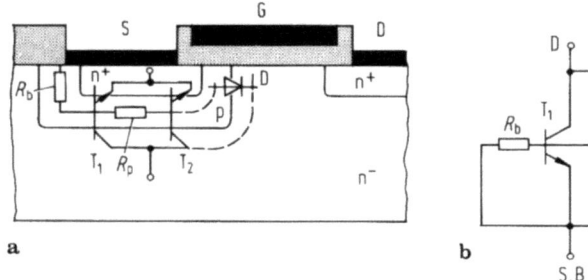
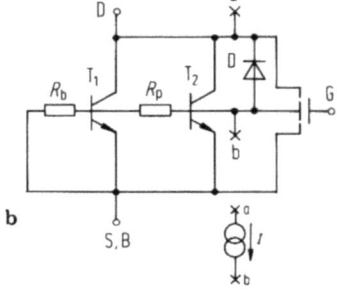

Bild 4.30a, b. Modell der LDMOS-Struktur für den Durchbruchsbereich. **a** Transistoraufbau mit verteilten Bipolartransistoren, **b** vereinfachtes Modell
R_b Widerstand des p-Gebietes zwischen S-Kontakt und Volumenteil
R_p modulierter Teil des p-Gebietes unter der Sourcefläche
T_1 parasitärer Bipolartransistor, den p-n^--Volumenbereich erfassend
T_2 parasitärer Bipolartransistor, den pn^--Bereich unter dem Gate erfassend
D Diode für den Teil des pn^--Bereiches, in dem der Durchbruch eingeleitet wird

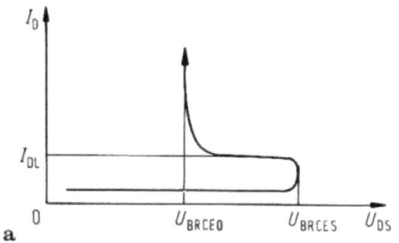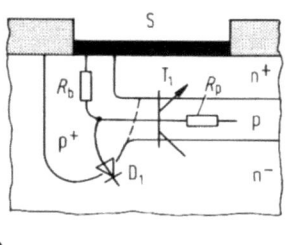

Bild 4.31a, b. Kennlinienrückläufigkeit beim MOSFET durch parasitären Bipolartransistor. **a** Kennlinie, **b** Verbindung der Rückläufigkeit durch hochdotierten Sourcezusatzbereich (vgl. Bild 4.30a und 4.29a)

Sourcegebiet durch einen schmalen, hoch dotierten p^+-Bereich (vgl. Bild 4.29a)
– Reduktion von $R_p + R_b$ (kleinere Abstände, zusätzliche p^+-"Schalen" um das p-Gebiet u.a.).

Integraldiode. Verschiedene Anwendungen, z.B. in Schaltnetzteilen u.a., erfordern auch einen Stromfluß bei umgepolter Betriebsspannung. Deshalb wird beim Bipolartransistor eine Antiparalleldiode zugeschaltet, beim MOSFET liefert die Struktur selbst diese Diode (z.B. Bild 4.30) zwischen der p-Basis und dem n^--Drainbereich. Der Strom fließt vom Source aus. Diese *Integraldiode* (Source-p-n-Drain) kann fürs erste als pin-Gleichrichter zwischen S, D aufgefaßt werden mit einem Flußspannungsabfall von etwa 1 V. Im Kennlinienfeld (Bild 4.25) erkennt man den Diodeneinfluß im 3. Quadranten. Dynamisch verschlechtert diese Diode das Transistorverhalten durch ihre Sperrerholung beim Abschaltvorgang, wogegen verschiedene Maßnahmen möglich sind [4.37].

Kapazitäten. Das dynamische Verhalten wird entscheidend von den Transistorkapazitäten bestimmt. Für den Leistungs-MOSFET wird bisher durchweg das Kapazitätsmodell nach Bild 3.29 mit reziprok angenommenen Kapazitäten, das sog. Meyer-Modell, benutzt. Aus meßtechnischen Gründen liegen in den Datenblättern meist die im Kurzschlußbetrieb bestimmten *Klemmenkapazitäten* vor:

– *Eingangskurzkapazität* c_{iss}

$$c_{iss} = c_{gs} + c_{gd} \tag{4.3.11a}$$

– *Ausgangskurzschlußkapazität* c_{oss}

$$c_{oss} = c_{gd} + c_{ds} \tag{4.3.11b}$$

– *Rückwirkungs-* oder *Millerkapazität* c_{rs1}

$$c_{rs1} = c_{gd} \tag{4.3.11c}$$

(bei $U_{GS} = 0$).

Sie hängen alle nach Abschn. 3.2 im innerelektronischen Anteil vom Arbeitspunkt ab, wobei jedoch die geometrisch bedingten Festanteile (Parasitärkomponenten) durch die größeren Abmessungen deutlich überwiegen. So enthält c_{gs} beispielsweise auch die relativ große Oxidkapazität Gate-Overlay-Source, die nicht vom Arbeitspunkt abhängt. Die Kapazität c_{ds} ist hauptsächlich die Sperrschichtkapazität des Überganges p-Gebiet-Epitaxieschicht. Die Rückwirkungskapazität c_{gd} schließlich fällt im Abschnürbereich steil ab (theoretisch im innerelektronischen Anteil auf Null), bei kleiner Drainspannung nähert man sich der geometrischen Kapazität.

SPICE-Modell. Durch den strukturell verschiedenen Aufbau der Leistungs-MOSFETs treffen für ein schaltungsorientiertes SPICE-Modell Gesichtspunkte zu, die für Kleinleistungsmodelle nicht gelten [3.139], [4.38], [4.39]:

– Stärkere Berücksichtigung parasitärer Elemente, wie z.B. des Gatewiderstandes R_G wegen der Poly-Si-Gateelektroden,
– der nichtlineare Source- und Drainwiderstand, wobei die Werte (wegen der verschiedenen Strompfade) noch richtungsabhängig sein können,
– der erforderliche Einbezug der Inversionsdiode D bzw. der parasitären Bipolartransistoren (Bild 4.30),
– Annahme reziproker Kapazitäten mit erheblichen aufbaubedingten Festanteilen,
– der Substratsteuereffekt spielt meist nur eine untergeordnete Rolle und wird deshalb vernachlässigt,
– die Temperaturabhängigkeit der Parameter ist wegen der höheren Leistungsbelastung zu beachten.

Für viele Zwecke reicht daher das SPICE-Modell nach Bild 4.32 aus. Es entspricht etwa dem Level-1-Modell. Der Drainstrom I_D wird dabei nach Gl. (3.4.1) modelliert.

4.3.3 Weitere MOS-Leistungsbauelemente

Sicher beeinflußt durch die Vorzüge des MOS-Leistungstransistors, entstanden in letzter Zeit eine Reihe neuartiger Hybridbauelemente, die die Vorteile der Bipolar- und MOS-Technik kombinieren:

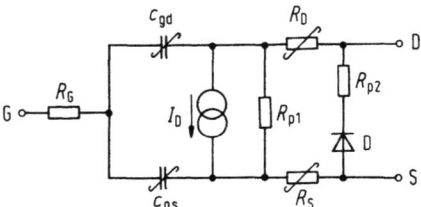

Bild 4.32. SPICE-Modell des Leistungs-MOSFET

4.3 MOS-Leistungsbauelemente

Tafel 4.6. MOS-Verbundelemente

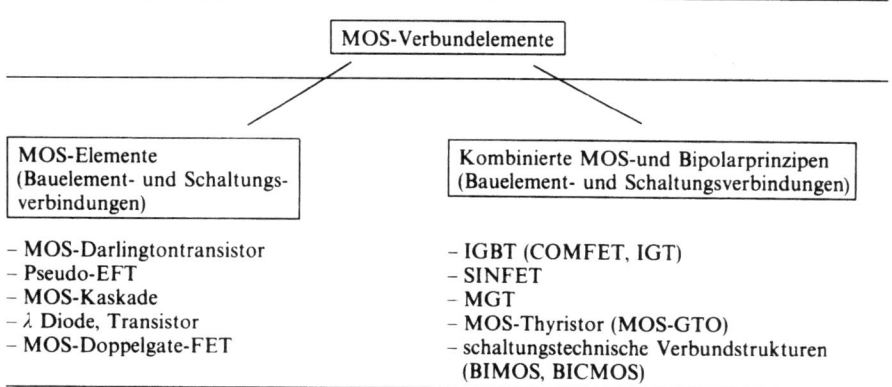

BIMOS-Strukturen. Das sind Kombinationsbauelemente mit der typisch hohen Stromverfügbarkeit des Bipolartransistors, dem geringen Steueraufwand des MOSFET und seinem günstigen Schaltverhalten [4.40]. Tafel 4.6 bietet eine Übersicht. Die einfachste Lösung ist die Zusammenschaltung beider Transistoren zu einer *Darlington-Formation* [4.41], (Bild 4.33a). Der MOSFET arbeitet als "variabler Basisvorwiderstand", wobei mit dem Zusatzwiderstand R_{BE} einige gewisse Optimierung möglich ist.

Schaltet man in die Emitterzuleitung noch einen weiteren FET (Bild 4.33b), so entsteht der *emittergeschaltete Darlington-FET* (auch als FET-gated-Transistor, FGT bezeichnet). Er kombiniert eine *MOS-Kaskodeschaltung mit einer MOS-Kaskade*. Bei positiver Gatespannung leiten die Transistoren T_1, T_3 und versorgen so T_2 mit Basisstrom. Umgekehrt sind T_1, T_3 bei negativer Spannung ausgeschaltet, so daß der Emitterstrom von T_2 unterbrochen ist. Der Kollektor-Basis-Sperrstrom kann über die Z-Diode zum Source-Anschluß fließen. Die Anordnung zeichnet sich durch gutes Umschaltverhalten aus.

COMFET. Diese direkt vom DMOS-FET abgeleitete Kombinationsstruktur mit den Bezeichnungen [4.42]–[4.44]: COMFET (conductivity modulation

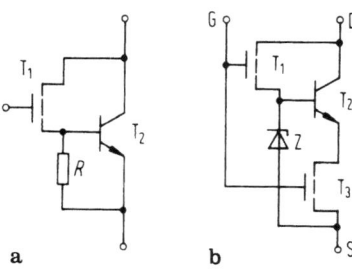

Bild 4.33a, b. MOS-Verbundtransistoren. **a** MOS-Bipolar-Darlingtonstufe, **b** Pseudo-FET

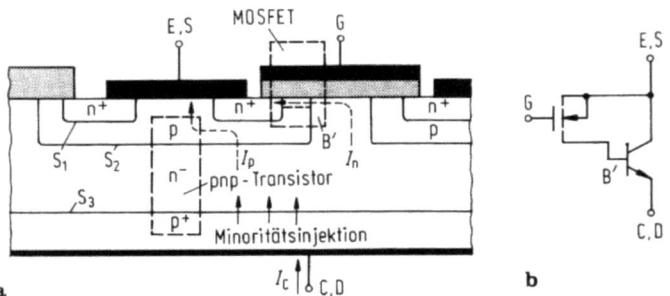

Bild 4.34a, b. COMFET. **a** Aufbau, **b** grundsätzliche Ersatzschaltung

FET), IGT [Insulated Gate, Transistor, MOSIGT], IGBT (Insulated Gate-Bipolar-Transistor), GEMFET (Gate enhancement modulation FET) ist eigentlich ein sog. "Injektor-FET": er entspricht etwa einem Thyristor, der sich durch einen MOSFET steuern läßt. Die Anordnung (Bild 4.34a) besteht aus einer VDMOS-Struktur, mit zusätzlichem p^+-Draingebiet, also einem "reihengeschalteten" pn-Übergang. Auf diese Weise wird die n-Epitaxieschicht leitfähigkeitsmodelliert, was den Ein-Widerstand deutlich senkt. Genauer betrachtet ist die Struktur die Kombination eines MOSFET mit einem pnp-Transistor (Bild 4.34b). Bei negativer Spannung U_{DS} arbeitet der untere pn-Übergang S_3 im Sperrbetrieb, und es fließt ein Sperrstrom mit einer typischen Durchbruchskennlinie. Bei positiver Spannung U_{DS} hingegen wirkt der MOSFET nach der vereinfachten Ersatzschaltung als steuerbarer Basisvorwiderstand des pnp-Transistors. Deshalb stellt sich eine typische stromgesteuerte Transistorkennlinie ein, jedoch mit der Spannung U_{GS} als Parameter. Bei ausgeschaltetem MOSFET mißt man eine Vorwärtsblockier-Kennlinie wie beim Thyristor. So hat die Struktur große Ähnlichkeit mit dem feldgesteuerten Thyristor.

Anschaulich läßt sich das Kennlinienverhalten im Bereich I durch ein pin-(p^+n^-n) Dioden-MOSFET-Modell erklären. (Bild 4.35). Im Vorwärtsblockierzustand arbeitet die p^+n^-n-Diode wie ein flußgepolter pin-Gleichrichter mit der Kennlinie [4.45]

$$I \approx I_0 \exp U_{pin}/U_T. \tag{4.3.12}$$

Dieser Strom durchfließt den MOSFET mit der Drainspannung $U_{D'S}$, wobei für ausreichend eingeschalteten Transistor

$$U_{D'S} \ll U_{GS} - U_{TH} \text{ und so } I = I_D \approx \mu_n C_i'' b/L \, (U_{GS} - U_{TH}) U_{D'S} \tag{4.3.13}$$

gilt. Dann lautet die U-I-Relation im Anfangsbereich

$$U_{ges} = U_T \ln\left[\frac{I}{I_0}\right] + \frac{IL}{\mu C_i'' b (U_{GS} - U_{HI})}. \tag{4.3.14}$$

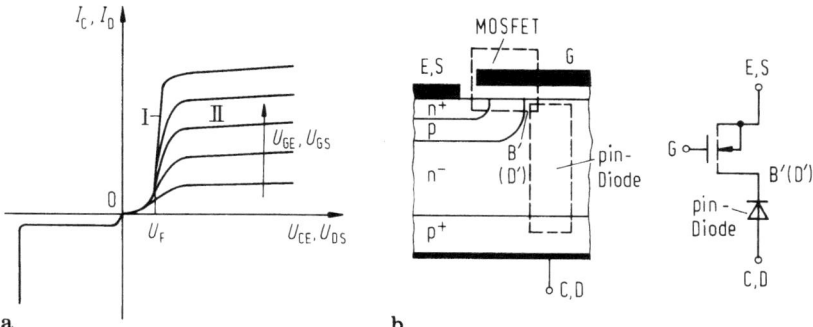

Bild 4.35 a, b. COMFET. **a** Kennlinienfeld, **b** Ersatzschaltung für den Bereich I

Sobald die Flußspannung $U_F > U_{pin} \approx 0{,}7\,\text{V}$ erreicht ist, steigt der Strom stark an. Deshalb hat der IGBT im Flußkennlinienbereich grundsätzlich eine Schwellspannung von 0,7 V!

Das anschließende Kennliniengebiet II wird besser durch das MOSFET-Bipolartransistormodell erklärt (Bild 4.34b), wobei letzterer eine relativ breite Basis (n-Gebiet) besitzt. Zwischen dem Löcherstrom I_p des pnp-Transistors und dem Elektronenstrom I_n des MOSFET gilt dann

$$I_p = \frac{A_{pnp}}{1 - A_{pnp}} I_n \qquad (4.3.15)$$

mit dem Emitterstrom $I_E = I_p + I_n$ als Summe beider Anteile. Die Stromverstärkung A_{pnp} selbst ist wegen der breiten Basis klein (Richtwert $\approx 0{,}5$).

Die Gesamtspannung setzt sich aus der des Kollektor-pn-Überganges und der Drainspannung $U_{D'S}$ des MOSFET zusammen, nur mit dem Unterschied, daß anstelle von $I \equiv I_C$ (Gl. (4.3.14)) jetzt der Elektronenstrom I_n auftritt:

$$I_n \equiv (1 - A_{pnp}) I_C. \qquad (4.3.16)$$

Man erhält so als Zusammenhang zwischen Steuerspannung U_{GS} und Kollektorstrom im Sättigungsbereich (bei großer Drainspannung U_{DS}) schließlich

$$I_D = \frac{1}{1 - A_{pnp}} I_n \equiv \frac{1}{1 - A_{pnp}} \cdot \frac{\mu C_i'' b}{2L} (U_{GS} - U_{TH})^2 \qquad (4.3.17)$$

und damit eine Steilheit g_m, die um den Faktor $1/1-A_{pnp} \approx 2\ldots3$ mal größer als beim üblichen MOSFET ist. Trotz des Vorteils einer größeren Steilheit hat der IGBT – wie jede Thyristorstruktur – noch die Neigung zum Latch-up-Effekt, die durch sorgfältige Bemessung gemildert werden muß.

Der IGBT ist ein erfolgsversprechendes Leistungsbauelement. Es wird heute bereits mit beachtlichen Leistungsparametern angeboten. Sein gutes Durchlaß- und Schaltverhalten sowie die geringe Ansteuerleistung räumen ihm eine

384   4 Bauformen des MOSFET

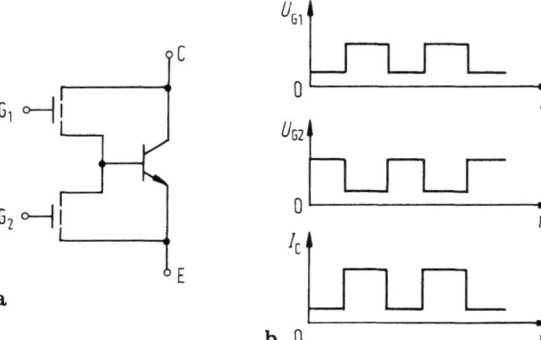

Bild 4.36a, b. MOS-Gate-Transistor (MGT). **a** Ersatzschaltung, **b** Steuerprinzip

Mittelstellung zwischen Bipolar- und MOS-Transistor einerseits und dem GTO andererseits ein. Zwei wichtige Varianten dieses Konzepts sind

- der laterale IGT,
- der SINFET (Schottky-Injection-FET). Dabei wird der p^+n-Übergang des IGBT durch einen Schottky-Übergang ersetzt, was das Schaltverhalten verbessert.

Ein anderes Konzept verfolgt der *MOS-Gate-Bipolartransistor* (MGT, Bild 4.36) [4.46]. Er verwendet einen vertikalen Bipolartransistor mit DMOS-Gates zum Einschalten des Basisraumes: es erfolgt über eine darlingtonähnliche Anordnung mittels G_1, das Ausschalten durch den BE-"Kurzschluß" über T_2 (Prinzip des gesteuerten Emitter-Basisspannungsteilers). Die Anordnung eignet sich gut für die Integration.

4.3.4 Leistungshalbleiter-Schaltkreise

Leistungs-MOSFETs fanden durch ihre typischen Vorteile, wie dem T^2L- und CMOS-kompatiblen Eingangskreis, die Spannungssteuerung, das gute Schalt- und thermische Verhalten u.a.m. rasch Einzug in die industrielle und Autoelektronik. Aus schaltungstechnischer Sicht erwuchs deshalb der Wunsch

- Leistungselement, Steuerschaltung und ggf. Schutzschaltungen zu einem Bauelement zu vereinen, einem sog. *intelligenten Leistungshalbleiter*, und schließlich,
- ganze Leistungsschaltungskomplexe (z.B. Reglerschaltungen, Schaltnetzteile u.a.) in sog. *Leistungs-ICs* zusammenzuführen.

Hinzu kommt, daß in vielen Fällen neben dem üblichen "low-side"-Schalter, der eine Last auf negatives Potential schaltet (Bild 4.37), noch der "high-side"-Schalter benötigt wird, etwa in Brückenschaltungen. Sie ist zum Einschalten eine Ladungspumpenschaltung erforderlich, die z.B. durch eine Eingangslogik

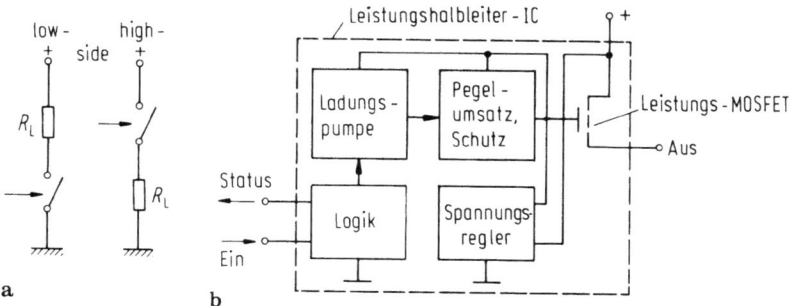

Bild 4.37a, b. Leistungshalbleiter-Schaltkreis. **a** Schalteranordnungen, **b** intelligenter Leistungshalbleiter (Leistungs-IC)

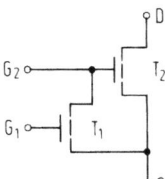

Bild 4.38. Integrierter Gatetreiber

gesteuert werden kann. Ein einfaches Beispiel einer solchen Integration ist der integrierte Gatetreiber (Bild 4.38). Wegen der großen Ladeströme von T_2 spielen Gatezuleitungsinduktivitäten für die Schaltgeschwindigkeit eine Rolle. Ein Treibertransistor T_1 senkt den erforderlichen Gatestrom, auch wird der Gateentladepfad verbessert [4.17].

Ein anderes Beispiel einer zweckmäßigen Schutzanordnung ist der Temperatursensor zur Feststellung der Transistortemperatur (Bild 4.39). Als Sensoren eignen sich pn-Übergänge, die in die Gate-Poly-Si-Schicht (Gate) eingebaut werden [4.48]. Zur Gruppe solcher Schutzmaßnahmen gehört auch das *Stromsensorprinzip*: man verwendet den Drainstromanstieg bei Überlast (elektrisch, thermisch), um eine Schutzmaßnahme auszulösen. Der einfachste

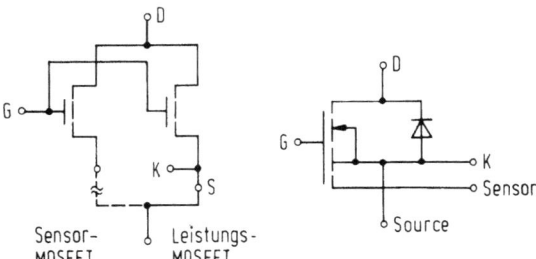

Bild 4.39. Sensor-MOSFET

Weg mit einem Zusatz-Source-Wiederstand ist wenig effizient [4.49]. Vorteilhafter wird der Sourceanschluß innerhalb einer zellenartig aufgebauten MOSFET-Struktur mit vielen parallel arbeitenden Elementen getrennt herausgeführt. Dann ist der Teilstrom proportional zum Gesamtstrom. Um zusätzliche Spannungsabfälle zu vermeiden, trägt die Hauptelektrode oft noch einen Kelvin-Kontakt. Bei diesem als *SENSFET* bezeichneten Anordnungen kann der Hilfsstrom für Schutzmaßnahmen unterschiedlich ausgewertet werden.

Bei integrierten Leistungsschaltkreisen zeichen sich zwei Richtungen ab:

1. Schaltungen mit geringer Stromergiebigkeit, aber großer Ausgangsspannung, die sog. *Hochspannungs-ICs* (HVIC) für spezifische Anwendungen (z.B. TV, Drucker u.a.) in NMOS-oder CMOS-Technik. Sie verwenden hauptsächlich den LDMOS, da er speziell für hohe Spannungen gut ausgelegt werden kann. Eine wichtige Rolle spielen in solchen Schaltungen die Isolationsmaßnahmen.
2. Schaltungen für größere Leistungen, die hauptsächlich den VDMOS verwenden.

4.4 Temperaturverhalten

Dem Einfluß der Temperatur auf typische statische und dynamische Eigenschaften muß beim MOSFET aus ganz unterschiedlichen Gründen Beachtung geschenkt werden:

– Sicherung der Funktionsfähigkeit einer Schaltung in einem größeren Temperaturbereich (meist 50...150 °C) während des Entwurfsprozesses. Dafür sind Transistormodelle erforderlich, die das Temperaturverhalten ausreichend genau wiedergeben, auch in Schaltungssimulatoren (SPICE, DOMOS u.a.).
– Untersuchung des Verhaltens bei extrem tiefen Temperaturen (T < 77 K, sog. Cold electronic region). Diesem Temperaturbereich werden generell bessere Schaltungseigenschaften der Bauelemente (höhere Geschwindigkeit, kleinere Verbindungswiderstände, geringeres Rauschen) und höhere Zuverlässigkeit zugeschrieben.
– Thermisch-elektrische Wechselwirkung im Transistor: Die erzeugte Verlustleistung (einschließlich ihrer signalbedingten Schwankung) beeinflußt durch thermische Rückkopplung über die Temperaturkoeffizienten rückwirkend Kennlinie und Signaleigenschaften, wodurch z.B. fallende Kennlinienteile entstehen können. Dieser für alle Halbleiterbauelemente mehr oder weniger typische Effekt macht sich insbesondere bei Leistungstransistoren bemerkbar.

4.4.1 Kanaltemperatur, Temperaturkoeffizienten

Der Leistungsumsatz im MOSFET erfolgt generell im gesamten Kanalbereich, jedoch durch die Feldverteilung bedingt besonders intensiv unmittelbar vor dem Drainkontakt. Im Mittel wird dabei die Verlustleistung $P_V = I_D U_{DS}$

umgesetzt, die eine (mittlere) Kanaltemperatur

$$T_K = T_U + P_V R_{th} \qquad (4.4.1)$$

nach Maßgabe des thermischen Widerstandes R_{th} erzeugt. Von diesem Mittelwert kann die lokale Temperatur deutlich abweichen (was nachfolgend nicht weiter betrachtet werden soll). Für die maximale Kanaltemperatur T_K gelten die gleichen Gesichtspunkte wie für alle Halbleiterbauelemente: sie sollte bei Si den Grenzwert von 175 °C nicht überschreiten. Mit gegebenem Wärmewiderstand (Herstellerangabe) kann dann für die jeweilige Umgebungstemperatur T_U die noch zulässige Verlustleistung bestimmt werden.

Aus schaltungstechnischer Sicht ist der Temperaturgang des Drainstromes bzw. der diesbezügliche *Temperaturkoeffizient* [4.102], [4.106], [4.117],

$$c_I = \frac{1}{I_D} \frac{dI_D}{dT}\bigg|_{U_{GS}, U_{DS}, U_{SB}} \qquad (4.4.2)$$

erforderlich, seltener dagegen der Temperaturkoeffizient der Steilheit. Je nach dem Betriebsbereich sind dabei folgende Größen dominant temperatursensibel:

– linearer und Sättigungsbereich:
  · die Beweglichkeit resp. Sättigungsgeschwindigkeit,
  · die Schwell- bzw. Abschnürspannung beim Verarmungs-MOSFET,
– Subschwellbereich: Temperaturspannung, Sättigungsstrom.

Spielen Sperrströme noch eine Rolle (Substratstrom, Sperrstrom der Wanne beim CMOSFET), so können auch diese Größen wichtig werden.

Im Linear- und Abschnürbereich ergibt sich ausgehend von Gl. (2.2.9) bzw. (2.2.11) bei zunächst vernachlässigtem Substrateffekt als Temperaturkoeffizient

$$c_I = \frac{1}{I_D} \frac{dI_D}{dT}\bigg|_{U_{GS}, U_{DS}} = \frac{1}{I_D} \left\{ \frac{\partial I_D}{\partial \mu_n} \frac{d\mu_n}{dT} + \frac{\partial I_D}{\partial U_{TH}} \frac{dU_{TH}}{dT} \right\}. \qquad (4.4.3)$$

Der erste, *beweglichkeitsbestimmte* Anteil läßt sich für eine Temperaturabhängigkeit

$$\mu_n = \mu_0 (T/T_0)^{-n} \qquad (4.4.4)$$

mit $n \approx 1{,}3 \ldots 2$ zu

$$\frac{1}{I_D} \frac{\partial I_D}{\partial \mu_n} \frac{d\mu_n}{dT} = \frac{1}{\mu_n} \frac{d\mu_n}{dT} = -n \qquad (4.4.5)$$

ansetzen. Dabei kann die Beweglichkeit maßgebend bestimmt sein durch den

– Volumenanteil mit thermischer Gitterstreuung ($\mu_g \sim T^{-3/2}$) und/oder Streuung an Störstellen $\mu_i \sim T^{3/2}$) oder
– durch den Oberflächenanteil ($\mu_s \sim T^{-1/2}$).

4 Bauformen des MOSFET

Für den *schwellspannungsbestimmten* Anteil gilt zunächst

$$\frac{1}{I_D}\frac{\partial I_D}{\partial U_{TH}} = \begin{cases} \dfrac{2}{2(U_{GS}-U_{TH})-U_{DS}} & \text{Linearbereich} \\ \dfrac{-2}{U_{GS}-U_{TH}} & \text{Abschnürbereich.} \end{cases} \quad (4.4.6)$$

Zur Bestimmung des Temperaturganges dU_{TH}/dT der Schwellspannung wird von der verallgemeinerten Form (s. Gl. (2.3.86 ff), [4.102])

$$U_{TH} = \Phi_{MS} - Q_i/C_i \pm 2\Phi_F + \Delta U_{TH}(N_I) \pm \gamma\sqrt{|U_{SB}| + 2\Phi_F + U_0} \quad (4.4.7)$$

$$\equiv U_{FB} \pm 2\Phi_F \pm \gamma\sqrt{\cdot/\cdot}$$

$+$: n-Kanal, $-$: p-Kanal-MOSFET

ausgegangen. Die Terme ΔU_{TH} und U_0 berücksichtigen dabei Schwellspannungsänderungen durch Implantation. Die Vorzeichen von Φ_F und U_0 unterscheiden sich bei Anreicherungstransistoren, wenn Substrat- und Implantationsleitungstyp übereinstimmen. Dann ist eine starke Kompensation von U_0 und $2\Phi_F$ möglich [2.180]. Bei unterschiedlichen Leitungstypen beider Schichten stimmen die Vorzeichen überein und $U_0 + 2\Phi_F$ beträgt etwa 1 V [2.171]. Bei Verarmungs- oder nichtimplantierten Transistoren verschwindet U_0.

Die wichtigsten temperaturvariablen Anteile in der Schwellspannung Gl. (4.4.7) sind die Metall-Halbleiteraustrittsarbeit Φ_{MS} und das Fermipotential (N_S: Substratdotierung)

$$2\Phi_F = 2U_T \ln(N_S/n_i). \quad (4.4.8)$$

Mit der Eigenleitungsdichte

$$n_i^2 = cT^3 \exp - W_G(0)/kT \quad (4.4.9)$$

($W_G(0)$ auf $T=0$ extrapolierter Bandabstand) wird

$$\frac{d(2\Phi_F)}{dT} = \frac{1}{T}\left[2\Phi_F - \left(\frac{W_G(0)}{q} + \frac{3kT}{q}\right)\right] \approx \frac{1}{T}\left[2\Phi_F - \frac{W_G(0)}{q}\right]. \quad (4.4.10)$$

Dabei ist W_G als temperaturunabhängig vorausgesetzt [2.171]. Man erhält so aus Gl. (4.4.7) zunächst

$$\frac{dU_{TH}}{dT} = \frac{dU_{FB}}{dT} + \left(\pm 1 \pm \frac{\gamma}{2\sqrt{|U_{SB}|+2\Phi_F+U_0}}\right)\frac{d(2\Phi_F)}{dT}. \quad (4.4.11)$$

Der Temperaturgang der Flachbandspannung $U_{FB} = \Phi_{GS} - Q_i/C_i$ hängt stark von der Gategestaltung, insbesondere der Austrittsarbeit Φ_{GS} zwischen Gatematerial und Substrat ab (Isolatorladung $Q_i = $ const angenommen). Setzt man in der Gateaustrittsarbeit

$$\Phi_{GS} = \Phi_G - \left(\frac{W_X}{q} + \frac{W_G}{2q} + \Phi_F\right) \quad (4.4.12)$$

4.4 Temperaturverhalten

beim Metallgate ($\Phi_G \equiv \Phi_M$) die Größen W_X, W_G als konstant an, so verbleibt

$$\frac{dU_{FB}}{dT} = \frac{d\Phi_{MS}}{dT} \equiv -\frac{d\Phi_F}{dT}. \qquad (4.4.13a)$$

Beim Si-Gate ist zu unterscheiden, ob dessen Leitungstyp mit dem des Substrats übereinstimmt oder nicht. Im ersten Fall gilt (also bei bis in die Entartung dotiertem p-leitenden Gate)

$$\frac{d\Phi_{GS}}{dT} \approx \frac{\Phi_{GS}}{T}, \qquad (4.4.13b)$$

weil die Austrittsarbeit nur durch die Unterschiede der Majoritätsdichten bestimmt ist. Im zweiten Fall hingegen wird die Austrittsarbeit hauptsächlich von der Intrinsicdichte $n_i^2 = pn$ bestimmt, und es gilt für n-leitendes, stark dotiertes Gate

$$\frac{d\Phi_{GS}}{dT} \approx \frac{1}{T}\left[\Phi_{GS} + \left(\frac{W_G(0)}{q} + \frac{3kT}{q}\right)\right]. \qquad (4.4.13c)$$

Für einen n-Kanal-Anreicherungstransistor mit p-Poly-Gate wird dann

$$\frac{dU_{TH}}{dT} \approx \frac{\Phi_{GS}}{T} + \left(\genfrac{}{}{0pt}{}{+}{-}\right)1\left(\genfrac{}{}{0pt}{}{+}{-}\right)\frac{\gamma}{2\sqrt{|U_{SB}| + 2\Phi_F + U_0}}\frac{d(2\Phi_F)}{dT} \qquad (4.4.14)$$

mit $\Phi_{GS} \approx -0{,}9$ V, $2\Phi_F \approx 0{,}7$ V, $W_G/q(0) = 1{,}21$ V. Da sich die ersten beiden der drei Terme etwa kompensieren, liefert der letzte den Hauptanteil mit $d2\Phi_F/dT < 0$. Umgekehrt kompensieren sich beide beim p-Kanal-Transistor nicht, so daß die TK deutlich größer wird und dU_{TH}/dT insgesamt ein positives Zeichen erhält [2.176].

Zum Temperaturgang dU_{TH}/dT der Schwellspannung tragen somit die Temperaturgänge der Flachbandspannung, des Volumenpotentials Φ_F und der Intrinsicdichte sowie der Substrateffekt bei. Der TK des Drainstromes lautet somit zusammengefaßt

$$c_I = -\frac{3}{2T} + \begin{cases} \dfrac{2}{2(U_{GS} - U_{TH}) - U_{DS}} \cdot \left(-\dfrac{dU_{TH}}{dT}\right) & \text{linearer Bereich} \\ \dfrac{2}{U_{GS} - U_{TH}} \cdot \left(-\dfrac{dU_{TH}}{dT}\right) & \text{Sättigungsbereich.} \end{cases} \qquad (4.4.15)$$

Im Bereich starker Inversion wirken somit die Temperaturgänge von Beweglichkeit (drainstromsenkend bei großer Gatespannung) und Schwellspannung (drainstromerhöhend, bei niedriger Gatespannung) einander entgegen. Der zweite Einfluß hängt vom Arbeitspunkt ab. Deshalb ist stets ein temperaturkompensierter Arbeitspunkt möglich: $c_I = 0$.

In erster Näherung sinkt die Schwellspannung U_{TH} linear über der Temperatur (Bild 4.40), was durch

390   4 Bauformen des MOSFET

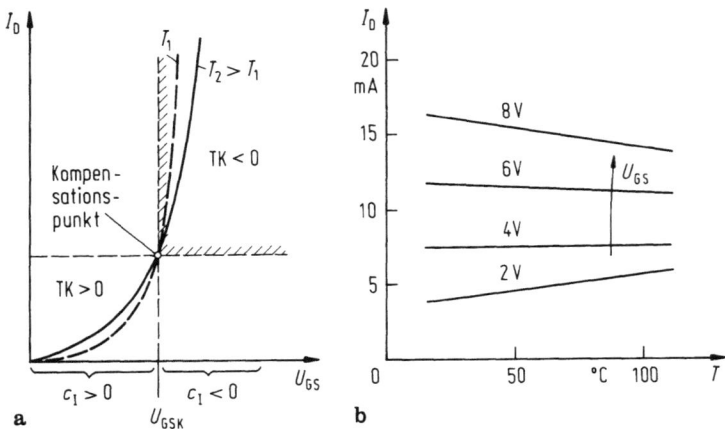

Bild 4.40a, b. Temperatureinfluß auf den Drainstrom. a Transferkennlinie bei Abschnürung, b Verlauf $I_D(T)$ eines n-Kanal-Anreicherungstransistors

$$U_{TH}(T) = U_{TH}(T_0) - \frac{\partial U_{TH}}{\partial T}\bigg|_{U_{GS}} \Delta T$$
$$= U_{TH}(T_0) - c_U \Delta T \tag{4.4.16}$$

angenähert wird. Der Temperaturkoeffizient c_U liegt zwischen $0{,}5 \ldots 3\,\text{mV/K}$ abhängig von Dotierung, Substrateinfluß und Vorspannung U_{SB}.

Die bisherigen Betrachtungen galten für den Langkanaltransistor. Beim *Kurzkanaltransistor* reduziert sich nach Gl. (2.4.4 ff.) die in die Gateladungsbilanz eingehende Verarmungsladung, was formal als eine Reduktion des Substrateffektes interpretiert werden kann. Deshalb sinkt dU_{TH}/dT mit kürzer werdendem Kanal etwas ab, was experimentell gut bestätigt wird.

Schaltungstechnisch lassen sich die gegensätzlichen Temperatureinflüsse von Beweglichkeit und Schwellspannung auf den Drainstrom zur Kompensation, d.h. einem *temperaturunabhängigen Arbeitspunkt* ausnutzen (Bild 4.40). Er ergibt sich aus Gl. (4.4.15) für $c_I = 0$ z.B. für den Abschnürbereich zu

$$U_{GSK} - U_{TH} = -4T/3 \cdot dU_{TH}/dT. \tag{4.4.17}$$

Im Transferkennlinienfeld $I_D(U_{GS})$ gibt es dann für Kennlinien mit der Temperatur als Parameter einen gemeinsamen Schnittpunkt bei dieser Spannung U_{GSK}. Für $U_{GS} < U_{GSK}$ wächst I_D mit steigender Temperatur, darüber sinkt er. Weil gerade in diesem Bereich die stärkeren Strom- und damit Leistungsbelastungen auftreten, besteht für den MOSFET i.a. *nicht* die Gefahr des thermischen Durchbruchs (s. Abschn. 4.4.3), wie sie z.B. für den Bipolartransistor typisch ist.

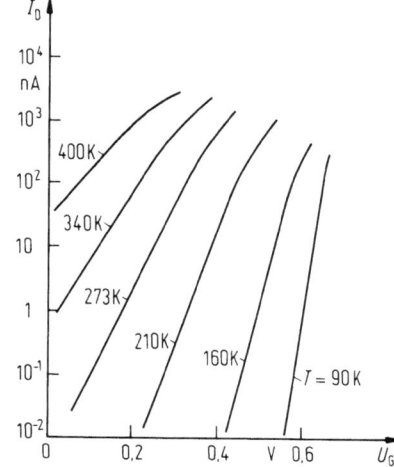

Bild 4.41. Temperatureinfluß auf den Drainstrom im Bereich der schwachen Inversion (n-Kanal-Anreicherungstransistor $U_{DS} = 0,2$ V, $U_{BS} = 0$)

Bereich schwacher Inversion. In diesem Bereich verbessern sich die Kennlinien Gl. (2.3.30) mit sinkender Temperatur (Bild 4.41), m.a.W. steigt die Schwellspannung beträchtlich und der Gate-Swing (Gl. (2.3.33)) sinkt. Des weiteren nimmt der Drainstrom ab (durch den geringeren Leckstrom), und es wächst die Steilheit. Grundsätzlich läßt sich für Gl. (2.3.30) ein TK des Stromes vereinbaren, was hier aber nicht weiter verfolgt werden soll [4.106], [4.108], [4.109].

4.4.2 Verhalten bei sehr tiefer Temperatur

Das bisher betrachtete Temperaturverhalten geht vom Erschöpfungsfall des Halbleiters aus: alle Störstellen sind ionisiert. Damit liegt die *untere Grenztemperatur* fest. Sinkt die Temperatur noch weiter, so nimmt der Anteil ionisierter Störstellen im Substrat ab (→ Reservefall) und die beweglichen Träger beginnen

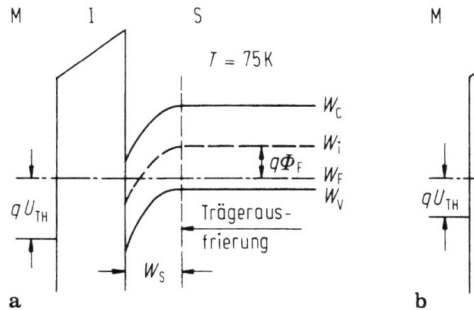
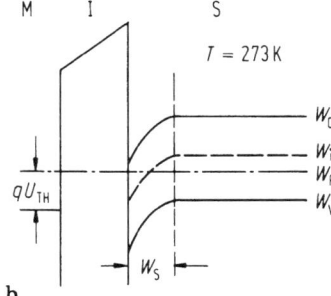

Bild 4.42. Einfluß tiefer Temperaturen auf das Bändermodell der MIS-Struktur bei Inversionseinsatz ($U_{GS} = U_{TH}$). **a** Tieftemperaturfall, **b** Normaltemperatur

"einzufrieren" (Carrier Freezeout) [4.109]-[4.111]. Dann fehlt in der Inversionszone die Ladungsträgerneutralisation durch die Bandverbiegung. Bild 4.42 erläutert die Situation: Bei Zimmertemperatur sind alle (flachen) Störstellen im Halbleitervolumen und der Raumladungszone ionisiert. Dieser Zustand bleibt erhalten, wenn das Gatefeld eine Bandverbiegung verursacht. Bei sehr tiefer Temperatur liegt das Ferminiveau im Substrat zwischen dem Akzeptorniveau und der Valenzbandkante, m.a.W. sind sie nur teilweise ionisiert, also eingefroren. Für den Raumladebereich gilt dies nicht, weil dort einmal das Ferminiveau lokal noch näher zur Bandmitte hin liegt und zum anderen Elektronen aus den Source-Drain-Gebieten her leicht in den Kanal fließen können. Deshalb ist z.B. in der Schwellspannung U_{TH} und im Fermipotential Φ_F auch bei 77 K die Gesamtkonzentration N anzusetzen, nicht nur der ionisierte Teil. Der Transistorbetrieb bei sehr tiefen Temperaturen bietet eine Reihe von Vorteilen [4.102], [4.107], [4.109]-[4.111]:

- die Beweglichkeit (und damit die Steilheit und der Stromanstieg im Subschwellbereich) ist um einen Faktor 2...4 größer als bei Zimmertemperatur wegen der geringeren Streuung. Dies äußert sich z.B. auch durch einen größeren Stromanstieg $I_D(U_{GS})$ im Subschwellbereich (Bild 4.41);
- die Schaltgeschwindigkeit liegt etwa um den gleichen Faktor höher,
- deutlich geringere Sperrströme,
- geringere Leistungswiderstände,
- höhere Wärmeleitfähigkeit des Siliziums (bis zu einem Faktor 6),
- höhere Zuverlässigkeit, da thermisch aktivierte Vorgänge (z.B. Elektromigration, Diffusion, chemische Reaktionen) exponentiell mit der Temperatur zunehmen,
- Abnahme der Sperrschichtkapazitäten.

4.4.3 Thermisch-elektrische Wechselwirkung in MOSFETs

Bisher wurde die im MOSFET umgesetzte Leistung stets als so klein angesehen, daß die mittlere Kanaltemperatur nach Gl. (4.95) gleich der Umgebungstemperatur gesetzt werden konnte. Bei merklicher Verlustleistung (resp. großem thermischen Widerstand) wird der Unterschied zwischen T_j und T_U durch Selbstaufheizung jedoch nicht nur größer, sondern es tritt auch eine thermisch-elektrische Verkopplung auf [4.112]-[4.116]:

- abhängig von der Schaltung bestimmt die im MOSFET erzeugte Verlustleistung $P_V = I_D U_{DS}$ nach Gl. (4.4.1) über den Wärmewiderstand die mittlere Kanaltemperatur,
- die Kanaltemperatur wiederum beeinflußt über den Temperaturkoeffizienten, z.B. des Stromes, die Strom-Spannungswerte am Transistor und korrigiert so die Verlustleistung. Insgesamt herrscht eine thermisch-elektrische Rückkoppelung. Sie kann selbstaufheizend begrenzend (thermisch stabil) oder instabil sein. Dann wird der Transistor thermisch zerstört.

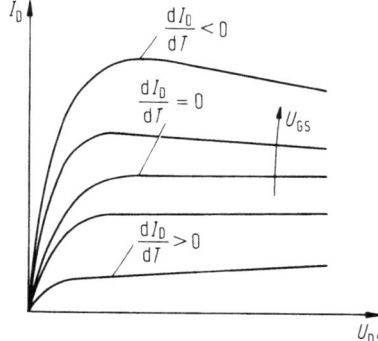

Bild 4.43. Impliziter Temperatureinfluß durch Eigenerwärmung des n-Kanal-Anreicherungs-MOSFET

Besonders deutlich tritt dieses Verhalten am Ausgangskennlinienfeld zutage (Bild 4.43). Bei isothermer Aufnahme (z.B. mit kurzen Spannungsimpulsen), d.h. T_K = const. stellt sich das (isotherme) Kennlinienfeld nach Abschn. 2.2 ein. Unter *nichtisothermen* Bedingungen (Gleichstromaufnahme) beginnen die Kennlinien dagegen bei höherer Belastung abzufallen. Im Kleinsignalbetrieb kann sogar ein negativer Wirkleitwert auftreten. Die Ursache dieses Effektes ist nach Abschn. 4.4.1 der dominierende Temperaturgang der Beweglichkeit bei großem Strom (großer Leistung) im Abschnürbereich.

Der Zusammenhang zwischen der Kanaltemperaturänderung ΔT_K als Folge einer Änderung $\Delta T_U (>0)$ der Umgebungstemperatur folgt über

$$\Delta T_K = R_{th} \Delta P_V + \Delta T_U. \qquad (4.4.18)$$

Die Verlustleistungsänderung ΔP_V hängt über temperatursensiblen Klemmengrößen $I_D(T_K)$ $U_{DS}(T_K)$ implizit mit der Temperaturänderung ΔT_K zusammen. Für die Grundschaltung Bild 4.44 beträgt die Verlustleistung

$$P_V = (U_{DD} I_D - I_D^2 R),$$

die Leistungsänderung also

$$\frac{dP_V}{dT_K} = \frac{\partial P_V}{\partial I_D} \frac{dI_D}{dT_K} = (U_{DD} - 2RI_D) \cdot \frac{dI_D}{dT_K} \qquad (4.4.19)$$

resp.

$$\Delta P_V = (U_{DD} - 2RI_D) dI_D/dT_K \cdot \Delta T_K.$$

Mit Gl. (4.4.18) zusammengefaßt folgt so

$$\boxed{\Delta T_K = \frac{\Delta T_U}{1 - (U_{DD} - 2RI_D) R_{th} dI_D/dT_K}.} \qquad (4.4.20)$$

Bei gegebener Umgebungstemperatur ΔT_U hängt die Kanaltemperaturänderung

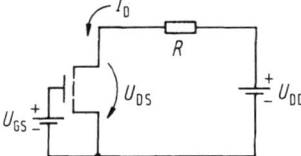

Bild 4.44. MOSFET in der Grundschaltung

ΔT_K (und damit der sich tatsächlich eingestellte Drainstrom) ab insbesondere vom

- Vorzeichen des Temperaturkoeffizienten dI_D/dT_K,
- Spannungsabfall $I_D R$ über dem Lastwiderstand im Vergleich zur Versorgungsspannung U_{DD}.

Für *Konstantspannungsbetrieb* (Kennlinienaufnahme, R = 0) ist dann bei beweglichkeitsbestimmtem Temperaturgang ($dI_D/dT_K < 0$, s. Gl. (4.4.4)) die Temperaturänderung ΔT_K stets *kleiner* als die auslösende Störung ΔT_U. Deshalb arbeitet der MOSFET in diesem Betriebszustand stets *thermisch stabil* (im Gegensatz zum Bipolartransistor) und der Drainstrom muß gegenüber dem isothermen Fall abnehmen. Der isotherme Betrieb setzt $\Delta T_K = 0$ voraus, also bei konstanter Umgebungstemperatur $\Delta T_U = 0$ auch nach Gl. (4.4.19) keine Verlustleistungsänderung ΔP_V oder verschwindenden thermischen Widerstand R_{th}. Die Leistungsänderung verschwindet entweder bei halber Betriebsspannung am Vorwiderstand R oder beim Temperaturkoeffizient $dI_D/dT_K \approx 0$.

Die thermische Rückkopplung tritt nicht nur im Ausgangskennlinienfeld, sondern auch in den Kleinsignalleitwerten zutage. Ihr Einfluß kann entweder über ein Kennlinienmodell oder eine strikte Kleinsignalbetrachtung bestimmt werden [4.113], [4.114].

Für ein Kennlinienmodell (s. Gl. (2.3.66a))

$$I_D = I_{DSS}(T_K) \cdot \frac{U_{DS} + U_A}{U_{D\,Sätt} + U_A}$$

im Abschnürbereich (mit der Earlyspannung U_A und der Abschnürspannung $U_{D\,Sätt}$) sowie einem Temperaturgang der Beweglichkeit nach Gl. (4.4.5)

$$\frac{\mu_n(T_K)}{\mu_n(T_0)} = \left(\frac{T_K}{T_0}\right)^{-n} = \left(1 + \frac{R_{th} I_D U_{DS}}{T_U}\right)^{-n}$$

ergibt sich zusammengefaßt

$$I_D = \frac{I_{DSS}}{U_{D\,Sätt} + U_A}(U_{DS} + U_A)\left(1 + \frac{R_{th} U_{DS} I_D}{T_U}\right)^{-n}. \tag{4.4.21}$$

Daraus folgt die Ableitung

$$\frac{dI_D}{dU_{DS}} = \frac{I_D}{U_{DS} + U_A} \cdot \frac{T_U + R_{th}I_D U_{DS}(1-n) - nR_{th}I_D U_A}{T_U + R_{th}I_D U_{DS}(1+n)} \quad (4.4.22a)$$

$$\approx \frac{I_D}{U_{DS} + U_A} \frac{T_U}{T_U + (1+n)R_{th}P_V}\left(1 - \frac{I_D}{I'}\right)$$

mit $I' = \dfrac{T_U}{R_{th}[(n-1)U_{DS} + nU_A]}.$ \hfill (4.4.22b)

Aus dem Ergebnis Gl. (4.4.22) lassen sich mehrere Schlüsse ziehen:
- für $R_{th}/T_U \to 0$ (unendlich gute Wärmeableitung im Transistor) folgt mit

$$\frac{dI_D}{dU_{DS}} = \frac{I_D}{U_{DS} + U_A}, \quad (4.4.22c)$$

der *isotherme* dynamische Ausgangsleitwert (positiv),
- für $I_D > I'$ wird dI_D/dU_{DS} negativ.

Der Temperaturexponent der Beweglichkeit beträgt $n \approx 1,3\ldots 2$. Damit genügt dieses einfache Modell bereits zur Erklärung der Kennlinienrückläufigkeit nach Bild 4.43.

Das Modell Gl. (4.4.22) gilt – der Herleitung nach – nur für den statischen Fall, wobei reaktive Komponenten (Transistorkapazitäten und vor allem die thermische Zeitkonstante τ_{th} der Wärmeausbreitung) vernachlässigt werden können. Berücksichtigt man die thermische Zeitkonstante (z.B. bei Sinusaussteuerung) durch Definition eines *komplexen Wärmewiderstandes* R_{th} in Gl. (4.4.18)

$$T_K = T_U + R_{th}P_V$$

mit $R_{th} = \dfrac{R_{th}}{1 + j\omega\tau_{th}}$ und $P_V \approx I_D U_{DS} + U_{DS} I_D.$ \hfill (4.4.23)

so lautet der *komplexe Kleinsignalleitwert*

$$y'_{22}(\omega) = \frac{I_D(\omega)}{U_{DS}(\omega)} \equiv \frac{y_{22|T} + c_I R_{th}I_D^2}{1 - c_I R_{th}U_{DS}I_D} \quad (4.4.24)$$

mit dem Temperaturkoeffizienten nach Gl. (4.4.2). Er setzt sich aus dem isothermen Kleinsignalleitwert $y_{22|T}$ und Zusatztermen zusammen, die einen zusätzlichen Frequenzgang verursachen. Der Temperaturkoeffizient c_I ist je nach Lage des Arbeitspunktes beweglichkeits- oder schwellspannungsbestimmt. Bei großen Strömen dominiert der Beweglichkeitsanteil, und es gilt angenähert mit (Gl. (4.4.3), (4.4.5)) $c_I \approx -n/T_K$ schließlich

$$\boxed{y'_{22}(\omega) = \frac{y_{22|T} - n/T_K R_{th}I_D^2}{1 + n/T_K R_{th}U_{DS}I_D}.} \quad (4.4.25)$$

396   4 Bauformen des MOSFET

Für den quasistatischen Fall ($\omega \to 0$) und Ersatz der Kanaltemperatur T_K durch T_U über Gl. (4.4.1) läßt sich dann Gl. (4.4.22a) direkt herleiten.

Bei kleiner Drainspannung kann der Nenner von Gl. (4.4.25) etwa zu 1 gesetzt werden. Dann wird der Realteil des Ausgangsleitwertes negativ für

$$I_D^2 > \frac{T_K y_{22|T}}{n \, \text{Re}(R_{th})} \tag{4.4.26}$$

also größere Ströme.

Interessant ist das Verhalten des sonst unter isothermen Bedingungen rein kapazitiven Verhaltens von $y_{22|T} \approx g_{22T} + j\omega c_{22|T}$ (s. Abschn. 3.3). Man erhält mit Gln. (4.4.23) und (4.4.25)

$$\text{Im}(y'_{22}) = \left[c_{22|T} + \frac{n R_{th} \tau_{th} I_D^2}{T_K \cdot \{1 + (\omega\tau)^2\}} \right]. \tag{4.4.26}$$

Somit *vergrößert* sich die Ausgangskapazität (Bild 4.45a), jedoch stark frequenzabhängig. Ist dagegen der TK *positiv* (Arbeitspunkt bei kleinerem Drainstrom, so daß der Temperaturgang der Schwellspannung das Vorzeichen von c_l bestimmt), so wird $\text{Im}(y_{22})$ durch die thermisch-elektrische Wechselwirkung in einem bestimmten Frequenzbereich *induktiv* (Bild 4.45b).

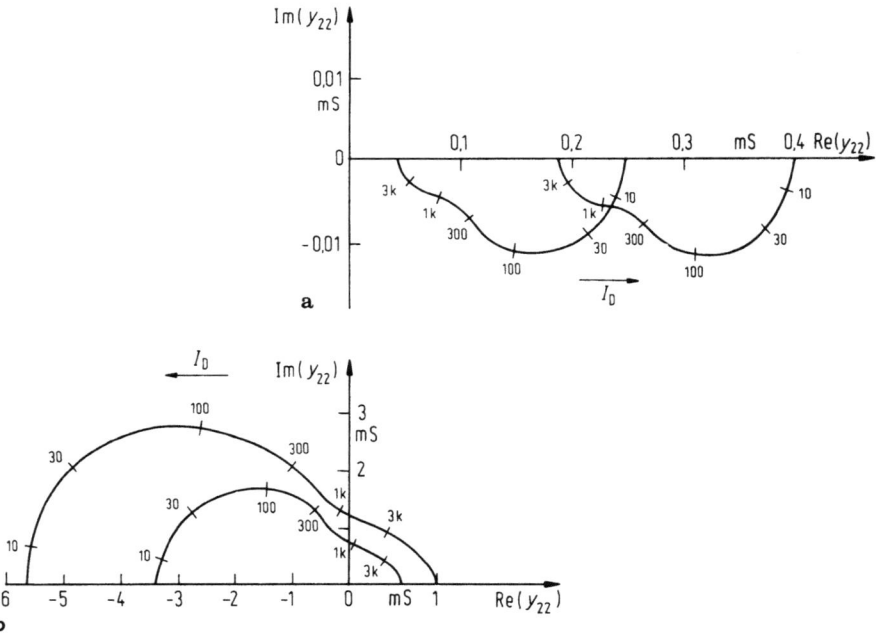

Bild 4.45. Ausgangskurzschlußleitwert eines n-Kanal-Anreicherungs-MOSFET ($U_{DS} = 10\,\text{V}$, I_D, Parameter Frequenz (Hz)). **a** für $I_D < I'$, **b** für $I_D > I'$

4.4 Temperaturverhalten

Solche nichtisothermen Eigenschaften von MOSFETs lassen sich verschiedenartig auswerten, etwa

- zur Messung der thermischen Impedanz des Transistors [4.114],
- zur Bestimmung der Sättigungsgeschwindigkeit und ihres Temperaturganges
- oder zur Erklärung einer Steilheitsdegradation in Leistungstransistoren.

Für verschiedene Anwendung stört der fallende nichtisotherme Kennlinienbereich. Unter Ausnutzung der Substratsteuerung und eines als Sourcefolger beigefügten zweiten MOSFET ist es aber möglich, diese sog. Mitlaufeffekte zu kompensieren [4.116].

Anhang

Anhang A: Analyse des MOS-Zweipoles

Der Zusammenhang der Halbleiterraumladung Q''_{SC} (Gl. (2.1.14)) und dem Oberflächenpotential ψ_S einer stromlosen MOS-Zweipolanordnung nach Bild A1 (resp. Bild 2.3) ist durch die Poissonsche Gleichung gegeben.

Ausgang sind die Trägerkonzentrationen n_0, p_0 (im Gleichgewicht)

$$n_0 = n_i \exp\frac{W_F - W_i}{kT} \qquad p_0 = n_i \exp\frac{W_i - W_F}{kT} \tag{A1.a}$$

im homogen dotierten Substrat im thermodynamischen Gleichgewicht mit den Konzentrationen n_0, p_0. Definiert man für einen p-Halbleiter als Fermipotential Φ_F (im Bereich ohne Bandverbiegung, $W_i \to W_i(\infty)$)

$$\Phi_F = \frac{W_F - W_i(\infty)}{-q} = U_T \ln\frac{n_i}{n_0} = U_T \ln\frac{p_0}{n_i} = U_T \ln\frac{N_A}{n_i}\bigg|_{\text{p-Substrat}} \tag{A1.b}$$

und als *Bandverbiegung* $\psi(x)$

$$\psi(x) = \frac{W_i(x) - W_i(\infty)}{-q} \tag{A1.c}$$

(bezogen auf den Bandverlauf weit im Halbleiterinnern, Bild 2.3), so ergeben sich aus Gl. (A1.a) die Trägerkonzentrationen

$$\boxed{\begin{aligned} n(x) &= n_0 \exp\frac{\psi(x)}{U_T}; & p(x) &= p_0 \exp -\frac{\psi(x)}{U_T} \\ &= n_i \exp\frac{\psi(x) - \Phi_F}{U_T} & &= n_i \exp\frac{\Phi_F - \psi(x)}{U_T}. \end{aligned}} \tag{A1.d}$$

An der *Halbleiteroberfläche* $x = 0$ stellt sich das *Oberflächenpotential* $\psi_S = \psi(0)$

$$\psi_S = \frac{W_i(0) - W_i(\infty)}{-q} \tag{A1.e}$$

mit den *Oberflächenkonzentrationen* n_S, p_S (Gl. (2.1.9ff.))

$$\boxed{\begin{aligned} n_S &= n(0) = n_0 \exp\frac{\psi_S}{U_T} = n_i \exp\frac{\psi_S - \Phi_F}{U_T} \\ p_S &= p(0) = p_0 \exp -\frac{\psi_S}{U_T} = n_i \exp\frac{\Phi_F - \psi_S}{U_T} \end{aligned}} \tag{A1.f}$$

ein, für den p-Halbleiter ($p_0 \approx N_A$) also auch

$$n_S = n_i \exp \frac{\psi_S - \Phi_F}{U_T} = N_A \exp \frac{\psi_S - 2\Phi_F}{U_T}. \tag{A1.g}$$

Die Lösung der (eindimensionalen) Poisson-Gleichung im p-Halbleiter

$$\frac{d^2\psi}{d^2x} = -\frac{\rho(x)}{\varepsilon_S}$$

erfordert die Raumladungsdichte $\rho(x)$. Sie lautet

$$\rho(x) = -q[p(x) - n(x) - N_A + N_D] \equiv q[p_0(e^{-\psi(x)/U_T} - 1) - n_0(e^{\psi(x)/U_T} - 1)]. \tag{A.2}$$

Rechts wurde die Gültigkeit von $p_0 - n_0 = N_A - N_D$ beachtet. Damit lautet die Poissonsche Gleichung

$$\frac{d^2\psi}{d^2x} = -\frac{q}{\varepsilon_S}[p_0(e^{-\psi(x)/U_T} - 1) - n_0(e^{\psi(x)/U_T} - 1)] = -q\frac{N_A}{\varepsilon_S}$$
$$\cdot [e^{-\psi(x)/U_T} - 1 - e^{-2\Phi_F/U_T}(e^{\psi(x)/U_T} - 1)]. \tag{A.3}$$

Die letzte Schreibweise gilt für den hier vorliegenden stark dotierten p-Halbleiter. Die komplizierte Form von Gl. (A.3) folgt aus der wechselseitigen Verkopplung von Trägerdichte und Potential über die Boltzmann-Beziehung und den Zusammenhang zwischen Feldänderung und Ladung durch die Poissonsche Gleichung.

Die Randwerte der Gleichung (A.3) lauten im Halbleiterinnern

$$\begin{aligned} x \to \infty: &- \text{Oberflächenpotential } \psi(\infty) = 0 \\ &- \text{Feldstärke } (d\psi/dx) = 0. \end{aligned} \tag{A.4}$$

Gewöhnlich interessieren die Bandverbiegung $\psi(x)$ und Feldstärke $E = -d\psi/dx$ an einem beliebigen Punkt, im vorliegenden Falle besonders an der Halbleiteroberfläche $x = 0 (\psi(0) = \psi_S, E(0) = E_S = -d\psi/dx|_0)$.

Zur Lösung der Poissonschen Gleichung multipliziert man beide Seiten mit $2\,d\psi/dx$ und beachtet links

$$\frac{d\psi}{dx}\left(\frac{d\psi}{dx}\right)^2 = 2\frac{d\psi}{dx}\left(\frac{d^2\psi}{dx^2}\right)$$

$$2\frac{d\psi}{dx}\left(\frac{d^2\psi}{dx^2}\right) = \frac{d}{dx}\left(\frac{d\psi}{dx}\right)^2 = -q\frac{N_A}{\varepsilon_S}[e^{-\psi(x)U_T} - 1 - e^{-2\Phi_F/U_T}(e^{\psi(x)/U_T} - 1)]2\frac{d\psi}{dx}.$$

Die Integration aus dem Halbleiterinnern mit den Randwerten Gl. (A.4) ergibt

$$E(x) = -\frac{d\psi}{dx} = \pm\sqrt{\frac{2qN_AU_T}{\varepsilon_S}} \cdot \sqrt{e^{-\psi(x)/U_T} + \frac{\psi(x)}{U_T} - 1 + e^{-2\Phi_F/U_T}\left(e^{\psi(x)/U_T} - \frac{\psi(x)}{U_T} - 1\right)} \tag{A.5}$$

Vorzeichen + für $\psi > 0$ (Vorzeichen von E und V stimmen überein), − für $\psi < 0$.

Für die *Oberflächenladung* Q_{SC} Gl. (2.1.14) ergibt sich über die Stetigkeit der Normalkomponenten der Verschiebungsflußdichte

$$-E|_{\text{Oberfl.}} = Q''_{SC}/\varepsilon_S$$

mit Gl. (A.5) zu

$$Q''_{SC} = \sqrt{2q\varepsilon_S N_A U_T} \cdot \sqrt{e^{-\psi_S/U_T} + \frac{\psi_S}{U_T} - 1 + e^{-2\Phi_F/U_T} \cdot \left(e^{\psi_S/U_T} - \frac{\psi_S}{U_T} - 1\right)} \quad (A.6)$$

und daraus die Raumladekapazität c''_{SC} der Halbleiteroberfläche (Gl. (2.1.47))

$$c''_{SC} = -\frac{dQ''_{SC}}{d_S} = \sqrt{\frac{2q\varepsilon_S N_A}{U_T}}$$
$$\cdot \frac{1 - e^{-\psi_S/U_T} + e^{-2\Phi_F/U_T} \cdot (e^{\psi_S/U_T} - 1)}{2\sqrt{e^{-\psi_S/U_T} + \frac{\psi_S}{U_T} - 1 + e^{-2\Phi_F/U_T} \cdot \left(e^{\psi_S/U_T} - \frac{\psi_S}{U_T} - 1\right)}} \quad (A.7)$$

Den Zusammenhang zwischen Bandverbiegung $\psi(x)$ und x erhält man aus Gl. (A.5) durch Integration von der Stelle x zur Oberfläche x = 0($\to \psi_S$) hin:

$$\int_{\psi(x)}^{\psi_S} \frac{d\psi'}{E(\psi')} = x - x_S \quad (\psi' \text{ Integrationsvariable})$$
$$\equiv 0$$

Diese Beziehung ist – mit Ausnahme der Eigenleitung – nur numerisch auswertbar.

Für den hier interessierenden *Inversionsfall* $\psi_S \gtrsim 2\Phi_F$ ergibt sich aus Gl. (A.6) die Näherung

$$Q''_{SC} \approx -\sqrt{2q\varepsilon_S N_A U_T} \cdot \sqrt{\frac{\psi_S}{U_T} + e^{(\psi_S - 2\Phi_F)/U_T}} \quad (A.8)$$

und aus Gl. (A.7) die Raumladekapazität

$$c''_{SC} = \sqrt{\frac{2q\varepsilon_S N_A}{U_T}} \cdot \frac{1 + e^{(\psi_S - 2\Phi_F)/U_T}}{2\sqrt{\frac{\psi_S}{U_T} + e^{(\psi_S - 2\Phi_F)/U_T}}}. \quad (A.9)$$

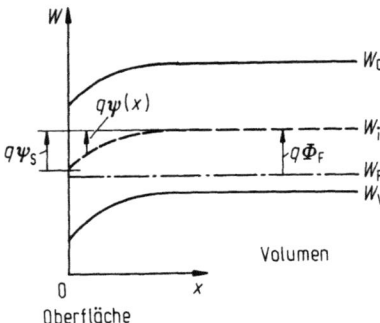

Bild A.1. Bändermodell eines p-Halbleiters

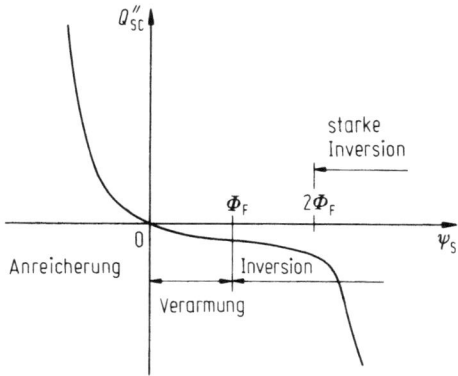

Bild A.2. Abhängigkeit der Halbleiterraumladung Q''_{SC} von der Bandverbiegung

Anhang B: Berechnung der Ladungen Q_I, Q_B

Für die Inversions- und Verarmungsladungen Q_I, Q_B (Gl. (2.1.15)) (bzw. der flächenbezogenen Werte Q'')

$$Q_{SC} = Q_I + Q_B \tag{B.1}$$

lassen sich auf folgendem Wege explizite Beziehungen angeben. Die Inversionsladung (Elektronen bei p-Substrat-Halbleiter, Gl. (2.1.16))

$$Q''_I = -q \int_0^{x_i} n(x)dx = -q \int_0^{x_i} n_0 \exp\frac{\psi(x)}{U_T} dx \tag{B.2}$$

ist in einer Schicht der Dicke $x_i - 0$ mit der Verteilung $n(x)$ enthalten. Letztere hängt von der Bandverbiegung $\psi(x)$ ab (Gl. (A.1d)). Die Minoritätsgleichgewichtsverteilung n_0 (im Volumen) ist über das Massenwirkungsgesetz durch die Dotierung N_A bestimmt:

$$n_0 = N_A \exp\frac{-2\Phi_F}{U_T}.$$

Wird die Integrationsvariable $x \to \psi(x)$ gewechselt

$$dx \equiv \frac{dx}{d\psi} \cdot d\psi = -\frac{1}{E(x)} d\psi \equiv -\frac{1}{E(\psi)} d\psi, \tag{B.3}$$

wobei sich die Feldstärke $E(\psi)$ in der oberflächennahen Halbleiterzone direkt aus der Lösung Gl (A.5) (Anhang A) der Poissonschen Gleichung ergibt und beachtet man den Wechsel in den Integrationsgrenzen ($x = 0 \to \psi_S, x_i \to \psi_i \approx 0$, wenn ausreichend tief in die Raumladungszone integriert wird), so folgt schließlich für die *Inversionsladung*

$$Q''_I = qN_A \left(\exp -\frac{2\Phi_F}{U_T} \right) \int_{\psi_S}^0 \frac{\exp -\psi/U_T}{E(\psi)} d\psi. \tag{B.4}$$

Ganz entsprechend ergibt sich für die *Verarmungsladung*

$$Q''_B = qN_A \int_{\psi_S}^0 \frac{1 - \exp -\psi/U_T}{E(\psi)} d\psi \tag{B.5}$$

Dabei wurde von der Ladung

$$Q''_B = q \int_0^{x_i} (N_A - p(x))dx$$

ausgegangen. Insbesondere Gl. (B.4) stellt die Grundbeziehung für die Inversionsladung des MOSFETs mit langem Kanal dar. Die Lösung dieser Integrale Gl. (B.4, B.5) kann i.allg. nur numerisch erfolgen. Die *zugeordneten Kapazitäten* c_I'', c_D'' (s. Gl. (2.1.50)) hingen können direkt bestimmt werden:

$$c_I'' = -\frac{dQ_I''}{d\psi_S} = -qN_A \exp\frac{-2\Phi_F}{U_T} \cdot \frac{\exp\psi_S/U_T}{E(\psi_S)}$$

$$= \sqrt{2q\varepsilon_S N_A} \cdot \frac{\exp(\psi_S - 2\Phi_F)/U_T}{2\sqrt{\psi_S - U_T + U_T\exp(\psi_S - 2\Phi_F)/U_T}} \qquad (B.6)$$

und

$$c_D'' = -\frac{dQ_D''}{d\psi_S} = \sqrt{2q\varepsilon_S N_A} \cdot \frac{1}{2\sqrt{\psi_S - U_T + U_T\exp(\psi_S - 2\Phi_F)/U_T}}. \qquad (B.7)$$

Dabei wurden in $E(\psi_S)$ (Gl. (A.6)) all jene Terme vernachlässigt, die im Verarmungs- und Inversionsbereich numerisch nicht nennenswert beitragen.

Die Ladungs- und Kapazitätsverläufe wurden in den Bildern 2.6 und 2.11 skizziert.

Anhang C: Einfluß der Substratspannung

Die Trägerkonzentration an der SiO_2/Si-Grenzfläche einer p-Substrat-MOS-Dreipolstruktur, die außer den Gate- und Substratanschlüssen G, B nach Bild 2.13ff. noch einen n^+-Sourcekontakt als ohmschen Kontakt zur Inversionsschicht besitzt, hängt nicht allein von der Spannung U_{GB}, sondern auch von U_{SB} ab.

Für U_{SB} ergibt sich die bisherige Ausgangssituation, etwa Inversion, wenn $U_{GB} > 0$ eingestellt ist (Bild 2.15). Wird nun U_{GB} in diesem Zustand konstant gehalten und $U_{SB}(>0)$ erhöht (Bild C.1), so

- sinkt die Elektronenkonzentration in der Inversionsschicht (weil ein Teil zur Quelle U_{SB} abfließt)
- muß schließlich U_{GB} um den gleichen Betrag U_{SB} erhöht werden, um die anfängliche Elektronenkonzentration in der Inversionsschicht wieder herzustellen.

Weil in der Struktur jetzt *Nichtgleichgewicht* herrscht (über U_{SB} ist ein Sperrstrom zwischen Inversionsschicht und Substrat möglich!), wird die Elektronenkonzentration in der Inversionsschicht anstelle von Gl. (A.1a) durch das Elektronenquasiferminiveau W_{Fn} und die Eigenleitungs-

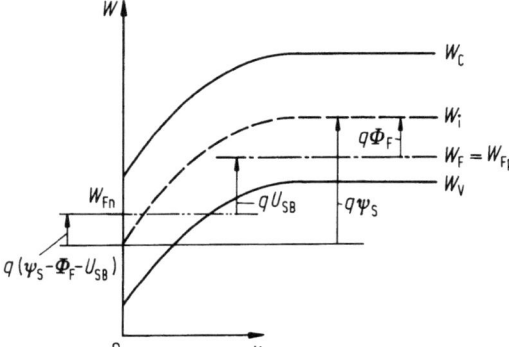

Bild C.1. Bändermodell einer MOS-Dreipolstruktur im Nichtgleichgewicht mit anliegender Spannung U_{SB}

Anhang C 403

energie W_i bestimmt:

$$n = n_i \exp \frac{W_{Fn} - W_i}{kT}\bigg|_{OF, U_{SB} \neq 0} \tag{C.1}$$

Dabei muß der Abstand $W_{Fn} - W_i$ an der Oberfläche bei Inversion ($U_{SB} = 0$) der gleiche sein wie für $W_F - W_i$ bei $U_{SB} = 0$ (Gl. (2.1.9) ff.)

$$n_0 = n_i \exp \frac{W_F - W_i}{kT}\bigg|_{OF, U_{SB} = 0} \tag{C.2}$$

Ganz analog wird im Halbleiterinnern die Löcherkonzentration

$$p = n_i \exp \frac{W_i - W_{Fp}}{kT}\bigg|_{Innen, U_{SB} \neq 0} \equiv n_i \exp \frac{W_i - W_F}{kT}\bigg|_{Inner, U_{SB} = 0} \tag{C.3}$$

durch das QFN W_{Fn} der Löcher relativ zu W_i bestimmt. Da sich die Majoritätsdichte p jedoch praktisch *nicht* ändert, gilt dort $W_F \equiv W_{Fp}$.
    Man erkennt, daß sich W_{Fn} an der Oberfläche und W_{Fp} im Halbleiterinnern somit um qU_{SB} unterscheiden: Aufsplittung der Quasiferminiveaus durch die Spannung U_{SB}.
    Dann ist die Differenz $W_F - W_i(x) = -q(\Phi_F - \psi(x))$ (Gl. (A.1)) jetzt zu ersetzen durch

$$W_{Fn} - W_i(x) = -q(\Phi_F - \psi(x) + U_{SB}) \tag{C.4}$$

also speziell an der Oberfläche $\psi(0) = \psi_S$ (Gl. (2.1.59))

$$\boxed{\begin{aligned} n_S &= n_i \exp \frac{W_{Fn} - W_i(0)}{kT} = n_i \exp \frac{\psi_S - 2\Phi_F - U_{SB}}{U_T} \\ &= p_0 \exp \frac{\psi_S(y) - 2\Phi_F - U_{SB}}{U_T} \approx N_A \exp \frac{\psi_S - 2\Phi_F - U_{SB}}{U_T}. \end{aligned}} \tag{C.5}$$

Grundsätzlich gelten diese Überlegungen längs des gesamten Kanals, m.a.W. wenn $\psi_S(y)$ vom Kanalort y zwischen Source und Drain abhängt und eine Spannung $U_{CB}(y)$ zwischen dem Kanalpunkt y und Bulk-Kontakt B anliegt.
    Dann gilt anstelle von Gl. (C.5)

$$\begin{aligned} n_S(y) &= n_i \exp \frac{W_{Fn}(y) - W_i(0)}{kT} \equiv n_i \exp \frac{\psi_S - \Phi_F - U_{CB}(y)}{U_T} \\ &= p_0 \exp \frac{\psi_S(y) - 2\Phi_F - U_{CB}(y)}{U_T}. \end{aligned} \tag{C.6}$$

Starke Inversion stellt sich dann überall dort ein, wo $\psi_S(y) \geq 2\Phi_F + U_{CB}(y)$ gilt. Die Löcherkonzentration – bestimmt durch W_{Fp} – ändert sich im Halbleiterinnern durch die Spannung praktisch nicht, so daß dort wir bisher

$$p(x) = n_i \exp \frac{\Phi_F - \psi(x)}{U_T} \equiv p_0 \exp \frac{\psi(x)}{U_T} \tag{C.7}$$

gesetzt werden kann.

Anhang D: Drainstromformulierung

Je nach Betriebsbereich besteht der Drainstrom aus einer Feld- und u.U. auch Driftkomponente. Die Formulierungen, die dies beschreiben, sollen hier etwas genauer betrachtet werden.

Im Punkt x, y des Inversionskanales (Bild D.1) stellt sich die Bandverbiegung $\psi(x,y)$ ein, zusätzlich liegt dort die Spannung $U_{CB}(y)$ bezogen auf das Substrat B an. Dann beträgt die Elektronendichte nach Gl. (C.6)

$$n(x,y) = n_i \exp \frac{\psi(x,y) - \Phi_F - U_{CB}(y)}{U_T}. \tag{D.1}$$

Die Kanalstromdichte $S_n(x,y)$ besteht aus Drift- und Diffusionsstrom (in y-Richtung nach rechts angesetzt)

$$S_n(x,y) = -q\left[\mu_n n(x,y)\frac{\partial \psi}{\partial y} - D_n \frac{\partial n(x,y)}{\partial y}\right] \tag{D.2}$$

(D_n: Diffusionskonstante, μ_n: Elektronenbeweglichkeit, beide als konstant angenommen). Mit der Einstein-Beziehung $D_n = U_T \mu_n$ und der Ableitung

$$\frac{\partial n}{\partial y} = \frac{n_i}{U_T} \exp \frac{\psi(x,y) - \Phi_F - U_{CB}(y)}{U_T}\left[\frac{d\psi}{dx} - \frac{dU_{CB}}{dy}\right] = \frac{n(x,y)}{U_T}\left[\frac{d\psi}{dx} - \frac{dU_{CB}}{dy}\right] \tag{D.3}$$

wird daraus

$$\boxed{S_n(x,y) = -q\mu_n n(y,y)\frac{dU_{CB}(y)}{dy}.} \tag{D.4}$$

Da $U_{CB}(y)$ die Differenz der Quasiferminiveaus der Elektronen in der Inversionsschicht und Löcher im Substrat markiert, kann die Gesamtstromdichte durch den Gradienten des Quasifermipotentials der Elektronen ($\sim W_{Fn}$) ausgedrückt werden (W_{Fp} = const.). Durch Integration über den Kanalquerschnitt ($0 \cdots x_i$, Breite b) folgt daraus der Drainstrom (Stromrichtung Drain-Source)

$$I_D = -\int_A \vec{S}_n d\vec{A} = -b\int_0^{x_i} \vec{S}_n \vec{e}_y dx = b\int_0^{x_i} (q\mu_n n(x,y)dx \frac{dU_{CB}}{dy} \tag{D.5}$$

oder ausgedrückt durch die Flächenladung

$$Q''_I = -\int_0^{x_i} qn(x)dx \quad (\text{Gl. (2.2.4)})$$

$$\boxed{I_D = \mu_n b(-Q''_I)\frac{dU_{CB}}{dy}.} \tag{D.6}$$

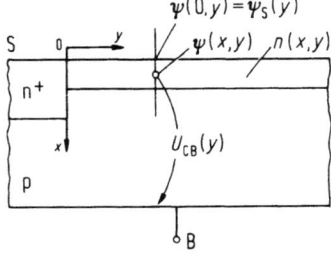

Bild D.1. Bandverbiegung, Oberflächenpotential und Substratspannung im MOSFET

Dies ist Gl. (2.2.2a), dabei wurde U_{CB} mit den Elektronenquasipotential $\Phi_n \sim W_{Fn}$ gleichgesetzt, was nach Bild C1 möglich ist. Umgekehrt kann auch die Flächenladung Q_I'' zusammen mit Gln. (D.2), (D.5) zur Komponentenformulierung des Drainstromes verwendet werden (s. Gl. (2.3.3))

$$I_D = -\mu_n b Q_I''(y) \frac{d\psi_S}{dy} + b\mu_n U_T \frac{\partial Q_I''}{\partial y}. \tag{D.7}$$

Dabei ist nach dem Flächenladungsansatz $\psi(x,y) \equiv \psi(0,y) = \psi_S(y)$ zu wählen.

Die Integration des Drainstromes Gl. (D.6) (bzw. Gl. (D.7)) über die Kanallänge (y = 0; $U_{CB}(0) = U_{SB}$, y = L: $U_{CB}(L) = U_{DB}$) ergibt dann

$$I_D = \frac{b}{L} \int_{U_{SB}}^{U_{DB}} \mu_n (-Q_I''(U)) dU_{CB} \tag{D.8}$$

bzw. eine gleichwertige Darstellung mit dem Oberflächenpotential $\psi_S(y)$.

Der Kennlinienansatz Gl. (D.6) gilt somit sehr allgemein, da Drift- und Diffusionsstrom enthalten sind. Je nach der Formulierung der Inversionsladung Q_I'' ergeben sich daraus unterschiedliche Modellierungsansätze:

– Beim *Flächenladungsmodell* wird Q_I'' als Funktion des Oberflächenpotentials ψ_S formuliert (Gl. (2.1.69)), zudem muß der Zusammenhang $U_{CB}(\psi_S)$ beachtet werden:

$$I_D = \frac{b}{L} \int_{\psi_S(0)}^{\psi_S(L)} \mu_n (-Q_I'') \frac{\partial U_{CB}}{\partial \psi_S} d\psi_S. \tag{D.9}$$

Der Zusammenhang zwischen ψ_S und U_{CB} ist durch Gl. (2.3.6) gegeben. Auf diese Weise erhält man das exakte Flächenladungsmodell nach Brews.

– Das *Pao-Sah-Modell*. Beim Brews-Modell ist sowohl in der Inversionsladung Q_I'' als auch im Zusammenhang $\psi_S \leftrightarrow U_{CB}$ der Einfluß der Löcher (p-Substrat) vrnachlässigt, was praktisch – zumindest bei starker Inversion – zutrifft. Auf diese Annahme verzichten Pao und Sah, indem von der Inversionsladung

$$Q_I'' = -qN_A \exp \frac{-2\Phi_F - U_{CB}}{U_T} \int_{\psi_C}^{\psi_S} \frac{\exp \psi / U_T}{E(\psi)} d\psi \tag{D.10}$$

ausgegangen wird, wie sie streng aus der Integration der Poisson-Gleichung folgt (s. Gl. (B.4), ergänzt um U_{CB}). Die Feldstärke E(y) muß ebenfalls der Poisson-Gleichung entnommen werden. Insgesamt erhält man so für den Drainstrom

$$I_D = \frac{b}{L} qN_A \mu_n \int_{U_{SB}}^{U_{DB}} \left[\int_{\psi_C}^{\psi_S} \frac{\exp \frac{\psi - 2\Phi_F - U_{CB}}{U_T}}{E(\psi)} d\psi \right] dU_{CB}, \tag{D.11}$$

der eine numerische Lösung erfordert. Der Unterschied zum Flächenladungsmodell ist i.a. gering, was seine überragende Stellung begründet.

Anhang E: Näherungen der Frequenzgänge der Vierpolparameter Gl. (3.3.43) ff.

Aus der Definition der Besselschen Funktion Gl. (3.3.41) ff.

$$J_{\pm p}(z) = \left(\frac{z}{2}\right)^{\pm p} \sum_{k=0}^{\infty} \frac{(-1)^k (z/2)^{2k}}{\Gamma(k+1)\Gamma(k \pm p + 1)} \tag{E.1}$$

$\Gamma(x)$ Gammafunktion von Argument x

$\Gamma(1 + x) = x\Gamma(x)$

406   Anhang E

lassen sich die einzelnen Zylinderfunktionen darstellen als

$$J_{2/3}(z) = \frac{(z/2)^{2/3}}{\Gamma(1)\Gamma(5/3)} f_{2/3}(z); \quad J_{-2/3}(z) = \frac{(z/2)^{-2/3}}{\Gamma(1)\Gamma(1/3)} f_{-2/3}(z) \quad \text{(E.2)}$$

$$J_{1/3}(z) = \frac{(z/2)^{1/3}}{\Gamma(1)\Gamma(4/3)} f_{1/3}(z); \quad J_{-1/3}(z) = \frac{(z/2)^{-1/3}}{\Gamma(1)\Gamma(2/3)} f_{-1/3}(z)$$

mit den Reihenentwicklungen

$$f_{2/3}(z) = 1 - \frac{3}{5}\left(\frac{z}{2}\right)^2 + \frac{3^2}{8 \cdot 10}\left(\frac{z}{2}\right)^4 - \frac{3^3}{6 \cdot 11 \cdot 40}\left(\frac{z}{2}\right)^6 + \cdots$$

$$f_{-2/3}(z) = 1 - 3\left(\frac{z}{2}\right)^2 + \frac{3^2}{8}\left(\frac{z}{2}\right)^4 - \frac{3^3}{6 \cdot 28}\left(\frac{z}{2}\right)^6 + \cdots \quad \text{(E.3)}$$

$$f_{1/3}(z) = 1 - \frac{3}{4}\left(\frac{z}{2}\right)^2 + \frac{3^2}{8 \cdot 7}\left(\frac{z}{2}\right)^4 - \frac{3^3}{6 \cdot 28 \cdot 10}\left(\frac{z}{2}\right)^6 + \cdots$$

$$f_{-1/3}(z) = 1 - \frac{3}{2}\left(\frac{z}{2}\right)^2 + \frac{3^2}{20}\left(\frac{z}{2}\right)^4 - \frac{3^3}{12 \cdot 40}\left(\frac{z}{2}\right)^6 + \cdots$$

Damit lauten die Abkürzungen nach Gl. (3.3.4) (Drain $\to z_{D'} \to \gamma_D$ Source $z_S \to \gamma_S$)

$$\Delta = \frac{1}{\Gamma(1/3)\Gamma(5/3)} [f_{-2/3}(\gamma_D)f_{2/3}(\gamma_S) - \eta^2 f_{-2/3}(\gamma_S)f_{2/3}(\gamma_D)]$$

$$\gamma_D \Theta_{DS} = \frac{1}{\Gamma(1/3)\Gamma(2/3)} \left[\frac{9}{4}\eta^2 \gamma_S^2 f_{1/3}(\gamma_D)f_{2/3}(\gamma_S) + 2\eta f_{-1/3}(\gamma_D)f_{-2/3}(\gamma_S)\right] \quad \text{(E.4)}$$

$$\eta\gamma_S \Theta_{DS} = \frac{1}{\Gamma(1/3)\Gamma(2/3)} \left[\frac{9}{4}\eta^2 \gamma_S^2 f_{1/3}(\gamma_S)f_{2/3}(\gamma_D) + 2f_{-1/3}(\gamma_S)f_{-2/3}(\gamma_D)\right]$$

mit $\Gamma(1/3)\Gamma(2/3) = \dfrac{\pi}{\sin 2/3\pi} = \dfrac{2\pi}{\sqrt{3}}$.

So lassen sich die Admittanzparameter Gl. (3.3.43) bzw. Ersatzschaltelemente (Bild 3.25 resp. Gl. (3.3.49ff.)) über der Frequenz darstellen.

Bei Beschränkung auf kleine Argumente γ

$$|\gamma_D| = \frac{4}{3}\sqrt{\frac{\omega}{\omega_0}}|j^{3/2}\eta^{3/2}| \ll 1$$

genügt es, aus Gl. (E.3) jeweils die ersten beiden Glieder zu berücksichtigen. Dann lauten die Abkürzungen nach Gl. (E.4)

$$\Gamma(1/3)\Gamma(5/3)\Delta = 1 - \eta^2 - \frac{3}{4}\gamma_S^2\left(\frac{1}{5} - \eta^2\right) - \frac{3}{4}\gamma_D^2\left(1 - \frac{\eta^2}{5}\right) + \frac{9}{80}\gamma_S^2\gamma_D^2(1 - \eta^2)$$

$$\Gamma(1/3)\Gamma(2/3)\gamma_D\Theta_{DS} = \tfrac{9}{4}\eta^2\gamma_S^2(1 - \tfrac{3}{20}\gamma_S^2) + 2\eta(1 - \tfrac{3}{8}\gamma_D^2)(1 - \tfrac{3}{4}\gamma_S^2) \quad \text{(E.5)}$$

$$\Gamma(1/3)\Gamma(2/3)\eta\gamma_S\Theta_{DS} = \tfrac{9}{4}\eta^2\gamma_S^2(-\tfrac{3}{20}\gamma_D^2) + 2(1 - \tfrac{3}{8}\gamma_S^2)(1 - \tfrac{3}{4}\gamma_D^2).$$

Die Argumente γ_S, γ_D hängen vom Arbeitspunkt und Frequenz ab. Setzt man γ_S und γ_D nach Gl. (3.3.41) in Gl. (E.5) ein, so ergeben sich mit $\Omega = \omega/\omega_0$ (bis $0(\Omega^2)$) die Darstellungen

$$\Delta = \frac{3\sqrt{3}}{4\pi}\left[1 - \eta^2 - \left(\frac{4}{3}\right)^2\Omega^2\left[\frac{(1-\eta^2)}{80}(1-\eta)^4(\eta^2 + 4\eta + 1)\right] + \frac{4}{3}j\Omega\frac{(1-\eta)^3}{5}(\eta^2 + 3\eta + 1)\right]$$

$$\eta\gamma_S\Theta_{SD} = \frac{\sqrt{3}}{2\pi}\left[2 - \left(\frac{4}{3}\right)^2 \Omega^2 \frac{(1-\eta)^4}{20}(5\eta^2 + 8\eta + 2) + \frac{4}{3}j\Omega(1-\eta)^2(2\eta+1)\right] \quad \text{(E.6)}$$

$$\gamma_D\Theta_{SD} = \frac{\sqrt{3}}{2\pi}\left[2\eta - \left(\frac{4}{3}\right)^2 \Omega^2 \frac{(1-\eta)^4}{20}\eta(2\eta^2 + 8\eta + 5) + \frac{4}{3}j\Omega(1-\eta)^2(\eta+2)\right].$$

Zusammengefaßt lauten so die bestimmenden Frequenzfunktionen der Vierpolparameter

$$\Delta = \frac{3\sqrt{3}}{4\pi}[1 - \eta^2 - \Omega^2 p_{\Delta 2} + j\Omega p_{\Delta 1}]$$

$$p_{\Delta 1} = 4/15(1-\eta)^3 \cdot (\eta^2 + 3\eta + 1)$$

$$p_{\Delta 2} = 1/45(1-\eta^2) \cdot (1-\eta)^4 \cdot (\eta^2 + 4\eta + 1) \quad \text{(E.7)}$$

$$\eta\gamma_S\Theta_{SD} = \sqrt{3/2}\pi[2 - \Omega^2 m_{11} + j\Omega m_{12}]$$

$$m_{11} = 4/3(1-\eta)^2(2\eta+1)$$

$$m_{12} = 4/45(1-\eta)^4(5\eta^2 + 8\eta + 2)$$

$$\gamma_D\Theta_{SD} = \sqrt{3/2}\pi[2 - \Omega^2 m_{22} + j\Omega m_{21}]\eta$$

$$m_{21} = 4/3(1-\eta)^2(\eta+2)$$

$$m_{22} = 4/45(1-\eta)^4(2\eta^2 + 8\eta + 5).$$

Damit lassen sich die Leitwertparameter nach Gl. (3.3.51) bestimmen (s. Tafel 3.3). Die Normierungsfrequenz ω_0 ist durch Gl. (3.3.31b) gegeben. Über Gl. (3.3.52) erhält man die Ersatzschaltelemente zu Bild 3.25 (Tafel 3.4).

Literaturverzeichnis

Bücher

B1 Sze, S.M.: Physics of Semiconductor Devices. 2. Aufl. New York: J. Wiley & Sons 1981
B2 Nicollian, E.H.; Brews, J.R.: MOS Physics and Technology. New York: J. Wiley & Sons 1982
B3 Weiß, H.; Horninger, K.: Integrierte MOS-Schaltungen. Berlin, Heidelberg, New York: Springer 1982
B4 Cobbold, R.S.C.: Theory an Applications of Field-Effect Transistors. New York: Wiley Interscience 1970
B5 Paul, R.: Feldeffekttransistoren. Berlin, Stuttgart: Verlag Technik, Kohlhammer Verlag 1972
B6 Beneking, H.: Feldeffekttransistoren. Berlin, Heidelberg, New York: Springer 1973
B7 Müller, R.: Bauelemente der Halbleiter-Elektronik, 4. Aufl., Berlin, Heidelberg, New York: Springer 1991
B8 Paul, R.: Transistoren. Heidelberg: Hüthig 1977
B9 Tsividis, Y.P.: Operation an Modelling of the MOS Transistor. New York. McGraw-Hill Book Comp. 1987
B10 Chen, J.P.: CMOS Devices and Technology for VLSI. Englewood Cliffs: Prentice Hall 1990
B11 Hofmann, K.: VLSI-Entwurf. München, Wien: Oldenbourg 1993
B12 De Graaff, H.C.; Klaassen, F.M.: Compact Transistor Modelling for Circuit Design. Wien, New York: Springer 1990
B13 Widmann, D.; Mader, H.; Friedrich, H.: Technologie hochintegrierter Schaltungen. Berlin, Heidelberg, New York: Springer 1988

Literatur zu Kapitel 2

2.1 Brews, J.R. A charge sheets model. Solid-State Electronics **21**(1978), 345-355
2.2 Baccarani, G. et al.: Analytical i.g.f.e.t. model including drift an diffusion currents. IEE Journal on Solid-State and Electron Devices, 2(1978), 62-68
2.3 El-Mansy, Y.A. et al.: A new approach to the theory and modeling of insulated-gate field-effect transistors. IEEE Trans. ED-**24** 3(1977), 241-253
Siehe auch Brews, J.R.: IEEE Trans. ED-**24** 12(1977),1369-1370 und
El-Mansy, Y.A. et al.: IEEE Trans. ED-**25** 3(1978), 393-394
2.4 Tsividis, Y.: Moderate inversion in MOS-Devices. Solid-State Electronics 25(1982), 1099-1104, 26(1983), 823
2.5 Stenberg, L.J.: Modified strong-inversion potential for accurate modeling of long channel MOS-transistors. IEE Proc. 130 pt. I, (1983), 57-60
2.6 Turchetti, C. et al.: A CAD-oriented analytical MOSFET model for high-accuracy applications. IEEE Trans. CAD **3** (1984), 117-122
2.7 Bagheri, M. et al.: The need for an explicit model describing MOS transistors in moderate inversion. El. Letters **21** (1985), 873-874
2.8 Van de Wiele, F.: A long channel MOSFET model. Solid-State Electronics **22** (1979), 991-997
2.9 Lewyn, L.L. et al.: An IGFET inversion charge Model für VLSI-Systems. IEEE Trans. ED-**32** (1985), 434-440
2.10 Brews, J.R.: A comparison of MOS Inversion layer charge and capacitance formulas. IEEE Trans. ED-**33** (1986), 182-187

2.11 Ju, D.M. et al.: Modeling the inversion layer at equilibrium. Solid-State Electronics **27** (1984), 907-911
2.12 Pao, H.C. et al.: Effects of diffusion current on characteristics of metal-oxide (insulator)-semiconductor transistors. Solid-State Electronics **10** (1966), 927-937
2.13 Wong, St.L. et al.:Improved simulation of p- and n-channel MOSFET's using an enhanced SPICE MOS3-model. IEEE Trans. CAD-**6** (1987), 586-591
2.14 Hsu, M.C. et al.: Inverse-geometry dependence of MOS-transistor electrical parameters. IEEE Trans. CAD-**6** (1987), 582-585
2.15 Van Overstraeten, R.J. et al.: Theory of the MOS-transistor in weak inversion - new method to determine the number of surface states. IEEE Trans. ED-**22** (1975), 282-288
2.16 Gnädinger, A.P. et al.: Channel shape in an insulated gate field-effect transistor. Proc. IEEE **58** (1978), 916-917
2.17 Deal, B.E.: Standardized terminology for oxide charges associated with thermally oxidized silicon. IEEE Trans. ED-27 (1980), 606-608
2.18 Cristoloveanu, S. et al.: Viellissement des transistors MOS submicroniques après contrainte électrique. Rev. Phys. Appl. **19** (1984), 933-939
2.19 Park, Ch.K. et al.: A unified current - voltage model for long-channel n-MOSFET's. IEEE Trans. ED-**38** (1991), 399-406
2.20 Majkusiak, B. et al.: The influence of degeneracy in the channel on long channel MOSFET characteristics. IEEE Trans. ED-**34** (1987), 2560-2561
2.21 Shichman, H. et al.: Modeling an simulation of insulated-gate field-effect transistor switching circuits. IEEE Journal of Solid-State Circuits SC-**3** (1968), 285-289
2.22 Lim, H.K. et al.: An analytic charcterization of weak-inversion drift current in a long-channel MOSFET. IEEE Trans. ED-**30** (1983), 713-715
2.23 Baccarani, G. et al.: An analytical IGFET model including drift and diffusion currents. IEE Journal on Solid-State and Electron Devices **2** (1978), 62-68
2.24 Pierret, R.F. et al.: Simplified long channel MOSFET-theory. Solid-State Electronics **26** (1983), 143-147
2.25 Nussbaum, A. et al.: The theory of the long-channel MOSFET. Solid-State Electronics **27** (1984), 97-106
2.26 Tanaka, S. et al.: One dimensional writing model on n-channel floating gate ionization-injection MOS (FIMOS). IEEE Trans. ED-**28** (1981), 1190-1197
2.27 Nagai, K. et al.: Error estimation of a charge sheet model in calculating the drain current of a thin gate oxide MOSFET. Trans. IEICE, E-**70** (1987), 1104-1105
2.28 Guebels, P.P. et al.: A charge sheet model for small geometry MOSFETs. Technical Digest, IEDM. Washington, D.C. (1981), 211-214
2.29 Guzev, A.A. et al.: Value and gradient distribution of the Quasi-Fermi-level in MOS-Transistor-channels. Phys. stat. sol. (a) **56** (1979), 37-47
2.30 Swanson, R.M. et al.: Ion-implanted complementary MOS transistors in low-voltage. IEEE Journal of Solid-State Circuits SC-**7** (1972), 146-153
2.31 Ihantola, H.K.J. et al.: Design theory of a surface field-effect transistor. Solid-State Electronics **7** (1964), 423-430
2.32 Sah, C.T. et al.: The effect of fixed charge on the characteristics of metal-oxide-semiconductor-transistors. IEEE Trans. ED-**13** (1966), 393-409
2.33 Tsividis, Y. et al.: Problems in precision modeling of the MOS transistor for analog applications. IEEE Trans. CAD-**3** (1984), 72-79
2.34 Merckel, G. et al.: An accurate large-signal MOS transistor model for use in computer-aided design. IEEE Trans. ED-**19** (1972), 681-690
2.35 Bagheri, M.: Improving the non-quasistatic weak to strong inversion for terminal MOSFET models. IEEE Trans. ED-**34** (1987), 2558-2560
2.36 Klaassen, F.M.: Review of physical models for MOS transistors. Process and Device Modeling for Integrated Circuit Design. F. Van den Wiele et. al. (editors), Noordhoff, Leyden. The Netherlands 1977
2.37 Hanafi, H.I. et al.: An accurate and simple MOSFET model for computer-aided design. IEEE Journal of Solid-State Circuits SC-**17** (1982), 882-891
2.38 Liu, S. et al.: Small-signal MOSFET models for analog circuit design. IEEE Journal of Solid-State Circuits SC-**17** (1982), 983-998
2.39 Poon, H.C.: Vth and beyond. Workshop on Device Modeling for VLSI, Burlingame, CA, 3 (1979)

2.40 Klaassen, E.M.: MOS device modelling. In Design of VLSI Circuits for Telecommunications. Tsividis, Y. et al. (editors). Prentice Hall, Englewood Cliffs, N. J. 1985
2.41 Merckel,G.: CAD models of MOSFETs in process an device modeling for integrated circuit design. Van de Wiele et al. (editors) Noordhoff, Leyden. The Netherlands 1977
2.42 Klaassen, F.M.: A MOS model for computer-aided design. Philips Res. Rep. **31** (1976), 71-83
2.43 Sheu, B.J. et al.: A compact IGFET charge model. IEEE Trans.CAS-**31** (1984), 745-748
2.44 Sheu, B.J. et al.: Compact short-channel IGFET-Mode (CSIM). Memo UCB ERL M84/20, UCB
2.45 Johnson, E.O.: The insulated gate field-effect transistor - A bipolar-transistor in disguise. RCA Rev. **34** (1973), 80-94
2.46 Taylor, G.W.: Subthreshold conduction in MOSFETs. IEEE Trans. ED-**25** (1978), 337-350
2.47 Poole, D.R. et al.: Analytical modeling of the subthreshold current in short-channel MOSFETs. IEEE Trans. EDL-**7** (1986), 340-343
2.48 Stuart, R.A. et al.: Leakage currents of MOS devices under depletion conditions. El. Letters **8** (1972), 225-227
2.49 Gosney, W.M.: Subthreshold drain leakage currents in MOSFET. IEEE Trans. ED-**19** (1972), 213
2.50 Van Overstraeten, R.J. et al.: Inadequacy of the classical theory of the MOS transistor operation in weak inversion. IEEE Trans. ED-**20** (1973), 1150-1153
2.51 Masuhara, T et al.: Low level currents in ion-implanted MOSFETs. IEEE Trans. ED-**21** (1974), 799-807
2.52 Barron, M.B.: Low-level currents in insulated-gate field-effect transistors. Solid-State Electronics **15** (1972), 293-302
2.53 Troutman, R.R.: Subthreshold slope for insulated gate field-effect transistors. IEEE Trans. ED-**22**(1975), 1049-1051
2.54 Troutman, R.R.: Subthreshold design consideration für insultated gate field effect transistors. IEEE Journal of Solid-State Circuits SC-**9** (1974), 55-60
2.55 Grotjohn, T. et.al.: A parametric short channel model für subthreshold and strong inversion current. IEEE Trans. ED-**31** (1984), 234-246
2.56 Wright, G.T.: Threshold modelling of MOSFET for CAD-design of CMOS-VLSI. El. Letters **21** (1985), 223
2.57 Vittoz, E. et al.: CMOS analog circuits based an inversion operation. IEEE Journal of Solid-State Circuits SC-**12** (1977), 224-231
2.58 Klose, H. et al.: Combined process modeling an subthreshold device simulation. Solid-State Electronics **29** (1986), 371-375
2.59 Chan, P.C. et al.: A subthreshold conduction model for circuit simulation of submicon MOSFET. IEEE Trans. CAD-**6** (1987), 574-581
2.60 Shannon, J.M.: DC measurement of the space charge capacitance and impurity profile beneath the gate of a MOST. Solid-State Electronics **14** (1971), 1099-1106
2.61 Fichtner, W.: MOS-modeling by analytical approximations. I. Subthreshold current and threshold voltage. Int. Journ. Electron. **46** (1979), 33-55
2.62 De Clerk, G.: Characterization of surface states at the $Si-SiO_2$ interface in nondestructive evaluation of semiconductor materials and devices. (Ed. J. Zemel) Plenum Press New York (1979), 105-148
2.63 Brews, J.R.: Subthreshold behavior of uniformly and nonuniformly doped long-channel MOSFET. IEEE Trans. ED-**26** (1979), 1282-1291
2.64 McWorther, P.J. et al.: Simple technique for separating the effects of interface traps an trapping oxide charge in metal-oxide-semiconductor transistors. Appl. Phys. Lett. **48** (1986), 133-135
2.65 Pásztor, G.: An IGFET model to describe the influence of nonuniform surface state charge. Solid-State Electronics **25** (1982), 429-431
2.66 Masuhara, T. et al.: A precise MOSFET model for low voltage circuits. IEEE Trans. ED-**21** (1974), 363-371
2.67 Liu, P.C. et al.: A subthreshold conduction model for circuit simulation of submicron MOSFET. IEEE Trans. CAD-**6** (1987), 574-581
2.68 Wright, G.T.: Physical and CAD-models for the implanted-channel VLSI-MOSFET. IEEE Trans. ED-**34** (1987), 823-833
2.69 Wright, G.T.: Threshold modeling of MOSFET for CAD of CMOS-VLSI. El. Letters **21** (1985), 223-224

2.70 Vogel,R.F.: Analytical MOSFET-model with easily extracted parameters. IEEE Trans. CAD-**4** (1985), 127-134
2.71 Jacoboni, C. et al.: A review of some charge transport properties of silicon. Solid-State Electronics **20** (1977), 77
2.72 Li, S.S. et al.: The dopant density and temperature dependence of electron mobility and resistivity in n-type silicon. Solid-State Electronics **20** (1977), 609-616, **21** (1978), 1109-1117
2.73 Schwarz, S.A.: Semi-empirical equations for electron velocity in silicon. Part II: MOS inverion layer. IEEE Trans. ED-**30** (1983), 1634-1639
2.74 Sun, S.C. et al.: Electron mobility in inversion and accumulation layers on thermally oxidized silicon surfaces. IEEE Trans. ED-**27** (1980), 1497
2.75 Jenkins, F.S. et al.: MOS-Device modeling for computer implementation. IEEE Trans. CT-**20** (1973), 649-658
2.76 Coen, R.W. et al.: Velocity of surface carriers in inversion layers on silicon. Solid-State Electronics **23** (1980), 35-40
2.77 Sodini, C.G. et al.: Charge accumulation an mobility in thin dielectric MOS transistors. Solid-State Electronics 25 (1982), 833-842
2.78 Liang, M.S. et al.: Inversion layer capacity and mobility of very thin gate-oxide MOSFETs. IEEE Trans. ED-**33** (1986), 409-413
2.79 Arora, N.D. et al.: A semi-empirical model of the MOSFET inversion layer mobility for low temperature operation. IEEE Trans. ED-**34** (1987), 89-93
2.80 Sabnis, A.G.; Clemens, J.I.: Characterization of the electron mobility in the inverted <100> Si surface. Technical Digest IEDM Washington 1979, 18-21
2.81 Cooper, J.A. et al.: Carrier transport at the Si-SiO$_2$ interface. In VLSI-Electronics (N.G. Einspruch), Academic Press N.Y. **10** (1985), 323-361
2.82 White, M.H. et al.: High-accuracy models for computer-aided design. IEEE Trans. ED-**27** (1980), 899-906
2.83 Fu, K.Y.: Mobility degradation due to the gate field in the inversion layer of MOSFETs. IEEE Trans. EDL-**3**, (1982), 292-293
2.84 Manchanda, L.: Inversion layer mobility of MOSFETs fabricated with NMOS-Submicrometer-technology. IEEE Trans. EDL-**5** (1984), 470-473
2.85 Leburton, H.P. et al.: Effect of the electron temperature on the gate-induced charge in small size MOS-transistors. Solid-State Electronics **26** (1983), 611-615
2.86 Sodini, C.G. et al.: The effect of high fields on MOS device and circuit performance. IEEE Trans. ED-**31** (1984), 1386-1393
2.87 Baum, G. et al.: Drift velocity saturation in MOS transistors. IEEE Trans. ED-**17** (1970), 481-482
2.88 Hoeneisen, B. et al.: Current-voltage characteristics of small size MOS-transistors. IEEE Trans. ED-**19** (1972), 382-383
2.89 Coen,R.W. et al.: Velocity of surface carriers in inversion layer on silicon. Solid-State Electronics **23** (1980), 35-40
2.90 Murphy, B.T.: Unified field effect transistor theory including velocity saturation. IEEE Journal of Solid-State Circuits SC-**15** (1980), 325-327
2.91 Dang, L.M. et al.: A two dimensional computer analysis of triode like characteristics of short-channel MOSFETs. IEEE Trans. ED-**27** (1980), 1533-1539
2.92 Höfflinger, B. et al.: Model and performance of hot-electron MOS-transistors for VLSI. IEEE Trans. ED-**26** (1979), 513-520
2.93 Klaassen, F.M. et al.: Modeling of scaled-down MOS-transistors. Solid-State Electronics **23** (1980), 237-242
2.94 Garverick, St.L. et al.: Large signal linearity of scaled MOS-transistors. IEEE Journal of Solid-State Circuits SC-**29** (1986), 591-596
2.95 Troutman, R.R. et al.: Simple model for threshold voltage in short-channel IGFETs. IEEE Trans. ED-**24** (1977), 1266-1268
2.96 Nokali, M.E. et al.: A simple model for the MOS-transistor in saturation. Solid-State Electronics **29** (1986), 591-596
2.97 Dang, L.M.: A simple current model for short-channel IGFET and its appliction to circuit simulation. IEEE Trans. ED-**26** (1978), 436-445
2.98 Hanafi, H.I. et al.: An accurate and simple MOSFET model for computer aided design. IEEE Journal of Solid-State Circuits SC-**17** (1982), 882-891

2.99 Yamaguchi, K.: A mobility model for carriers in the MOS inversion layer. IEEE Trans. ED-**30** (1983), 658
2.100 Reddi, V.K.G. et al.: Source to drain resistance beyond pinch-off in Metal-Oxide Semiconductor transistors (MOST). IEEE Trans. ED-**12** (1965), 139-141
2.101 Wright, G.T.: Theory of space-charge-limited surface channel dielectric triode. Solid-State Electronics **7** (1964), 167-176
2.102 Baum, G.: Driftgeschwindigkeitssättigung bei MOS-Feldeffekttransistoren. Solid-State Electronics **13** (1970), 789-798
2.103 Schroeder, H.E. et al.: IGFET analysis through numerical solution of Poisson's equation. IEEE Trans. ED-**15** (1968), 954-961
2.104 El-Mansy, Y.A. et al.: A simple two-dimensional model for IGFET operation in the saturation region. IEEE Trans. ED-**24** (1977), 254-262
2.105 Poorter, T. et al.: A DC model for an MOS-transistor in the saturation region. Solid-State Electronics **23** (1980), 765-772
2.106 Pierret, R.F. et al.: Simplified long-channel MOSFET theory. Solid-State Electronics **26** (1983), 143.-147
2.107 Vandorpe, D. et al.: An accurate two-dimensional numerical analysis of the MOS-transistor. Solid-State Electronics **15** (1972), 547-557
2.108 Popa,A.: An injection level dependent theory of the MOS-transistor in saturation. IEEE Trans. ED-**19** (1972), 774-781
2.109 Guebels, P.P. et al.: A small geometry MOSFET model for CAD applications. Solid-State Electronics **26** (1983), 267-273
2.110 El Banna, M. et al.: A pseudo-two-dimensional analysis of short channel MOSFETs. Solid-State Electronics **31** (1988), 269-274
2.111 Wright, G.T.: A simple and continuos MOSFET model. IEEE Trans. ED-**32** (1985), 1259-1263
2.112 Dang, L.M.: A one-dimensional theory on the effects of diffusion current and carrier velocity saturation on E-type IGFET current-voltage characteristics. Solid-State Electronics **20** (1977), 781-788
2.113 Silburt, A.L. et al.: An efficient MOS-transistor model for computer-aided design. IEEE Trans. CAD-**3** (1984), 104-110
2.114 Satter, H.H.: The S-model: a highly accurate MOST model for CAD. Solid-State Electronics **29** (1986), 977-990
2.115 Sheu, B.J. et al.: BSIM: Berkely short-channel IGFET model for MOS-Transistors. IEEE Journal of Solid-State Circuits SC-**22** (1987), 558-566
2.116 Boothroyd, A.R. et al.: MOSFET modeling for CAD in an industrial enviroment. NASECODE 1983, 12-17
2.117 Cardinali,G. et al.: DC-MOSFET-model for analogous circuit simulation employing process-empirical parameters. IEE Proc. **129**, pt. I (1982), 61-66
2.118 Merckel, G.: Ion implanted MOS transistors-depletion mode devices. In Process and Device Modelling for Integrated Circuit Desing, G. Van de Wiele, W.L. Engl and P.G. Jespers (editors), Noordhoff, Leyden. The Netherlands (1977), 617-676
2.119 Shockley, W.: Problems related to pn-junctions in silicon. Solid-State Electronics **2** (1961), 35-67
2.120 Kuhnert, R. et al.: A novel impact-ionization model for 1 μm MOSFET simulation. IEEE Trans. ED-**32** (1985), 1057-1063
2.121 Lattin,W.W. et al.: Impact ionization current in MOS devices. Solid-State Electronics **16** (1973), 1043
2.122 Spirito, P.: Avalanche multiplication factors in Ge und Si abrupt junction. IEEE Trans. ED-**21** (1974), 226-231
2.123 Toyabe, T. et al.: A numerical model of avalanche breakdown in MOSFETs. IEEE Trans. ED-**25** (1978), 832
2.124 Mar, J. et al.: Substrate current modeling for circuit simulation. IEEE Trans. CAD-**1** (1982), 183-186
2.125 Hsu,F. et al.: An analytical breakdown model for short channel MOSFETs. IEEE Trans. ED-**29** (1982), 1735-1740
2.126 Müller, W. et al.: Short-channel MOS-Transistors in the avalanche multiplication regime. IEEE Trans. ED-**29** (1982), 1778-1784
2.127 Transduc, H. et al.: Premier et second claguages dans les transistors MOS. Rev. Phys. Appl. **19** (1984), 859-879

2.128 Kotani, N. et al.: A numerical analysis of avalanche breakdowon in short-channel MOSFETs. Solid-State Electronics **24** (1981), 681-687
2.129 Schütz, A. et al.: A two dimensional model of the avalanche effect in MOS-transistors. Solid-State Electronics **25** (1982), 177-183
2.130 Stuart, R.A.: Dependence of avalanche induced minority current on multiplication factor. IEE Proc. **129** pt. I (1982), 21-27
2.131 Sing, J.W. et al.: Modeling an VLSI-design constraints of substrate current. IEDM (1980), 732-735
2.132 Grove, A.S. et al.: Effect of surface fields on the breakdown voltage of planar silicon pn-junctions. IEEE Trans. ED-**14** (1967), 157-162
2.133 Feng, W.S. et al.: MOSFET drain breakdown voltage. IEEE Trans. EDL-**7** (1986), 449-450
2.134 Coe, D.J. et al.: Corner breakdown in MOS-transistors with light doped drains. Solid-State Electronics **23** (1979), 444-446
2.135 Bateman, I.M. et al.: Drain voltage limitations of MOS-transistors. Solid-State Electronics **17** (1974), 539-550
2.136 Masuda, H. et al.: Characteristics and limitation of scaled-down-MOSFETs due to two-dimensional field effect. IEEE Trans. ED-**26** (1989), 980-986
2.137 Lenzlinger, M. et al.: Gate protection of MIS devices. IEEE Trans. ED-**18** (1971), 249-257
2.138 Di Stefano, T.H.: Dielectric breakdown induced by sodium in MOS-structures. Journ. Appl. Phys. **44** (1973), 527
2.139 Hu, Ch.: Thin oxide reliability. IEDM Washington 1985, 368-371
2.140 Woltern,D.R. et al.: Dielectric breakdown in MOS-devices. Philips Res. Rep. **40** (1985), 115-192
2.141 Ando,T. et al.: Electronic properties of two dimensional systems. Rev. Mod. Phys. **54** (1982), 437-672
2.142 Liang, M.S. et al.: Inversion layer capacitance and mobility of very thin gate oxide MOSFETs. IEEE Trans. ED-**33** (1986), 409-412
2.143 Tuo, K.Y. et al.: An engineering model for short channel MOS-devices. IEEE Journal of Solid-State Circuits SC-**23** (1988), 950-958
2.144 Sodini,C.G. et al.: Charge accumulation and mobility in thin dielectric MOS-transistors. Solid-State Electronics **25** (1982), 833-841
2.145 Yeric,G.M. et al.: A universal MOSFET mobility degradation model for circuit simulation. IEEE Trans. CAD-**10** (1990), 1123-1126
2.146 Moon,B.J. et al.: New short-channel n-MOSFET current-voltage model in strong inversion and unified parameter extraction method. IEEE Trans. ED-**38** (1991), 592-602
2.147 Ratnam, P. et al.: A new approach to the modeling of nonuniformly doped short channel MOSFETs. IEEE Trans. ED-**31** (1984), 1289-1298
2.148 Yamaguchi, T. et al.: Analytical model and characterization of small geometry MOSFETs. IEEE Trans. ED-**30** (1983), 559-566
2.149 Frohman-Bentchkowsky, D. et al.: Conductance of MOS-transistors in saturation. IEEE Trans. ED-**16** (1969), 108-113
2.150 Chan, T.Y. et al.: Experimental characterization and modeling of electron saturation velocity in MOSFETs inversion layer from 90 ... 350 K. IEEE Trans. EDL-**11** (1990), 466-468
2.151 Dang, L.: Drain-voltage dependence of IGFET turn-on voltage. Solid-State Electronics **20** (1977), 825-830
2.152 Baraff, G.A.: Distribution functions and ionization rates for hot electrons in semiconductors. Physics Rev. **128** (1962), 2507-2517
2.153 Chwang, R. et al.: Normalized theory of impaction ionization and velocity saturation in nonpolar semiconductors via a Markov drain approach. Solid-State Electronics **22** (1979), 599-620
2.154 Silard, A.P. et al.: A new expression for breakdown voltage of practical linearly graded pn-junction. IEEE Trans. ED-**38** (1991), 422-424
2.155 Gamboa, M. et al.: Le transistor MOS de puissance en regime de saturation. Rev. Phys. Appl. **17** (1982), 65-74
2.156 Schütz, A. et al.: Analysis of breakdown phenomena in MOSFETs. IEEE Trans. CAD-**1** (1982), 77-85
2.157 Pinto-Guedes, M. et al.: A circuit simulation model for bipolar-induced breakdown in MOSFET. IEEE Trans. CAD-**7** (1988), 289-294
2.158 Van de Wiele, F.: On the Flatband voltage of MOS-structures on nonuniformly doped substrates. Solid-State Electronics **27** (1984), 824-826

414 Literaturverzeichnis

2.159 Brews, J.R.: Threshold shifts due to nonuniform doping profiles in surface channel MOSFETs. IEEE Trans. ED-**26** (1979), 1696
2.160 Dang, L.M. et al.: Modeling the impurity profile of an ion-implanted IGFET for the calculation of threshold voltages. IEEE Trans. ED-**28** (1981), 116-117
2.161 Chatterjee, P.K. et al.: A dynamic average model for the body effect in ion implanted short-channel (L = 1 µm) MOSFETs. IEEE Trans. ED-**28** (1981), 606-607
2.162 Fu, K.Y.: A new analysis of the threshold voltage for non-uniform ion-implanted MOSFETs. IEEE Trans. ED-**29** (1982), 1810-1813
2.163 Shenai, K.: Analytical solutions for threshold voltage calculations in ion-implanted IGFETs. Solid-State Electronics **26** (1983), 761-766
2.164 Antoniadis, D.A.: Calculation of threshold voltage in nonuniformly doped MOSFETs. IEEE Trans. ED-**31** (1984), 303-307
2.165 Troutman, R.R.: Ion-implanted threshold tailoring for insultated gate field-effect transistors. IEEE Trans. ED-**24** (1977), 182-192
2.166 Feltl, H.: Onset of heavy inversion in MOS devices doped nonuniformly near the surface. IEEE Trans. ED-**24** (1977), 288-289
2.167 Hatert, R. et al.: Experimental and theoretical study of buried channel MOS-structures. Phys. stat. sol. (a) **36**(1976), 235-246
2.168 Haque-Ahmed, S. et al.: Depletion mode MOSFET modeling for CAD. IEE Proc. **130** (1983), 281-286
2.169 Wordemann, M.R. et al.: Threshold voltage characteristics of depletion-mode MOSFETs. IEEE Trans. ED-**28** (1981), 1025-1030
2.170 Turchetti, C. et al.: Analysis of the depletion-mode MOSFET including diffusion and drift currents. IEEE Trans. ED-**32** (1985), 773-782
2.171 Klaassen, F.M. et al.: Compensated MOSFET devices. Solid-State Electronics **28** (1985), 359-373
2.172 Wu, D.S.: Comments on a device model for buried channel CCDs and MOSFETs with Gaussian impurity profiles. IEEE Trans. ED-**27** (1980), 2168-2169
2.173 Asenov, A.M.: Simple model for threshold voltage of a nonuniformly doped short channel MOS-transistor. El. Letters **18** (1982), 481-482
2.174 Marshak, A.H.: On threshold and flat-band voltages for MOS-devices with polysilicon gate and nonuniformly doped substrate. Solid-State Electronics **26** (1983), 361-364
2.175 Brodfuehrer, B.P. et al.: Comparison of simple approximations and numerical solutions for the threshold voltage of ion-implanted long channel MOSFETs. IEEE Trans. ED-**27** (1984), 3-6
2.176 Arora, N.D.: Semi-empirical model for the threshold voltage of a double implanted MOSFET and temperature dependence. Solid-State Electronics **30** (1987), 559-569
2.177 Dasgupta, A. et al.: A novel analytical threshold voltage model of MOSFETs with implanted channels. Int. Journ. Electron. **61** (1986), 655-669
2.178 Kwong, D.L. et al.: Calculation of the threshold voltage of MOSFETs with Pearson-IV-channel doping profile. Journ. Appl. Phys. **56** (1984), 424-428
2.179 Booth, R.V. et al.: The effect of channel implants on MOS-transistor characterization. IEEE Trans. ED-**34** (1987), 2501-2509
2.180 Rideout, H.V. et al.: Device design considerations for ion-implanted n-channel MOSFETs. IBM Journ. Res. Dev. **17** (1975), 50
2.181 Dasgupta, A. et al.: An analytical solution of Poissons equation for a MOSFET with a Gaussian doped channel. Solid-State Electronics **29** (1986), 1205-1206
2.182 Skrtnicki,T. et al.: A new approach to threshold voltage modelling of short channel MOSFETs. Solid-State Electronics **29** (1986), 1115-1127
2.183 Wang, P.P. et al.: Threshold voltage characteristics of double-boron implanted enhancement-mode MOSFETs. IBM Journ. Res. Dev. **19** (1975), 530-538
2.184 Demoulin, E. et al.: Ion implanted MOS transistors. Process and Device Modelling for Integrated Circuit Desing, G. Van de Wiele, W.L. Engl and P.G. Jespers (editors), Noordhoff, Leyden, The Netherlands , (1977)
2.185 MacPherson, M.R.: Threshold shift calculation for ion implanted MOS-devices. Solid-State Electronics **15** (1972), 1319-1326
2.186 Doucet, G. et al.: Threshold voltage of nonuniformly doped MOS-structures. Solid-State Electronics **16** (1973), 417-423
2.187 Nishida, M. et al.: Improved definition for the onset of heavy inversion in an MOS-structure with nonuniformly doped semiconductors. IEEE Trans. ED-**27** (1980), 1222-1230

2.188 Wright, G.T.: Simple and continuous MOSFET models for the computer-aided design of VLSI. IEE Proc. **132**, pt. I (1985), 187-194
2.189 Wu, Ch.Y. et al.: An accurate mobility model for the IU-characteristics of n-channel enhancement-mode MOSFETs with single-channel boron implantation. Solid-State Electronics **28** (1985), 1271-1278
2.190 Dasgupta, A. et al.: An analytical threshold voltage model of short-channel MOSFETs with implanted channels. IEEE Trans. ED-**34** (1987), 1177-1178
2.191 Miyake, M. et al.: Sub-quarter-micrometer gate-length p-channel MOSFETs with shallow boron-counter-doped layer fabricated using channel preamorphization. IEEE Trans. ED-**37** (1990), 2007-2015
2.192 Sinon, R. et al.: MOS-structure with a p^+p-profile. Phys. stat. sol. (a) **33** (1976), 661-671
2.193 Feltl, H.: Capacitance of MOS-diodes on substrate doped non-uniformly near the surface. Solid-State Electronics **19** (1976), 425-431
2.194 Herr, N. et al.: A statistical modeling approach for simulating of MOS VLSI circuit design. IEDM (1982), 290-293
2.195 Wang, P.P.: Double boron implant short-channel MOSFET. IEEE Trans. ED-**24** (1977), 196-204
2.196 Yu, S.Y.: The self-consistent analysis of the on-set of strong inversion in an MOS-transistor with double-layer substrate impurity profile. Solid-State Electronics **24** (1981), 725-729
2.197 Wu, S.Y. et al.: An analytical threshold-voltage model for short-channel enhancement mode n-channel MOSFETs with double boron channel implantation. Solid-State Electronics **29** (1987), 387-394
2.198 Doucet, G. et al.: Theoretical and experimental study of MOS-transistors nonuniformly doped by silicon technique. Solid-State Electronics **19** (1976), 191-199
2.199 Rogers, D.M. et al.: Model for the channel-implanted enhancement-mode IGFET. IEEE Trans. ED-**33** (1986), 955-964
2.200 Huang, I.S.: Characteristics of a depletion-mode IGFET. IEEE Trans. ED-**20** (1973), 513-515
2.201 Edwards, J.R. et al.: Depletion-mode IGFET made by deep ion implantation. IEEE Trans. ED-**20** (1973), 283-289
2.202 El-Mansy, Y.A.: Analysis and characterization of the depletion mode IGFET. IEEE Journal of Solid-State Circuits SC-**15** (1980), 331-339
2.203 Weng, K.C. et al.: A predictor/CAD model for buried-channel MOS-transistor. IEEE Trans. CAD-**6** (1987), 4-16
2.204 Omura, Y. et al.: Threshold and subthreshold characteristics theory for a very small buried-channel MOSFET using a majority carrier distribution model. Solid-State Electronics **24** (1981), 301-308
2.205 Parikh, C.D. et al.: Modeling of a depletion mode MOSFET. Solid-State Electronics **30** (1987), 699-703
2.206 Huang, J.S. et al.: Short-channel threshold model for buried-channel MOSFETs. IEEE Trans. ED-**31** (1984), 1889-1895
2.207 Ballay, N. et al.: Analytical modeling of depletion-mode MOSFET with short- and narrow-channel effects. IEE Proc. **127**, pt. I (1981), 225-230
2.208 Schmidt, P.E. et al.: D.C. and high-frequency characteristics of built-in channel MOSFETs Solid-State Electronics **21** (1978), 495-505
2.209 Mohan Rao, G.K.: An accurate model for a depletion mode IGFET used as a load device. Solid-State Electronics **21** (1978), 711-714
2.210 Lubberts, G. et al.: Capacitance and doping profiles of ion-implanted, buried-channel MOSFETs. Solid-State Electronics **22** (1979), 47-57
2.211 Schmidt, P.E. et al.: Dependence of the threshold voltage on channel length in BC-MOSFETs. Solid-State Electronics **26** (1983), 397-401
2.212 Divekar, D.A. et al.: A depletion-mode MOSFET model for circuit simulation. IEEE Trans. CAD-**3** (1984), 80-87
2.213 Haken, R.A.: Analysis of the deep depletion MOSFET and the use of the DC characteristics for determining bulk channel CCD-device parameters. Solid-State Electronics **21** (1978), 753-761
2.214 Jaeger, R.C. et al.: Simple analytical models for the temperature dependent threshold behavior of depletion mode devices. IEEE Journal of Solid-State Circuits SC-**14** (1979), 423-429
2.215 Tarasewicz, S.W. et al.: Simulation of the accumulation punchthrough mode in depletion MOS-FETs. Solid-State Electronics **29** (1986), 1025-1033

2.216 Ratman, P. et al.: Accumulation-punchthrough-mode of operation of buried-channel MOSFETs. IEEE Trans. EDL-3 (1982), 203-205
2.117 Schmidt, P.E. et al.: The A-MOSFET - a majority carrier accumulation MOSFET. Solid-State Electronics 25 (1982), 777-779
2.218 Ohno, U. et al.: Electron mobility in n-channel depletion type MOS Transistors. IEEE Trans. ED-29 (1982), 190-194
2.219 Schmidt, P.E. et al.: DC analysis and design of the majority carrier accumulation MOSFET. Int. Journ. Electron. 54 (1983), 531-540
2.220 Chiang, M.W. et al.: A simulation method to completely model the various transistor I-V-operational modes of long channel depletion MOSFETs. IEEE Trans. CAD-4 (1985), 322-328
2.221 Huang, J.S.: Modeling of an ion-implanted silicon-gate depletion mode. IEEE Trans. ED-22 (1975), 995-1001
2.222 Baccarani, G. et al.: Depletion-mode MOSFET model including a field-dependent surface mobility. IEE Proc. 127, pt. I (1980), 62-66
2.223 Wu, C.Y. et al.: Mobility models for the I-V characteristics of buried-channel MOSFETs. Solid-State Electronics 28 (1985), 917-923
2.224 Ballay, N. et al.: Analytical modelling of depletion mode MOSFET with short and narrow-channel effects. IEE Proc. 128, pt. I (1981), 225-238
2.225 Yamaguchi, T. et al.: Analytical model and characterization of small geometry buried channel depletion MOSFETs. IEEE Journal of Solid-State Circuits SC-18 (1983), 784-793
2.226 Marciniak, W. et al.: Comments on the Huang and Taylor model of ion-implanted silicon-gate depletion-mode IGFET. Solid-State Electronics 28 (1985), 313-315
2.227 Hendrikson, T.E.: A simplified model for subpinchoff condition in depletion mode IGFETs. IEEE Trans. ED-25 (1978), 435-441
2.228 Lin, H.C. et al.: Modeling of a nonpinchoff depletion mode MOSFET. IEEE Journal of Solid-State Circuits SC-15 (1980), 894-898
2.229 Merckel,G.: Short channels-scaled down MOSFETs. Process and Device Modelling for Integrated Circuit Desing, G. Van de Wiele, W.L. Engl and P.G. Jespers (editors), Noordhoff, Leyden. The Netherlands 1977
2.230 Taylor, G.W.: Velocity saturated characteristics of short channel MOSFETs. At & T Bell Lab. Techn. Journ. 63 (1984), 1325
2.231 Tong, K.Y.: Study of saturation conduction in short channel MOSFET by numerical simulation. IEE Proc. 132, pt. I (1985), 173
2.232 Wilson, CH.L. et al.: High-accuracy physical modeling of submicrometer MOSFETs. IEEE Trans. ED-32 (1985), 1246-1258
2.233 Wilson, CH.L. et al.: Two dimensional finite-element charge-sheet model of a short-channel MOS-transistor. Solid-State Electronics 25 (1982), 461-477
2.234 Wilson, CH.L. et al.: Accurate current calculation in two-dimensional MOSFET models IEEE Trans. ED-21 (1985), 2060-2067
2.235 Hanifi, H.I. et al.: An accurate and simple MOSFET model for CAD. IEEE Journal of Solid-State Circuits SC-17 (1982), 882
2.236 DeMassa, T.A. et al.: Threshold voltage predictions from MICRO-MOS: A 3d MOS-Simulator. Solid-State Electronics 30 (1987), 1063-1068
2.237 Kennedy, D.P. et al.: Steady state mathematical theory for the insulated gate field effect transistor. IBM Journ. Res. Dev. 17 (1973), 2-12
2.238 Cottrall, P.E. et al.: Steady-state analysis of field effect-transistors via the finite element method. IEDM Washington (1975), 51-54
2.239 Husain, A.: Three-dimensional simulation of VLSI MOSFETs: the three-dimensional simulation program WATMOS. IEEE Trans. ED-29 (1982), 631-638
2.240 Pinto, M.R. et al.: Computer aids for analysis and scaling of extrinsic devices. IEDM, Washington (1984), 288-291
2.241 Selberherr, S. et al.: MINIMOS-A two-dimensional MOS transistor analyzer. IEEE Trans. ED-27 (1980), 1540-1549
2.242 Greenfield, J.A. et al.: Nonplanar VLSI-device analysis using the solution of Poissons equation. IEEE Trans. ED-27 (1980), 1520-1532
2.243 Miller, J.J. (Ed.): Numerical analysis of Semiconductor Devices (Berichtsbände im 2-Jahres-Turnus). Boole Press Dublin 1979, 1981, 1985, 1987, 1989

2.244 Miller, J.J. (Ed.): New problems and new solutions for device and process-modelling. Lecture notes NASECODE IV (1985), Boole Press Dublin 1985
2.245 Gaensslen, F.H.: Geometry effects of small MOSFET-devices. IBM Journ. Res. Dev. **23** (1979), 682-688
2.246 Geurst, J.A.: Theory of Insulated-Gate Field-Effect Transistor near an beyond pinch-off. Solid-State Electronics **9** (1966), 129-142
2.247 Neumark, G.F. et al.: Transition from pentode-to-triode-like characteristics in field effect transistors. Solid-State Electronics **10** (1967), 299-304
2.248 Viswanathan, C.R. et al.: Threshold voltage in short-channel MOS-devices. IEEE Trans. ED-**32** (1985), 932-940
2.249 Akers, L.A. et al.: Threshold voltage models of short, narrow, and small geometry MOSFETs: a review. Solid-State Electronics **25** (1982), 621-641
2.250 Yan, L.D.: Simple I/V model for short-channel IGFETs in the triode region. El. Letters **11** (1975), 44-45
2.251 Merckel, G.: A simple model of the threshold voltage of short and narrow channel IGFETs. Solid-State Electronics **23** (1980), 1207-1213
2.252 Jäntsch, O.: A geometrical model of the threshold of short and narrow-channel MOSFETs. Solid-State Electronics **25** (1982), 59-63
2.253 Wang, P.P.: Device characteristics of short-channel and narrow width MOSFETs. IEEE Trans. ED-**25** (1978), 779-786
2.254 Bandy, W.R. et al.: A simple approach for accurately modeling the threshold voltage of short-channel IGFETs. Solid-State Electronics **20** (1977), 675-680
2.255 Onura, Y. et al.: Threshold voltage theory for a short-channel MOSFET using a surface potential disstribution model. Solid-State Electronics **22** (1979), 1045-1052
2.256 DeMassa, T.A. et al.: Threshold voltage of small-geometry Si MOSFETs. Solid-State Electronics **29** (1986), 409-419
2.257 Ohuo, Y.: Short channel MOSFET $U_{TH} - U_{DS}$ characteristics model based on a point charge and its mirror images. IEEE Trans. ED-**29** (1982), 211-216
2.258 Noble, W.P.: Short channel effects in dual gate field-effect-transistors. IEDM (1978), 483-486
2.259 Eitan,B. et al.: Surface condition in short channel MOS-devices as a limitation to VLSI-scaling. IEEE Trans. ED-**26** (1979), 254-266
2.260 Cham, K.M. et al.: Device design for the submicrometer p-channel-FET with n^+-Polysilicon Gate. IEEE Trans. ED-**31** (1984), 964-968
2.261 Troutman, R.R.: VLSI limitations from drain-induced barrier lowering. IEEE Journal of Solid-State Circuits SC-**14** (1979), 383-391
2.262 Masuda, H. et al.: Characteristics and limitations of scaled-down MOSFETs due to two-dimensional field effect. IEEE Trans. ED-**26** (1979), 980-986
2.263 Park, H.J. et al.: An empirical model for the threshold voltage of enhancement NMOSFETs. IEEE Trans. CAD-**4** (1985), 629-635
2.264 Taylor, G.W.: The effects of two-dimensioal charge sharing on the above-threshold charcteristics of short-channel IGFETs. Solid-State Electronics **22** (1979), 701-717
2.265 Toyabe,T. et al.: Analytical models of threshold voltage and breakdown voltage of short-channel MOSFETs deviced from two-dimensional analysis. IEEE Trans. ED-**26** (1979), 453-461
2.266 Ratnakumar, K.N. et al.: New IGFET short-channel threshold voltage model. IEDM Washington (1981), 204-206
2.267 Nguyen, T.N. et al.: Physical mechanismus responsible for short channel effects in MOS devices. IEDM, Washington (1981), 596-599
2.268 Chatterjee, A. et al.: A submicron MOSFET-model for simulation of analog circuits. ICCAD'88 (1988), 120-123
2.269 Yau, L.D.: A simple theory to predict the threshold voltage of short-channel IGFETs. Solid-State Electronics **17** (1974), 1059-1063
2.270 Poon, H.C. et al.: CD model for short channel IGFETs. IEDM (1973), 156-159
2.271 Varshney, R.C.: Simple theory for threshold voltage modulation in short-channel MOS-transistor. El. Letters **9** (1973), 600-602
2.272 Lee, H.S.: An analysis of the threshold voltage for short-channel IGFETs. Solid-State Electronics **16** (1973), 1407-1414
2.273 Motta, R.F. et al.: Computer-aided device optimization for MOS-VLSI IEEE Journal of Solid-State Circuits SC-**15** (1980), 624-630

2.274 Coe, D.J. et al.: A comparization of simple and numerical 2d models for the threshold voltage of short channel MOSTs. Solid-State Electronics **20** (1977), 993-998
2.275 Ratnakumar, K.N. et al.: Short-channel MOS-threshold model. IEEE Journal of Solid-State Circuits SC-**17** (1982), 937-947
2.276 Turchetti, C. et al.: A charge-sheet analysis of short-channel enhancement model MOSFETs. IEEE Journal of Solid-State Circuits SC-**21** (1986), 267-275
2.277 Kendall, J.D. et al.: A two dimensional analytical threshold voltage model for MOSFETs with arbitrarily doped substrates. IEEE Trans. EDL-**7** (1986), 401-403
2.278 Skotnicki,T.: Quasi-two-dimensional analytical solution of Poisson equation in arbitrarily doped short channel MOSFET. El. Letters **19** (1983), 797-798
2.279 Runovc, R. Continuous model for gate induced charge in short-channel MOSFET. El. Letters **17** (1981), 638
2.280 Moon, B.J. et al.: New short-channel n-MOSFET current-voltage model in strong-inversion and unified parameter extraction method. IEEE Trans. ED-**38** (1991), 592-602
2.281 Fukuma, M. et al.: A simple model for short-channel MOSFETs IEEE Proc. **65** (1977), 1212-1213
2.282 Marash,V. et al.: Methodology for Submicron device model development. IEEE Trans. CAD-**7** (1988), 299-305
2.283 Kotani, N. et al.: Computer analysis of punch-through in MOSFETs. Solid-State Electronics **22** (1979), 63-70
2.284 Poole, D.R. et al.: Two-dimensional analytical modeling of threshold voltages of short-channel MOSFETs. IEEE Trans. EDL-**5** (1984), 443-446
2.285 Wu, C. et al.: An analytical and accurate model for the threshold voltage of short channel MOSFETs in VLSI. Solid-State Electronics **27** (1984), 651-658
2.286 Compeers, J. et al.: A process and layout oriented short channel MOST-model for circuit analysis program. IEEE Trans. ED-**24** (1977), 739-746
2.287 Cox, P. et al.: Statistical modeling for efficient parametric yield estimation of MOS-VLSI circuits. IEEE Trans. ED-**32** (1985), 471-478
2.288 Wright, G.T. et al.: Preprocessor modeling of parameter and geometry dependences of short and narrow MOSFETs for VLSI circuit simulation, optimization and statistics with SPICE. IEEE Trans. ED-**32** (1985), 1240-1245
2.289 Dang, L.M.: A simple current model for short-channel IGFET and its application to circuit simulation. IEEE Trans. ED-**26** (1978), 436-445
2.290 Jeppson, K.W.: Influence of the channel width on the threshold voltage modulation in MOSFETs. El. Letters **11** (1975), 297-299
2.291 Kroell, K.E. et al.: Threshold voltage of narrow channel field effect transistors. Solid-State Electronics **19** (1976), 77-81
2.292 Noble, W.P. et al.: Narrow width effects in insulated gate field effect transistors. IEDM (1976), 582-586
2.293 Akers, L.A. et al.: A closed-form threshold voltage expression for a small-geometry MOSFET. IEEE Trans. ED-**29** (1982), 776-778
2.294 Akers, L.A.: Threshold voltage for a narrow width MOSFET. El. Letters **17** (1981), 49-51
2.295 Akers, L.A.: An analytical expression for the threshold voltage of small geometry MOSFET. Solid-State Electronics **24** (1981),621-627
2.296 Akers, L.A. et al.: A model of a narrow-width MOSFET including tapered oxide and doping encroachment. IEEE Trans. ED-**28** (1981), 1490-1495
2.297 Lai, F.S.: An analytic model to estimate the avalanche breakdown voltage for LDD devices. Solid-State Electronics **28** (1985), 959-965
2.298 Chia, Y. et al.: An accurate SPICE-model for digital and analog circuit simulation. IEEE Custom Circ. Conf. (1987), 405-408
2.299 Cheng, Y.C. et al.: An analytical model for the threshold voltage of a narrow width MOSFET. IEEE Trans. ED-**31** (1984), 1814-1823
2.300 Shigyo, N. et al.: A three-dimensional simulation program for MOS-devices and its application to the analysis of the narrow-channel effect. Electronics & Comm. Jap. **67c** (1984), 73-79
2.301 Yang, P. et al.: SPICE modeling for small geometry MOSFET circuits. IEEE Trans. CAD-**1** (1982), 169-182
2.302 Asenov, A.M. et al.: Comparison oft the threshold voltage criteria for narrow-channel MOS-transistors. Int. Journ. Electron. **62** (1987), 843-847

2.303 Kasai, R. et al.: Threshold-voltage analysis of short- and narrow-channel MOSFETs by three-dimensional computer simulation. IEEE Trans. ED-**29** (1982), 870-876
2.304 Buturla, E.M.: Three-dimensional finite element simulation of semiconductor devices. ISSCC (1980), 76-77
2.305 Oka, H. et al. Computer analysis of a short-channel BC MOSFET. IEEE Journal of Solid-State Circuits SC-**15** (1980), 579-584
2.306 Wu, Ch.Y. et al.: A new threshold voltage model for small geometry buried channel MOSFETs. Solid-State Electronics **28** (1985), 1283-1289
2.307 Turchetti, C. et al.: A charge-sheet analysis of enhancement-mode MOSFETs. IEEE Journal of Solid-State Circuits SC-**21** (1986), 267-275
2.308 Troutman, R.R. et al.: Subthreshold characteristics of insulated-gate field-effect transistors. IEEE Trans. CT-**20** (1973), 659-665
2.309 Barker, R.W.: Small signal subthreshold model for IGFETs. El. Letters **12** (1976), 260-262
2.310 Rao, G.R.: Sub-threshold leakage currents in weakly inverted short channel IGFETs. El. Letters **22** (1979), 729-734
3.311 Chu, J.L. et al.: Thermionic injection and space-charge limited current in reach through p^+np^+-struture. Journ. Appl. Phys. **43** (1972), 3510-3515
2.312 Chamberlain, S.G. et al.: Drain induced barrier lowering analysis in VLSI MOSFET devices using 2d numerical simulations .IEEE Trans. ED-**33** (1986), 1745-1752
2.313 Stuart, R.A. et al.: Punchthrough currents in short channel MOST-devices. El. Letters **9** (1973), 586-588
2.314 Brews, J.R.: Geometrical factors in avalanche punchthrough erase. IEEE Trans. ED-**24** (1977), 1108-1116
2.315 Barnes, J.J. et al.: Short channel MOSFETs in the punchthrough current mode. IEEE Trans. ED-**26** (1979), 446-453
2.316 Hsu, F.S. et al.: A simple punchthrough model for short-channel MOSFETs. IEEE Trans. ED-**30** (1983), 1354-1359
2.317 Zhu, J. et al.: Punchthrough current for submicrometer MOSFETs in CMOS VLSI. IEEE Trans. ED-**35** (1988), 145-151
2.318 Skotnicki, T et al.: A new punchthrough current model based on the voltage-doping transformation. IEEE Trans. ED-**35** (1988), 1076-1086
2.319 Wu, C.Y. et al.: A simple punchthrough voltage model for short-channel MOSFETs with simple channel implantation in VLSI. IEEE Trans. ED-**32** (1985), 1704-1707
2.320 Eitan, B. et al.: Surface conduction in short channel MOS-devices as a limitation to VLSI-scaling. IEEE Trans. ED-**29** (1982), 254-266
2.321 Fu, J.S.: Dominant subthreshold conduction path's in short-channel MOSFETs. IEEE Trans. ED-**31** (1984), 440-447
2.322 Hsu, F.C.: A simplified model of short-channel MOSFET characteristics in the breakdown mode. IEEE Trans. ED-**30** (1983), 571-576
2.323 Lin,S. et al.: Interactive two-dimensional design of barrier-controlled MOS-Transistors. IEEE Journal of Solid-State Circuits SC-**15** 81980), 615-623
2.324 Franz, A.F. et al.: BAMBI – a design model for power MOSFETs. IEEE Trans. CAD-4 (1985), 177-188
2.325 Terril, K.W. et al.: An analytical model for the channel electric field in MOSFETs with graded-drain structures. IEEE Trans. EDL-**5** (1984), 440-442
2.326 Jain, S.C. et al. A unified analytical model for drain-induced barrier lowering and drain-induced high electric field in a short-channel MOSFET. Solid-State Electronics **30** (1987), 503-511
2.327 Jain,S.C. et al.: Two-dimensional effects two-terminal n^+pn^+ devices fabricated by planar technology. Journ. Appl. Phys. **63** (1988), 231-233
2.328 Tong, K.Y.: Punchthrough limits in MOS-devices. Microelectr. Journ. **18** (1987), 41-49
2.329 Ghibaudo, G. et al.: Influence of drain induced barrier lowering on the dynamic conductance of short channel MOSFETs. El. Letters **22** (1986), 1010-1011
2.330 Hu, C.M. et al.: Hot electron induced MOSFET-degradation model, monitor and improvement. IEEE Trans. ED-**32** (1985), 375-385
2.331 Ning, T.H. et al.: 1-μm MOSFET VLSI technology Pt. IV-Hot-electron design constraints. IEEE Trans. ED-**26** (1979), 346-353
2.332 Cottrell, P.E. et al.: Hot electron emission in n-channel IGFETs. IEEE Trans. ED-**26** (1979), 520-533

2.333 Tam, S. et al.: Lucky-electron model of channel hot-electron injection in MOSFETs. IEEE Trans. EDL-**31** (1984), 1116-1124
2.334 Ning, T.H.: Hot electron emission from silicon into silicon-dioxide. Solid-State Electronics **21** (1978), 273-283
2.335 Takeda, E.: Hot-carrier effects in submicrometer MOS-VLSI's. IEE Proc. **131**, pt. I (1984), 135-164
2.336 Castagne, R.: Physics and modeling of hot electron effects in submicro-devices. Physica BNC **134 B** (1985), 55-66
2.337 Hofman, K.R. et al.: Hot-electron and hole emission effects in short n-channel MOSFETs. IEEE Trans. ED-**32** 81985), 691-699
2.338 Takeda, E. et al.: New hot carrier injection and device degradation in submicron MOSFETs. IEE Proc. **130** pt. I(1983), 144-149
2.339 Brennan, K. et al.: A theory of enhanced impact ionization due to the gate field and mobility degradation in the inversion layer of MOSFETs. IEEE Trans. Lett. EDL-7 (1986), 86-88
2.340 Eitan, B. et al.: Hot electron injection into the oxide in n-channel MOS-devices. IEEE Trans. ED-**28** (1981), 328-338
2.341 Ng, K.K. et al.: Effects of hot carrier trapping in n- and p-channel MOSFETs. IEEE Trans. ED-**30** (1983), 871-876
2.342 Tanaka, S. et al.: A self consistent pseudo-two-dimensional model for hot electron current in MOSTs. IEEE Trans. ED-**33** (1986), 743-753
2.343 Negro, V.C. et al.: An analytic expression for MOSFET gate leakage current. IEEE Proc. **61** (1973), 1509-1510
2.344 Su, H.Q. et al.: Mobility degradation in very thin oxide p-chanel MOSFETs. IEEE Trans. ED-**32** (1985), 559-561
2.345 Tanaka, S. et al.: A model for the relation between substrate and gate currents in n-channel MOSFETs. IEEE Trans. ED-**30** (1983), 668-674
2.346 Watanabe, D.S. et al.: Numerical simulation of hot-electron phenomenon. IEEE Trans. ED-**30** (1983), 1042-1049
2.347 Hellonin, Y. et al.: Hot-hole injection probabilities into the insulator of MIS-devices. Journ. Appl. Phys. **61** (1987), 5342-5345
2.348 Tam, S. et al.: Hot-electron currents in very short channel MOSFETs IEEE Trans. Lett. EDL-**4** (1983), 249-251-
2.349 Takeda, E. et al.: Submirometer MOSFET-structure for minimizing hot carrier generation. IEEE Trans. ED-**29** (1982), 611-625
2.350 Ning, T.H. et al.: Emission probability of hot electrons from silicon into silicon oxide. Journ. Appl. Phys. **48** (1977), 286-293
2.351 Hänsch, W. et al.: On the hot electron problem in semiconductor devices: short channel MOSFET. Journ. Appl. Phys. **60** (1986), 650-656
2.352 Wang, Ch.T.: An improved hot-electron-emission model for simulating the gate current characteristics of MOSFETs. Solid-State Electronics **31** (1988), 229-231
2.353 Young, D.R.: Electron current injected into SiO_2 from p-type Si depletion regions. Journ. Appl. Phys. **47** (1976), 2098-2102
2.354 Miura-Mattausch, M. et al.: Gate currents in thin oxide MOSFETs. IEE Proc. **134**, pt. I (1987), 111-115
2.355 Takeda, E. et al.: Comparison of characteristics of n-channel and p-channel MOSFETs for VLSI. IEEE Trans. ED-**30** (1983), 675-680
2.356 Schwerin, A. et al.: The relationship between oxide charge and device degradation: A comparative study of n- and p-channel MOSFETs. IEEE Trans. ED-**34** (1987), 2493-2499
2.357 Krishina, S.: Second breakdown in high voltage MOS-Transistors. Solid-State Electronics **20** (1977), 875-878
2.358 Antov, B. et al.: Substrate current in short n-channel MOS-transistors. Int. Journ. Electron. **55** (1983), 567-578
2.359 Kotani, N. et al.: The effect of holes on the injection-induced breakdown in n-channel MOSFETs. IEEE Trans. ED-**32** (1985), 722-725
2.360 Thurgate, T. et al.: An impact ionization model for two-dimensional device simulation. IEEE Trans. ED-**32** (1985), 400-404
2.361 Thoruber, K.K.: Relation of drift velocity to low-field mobility and high-field saturation velocity. Journ. Appl. Phys. **51** (1980), 2117-2133

2.362 Nokali, M.E. et al.: A simple model for the MOS-transistor in saturation. Solid-State Electronics **29** (1986), 591-596
2.363 Leburton, J.P. et al.: v-E-dependence in small sized-MOS-transistors. IEEE Trans. ED-**29** (1982), 1168-1171
2.364 Barker, J.R. et al.: On the physics and modeling of small semiconductor devices, pt. II-III. Solid-State Electronics **23** (1980), 519-550
2.365 Nguygen, T.N. et al.: Physical mechanisms responsible for short-channel effects in MOS-devices. IEDM (1981), 596-599
2.366 Omar, M.A. et al.: Drift and diffusion of charge carriers in silicon an their empirical relation to the electric field. Solid-State Electronics **30** (1987), 693-697
2.367 Nishida, T. et al.: A physically based mobility model for MOSFET numerical simulation. IEEE Trans. ED-**34** (1987), 310-319
2.368 Hiroki, et al.: A mobility model for submicrometer MOSFET device simulations. IEEE Trans. Lett. EDL-**8** (1987), 231-233
2.369 Moglestue, C.: Self-consistent calculation of electron and hole inversion charges at silicon-silicon dioxide interfaces. Journ. Appl. Phys. **59** (1986), 3175-3183
2.370 Fang, F.F., Howard. W.E.: Negative field effect mobility on (100) Si surface. Physics Rev. Lett. **16** (1966), 797-799
2.371 Stern, F.: Self-consistent results for n-type-Si-inversion layers. Physics Rev. B **51** (1972), 4891-4898
2.372 Hardalov, Ch.M. et al.: Surface quantization effect of semiconductor space charge layers. Surface Science **147** (1984), 329-342
2.373 Cheng, Y.C. et al.: On the role of scattering by surface roughness in silicon inversion layers. Surf. Science **34** (1973), 717-731
2.374 Lin, M.S.: Quantum effects of electrons and holes in the MOSFET inversion layers. IEEE Trans. EDL-**5** (1984), 487-490
2.375 Hamaguchi, C.: Hot electron transport in very short semiconductors. Physica **134 B** (1985), 87-96
2.376 Lin, M.Sh.: The classical versus the quantum mechanical model of mobility degradation due to the gate field in MOS inversion layers. IEEE Trans. ED-**32** (1985), 700-710
2.377 Ferry, D.K. et al.: Hot carrier constrains in transient transport in very small semiconductor devices. IEEE Trans. ED-**28** (1981), 905-911
2.378 Moglestue, C.: MC particle modeling of small semiconductor devices. Comp. Meth. Appl. Mech.Eng. **30** (1982), 173-208
2.379 Bandyopadhyay,B. et al.: A rigorous technique to couple MC- and drift-diffusion models for computationally efficient device simulation. IEEE Trans. ED-**34** (1987), 392-399
2.380 Nicolet, B. et al.: Deterministic particle simulation of the Boltzmann transport equation of semiconductors. Journ. of Comp. Phys. **78** (1988), 313-349
2.381 Jacoboni, C. et al.: The MC-method for the simulation of charge transport in semiconductors with applications to covalent materials. Rev. Mod. Phys. **55** (1983), 645-705
2.382 McAndrew. C.C. et al.: Carrier dynamical VLSI-device simulation. Semic. Sci. Techn. **30** (1988), 886-894
2.383 Cook, R.K. et al.: Two-dimensional numerical simulation of energy transport effects in Si and GaAs MESFETs. IEEE Trans. ED-**29** (1982), 970
2.384 Feng, Y.K. et al.: Simulation of submicrometer GaAs MESFETs using a full dynamic transport modell. IEEE Trans. ED-**35** (1988), 1419-1431
2.385 Blobekjaer, K.: Transport equations for two valley semiconductors. IEEE Trans. ED-**17** (1970), 38
2.386 Curtice, W.R. et al.: A temperature model for the GaAs-MESFET. IEEE Trans. ED-**28** (1981), 954-962
2.387 Carnez, B. et al.: Modeling of submicrometer gate field effect transistor including effects of nonstationary electron dynamics. Journ. Appl. Phys. **51** (1980), 784-790
2.388 Rolland, P.A. et al.: The theoretical study of 100 GHz GaAs transfer electron devices. J. Phys. **C7** (1982), 174-176
2.389 Miura-Mattausch. M. et al.: 1d analytical treatment of hot-electron effects in short-channel MOSFETs. Physica **134 B** (1985), 77-81
2.390 Goldsman, N. et al.: Efficient and accurate use of the energy transport method in device simulation. IEEE Trans. ED-**35**(1988), 1524-1529

2.391 Chou, S.Y. et al.: Observation of electron velocity overshoot in sub-100-nm channel MOSFETs in silicon. IEEE Trans. Lett. EDL-6 (1985), 665-667
2.392 Chatterjee, W.R. et al.: The impact of scaling laws on the choice of n-channel for MOS VLSI. IEEE Trans. Lett. EDL-1 (1988), 220-223
2.393 Baccarani, G. et al.: Spreading resistance in submicron MOSFETs: IEEE Trans. Lett. EDL-4 (1983), 27-29
2.394 Chen, J.G. et al.: A new method to determine MOSFET channel length. IEEE Trans. Lett. EDL-1 (1980), 170-173
2.395 Ng, K.K. et al.: The spreading resistance of MOSFETs IEEE Trans. Lett. EDL-6 81985), 195-198
2.396 Yamaguchi, T. et al.: Process and device performance of submicrometer-channel CMOS devices using deep-trench isolation and self-aligned TiSi2 technologics. IEEE Trans. ED-32 (1985), 184-193
2.397 Seavey, M.H.: Source and Drain resistance determination for MOSFETs. IEEE Trans. EDL-5 (1984), 479-481
2.398 Loh, W.M. et al.: Modeling and measurement of contact resistances. IEEE Trans. ED-34 (1987), 512-523
2.399 Klaassen, F.M. et al.: The series resistance of submicron MOSFETs and its effect on their characteristics. ESSDERC, Journ. de Phys. C4 (1988), 257-260
2.400 Yagi, A.: Effects of injection resistance on the performance of very short channel MOSFETs. IEEE Trans. ED-31 (1984), 1804-1808
2.401 Takeda, E.: An As-P(n^+n^-) double diffused drain MOSFET for VLSI. IEEE Trans. ED-30 (1983), 652-657
2.402 Mikoshiba, H.: Comparison of drain structures in n-channel MOSFETs. IEEE Trans. ED-33 (1986), 140-144
2.403 Dennard, R.H. et al.: Design of ion-implanted MOSFETs with very small physical dimension. IEEE Journal of Solid-State Circuits SC-9 (1974), 256-268
2.404 Chi, J.Y. et al.: Constant voltage scaling of FETs for high frequency and high power applications. Solid-State Electronics 26 (1983), 667-670
2.405 Ng, K.K. et al.: The impact of intrinsic series resistance on MOSFET-scaling. IEEE Trans. ED-34 (1984), 503-511
2.406 Shichijo, H.: A re-examination of practical performance limits of scaled n-channel and p-channel MOS-devices for VLSI. Solid-State Electronics 26 (1983), 969-986
2.407 Wong, St. et al.: Impact of scaling on MOS analog performance. IEEE Journal of Solid-State Circuits SC-18 (1983), 106-114
2.408 Enomoto, T. et al.: Design, fabrication and performance of scaled analog ICs. IEEE Journal of Solid-State Circuits SC-18 (1983), 395-401
2.409 Reisman, A. Device circuit and technology scaling to micron and submicron dimensions. IEEE Proc. 71 (1983), 550-565
2.410 Sangiorgi, E. et al.: Scaling issues related to high field phenomen in submicrometer MOSFETs. IEEE Trans. Lett. EDL-7 (1986), 115-118
2.411 Baccarani, G. et al.: Generalized scaling theory and its application to a 1/4 micon MOSFET design. IEEE Trans. ED-31 (1984), 452-462
2.412 Saruswat, K.C.: Effect of scaling of interconnections on time delay of VLSI circuits. IEEE Trans. ED-29 (1982), 645
2.413 Sakurai, T.: Approximation of wiring delay in MOSFET LSI. IEEE Journal of Solid-State Circuits SC-18 (1983), 418
2.414 Lu, N.C. et al.: Scaling limitations of monolithic polycrystalline – silicon resistors in VLSI Static RAMs and logic. IEEE Trans. ED-29 (1982), 682-690
2.415 Baccarani, G. et al.: Transconductance degradation in thin-oxide MOSFETs. IEEE Trans. ED-30 (1983), 1295-1304
2.416 El-Mansy, Y.: MOS device and technology constraints in VLSI. IEEE Trans. ED-29 (1982), 567-573
2.417 Oh, S.Y. et al.: Analysis of the channel inversion layer capacitance in the very thin gate IGFET. IEEE Trans. EDL-4 (1983), 236-238
2.418 Brews, J.R. et al.: Generalized guide for MOSFET miniaturization. IEEE Trans. EDL-1 (1980), 2-3
2.419 Sokel,R.: Transistor scaling with constant subthreshold leakage. IEEE Trans. EDL-4 (1983), 85-87

Literatur zu Kapitel 3

3.1 Das, M.B.: Dependence of the characteristics of MOS transistors on the substrate resistivity. Solid-State Electronics **11** (1968), 305-322
3.2 Meyer, J.E.: MOS models and circuit simulation. RCA Rev. **32** (1971), 42-63
3.3 Molin, B.A. MOS-Transistor modeling for modern CMOS-processes. Rept. Lund University, LUTEOX (1987), 1-43
3.4 Klaassen, F.M.: MOS device modeling, Abschn. 1 in Design of MOS VLSI Circ. for Telecom., Y. Tsividis and P. Antognette (ed.) Prentice-Hall, Englewood Cliffs, N.J. 1985
3.5 Turchettti et. al.: On the small-signal behavior of the MOS-transistor in quasi-static operation. Solid-State Electronics **26** (1983¿), 941-949
3.6 Kumar, U. et al.: A simple small-signal two-part MOST model for the pre-pinchoff region. Solid-State Electronics **20** (1977), 1021-1022
3.7 Robinson, J.A. et al.: A general four-terminal charging-current model for the insulated-gate field effect transistor Solid-State Electronics **23** (1980), Pt. I, II (1980), 405-414
3.8 Yimen, Z. et al.: Small signal MOSFET one-dimensional admittance model. Solid-State Electronics **27** (1984), 721-731
3.9 Bloodworth, G.G.: Four terminal operation of MOS-transistors. IEE Proc. **113** (1966), 1587-1594
3.10 Ward, D.E.: Charge-based modeling of capacitance in MOS transistors. Techn. Rep. G201-11, Integr. Circ. Lab., Stanford University, Ca. 1981
3.11 Bhatti, G.S. et al.: A model for MOS-transistors. IEE Proc. **321** pt. I (1985), 248-252
3.12 Vladimirescu, A. u.a.: The simulation of MOS-integrated circuits. Memorandum UCB/ERL M80/7, Febr. 1980
3.13 Schwab, H.: Kleinsignalverhalten von MOS-Feldeffekttransistoren. Arch. f. Elektrotechnik **58** (1976), 141-150
3.14 Barker, R.W.: Small signal subthreshold model for IGFETs. El. Letters **12** (1976), 260-262
3.15 Antognetti, P. et al.: CAD-model for threshold and subthreshold conduction in MOSFETs. IEEE Journal of Solid-State Circuits SC-**17** (1982), 454-458
3.16 Merckel, G.: Une méthode simple de détermination de la vitesse limite des porteus dans les transistors MOS. Rev. Phys. Appl. **15** (1980), 879-887
3.17 Warner, R.M. et al.: BJT-MOSFET Transconductance comparisons. IEEE Trans. ED-**34** (1987), 1061-1065
3.18 Schrimpf, R.D. et al.: Subthreshold transconductance in long channel MOSFET. Solid-State Electronics **30** (1987), 1043-1048
3.19 Ghibaudo, G.: An analytical model of conductance and transconductance for enhanced-mode MOSFETs. Phys. stat. sol. (a) **95** (1986), 323-335
3.20 Schrader, I.: The influence of the interface states on the dynamic transconductance of MISFETs. Solid-State Electronics **20** (1977), 671-674
3.21 Park, C.S. et al.: A high frequency CMOS-linear transconductance element. IEEE Trans. CAS-**33** (1986), 1132-1138
3.22 Tsividis, Y.P.: Relation between incremental intrinsic capacitances and transconductances in MOS transistors. IEEE Trans. ED-**27** (1980), 946-948
3.23 Ikeda, H.: An elegant method for measuring MOST drain-source conductance in the saturated current region. IEEE Trans. on Instr. Meas. IM-21 (1972), 234-236
3.24 Tsividis, Y. et al.: Problems in precision modeling of the MOS transistor for analog applications. IEEE Trans. CAD-**3** (1983), 72-79
3.25 Shur, M. et al.: Unified MOSFET Model. Solid-State Electronic **35 (1992), 1795-1802**
3.26 Oakley, R.E. et al.: CASMOS – an accurate MOS-model with geometry-dependent parameters. IEE Proc. **128** pt. I, (1981), 239-27
3.27 Wong, St. et al.: Impact of scaling on MOS-analog performance. IEEE Journal of Solid-State Circuits SC-**18** (1983), 106-114
3.28 Shoncar,F.S.: Small signal drain conductance MOSFET in saturations – a simple model. El. Letters **22** (1986), 239-241
3.29 Popper, A. et al.: Rechnergestützte Simulation von digitalen CMOS-Schaltungen. AEÜ **34** (1980), 313-319
3.30 Rehn, B. et al.: Ein MOS-Modell mit pseudophysikalischen Parametern. NTG-Fachber. **51** (1975), 162-167

3.31 Claeßen, U. et al.: Erhöhte Genauigkeit bei der Simulation analoger CMOS-Schaltungen durch ein verbessertes MOS-Kompaktmodell. AEÜ **44** (1990), 139-147
3.32 Siburt, A. et al.: Automated parameter extraction and modeling of the MOSFET below threshold. IEEE Trans. CAD-7 (1988), 484-488
3.33 Krutsik, Th. et al.: An improved method of MOSFET modeling and parameter extraction. IEEE Trans. ED-**34** (1987), 1676-1679
3.34 Maes, W. et al.: A versatile technology independent parameter extraction program using a new optimized fit strategy. IEEE Trans. CAD-5 (1986), 320-325
3.35 Kim, Ch.K. et al.: Constant-current-contour plot for the depletion of short channel effects of MOSFETs. IEEE Trans. ED-**33** (1986), 1619-1621
3.36 Sevat, M.F.: On the channel charge division in MOSFET-modeling. ICCAD-87 (1987), 208-210
3.37 Yang, P. et al.: An investigation of the charge conservation problem for MOSFET circuit simulation. IEEE Journal of Solid-State Circuits SC-**18** (1983), 128-138
3.38 Oh, S.Y. et al.: Transient analysis of MOS-transistors. IEEE Journal of Solid-State Circuits SC-**15** (1981), 636-643
3.39 Serran, G.I.: A simple charge-based model for MOS-transistor capacitances: a new production tool. IEEE Trans. CAD-2 (1983), 48-51
3.40 Fossum, J.G.: Significance of the channel-charge partion in the transient MOSFET-model. IEEE Trans. ED-**33** (1986), 1621-1623
3.41 Viswanathan, C.R. et al.: Modeling inter-electrode-capacitances in a MOS-element. Proc. IEEE Int. El. Dev. Meeting 1979, 38-41
3.42 Arreola, J.I.: Equivalent circuit modelling of the large signal transient response of four terminal MOSFETs. Ph. D. Diss. Univ. of Florida 1978
3.43 Ward, D.E., Dutton, R.W.: A charge-oriented model for MOS transistor capacitances. IEEE Journal of Solid-State Circuits SC-**13** (19778), 703-707
3.44 O'Reilly, T.J.: The transient response of insulated gate field-effect transistors. Solid-State Electronics **8** (1965), 947-956
3.45 Goser, K.: Einschaltzeiten und Umladungsvorgänge bei MOS-Transistoren. AEÜ **24** (1970), 21-28
3.46 Burns, J.R.: Large-signal transit-time effects in the MOS-transistor. RCA Rev. **15** (1969), 15-35
3.47 Das, M.B.: Switching characteristics of MOS and junction-gate field-effect transistors. IEE Proc. **114** (1967), 1223-1230
3.48 Zahn, M.E.: Calculation of the turn-on behavior of MOST. Solid-State Electronics **17** (1974), 843-854
3.49 Mock, M.S.: A time-dependent numerical model of the insulated gate field-effect transistor. Solid-State Electronics **24** (1981), 959-966
3.50 Ho, A.P. et al.: A quasi-three-dimensional large signal circuit model for lateral transient analysis of MOS device. Solid-State Electronics **23** (1980), 305-315
3.51 Paulos, J.J. et al.: Limitations of quasi-static capacitance models for the MOS transistor. IEEE Trans. Lett. EDL-4 (1983), 221-224
3.52 Paul, R.: Hochfrequenzverhalten von Feldeffekttransistoren mit isolierter Steuerelektrode. AEÜ **20** (1966), 317-328
3.53 Paul, R.: Die Ersatzschaltung von Feldeffekttransistoren mit isoliertem Gate. Nachrichtentechnik **16** (1966), 243-249
3.54 Paul, R.: Einfluß einer nichtidealen Gateisolation auf die Vierpolparameter des Feldeffekttransistors. Nachrichtentechnik **16** (1966), 278-285
3.55 Paul, R.: Frequenzabhängigkeit der Vierpoleigenschaften von MOS-Transistoren. Nachrichtentechnik **16** (1966), 401-406
3.56 Tong, K.Y.: AC model for MOS transistors from transient-current computation. IEE Proc. **130** (1983), 33-36
3.57 Turchetti, C. et al.: A CAD-oriented non quasi-static approach for the transient analysis of MOS IC's. IEEE Journal of Solid-State Circuits SC-**21** (1986), 827-836
3.58 Turchetti, C. et al.: A Meyer-like approach for the transient analysis of digital MOS IC's. IEEE Trans. CAD-**5** (1986), 499-507
3.59 Oh, S.Y. et al.: Transient analysis of MOS transistors. IEEE Journal of Solid-State Circuits SC-**15** (1980), 636-643
3.60 Vandeloo, P.J. et al.: Measurement and fitting the MOS-transistor at high frequencies. IEEE Trans. on Instr. Meas. IM-**37** (1988), 591-595

3.61 Loungren, K.E.: An analytical solution of the nonlinear transport equation that describes an MOS transmission line. El. Letters **21** (1978), 481-484
3.62 Kumar, U.: A review of one dimensional small signal MOSFET modelling. Microelectr. Journ. **11** (1980), 27-31
3.63 Smith,I.W.: On charge nonconservation in FET's. IEEE Trans. ED-**34** (1987), 2565-2568
3.64 Sansen,W. et al.: Modeling the MOS-transistor at high frequencies. El. Letters **22** (1986), 810-812
3.65 Hoffmann, K.: MOS-transmission-line and its equivalent circuit model. Siemens Forschung und Entw. Ber. **5** (1976), 257-261
3.66 Johnson, St. et al.: Transient response of an inhomogeneous MOS-transmission line. Solid-State Electronics **22** (1979), 671-675
3.67 Kuo, J. et al.: Turn-off-transients in circular geometry MOS-Pass-transistors. IEEE Journal of Solid-State Circuits SC-**21** (1986), 837-844
3.68 Sheu, B.J. et al.: An MOS-transistor charge model for VSLI-Design. IEEE Trans. CAD-7 (1988), 520-527
3.69 Conilogue, R.L.: A large and small signal charge model for a enhancement mode MOSFET. Ph. Diss. Univ. Calif. Los Angelos 1983
3.70 Kumar, U.: Modified charge-control model for MOS-transistors in pre-saturation region. Solid-State Electronics **31** (1988), 999-1001
3.71 Arreola, J.I. et al.: A nonlinear indefinite admittance matrix for modeling electronic devices. IEEE Trans. ED-**24** (1977), 765-767
3.72 Park, H.J. et al.: A nonquasistatic MOSFET model for SPICE. IEDM 87, (1987), 652-655
3.73 Mancini, P. et al.: A non quasistatic analysis of the transient behavior of long-channel most valid in all regions of operation. IEEE Trans. ED-**34** (1987), 325-334
3.74 Sheu, B.J. et al.: Measurement and modeling of short-channel MOS-transistor gate capacitances. IEEE Journal of Solid-State Circuits SC-**22** (987), 464-472
3.75 Chai, K.W. et al.: Unified nonquasi-static modeling of the long-channel four-terminal MOSFET for large and small signal analysis in all operating regimes. IEEE Trans. ED-**36** (989), 2513-2519
3.76 Iwai, H. et al.: Analysis of velocity saturation and other effects on short-channel MOS-transistor capacitances. IEEE Trans. CAD-**6** (1987), 173-183
3.77 Kumar, U. et al.: A simple distributed RGC model of MOSFET for pre-pinch off region. Active and passive El.Compl. **14** (1988), 55-65
3.78 Gharabagi, R. et al.: A model for the intrinsic gate capacitance of short-channel MOSFET. Solid-State Electronics **32** (1989), 57-63
3.79 Lee, S.W. et al.: A compact IGFET model – ASIM. IEEE Trans. CAD-7 (1988), 952-975
3.80 Pu, L.J. et al.: Small signal parameters and thermal noise of the four-terminal MOSFET in non-quasistatic operation. Solid-State Electronics **33** (1990), 513-521
3.81 Cirit, M.St.: The Meyer model revisted: why is charge not conserved? IEEE Trans. CAD-**8** (1989), 1033-1037
3.82 Gharabagi, R. et al.: A charge-based model for short-channel MOS transistor capacitances. IEEE Trans. Electron Devices ED-**37** (1990), 1064-1073
3.83 Gharabagi, R. et al.: An analytical model for the capacitances in short-channel MOSFETs. Solid-State Electronics **33** (1990), 235-241
3.84 Vandeloo, P. et al.: Modeling of the MOS-transistor for high frequency analog design. IEEE Trans. CAD-**8** (1989), 713-723
3.85 Sheu, B.J. et al.: An analytical model for intrinsic capacitances of short-channel MOSFETs. IEDM San Francisco (1984), 300-303
3.86 Conilogue, R. et al.: A complete large and small signal charge model for a MOS-transistor IEDM San Francisco (1982), 654-657
3.87 Iwai, H. et al.: Velocity saturation effect on short-channel MOS-transistor capacitance. IEEE Trans. Lett. EDL-**6** (1985), 120-122
3.88 Taylor, G.W. et al.: A description of MOS internodal capacitances for transient simulations. IEEE Trans. CAD-**1** (1982), 150-156
3.89 Lim, H.K. et al.: A charge-based large-signal model for thin-film SOI-MOSFETs. IEEE Trans. ED-**32** (1985), 446-457
3.90 Yeow, Y.T.: Measurement and numerical modeling of short channel MOSFET gate capacitances. IEEE Trans. ED-**34** (1987), 2510-2520
3.91 Serat, M.F.: GlASMOS – a MOSFET-model of high numerical quality ISCAS (1986), 2597-2600

3.92 Chai, K.W. et al.: Comparison of quasistatic and non-quasistatic capacitance models for the MOSFET. IEEE Trans. Lett. EDL-8 (1987), 377-379
3.93 Sheu,B.J. et al.: Short channel effects on MOS-transistor capacitances. IEEE CAS-33 (1986), 1030-1032
3.94 Freese, B.A. et al.: A methode for extracting SPICE 2 junction capacitance parameters from measured data. IEEE Trans. Lett. EDL-5 (1984), 261-265
3.95 Chai, K. et al.: Unified nonquasi-static modeling of the long-channel four-terminal MOSFET for large- and small-signal analysis in all operating regimes. IEEE Trans. ED-36 (1989), 2513-2520
3.96 Shrivastava, R. et al.: A simple model for the overlap capacitance of a VLSI MOS device. IEEE Trans. ED-29 (1982), 1870-1875
3.97 Vitanow, P. et al.: Electrical characterization of feature sizes and parasitic capacitances using a single test structure. IEEE Trans. ED-31 (1984), 96-100
3.98 Greeneich,E.W. et al.: An analysical model for the gate capacitance of small-geometry MOS-structures. IEEE Trans. ED-30 (1983), 1838-1839
3.99 El Kamchouchi, H. et al.: A direct methode for the calculation of the edge capacitance. Journ. Appl. Phys. 8 (1975), 1365-1371
3.100 Van Nielen, J.A.: A simple and accurate approximation to the high-frequency characteristics of IGFETs. Solid-State Electronics 12 (1969), 826-829
3.101 Das, M.B.: Generalized high-frequency network theory of field-effect transistors. IEE Proc. 114 (1967), 50-59
3.102 Cherry, E.M.: Small-signal high-frequency response of the insulated gate field-effect transistor. IEEE Trans. ED-17 (1970), 569-577
3.103 Haslett, J.W. et al.: Small-signal, high-frequency equivalent circuit for the metal-oxide semiconductor field-effect transistor. IEE Proc. 116 (1969), 699-702
3.104 Budde, W. et al.: A charge sheet capacitance model based on drain current modeling. IEEE Trans. ED-37 (1990), 1678-1687
3.105 Riedel, F.: Kleinsignalmodell für Kurz- und Schmalkanal-MOS-Transistoren. AEÜ 41 (1987), 13-20
3.106 Vandeloo, P.J. et al.: Modeling of the MOS transistor for high frequency analog design. IEEE Trans. CAD-8 (1989), 713-723
3.107 Sakallah, K.A. et al.: A first order charge conserving MOS capacitance model. IEEE Trans. CAD-9 (1990), 99-108
3.108 Mikami, Y. et al.: Large- and small-signal channel transit time delays in long channel MOS-transistors. IEEE Trans. ED-24 (1977), 99-107
3.109 Kumar, U.: Accurate two-part model for the MOS-transistor in the pre-pinchoff region. Solid-State Electronics 23 (1980), 403-404
3.110 Yu, S. et al.: A physical parametric transistor model for CMOS circuit simulation. IEEE Trans. CAD-7 (1988), 1038-1051
3.111 Chung, S.S. : A charge-based capacitance model of short-channel MOSFETs. IEEE Trans. CAD-8 (1989), 1-7
3.112 Masuda, H. et al.: MOSTSM: a physically based charge conservative MOSFET mode. IEEE Trans. ED-7 (1988), 1229-1236
3.113 Park, H.J. et al.: A charge-sheet capacitance model of short-channel MOSFETs for SPICE. IEEE Trans. CAD-10 (1991), 376-389
3.114 Prendergast, E.J. et al.: The extraction of terminal charges from two-dimensional device-simulations of MOS-transistors. Numos I, 1986
3.115 Laux, St.: Techniques for small signal analysis of semiconductor devices. IEEE Trans. ED-32 (1985), 2028-2037
3.116 Kuo, J. et al.: MOS-Pass transistor turn-off transient analysis. IEEE Trans. ED-33 (1986), 1545-1555
3.117 Bagheri, M.: An improved MODFET microwave analysis. IEEE Trans. ED-35 (1988), 1147-1149
3.118 Fan,S.P. et al.: MOTIS-C – a new circuit simulator for MOS LSI-circuits. IEEE Int. Symp. Circ. Syst. (1977), 700-703
3.119 Newton,A.R.: The simulation of LSI-IC's. Memo No. M78/52 UCB/ERL. July (1978)
3.120 Shima, T. et al.: Three-dimensional table look-up MOSFET model for precise circuit simulation. IEEE Journal of Solid-State Circuits SC-17 81982), 449-453
3.121 Coughran,W.M. et al.: CAM: a circuit analyser with macromodelling. IEEE Trans. ED-30 (1983), 1207-1213

3.122 Barby, J. et al.: Polynomical splines for FET-models. Int. Symp. Cir. Syst. (1983), 206-209
3.123 Hanafi, H.I. et al.: An accurate and simple MOSFET model for computer-aided design. IEEE Journal of Solid-State Circuits SC-**17** (1982), 882-891
3.124 – SPICE Source Code, Version 26.6, UCB (1983), März
3.125 Sheu, B.J. et al.: ERL Memo M85/42, UCB (1985) Calif.
3.126 Sheu, B.J. et al.: BSIM, an IC-process-oriented MOSFET-model and the associated characterization system. Proc. ISCAD (1985), 433
3.127 Anthofer, A. et al.: A continuous analytical MOS-model for analog application. Proc. NASECODE VI (1989), 325-331
3.128 Park, H.J. et al.: A non-quasi-static MOSFET model for SPICE-transient analysis. IEEE Trans. ED-**36** (1989), 561-576
3.129 Budde, W.: Modellierung des dynamischen Verhaltens von Kurzkanal-MOS-FETs. Diss. Univ. Duisburg 1990
3.130 Burns, J.L.: Empirical MOSFET-models for circuit simulation. Memo No UCB ERL M84/43, UCB (1984)
3.131 Barby, J. et al.: Optimized polynomical splines for FET-models. Proc. IEEE ISCAS (1984), 1159-1162
3.132 Sakui, K. et al.: A simplified accurate three-dimensional table look up-MOSFET model for VLSI-circuit simulation. Proc. IEEE Custom IC Conf. (1985), 347-351
3.133 Shima, T.: Table look-up MOSFET-capacitance model for short channel devices. IEEE Trans. CAD-**5** (1986), 624-632
3.134 Shima, T. et al.: Table look-up MOSFET modeling system using a 2d device-simulator and monotonic piecewise cubic interpolation. IEEE Trans. CAD-**2** (1983), 121-126
3.135 Gyurcsik, R.: An attached processor for MOS-transistor model evaluation. Memo UCB/ERL M86/82, UCB 1986
3.136 Shima, T.: Bumpless monotonic bicubic interpolation for MOSFET device modelling. Proc. IEE **132**, pt. 1 (1985), 147-150
3.137 Dirks, H.K. et al.: Numerical models and table models. NASECODE IV (1985), 13-24
3.138 Burns, J.L. et al.: Active device table look-up models for circuit simulation. Int.Symp.Circ. Systems (1983), 250-253
3.139 Simas, I.C. et al.: Experimental characterization of power VDMOS transistors in commutation and derived model for CAD. IEEE Trans. PE-**4** (1989), 371-378
3.140 Goser, K. et al.: Aufteilung der Gate-Kanal-Kapazität auf Source und Drain im Ersatzschaltbild eines MOS-Transistors. Siemens Forsch. u. Entw. Ber. **1** (1972), 284-286
3.141 Grimmer, F. et al.: Ein Modell für das Abschaltverhalten von MOS-Transistoren. AEÜ **26** (1972), 197-201
3.142 Paul, R.: Schaltverhalten des MOS-Transistors. Nachrichtentechnik **16** (1966), 321-327
3.143 Paul, R.: Schaltverhalten des MOS-Transistors mit ohmscher Belastung. Nachrichtentechnik **17** (1967), 143-147
3.144 O'Reilly, T.: The transient response of insulated-gate-field effect transistors. Solid-State Electronics **8** (1965), 947-956
3.145 Sheu, B.J. et al.: Switched induced error voltage on a switched capacitor. IEEE Journal of Solid-State Circuits SC-**19** (1984), 519-525
3.146 Eichenberger, Ch. et al.: Dummy transistor compensation of analog MOS-switches. IEEE Journal of Solid-State Circuits SC-**24** (1989), 1143-1146
3.147 Wegman, G. et al.: Charge injection in analog MOS-switches. IEEE Journal of Solid-State Circuits SC-**22** (1987), 1091-1097

Literatur zu Kapitel 4

4.1 Brown, D.M. et al.: Trends in advanced process technology submicrometer CMOS device design and process requirements. IEEE Proc. **74** (1986), 1678-1702
4.2 Kakumu, M. et al.: Choise of power-supply voltage for half-micrometer and lower submicrometer CMOS-devices. IEEE Trans. ED-**37** (1990), 1334-1342
4.3 Omura, Y. et al.: Temperature dependence of dynamic operation in ultra-thin CMOS/SIMOX. IEEE Trans. ED-**38** (1991), 101-107
4.4 Kasai, N. et al.: Hot-carrier-degradation characteristics for fluor-incorporated n-MOSFETs. IEEE Trans. ED-**37** (1990), 1426-1431

428 Literaturverzeichnis

4.5 Dubois, E. et al.: A study of the electrical performances of isolation structures. IEEE Trans. ED-37 (1990), 1477-1486
4.6 Liu, Z.-H. et al.: Threshold voltage model für deep-Submicrometer MOSFET's. IEE Trans. ED-40(1993), 87-95
4.7 Chen, Y.Z. et al.: Computersimulation of hot-carrier effects in asymmetric LDD and LDS MOSFET devices. IEEE Trans. ED-36 (1989), 2492-2498
4.8 Mayaram, K. et al.: An analytic perspective of LDD MOSFETs. Symp. on VLSI Technol. (1986), 61
4.9 Mikoshiba, H. et al.: Comparison of drain structures in n-channel MOSFETs. IEEE Trans. ED-33 (1986), 140-145
4.10 Temple, V.A.K. et al.: A 600-Volt MOSFET with near ideal on-resistance. IEDM Conf. Dig. (1978), 664
4.11 Lidow, A. et al.: Power MOSFET Technology. IEDM Conf. Dig. (1979), 79
4.12 Sun, S.C. et al.: Modeling the on-resistance of LDMOS, VDMOS and VMOS Power Transistors. IEEE Trans. ED-27 (1980), 356-367
4.13 Sigg, H.J. et al.: DMOS Transistors for microwave applications. IEEE Trans. ED-19 (1972), 45
4.14 Pocha, M.D. et al.: Threshold voltage controllability in double-diffused MOS transistors. IEEE Trans. ED-21 (1974), 778
4.15 Pocha, M.D. et al.: A computer-aided design model for High-Voltage double diffused MOS (DMOS) transistors. IEEE Journal of Solid-State Circuits SC-11 (1976), 718
4.16 Hu, C.: A parametric study of power-MOSFETs. IEEE Power Electr. Spec. Comp. Rec. (1979), 385-395
4.17 Hu, C.: Optimum doping profile for minimum ohmic resistance and high-breakdown voltage. IEEE Trans. ED-26 (1979), 243-244
4.18 Darwish, M.N. et al.: Optimization of breakdown voltage and on resistance of VDMOS transistors. IEEE Trans. ED-31 (1984), 1769-1773
4.19 Temple, V.A.K. et al.: Theoretical comparison of DMOS and VMOS structures for voltage and on resistance. IEDM (1979), 88-92
4.20 Bower, R.W. et al.: MOS field effect transistors formed by gate masked ion implantation. IEEE Trans. ED-15 (1968), 757
4.21 Dill, H.G.: A new insulated gate tetrode with high drain breakdown potential and low Miller feedback capacitance. IEEE Trans. ED-15 (1968), 717
4.22 Blanchard, R.A. et al.: High-voltage simultaneous diffusion silicon-gate CMOS. IEEE Journal of Solid-State Circuits SC-9 (1974),103
4.23 Yoshida, I. et al.: A High-Power MOSFET with a vertical drain electrode and a masked gate structure. IEEE Journal of Solid-State Circuits SC-11 (1976)
4.24 Yoshida, I. et al.: Device design of an ion implanted high voltage MOSFET. Proc. 6th Conf. Sol. State Dev., Tokio (1974)
4.25 Okabe, T. et al.: A complementary pair of high power MOSFET. IEDM (1977), 416-419
4.26 Ikeda, H. et al.: Power-MOSFETs for medium-wave and short-wave transmitters. IEEE Trans. ED-27 (1980), 330-334
4.27 Itoh, H. et al.: Extremely high efficient UHF power MOSFET for handy transmitter. IEDM (1983), 95-98
4.28 Colak, S. et al.: Lateral DMOS power transistor design. IEEE Trans. Lett. EDL-1 (1980), 51
4.29 Colak, S.: Effects of the drift region parameters on the static properties of power LDMOST. IEEE Trans. ED-28 (1981), 1455-1466
4.30 Plummer, J.D. et al.: Insulated-gate planar thristors I, II. IEEE Trans. ED-27 (1980), 380-394
4.31 Tihany, J.: MOS-Power devices, trends and results. ESSDERC (1980), 75-83
4.32 Hower, P.L.: Comparison of various source-gate geometries for power MOSFETs. IEEE Trans. ED-28 (1981), 1098-1101
4.33 Yu, S.Y.: U_{TH}-Modeling. El. Letters 12 (1976), 605
4.34 Salama, C.A.T.: A new short channel model MOSFET structure (UMOST). Solid-State Electronics 20 (1977), 1003-1010
4.35 Temple, V.A.K. et al.: MOSFET designed for low on-resistance. IEEE Trans. ED-27 (1980), 343-349
4.36 Tarasewicz, S.W. et al.: Transconductance degradation in VVMOS power transistors due to thermal and field effects. Solid-State Electronics 25 (1982), 1165-1170

4.37 Ohata, Y.: New MOSFETs for high power switching applications. Proc. Powercon **11** (1984), 1-11
4.38 Cheng, H. et al.: Power MOSFET characteristics with modified SPICE modelling. Solid-State Electronics **25** (1982), 1209-1212
4.39 Nienhaus, H.A. et al.: A high power MOSFET computer-model. Powercon Intern. (1982), 65-73
4.40 Hower, P.L.: Bipolar vs. MOSFET: Seeing where the power lies. Electroncis **18** (1980), 106
4.41 Blanchard, R.A. et al.: A new high-power MOS transistor for very high-current high voltage switching applications. Proc. Powercon **8** (1981), No. 1.1
4.42 Russel, J.P. et al.: The COMFET: a new high conductance MOS gated device. IEEE Trans. EDL-**4** (1983), 63-65
4.43 Chang, M.F. et al.: Comparison of n and p channel IGTs. IEEE Int. El. Dev. Meeting Abstr. 106 (1984), 278-281
4.44 Baliga, B.J. et al.: The insulated gate transistor: a new three dimensional MOS controlled bipolar power device. IEEE Trans. ED-**32** (1984), 821-828
4.45 Kuo, D.S. et al.: An analysical model for the power Bipolar-MOS-Transistor. SSE **29** (1986), 1229-1237
4.46 Tanaka, T.: A new MOS-gate-bipolar-transistor for power switches. IEEE Trans. ED-**33** (1986), 2041-2045
4.47 Bernstein, J.B. et al.: A low capacitance power MOSFET with an integral gate drive. IEEE Power El. Spec. Conf. (1987), 61-68
4.48 Tsizuki, Y. et al.: Self thermal protecting power MOSFETs. IEEE Power El. Spec. Conf. (1987), 31-36
4.49 Zaremba jr. D.: Current sense power MOSFETs. Proc. El. Conf. (1988), 1-7
4.50 Hu, G.J.: Design tradeoffs between surface and buried-channel FETs. IEEE Trans. ED-**32** (1985), 584-588
4.51 Shenai, K.: Gate-resistance-limited switching frequencies of power-MOSFETs. IEEE Trans. ED-**11** (1990), 544-546
4.52 Cham, K.M. et al.: Device design for the submicrometer p-channel FET with n^+ polysilicon gate. IEEE Trans. ED-**31** (1984), 964-968
4.53 Lewis,A.G. et al.: Latchup-performance of retrograde and conventional n-well CMOS technologies. IEEE Trans. ED-**34** (1987), 2156
4.54 Pinto, M.R. et al.: Accurate trigger condition analysis for CMOS latchup. IEEE Trans. Lett. EDL-**6** (1985), 100
4.55 Hu, G.J.: A better understanding of CMOS-Latchup. IEEE Trans. ED-**31** (1984), 62-67
4.56 Rung, R.D. et al.: A retrograde p-well for higher density CMOS. IEEE Trans. ED-**28** (1981), 1115-1119
4.57 Chen, J.Y.: CMOS – the energing VLSI-Technology. IEEE Circ. & Dev. Man. **2** (1986), 16-31
4.58 Ning, T. et al.: 1 μm MOSFET VLSI technology pt. IV. IEEE Trans. ED-**26** (1979), 346-353
4.59 Chapman, R. et al.: An 0.8 μm CMOS technology for high performance logic applications. IEDM (1987), 362-365
4.60 Vittoz, E.A. The design of high-performance analog circuits on digital CMOS-chips. IEEE Journal of Solid-State Circuits SC-**20** (1985), 656-665
4.61 Kim, M. et al.: Mo_2N/Mo-Gate MOSFETs. IEEE Trans. ED-**30** (1983), 598-599
4.62 Chan, K.M. et al.: Submicrometer thin gate oxide p-channel transistors with p^+-polysilicon gate for VLSI-application. IEEE Trans. Lett. EDL-**7** (1986), 49-50
4.63 Pfister, J.R. et al.: Performance limits of CMOS VLSI. IEEE Trans. ED-**32** (1985), 333-345
4.64 Moslehi, M.M. et al.: Thermal nitridation of Si and SiO_2 for VLSI. IEEE Trans. ED-**32** (1985), 106-123
4.65 Lai, S.K. et al.: Electrical properties of nitrided oxide-systems for use in gate dielectrics and E^2PROM. IEDM (1983), 190-193
4.66 Sanchez, J. et al.: Drain-engineered hot-electron-resistance device structures: a review. IEEE Trans. ED-**36** (1989), 1125-1131
4.67 Lim, H.K. et al.: A charge based large-signal model for thin-film SOI MOSFETs. IEEE Journal of Solid-State Circuits SC-**20** (1985), 366-377
4.68 Young, K.K.: Analysis of conductions in fully depleted SOI MOSFETs. IEEE Trans. ED-**36** (1989), 504-506
4.69 Ortiz-Conde, A. et al.: Subthreshold behavior of thin-film LPCVD Polysilicon. MOSFET IEEE Trans. ED-**33** (1986), 1563-1571

430   Literaturverzeichnis

4.70 Mallikarjun, C. et al.: Numerical and charge sheet models for thin-film SOI MOSFETs. IEEE Trans. ED-37 (1990), 2039-2051
4.71 Ortiz-Conde, A. et al.: The foundation of a charge-sheet model for the thin-film MOSFET. Solid-State Electronics 31 (1988), 1497-1500
4.72 Van de Wiele, F. et al.: Low current 1d model for the SOI structures. Solid-State Electronics 31 (1989), 567-576
4.73 Lee, Ch.T.: Submicrometer near-intrinsic thin-film SOI complementary MOSFETs. IEEE Trans. ED-36 (1989), 2537-2547
4.74 Colinge, J.P.: Conduction mechanisms in thin-film accumulation-mode SOI p-channel MOSFETs. IEEE Trans. ED-37 (1990), 718-723
4.75 Ortiz-Conde, A. et al.: The nonequilibrium inversion layer charge of the thin-film SOI MOSFET. IEEE Trans. ED-36 (1989), 1651-1656
4.76 Lim, H.K. et al.: Threshold voltage of thin-film Silicon – on insulator (SOI)MOSFETs. IEEE Trans. ED-30 (1983), 1244-1251
4.77 Lim, H.K.: Current-voltage characteristics of thin-film SOI MOSFETs in strong inversion. IEEE Trans. ED-31 (1984), 401-408
4.78 Veeraragharan, S. et al.: A physical short-channel model for the thin-film SOI MOSFET applicable to device and circuit CAD. IEEE Trans. ED-35 (1988), 1866-1871
4.79 Lim, H.K. et al.: Transient drain-current and propagation delay in SOI-CMOS. IEEE Trans. ED-31 (1984), 1251-1273
4.80 Wonters, D. et al.: Subthreshold slope in thin-film SOI MOSFETs. IEEE Trans. ED-37 (1990), 2022-2032
4.81 Barth, P.W. et al.: The MISIM-FET in thin semiconductor layers: depletion approximation model of I V characteristics. IEEE Trans. ED-30 (1983), 1717-1726
4.82 Svensson, C. et al.: Theory of the thin-oxide MNOS-memory transistors. El. Letters 6 1870), 645-647
4.83 Svensson, C. et al.: Trap-assisted charge-injection in MNOS-structures. Journ. Appl. Phys. 44 (1973), 4657-4663
4.84 Card, H.C. et al.: Functional modelling of non-volatile MOS-memory devices. Solid-State Electronics 19 (1976), 863-870
4.85 Sze, S.M.: Current transport and maximum dielectric strength of silicon nitride films. Journ. Appl. Phys. 38 (1967), 2951-2958
4.86 Beguwala, M.M.E. et al.: An improved model for the charging characteristics of a dual-dielectric (MNOS)-Nonvolatile memory devices. IEEE Trans. ED-25 (1978), 1023-1030
4.87 Frohman-Bentchkowsky, D. et al.: Charge-transport and storage in MNOS-structures. Journ. Appl. Phys. 40 (1969), 3307-3312
4.88 Svensson, C.: Theory of the maximum charge stored in the thin oxide MNOS memory transistor. Proc. IEEE 59 (1971), 1134-1136
4.89 Freeman, L.B. et al.: Theory of tunneling into interface states. Solid-State Electronics 13 (1970), 1483-1503
4.90 Lundkvist, L. et al.: Discharge of MNOS-structures. Solid-State Electronics 16 (1973), 811-823
4.91 White, M.H. et al.: Characterization of thin oxide memory transistors. IEEE Trans. ED-19 (1972), 1280-1288
4.92 Ferris-Prabhu, A.V.: Charge transfer by direct tunneling in thin-oxide memory transistors. IEEE Trans. ED-24 (1977), 524-530
4.93 Lundkvist, L. et al.: Discharge of MNOS-structures at elevated temperatures. Solid-State Electronics 19 (1976), 221-227
4.94 Kolodny, A. et al.: Analysis and modeling of floating-gate EEPROM cells. IEEE Trans. ED-33 (1986), 835-844
4.95 Sucin, P.I. et al.: Cell model for EEPROM floating-gate memories. IEDM (1982), 737-740
4.96 Lee, J. et al.: Design considerations for scaling Flotox EEPROM cell. IEDM (1983), 589-592
4.97 Ligenza, J.R. et al.: A method of tungsten dopant deposition for dual-dielectric charge-storage cells. IEEE Trans. ED-24 (1977), 581-583
4.98 Voorthuyzen, J.A. et al.: The consequences of the application of a floating gate on d.c-MISFET characteristics. Solid-State Electronics 27 (1983), 311-315
4.99 Prall, K. et al.: Characterization and suppression of drain coupling in submicrometer EPROM cells. IEEE Trans. ED-34 (1987), 2463-2468

4.100 Tanaka, S. et al.: One-dimensional writing model of n-channel floating ionization-injection MOS(FIMOS). IEEE Trans. ED-**28** (1981), 1190-1197
4.101 Chao, Ch.Ch. et al.: Characterization of charge injection and trapping in scaled SONOS/MONOS memory devices. Solid-State Electronics **30** (1987), 307-319
4.102 Klaasen, F.M. et al.: On the temperatur coefficient of the MOSFET threshold voltage. Solid-State Electronics **29** (1986), 787-789
4.103 Tewksbury, S.K.: N-channel enhancement-mode MOSFET characteristics from 10 to 300 K. IEEE Trans. ED-**28** (1981), 1519-1529
4.104 Tzou, J.J.: The temperatur dependence of threshold voltages in submicrometer CMOS. IEEE Trans. Lett. EDL-**6** (1985), 250-252
4.105 Ghibaudo, G. et al.: Modellling of ohmic MOSFET-operation at very low temperature. Solid-State Electronics **31** (1988), 105-108
4.106 Card, H.C. et al.: On the temperature dependence of subthreshold currents in MOS inversion layers. Solid-State Electronics **22** (1979), 463-465
4.107 Huang, J.S. et al.: Switching characteristics of scaled CMOS-circuits at 77 K. IEEE Trans. ED-**34** (1987), 101-105
4.108 Nishida, M. et al.: Temperature dependence of MOSFET characteristics in weak inversion. IEEE Trans. ED-**24** (1977), 1245-1248
4.109 Gaensslen, F.H. et al.: Very small MOSFET for low temperature operation. IEEE Trans. ED-**24** (1977), 218-229
4.110 Kamgar, A.: Miniaturization of Si MOSFETs at 77 K. IEEE Trans. ED-**29** (1982), 1226
4.111 Kamgar, A.: Delay times in Si MOSFETs in the 4,2 ... 400 K temperature range. Solid-State Electronics **26** (1983), 291-294
4.112 Sharma, D.K. et al.: Modification of MOST I-V-characteristics by self-heating. Solid-State Electronics **27** (1984), 989-994
4.113 Sharma, D.K. et al.: Negative dynamic resistance in MOS-devices. IEEE Journal of Solid-State Circuits SC-**13** (1978), 378-380
4.114 Rossel, P. et al.: Influence de la contre-réaction thermique l'impédance de sortie des transistors MOS à canaux courts. Rev. de Phys. Appl. **14** (1979), 911-919
4.115 Barlow, P.S. et al.: Negative differential output conductance of self heated power MOSFETs. IEE Proc. **113**, pt. I (1986), 177-179
4.116 Lazarus, M.J. et al.: Substrate bias compensation of negative slope conductance in self heated MOSFETs. IEE Proc. **134** pt. I (1987), 81-85
4.117 Fong, Y. et al.: High-current snapback-characteristics of MOSFETs. IEEE Trans. ED-**37** (1990), 2101-2103

Sachverzeichnis

Abschaltzeit 317
Abschnürbereich 58
Abschnürspannung 68, 86, 121
Abschnürung 265
Admittanzparameter 262, 264
Analogmodell 305
Anreicherung 17
Anreicherungsdurchgriff 123
Anreicherungsfall 120
Anreicherungssteuerung 7
Anreicherungstransistor 132, 333
Anreicherungswiderstand 376
Anstiegszeit 314
approximation, gradual channel 53
Ausbreitungswiderstand 185
Ausgangskurzschlußleitwert 195
Ausschaltverzögerung 317
Ausschaltzeit 315
Austrittsarbeit 31, 32

Back-Gate 341
Bahnwiderstand 207
Band-pinning 27
Bandabstand 388
Bandverbiegung 16
Barrierenerniedrigung, draininduzierte 141, (s. DIBL)
Barrierenhöhe 33
Basistechnologie 12
Bauelementemodell 289
Bereich, nichtquasistatischer 269
Bereich, quasistatischer 268
Betrachtung, quasistatische 253
Betriebsmoden 118, 345
Beweglichkeit, effektive 80, 87
Beweglichkeit, feldabhängige 201
Beweglichkeitsmodellierung 80
BICMOS-Technik 324
BIMOS-Struktur 381
Body-Effekt 196
Body-Faktor 26, 343
BSIM-Modell 147, 221, 304
Bulkladung 210, 219

CAD-Modell 76, 85, 128, 147
CMOS-Inverter 11, 311, 333
CMOS-Technik 332
COMFET 381
CSIM-Modell 303

Darlington-FET 381
Debye-Länge 2, 22
DIBL-Effekt 141, 157, 199
Dicke 23
Dickfilm-SOI-MOSFET 344
Diffusionseinfluß 69
DMOSFET 328, 369, 370
Doppelsteuerprinzip 67, 202
Doppelwannentechnik 338
Dotierungsprofil 111
Drain-Struktur 332
Drainladung 215, 220, 230
Drainleitwert 196, 203
Drainstrom 4, 53, 54
Drei-Kondensatormodell 348
Drift-Diffusionsnäherung 181
Driftstrom 55
Dünnfilm-SOI-MOSFET 344, 355
Dünnfilmtransistor 4
Durchbruch, thermischer 390
Durchbruchserscheinung 156, 170
Durchbruchspannung 97, 377
Durchgreif-Anreicherungsbetrieb 133
Durchgreif-Effekt 78, 93
Durchgreifspannung 125, 156, 158, 161
Durchgreifstrom 158
Durchschaltbedingung 336

ED-MOS-Inverter 333
Ein-Widerstand 372, 374
Eingangskurzschlußleitwert 195, 277
Einschaltzeit 316, 319
Einstein-Beziehung 62
Elektronenaffinität 32
Elektronenanreicherung 119
Element, parasitäres 247

Sachverzeichnis 433

Emission, thermische 165
Energierelaxationszeit 180
Ersatzdotierung 108
Ersatzschaltung 262, 267, 279
Ersatzschaltung, nichtquasistatische 277
Ersatzschaltungselement 262

FAMOST 366
Feldelektrode 3
Feldhomogenisierung 377
Fermipotential 20
Filmabschnürspannung 348
Filmdicke 341, 342, 352
Flachbandfall 17
Flachbandkapazität 38
Flachbandspannung 33, 28, 115, 329, 343, 361
Flächendichte 107
Flächenladungsmodell 25, 54, 61, 306, 349
Flächenladungsnäherung 23
Flash-EPROM 369
FLOTOX 366, 368
Fowler-Nordheim-Tunnelung 99, 359
Frequenzgang 276

Gate-Swing 78, 391
Gateauslegung 329
Gatebreite, effektive 298
Gatedurchbruch 98
Gatedurchgriff 206
Gateladung 210, 219
Gateselbstjustierung 330
Gatesteilheit 196, 197
Gatestrom 99, 156, 163
Gebiet, aktives 56
Gebiet, lineares 56
GEMFET 382
Generationsmodell 95
Geschwindigkeitssättigung 84, 174, 299
Gleichgewicht, thermisches 16
Grenzgeschwindigkeit 58
Grenztemperatur, untere 391
Grundelement, dynamisches 311, 320

Halbleiter-Festwertspeicher 357
Halbleitergleichung 177
Halbleiterraumladungskapazität 35
Heißelektronen-Effekt 94, 161
Heißelektronenemission 164
Heißelektroneninjektion 162
HEMT 2
HEXFET 370
Hochfeldeffekt 156

IGBT 382
IGFET 3
Implantation 103
Implantationsspannung 108
Impulsrelaxationszeit 179
Impulsverarmungskapazität 39
Integraldiode 379
Integration, dreidimensionale 341
Interfacewiderstand 182, 184
Inversionsschicht 23
Inversion 19, 47
Inversion, mittlere 25, 37
Inversion, schwache 24, 51, 73, 154, 200, 225
Inversion, starke 24, 49, 63
Inversionsdiode 374
Inversionskanal 29
Inversionskapazität 36
Inversionsladung 23, 210, 219, 350
Inversionssteuerung 346
Inverterschaltung 310
Isolatorkapazität 265
Isolatormaterial 331

Kanal, vergrabener 103, 121, 152
Kanalaufbau 318
Kanallänge 293
Kanallängenmodulation 88, 299
Kanalleitwert 265
Kanaltemperatur 386
Kapazität 271
Kapazität, differentielle 217, 231
Kapazität, nichtreziproke 224, 231
Kapazität, reziproke 208
Kapazitätsbeziehung 234
Kapazitätsgerüst 275
Kapazitätskennlinie 41
Kennlinie 69, 86, 125
Kennlinie, schwache Inversion 73
Kennlinienfeld 372
Kennliniengleichung 56, 67, 73
Kennlinienkonstante 293
Kennlinienmodell, Grenzen 69
Kleingeometrieeffekte 151
Kleinsignalbedingung 194
Kleinsignalersatzschaltung 237, 248
Kleinsignalparameter 193, 195
Kompaktmodell 289
Kontaktspannung 17
Kreisverstärkung 337
Kurzkanaleffekt 135, 148, 246
Kurzkanalmodell 135
Kurzkanalschwellspannung 140
Kurzkanaltransistor 140, 173, 390

Sachverzeichnis

Ladestrom 212
Ladung, gewichtete 285
Ladung, Nichterhaltung 282
Ladungsaustasch 361
Ladungsbilanz 55
Ladungserhaltung 285
Ladungsfaktor 202
Ladungskopplungsbeziehung 350
Ladungsmodell 209, 218
Ladungsmodell, Kurzkanaltransistor 227
Ladungsmodell, Vergleich 281
Ladungsteuermodell 211, 287
Ladungsteilungsfaktor 141, 148, 150
Ladungsteilungsmodell 141, 150
Ladungsumbau, nichtstationär 282
Langkanalmodell 135
Langkanaltransistor 54
Latch-up, dynamisches 337
Latch-up-Effekt 336
Laufzeiteffekt 269
Laufzeiteinbezug 268, 274
Lawinendurchbruch 95
LDD-Struktur 332
LDMOSFET 370
Leistungs-MOSFET 13
Leistungshalbleiter, intelligenter 384
Leistungshalbleiter-Schaltkreis 384
Leitfähigkeitssteuerung 3
Leitwertparameterdarstellung 194
Level-2-Modell 297
Level-3-Modell 300
Level-4-Modell 303
Lucky-Electron-Modell 165

Majoritätsträger 39
Metall 32
Metall-Halbleiter-Austrittsarbeit 329, 388
Meyer-Modell 273, 282, 296, 379
Millereffekt 315
Millerkapazität 379
Minoritätsträger 39
MISIM-Struktur 342
MISIS-Struktur 342
MNOSFET 358
Modell, mathematisches 289
Modell, numerisches 291
Modell, semiempirisches 147
Modell, praktisches 92
Modellparameter 291
Modellrahmen 292
Momenten-Verfahren 179
Monte-Carlo-Verfahren 178, 182
MOS-Kapazität 35
MOS-Schaltungstechnik 326
MOS-Speichertransistor 12, 356

MOS-Übergang 5
MOS-Zweipol 15
MOSOM-Anordnung 346
MOSOM-Struktur 342
MOSOS-Struktur 342
Multiplikationsfaktor 96

n-Kanal-Poly-Silizium-Technik 329
n-Kanaltechnik 328
Nettogenerationsrate 179
Neutralitätsbedingung 17
Nichtgleichgewicht 40, 44
Nichtreziprozität 233
NMOS-Poly-Si-Technik 330
npn-Substrattransistor 171

Oberflächenbeweglichkeit 299
Oberflächenkonzentration 20
Oberflächenpotential 44, 106, 218
Oberflächenverarmung 120
Oberflächenzustand 31
Oberflächenzustandskapazität 39
Oxidkapazität 35
Oxidladung 33

p-Kanal-Anreicherungs-MOSFET 100
p-Kanaltechnik 328
p-Kanaltransistor 168
Pentodenbereich 58
Poisson-Gleichung 22, 36
Potentialminimum 158, 160
Potentialmodell 146
Potentialverteilung 59

Quasiferminiveau 44

Raumladungszone 16
Relaxationszeit 39
Retrowanne 338
Rückkopplung, thermische 394
Rückläufigkeit 171
Rückwärtsbereich 373
Ruheverlustleistung 334

SAMOST 366
Sättigungsbereich 58
Schaltsymbole 8
Schaltungstechnik, dynamische 325
Schaltverhalten 310
Schaltverhalten, quasistatisches 312
Schmalkanalschwellspannung 149
Schwellspannung 10, 22, 26, 30, 50, 66, 152, 183, 293, 329, 339, 351, 353, 356, 389
Selbstisolation 324
SIPMOS 370

Sachverzeichnis

Skalierung 186
Skalierungsbedingung 189
Skalierungsgrenzen 190
SOI-MOSFET 340
SOI-MOSFET, Kennliniengleichung 353
SOI-Technik 324
SOS-Technik 324, 340
Source-Drainwiderstand 182
Sourceladung 215, 220, 230
Sourceschaltung 53
Spannungsverstärkung 335
Speicherfeldeffekttransistor 356
Speichermechanismus 359
Speicherzeit 363
Sperrschichtbreite 145
SPICE 291, 380
SPICE-Modell, Parameter 294
Steilheit 184, 195, 275
Steuerelektrode 10
Steuermoden 351
Steuerprinzip 5
Streukapazität 248
Strom, barrierengesteuerter 157
Stromflußmechanismus 138
Stromsensorprinzip 385
Strukturauflösung 327
Submikrometerbereich 134
Submikrometertransistor 174
Subschwellbereich 300
Subschwellskalierung 190
Substratdurchgriff 206
Substrateffekt 239
Substrateinbezug 256
Substrateinfluß 26, 40, 45
Substratkonstante 26
Substratspannung 54
Substratsteilheit 196, 201
Substratsteuerfaktor 201
Substratsteuerung 256
Substratstrom 169
Summensteilheit 276

Tabellenmodell 289, 307
Taktdurchgriff 322

Temperaturkoeffizient 386
Transadmittanz 249
Transferkapazität 273
Transferkennlinie 58
Transistor, innerer 292
Transistorkonstante 56
Transistorparameter 57
Transkapazität 208, 232, 237, 269, 286
Transmissionsgate 311
Transporteffekt 173
Transportgleichung 252
Transportgleichung, hydrodynamische 180
Transportmodell 137
Triodengebiet 56
Tunnelwahrscheinlichkeit 362

Übergangswiderstand 182
Überlappungskapazität 248, 296
Überschwingeffekt 176, 181
Übertragungskennlinie 335
UMOS-FET 370

v-E-Relation 175
VDMOSFET 370
Verarmung, tiefe 42
Verarmungs-MOSFET 102
Verarmungsfall 17
Verarmungsladung 23, 70
Verarmungssteuerung 7, 345
Verarmungstransistor 114, 128, 333
Verzögerungszeit 315
Vierpolersatzschaltung 235
VMOS-MOSFET 328, 369, 370
Volumeninversion 345

Ward-Modell 284
Wärmewiderstand, komplexer 395
Wechselwirkung, thermisch-elektrische 392
Wirkleitwert, frequenzabhängiger 277

Zeitkonstante 254

Springer-Verlag und Umwelt

Als internationaler wissenschaftlicher Verlag sind wir uns unserer besonderen Verpflichtung der Umwelt gegenüber bewußt und beziehen umweltorientierte Grundsätze in Unternehmensentscheidungen mit ein.

Von unseren Geschäftspartnern (Druckereien, Papierfabriken, Verpackungsherstellern usw.) verlangen wir, daß sie sowohl beim Herstellungsprozeß selbst als auch beim Einsatz der zur Verwendung kommenden Materialien ökologische Gesichtspunkte berücksichtigen.

Das für dieses Buch verwendete Papier ist aus chlorfrei bzw. chlorarm hergestelltem Zellstoff gefertigt und im pH-Wert neutral.

MIX
Papier aus verantwortungsvollen Quellen
Paper from responsible sources
FSC® C105338

If you have any concerns about our products,
you can contact us on
ProductSafety@springernature.com

In case Publisher is established outside the EU,
the EU authorized representative is:
**Springer Nature Customer Service Center GmbH
Europaplatz 3, 69115 Heidelberg, Germany**

Printed by Libri Plureos GmbH
in Hamburg, Germany